DIN-Taschenbuch 138

Für das Fachgebiet Wasserwesen bestehen folgende DIN-Taschenbücher:

Bereich Wasserwesen, allgemein

DIN-Taschenbuch 211

Wasserwesen; Begriffe, Normen

Bereich Abwassertechnik

DIN-Taschenbuch 13

Abwassertechnik 1
Gebäude- und Grundstücksentwässerung, Sanitärausstattungsgegenstände, Entwässerungsgegenstände. Normen

DIN-Taschenbuch 50

Abwassertechnik 2
Rohre und Formstücke für die Gebäudeentwässerung. Normen

DIN-Taschenbuch 138

Abwassertechnik 3
Kläranlagen. Normen

DIN-Taschenbuch 152

Abwassertechnik 4
Abwasserkanäle, erdverlegte Abwasserleitungen, Abwasserdruckleitungen und Straßenentwässerungsgegenstände. Normen

DIN-Taschenbuch 259

Abwassertechnik 5
Rohre und Formstücke für Abwasserkanäle und erdverlegte Abwasserleitungen. Normen

Bereich Wasserversorgung

DIN-Taschenbuch 12

Wasserversorgung 1
Wassergewinnung, Wasseruntersuchung, Wasseraufbereitung. Normen

DIN Taschenbuch 62

Wasserversorgung 2
Rohre und Formstücke für die Wasserverteilung. Normen

DIN-Taschenbuch 63

Wasserversorgung 3
Rohrnetz und Zubehör. Normen

DIN-Taschenbuch 160

Wasserversorgung 4
Rohre, Formstücke und Zubehör für Wasserleitungen. Normen

Bereich Wasserbau

DIN-Taschenbuch 179

Wasserbau 1
Stauanlagen, Stahlwasserbau, Wasserkraftanlagen. Normen

DIN-Taschenbuch 187

Wasserbau 2
Bewässerung, Entwässerung, Bodenuntersuchung. Normen

Bereich Wasser- und Abwasseruntersuchung

DIN-Taschenbuch 230

Abwasser-Analysenverfahren. Normen, Wasserhaushaltsgesetz, Abwasser-Verwaltungsvorschriften

Außerdem liegen weitere DIN-Taschenbücher vor, die diesen Bereich berühren:

DIN-Taschenbuch 9

Gussrohrleitungen. Normen

DIN-Taschenbuch 15*)

Stahlrohrleitungen 1
Maße, Technische Lieferbedingungen. Normen

DIN-Taschenbuch 52

Kunststoffe 5
Rohrleitungsteile aus thermoplastischen Kunststoffen. Grundnormen

DIN-Taschenbuch 88

Entwässerungskanalarbeiten, Druckrohrleitungsarbeiten im Erdreich. Dränarbeiten. Sicherungsarbeiten an Gewässern, Deichen und Küstendünen VOB/StLB. Normen (Bauleistungen 19)

---

*) Dieses DIN-Taschenbuch ist auch in einer gebundenen Englischen Fassung erhältlich.

DIN-Taschenbücher sind vollständig oder nach verschiedenen thematischen Gruppen auch im Abonnement erhältlich.

Für Auskünfte und Bestellungen wählen Sie bitte im Beuth Verlag Tel.: (030) 2601 - 2260.

DIN-Taschenbuch 138

Abwassertechnik 3

Kläranlagen

Normen

6. Auflage
Stand der abgedruckten Normen: Mai 2003

Herausgeber: DIN Deutsches Institut für Normung e. V.

Beuth
Beuth Verlag GmbH · Berlin · Wien · Zürich

Bibliografische Information Der Deutschen Bibliothek

Die Deutsche Bibliothek verzeichnet diese Publikation in der Deutschen Nationalbibliografie; detaillierte bibliografische Daten sind im Internet über <http://dnb.ddb.de> abrufbar.

ISBN 3-410-15609-7 (6. Auflage)

Titelaufnahme nach RAK entspricht DIN V 1505-1.
ISBN nach DIN ISO 2108.
448 Seiten, A5, brosch.
ISSN 0342-801X
(ISBN 3-410-13679-7 5. Aufl. Beuth Verlag)

Beuth Verlag GmbH
Burggrafenstr. 6
10787 Berlin
info@beuth.de www.beuth.de

Printed in Germany. Druck: Media-Print Informationstechnologie,
33100 Paderborn

Inhalt

Die in den Verzeichnissen verwendeten Abkürzungen bedeuten:

E Entwurf

E EN Entwurf einer Deutschen Norm auf der Grundlage eines Europäischen Norm-Entwurfs

EN Europäische Norm, deren Deutsche Fassung den Status einer Deutschen Norm erhalten hat

Maßgebend für das Anwenden jeder in diesem DIN-Taschenbuch abgedruckten Norm ist deren Fassung mit dem neuesten Ausgabedatum.

Bei den abgedruckten Norm-Entwürfen wird auf den Anwendungswarnvermerk verwiesen.

Sie können sich auch über den aktuellen Stand im DIN-Katalog – unter der Telefon-Nr.: (030) 2601-2260 oder im Internet unter www.beuth.de informieren.

DIN-Nummernverzeichnis

● Neu aufgenommen gegenüber der 5. Auflage des DIN-Taschenbuches 138

□ Geändert gegenüber der 5. Auflage des DIN-Taschenbuches 138

(en) Von dieser Norm gibt es auch eine vom DIN herausgegebene englische Übersetzung

Verzeichnis abgedruckter Normen und Norm-Entwürfe
(nach Sachgebieten geordnet)

Normung ist Ordnung

DIN – der Verlag heißt Beuth

Das DIN Deutsches Institut für Normung e.V. ist der runde Tisch, an dem Hersteller, Handel, Verbraucher, Handwerk, Dienstleistungsunternehmen, Wissenschaft, technische Überwachung, Staat, also alle, die ein Interesse an der Normung haben, zusammenwirken.

DIN-Normen sind ein wichtiger Beitrag zur technischen Infrastruktur unseres Landes, zur Verbesserung der Exportchancen und zur Zusammenarbeit in einer arbeitsteiligen Gesellschaft.

Das DIN orientiert seine Arbeiten an folgenden Grundsätzen:

- Freiwilligkeit
- Öffentlichkeit
- Beteiligung aller interessierten Kreise
- Einheitlichkeit und Widerspruchsfreiheit
- Sachbezogenheit
- Konsens
- Orientierung am Stand der Technik
- Orientierung an den wirtschaftlichen Gegebenheiten
- Orientierung am allgemeinen Nutzen
- Internationalität

Diese Grundsätze haben den DIN-Normen die allgemeine Anerkennung gebracht. DIN-Normen bilden einen Maßstab für ein einwandfreies technisches Verhalten.

Das DIN stellt über den Beuth Verlag Normen und technische Regeln aus der ganzen Welt bereit. Besonderes Augenmerk liegt dabei auf den in Deutschland unmittelbar relevanten technischen Regeln. Hierfür hat der Beuth Verlag Dienstleistungen entwickelt, die dem Kunden die Beschaffung und die praktische Anwendung der Normen erleichtern. Er macht das in fast einer halben Million von Dokumenten niedergelegte und ständig fortgeschriebene technische Wissen schnell und effektiv nutzbar.

Die Recherche- und Informationskompetenz der DIN-Datenbank erstreckt sich über Europa hinaus auf internationale und weltweit genutzte nationale, darunter auch wichtige amerikanische Normenwerke. Für die Recherche stehen der DIN-Katalog für technische Regeln (Online, als CD-ROM und in Papierform) und die komfortable internationale Normendatenbank PERINORM (Online und als CD-ROM) zur Verfügung. Über das Internet können DIN-Normen recherchiert werden (www.beuth.de). Aus dem Rechercheergebnis kann direkt bestellt werden. Außerdem steht unter www.myBeuth.de die Erweiterte Suche und ein weiterer kostenpflichtiger Download von DIN-Normen zur Verfügung.

DIN und Beuth stellen auch Informationsdienste zur Verfügung, die sowohl auf besondere Nutzergruppen als auch auf individuelle Kundenbedürfnisse zugeschnitten werden können, und berücksichtigen dabei nationale, regionale und internationale Regelwerke aus aller Welt. Sowohl das DIN als auch der Beuth Verlag verstehen sich als Partner der Anwender, die alle notwendigen Informationen aus Normung und technischem Recht recherchieren und beschaffen. Ihre Serviceleistungen stellen sicher, dass dieses Wissen rechtzeitig und regelmäßig verfügbar ist.

DIN-Taschenbücher

DIN-Taschenbücher sind kleine Normensammlungen im Format A5. Sie sind nach Fach- und Anwendungsgebiet geordnet. Die DIN-Taschenbücher haben in der Regel eine Laufzeit von drei Jahren, bevor eine Neuauflage erscheint. In der Zwischenzeit kann ein Teil der abgedruckten DIN-Normen überholt sein. Maßgebend für das Anwenden jeder Norm ist jeweils deren Originalfassung mit dem neuesten Ausgabedatum.

Kontaktadressen

<u>Auskünfte zum Normenwerk</u>

Deutsches Informationszentrum für technische Regeln im DIN (DITR)
Postanschrift: 10772 Berlin
Hausanschrift: Burggrafenstraße 6, 10787 Berlin
Kostenpflichtige Telefonauskunft: 01 90 - 88 26 00

<u>Bestellmöglichkeiten für Normen und Normungsliteratur</u>

Beuth Verlag GmbH
Postanschrift: 10772 Berlin
Hausanschrift: Burggrafenstraße 6, 10787 Berlin
www.beuth.de
E-Mail: postmaster@beuth.de

Deutsche Normen und technische Regeln

Fax: (0 30) 26 01 - 12 60
Tel.: (0 30) 26 01 - 22 60

Auslandsnormen

Fax: (0 30) 26 01 - 18 01
Tel.: (0 30) 26 01 - 23 61

Normen-Abonnement

Fax: (0 30) 26 01 - 12 59
Tel.: (0 30) 26 01 - 22 21

Elektronische Produkte

Fax: (0 30) 26 01 - 12 68
Tel.: (0 30) 26 01 - 26 68

Loseblattsammlungen/Zeitschriften

Fax: (0 30) 26 01 - 12 60
Tel.: (0 30) 26 01 - 21 21

Interessenten aus dem Ausland erreichen uns unter:

Fax: + 49 30 26 01 - 12 60
Tel.: + 49 30 26 01 - 22 60

Prospektanforderung

Fax: (0 30) 26 01 - 17 24
Tel.: (0 30) 26 01 - 22 40

Fax-Abruf-Service

(0 30) 26 01 - 4 50 01

Hinweise für das Anwenden des DIN-Taschenbuches

Eine **Norm** ist das herausgegebene Ergebnis der Normungsarbeit.

Deutsche Normen (DIN-Normen) sind vom DIN Deutsches Institut für Normung e.V. unter dem Zeichen DIN herausgegebene Normen.

Sie bilden das Deutsche Normenwerk.

Eine **Vornorm** war bis etwa März 1985 eine Norm, zu der noch Vorbehalte hinsichtlich der Anwendung bestanden und nach der versuchsweise gearbeitet werden konnte. Ab April 1985 hat das Präsidium des DIN die Vornorm neu definiert. Wichtigste Ergänzung in der Definition ist die Tatsache, dass Vornormen auch ohne vorherige Entwurfsveröffentlichung herausgegeben werden dürfen. Da hierdurch von einem wichtigen Grundsatz für die Veröffentlichung von Normen abgewichen wird, entfällt auf der Titelseite die Angabe „Deutsche Norm“. (Weitere Einzelheiten siehe DIN 820-4.)

Eine **Auswahlnorm** ist eine Norm, die für ein bestimmtes Fachgebiet einen Auszug aus einer anderen Norm enthält, jedoch ohne sachliche Veränderungen oder Zusätze.

Eine **Übersichtsnorm** ist eine Norm, die eine Zusammenstellung aus Festlegungen mehrerer Normen enthält, jedoch ohne sachliche Veränderungen oder Zusätze.

Teil (früher Blatt) kennzeichnete bis Juni 1994 eine Norm, die den Zusammenhang zu anderen Teilen mit gleicher Hauptnummer dadurch zum Ausdruck brachte, dass sich die DIN-Nummern nur in den Zählnummern hinter dem Zusatz „Teil“ voneinander unterschieden haben. Das DIN hat sich bei der Art der Nummernvergabe der internationalen Praxis angeschlossen. Es entfällt deshalb bei der DIN-Nummer die Angabe „Teil“; diese Angabe wird in der DIN-Nummer durch „-“ ersetzt. Das Wort „Teil“ wird dafür mit in den Titel übernommen. In den Verzeichnissen dieses DIN-Taschenbuches wird deshalb für alle ab Juli 1994 erschienenen Normen die neue Schreibweise verwendet.

Ein **Beiblatt** enthält Informationen zu einer Norm, jedoch keine zusätzlich genormten Festlegungen.

Ein **Norm-Entwurf** ist das vorläufig abgeschlossene Ergebnis einer Normungsarbeit, das in der Fassung der vorgesehenen Norm der Öffentlichkeit zur Stellungnahme vorgelegt wird.

Die Gültigkeit von Normen beginnt mit dem Zeitpunkt des Erscheinens (Einzelheiten siehe DIN 820-4). Das Erscheinen wird im DIN-Anzeiger angezeigt.

Hinweise für den Anwender von DIN-Normen

Die Normen des Deutschen Normenwerkes stehen jedermann zur Anwendung frei.

Festlegungen in Normen sind aufgrund ihres Zustandekommens nach hierfür geltenden Grundsätzen und Regeln fachgerecht. Sie sollen sich als „anerkannte Regeln der Technik“ einführen. Bei sicherheitstechnischen Festlegungen in DIN-Normen besteht überdies eine tatsächliche Vermutung dafür, dass sie „anerkannte Regeln der Technik“ sind. Die Normen bilden einen Maßstab für einwandfreies technisches Verhalten; dieser Maßstab ist auch im Rahmen der Rechtsordnung von Bedeutung. Eine Anwendungspflicht kann sich aufgrund von Rechts- oder Verwaltungsvorschriften, Verträgen oder sonstigen Rechtsgründen ergeben. DIN-Normen sind nicht die einzige, sondern eine Erkenntnisquelle für technisch ordnungsgemäßes Verhalten im Regelfall. Es ist auch zu berücksichtigen, dass DIN-Normen nur den zum Zeitpunkt der jeweiligen Ausgabe herrschenden Stand der Technik berücksichtigen können. Durch das Anwenden von Normen entzieht sich niemand der Verantwortung für eigenes Handeln. Jeder handelt insoweit auf eigene Gefahr.

Jeder, der beim Anwenden einer DIN-Norm auf eine Unrichtigkeit oder eine Möglichkeit einer unrichtigen Auslegung stößt, wird gebeten, dies dem DIN unverzüglich mitzuteilen, damit etwaige Mängel beseitigt werden können.

Vorwort

Das vorliegende Taschenbuch 138 enthält sämtliche Normen zu Planung, Baugrundsätzen und Betrieb von Kläranlagen über 50 Einwohnerwerte (EW).

Die rein nationalen Normen wurden vom Arbeitsausschuss V 36 „Kläranlagen", Unterausschuss UA 1 erarbeitet und die Europäischen Norm-Projekte wurden vom Unterausschuss UA 2/3 begleitet.

Aufgrund des Inkrafttretens bzw. der derzeitigen Erarbeitung der Europäischen Normen (DIN EN 12255-1 bis DIN EN 12255-16) für Kläranlagen für über 50 EW ergab sich die Notwendigkeit, die bisherigen Deutschen Normen für Kläranlagen, das heißt DIN 19551-1 bis DIN 19551-4, DIN 19552-1 bis DIN 19552-3, DIN 19553, DIN 19554-1, DIN 19554-3, DIN 19557-1, DIN 19557-2 sowie verschiedene Teile von DIN 19569 zu überarbeiten.

Das entstehende neue europäische und nationale Regelwerk sollte für den Benutzer so übersichtlich und einfach wie möglich gestaltet werden.

Die übergeordneten Baugrundsätze werden dabei in eigenen Normen (DIN 19569-2 bis DIN 19569-5, DIN 19569-7, DIN 19569-9 und DIN 19569-10) festgelegt.

Die bisher überwiegend als Maßnormen gestalteten Deutschen Normen für Kläranlagen DIN 19551-1 bis DIN 19554 sowie DIN 19557 wurden ergänzt durch Verweise auf die in verschiedenen Teilen der Europäischen Normen der Reihe DIN EN 12255 festgelegten Grundsätze sowie durch normative Festlegungen aus den entsprechenden Normen der Reihe DIN 19569 (Baugrundsatznormen), soweit sie als „Reste" aus diesen übernommen werden konnten.

Die Europäischen Normen der Reihe DIN EN 12255 „Kläranlagen" werden aus fünfzehn Normen bestehen und enthalten Festlegungen zu allgemeinen Baugrundsätzen, Abwasservorreinigung, Vorklärung, Abwasserbehandlung in Teichen, Belebungsverfahren, Biofilmreaktoren, Schlammbehandlung und -lagerung, Geruchsminderung und Belüftung, sicherheitstechnischen Baugrundsätzen, erforderlichen allgemeinen Angaben, Steuerung und Automatisierung, Abwasserbehandlung durch Zugabe von Chemikalien, Desinfektion, Messung der Sauerstoffzufuhr in Reinwasser in Belüftungsbecken von Belebungsanlagen sowie Abwasserfiltration.

Die einzelnen Normen der Reihe DIN EN 12255 sind inhaltlich anders konzipiert als die deutschen Normen der Reihe DIN 19569, so dass durchaus mehrere Teile dieser Reihe durch einen Teil der Europäischen Norm berührt werden können.

Weitere DIN-Taschenbücher mit dem Haupttitel „Abwassertechnik" sind folgende:

DIN-Taschenbuch 13	Abwassertechnik 1 Gebäude- und Grundstücksentwässerung, Sanitärausstattungsgegenstände, Entwässerungsgegenstände. Normen
DIN-Taschenbuch 50	Abwassertechnik 2 Rohre und Formstücke für die Gebäudeentwässerung. Normen
DIN-Taschenbuch 138	Abwassertechnik 3 Kläranlagen. Normen
DIN-Taschenbuch 152	Abwassertechnik 4 Abwasserkanäle, erdverlegte Abwasserleitungen, Abwasserdruckleitungen und Straßenentwässerungsgegenstände. Normen
DIN-Taschenbuch 259	Abwassertechnik 5 Rohre und Formstücke für Abwasserkanäle und erdverlegte Abwasserleitungen. Normen

Berlin, im April 2003 J. Bernard

Dezember 2002

Kläranlagen

Rechteckbecken

Teil 1: Absetzbecken mit Schild-, Saug- und Bandräumer
Bauformen, Hauptmaße, Ausrüstungen

DIN 19551-1

ICS 13.060.30

Ersatz für
DIN 19551-1: 1975-12,
DIN 19551-2:1975-11 und
DIN 19551-4:1984-05
mit DIN 19569-2:2002-12,
DIN 19551-3:2002-12,
DIN 19552:2002-12,
DIN 19554:2002-12 und
DIN EN 12255-1:2002-04
Ersatz für DIN 19569-2:1989-05

Wastewater treatment plants — Rectangular tanks — Part 1: Settlement tanks with sludge scraper, suction type sludge remover and chain scraper; Types, main dimensions, equipments

Stations d'épuration — Bassins de décantation rectangulaires — Partie 1: Décantation avec racleur de boue, aspirateur et racleur à bande; Types, dimensions principales, équipements

Inhalt

Fortsetzung Seite 2 bis 13

Normenausschuss Wasserwesen im DIN Deutsches Institut für Normung e. V.

Vorwort

Nicht zuletzt aufgrund der Erarbeitung und des nahe liegenden In-Kraft-Tretens der Europäischen Normen (DIN EN 12255-1 bis DIN EN 12255-16) für Kläranlagen für über 50 Einwohnerwerte (EW) ergibt sich die Notwendigkeit, die bisherigen Deutschen Normen für Kläranlagen, das heißt DIN 19551-1 bis DIN 19551-4, DIN 19552-1 bis DIN 19552-3, DIN 19553, DIN 19554-1, DIN 19554-3, DIN 19557-1, DIN 19557-2 sowie verschiedene Teile von DIN 19569 zu überarbeiten.

Der hierfür zuständige Ausschuss NAW V 36 verfolgt dabei die Absicht, das so entstehende neue europäische und nationale Regelwerk für den Benutzer so übersichtlich und einfach wie möglich zu gestalten.

Daher werden die bisher überwiegend als Maßnormen gestalteten Deutschen Normen für Kläranlagen DIN 19551-1 bis DIN 19554 ergänzt um

— Verweise auf die in verschiedenen Teilen der Europäischen Normen der Reihe DIN EN 12255 festgelegten Grundsätze;

— normative Festlegungen aus den entsprechenden Normen der Reihe DIN 19569 (Baugrundsatznormen) soweit sie als „Reste“ aus diesen übernommen werden können (sie werden also nicht in die entsprechende Restnorm zu DIN 19569 aufgenommen, sondern werden in die betreffende erweiterte Maßnorm übernommen, um so die Anzahl und den Inhalt der noch verbleibenden Restnormen zu DIN 19569 möglichst gering zu halten).

Darüber hinaus werden Teile der bisherigen Maßnormen zu Gruppen zusammengefasst.

DIN 19551 „Kläranlagen — Rechteckbecken“ besteht aus:

— Teil 1: Absetzbecken mit Schild-, Saug- und Bandräumer; Bauformen, Hauptmaße, Ausrüstungen

— Teil 3: Sandfänge mit Saug- und Schildräumer; Bauformen, Hauptmaße, Ausrüstungen

Änderungen

Gegenüber DIN 19551-1:1975-12, DIN 19551-2:1975-11, DIN 19551-4:1984-05 und DIN 19569-2:1989-05 wurden folgende Änderungen vorgenommen:

a) DIN 19551-1, DIN 19551-2, DIN 19551-4 zusammengefasst,

b) die für Rechteckbecken als Absetzbecken mit Schild-, Saug- und Bandräumern geltenden Grundsätze von DIN EN 12255-1, DIN EN 12255-4 und DIN EN 12255-6 zitiert.

c) (weitere) Grundsätze der Bau- und Ausrüstungstechnik aufgenommen,

d) Bezug zu Ablaufsystemen nach DIN 19558 aufgenommen,

e) Abschnitt „Begriffe“ aufgenommen,

f) die Norm redaktionell überarbeitet.

Frühere Ausgaben

DIN 19551: 1955-09; DIN 19551-1: 1975-12; DIN 19551-2: 1975-11; DIN 19551-4: 1984-05;
DIN 19569-2: 1989-05

2

1 Anwendungsbereich

Diese Norm gilt für Rechteckbecken als Absetzbecken mit Schild-, Saug- und Bandräumer in Kläranlagen. Sie legt Hauptmaße und Grundsätze der Bau- und Ausrüstungstechnik fest. Diese Norm gilt nicht für die klärtechnische und hydraulische Bemessung.

Für die allgemeinen Baugrundsätze für Kläranlagen gilt DIN EN 12255-1, besondere Baugrundsätze sind in DIN 19569-2 festgelegt.

2 Normative Verweisungen

Diese Norm enthält durch datierte oder undatierte Verweisungen Festlegungen aus anderen Publikationen. Diese normativen Verweisungen sind an den jeweiligen Stellen im Text zitiert, und die Publikationen sind nachstehend aufgeführt. Bei datierten Verweisungen gehören spätere Änderungen oder Überarbeitungen dieser Publikationen nur zu dieser Norm, falls sie durch Änderung oder Überarbeitung eingearbeitet sind. Bei undatierten Verweisungen gilt die letzte Ausgabe der in Bezug genommenen Publikation (einschließlich Änderungen).

DIN 4045, *Abwassertechnik — Begriffe.*

DIN 18202, *Toleranzen im Hochbau — Bauwerke.*

DIN 19558, *Kläranlagen — Ablaufeinrichtungen — Überfallwehr und Tauchwand, getauchte Ablaufrohre in Becken; Baugrundsätze, Hauptmaße, Anordnungsbeispiele.*

DIN 19569-2, *Kläranlagen — Baugrundsätze für Bauwerke und technische Ausrüstung — Besondere Baugrundsätze für Einrichtungen zum Abtrennen und Eindicken von Feststoffen.*

DIN EN 1085, *Abwasserbehandlung — Wörterbuch; Dreisprachige Fassung EN 1085:1997.*

DIN EN 10088-2, *Nichtrostende Stähle — Teil 2: Technische Lieferbedingungen für Blech und Band für allgemeine Verwendung; Deutsche Fassung EN 10088-2:1995.*

DIN EN 12255-1, *Kläranlagen — Teil 1: Allgemeine Baugrundsätze; Deutsche Fassung EN 12255-1:2002.*

DIN EN 12255-4, *Kläranlagen — Teil 4: Vorklärung; Deutsche Fassung EN 12255-4:2002.*

DIN EN 12255-6, *Kläranlagen — Teil 6: Belebungsverfahren; Deutsche Fassung EN 12255-6:2002.*

DIN EN 12255-10, *Kläranlagen — Teil 10: Sicherheitstechnische Baugrundsätze; Deutsche Fassung EN 12255-10:2000.*

3 Begriffe

Für die Anwendung dieser Norm gelten die in DIN EN 1085, DIN 4045 und DIN 19558 angegebenen Begriffe.

3

4 Hauptmaße

4.1 Rechteckbecken als Absetzbecken mit Schildräumer

Maße in Meter

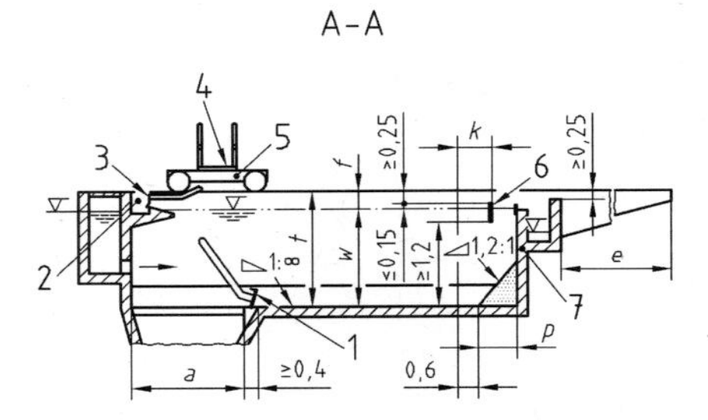

Räumerbrücke, Laufsteg, Räumer und Schwimmstoffrinne, Zulauf und Ablauf sind als Beispiel dargestellt.

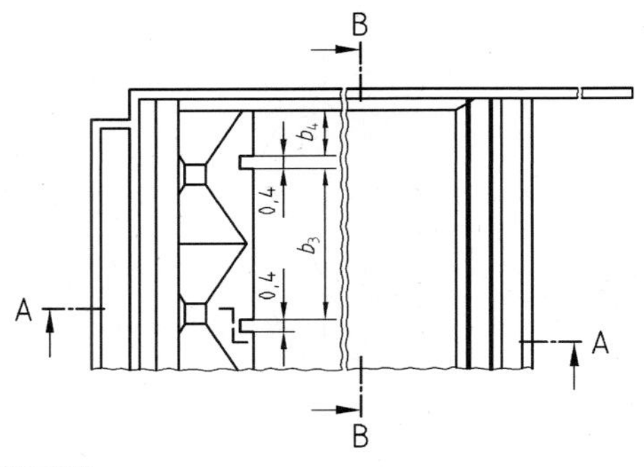

Ohne Räumerbrücke dargestellt.

Die Anzahl der Schlammtrichter ist entsprechend der Beckenbreite und den örtlichen Verhältnissen festzulegen.

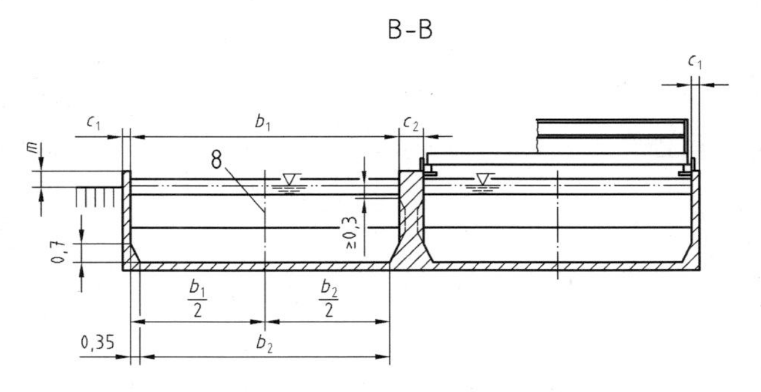

4

Legende

1 Bodenräumschild

2 Schwimmstoffrinne nach Bild 5 (dargestellt als Form 3)

3 Schwimmstoff-Räumschild

4 Laufsteg

— lichte Breite min. (siehe DIN EN 12255-10)

— zulässige Verkehrslast (siehe DIN EN 12255-1)

5 Räumerbrücke

6 Überfallwehr mit Tauchwand z. B. nach DIN 19558

7 Ablauf nach Bild 4 (dargestellt als Form 1)

8 lotrechte Symmetrieachse des Beckens

a Länge des Schlammtrichters

b_1 lichte Beckenbreite

b_2 Beckenbreite an der Sohle (zwischen den Vouten)

b_3 lichter Abstand der Auflaufnasen der Schlammtrichter

b_4 Abstand Voute zu erster Auflaufnase

c_1 Breite der Beckenkronen für einen Räumer

c_2 Breite der Beckenkronen für 2 benachbarte Räumerfahrbahnen

e Maß für die Fahrbahnverlängerung

f Freibord

k Abstand, um Unterfahren des Bodenräumschilds unter Tauchwand zu ermöglichen

m Maß Fahrbahnoberkante über Gelände (es gilt DIN EN 12255-10)

p Voutenmaß am Beckenende

t Beckentiefe

w Wassertiefe

Bild 1 — Rechteckbecken als Absetzbecken mit Schildräumer

Tabelle 1 — Maße für Rechteckbecken als Absetzbecken mit Schildräumer in Abhängigkeit von der Beckenbreite b_1

Maße in Meter

<table>
<tr><th>b_1</th><th>b_2</th><th>b_3</th><th>b_4</th><th>c_1
min.</th><th>c_2
min.</th><th>e</th><th>f</th></tr>
<tr><td>4</td><td>3,3</td><td>1,6</td><td>0,45</td><td rowspan="5">0,25</td><td rowspan="5">0,7</td><td rowspan="5">3</td><td rowspan="9">0,4
0,6
0,8
1
1,2</td></tr>
<tr><td>5</td><td>4,3</td><td>2,1</td><td>0,7</td></tr>
<tr><td>6</td><td>5,3</td><td>2,6</td><td>0,95</td></tr>
<tr><td>7</td><td>6,3</td><td>3,1</td><td>1,2</td></tr>
<tr><td>8</td><td>7,3</td><td>3,6</td><td>1,45</td></tr>
<tr><td>10</td><td>9,3</td><td>2,6</td><td>1,45</td><td rowspan="4">0,3</td><td rowspan="4">0,9</td><td rowspan="4">4</td></tr>
<tr><td>12</td><td>11,3</td><td>3,6</td><td>1,45</td></tr>
<tr><td>14</td><td>13,3</td><td>3,1</td><td>1,2</td></tr>
<tr><td>16</td><td>15,3</td><td>3,6</td><td>1,45</td></tr>
</table>

5

Tabelle 2 — Maße für Rechteckbecken als Absetzbecken mit Schildräumer in Abhängigkeit von der Beckentiefe t

Maße in Meter

t	a	k min.	p min.
2,4	2,45	1,1	0,8
2,6	2,6	0,95	0,85
2,8	2,75	0,8	0,9
3	2,9	0,7	0,95
3,2	3,05	0,55	1
3,4	3,2	0,4	1,05
3,6	3,35	0,25	1,1
3,8	3,5	0,15	1,15
4	3,65	0	1,2
um je 0,2 steigend	Nach Angaben des Schildräumerherstellers		
Maße a für b_1 = 14 m und b_1 = 16 m nach Angaben des Schildräumerherstellers			

ANMERKUNG Wählbare Maße sind die Beckenbreite b_1, die Beckentiefe t und die Wassertiefe w. Alle weiteren Maße ergeben sich aus den geometrischen Abhängigkeiten, die den Tabellen 1 und 2 zugrunde gelegt sind.

Ablaufformen (z. B. Form 1 und Form 7) sind in 4.4, Bild 4 wiedergegeben. Andere Ablaufformen, z. B. eingehängte Rinnen, sind bei der Räumerkonstruktion entsprechend zu berücksichtigen.

6

4.2 Rechteckbecken als Absetzbecken mit Saugräumer

Maße in Meter

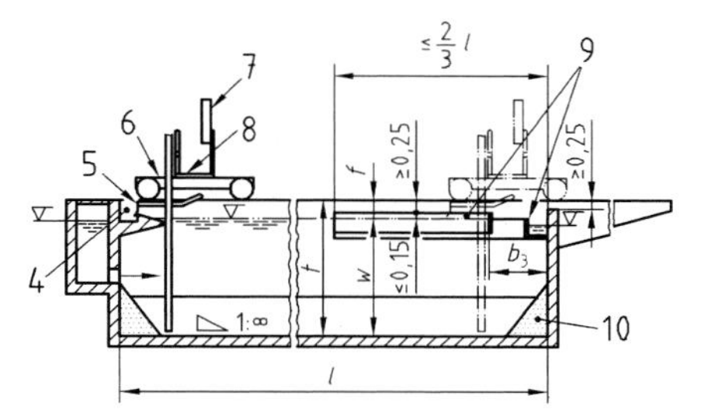

Räumerbrücke, Laufsteg, Räumwerk, Absaugvorrichtung, Schwimmstoffrinne, Zulauf und Ablauf sind als Beispiel dargestellt

Ausführung mit Heber Ausführung mit Pumpe

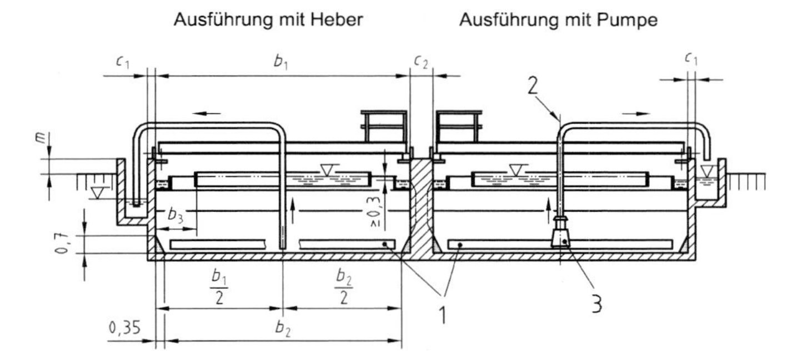

Anzahl und Ausführung der Räumerwerke und der Absaugvorrichtung nach Wahl des Herstellers

Legende

1 Räumwerk (Profilierung nicht dargestellt)

2 lotrechte Symmetrieebene des Beckens

3 Absaugvorrichtung

4 Schwimmstoffrinne nach Bild 5 (dargestellt ist Form 3)

5 Schwimmstoff-Räumschild

6 Räumerbrücke

7 z. B. Schaltschrank

8 Laufsteg

— lichte Breite min. (siehe DIN EN 12255-10)

— zulässige Verkehrslast (siehe DIN EN 12255-1)

9 Überfallwehr mit Tauchwand z. B. nach DIN 19558

10 Profilierung nach Herstellerangaben

b_1 lichte Beckenbreite

b_2 Beckenbreite an der Sohle

b_3 lichter Abstand des Endes der seitlichen Tauchwand von der Beckenrückwand

c_1 Breite der Beckenkronen für einen Räumer

c_2 Breite der Beckenkronen für zwei benachbarte Räumerfahrbahnen

f Freibord ≥0,4

l lichte Beckenlänge

m Maß Fahrbahnoberkante über Gelände (es gilt DIN EN 12255-10)

t Beckentiefe

w Wassertiefe

Bild 2 — Rechteckbecken als Absetzbecken mit Saugräumer und Art der Absaugung

7

Tabelle 3 — Maße für Rechteckbecken als Absetzbecken mit Saugräumer in Abhängigkeit von der Beckenbreite b_1

Maße in Meter

b_1	b_2	b_3 max.	c_1 min.	c_2 min.	t
4	3,3				
5	4,3				
6	5,3		0,25	0,7	
7	6,3	1			2,4 und um je 0,2 steigend
8	7,3				
10	9,3		0,3	0,9	
12	11,3				

ANMERKUNG Wählbare Maße sind die Beckenbreite b_1, die Beckentiefe t und die Wassertiefe w. Alle weiteren Maße ergeben sich aus den geometrischen Abhängigkeiten, die der Tabelle 3 zugrunde gelegt sind.

Ablaufformen (z. B. Form 1 und Form 7) sind in 4.4, Bild 4 wiedergegeben. Andere Ablaufformen, z. B. eingehängte Rinnen, sind bei der Räumerkonstruktion entsprechend zu berücksichtigen.

4.3 Rechteckbecken als Absetzbecken mit Bandräumer

Maße in Meter

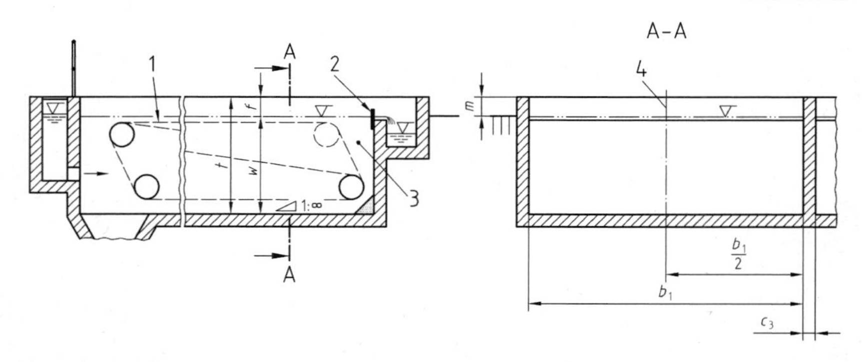

Räumwerk, Zulauf und Ablauf sind als Beispiel dargestellt.

Legende

1 Bandräumer

2 Überfallwehr (z. B. nach DIN 19558)

3 Schwimmstoffrinne (ist nach Bedarf anzuordnen)

4 lotrechte Symmetrieebene des Beckens

b_1 lichte Beckenbreite

f Freibord

m Maß Fahrbahnoberkante über Gelände (es gilt DIN EN 12255-10)

t Beckentiefe

w Wassertiefe

c_3 Dicke der Beckenwand; bei Anordnung des Antriebs auf der Wand $\geq 0,25$

Bild 3 — Rechteckbecken als Absetzbecken mit Bandräumer

8

Tabelle 4 — Maße für Rechteckbecken mit Bandräumer

Maße in Meter

b_1	f	t	w min.
2; 3; 4; 5; 6; 7; 8; 9; 10; 11; 12	0,4; 0,6; 0,8; 1; 1,2	2; und um je 0,2 steigend	1,6

ANMERKUNG Wählbare Maße sind die Beckenbreite b_1, Freibord f und die Beckentiefe t. Die Wassertiefe w ist u. a. maschinentechnisch bedingt.

Ablaufformen (z. B. Form 1) sind in 4.4, Bild 4 wiedergegeben. Andere Ablaufformen, z. B. eingehängte Rinnen, sind bei der Räumerkonstruktion entsprechend zu berücksichtigen.

4.4 Ablaufformen

Maße in Meter

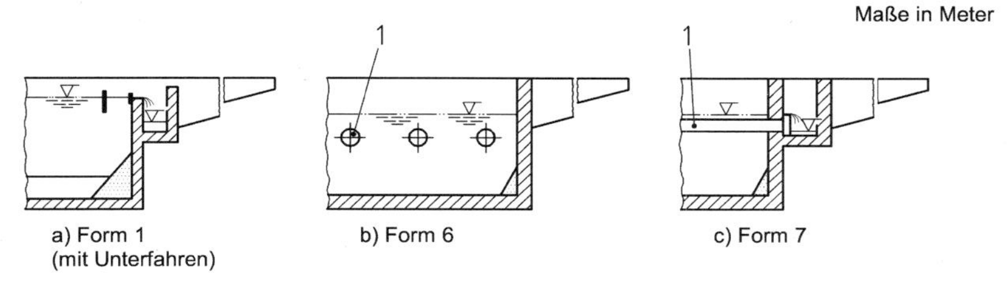

a) Form 1 (mit Unterfahren)   b) Form 6   c) Form 7

Legende

1 getauchte Ablaufrohre nach DIN 19558

Bild 4 — Abläufe für Rechteckbecken

4.5 Schwimmstoffabzugsformen

Mittels Schwimmstoffschilden bzw. durch den Rücklauf der Räumbalken bei Bandräumern im Bereich der Wasseroberfläche erfolgt ein Transport der Schwimmstoffe an ein Beckenende. Von dort werden die Schwimmstoffe abgezogen, beispielsweise mittels den dargestellten Abzugsystemen Form 3, 4 und 5 (siehe Bild 5).

Maße in Meter

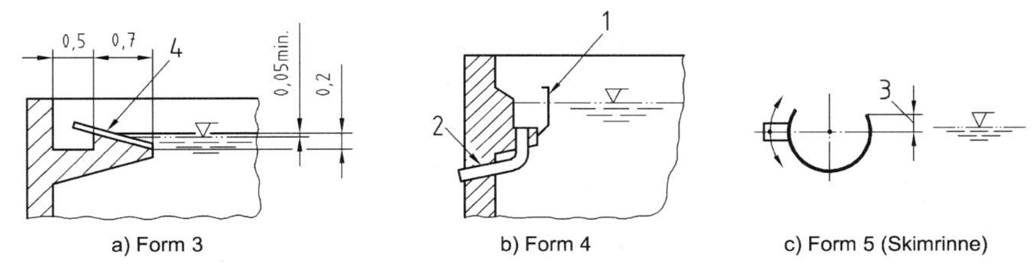

a) Form 3   b) Form 4   c) Form 5 (Skimrinne)

Legende

1 Schwimmstoff-Räumschild

2 Ablauf für Schwimmstoffe (absperrbar)

3 Verstellbereich ≥ 0,12

4 Auflaufnase für Schwimmstoff-Räumschild

Bild 5 — Schwimmstoffabzug für Rechteckbecken

9

5 Bau- und Ausrüstungstechnik

5.1 Allgemeines

5.1.1 Allgemeine Baugrundsätze

Es gelten die in den entsprechenden Europäischen Normen (insbesondere in DIN EN 12255-1, DIN EN 12255-4 und DIN EN 12255-6) festgelegten Baugrundsätze.

Insbesondere die baulichen Anforderungen nach DIN EN 12255-1 an:

— die Stabilität, Widerstandsfähigkeit und Auftriebssicherheit des Bauwerks;

— die Laufflächen aus Beton;

— die Befestigungen und Verbindungen zwischen technischer Ausrüstung und Bauwerk;

— die Zugänglichkeit;

— die Lüftung;

— die Wasserversorgung und Entwässerung;

— Hebevorrichtungen.

Weiterhin sind dies die Anforderungen an die technische Ausrüstung insbesondere an:

— die Grundsätze der maschinentechnischen Bemessung;

— Treppen, Plattformen, Gitterroste;

— Abdeckungen, Montage- und Reinigungsöffnungen;

— Kabeltrommeln;

— Pumpen und Rohrleitungen;

— Werkstoffe und Korrosionsschutz;

— die Fertigung von Schweißkonstruktionen;

— die Ausführung der Räumer (Lasten und Bemessungen, Antrieb von Hubtrieben, Breite und Durchmesser von Rädern, rechnerische Lebensdauer, Geradführung von Räumerbrücken für rechteckige Becken, Laufradüberwachung, Bremsmotore als Räumerantriebe, wartungsgerechte Gestaltung, Freihalten der Fahrbahnen von Eis und Schnee).

Nach DIN EN 12255-4:

— die verfahrenstechnischen Anforderungen und hydraulische Auslegung;

— die Gestaltung horizontal durchströmter Absetzbecken;

— die Gestaltung von Schlammtrichtern bzw. der Einsatz zusätzlicher Räumeinrichtungen zur Entfernung des abgesetzten Schlamms;

— das Entfernen von Schwimmstoffen.

Nach DIN EN 12255-6 die verfahrenstechnische Auslegung und Bemessung der Nachklärbecken.

10

5.1.2 Zulässige Bauwerkstoleranzen

Nach DIN EN 12255-1:2002-03, Anhang B

— Abstand der Längswände und Fahrbahnen von der Mittelachse: ±0,02 m;

— Abstand der Fahrbahnen voneinander: ±0,02 m;

— Abstand der Längswände voneinander: ±0,02 m;

— Kontur des Beckenbodens in Querrichtung: ±0,01 m;

— Ebenheit der Fahrbahnen bezogen auf eine Länge von 4 m: 0,02 m;

ANMERKUNG Hinsichtlich der Toleranzen sind die Vouten Bestandteil der Längswände.

Für Saugräumer:

— Beckentiefe (von der Fahrbahn zum Boden): ±0,02 m.

Darüber hinaus sind folgende Toleranzen zulässig:

— Gesamtbreite mehrerer von einer Brücke überspannten Becken: ±0,02 m;

— Breite der Fahrbahn c_1 und c_2: ±0,02 m;

Die übrigen Maßabweichungen des Bauwerks sind nach DIN 18202 festzulegen.

5.1.3 Sicherheitstechnik

Die erforderlichen Absturzsicherungen, Ausstiege und die Einstiegsvorrichtungen für Rinnen und Becken sind nach den Regeln der Sicherheitstechnik anzuordnen. Für die Anordnung gelten die allgemeinen Regeln der Sicherheitstechnik sowie die besonderen für Kläranlagen nach DIN EN 12255-10 und die entsprechenden Unfallverhütungsvorschriften des zuständigen Unfallversicherungsträgers[1)].

5.1.4 Ablaufsysteme

Das Ablaufsystem (nach Bild 4, Form 1) darf mit Überfallwehr und Tauchwand nach DIN 19558 ausgeführt werden oder mit getauchten Ablaufrohren (nach Bild 4, Form 6 oder Form 7).

Verlängerte Überfallwehre mit Tauchwand sind vorzugsweise entlang der Längswände auszubilden.

Bei der Notwendigkeit einer Reinigung der Ablaufsysteme sind diese so zu gestalten, dass eine maschinelle Reinigung möglich ist.

5.1.5 Beckenwasserspiegel

Der Beckenwasserspiegel ist durch das Ablaufsystem (nach 5.1.4) nach DIN 19558 bestimmt.

5.1.6 Werkstoffe

Für Seile ist nichtrostender Stahl zu verwenden (z. B. 1.4401 (nach DIN EN 10088-2)).

---

1) Bundesverband der Unfallkassen e.V. (BUK)

11

5.2 Bau und Ausrüstungstechnik für Schildräumer

5.2.1 Schwimmstoffabzug

Der Schwimmstoffabzug kann z. B. als schräge Anfahrrampe (nach Bild 5, Form 3), als Anlauframpe (nach Bild 5, Form 4) oder als Skimrinne (nach Bild 5, Form 5) ausgeführt werden.

5.2.2 Besondere Konstruktionsmerkmale

Bodenräumschilde sind im unteren Bereich mit einer Leiste auszustatten, die bei der Montage auf die größtmögliche Grenzabweichung der Sohle eingestellt werden kann.

Die Rückfahrgeschwindigkeit darf ein Mehrfaches der Räumgeschwindigkeit betragen.

5.2.3 Mess-, Steuer- und Regeltechnik

Die steuerungstechnische Verknüpfung mit vor- und nachgeschalteten Maschinen ist zu beachten.

Sind besondere Räumprogramme, z. B. schrittweises Räumen, vorgesehen, so sind diese in der Ausschreibung anzugeben.

5.3 Bau und Ausrüstungstechnik für Saugräumer

5.3.1 Schwimmstoffabzug

Der Schwimmstoffabzug kann z. B. als schräge Anfahrrampe (nach Bild 5, Form 3) als Anlauframpe (nach Bild 5, Form 4) oder als Skimrinne (nach Bild 5, Form 5) ausgeführt werden.

5.3.2 Bauliche Anforderungen

Die Sohle muss überall geräumt werden können. Eine ausreichende Schlammräumung ist nur dann möglich, wenn in den Umkehrbereichen am Beckenanfang und -ende die Sohle und teilweise die Wände dem gewählten Räumsystem angepasst werden.

5.3.3 Besondere Konstruktionsmerkmale

An jedem Saugrohr muss die abgesaugte Schlammmenge beobachtbar und einstellbar sein.

Es ist sicherzustellen, dass die Beckensohle auch an den Beckenenden geräumt wird.

In Nachklärbecken mit Saugräumern sollte die Saugleistung über die Beckenlänge variabel veränderbar sein.

5.3.4 Mess-, Steuer- und Regeltechnik

Die steuerungstechnische Verknüpfung mit vor- und nachgeschalteten Maschinen ist zu beachten.

Sind besondere Räumprogramme, z. B. schrittweises Räumen, vorgesehen, so sind diese in der Ausschreibung anzugeben.

5.4 Bau und Ausrüstungstechnik für Bandräumer

5.4.1 Schwimmstoffabzug

Der Schwimmstoffabzug kann z. B. als Skimrinne (nach Bild 5, Form 5) oder als Anlauframpe (ähnlich Bild 5, Form 4) ausgeführt werden.

12

5.4.2 Bauliche Anforderungen

Diese Becken sind in besonderer Weise von der Bauart der technischen Ausrüstung abhängig. Die Einzelheiten, z. B. Aussparungen, Anordnung der Antriebe, Skimrinnen, sind daher rechtzeitig bei der Planung mit dem Ausrüster abzustimmen.

5.4.3 Mehrstraßigkeit

Bandräumer können nur nach Entleerung des Absetzbeckens gewartet und repariert werden. Daher sind Klärbecken mit Bandräumern mehrstraßig auszubilden sowie geeignete Vorkehrungen zu treffen, damit jede Straße einzeln außer Betrieb genommen werden kann.

5.4.4 Lasten und Bemessungen

Zulässige Balkendurchbiegung:

— vertikal (bei gefülltem Becken): 1 cm;

— horizontal: Länge des Räumbalkens (L)/100.

Für die Ermittlung der Kettenbelastung sind folgende Werte anzusetzen:

— Schildbelastung,

— Reibungswiderstände bei gefülltem Becken,

— Vorspannkraft aus Kettendurchhang.

Die Summe dieser Kräfte darf maximal 10 % der Kettenbruchlast betragen.

5.4.5 Besondere Konstruktionsmerkmale

Mindestens jeder fünfte Räumbalken ist mit einer elastischen und auswechselbaren Leiste auszurüsten.

Der maximale Abstand der Räumbalken voneinander beträgt 6 m.

Eine drehmomentabhängige Überlastsicherung des Antriebs ist vorzusehen.

Die Notwendigkeit und die Ausführung einer Überwachung der Kettenspannung sind zu vereinbaren.

Die Antriebsstation ist mit durchgehender Welle auszurüsten.

5.4.6 Mess-, Steuer- und Regeltechnik

Bandräumer sind mit einer Störmeldung zu versehen. Weiter gehende Anforderungen, wie z. B. Kettenbruchsicherung, sind gesondert zu vereinbaren.

5.4.7 Betrieb und Wartung

Da die meisten maschinellen Einrichtungen eines Bandräumers im Betrieb nicht beobachtet werden können, sind diese ganz besonders in entsprechenden Zeitintervallen auf ausreichende „Verschleiß-reserven" zu inspizieren und gegebenenfalls vorbeugend zu warten.

Stillstandsvorschriften für Räumbalken und Ketten sind vom Hersteller vorzugeben.

13

Dezember 2002

	Kläranlagen **Rechteckbecken** Teil 3: Sandfänge mit Saug- und Schildräumer Bauformen, Hauptmaße, Ausrüstungen	**DIN** **19551-3**

ICS 13.060.30

Ersatz für
DIN 19551-3:1978-08;
mit DIN 19569-2:2002-12,
DIN 19551-1:2002-12,
DIN 19552:2002-12,
DIN 19554:2002-12 und
DIN EN 12255-1:2002-04
Ersatz für DIN 19569-2:1989-05

Wastewater treatment plants — Rectangular tanks — Part 3: Grit chambers with suction type sludge remover and sludge scraper; Types, main dimensions, equipment

Stations d'épuration — Basins de décantation rectangulaires — Partie 3: Dessableurs avec aspirateur et racleur de boue; Types, dimensions principales, équipements

Inhalt

Fortsetzung Seite 2 bis 8

Normenausschuss Wasserwesen (NAW) im DIN Deutsches Institut für Normung e. V.

Vorwort

Nicht zuletzt aufgrund der Erarbeitung und des nahe liegenden In-Kraft-Tretens der Europäischen Normen (DIN EN 12255-1 bis DIN EN 12255-16) für Kläranlagen für über 50 Einwohnerwerte (EW) ergibt sich die Notwendigkeit, die bisherigen Deutschen Normen für Kläranlagen, das heißt DIN 19551-1 bis DIN 19551-4, DIN 19552-1 bis DIN 19552-3, DIN 19553, DIN 19554-1, DIN 19554-3, DIN 19557-1, DIN 19557-2 sowie verschiedene Teile von DIN 19569 zu überarbeiten.

Der hierfür zuständige Ausschuss NAW V 36 verfolgt dabei die Absicht, das so entstehende neue europäische und nationale Regelwerk für den Benutzer so übersichtlich und einfach wie möglich zu gestalten.

Daher werden die bisher überwiegend als Maßnormen gestalteten Deutschen Normen für Kläranlagen DIN 19551-1 bis DIN 19554 ergänzt um

— Verweise auf die in verschiedenen Teilen der Europäischen Normen der Reihe DIN EN 12255 festgelegten Grundsätze;

— normative Festlegungen aus den entsprechenden Normen der Reihe DIN 19569 (Baugrundsatznormen) soweit sie als „Reste“ aus diesen übernommen werden können (sie werden also nicht in die entsprechende Restnorm zu DIN 19569 aufgenommen, sondern werden in die betreffende erweiterte Maßnorm übernommen, um so die Anzahl und den Inhalt der noch verbleibenden Restnormen zu DIN 19569 möglichst gering zu halten).

Darüber hinaus werden Teile der bisherigen Maßnormen zu Gruppen zusammengefasst.

DIN 19551 „Kläranlagen — Rechteckbecken“ besteht aus:

— Teil 1: Absetzbecken mit Schild-, Saug- und Bandräumer; Bauformen, Hauptmaße, Ausrüstungen

— Teil 3: Sandfänge mit Saug- und Schildräumer; Bauformen, Hauptmaße, Ausrüstungen

Änderungen

Gegenüber DIN 19551-3:1978-08 und DIN 19569-2:1989-05 wurden folgende Änderungen vorgenommen:

a) die für Rechteckbecken als Sandfänge mit Schild- und Saugräumern geltenden Grundsätze von DIN EN 12255-1 und DIN EN 12255-3 zitiert,

b) Schildräumer für Sandfänge aufgenommen,

c) Abschnitt „Begriffe“ aufgenommen,

d) die Norm redaktionell überarbeitet.

Frühere Ausgaben

DIN 19551-3: 1978-08; DIN 19569-2: 1989-05.

1 Anwendungsbereich

Diese Norm gilt für Rechteckbecken als Sandfänge mit Saug- und Schildräumern in Kläranlagen. Sie legt Hauptmaße und Grundsätze der Bau- und Ausrüstungstechnik fest. Diese Norm gilt nicht für die klärtechnische und hydraulische Bemessung.

Für die allgemeinen Baugrundsätze für Kläranlagen gilt DIN EN 12255-1, besondere Baugrundsätze sind in DIN 19569-2 festgelegt.

2 Normative Verweisungen

Diese Norm enthält durch datierte oder undatierte Verweisungen Festlegungen aus anderen Publikationen. Diese normativen Verweisungen sind an den jeweiligen Stellen im Text zitiert, und die Publikationen sind nachstehend aufgeführt. Bei datierten Verweisungen gehören spätere Änderungen oder Überarbeitungen dieser Publikationen nur zu dieser Norm, falls sie durch Änderung oder Überarbeitung eingearbeitet sind. Bei undatierten Verweisungen gilt die letzte Ausgabe der in Bezug genommenen Publikation (einschließlich Änderungen).

DIN 4045, *Abwassertechnik — Begriffe.*

DIN 18202, *Toleranzen im Hochbau — Bauwerke.*

DIN 19569-2, *Kläranlagen — Baugrundsätze für Bauwerke und technische Ausrüstung — Besondere Baugrundsätze für Einrichtungen zum Abtrennen und Eindicken von Feststoffen.*

DIN EN 1085, *Abwasserbehandlung — Wörterbuch; Dreisprachige Fassung EN 1085:1997.*

DIN EN 10088-2, *Nichtrostende Stähle — Teil 2: Technische Lieferbedingungen für Blech und Band für allgemeine Verwendung; Deutsche Fassung EN 10088-2:1995.*

DIN EN 12255-1, *Kläranlagen — Teil 1: Allgemeine Baugrundsätze; Deutsche Fassung EN 12255-1:2002.*

DIN EN 12255-3, *Kläranlagen — Teil 3: Abwasservorreinigung (enthält Berichtigung AC:2000); Deutsche Fassung EN 12255-3:2000 + AC.*

DIN EN 12255-10, *Kläranlagen — Teil 10: Sicherheitstechnische Baugrundsätze; Deutsche Fassung EN 12255-10:2000.*

3 Begriffe

Für die Anwendung dieser Norm gelten die in DIN EN 1085 und DIN 4045 angegebenen Begriffe.

4 Hauptmaße

4.1 Rechteckbecken als Sandfang mit Saugräumer

Maße in Meter

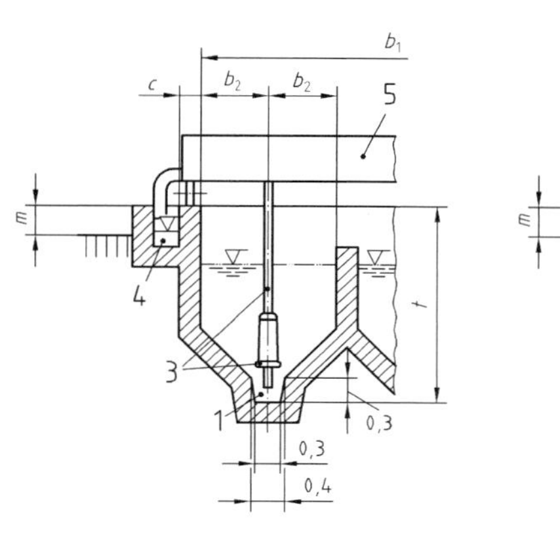

a) Unbelüfteter Sandfang

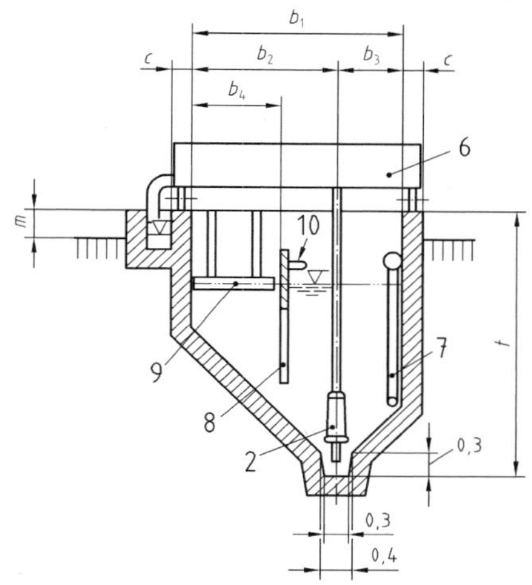

b) Belüfteter Sandfang

Form der Beckenquerschnitte, Saugvorrichtung, Pumpvorrichtung, Rücklaufrinne, Räumerbrücke, Laufsteg, Belüftungsvorrichtung, Schwimmstoff-Räumschild, Beruhigungsgitter und Anzahl der Saugrinnen sind als Beispiel dargestellt.

Legende

1 Saugrinne

2 Pumpvorrichtung

3 Saugvorrichtung. Die Saugvorrichtung fördert in die Rücklaufrinne zur Trenneinheit am Sandfangeinlauf. Ist ein Silo auf der Räumerbrücke angeordnet, muss dessen Überlauf in die Rücklaufrinne zum Sandfangeinlauf geführt werden.

4 Rücklaufrinne, außen angeordnet

5 Räumerbrücke

6 Laufsteg
- lichte Breite min. (siehe DIN EN 12255-10)
- zulässige Verkehrslast (siehe DIN EN 12255-1)

7 Belüftungsvorrichtung

8 Beruhigungsgitter

9 Schwimmstoff-Räumschild

10 Haltestange

b_1 lichte Gesamtbeckenbreite

b_2, b_3 Abstand Mittelachse Saugrinne von Beckeninnenwand

b_4 lichte Breite im Schwimmstoff-Sammelbereich

c Breite der Beckenkronen für Räumerfahrbahnen

m Maß Fahrbahnoberkante über Gelände (es gilt DIN EN 12255-10)

t Beckentiefe

Bild 1 — Rechteckbecken als unbelüfteter und belüfteter Sandfang mit Saugräumer

Tabelle 1 — Maße für Rechteckbecken als unbelüfteter und belüfteter Sandfang mit Saugräumer in Abhängigkeit von der Breite b_1

Maße in Meter

b_1	b_2, b_3, b_4	c min.	t
0,8 und um je 0,2 steigend bis 2,6	0,4 und um je 0,1 steigend	0,25	0,6 und um je 0,2 steigend bis 4
2,8 und um je 0,4 steigend bis 6			ab 4 um je 0,4 steigend bis 6
7 und um je 1 steigend bis 16		0,3	

ANMERKUNG Wählbare Maße sind die Beckenbreiten b_1, b_2, b_3, b_4 und die Beckentiefe t. c min. ergibt sich aus den geometrischen Abhängigkeiten, die Tabelle 1 zugrundegelegt sind.

4.2 Rechteckbecken als Sandfang mit Schildräumer

Maße in Meter

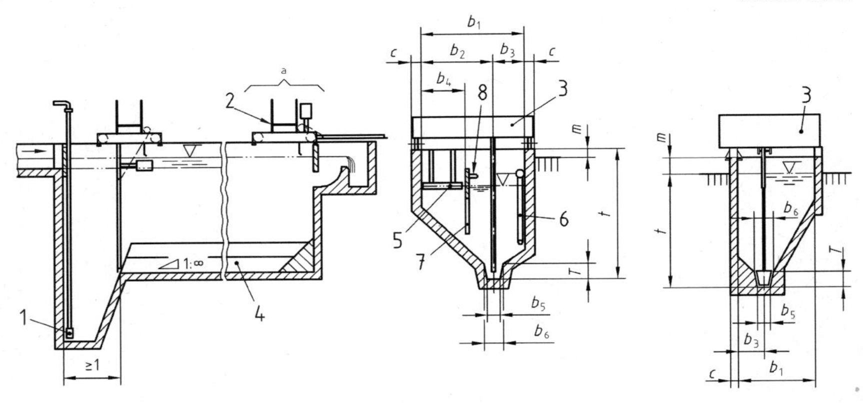

Form der Beckenquerschnitte, Ablauf, Saugvorrichtung, Räumerbrücke, Laufsteg, Sandsammelrinne, Belüftungsvorrichtung, Beruhigungsgitter und Schwimmstoff-Räumschild sind als Beispiel dargestellt.

Legende

1 Saugvorrichtung, mit Drucklufttheber

2 Laufsteg

— lichte Breite min. (siehe DIN EN 12255-10)

— zulässige Verkehrslast (siehe DIN EN 12255-1)

3 Räumerbrücke

4 Sandsammelrinne

5 Schwimmstoff-Räumschild

6 Belüftungsvorrichtung

7 Beruhigungsgitter

8 Haltestange

b_1 lichte Gesamtbeckenbreite

b_2, b_3 Abstand Mittelachse Sandsammelrinne von Beckeninnenwand

b_4 lichte Beckenbreite im Schwimmstoff-Sammelbereich

b_5, b_6 Rinnenbreite

m Maß Fahrbahnoberkante über Gelände (es gilt DIN EN 12255-10)

T Rinnentiefe

t Beckentiefe

c Breite der Beckenkronen für Räumerfahrbahnen

a Räumer in Reparaturstellung

Bild 2 — Rechteckbecken als belüfteter Sandfang mit Schildräumer

Tabelle 2 — Maße für Rechteckbecken als belüfteter Sandfang mit Schildräumer in Abhängigkeit von der Breite b_1

Maße in Meter

<table>
<tr><th>b_1</th><th>b_2</th><th>b_3</th><th>b_4</th><th>t</th><th>b_5</th><th>b_6</th><th>T</th><th>c
min.</th></tr>
<tr><td>1,6 und um je 0,2 steigend bis 2,6</td><td>1 und um je 0,1 steigend</td><td rowspan="3">0,4 und um je 0,1 steigend</td><td>0,6 und um je 0,1 steigend</td><td rowspan="3">1,6 und um je 0,2 steigend bis 4
ab 4 um je 0,4 steigend bis 6</td><td>0,3</td><td>0,4</td><td>0,3</td><td rowspan="3">0,25</td></tr>
<tr><td>2,8 und um je 0,4 steigend bis 4,8</td><td rowspan="2">1,8 und um je 0,2 steigend</td><td rowspan="2">1,2 und um je 0,2 steigend</td><td>0,4</td><td>0,6</td><td>0,5</td></tr>
<tr><td>5,2 und um je 0,4 steigend bis 7,2</td><td>0,5</td><td>1,0</td><td>0,8</td></tr>
</table>

ANMERKUNG Wählbare Maße sind die Beckenbreiten b_1, b_2, b_3, b_4 und die Beckentiefe t. Alle weiteren Maße ergeben sich aus den geometrischen Abhängigkeiten, die Tabelle 2 zugrundegelegt sind.

Tabelle 3 — Maße für Rechteckbecken als unbelüfteter Sandfang mit Schildräumer in Abhängigkeit von der Breite b_2

Maße in Meter

<table>
<tr><th>b_1</th><th>b_3</th><th>b_5</th><th>b_6</th><th>T</th><th>c
min.</th><th>t</th></tr>
<tr><td>0,8 und um je 0,2 steigend bis 1,8</td><td>0,45</td><td>0,3</td><td>0,4</td><td>0,3</td><td rowspan="3">0,25</td><td rowspan="3">0,6 und um je 0,2 steigend bis 4,6</td></tr>
<tr><td>2,0 und um je 0,2 steigend bis 2,6</td><td>0,8</td><td>0,4</td><td>0,6</td><td>0,5</td></tr>
<tr><td>2,8 und um je 0,4 steigend bis 4,0</td><td>1,0</td><td>0,5</td><td>1,0</td><td>0,8</td></tr>
</table>

ANMERKUNG Wählbare Maße sind die Beckenbreite b_1 und die Beckentiefe t. Alle weiteren Maße ergeben sich aus den geometrischen Abhängigkeiten, die Tabelle 3 zugrundegelegt sind.

5 Bau- und Ausrüstungstechnik

5.1 Allgemeine Baugrundsätze

Es gelten die in den entsprechenden Europäischen Normen (insbesondere in DIN EN 12255-1 und DIN EN 12255-3) festgelegten Baugrundsätze.

In DIN EN 12255-1 sind dies insbesondere die baulichen Anforderungen an:

— die Stabilität, Widerstandsfähigkeit und Auftriebssicherheit der Bauwerke;

— die Laufflächen aus Beton;

— die Befestigungen und Verbindungen zwischen technischer Ausrüstung und Bauwerk;

— die Zugänglichkeit;

— die Lüftung;

— die Wasserversorgung und Entwässerung;

— Hebevorrichtungen.

Weiterhin sind dies die Anforderungen an die technische Ausrüstung insbesondere an:

- die Grundsätze der maschinentechnischen Bemessung;
- Treppen, Plattformen, Gitterroste;
- Abdeckungen, Montage- und Reinigungsöffnungen;
- Kabeltrommeln;
- Pumpen und Rohrleitungen;
- Werkstoffe und Korrosionsschutz;
- die Fertigung von Schweißkonstruktionen;
- die Ausführung der Räumer (Lasten und Bemessungen, Antrieb von Hubtrieben, Breite und Durchmesser von Rädern, rechnerische Lebensdauer, Geradführung von Räumerbrücken für rechteckige Becken, Laufradüberwachung, Bremsmotore als Räumerantriebe, wartungsgerechte Gestaltung, Freihalten der Fahrbahnen von Eis und Schnee).

In DIN EN 12255-3 sind dies insbesondere die folgenden Anforderungen an:

- die Bemessung der Anlagen zur Sandabscheidung;
- Mehrstraßigkeit der Anlagen;
- Räumschildbelastung;
- Bauart und Werkstoffe von Pumpen zur Sandförderung;
- Geschwindigkeiten in Druckluftleitungen;
- Fett- und Ölabscheidung im Sandfang.

5.2 Zulässige Bauwerkstoleranzen

Nach DIN EN 12255-1:2002-03, Anhang B:

- Abstand der Längswände voneinander: ±0,02 m;
- Ebenheit der Fahrbahnen für die Lauf- und Führungsrollenflächen bezogen auf eine Länge von 4 m: ± 0,02 m.
- Beckentiefe, t: ±0,02 m

Darüber hinaus sind folgende Toleranzen zulässig für:

- Gesamtbreite mehrerer von einer Brücke überspannten Becken: ±0,02 m;
- Abstand der Mittelachse der Sandsammelrinne von der Beckeninnenwand, von b_2: ±0,02 m;
- Breite der Fahrbahn c: ±0,02 m.

Die übrigen Maßabweichungen des Bauwerks sind nach DIN 18202 festzulegen.

5.3 Sicherheitstechnik

Die erforderlichen Absturzsicherungen, Ausstiege und die Einstiegsvorrichtungen für Rinnen und Becken sind nach den Regeln der Sicherheitstechnik anzuordnen. Für die Anordnung gelten die allgemeinen Regeln der Sicherheitstechnik sowie die besonderen für Kläranlagen nach DIN EN 12255-10 und die entsprechenden Unfallverhütungsvorschriften des zuständigen Unfallversicherungsträgers[1)].

1) Bundesverband der Unfallkassen e. V. BUK, Hauptverband der gewerblichen Berufsgenossenschaften (HVBG)

5.4 Anforderungen an das Bauwerk

Der Rücklauf aus Trenn-, Wasch- und Stapelvorrichtungen muss vor dem Sandfang zugeführt werden. Bei Abscheidvorrichtungen auf dem Räumer sind dafür Rücklaufrinnen vorzusehen.

Bei der Verwendung von Drucklufthebern zur Förderung des abgesetzten Sand-Wasser-Gemisches ist auf eine ausreichende Einbautiefe in Abhängigkeit von der Förderhöhe zu achten.

Für tieferliegende Trichter, z. B. in Sandfängen mit Schildräumer, sind Spülwasser und/oder Spülluft vorzusehen. Derartige Trichter sind nicht als Stapelbehälter für Sand zu verwenden.

5.5 Anforderungen an die technische Ausrüstung

Von Räumern im Sandsammelbereich bewegte Schilde, Heber, Pumpen und Saugstutzen müssen ausweichen können oder andersartig gegen Überlastungen gesichert sein, wobei die eigentliche Förderung aber fortgesetzt wird.

Schilde bei Schildräumern müssen berührungsfrei, d. h. ohne Kufen oder Rollen, über die Sohle geführt werden.

Die Ruhestellung ist system- und funktionsbedingt festzulegen, im Allgemeinen an der Ablaufseite.

5.6 Werkstoffe

Pumpen, Rohrleitungen und Armaturen unterliegen einem erhöhten Verschleiß. Dies ist für Sand-Wasser-Gemische zu beachten.

Für Seile ist nichtrostender Stahl zu verwenden (z. B. 1.4401 (nach DIN EN 10088-2)).

5.7 Mess-, Steuer- und Regeltechnik

Die steuerungstechnische Verknüpfung mit vor- und nachgeschalteten Maschinen ist zu beachten (z. B. Pumpen, Klassierer).

5.8 Schwimmstoffabzug

Eine Entnahme abgeschiedener Schwimmstoffe ist vorzusehen.

Dezember 2002

	Kläranlagen **Rundbecken** Absetzbecken mit Schild- und Saugräumer und Eindicker Bauformen, Hauptmaße, Ausrüstungen	DIN 19552

ICS 13.060.30

Ersatz für
DIN 19552-1:1972-09,
DIN 19552-2:1975-12 und
DIN 19552-3:1978-08;
mit DIN 19569-2:2002-12,
DIN 19551-1:2002-12,
DIN 19551-3:2002-12,
DIN 19554:2002-12 und
DIN EN 12255-1:2002-04
Ersatz für DIN 19569-2:1989-05

Wastewater treatment plants — Circular tanks — Settlement tanks with sludge scraper, suction type sludge remover and thickener; Types, main dimensions, equipment

Stations d'épuration — Bassins circulaire — Bassin de décantation avec racleur de boue, aspirateur et épaississeur; Types, dimensions principales, équipement

Inhalt

Fortsetzung Seite 2 bis 12

Normenausschuss Wasserwesen (NAW) im DIN Deutsches Institut für Normung e.V.

Seite

Bilder

Tabellen

Vorwort

Nicht zuletzt aufgrund der Erarbeitung und des nahe liegenden In-Kraft-Tretens der Europäischen Normen (DIN EN 12255-1 bis DIN EN 12255-16) für Kläranlagen für über 50 Einwohnerwerte (EW) ergibt sich die Notwendigkeit, die bisherigen Deutschen Normen für Kläranlagen, das heißt DIN 19551-1 bis DIN 19551-4, DIN 19552-1 bis DIN 19552-3, DIN 19553, DIN 19554-1, DIN 19554-3, DIN 19557-1, DIN 19557-2 sowie verschiedene Teile von DIN 19569 zu überarbeiten.

Der hierfür zuständige Ausschuss NAW V 36 verfolgt dabei die Absicht, das so entstehende neue europäische und nationale Regelwerk für den Benutzer so übersichtlich und einfach wie möglich zu gestalten.

Daher werden die bisher überwiegend als Maßnormen gestalteten Deutschen Normen für Kläranlagen DIN 19551-1 bis DIN 19554 ergänzt um

— Verweise auf die in verschiedenen Teilen der Europäischen Normen der Reihe DIN EN 12255 festgelegten Grundsätze;

— normative Festlegungen aus den entsprechenden Normen der Reihe DIN 19569 (Baugrundsatznormen), soweit sie als „Reste“ aus diesen übernommen werden können (sie werden also nicht in die entsprechende Restnorm zu DIN 19569 aufgenommen, sondern werden in die betreffende erweiterte Maßnorm übernommen, um so die Anzahl und den Inhalt der noch verbleibenden Restnormen zu DIN 19569 möglichst gering zu halten).

Darüber hinaus werden Teile der bisherigen Maßnormen zu Gruppen zusammengefasst.

Änderungen

Gegenüber DIN 19552-1:1972-09, DIN 19552-2:1975-12, DIN 19552-3:1978-08 und DIN 19569-2:1989-05 wurden folgende Änderungen vorgenommen:

a) DIN 19552-1, DIN 19552-2, DIN 19552-3 zusammengefasst;

b) die für Rundbecken als Absetzbecken und Eindicker geltenden Grundsätze von DIN EN 12255-1, DIN EN 12255-4, DIN EN 12255-6 und DIN EN 12255-8 zitiert;

c) normative Festlegungen bestimmter Maße für die Innendurchmesser (d_1) der Becken für Rundräumer durch die Zuordnung der anderen Maße zu Durchmesserbereichen ersetzt;

d) (weitere) Grundsätze der Bau- und Ausrüstungstechnik aufgenommen;

e) der Bezug zu DIN 19558 Ablaufsysteme wurde aufgenommen;

f) Abschnitt „Begriffe“ aufgenommen;

g) die Norm redaktionell überarbeitet.

Frühere Ausgaben

DIN 19552-1: 1972-09
DIN 19552-2: 1975-12
DIN 19552-3: 1978-08
DIN 19569-2: 1989-05

1 Anwendungsbereich

Diese Norm gilt für Rundbecken als Absetzbecken mit Schild-, und Saugräumer sowie als Eindicker mit Zentralbetrieb in Kläranlagen. Diese Norm gilt nicht für die klärtechnische und hydraulische Bemessung.

Für die allgemeinen Baugrundsätze für Kläranlagen gilt DIN EN 12255-1, besondere Baugrundsätze sind in DIN 19569-2 festgelegt.

2 Normative Verweisungen

Diese Norm enthält durch datierte oder undatierte Verweisungen Festlegungen aus anderen Publikationen. Diese normativen Verweisungen sind an den jeweiligen Stellen im Text zitiert, und die Publikationen sind nachstehend aufgeführt. Bei datierten Verweisungen gehören spätere Änderungen oder Überarbeitungen dieser Publikationen nur zu dieser Norm, falls sie durch Änderung oder Überarbeitung eingearbeitet sind. Bei undatierten Verweisungen gilt die letzte Ausgabe der in Bezug genommenen Publikation (einschließlich Änderungen).

DIN 4045, *Abwassertechnik — Begriffe.*

DIN 18202, *Toleranzen im Hochbau — Bauwerke.*

DIN 19558, *Kläranlagen — Ablaufeinrichtungen, Überfallwehr und Tauchwand, getauchte Ablaufrohre in Becken; Baugrundsätze, Hauptmaße, Anordnungsbeispiele.*

DIN 19569-2, *Kläranlagen — Baugrundsätze für Bauwerke und technische Ausrüstungen — Besondere Baugrundsätze für Einrichtungen zum Abtrennen und Eindicken von Feststoffen.*

DIN EN 1085, *Abwasserbehandlung — Wörterbuch; Dreisprachige Fassung EN 1085:1997.*

DIN EN 10088-2, *Nichtrostende Stähle — Teil 2: Technische Lieferbedingungen für Blech und Band für allgemeine Verwendung; Deutsche Fassung EN 10088-2:1995.*

DIN EN 12255-1, *Kläranlagen — Teil 1: Allgemeine Baugrundsätze; Deutsche Fassung EN 12255-1:2002.*

DIN EN 12255-4, *Kläranlagen — Teil 4: Vorklärung; Deutsche Fassung EN 12255-4:2002.*

DIN EN 12255-6, *Kläranlagen — Teil 6: Belebungsverfahren; Deutsche Fassung EN 12255-6:2002.*

DIN EN 12255-8, *Kläranlagen — Teil 8: Schlammbehandlung und -lagerung; Deutsche Fassung EN 12255-8:2001.*

DIN EN 12255-10, *Kläranlagen — Teil 10: Sicherheitstechnische Baugrundsätze; Deutsche Fassung EN 12255-10:2000.*

3 Begriffe

Für die Anwendung dieser Norm gelten die in DIN EN 1085, DIN 4045 und DIN 19558 angegebenen Begriffe.

4 Hauptmaße

4.1 Rundbecken als Absetzbecken mit Schildräumer

Maße in Meter

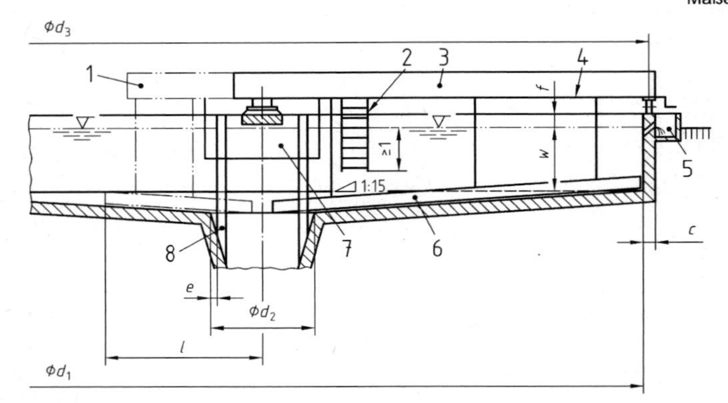

Einlaufzylinder, Mittelbauwerk, Räumerbrücke, Laufsteg und die Anordnung der Notausstiegsleiter sind als Beispiel dargestellt.

Die Schwimmstoffentnahme ist nicht dargestellt.

Legende

1 Kragarm oder Doppelbrücke (wahlweise)

2 Notausstiegsleiter

3 Räumerbrücke

4 Laufsteg

— lichte Breite min. (siehe DIN EN 12255-1)

— zulässige Verkehrslast (siehe DIN EN 12255-10)

5 Ablauf (als Beispiel dargestellt Form 1 (siehe Bild 4))

6 Räumschild

7 Einlaufzylinder

8 Mittelbauwerk

d_1 lichter Beckendurchmesser

d_2 Trichterdurchmesser

d_3 Laufkreisdurchmesser des Rundräumers bei:
den Formen 1, 2 ,3: $d_3 = d_1 + c$
Form 4: $d_3 = d_1 + 2n + c$

e Abstand Trichterrand zu Stützen Mittelbauwerk

l Länge des Vorräumschildes

f Freibord

w Randwassertiefe

c Breite der Beckenkronen für Räumerfahrbahnen

n Abstandsmaß für außen angeordnete Rinne (siehe Bild 4)

Bild 1 — Rundbecken als Absetzbecken mit Schildräumer

Tabelle 1 — Maße für Rundbecken als Absetzbecken mit Schildräumer in Abhängigkeit vom Beckendurchmesser d_1

Maße in Meter

<table>
<tr><th>d_1</th><th>c
min.</th><th>d_2</th><th>e
min.</th><th>f</th><th>k_1
max.</th><th>l</th><th>n</th><th>w</th></tr>
<tr><td>≤ 15</td><td rowspan="2">0,25</td><td>2; 3</td><td rowspan="3">0,2</td><td rowspan="9">0,4;
0,6;
0,8;
1;
1,2;
1,4;
1,6</td><td rowspan="3">1</td><td rowspan="3">—</td><td>0,5; 1</td><td rowspan="9">2 und um je 0,2 steigend</td></tr>
<tr><td>$15 < d_1 \leq 20$</td><td rowspan="2">3; 4</td><td rowspan="2">1</td></tr>
<tr><td>$20 < d_1 \leq 28$</td><td rowspan="2">0,3</td></tr>
<tr><td>$28 < d_1 \leq 32$</td><td rowspan="6">4; 6</td><td rowspan="3">0,3</td><td rowspan="3">1,5</td><td>6</td><td rowspan="3">1,5</td></tr>
<tr><td>$32 < d_1 \leq 35$</td><td rowspan="2">0,4</td><td>7</td></tr>
<tr><td>$35 < d_1 \leq 40$</td><td>8</td></tr>
<tr><td>$40 < d_1 \leq 45$</td><td rowspan="3">0,5</td><td rowspan="3">0,4</td><td rowspan="3">2</td><td>9</td><td rowspan="3">2</td></tr>
<tr><td>$45 < d_1 \leq 50$</td><td>10</td></tr>
<tr><td>$50 < d_1 \leq 60$</td><td>12</td></tr>
<tr><td colspan="9">k_1, n siehe Bild 4</td></tr>
</table>

ANMERKUNG Wählbare Maße sind der lichte Beckendurchmesser d_1, Freibord f und Wassertiefe w. Alle weiteren Maße ergeben sich aus den geometrischen Abhängigkeiten, die Tabelle 1 zugrunde gelegt sind.

4.2 Rundbecken als Absetzbecken mit Saugräumer

Maße in Meter

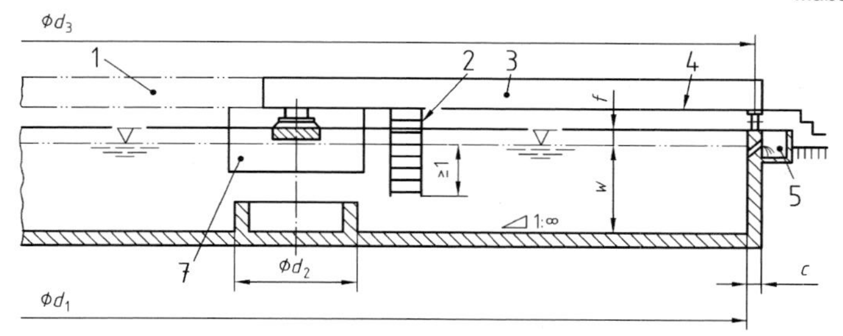

Einlaufzylinder, Mittelbauwerk, Räumerbrücke, Laufsteg und die Anordnung der Notausstiegsleiter sind als Beispiel dargestellt.

Zulauf, Saugräumer, Rücklauf und Schwimmstoffentnahme sind nicht dargestellt.

Legende

1 bis 5 und 7 siehe Bild 1

c, d_1, d_3, f, n und w siehe Bild 1

d_2 Mittelbauwerksdurchmesser

Bild 2 — Rundbecken als Absetzbecken mit Saugräumer

Tabelle 2 — Maße für Rundbecken als Absetzbecken mit Saugräumer in Abhängigkeit vom Beckendurchmesser d_1

Maße in Meter

d_1	e min.	d_2	f	k_1 max.	n	w
$15 < d_1 \leq 20$	0,25	2,5	0,4; 0,6; 0,8; 1; 1,2; 1,4; 1,6	1	1	2 und um je 0,2 steigend
$20 < d_1 \leq 30$	0,3	3				
$30 < d_1 \leq 40$	0,4			1,5	1,5	
$40 < d_1 \leq 60$	0,5	4		2	2	
k_1, n siehe Bild 4						

ANMERKUNG Wählbare Maße sind der lichte Beckendurchmesser d_1, Freibord f und Wassertiefe w. Alle weiteren Maße ergeben sich aus den geometrischen Abhängigkeiten, die Tabelle 2 zugrunde gelegt sind.

4.3 Rundbecken als Eindicker mit Zentralantrieb

Maße in Meter

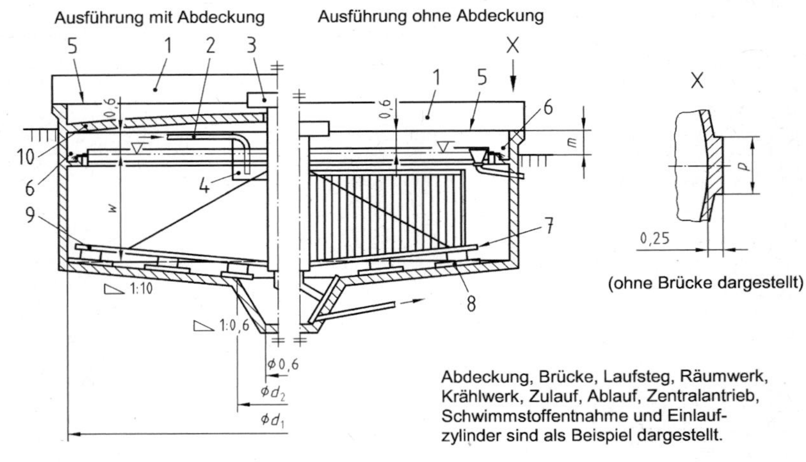

Legende

1 Brücke
2 Zulauf
3 Zentralantrieb
4 Einlaufzylinder
5 Laufsteg
— lichte Breite min. (siehe DIN EN 12255-1)
— zulässige Verkehrslast (siehe DIN EN 12255-10)
6 Ablauf (als Beispiel dargestellt Form 2)
7 Räumwerk, dargestellt mit Krählstäben
8 Räumschild
9 Räumwerk, dargestellt ohne Krählstäbe
10 Abdeckung
d_1 lichter Beckendurchmesser
d_2 Trichterdurchmesser
m Maß Fahrbahnoberkante über Gelände (es gilt DIN EN 12255-10)
p Breite des Brückenauflagers
w Randwassertiefe

Bild 3 — Rundbecken als Eindicker

Tabelle 3 — Maße für Rundbecken als Eindicker mit Zentralantrieb in Abhängigkeit vom Beckendurchmesser d_1

Maße in Meter

d_1	d_2	p	w	k_1	n
5, 6	2	Nach Angaben des Herstellers der Brücke	2,8 und um je 0,4 steigend	0,5	0,5
7, 8, 9, 10	2,4				
12, 14, 16, 18, 20	2,8				
22, 24, 26, 28, 30	3,2				
k_1, n siehe Bild 4					

ANMERKUNG Wählbare Maße sind der lichte Beckendurchmesser d_1, Freibord f und Wassertiefe w. Alle weiteren Maße ergeben sich aus den geometrischen Abhängigkeiten, die Tabelle 3 zugrunde gelegt sind.

4.4 Ablaufformen

Maße in Meter

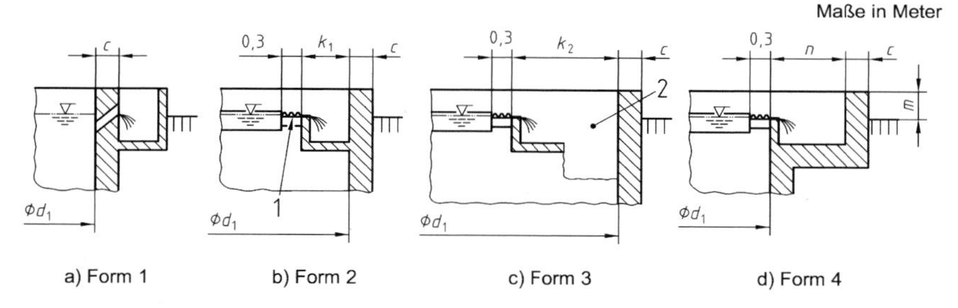

a) Form 1 b) Form 2 c) Form 3 d) Form 4

Legende

1 Überfallwehr mit Tauchwand, z. B. nach DIN 19558

2 Raum für mehrere Rinnen

d_1 lichter Beckendurchmesser

c Breite der Beckenkronen für Räumerfahrbahnen

k_1 Abstandsmaß für eine Rinne

k_2 Abstandsmaß für mehrere Rinnen ist mit dem Ausrüster abzustimmen. Die Tauchwand kann auch durch die am weitesten innen liegende Rinnenwand gebildet sein.

m Maß Fahrbahnoberkante über Gelände (es gilt DIN EN 12255-10)

n Abstandsmaß für außen angeordnete Rinne

Da die angegebenen Maße k_1 und k_2 nicht überschritten werden dürfen und das Maß n eingehalten werden muss, sind für die maximale hydraulische Abflussleistung der Rinne jeweils eine ausreichende Rinnentiefe und Längsneigung bei der Planung festzulegen.

Bild 4 — Ablauf für Rundbecken als Absetzbecken und Eindicker

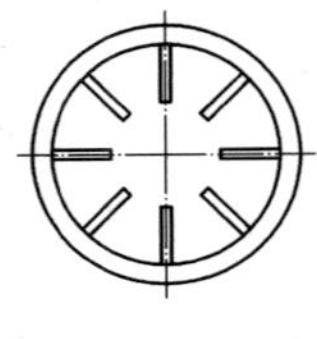

a) Form 7 (radial)

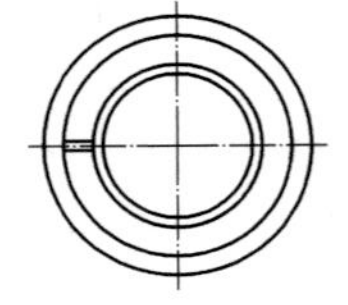

b) Form 8 (konzentrisch)

Bild 5 — Getauchte Ablaufrohre, z. B. nach DIN 19558: Anordnung im Rundbecken als Absetzbecken mit Schild- und Saugräumer

5 Bau- und Ausrüstungstechnik

5.1 Allgemeine Baugrundsätze

Es gelten die in den entsprechenden Europäischen Normen (insbesondere in DIN EN 12255-1, DIN EN 12255-4, DIN EN 12255-6, DIN EN 12255-8) festgelegten Baugrundsätze.

Insbesondere die folgenden baulichen Anforderungen nach DIN EN 12255-1 an:

— die Stabilität, Widerstandsfähigkeit und Auftriebssicherheit der Bauwerke;

— die Laufflächen aus Beton;

— die Befestigungen und Verbindungen zwischen technischer Ausrüstung und Bauwerk;

— die Zugänglichkeit;

— die Lüftung;

— die Wasserversorgung und Entwässerung;

— Hebevorrichtungen.

Weiterhin die folgenden Anforderungen an die technische Ausrüstung insbesondere an:

— die Grundsätze der maschinentechnischen Bemessung;

— Treppen, Plattformen, Gitterroste;

— Abdeckungen, Montage- und Reinigungsöffnungen;

— Pumpen und Rohrleitungen;

— Werkstoffe und Korrosionsschutz;

— die Fertigung von Schweißkonstruktionen;

— die Ausführung der Räumer (Lasten und Bemessungen, Antrieb von Hubtrieben, Breite und Durchmesser von Rädern, rechnerische Lebensdauer, Laufradüberwachung, wartungsgerechte Gestaltung, Freihalten der Fahrbahnen von Eis und Schnee).

Nach DIN EN 12255-4:

- die verfahrenstechnische und hydraulische Auslegung;
- die Gestaltung vertikal durchströmter Vorklärbecken;
- die Gestaltung horizontal durchströmter Vorklärbecken;
- die Gestaltung von Schlammtrichtern bzw. der Einsatz zusätzlicher Räumeinrichtungen zur Entfernung des abgesetzten Schlamms;
- Hinweise auf die Zurückhaltung von Schwimmstoffen.

Nach DIN EN 12255-6 die verfahrenstechnische Auslegung und Bemessung der Nachklärbecken.

Nach DIN EN 12255-8:

- allgemeine Auslegungsgrundsätze zur Eindickung;
- Gestaltung statischer Eindicker;
- rechnerische Lebensdauer;
- Baugrundsätze für Rohrleitungen;
- Hinweise zur Auswahl von Schlammpumpen.

5.2 Zulässige Bauwerkstoleranzen

Nach DIN EN 12255-1:2002-03, Anhang B:

- Innendurchmesser des Beckens, Maß d_1: ± 0,03 m
- Kontur des Beckenbodens: ± 0,03 m
- Innen- und Außendurchmesser von Fahrbahnen: ± 0,03 m

Darüber hinaus:

- Ebenheitstoleranzen für die Bauwerksflächen für Lauf- und Führungsrollen: 0,02 m auf 4 m Länge

Die übrigen Maßabweichungen des Bauwerks sind nach DIN 18202 festzulegen.

5.3 Sicherheitstechnik

Die erforderlichen Absturzsicherungen, Ausstiege und die Einstiegsvorrichtungen für Rinnen und Becken sind nach den Regeln der Sicherheitstechnik anzuordnen. Für die Anordnung gelten die allgemeinen Regeln der Sicherheitstechnik sowie die besonderen für Kläranlagen nach DIN EN 12255-10 und die entsprechenden Unfallverhütungsvorschriften des zuständigen Unfallversicherungsträgers[1)].

5.4 Beckenwasserspiegel

Der Beckenwasserspiegel ist durch das Ablaufsystem nach DIN 19558 bestimmt.

---

1) Bundesverband der Unfallkassen e.V. (BUK), Hauptverband der gewerblichen Berufsgenossenschaften (HVBG)

5.5 Werkstoffe

— Seile: nichtrostender Stahl (z. B. 1.4401 (nach DIN EN 10088-2))

5.6 Besondere Konstruktionsmerkmale

5.6.1 Räumvorrichtungen in Absetzbecken

Räumvorrichtungen sind so zu gestalten, dass die Beckensohle überall geräumt wird.

Bodenräumschilde sind im unteren Bereich so auszubilden (z. B. durch eine nachstellbare Leiste), dass sie bei der Montage auf die größte Grenzabweichung der Sohle eingestellt werden können. Es ist zu vereinbaren, in welcher Weise Instandsetzungsarbeiten an Bodenräumschilden vorzunehmen sind (z. B. Außerbetriebnahme bei mehreren Absetzbecken, Schilde in Hubwerksausführung).

An jedem Saugrohr eines Saugräumers muss die abgesaugte Schlammmenge beobachtbar und einstellbar sein.

5.6.2 Eindicker

Für den Ansatz der Räumlasten ist bei Eindickern zusätzlich zu berücksichtigen:

— Last an Krählwerken;

— Räumlast an Schwimmschlammschilden;

— erhöhte Räumlast nach Stillstandszeiten;

— Volumen- und Massendurchflüsse sowohl als Tageswerte (z. B. m^3/d) als auch als Spitzenwert (z. B. l/s);

— Beanspruchungen aus Stapelbetrieb.

Der Auftraggeber muss die Art des Schlammes und die Konzentration des Zulaufs und Schlammabzugs angeben, der Ausrüster das daraus ermittelbare Drehmoment.

Bodenräumschilde sind im unteren Bereich so auszubilden (z. B. durch eine nachstellbare Leiste), dass sie bei der Montage auf die größte Grenzabweichung der Sohle eingestellt werden können.

5.7 Ablaufsysteme

5.7.1 Absetzbecken

Das Ablaufsystem wird meist als Überfallwehr und Tauchwand (Form 2, Form 3 oder Form 4) oder mit getauchten Ablaufrohren (Form 7 oder Form 8) nach DIN 19558 ausgeführt.

Verlängerte Überfallwehre mit Tauchwand sind als zusätzliche ringförmig oder radial angeordnete Rinnen auszubilden.

Bei der Notwendigkeit einer Reinigung der Ablaufsysteme sind diese so zu gestalten, dass eine maschinelle Reinigung möglich ist.

5.7.2 Eindicker

Das Ablaufsystem kann mit Überfallwehr und Tauchwand (Form 2 oder Form 4) nach DIN 19558 ausgeführt werden.

Bei der Notwendigkeit einer Reinigung der Ablaufsysteme sind diese so zu gestalten, dass eine maschinelle Reinigung möglich ist.

Bei Eindickern im Stapelbetrieb sind auch Systeme zulässig, bei denen ein Abzugstrichter dem Wasserspiegel nachgeführt werden kann (Wasserabzug vertikal einstellbar) oder mit einem schwimmergesteuerten schwenkbaren Abzugsrohr auch Klarwasser unterhalb der Schwimmstoffdecke abgezogen werden kann.

5.8 Schwimmstoffräumsysteme

In Absetzbecken werden u. a. folgende Schwimmstoffräumsysteme eingesetzt:

— am Räumer installierte Zwangsräumsysteme (Paddelwerke, Räumschnecken, Saugdüsen o. Ä.);

— kombinierte Zwangsräumsysteme;

— am Räumer installierte Skimrinnen;

— ein an der Räumerbrücke angebrachtes Schild mit einem am Beckenrand fest installierten Trichter; dieses System ist nur geeignet für geringen Schwimmstoffanfall sowie für Eindicker.

Dezember 2002

	Kläranlagen Tropfkörper mit Drehsprenger Hauptmaße und Ausrüstungen	DIN 19553

ICS 13.060.30

Ersatz für
DIN 19553:1984-10;
Mit DIN 19569-3:2002-12
Ersatz für
DIN 19569-3:1995-01

Wastewater treatment plants — Trickling filter with rotary distributor — Main dimensions and equipment

Stations d'épuration — Lit bactérien avec distributeur rotatif — Dimensions principales et équipements

Inhalt

Seite

Fortsetzung Seite 2 bis 7

Normenausschuss Wasserwesen (NAW) im DIN Deutsches Institut für Normung e. V.

Vorwort

Nicht zuletzt aufgrund der Erarbeitung und des naheliegenden In-Kraft-Tretens der Europäischen Normen (DIN EN 12255-1 bis DIN EN 12255-16) für Kläranlagen für über 50 Einwohnerwerte (EW) ergibt sich die Notwendigkeit, die bisherigen Deutschen Normen für Kläranlagen, das heißt DIN 19551-1 bis DIN 19551-4, DIN 19552-1 bis DIN 19552-3, DIN 19553, DIN 19554-1, DIN 19554-3, DIN 19557-1, DIN 19557-2 sowie verschiedene Teile von DIN 19569 zu überarbeiten.

Der hierfür zuständige Ausschuss NAW V 36 verfolgt dabei die Absicht, das so entstehende neue europäische und nationale Regelwerk für den Benutzer so übersichtlich und einfach wie möglich zu gestalten.

Daher werden die bisher überwiegend als Maßnormen gestalteten Deutschen Normen für Kläranlagen DIN 19551-1 bis DIN 19554 ergänzt um

— Verweise auf die in verschiedenen Teilen der Europäischen Normenreihe DIN EN 12255 festgelegten Grundsätze;

— normative Festlegungen aus den entsprechenden Normen der Reihe DIN 19569 (Baugrundsatznormen) soweit sie als „Reste" aus diesen übernommen werden können (sie werden also nicht in die entsprechende Restnorm zu DIN 19569 aufgenommen, sondern werden in die betreffende erweiterte Maßnorm übernommen, um so die Anzahl und den Inhalt der noch verbleibenden Restnormen zu DIN 19569 möglichst gering zu halten).

Darüber hinaus werden Teile der bisherigen Maßnormen zu Gruppen zusammengefasst.

Änderungen

Gegenüber DIN 19553:1984-10 und DIN 19569-3:1995-01 wurden folgende Änderungen vorgenommen:

a) DIN 19553 und Reste aus DIN 19569-3, Abschnitt 3 zusammengefasst,

b) Die für Tropfkörper mit Drehsprenger geltenden Grundsätze von DIN EN 12255-1 und DIN EN 12255-7 zitiert,

c) (weitere) Grundsätze der Bau- und Ausrüstungstechnik aufgenommen,

d) Bezug zu E DIN 19557 aufgenommen,

e) Abschnitt "Begriffe" aufgenommen,

f) die Norm redaktionell überarbeitet.

Frühere Ausgaben

DIN 19553: 1955-09, 1984-10;

DIN 19569-3: 1995-01

1 Anwendungsbereich

Diese Norm gilt für Tropfkörper mit Drehsprenger in Kläranlagen. Diese Norm gilt nicht für die klärtechnische und hydraulische Bemessung.

Für die allgemeinen Baugrundsätze für Kläranlagen gilt DIN EN 12255-1, besondere Baugrundsätze sind in DIN 19569-3 und DIN EN 12255-7 festgelegt.

2 Normative Verweisungen

Diese Norm enthält durch datierte oder undatierte Verweisungen Festlegungen aus anderen Publikationen. Diese normativen Verweisungen sind an den jeweiligen Stellen im Text zitiert, und die Publikationen sind nachstehend aufgeführt. Bei datierten Verweisungen gehören spätere Änderungen oder Überarbeitungen dieser Publikationen nur zu dieser Norm, falls sie durch Änderung oder Überarbeitung eingearbeitet sind. Bei undatierten Verweisungen gilt die letzte Ausgabe der in Bezug genommenen Publikation (einschließlich Änderungen).

DIN 2501-1, *Flansche — Anschlussmaße.*

DIN 4045, *Abwassertechnik — Begriffe.*

DIN 18202, *Toleranzen im Hochbau — Bauwerke.*

E DIN 19557, *Kläranlagen — Mineralische Füllstoffe und Füllstoffe aus Kunststoff für Tropfkörper; Anforderungen, Prüfung, Lieferung, Einbringen.*

DIN 19569-3, *Kläranlagen — Baugrundsätze für Bauwerke und technische Ausrüstungen — Teil 3: Besondere Baugrundsätze für Einrichtungen zur aeroben biologischen Abwasserreinigung.*

DIN EN 1085, *Abwasserbehandlung — Wörterbuch; Dreisprachige Fassung EN 1085:1997.*

DIN EN 12255-1, *Kläranlagen — Teil 1: Allgemeine Baugrundsätze; Deutsche Fassung EN 12255-1:2002.*

DIN EN 12255-7, *Kläranlagen — Teil 7: Biofilmreaktoren; Deutsche Fassung EN 12255-7:2002.*

DIN EN 12255-10, *Kläranlagen — Teil 10: Sicherheitstechnische Baugrundsätze; Deutsche Fassung EN 12255-10:2000.*

3 Begriffe

Für die Anwendung dieser Norm gelten die in DIN EN 1085 und in DIN 4045 angegebenen und die folgenden Begriffe.

3.1
erforderliche Druckhöhe p für den Drehsprengerbetrieb
die Druckhöhe bezieht sich auf die Achse des Verteilerarms in der Mitte des Verteilerkörpers

3.2
Nenngröße d_4 des Drehsprengers
die Nenngröße d_4 des Drehsprengers entspricht der Nenngröße des Anschlussflansches des Verteilerkörpers

4 Hauptmaße

Maße in Meter

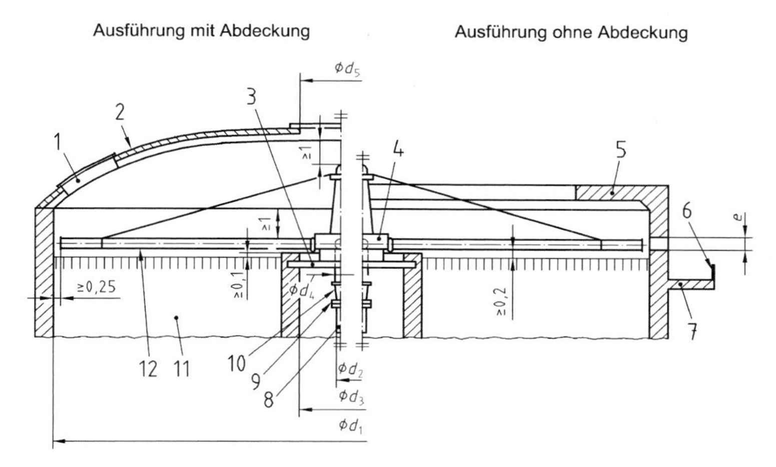

Anschluss des Zulaufs, Drehsprenger, Rahmen, Abdeckung, Einstieg, Kragplatte und Bedienungsbühne sind als Beispiel dargestellt.

Legende

1 Einstieg

2 Abdeckung, zusätzliche Montageöffnung nach Herstellerangaben

3 Rahmen

4 Verteilerkörper, Druckhöhe p

5 Kragplatte

6 Geländer (minimale Geländerhöhe siehe DIN EN 12255-10)

7 Bedienungsbühne

8 Zulaufrohr

9 Anschlussflansch

10 Übergangsstück

11 Füllstoffe, z. B. nach E DIN 19557

12 Verteilerarm

d_1 Durchmesser Tropfkörper

d_2 Durchmesser Zulaufrohr

d_3 Mittelschachtdurchmesser

d_4 Nenngröße des Drehsprengers

d_5 Durchmesser Abdeckungsöffnung

e Reinigungsöffnung

Bild 1 — Tropfkörper mit Drehsprenger

Tabelle 1 — Maße für Tropfkörper mit Drehsprenger

Maße in Meter

Tropfkörper d_1	4 und um je 1 steigend	
Zulaufrohr d_2	Mittelschachtdurchmesser d_3, Abdeckungsöffnung d_5	Reinigungsöffnung (quadratisch) e
DN 80; DN 100; DN 125; DN 150; DN 200	1,5	0,5
DN 250; DN 300; DN 350	2	0,5
DN 400; DN 500; DN 600	2,5	0,5
DN 700; DN 800; DN 900	3	0,6
DN 1000; DN 1100	3,5	0,8
DN 1200	4	1

5 Bau- und Ausrüstungstechnik

5.1 Allgemeine Baugrundsätze

Es gelten die in den entsprechenden Europäischen Normen (insbesondere in DIN EN 12255-1 und DIN EN 12255-7) festgelegten Baugrundsätze.

Insbesondere die baulichen Anforderungen nach DIN EN 12255-1 an:

— die Stabilität, Widerstandsfähigkeit und Auftriebssicherheit der Bauwerke;

— die Befestigungen und Verbindungen zwischen technischer Ausrüstung und Bauwerk;

— die Zugänglichkeit;

— die Lüftung;

— die Wasserversorgung und Entwässerung;

— Hebevorrichtungen.

Weiterhin sind dies die Anforderungen an die technische Ausrüstung insbesondere an:

— die Grundsätze der maschinentechnischen Bemessung;

— Treppen, Plattformen, Gitterroste;

— Abdeckungen, Montage- und Reinigungsöffnungen;

— Pumpen und Rohrleitungen;

— Werkstoffe und Korrosionsschutz;

— die Fertigung von Schweißkonstruktionen.

Nach DIN EN 12255-7:

— allgemeine Gestaltungshinweise für Tropfkörper;

— allgemeine Hinweise zur Bemessung;

— spezielle Hinweise für die Betriebsart von Tropfkörpern;

— Auswahl des Trägermaterials für Tropfkörper;

— Abmessungen von Tropfkörpern;
— Zuflussverteileinrichtungen für Tropfkörper;
— Gestaltungshinweise zur Sicherstellung der Sauerstoffzufuhr in Tropfkörpern;
— Hinweise auf den Einsatz von Feinsieben oder -rechen zur Vermeidung von Verstopfungen;
— spezielle Hinweise zur statischen Auslegung des Tropfkörperbauwerkes;
— Festlegung der Lebensdauerklassen;
— spezielle Hinweise zur Gestaltung von Drehsprengern.

5.2 Zulässige Bauwerkstoleranzen

Die Maßabweichungen des Bauwerks sind nach DIN 18202 festzulegen.

5.3 Sicherheitstechnik

Die erforderlichen Absturzsicherungen, Ausstiege und die Einstiegsvorrichtungen sind nach den Regeln der Sicherheitstechnik anzuordnen. Für die Anordnung gelten die allgemeinen Regeln der Sicherheitstechnik sowie die besonderen für Kläranlagen nach DIN EN 12255-10 und die entsprechenden Unfallverhütungsvorschriften des zuständigen Unfallversicherungsträgers[1]. Bei Verwendung von Füllstoffen aus Kunststoff (siehe E DIN 19557) sind Bedienungsstege und Ablageflächen für Montage und Wartung nach Herstellerangaben in Höhe der Tropfkörperfüllung vorzusehen.

Es sind Vorkehrungen zu treffen, um zur Instandhaltung gefahrlos zum Verteilerkörper zu gelangen (siehe auch 5.7).

5.4 Beschickungshöhe

Bei Tropfkörpern ist neben der Oberflächenbeschickung q_A die spezifische Beschickungsgröße S_K je Armdurchgang nach Gleichung (1) in Millimeter zu beachten.

$$S_K = q_A \times 1\,000/(a \cdot n) \tag{1}$$

Dabei ist

q_A die Oberflächenbeschickung in Kubikmeter je Quadratmeter und Stunde ($m^3/(m^2\ h)$);

a die Zahl der Verteilerarme;

n die Drehzahl je Stunde (h^{-1}).

Die Beschickungshöhe ist in der Ausschreibung anzugeben; die Anzahl der Verteilerarme ist zu vereinbaren.

Wenn für einen getrennten Spülvorgang wesentlich andere Beschickungshöhen als für den Nennbetrieb vorgesehen sind, sind diese in der Ausschreibung ebenfalls anzugeben.

5.5 Anforderungen an das Bauwerk

a) Die Neigung der Tropfkörpersohle sollte 1:100, bei kleinen Tropfkörpern 1:50 nicht unterschreiten.

b) Eine ausreichende Luftführung ist im ganzen Tropfkörper sicherzustellen durch:

---

1) Bundesverband der Unfallkassen e.V. (BUK), Hauptverband der gewerblichen Berufsgenossenschaften (HVBG)

- Luftöffnungen in der Tropfkörperwand (Gesamtquerschnittfläche mindestens 2 % der Tropfkörpergrundfläche);
- den Abstand zwischen Tragrost und Tropfkörpersohle mit mindestens 0,2 m;
- offenen gleichmäßig verteilten Flächenanteil des Tragrostes (mindestens 20 % bei Schwachlast-Tropfkörpern und mindestens 50 % bei Hochlast-Tropfkörpern);
- bei abgedeckten Tropfkörpern ohne Zwangsbelüftung ist eine Dachöffnung mit einer mindestens den Lüftungsöffnungen entsprechenden Querschnittsfläche vorzusehen.

5.6 Anforderungen an die technische Ausrüstung

a) Es gelten DIN EN 12255-7 und E DIN 19557.

b) Die erforderliche Druckhöhe p im Zentrum des Verteilerkörpers in der Höhe der Achse der Verteilerarme ist vom Hersteller anzugeben.

c) Der Anschluss des Zulaufrohres kann nach Herstellerangabe glatt oder mittels Flansch mit Anschlussmaßen nach DIN 2501-1, Nenndruck 6 erfolgen.

d) Die Nenngröße d_2 des Zulaufs kann von der Nenngröße d_4 des Drehsprengers abweichen.

5.7 Betrieb und Wartung

Für Tropfkörperanlagen sind ungleichförmige Ablagerungen oder Verstopfungen der Verteilervorrichtung und der Füllstoffe typisch oder nicht auszuschließen. Eine Überwachung der Tropfkörperanlage ist daher erforderlich.

Tropfkörperanlagen müssen so geplant werden, dass das Einbringen der technischen Einrichtungen sowie die erforderliche Wartung und Reinigung gefahrlos möglich sind.

Insbesondere sind erforderlich:

- Treppe mit ausreichend großer Bedienungsbühne für Reinigungsarbeiten, gegebenenfalls für schweres Gerät;
- Tropfkörpereinstieg höhengleich mit Füllstoffoberfläche;
- Bedienungssteg vom Tropfkörpereinstieg zum Mittelbauwerk und Ablageflächen;
- große Querschnitte der einzelnen Lüftungsöffnungen zur Sichtkontrolle und Reinigung;
- Schmierstellen müssen von außen zugänglich und gegebenenfalls als Zentralschmierung ausgebildet sein.

Dezember 2002

Kläranlagen

Rechenbauwerk mit geradem Rechen als Mitstrom- und Gegenstromrechen

Hauptmaße, Ausrüstungen

DIN 19554

ICS 13.060.30

Ersatz für
DIN 19554-1:1977-04,
DIN 19554-3:1984-12;
mit DIN 19569-2:2002-12
DIN 19551-1:2002-12,
DIN 19551-3:2002-12,
DIN 19552:2002-12 und
DIN EN 12255-1:2002-04
Ersatz für DIN 19569-2:1989-05

Wastewater treatment plants — Screening plant with straight bar screens as current screen and counter current screen — Main dimensions, equipment

Stations d'épuration — Batiment de dégrillage avec grilles droites comme courant grille et contre-courant grille — Dimensions principales, équipements

Inhalt

Fortsetzung Seite 2 bis 9

Normenausschuss Wasserwesen (NAW) im DIN Deutsches Institut für Normung e. V.

Vorwort

Nicht zuletzt aufgrund der Erarbeitung und des nahe liegenden In-Kraft-Tretens der Europäischen Normen (DIN EN 12255-1 bis DIN EN 12255-16) für Kläranlagen für über 50 Einwohnerwerte (EW) ergibt sich die Notwendigkeit, die bisherigen Deutschen Normen für Kläranlagen, das heißt DIN 19551-1 bis DIN 19551-4, DIN 19552-1 bis DIN 19552-3, DIN 19553, DIN 19554-1, DIN 19554-3, DIN 19557-1, DIN 19557-2 sowie verschiedene Teile von DIN 19569 zu überarbeiten.

Der hierfür zuständige Ausschuss NAW V 36 verfolgt dabei die Absicht, das so entstehende neue europäische und nationale Regelwerk für den Benutzer so übersichtlich und einfach wie möglich zu gestalten.

Daher werden die bisher überwiegend als Maßnormen gestalteten Deutschen Normen für Kläranlagen DIN 19551-1 bis DIN 19554 ergänzt um

— Verweise auf die in verschiedenen Teilen der Europäischen Normen der Reihe DIN EN 12255 festgelegten Grundsätze;

— normative Festlegungen aus den entsprechenden Normen der Reihe DIN 19569 (Baugrundsatznormen) soweit sie als „Reste“ aus diesen übernommen werden können (sie werden also nicht in die entsprechende Restnorm zu DIN 19569 aufgenommen, sondern werden in die betreffende erweiterte Maßnorm übernommen, um so die Anzahl und den Inhalt der noch verbleibenden Restnormen zu DIN 19569 möglichst gering zu halten).

Darüber hinaus werden Teile der bisherigen Maßnormen zu Gruppen zusammengefasst.

Änderungen

Gegenüber DIN 19554-1:1977-04 und DIN 19554-3:1984-12 und DIN 19569-2:1989-05 wurden folgende Änderungen vorgenommen:

a) DIN 19554-1, DIN 19554-3 und Reste aus DIN 19569-2 wurden zusammengefasst,

b) für Rechen geltende Grundsätze von DIN EN 12255-1 und DIN EN 12255-3 zitiert,

c) weitere Maße für die maschinentechnische Gestaltung der Rechen festgelegt,

d) weitere Grundsätze der Bau- und Ausrüstungstechnik aufgenommen,

e) einige der bisher normativ festgelegten Aussparungsmaße durch Festlegung seitens des Herstellers ersetzt,

f) die Norm redaktionell überarbeitet.

Frühere Ausgaben

DIN 19554-1: 1977-04; DIN 19554-3: 1984-12; DIN 19569-2: 1989-05

1 Anwendungsbereich

Diese Norm gilt für Rechenbauwerke mit geradem Rechen als Mitstrom- und Gegenstromrechen in Kläranlagen.

Für die allgemeinen Baugrundsätze für Kläranlagen gilt DIN EN 12255-1, besondere Baugrundsätze sind in DIN EN 12255-3 und DIN 19569-2 festgelegt.

2 Normative Verweisungen

Diese Norm enthält durch datierte oder undatierte Verweisungen Festlegungen aus anderen Publikationen. Diese normativen Verweisungen sind an den jeweiligen Stellen im Text zitiert, und die Publikationen sind nachstehend aufgeführt. Bei datierten Verweisungen gehören spätere Änderungen oder Überarbeitungen dieser Publikationen nur zu dieser Norm, falls sie durch Änderung oder Überarbeitung eingearbeitet sind. Bei undatierten Verweisungen gilt die letzte Ausgabe der in Bezug genommenen Publikation (einschließlich Änderungen).

DIN 4045, *Abwassertechnik — Begriffe.*

DIN 18202, *Toleranzen im Hochbau — Bauwerke.*

DIN 19569-2, *Kläranlagen — Baugrundsätze für Bauwerke und technische Ausrüstungen — Besondere Baugrundsätze für Einrichtungen zum Abtrennen und Eindicken von Feststoffen.*

DIN EN 1085, *Abwasserbehandlung — Wörterbuch; Dreisprachige Fassung EN 1085:1997*

DIN EN 12255-1, *Kläranlagen — Teil 1: Allgemeine Baugrundsätze; Deutsche Fassung EN 12255-1:2002.*

DIN EN 12255-3, *Kläranlagen — Teil 3: Abwasservorreinigung (enthält Berichtigung AC:2000); Deutsche Fassung EN 12255-3:2000 + AC:2000.*

DIN EN 12255-10, *Kläranlagen — Teil 10: Sicherheitstechnische Baugrundsätze; Deutsche Fassung EN 12255-10:2000.*

3 Begriffe

Für die Anwendung dieser Norm gelten die in DIN EN 1085 und in DIN 4045 angegebenen Begriffe.

4 Hauptmaße

4.1 Hauptmaße Mitstromrechen

Maße in Meter

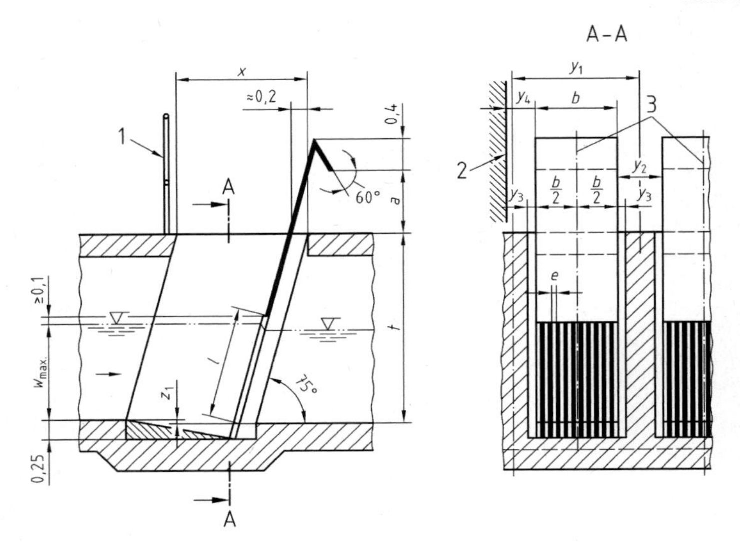

Legende

1 Geländer

2 Lichtraumbegrenzung

3 lotrechte Symmetrieebene

y_1 größte Rechengestellbreite

y_2 Abstand zwischen den Kammern

y_3 seitliche Aussparungen

y_4 Mindestabstand Lichtraumprofil zu Kammerrand; y_4 muss auf einer Rechenseite um die erforderliche Breite für Durchgang und für Aufstieg zur Bedienungsbühne vergrößert werden (siehe 5.4).

z_1 Sohlensprung

b Kammerbreite (siehe 5.6)

l freie Rostlänge (siehe 5.5)

e Spaltweite

t Kammertiefe

a Abwurfhöhe (siehe 5.7)

w_{max} Wassertiefe

x Kammeröffnung

Weitere Aussparungen im Bauwerk sind nach Herstellerangaben vorzusehen.

y_1, y_2, y_3, y_4, z_1 nach Herstellerangaben.

Bild 1 — Rechenbauwerk mit geradem Rechen als Mitstromrechen

Tabelle 1 — Hauptmaße für Mitstromrechen

Maße in Meter

b	l	e	t	a
0,6 und um je 0,2 steigend bis 2,4; ab 2,4 um je 0,4 steigend bis 4,8	0,6 und um je 0,2 steigend bis 2,8 und darüber	0,010[a]; 0,015[a]; 0,02; 0,025; 0,04; 0,06; 0,1	0,8 und um je 0,2 steigend bis 2; ab 2 um je 0,4 steigend bis 4,8	0,8; 1; 1,2; 1,6; 2; 2,4; 2,8
[a] (siehe 5.5)				

Tabelle 2 — Aussparungen für Mitstromrechen

Maße in Meter

	w_{max}			
	1	2	3	4
bei nicht eintauchendem Reinigerwagen	1,8	2	2,2	2,4
bei eintauchendem Reinigerwagen	1,6			

4.2 Hauptmaße Gegenstromrechen

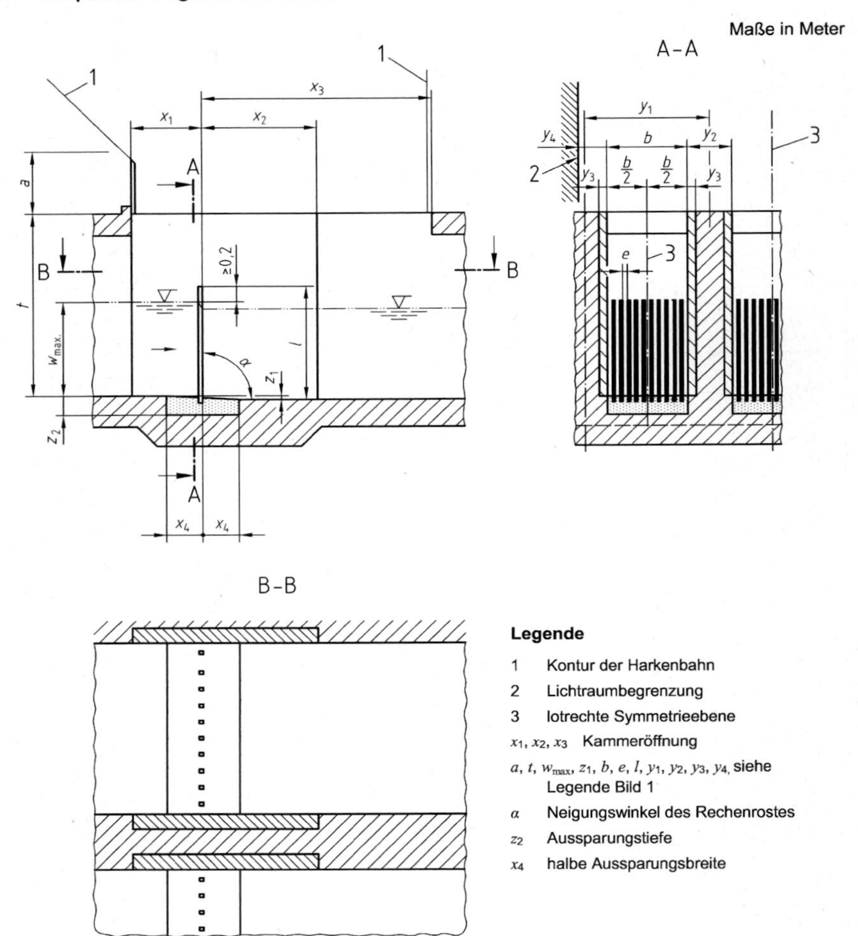

Legende

1 Kontur der Harkenbahn

2 Lichtraumbegrenzung

3 lotrechte Symmetrieebene

x_1, x_2, x_3 Kammeröffnung

a, t, w_{max}, z_1, b, e, l, y_1, y_2, y_3, y_4, siehe Legende Bild 1

α Neigungswinkel des Rechenrostes

z_2 Aussparungstiefe

x_4 halbe Aussparungsbreite

Rechenreiniger sowie Sicherungen gegen Absturz und Fördermittel sind nicht dargestellt.

x_1, x_2, x_3, x_4, y_1, y_2, y_3, y_4, z_1, z_2, α nach Herstellerangaben.

y_4 muss auf einer Rechenseite um die erforderliche Breite für Durchgang und für Aufstieg zur Bedienungsbühne vergrößert werden (siehe auch 5.4).

Bild 2 — Rechenbauwerk mit geradem Rechen als Gegenstromrechen

Tabelle 3 — Hauptmaße für Gegenstromrechen

Maße in Meter

b	l	e	t	a
0,6 und um je 0,2 steigend bis 4,8	0,6 und um je 0,2 steigend bis 1,2[b] und darüber	0,010[a]; 0,015[a]; 0,02; 0,025; 0,04; 0,06; 0,1	0,8 und um je 0,2 steigend bis 4,8	0,8; 1; 1,2; 1,6; 2; 2,4; 2,8

[a] siehe 5.5

[b] siehe 5.5

5 Bau- und Ausrüstungstechnik

5.1 Allgemeine Baugrundsätze

Es gelten die in den entsprechenden Europäischen Normen (insbesondere in DIN EN 12255-1 und DIN EN 12255-3) festgelegten Baugrundsätze.

Insbesondere die baulichen Anforderungen nach DIN EN 12255-1 an:

— die Stabilität, Widerstandsfähigkeit und Auftriebssicherheit der Bauwerke;

— die Laufflächen aus Beton;

— die Befestigungen und Verbindungen zwischen technischer Ausrüstung und Bauwerk;

— die Zugänglichkeit;

— die Lüftung;

— die Wasserversorgung und Entwässerung;

— Hebevorrichtungen.

Weiterhin sind dies die Anforderungen an die technische Ausrüstung insbesondere an:

— die Grundsätze der maschinentechnischen Bemessung;

— Treppen, Plattformen, Gitterroste;

— Abdeckungen, Montage- und Reinigungsöffnungen;

— Kabeltrommeln;

— Werkstoffe und Korrosionsschutz;

— die Fertigung von Schweißkonstruktionen.

Insbesondere die Anforderungen nach DIN EN 12255-3 an die Auslegung der Rechen:

— Richtwerte für die Spaltweiten und Fließgeschwindigkeiten;

— Mehrstraßigkeit von Rechenanlagen bzw. Notumlauf;

— statische Bemessung des Rechenrostes;

— Zykluszeit des Rechens (für einen Umlauf);

— Nutzlast der Rechenharke;

— Überlastsicherung;

— Lebensdauerklassen.

5.2 Zulässige Bauwerkstoleranzen

— der Kammerwände im Bereich der Rechennische von $(b/2 + y_3)$: ± 0,01 m.

Die übrigen Maßabweichungen des Bauwerks sind nach DIN 18202 festzulegen.

5.3 Sicherheitstechnik

Die erforderlichen Sicherungen gegen Absturz und gegenüber Fördermitteln sind nach den Regeln der Sicherheitstechnik anzuordnen.

Es gelten die allgemeinen Regeln der Sicherheitstechnik sowie die besonderen für Kläranlagen nach DIN EN 12255-10 und die entsprechenden Unfallverhütungsvorschriften des zuständigen Unfallversicherungsträgers[1)].

5.4 Anforderungen an das Bauwerk

Der Freibord vor dem Rechen muss ausreichend bemessen werden, um den Aufstau bei einer stoßartigen Belegung der Rechenfläche aufnehmen zu können.

Der Sohlensprung am Rechenrost ist nach hydraulischen Erfordernissen sowie nach Herstellerangaben vorzusehen.

Das Maß y_4 muss gegebenenfalls auf einer Rechenseite um die erforderliche Breite für Durchgang und Aufstieg zur Bedienungsbühne vergrößert werden.

Weitere Aussparungen im Bauwerk sind nach Herstellerangaben vorzusehen.

Die seitlichen Aussparungen (Maß y_3) können je nach Rechenbauart und Herstellerangaben entfallen. Die Maße für die größte Rechengestellbreite y_1 und die Lichtraumbegrenzung (Maß y_4) verringern sich entsprechend.

5.5 Besondere Konstruktionsmerkmale

Für Rechen mit Spaltweiten $e \leq 0{,}015$ m in kommunalen Anlagen ist ein vorgeschalteter Grobrechen zu empfehlen.

Bei Gegenstromrechen beträgt die Obergrenze der freien Rostlänge l 1,2 m für Rechenroste nach Bild 2 (ohne weitere Abstützung).

Die Harke (Rechenreiniger) muss den Rechenrost von der Sohle des Zulaufs an reinigen.

Die beladbare Harkentiefe ist vom Hersteller anzugeben. Sie muss bei Mitstromrechen mindestens 0,2 m betragen, bei hochbelasteten mindestens 0,25 m und bei Gegenstromrechen mindestens 0,12 m.

Der Rechenreiniger von Mitstromrechen ist ausweichbar auszubilden, um über Sohlenablagerungen in Höhe von 0,04 m und über Sperrkörper im Rechenrost, die 0,02 m aus dem Rost ragen, hinweggleiten zu können, ohne dass eine Überlastschaltung ausgelöst wird.

Eine Rückwärtsbewegung des Rechenreinigers über eine Rücklaufsteuerung ist bei verschiedenen Rechentypen auf einer beschränkten Wegstrecke möglich. Soll eine Rücklaufsteuerung vorgesehen werden, ist dies in der Ausschreibung festzulegen.

---

1) Bundesverband der Unfallkassen e.V. (BUK), Hauptverband der gewerblichen Berufsgenossenschaften (HVBG)

5.6 Kammerbreite

Die Kammerbreite b, Zu- und Ablaufgerinne sowie Umlaufgerinne sind nach den hydraulischen Erfordernissen sowie den örtlichen Verhältnissen auszulegen.

5.7 Abwurfhöhe

Die Abwurfhöhe a richtet sich nach dem nachgeschalteten Fördermittel (z. B. Förderband, Container, Rechengutpresse)

5.8 Mess-, Steuer- und Regeltechnik

Jedem maschinell gereinigten Rechen ist eine stau- und zeitabhängige Schaltanlage zuzuordnen; bei mehreren parallel geschalteten kann eine gemeinsame vorteilhaft sein.

Die Schaltpunkte für die durch die Belegung bedingte Wasserspiegeldifferenz sollten im Bereich von 0,05 m bis 0,15 m einstellbar sein (höhere Werte sind zu vereinbaren).

Kläranlagen

Rinne mit Absperrorgan

Hauptmaße

DIN 19556

ICS 13.060.30

Einsprüche bis 2003-06-30

Entwurf

Vorgesehen als Ersatz für DIN 19556:1978-08

Wastewater treatment plants — Trough with shutoff device — Main dimensions

Stations d'épuration — Caniveau avec organe de vannage — Dimensions principales

Anwendungswarnvermerk

Dieser Norm-Entwurf wird der Öffentlichkeit zur Prüfung und Stellungnahme vorgelegt.

Weil die beabsichtigte Norm von der vorliegenden Fassung abweichen kann, ist die Anwendung dieses Entwurfes besonders zu vereinbaren.

Stellungnahmen werden erbeten

— vorzugsweise als Datei per E-Mail an naw@din.de in Form einer Tabelle. Die Vorlage dieser Tabelle kann im Internet unter **http://www.din.de/stellungnahme** abgerufen werden;

— oder in Papierform an den Normenausschuss Wasserwesen (NAW) im DIN Deutsches Institut für Normung e.V., 10772 Berlin (Hausanschrift: Burggrafenstraße 6, 10787 Berlin).

Vorwort

Diese Norm wurde vom Arbeitsausschuss NAW V 36/UA 1 „Kläranlagen — Deutsche Normung“ erarbeitet.

Änderungen

Gegenüber DIN 19556:1978-08 wurden folgende Änderungen vorgenommen:

a) Maße für Rinne mit Absperrorgan an den Stand der Technik angepasst;

b) Sicherheitstechnik aufgenommen;

c) Die Norm redaktionell überarbeitet.

Fortsetzung Seite 2 und 3

Normenausschuss Wasserwesen (NAW) im DIN Deutsches Institut für Normung e. V.

1 Anwendungsbereich

Diese Norm gilt für Rinne mit Absperrorgan auf Kläranlagen.

2 Normative Verweisungen

Diese Norm enthält durch datierte oder undatierte Verweisungen Festlegungen aus anderen Publikationen. Diese normativen Verweisungen sind an den jeweiligen Stellen im Text zitiert, und die Publikationen sind nachstehend aufgeführt. Bei datierten Verweisungen gehören spätere Änderungen oder Überarbeitungen dieser Publikationen nur zu dieser Norm, falls sie durch Änderung oder Überarbeitung eingearbeitet sind. Bei undatierten Verweisungen gilt die letzte Ausgabe der in Bezug genommenen Publikation (einschließlich Änderungen).

DIN EN 12255-10, *Kläranlage — Teil 10: Sicherheitstechnische Baugrundsätze; Deutsche Fassung EN 12255-10:2000.*

3 Hauptmaße

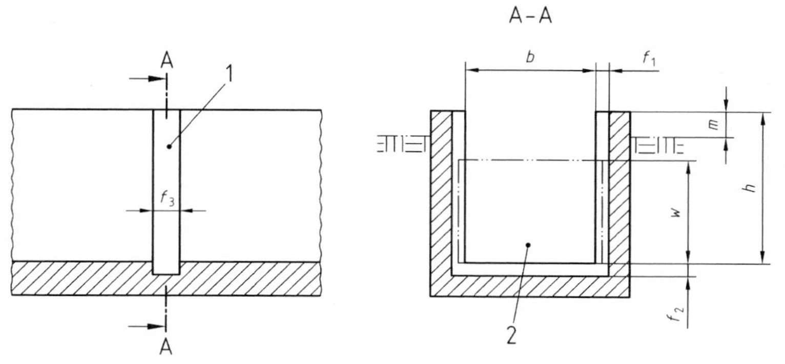

Legende

1 Aussparung für Absperrorgan

2 Absperrorgan mit unterer und seitlicher Dichtung

b Rinnenbreite

f_1, f_2, f_3 Aussparungsmaße

h Rinnentiefe

m Maß Rinnenoberkante über Gelände

w Absperrhöhe

ANMERKUNG Das Absperrorgan wird entsprechend dem Rinnenquerschnitt, dem Wasserdruck und der Betätigungsart gewählt.

Bild 1 — Rinne mit Absperrorgan

Tabelle 1 — Maße für Rinne mit Absperrorgan

Maße in Meter

b	*h*	*m*	*w*
0,2 und um je 0,1 steigend bis 0,8 ab 0,8 um je 0,2 steigend bis 5	nach örtlichen Verhältnissen	Es gilt DIN EN 12255-10	0,2 und um je 0,1 steigend bis 0,8 ab 0,8 um je 0,2 steigend

Tabelle 2 — maximale Absperrhöhe, Betätigung des Absperrorgans und Aussparungen in Abhängigkeit von der Rinnenbreite

Maße in Meter

b	*w* max.	Betätigung des Absperrorgans	f_1[c]	f_2[c]	f_3[c]
0,2 bis 1,0	$< h$	Handgriff[a] oder Spindel[b]	0,15	0,1	0,2
1,2 bis 1,6	$< h$	Spindel[b]	0,2	0,15	0,25
1,8 bis 3,0	$< h$	Spindel[b]	0,2	0,15	0,3
≥3,2	$< h$	Spindel[b]	Nach Angaben des Herstellers		

[a] Bestätigung mittels Handgriff nur bei Druckausgleich oder bei entspr. geringem Produkt aus Fläche der Schieberplatte und dem mittleren Wasserdruck.

[b] Anzahl der Spindeln ist zum einen abhängig von den max. möglichen Öffnungs- und Schließkräften, zum anderen von den Abmessungen der Schieberplatte. Bei $b/h > 2,5$ empfiehlt sich der Einsatz von zwei Spindeln.

[c] Aussparungen für Antriebsvorrichtungen des Absperrorgans nach Angaben des Herstellers des Absperrorgans.

Die Aussparungen entfallen, wenn die Absperrorgane mittels Dübeltechnik im Bauwerk befestigt werden. Hierbei ist die Verbauung des Rinnenquerschnittes zu beachten.

4 Sicherheitstechnik

Für die Anordnung der erforderlichen Ausstiege und Absturzsicherungen gelten die allgemeinen Regeln der Sicherheitstechnik sowie die besonderen für Kläranlagen nach DIN EN 12255-10 und die entsprechenden Unfallverhütungsvorschriften des zuständigen Unfallversicherungsträgers[1] .

1) Bundesverband der Unfallkassen e. V. (BUK), Hauptverband der gewerblichen Berufsgenossenschaften (HVBG)

Kläranlagen

Mineralische Füllstoffe und Füllstoffe aus Kunststoff für Tropfkörper

Anforderungen, Prüfung, Lieferung, Einbringen

DIN 19557

ICS 13.060.30

Einsprüche bis 2002-09-30

Vorgesehen als Ersatz für DIN 19557-1:1984-05

Vorgesehen als teilweiser Ersatz für DIN 19557-2:1989-11

Entwurf

Wastewater treatment plants – Mineral filter media and plastic media for percolating filters – Requirements, testing, delivery, placing

Stations d'épuration – Matières de remplissage minérales et à garniture en plastique pour lits bactériens – Exigences, essai, livraison, mise en place

Anwendungswarnvermerk

Dieser Norm-Entwurf wird der Öffentlichkeit zur Prüfung und Stellungnahme vorgelegt.

Weil die beabsichtigte Norm von der vorliegenden Fassung abweichen kann, ist die Anwendung dieses Entwurfes besonders zu vereinbaren.

Stellungnahmen werden erbeten

— vorzugsweise als Datei per e-Mail an naw@din.de in Form einer Tabelle. Die Vorlage dieser Tabelle kann im Internet unter **http://www.din.de/stellungnahme** abgerufen werden;

— oder in Papierform an den Normenausschuss Wasserwesen (NAW) im DIN Deutsches Institut für Normung e.V., 10772 Berlin (Hausanschrift: Burggrafenstraße 6, 10787 Berlin).

Fortsetzung Seite 2 bis 12

Normenausschuss Wasserwesen (NAW) im DIN Deutsches Institut für Normung e.V.

Inhalt

Vorwort

Nicht zuletzt aufgrund der Erarbeitung und des naheliegenden Inkrafttretens der Europäischen Normen (DIN EN 12255-1 bis DIN EN 12255-16) für Kläranlagen für über 50 Einwohnerwerte (EW) ergibt sich die Notwendigkeit, die bisherigen Deutschen Normen für Kläranlagen, das heißt DIN 19551-1 bis DIN 19551-4, DIN 19552-1 bis DIN 19552-3, DIN 19553, DIN 19554-1, DIN 19554-3, DIN 19557-1, DIN 19557-2 sowie verschiedene Teile von DIN 19569 zu überarbeiten.

Der hierfür zuständige Ausschuss NAW V 36 verfolgt dabei die Absicht, das so entstehende neue europäische und nationale Regelwerk für den Benutzer so übersichtlich und einfach wie möglich zu gestalten.

Daher werden DIN 19551-1 bis DIN 19557 ergänzt um

— Verweise auf die in verschiedenen Teilen der Europäischen Normenreihe DIN EN 12255 festgelegten Grundsätze;

— normative Festlegungen aus den entsprechenden Normen der Reihe DIN 19569 (Baugrundsatznormen) soweit sie als "Reste" aus diesen übernommen werden können (sie werden also nicht in die entsprechende Restnorm zu DIN 19569 aufgenommen, sondern werden in die betreffende erweiterte Maßnorm übernommen, um so die Anzahl und den Inhalt der noch verbleibenden Restnormen zu DIN 19569 möglichst gering zu halten).

Darüber hinaus werden Teile der bisherigen Maßnormen zu Gruppen zusammengefasst.

Änderungen

Gegenüber DIN 19557-1:1984-05 und DIN 19557-2:1989-11 wurden folgende Änderungen vorgenommen:

a) DIN 19557-1 und DIN 19557-2 zusammengefasst,

b) Abschnitt "Begriffe" aufgenommen,

c) die Norm redaktionell überarbeitet,

d) Bezug zu DIN EN 12255-7 hergestellt.

1 Anwendungsbereich

Diese Norm gilt für mineralische Füllstoffe und Füllstoffe aus Kunststoff für Tropfkörper zur biologischen Reinigung von Abwasser.

Diese Norm gilt zusammen mit DIN EN 12255-7.

Die verfahrenstechnische Bemessung von Tropfkörperanlagen ist nicht Gegenstand dieser Norm.

2 Normative Verweisungen

Diese Norm enthält durch datierte oder undatierte Verweisungen Festlegungen aus anderen Publikationen. Diese normativen Verweisungen sind an den jeweiligen Stellen im Text zitiert, und die Publikationen sind nachstehend aufgeführt. Bei datierten Verweisungen gehören spätere Änderungen oder Überarbeitungen nur zu dieser Norm, falls sie durch Änderung oder Überarbeitung eingearbeitet sind. Bei undatierten Verweisungen gilt die letzte Ausgabe der in Bezug genommenen Publikation (einschließlich Änderungen).

DIN 4045, *Abwassertechnik – Begriffe.*

E DIN 19553, *Kläranlagen – Tropfkörper mit Drehsprenger – Hauptmaße und Ausrüstungen.*

E DIN 19569-3, *Kläranlagen – Baugrundsätze für Bauwerke und technische Ausrüstungen – Teil 3: Besondere Baugrundsätze für Einrichtungen zur aeroben biologischen Abwasserreinigung.*

DIN EN 932-1, *Prüfverfahren für allgemeine Eigenschaften von Gesteinskörnungen – Teil 1: Probenahmeverfahren; Deutsche Fassung EN 932-1:1996.*

DIN EN 933-4, *Prüfverfahren für geometrische Eigenschaften von Gesteinskörnungen – Teil 4: Bestimmung der Kornform – Kornformkennungszahl; Deutsche Fassung EN 933-4:1999.*

DIN EN 1085, *Abwasserbehandlung – Wörterbuch – Dreisprachige Fassung EN 1085:1997.*

DIN EN 12255-7, *Kläranlagen – Teil 7: Biofilmreaktoren; Deutsche Fassung EN 12255-7:2002.*

DIN ISO 3310-2, *Analysensiebe – Technische Anforderungen und Prüfung – Teil 2: Analysensiebe mit Lochblechen (ISO 3310-2:1999).*

3 Begriffe

Für die Anwendung dieser Norm gelten die in DIN EN 1085 und in DIN 4045 angegebenen und die folgenden Begriffe.

3.1
Mineralische Füllstoffe
Füllstoffe aus Natursteinen, wie Lavaschlacke, Steinschotter und grober Kies, nach Korngruppen sortiert

3.2
Füllstoffe aus Kunststoff
Füllstoffe aus Kunststoff als geordnete Füllkörper (Blockmaterial), regellose Füllkörper (geschüttete Formkörper) sowie als abgehängte Füllkörper

3.3
Theoretische spezifische Oberfläche von Trägermaterial
spezifische Oberfläche von Trägermaterial, ermittelt ohne Biofilm

3.4
Theoretische gewichtsbezogene Oberfläche von Trägermaterial
durch die Oberfläche je Gewichtseinheit ausgedrückte Kenngröße von Trägermaterial aus Kunststoff, ermittelt ohne Biofilm

3.5
Wirksame Oberfläche von Trägermaterial
im Betrieb benetzte Oberfläche der Füllkörper

3.6
Ausnutzungsfaktor
Verhältnis von wirksamer Oberfläche zu theoretischer Oberfläche des Trägermaterials

4 Einsatzbereiche

Die Wahl der unterschiedlich ausgebildeten Füllkörper richtet sich u. a. nach dem Reinigungsziel, der Flächenbeschickung sowie nach der für den Tropfkörper vorgesehenen organischen Belastung (BSB_5-Flächen- bzw. Raumbelastung[1]) und den hierdurch bedingten Betriebszuständen.

Für Tropfkörper mit mineralischen Füllstoffen siehe ATV-DVWK-A 281.

5 Allgemeine Anforderungen

Es gilt DIN EN 12255-7, in der folgende Anforderungen an Füllstoffe festgelegt sind:

— dauerhafte Beständigkeit gegen mechanische Einwirkungen,

— dauerhafte Witterungs- und UV-Beständigkeit,

— chemische Beständigkeit gegen Abwasserinhaltsstoffe,

— biologisch nicht abbaubar,

— geeignete Oberfläche zur Haftung des Biofilms,

— von der Formgebung geeignet zur Schaffung offener Hohlräume zwischen den einzelnen Füllkörpern,

— Auswahl der spezifischen Oberfläche des Trägermaterials,

— Richtwerte für die Schichthöhe von Trägermaterial aus Kunststoff.

6 Mineralische Füllstoffe

6.1 Physikalische Eigenschaften

Füllstoffe müssen so beschaffen sein, dass sie nach ihrer Gewinnung bzw. Aufbereitung, beim Transport, während des Einbringens, unter ihrer Eigenlast im endgültigen Verwendungszustand, beim Beschicken mit Abwasser und unter Witterungseinflüssen ihre Form behalten. Füllstoffe, die stark absanden, splittern oder bröckeln, sind ungeeignet.

Die einzelnen Körner sollten eine möglichst raue Oberfläche haben. Diese wirkt verkürzend auf die Einarbeitungszeit und vermindert Leistungsrückgänge bei stoßweiser Belastung der Tropfkörper.

Die Körnung muss gleichmäßig sein, damit nicht kleineres Korn die durch die Schüttung der größeren Körner entstandenen Hohlräume ausfüllt und dadurch den Durchfluss- und Durchlüftungsquerschnitt vermindert. Plattige Kornformen sind in der Regel ungeeignet, siehe 6.3.

Als Anforderung an die Festigkeit der Füllstoffe genügt die Bestimmung der Widerstandsfähigkeit der Korngruppe 40/80 mm jedes Füllstoffes gegen Druck nach 6.6.3. Der unter Druckbeanspruchung zertrümmerte Anteil der Probe wird bestimmt. Dabei gilt der Volumenanteil in %, der durch das Prüfsieb mit Quadratlochung der Nennlochweite w = 20 mm nach DIN ISO 3310-2 geht, als Maß der Zertrümmerung. Der Durchgang durch das Prüfsieb darf nach der Prüfung max. 5 % betragen.

---

1) BSB_5 – Biochemischer Sauerstoffbedarf in 5 Tagen, siehe auch DIN 4045

6.2 Chemische und mineralogische Eigenschaften

Mineralische Füllstoffe dürfen keine Einschlüsse von Humus-, Kohle- und anderen organischen sowie löslichen, insbesondere giftig wirkenden, mineralischen Bestandteilen enthalten. Ebenfalls sind Füllstoffe auszuschließen, die Verunreinigungen aufweisen, wie z. B. Sand, Schluff, Lehm, Ton, Mergel und Gesteinsmehl, soweit diese Verunreinigungen durch Waschen nicht beseitigt werden können.

6.3 Korngruppen

Für Füllstoffe sind die in Tabelle 1 angegebenen Korngruppen und die zulässigen Anteile an Unterkorn und Überkorn einzuhalten. Der Anteil an Unterkorn und Überkorn wird nach 6.6.2 bestimmt.

Tabelle 1 — Korngruppen

Bennennung	Korngruppen mm	Überkorn Volumenanteil in % max.	Unterkorn Volumenanteil in % max.
Füllschicht[a]	16/40	10	5
	40/80		
Stützschicht[a]	80/150	—	

[a] Zum Einbringen der Schichten siehe Abschnitt 6.7.2

In der Füllschicht darf der Volumenanteil der Körner, bei denen das Verhältnis von Länge zu Dicke größer als 3 : 1 ist, max. 15 % betragen.

Zu viele abspülbare Bestandteile der Füllstoffe sind wegen der Gefahr von Verstopfungen des Tropfkörpers und der Betriebseinrichtungen schädlich. Der gesamte Volumenanteil der abspülbaren Bestandteile darf bei den nach 6.7.2 eingebrachten Füllstoffen max. 0,5 % betragen. Die auf der Baustelle angelieferten und nach 6.7.2 zum Einbringen vorbereiteten Füllstoffe sind zunächst nach dem Augenschein zu beurteilen. Ergibt sich dabei der Verdacht, dass nach Einbringen der Füllstoffe der Volumenanteil der abspülbaren Stoffe höher liegt als 0,5 %, ist der Abspülversuch nach 6.6.5 durchzuführen. Wenn der Anteil der abspülbaren Stoffe zu hoch liegt, sind die Füllstoffe nochmals besonders sorgfältig zu waschen oder, wenn sie sich nicht eignen, von der Verwendung auszuschließen.

6.4 Bautechnische Anforderungen

Es gelten DIN EN 12255-7 sowie E DIN 19569-3.

6.5 Gütenachweis und Abnahme

Der Gütenachweis der Füllstoffe ist durch Vorlage von Prüfzeugnissen (nach 6.6.6) einer anerkannten Materialprüfstelle zu erbringen. Die Prüfzeugnisse dürfen nicht älter als ein Jahr sein. Die untersuchten Proben müssen in der erforderlichen Anzahl und Menge sachverständig entnommen sein.

Außer dem Gütenachweis darf eine Abnahmeprüfung der versandbereiten oder bereits gelieferten Füllstoffe verlangt werden. Die erforderlichen Proben sind nach Vereinbarung zu entnehmen und entsprechend 6.6 zu prüfen.

6.6 Prüfungen

6.6.1 Probenahme

Für die Probenahme von Füllstoffen ist DIN EN 932-1 sinngemäß anzuwenden. Das Probevolumen für die Prüfungen nach 6.6.2 und 6.6.3 beträgt mindestens 200 l.

Die Proben sind in dichten, gut verschlossenen Behältern anzuliefern. Jede Probe ist durch Angaben über

a) Korngruppe

b) Lieferwerk

c) Ort und Datum der Entnahme

zu kennzeichnen.

6.6.2 Siebversuch

Mit dem Siebversuch wird der Anteil an Über- und Unterkorn ermittelt. Die Korngruppe 40/80 mm ist in zwei Teilmengen von je 40 l, die Korngruppe 16/40 mm in zwei Teilmengen von je 10 l zu prüfen.

Über- und Unterkorn werden auf Prüfsieben mit Quadratlochung der Nennlochweite $w = 16$ mm, $w = 40$ mm und $w = 80$ mm nach DIN ISO 3310-2 bestimmt. Dabei werden die Körner von Hand einzeln in die Sieböffnungen eingepasst. Unterkorn sind diejenigen Körner, die in jeder Lage kleiner als die Sieböffnung, Überkorn diejenigen, die in jeder Lage größer als die Sieböffnung sind. Maßgebend ist der Mittelwert von zwei Einzelversuchen.

6.6.3 Druckversuch

Für die Prüfung der Füllstoffe auf Widerstandsfähigkeit gegen Druck werden für jeden Einzelversuch 50 l des getrockneten Prüfgutes der Korngruppe 40/80 mm mit Hilfe der Prüfsiebe mit Quadratlochung der Nennlochweite $w = 40$ bzw. $w = 80$ mm nach DIN ISO 3310-2 abgesiebt und in einen zylindrischen Drucktopf von (475 ± 25) mm Innendurchmesser und etwa 400 mm Höhe eingefüllt.

Beim Einfüllen sollte die Fallhöhe so gering wie möglich sein, d. h. nicht größer als die Höhe des Drucktopfes.

Auf die von Hand geebnete Oberfläche des Prüfgutes wird eine mindestens 20 mm dicke Stahlplatte zur Druckverteilung gelegt. Die Stahlplatte hat einen um (25 ± 2) mm kleineren Durchmesser als der Drucktopf.

Mit einer Druckprüfmaschine wird bei einer Belastungsgeschwindigkeit von 0,01 MN/min eine Prüfkraft von 0,1 MN aufgebracht und 1 min lang gehalten. Danach wird entlastet. Das Prüfgut ist auf einem Prüfsieb mit Quadratlochung der Nennlochweite $w = 20$ mm nach DIN ISO 3310-2 abzusieben. Als Siebdurchgang ist der Mittelwert von zwei Einzelversuchen maßgebend.

6.6.4 Bestimmung der Kornform

Die Kornform wird nach DIN EN 933-4 an einer Probe von 40 l bei der Korngruppe 40/80 mm und von 10 l bei der Korngruppe 16/40 mm bestimmt.

6.6.5 Abspülversuch

Zur Ermittlung der abspülbaren Bestandteile werden auf der Baustelle den zum Einbringen vorbereiteten Füllstoffen Proben von je 40 l entnommen. Die dabei anfallenden Feinstoffe sind zu sammeln und später den abgespülten Teilen hinzuzufügen.

Die abspülbaren Bestandteile der Proben sind im Wasserbad auszuwaschen. Der Spülvorgang kann auf zwei Arten, entsprechend den auf der Baustelle gegebenen Möglichkeiten, durchgeführt werden:

a) Waschen von Hand durch gründliches Hin- und Herschwenken der Einzelstücke in einem $\approx$ 50 l fassenden Waschbehälter.

b) Waschen mittels Tauchbad durch 40maliges vollständiges schnelles Eintauchen des die Probe fassenden Tauchkorbes in einen $\approx$ 150 l großen Waschbehälter. Als Tauchkörbe werden runde

Drahtkörbe empfohlen, deren Höhe etwa ihrem Durchmesser entspricht. Ein Anschlagen des Korbes an Wandung oder Behälterboden ist zu vermeiden.

Anschließend ist nach 2stündiger Absetzzeit aus dem Waschbehälter das überstehende Spülwasser vorsichtig von der Oberfläche her abzuheben, ohne dass abgesetzte Stoffe mit abgezogen werden. Diese werden mit dem restlichen Spülwasser und den bei der Probenahme angefallenen Feinstoffen in Absetzgläser gefüllt und die abgesetzten Stoffe nach weiteren 2 h Absetzzeit volumetrisch bestimmt.

Von jeder zu prüfenden Korngruppe sind mindestens 3 Proben zu untersuchen. Das Verhältnis des Volumens der abgesetzten Stoffe zum Volumen der Probe ergibt den Volumenanteil abspülbarer Stoffe in % und darf für keine der 3 Proben den zulässigen Wert (siehe 6.3) überschreiten.

6.6.6 Prüfzeugnis

Das Prüfzeugnis über die Prüfungen muss unter Hinweis auf diese Norm Angaben enthalten über

a) Ort, Zeit und Beteiligte bei der Probenahme, Einlieferer,

b) Anzahl und Kennzeichnung der Proben,

c) Behandlung der Proben in der Prüfstelle,

d) Datum der Prüfung,

e) Ergebnis der Siebversuche,

f) Ergebnis der Druckversuche,

g) Ergebnis der Bestimmung der Kornform, und, falls von der Prüfstelle durchgeführt

h) Ergebnis der Abspülversuche,

i) gegebenenfalls Ergebnis einer Untersuchung auf Aggressionsbeständigkeit,

j) sonstige Feststellungen.

6.7 Lieferung und Einbringen

6.7.1 Lieferung

Die Füllstoffe sind getrennt nach den vorgeschriebenen Korngruppen zu liefern. Sie müssen frei von Verunreinigungen, wie Kehricht, Lehm, Holzabfälle usw., sein.

Der Transport vom Lieferwerk bis in die Tropfkörper ist mit einer möglichst geringen Anzahl von Umladevorgängen durchzuführen, damit Antrieb, Streuverluste und Entmischung vermieden werden. Ein Umschlag mit Greifern ist zu vermeiden. Der Transport in Containern bzw. Selbstentladewagen hat sich besonders bewährt.

6.7.2 Einbringen

Die Füllstoffe sollten ohne längere Zwischenlagerung eingebracht werden. Zur getrennten Lagerung der Korngruppen ist auf der Baustelle ausreichender Platz in der Umgebung des Tropfkörpers zu schaffen. Fahrzeuge, Hebegeräte und Förderbänder zum Einbringen der Füllstoffe in den Tropfkörper müssen ungehindert und möglichst allseitig an das Bauwerk heranfahren können. Die Lagerstelle ist so vorzubereiten, dass eine Verunreinigung der Füllstoffe ausgeschlossen ist. Die Lagerung auf fester Unterlage (Blech, Holz, Beton) und mit Trennwänden ist unerlässlich.

Das Einbringen der Füllstoffe ist für die Wirksamkeit des Tropfkörpers von ausschlaggebender Bedeutung und deshalb mit größter Sorgfalt durchzuführen und zu überwachen. Die Füllstoffe dürfen nicht bei Frost oder in gefrorenem Zustand eingebracht werden. Vor dem Einbringen müssen die Füllstoffe von Sand und gegebenenfalls von Verunreinigungen sowie von Fremdgestein, das von Hand auszulesen ist, befreit werden. Zum Entsanden sind die Füllstoffe unter gleichzeitiger Verwendung von Schüttelrosten oder Rüttelsieben mit 14 mm bzw. 35 mm Stababstand bzw. Maschenweite mit einem ausreichend großen Wasservolumen (etwa 1,5 m^3 Wasser je 1 m^3 Füllstoff) abzuspülen. Füllstoffe können im Tauchbad gewaschen werden. Für kleine Füllstoffmengen ist auch das Entsanden durch Ausgabeln mit Steinschlaggabeln unmittelbar vor dem Einbringen zulässig.

Falls sich ein weiterer Umschlag der Füllstoffe von Hand nicht vermeiden lässt, sind hierfür ebenfalls Steinschlaggabeln zu benutzen. Die Verwendung von Schaufeln ist in jedem Fall unzulässig.

Die Stützschicht (Korngruppe 80/150 mm) ist von Hand zu versetzen, wobei die größten Körner stehend und mit möglichst großem Hohlraum aneinander zureihen sind. Dabei dürfen die im Bodenrost vorgesehenen Durchtrittsöffnungen nicht zugesetzt werden. Die Körner geringerer Größe werden dann von Hand auf die Hohlräume zwischen den großen Körnern mit ebenfalls möglichst großen Hohlräumen gepackt.

Anschließend ist die Füllschicht in höchstens 500 mm dicken Lagen auf die Stützschicht zu verteilen.

Beim Einbringen der Füllstoffe in den Tropfkörper ist durch Einsatz entsprechender Fördergeräte dafür zu sorgen, dass möglichst wenig Abrieb entsteht und eine Entmischung vermieden wird. Die Fallhöhe darf dabei 500 mm nicht überschreiten.

Die Füllstoffe sind vorzugsweise in Behältern oder Körben mit Bodenklappe in den Tropfkörper hineinzuheben, so dass ein nochmaliges Umsetzen nicht erforderlich ist.

Werden die Füllstoffe jedoch über Förderbänder und Rutschen in den Tropfkörper transportiert, müssen unterhalb der Auflaufstelle Unterlagsbleche in ausreichender Größe zum Auffangen des hierbei entstehenden Abriebs gelegt werden. Die Füllstoffe sind nochmals auszugabeln und dann lagenweise zu verteilen. Der angesammelte Abrieb ist aus dem Tropfkörper zu entfernen; andernfalls entstehen luft- und wasserundurchlässige Bereiche, die die Abbauleistung des Tropfkörpers nachteilig beeinflussen. Derartige Mängel lassen sich im allgemeinen nur durch nachträgliches Umpacken der gesamten Tropfkörperfüllung beseitigen.

Der Ablauf des Tropfkörpers ist in zweckentsprechenden Einrichtungen von dem — auch bei sorgfältigem Waschen und Einbringen der Füllstoffe — im Betrieb ausgespülten Sand so weit zu befreien, dass die weitere Behandlung des Abwassers und Schlamms nicht beeinträchtigt wird.

7 Füllstoffe aus Kunststoff

7.1 Physikalische Anforderungen

Die erforderliche Tragfähigkeit der Füllkörper wird durch die im Betrieb auftretenden Lasten aus dem Gewicht der Füllkörper, Schlamm und Abwasser bestimmt. Die Betriebslast je m^2 Tropfkörperinhalt ist über die Füllhöhe uneinheitlich. Sie wird maßgeblich durch die organische Belastung, hydraulische Beschickung, Spülkraft sowie Form und Struktur der Füllkörper bestimmt.

ANMERKUNG Bei Eignung der Füllkörper für den vorgesehenen Einsatzbereich (siehe Tabelle 1) und bei ordnungsgemäßem Betrieb (z. B. Vermeidung von Verschlammungen) liegt die Betriebslast erfahrungsgemäß zwischen 2 kN/m^3 und 5 kN/m^3.

Die Tragfähigkeit der Füllkörper ist durch Festlegung der maximalen Füllhöhe ohne Zwischentragwerk vom Hersteller anzugeben.

Jeder Hersteller/Anbieter hat die für den jeweiligen Einsatzbereich notwendige Tragfähigkeit seiner Füllkörper sicherzustellen. Mindestens sind jedoch folgende Tragfähigkeitswerte zu erbringen:

$$T_{erf} = h \cdot A \cdot f \cdot s \qquad (1)$$

Dabei ist

T_{erf} erforderliche Mindesttragfähigkeit in Kilonewton durch Quadratmeter (kN/m²)

h Füllhöhe in Meter (m)

A vom Hersteller anzugebende theoretische Oberfläche in Quadratmeter durch Kubikmeter (m²/m³)

s Sicherheitsfaktor, hier s = 1,5

f Faktor für die Gewichtsbelastung durch den Biofilm (bezogen auf die theoretische Oberfläche) in Abhängigkeit von der Biofilmdicke

Tabelle 2 — Faktor für die Gewichtsbelastung

Biofilmdicke mm	Faktor für die Gewichtsbelastung f kN/m²
1,5 für Schwachlast	0,015
2 für Mittellast	0,02
≥ 3 für Hochlast	≥ 0,03

Bei der Wahl der Füllkörper sind Einwirktemperaturen über 30 °C gesondert zu berücksichtigen (z. B. Industrieabwasser, geschlossene Bauweise). Diese gesonderten Temperaturbedingungen sind dem Ausrüster anzugeben.

Die Füllkörper unterliegen einer belastungs- und materialabhängigen Setzung. Die Füllhöhe darf nach einem halben Jahr Betriebszeit unter den angesetzten Betriebsbedingungen bei geordneten Füllkörpern um maximal 1 % und bei regellosen Füllkörpern um maximal 3 % unter der Bemessungsfüllhöhe liegen. Setzungsverluste sind bei regellosen Füllkörpern gegebenenfalls durch Überfüllungen auszugleichen.

7.2 Chemische Eigenschaften

Die Anforderungen an die chemischen Eigenschaften sind in Abschnitt 5 festgelegt.

Die Grundwerkstoffe der Füllkörper sind brennbar; daher sind die Sicherheitsvorschriften des vorbeugenden Brandschutzes zu beachten.

7.3 Einsatztechnische Eigenschaften

Form- und materialbedingt werden bei der Herstellung der Füllkörper je kg verarbeitetes Material verschieden große Oberflächen erreicht.

Für die theoretische gewichtsbezogene Oberfläche (siehe 3.4) gelten bei geordneten und regellosen Füllkörpern folgende Richtwerte:

Polyethylen, Polypropylen	1,5	bis 5	m²/kg
PVC, tiefgezogen	2	bis 3,5	m²/kg
PVC, extrudiert	3	bis 6	m²/kg

Abweichungen von diesen Richtwerten können Tragfähigkeit und Einsatzbereich des Materials beeinflussen.

Der Ausnutzungsfaktor (siehe 3.6) wird beeinflusst durch:

— die theoretische spezifische Oberfläche (siehe 3.3);

— Form und Struktur der Füllkörper;

— die hydraulische Beschickung;

— Art und Konzentration der Abwasserinhaltsstoffe.

Die biologisch aktive Oberfläche des Bewuchses kann sich in ihrer Größe von der wirksamen Oberfläche (siehe 3.5) je nach Betriebsbedingungen unterscheiden.

7.4 Bautechnische Anforderungen

Füllkörper für geordnete Packungen werden in der Regel mit einer Höhe von 0,6 m hergestellt; sie können für eine Feinabstufung halbiert werden. Die Füllhöhe des Tropfkörpers beträgt damit ein Vielfaches von 0,3 m. Die Gesamtfüllhöhe bei geordneten Packungen darf 6 m nicht überschreiten.

Bei regellosen Füllkörpern liegt die Füllhöhe im Allgemeinen zwischen 2 m und 5 m.

Für abgehängte Füllkörper liegt die Füllhöhe im Allgemeinen zwischen 4 m und 8 m.

Die Tropfkörperfüllung ist nur in Ausnahmefällen zu betreten. Maßnahmen gegen Ausrutschen sowie gegen Beschädigung der Füllkörper , wie z. B. ein Bedienungssteg, sind nach den örtlichen Erfordernissen zu treffen (siehe DIN 19553).

Bei geordneten Füllkörpern muss die freie Durchgangsfläche des Tragrostes mindestens 50 % der Grundfläche des Tropfkörpers betragen.

Die Auflagefläche ist waagerecht auszuführen.

Bei regellosen Füllkörpern ergibt sich die Maschenweite des Tragrostes aus der Größe des einzelnen Füllkörpers. Dabei muss die freie Durchgangsfläche des Tragrostes mindestens 25 % der Grundfläche des Tropfkörpers betragen.

Für die Tragwerksberechnung von Wänden und/oder Tragrosten gilt DIN EN 12255-7, wobei in Abhängigkeit von der Baukonstruktion, der Verstopfungsgefährdung und der Lagerungsart der Füllkörper aus Sicherheitsgründen größere Betriebslasten als 5 kN/m^3 anzusetzen sind.

7.5 Gütenachweis und Abnahme

Der Gütenachweis für das verwendete Ausgangsmaterial ist vom Hersteller nach den einschlägigen Normen zu erbringen.

7.6 Prüfungen

Solange geeignete Prüfverfahren fehlen, gelten die Anforderungen als erfüllt, wenn die Füllkörper unter Betriebsbedingungen nach 2 Jahren die aus den genannten Eigenschaften resultierenden Funktionen unverändert erfüllen.

7.7 Lieferung und Einbringen

Die Herstellerangaben zu Transport, Lagerung und Einbringen sind einzuhalten.

Literaturhinweise

ATV-DVWK-A 281, Bemessung von Tropfkörpern und Rotationstauchkörpern.

Dezember 2002

	Kläranlagen Ablaufeinrichtungen, Überfallwehr und Tauchwand, getauchte Ablaufrohre in Becken Baugrundsätze, Hauptmaße, Anordnungsbeispiele	DIN 19558

ICS 13.060.30

Ersatz für
DIN 19558:1990-09

Wastewater treatment plants — Outlet installations, weir and scum baffle, submerged effluent pipes in tanks — Construction principles, main dimensions, layout

Stations d'épuration — Installation de dècharge, Chute dénoyée et chicane, tube de dècharge plongé dans basins — Principes de construction, dimensions principales, servir d'exemple à arranger

Inhalt

Seite

Fortsetzung Seite 2 bis 11

Normenausschuss Wasserwesen (NAW) im DIN Deutsches Institut für Normung e. V.

Vorwort

Neben dem Überfallwehr mit Tauchwand haben sich in den letzten Jahren vermehrt Systeme mit getauchten Ablaufrohren für Absetzbecken durchgesetzt.

Wenn auch noch nicht alle Fragen der Bemessung und der Auswirkungen dieses Ablaufsystems auf das Absetzverhalten in diesen Becken geklärt zu sein scheinen, erachtete es der Ausschuss NAW V 36 doch für notwendig, solche Grundsätze normativ festzulegen, welche die Ausrüstung und das Zusammenwirken mit Bauwerksteilen betreffen.

Das Ablaufsystem mit getauchten Ablaufrohren wird in die Normen für Rechteckbecken und Rundbecken als Absetzbecken und Eindicker (DIN 19551-1 und DIN 19552) aufgenommen.

Änderungen

Gegenüber DIN 19558:1990-09 wurden folgende Änderungen vorgenommen:

a) geltende allgemeine Baugrundsätze von DIN EN 12255-1 zitiert,

b) Erweiterung um das System getauchte Ablaufrohre,

c) Begriff der Wasserspiegelkoten aufgenommen,

d) die Norm redaktionell überarbeitet.

Frühere Ausgaben

DIN 19558: 1975-03, 1990-09

1 Anwendungsbereich

Diese Norm gilt für die folgenden Ablaufeinrichtungen in klärtechnischen Becken für Abwasser oder andere Flüssigkeiten.

Für Überfallwehr und Tauchwand werden festgelegt:

— Befestigung am Bauwerk;

— die konstruktive Gestaltung;

— der Abfluss in Abhängigkeit vom Wasserspiegel.

Für getauchte Abflussrohre werden festgelegt:

— solche Bauwerksteile, bei denen die Anordnung oder Funktion des Ablaufsystems berücksichtigt werden muss;

— das Ablaufsystem, soweit besondere klärtechnische oder kläranlagenspezifische Anforderungen bei Planung, Bau und Betrieb beachtet werden müssen.

Grundsätze der technologischen und der hydraulischen Bemessung der getauchten Ablaufrohre sind in dieser Norm nicht festgelegt.

Diese Norm gilt nicht für allgemeine und besondere Grundsätze des Bau- und Maschinenwesens, der Sicherheitstechnik sowie der Klärtechnik.

2 Normative Verweisungen

Diese Norm enthält durch datierte oder undatierte Verweisungen Festlegungen aus anderen Publikationen. Diese normativen Verweisungen sind an den jeweiligen Stellen im Text zitiert, und die Publikationen sind nachstehend aufgeführt. Bei datierten Verweisungen gehören spätere Änderungen oder Überarbeitungen dieser Publikationen nur zu dieser Norm, falls sie durch Änderung oder Überarbeitung eingearbeitet sind. Bei undatierten Verweisungen gilt die letzte Ausgabe der in Bezug genommenen Publikation (einschließlich Änderungen).

DIN 4045, *Abwassertechnik — Begriffe.*

DIN EN 1085, *Abwasserbehandlung — Wörterbuch; Dreisprachige Fassung EN 1085:1997.*

DIN EN 12255-1, *Kläranlagen — Teil 1: Allgemeine Baugrundsätze; Deutsche Fassung EN 12255-1:2002.*

DIN EN ISO 3506-1, *Mechanische Eigenschaften von Verbindungselementen aus nichtrostenden Stählen — Teil 1: Schrauben (ISO 3506-1:1997); Deutsche Fassung EN ISO 3506-1:1997.*

DIN EN ISO 3506-2, *Mechanische Eigenschaften von Verbindungselementen aus nichtrostenden Stählen — Teil 2: Muttern (ISO 3506-2:1997); Deutsche Fassung EN ISO 3506-2:1997.*

DIN EN ISO 3506-3, *Mechanische Eigenschaften von Verbindungselementen aus nichtrostenden Stählen — Teil 3: Gewindestifte und ähnliche, nicht auf Zug beanspruchte Schrauben (ISO 3506-3:1997); Deutsche Fassung EN ISO 3506-3:1997.*

DIN EN ISO 4017, *Sechskantschrauben mit Gewinde bis Kopf — Produktklassen A und B (ISO 4017:1999); Deutsche Fassung EN ISO 4017:2000.*

3 Begriffe

Für die Anwendung dieser Norm gelten die in DIN EN 1085 und in DIN 4045 angegebenen und die folgenden Begriffe.

3.1
Wasserspiegelkote
in Abhängigkeit vom Durchfluss auftretender unterschiedlicher Wasserspiegel (Wsp)

ANMERKUNG (siehe Bilder 1, 2, 4)

3.1.1
Ruhe-Wasserspiegel
Wasserspiegel bei Durchfluss = 0; entspricht der Kote der Überfallkante bzw. des Zackengrundes des Überfallwehres

3.1.2
Becken-Wasserspiegel
Wsp Becken
Wasserspiegel bei Bemessungsspitzendurchfluss

3.1.3
Überfall-Wasserspiegel
Wsp Überfall
Wasserspiegel in der Überfalleinrichtung bei Bemessungsspitzendurchfluss

ANMERKUNG gilt nur für das System getauchte Ablaufrohre (siehe Bild 4)

3.2
Überfalleinrichtung
Einrichtung, in der die ablaufende Flüssigkeit aus dem/den Ablaufrohr/en an die Überfallkante und von dort in die Ablaufrinne geführt und

Ausführungsbeispiele der Quellschächte (siehe Bild 5):

— als Einzelkasten **an** der Bauwerksaußenwand;
— als Einzelkasten **in** der Bauwerksaußenwand;
— als einzelne Quelltöpfe;
— als durchgehende Rinne für mehrere Ablaufrohre.

4 Überfallwehr und Tauchwand

4.1 Befestigung und Hauptmaße

Maße in Zentimeter

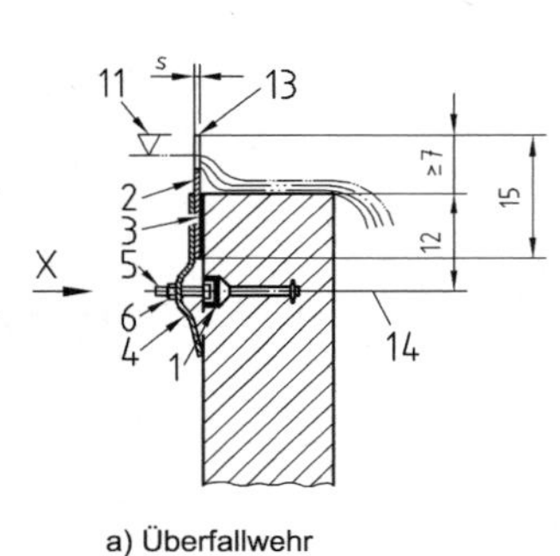

a) Überfallwehr

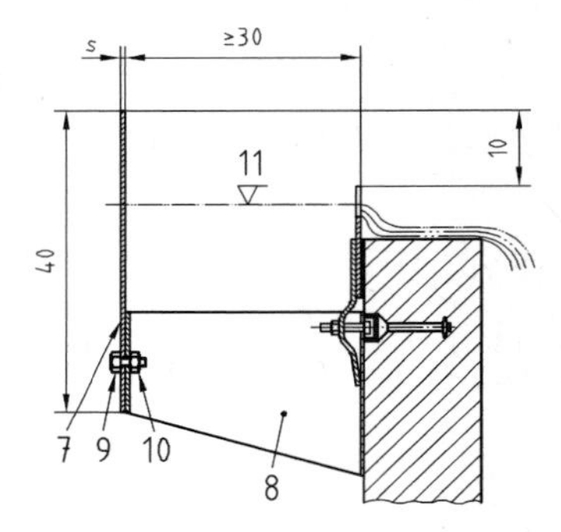

b) Überfallwehr und Tauchwand T

übrige Maße und Angaben wie a) Überfallwehr

Ansicht X ist in Bild 2 dargestellt

Legende

Pos.-Nr. 1–10 siehe Tabelle 1

11 Wsp Becken

12 Ruhewasserspiegel (siehe Bild 2)

13 Oberkante des Überfallwehres

14 Grenzabmaße der Ankerschiene von der waagerechten Ebene ± 2 cm

s Dicke der Tauchwand nach Wahl des Herstellers

Bild 1 — Überfallwehr bzw. Überfallwehr und Tauchwand T

Maße in Zentimeter

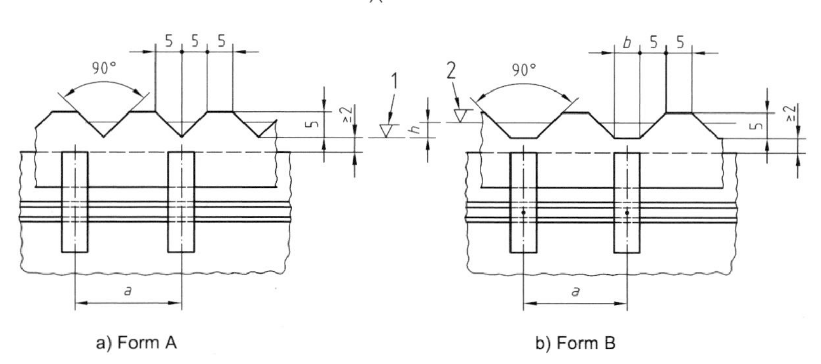

a) Form A

b) Form B

Legende

1 Ruhe-Wasserspiegel

2 Wsp Becken

a Abstand der Klemmbügel nach Wahl des Herstellers

b Sohlenbreite = 5 cm

h Überfallhöhe

[a] Ansicht X (vergrößert) mit Zahnleiste

Bild 2 — Überfallwehr mit Zahnleiste, Form A und Form B

Die Gesamtlänge des Überfallwehrs bzw. des Überfallwehrs und der Tauchwand sind in der Bezeichnung anzugeben.

Bezeichnung eines Überfallwehrs mit Zahnleiste Form A von 7 m Gesamtlänge:

Wehr DIN 19558 — A 7

Bezeichnung eines Überfallwehrs mit Zahnleiste Form B von 45 m Gesamtlänge und Tauchwand T:

Wehr DIN 19558 — B 45 T

Tabelle 1 — Überfallwehr bzw. Überfallwehr mit Tauchwand T – Wahl des Werkstoffes

Pos.-Nr.	Benennung	Werkstoff	Bemerkung
1	Ankerschiene	Nach Vereinbarung oder nach Wahl des Herstellers	Bauseitig zu liefern und einzubauen (empfohlene Wanddicke ≥ 4 mm)
2	Zahnleiste		
3	Dichtband		
4	Klemmbügel		Bauart nach Wahl des Herstellers
5	Hammerschraube	Stahlsorte A2[a] oder A4[a]	Gewinde M 10, passend zu den Pos.-Nr. 1 und 4
6	Sechskantmutter		Gewinde M 10
7	Tauchwand	Nach Vereinbarung oder nach Wahl des Herstellers	
8	Konsole		Bauart nach Wahl des Herstellers
9	Sechskantschraube	Stahlsorte A2[a] oder A4[a]	M 10 nach DIN EN ISO 4017
10	Sechskantmutter		Gewinde M 10

[a] Nach DIN EN ISO 3506-1 bis DIN EN ISO 3506-3

4.2 Abfluss

Die Abhängigkeit zwischen Abfluss und Beckenwasserspiegel ergibt sich aus den Gleichungen (1) und (2) und den Kurven nach Bild 3:

Der Berechnung des auf einen Einschnitt des Überfallwehres bezogenen Abflusses Q_E (mit einem Überfallbeiwert $\mu = 0{,}59$) wurden die Gleichungen (1) und (2) zugrunde gelegt:

a) für Form A:

$$Q_E = \frac{8}{15} \cdot \mu \cdot \sqrt{2\,g} \cdot h^{\frac{5}{2}} \tag{1}$$

b) für Form B:

$$Q_E = \frac{2}{3} \cdot \mu \cdot \sqrt{2\,g} \cdot \left(b + \frac{4}{5} \cdot h\right) \cdot h^{\frac{3}{2}} \tag{2}$$

Gültigkeitsbereich: $h \leq 5$ cm (Zahnhöhe = 5 cm)

Dabei ist

Q_E der Abfluss pro Einschnitt;

μ der Überfallbeiwert;

g die Fallbeschleunigung;

h die Überfallhöhe;

b die Sohlenbreite;

Der auf einen Meter Überfallwehr bezogene Abfluss Q_1 in Kubikmeter je Stunde ($m^3/(h \cdot m)$) ist in Abhängigkeit von der Überfallhöhe h in Zentimeter für die Zahnleisten Form A und Form B (Form B hat eine Sohlenbreite $b = 5$ cm) in Bild 3 dargestellt.

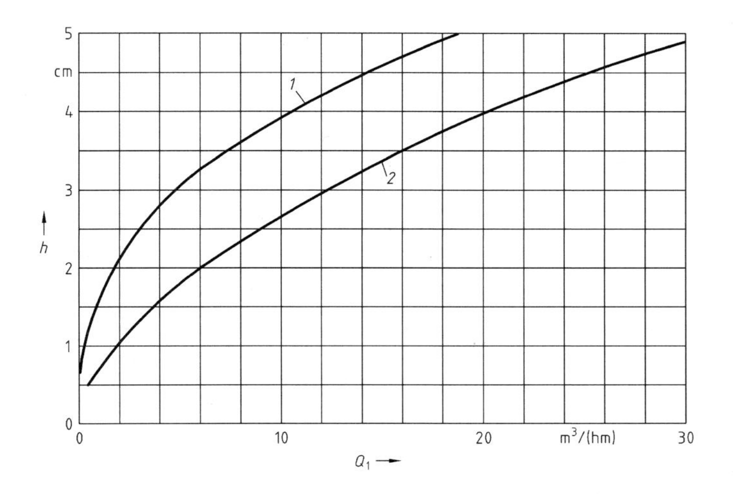

Legende

1 Zahnleiste Form A

2 Zahnleiste Form B

h Überfallhöhe

Q_1 Abfluss bezogen auf 1 m Überfallwehr

Bild 3 — Abfluss

5 Getauchte Ablaufrohre

5.1 Anforderungen an das Bauwerk

Der Bemessungsspitzendurchfluss ist in der Ausschreibung anzugeben.

Die Ablaufrohre können in Rund- und Längsbecken z. B. nach Bild 6 angeordnet werden; die Anordnung ist auf die Räumsysteme für Sink- und Schwimmstoffe abzustimmen.

Anordnung und Abstände der Ablaufrohre voneinander und von anderen Ablaufeinrichtungen sind abhängig von Einsatz und Ausführung

— der Räumeinrichtungen für Sink- und Schwimmschlamm. Hierbei müssen die Zugänglichkeit bei einer Revision und die Hubbewegungen gegebenenfalls vorhandener Hubwerke für die Räumeinrichtung berücksichtigt werden und

— der Rohrreinigungseinrichtung.

Die Eintauchtiefe der Oberkante der Ablaufrohre zum Ruhewasserspiegel muss auf die Räumeinrichtung für Schwimmstoffe abgestimmt werden und beträgt mindestens 0,2 m.

Bei der Ausbildung der Wanddurchführung sind die allgemeinen Baugrundsätze nach DIN EN 12255-1 für die Verbindung von technischen Ausrüstungen mit den Bauwerken zu beachten.

Die zulässige horizontale Toleranz der Oberkanten der eingebauten Ablaufrohre an der Beckenwand beträgt ± 1 cm.

5.2 Anforderungen an die technische Ausrüstung

Die maximale Länge der Ablaufrohre L_R (siehe Bild 4 und Bild 6) ist auf das Räumsystem und die Abstützung der Ablaufrohre abzustimmen.

Für die statische Auslegung sind das Eigengewicht des leeren Rohres und gegebenenfalls das Gewicht eines aufliegenden Rohrreinigungssysteme als Hauptlasten anzusetzen.

Die Grenzabweichung der Rohrachsen in horizontaler und vertikaler Richtung ist bei Einsatz einer maschinellen Rohrreinigung mit dem Hersteller des Reinigungssystems abzustimmen.

Am Ablaufrohr ist eine Öffnungsmöglichkeit zur Innenreinigung sowie eine Öffnung zum Entleeren und Füllen des Rohres bei Absenken und Heben des Wasserspiegels vorzusehen. Beim Füllen und Leeren des Beckens ist durch betriebliche Maßnahmen der Wasserspiegelausgleich in den Ablaufrohren sicherzustellen.

Durch geeignete Werkstoffauswahl ist sicherzustellen, dass die Oberfläche der Ablaufrohre möglichst glatt ist, um Ablagerungen zu vermeiden.

Die Lage der Löcher am Ablaufrohr (oben oder seitlich) ist auf das Reinigungssystem abzustimmen.

Die Nummerierung der Löcher im Ablaufrohr erfolgt in Fließrichtung, bei beidseitigem Abfluss in der Mitte beginnend.

Bezeichnungen und Lage der Löcher von radialen Ablaufrohren sind Bild 5 zu entnehmen.

Maße in Meter

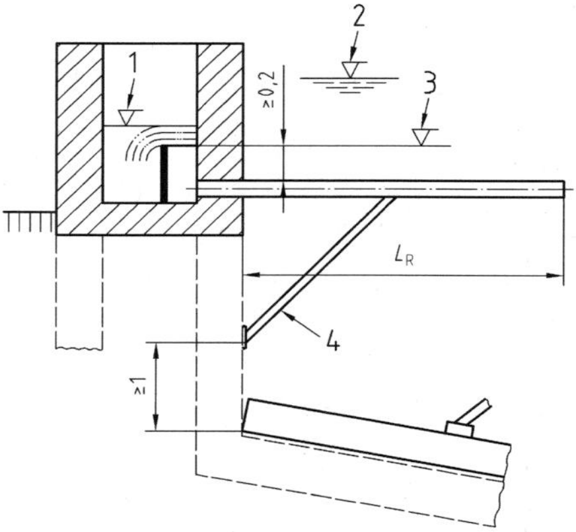

Legende

1	Wsp Überfall
2	Wsp Becken
3	Ruhewasserspiegel
4	Abstützung der Ablaufrohre
L_R	Länge des Ablaufrohrs

Bild 4 — Ablaufrohr und Quellschacht

Maße in Millimeter

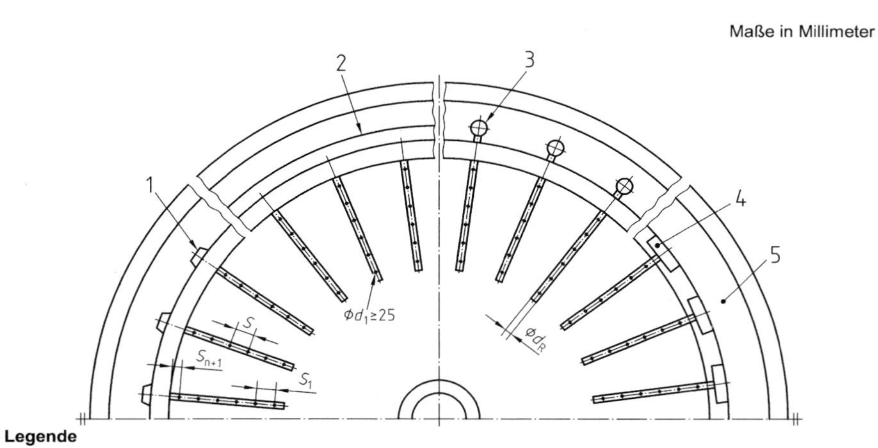

Legende

1	Einzelkasten **an** der Bauwerkswand	S	Abstand der Löcher
2	umlaufende Rinne mit Überfallkante	S_{n+1}	Abstand des letzten Lochs von der Beckenwand
3	Quelltopf	S_1	Abstand der Löcher 1 und 2 von einander
4	Einzelkasten **in** der Bauwerkswand	d_1	Durchmesser der Löcher
5	umlaufende Ablaufrinne	d_R	Außendurchmesser

Bild 5 — Ausführungsbeispiele der Anordnung getauchter Ablaufrohre an der Beckenwand

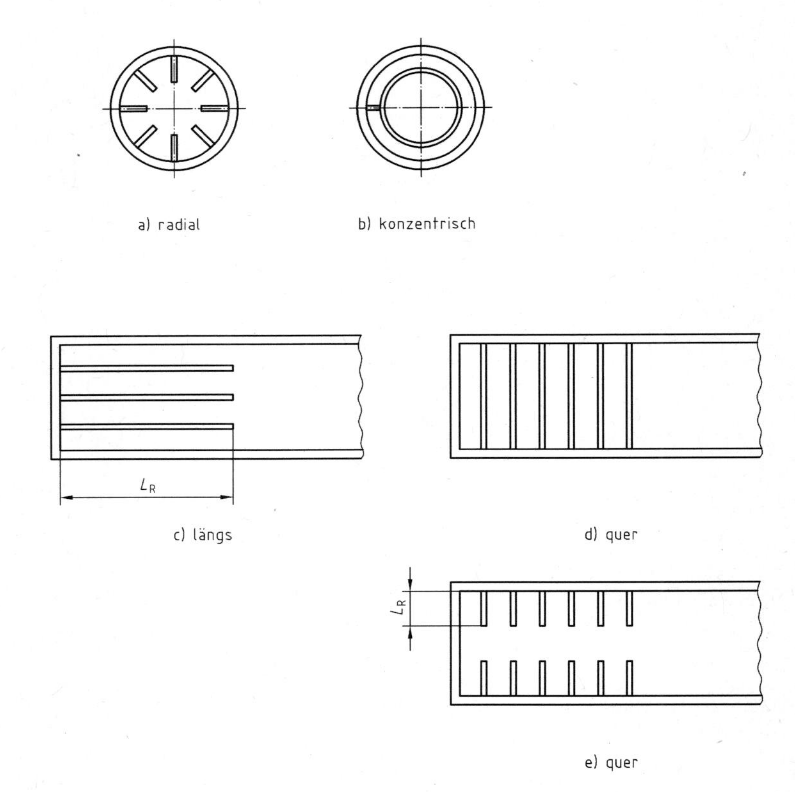

Legende

L_R Länge des Ablaufrohrs

Bild 6 — Ausführungsbeispiele der Anordnung getauchter Ablaufrohre in Rundbecken und in Längsbecken

Literaturhinweise

ATV-Fachausschuss 2.5 Absetzverfahren, Arbeitsbericht: Bemessung und Gestaltung getauchter, gelochter Ablaufrohre in Nachklärbecken, Korrespondenz Abwasser, 1995, 42, 1851 (Heft 10).

ATV-Fachausschuss 2.5 Absetzverfahren, Arbeitsbericht: Bemessung und Gestaltung getauchter, gelochter Ablaufrohre in Nachklärbecken — Bemessungsbeispiele, Korrespondenz Abwasser, 1997, 44, 322 (Heft 2).

Schulz, A.: Hydraulische Aspekte der Strömung in getauchten, gelochten Ablaufrohren, Korrespondenz Abwasser, 1995, 42, 1847 (Heft 10).

Dezember 2002

	Kläranlagen **Baugrundsätze für Bauwerke und technische Ausrüstungen** Teil 2: Besondere Baugrundsätze für Einrichtungen zum Abtrennen und Eindicken von Feststoffen	DIN 19569-2

ICS 13.060.30

Mit DIN 19551-1:2002-12,
DIN 19551-3:2002-12,
DIN 19552:2002-12,
DIN 19554:2002-12 und
DIN EN 12255-1:2002-04
Ersatz für
DIN 19569-2:1989-05;
mit DIN EN 12255-1:2002-04
Ersatz für
DIN 19569-1:1987-02

Wastewater treatment plants – Principles for the design of structures and technical equipment – Part 2: Specific principles for the equipment for separating and thickening of solids

Stations d'épuration – Principes de construction pour bâtiments et équipements techniques – Partie 2: Principes de construction spéciaux pour l'installation à séparer et épaissir des matières solides

Inhalt

Fortsetzung Seite 2 bis 28

Normenausschuss Wasserwesen (NAW) im DIN Deutsches Institut für Normung e.V.

Seite

Tabellen

Vorwort

Diese Norm wurde vom Arbeitsausschuss V 36 „Kläranlagen", Unterausschuss 1 „Deutsche Normung" des Normenausschusses Wasserwesen (NAW) erarbeitet.

Dieser Ausschuss hat in der Vergangenheit bereits eine Reihe von DIN-Normen über einzelne Einrichtungen von Kläranlagen zusammen mit den entsprechenden Bauwerken erarbeitet und darin festgelegt:

— Hauptmaße;

— Bauwerkstoleranzen (Mindestanforderungen für ordnungsgemäßen Einbau und Betrieb);

— Bezeichnungen

sowie

— spezielle Angaben zu den einzelnen Einrichtungen.

Im Laufe der Normungsarbeit erwies es sich als notwendig, die Normen wesentlich zu erweitern, was aber innerhalb der bestehenden Normen kaum zu verwirklichen ist, ohne den gegebenen Rahmen zu sprengen. Es bot sich daher an, die übergeordneten Baugrundsätze zu definieren und in eigenen Normen festzulegen, die dann künftig einfacher an die laufende Entwicklung angepasst werden können.

DIN 19569 „Kläranlagen — Baugrundsätze für Bauwerke und technische Ausrüstungen" besteht aus:

— Teil 2: Besondere Baugrundsätze für Einrichtungen zum Abtrennen und Eindicken von Feststoffen

— Teil 3: Besondere Baugrundsätze für Einrichtungen zur aeroben biologischen Abwasserreinigung

— Teil 4: Besondere Baugrundsätze für gehäuselose Absperrorgane

— Teil 5: Besondere Baugrundsätze für Anlagen zur anaeroben Behandlung von Abwasser

— Teil 7: Fäkalübernahmestation

— Teil 8: Besondere Baugrundsätze für Anlagen zur Abwasserreinigung mit Festbettfiltern (Raum- und Biofilter) (z. Z. Entwurf)

— Teil 9: Klärschlammentwässerung (Vornorm)

— Teil 10: Besondere Baugrundsätze für Anlagen zur Trocknung von Klärschlamm

Die Erarbeitung weiterer Normen für besondere Baugrundsätze von Bauwerken und technischen Ausrüstungen ist vorgesehen (siehe Anhang B).

Ausdrücklich wird darauf hingewiesen, dass im Normenausschuss CEN/TC 165 „Abwassertechnik" die Ausschüsse WG 42 und WG 43 gemeinsam Europäische Normen für Kläranlagen für > 50 Einwohnerwerte (EW) erarbeiten. Entsprechend der CEN/CENELEC-Geschäftsordnung besteht die Verpflichtung, eine Europäische Norm auf nationaler Ebene zu übernehmen, indem ihr der Status einer nationalen Norm gegeben wird und indem ihr entgegenstehende nationale Normen zurückgezogen werden. Darüber hinaus gilt für die CEN/CENELEC-Mitglieder eine Stillhalteverpflichtung. Das bedeutet, dass während der Bearbeitung eines einzelnen europäischen Norm-Projektes keine denselben Gegenstand betreffenden nationalen Normen erarbeitet werden dürfen.

Weitere Informationen zu den Europäischen Normen für Kläranlagen > 50 EW (Umfang, Paketbildung, Zurückziehung nationaler Normen) siehe Anhang B.

Änderungen

Gegenüber DIN 19569-2:1989-05 und DIN 19569-1:1987-02 wurden folgende Änderungen vorgenommen:

a) die Belegungsfaktoren f_B für Rechen geändert sowie für Siebanlagen neu aufgenommen;

b) ein allgemeiner Abschnitt „Sicherheitstechnik" aufgenommen;

c) Abschnitt „Begriffe" aufgenommen;

d) die Norm aufgrund der europäischen Normung überarbeitet (siehe Anhang B);

e) Abschnitte aus DIN 19569-1:1987-02 integriert;

f) die Norm redaktionell überarbeitet.

Frühere Ausgaben

DIN 19569-1: 1987-02

DIN 19569-2: 1989-05

1 Anwendungsbereich

Diese Norm legt besondere Baugrundsätze für Einrichtungen zum Abtrennen und Eindicken von Feststoffen fest, und zwar für

— solche Bauwerke bzw. Bauwerksteile, bei denen die Anordnung oder Funktion der technischen Ausrüstung berücksichtigt werden muss und für

— technische Ausrüstungen, so weit besondere klärtechnische oder kläranlagenspezifische Forderungen bei Planung, Bau und Betrieb beachtet werden müssen.

Diese Norm gilt zusammen mit den allgemeinen Baugrundsätzen der DIN EN 12255-1 sowie mit den entsprechenden Fachnormen für einzelne Einrichtungen von Kläranlagen, wie z. B. DIN EN 12255-3, DIN EN 12255-4, DIN EN 12255-6, DIN 19551-1, DIN 19551-3, DIN 19552 sowie DIN 19554. Die allgemeinen und die besonderen Baugrundsätze gelten auch für solche Einrichtungen, für die keine Fachnorm vorhanden ist (siehe Anhang B).

Diese Norm gilt nicht für allgemeine und besondere Grundsätze des Bau- und Maschinenwesens, der Elektrotechnik, der Sicherheitstechnik sowie der Klärtechnik.

2 Normative Verweisungen

Diese Norm enthält durch datierte oder undatierte Verweisungen Festlegungen aus anderen Publikationen. Diese normativen Verweisungen sind an den jeweiligen Stellen im Text zitiert, und die Publikationen sind nachstehend aufgeführt. Bei datierten Verweisungen gehören spätere Änderungen oder Überarbeitungen dieser Publikationen nur zu dieser Norm, falls sie durch Änderung oder Überarbeitung eingearbeitet sind. Bei undatierten Verweisungen gilt die letzte Ausgabe der in Bezug genommenen Publikation (einschließlich Änderungen).

DIN 1045-1, *Tragwerke aus Beton, Stahlbeton und Spannbeton — Teil 1: Bemessung und Konstruktion.*

E DIN 1055-4, Einwirkungen auf Tragwerke —*Teil 4: Windlasten.*

E DIN 1055-5, Einwirkungen auf Tragwerke —*Teil 5: Schnee- und Eislasten.*

DIN 4045, *Abwassertechnik — Begriffe.*

DIN 19551-1, *Kläranlagen — Rechteckbecken — Teil 1: Absetzbecken für Schild-, Saug- und Bandräumer; Bauformen, Hauptmaße, Ausrüstungen.*

DIN 19551-3, *Kläranlagen — Rechteckbecken — Teil 3: Sandfänge mit Saug- und Schildräumer; Hauptmaße, Ausrüstungen.*

DIN 19552, *Kläranlagen — Rundbecken — Absetzbecken für Schild- und Saugräumer und Eindicker; Hauptmaße, Ausrüstungen.*

DIN 19554, *Kläranlagen — Rechenbauwerk mit geradem Rechen als Mitstrom- und Gegenstromrechen; Hauptmaße, Ausrüstungen.*

DIN 19558, *Kläranlagen — Ablaufeinrichtungen — Überfallwehr und Tauchwand, getauchte Ablaufrohre in Becken; Baugrundsätze, Hauptmaße, Anordnungsbeispiele.*

DIN EN 206-1, *Beton — Teil 1; Festlegung, Eigenschaften, Herstellung und Konformität; Deutsche Fassung EN 206-1:2000.*

E DIN EN 292-2, *Sicherheit von Maschinen — Grundbegriffe, allgemeine Gestaltungsleitsätze — Teil 2: Technische Leitsätze (Identisch mit ISO/DIS 12100-2);*
Überarbeitung von EN 292-2:1991 und EN 292-2:1991/A1:1995; Deutsche Fassung prEN 292-2:2000.

DIN EN 1085, *Abwasserbehandlung — Wörterbuch; Dreisprachige Fassung EN 1085:1997.*

DIN EN 10088-2, *Nichtrostende Stähle — Teil 2: Technische Lieferbedingungen für Blech und Band für allgemeine Verwendung; Deutsche Fassung EN 10088-2:1995.*

DIN EN 12255-1, *Kläranlagen — Teil 1: Allgemeine Baugrundsätze; Deutsche Fassung EN 12255-1:2002.*

DIN EN 12255-3, *Kläranlagen — Teil 3: Abwasservorreinigung (enthält Berichtigung AC:2000); Deutsche Fassung EN 12255-3:2000 + AC:2000.*

DIN EN 12255-4, *Kläranlagen — Teil 4: Vorklärung; Deutsche Fassung EN 12255-4:2002.*

DIN EN 12255-6, *Kläranlagen — Teil 6: Belebungsverfahren; Deutsche Fassung EN 12255-6:2002.*

DIN EN 12255-9, *Kläranlagen — Teil 9: Vermeidung von Geruchsbelästigung; Deutsche Fassung EN 12255-9:2002.*

DIN EN 12255-10, *Kläranlagen — Teil 10: Sicherheitstechnische Baugrundsätze; Deutsche Fassung EN 12255-10:2000.*

3 Begriffe

Für die Anwendung dieser Norm gelten die in DIN EN 1085 und DIN 4045 angegebenen und die folgenden Begriffe.

3.1
Zykluszeit
das zeitliche Intervall zwischen zwei hintereinander folgenden Reinigereingriffen bei nicht unterbrochenem Betrieb

3.2
Sandbehandlungsanlage
eine Anlage zum Trennen von Sandwassergemischen aus Sandfängen. Sie besteht aus einzelnen oder kombinierten Vorrichtungen zum Klassieren, Waschen, Entwässern, Stapeln und Fördern des abgeschiedenen Sandes

3.3
Hydrozyklone
druckbetriebene Fliehkraftabscheider, die klassieren, waschen und entwässern. Sie dienen insbesondere der Abscheidung von Feinstsanden und dergleichen aus Abwasser

3.4
Sandaustragschnecken
Fördereinrichtungen, die im Wesentlichen fördern und entwässern

4 Rechenanlagen

4.1 Allgemeines

DIN EN 12255-3 ist zu beachten.

Rechenanlagen werden nach Merkmalen der technischen Ausrüstung und/oder Funktion unterschieden z. B.:

a) nach der Spaltweite e des Rechens: Richtwerte nach DIN EN 12255-3,

b) nach der Art des Rechenrostes z. B. in

— Stabrechen (siehe DIN 19554),

— Bogenrechen,

— Radialrechen,

— Trommelrechen,

— Rechen mit beweglichen Rechenrostteilen;

c) nach dem Reinigereingriff in

— Mitstromrechen (siehe DIN 19554),

— Gegenstromrechen (siehe DIN 19554);

d) nach dem Merkmal des Eintauchens von Antriebstellen in

— Rechen ohne eintauchende Antriebsteile,

— Rechen mit eintauchenden Antriebsteilen (siehe 4.3.2).

Bei allen Rechen muss zwischen der hydraulischen Belastung (siehe auch 4.2) und der mechanischen Belastung aus der Rechengutförderung (siehe 4.3.1) unterschieden werden.

Für die hydraulische Auslegung des Rechenrostes und der Kammerweite ist die wirksame Fläche A_B (siehe Gleichung 1) des Rechenrostes anzusetzen.

$$A_B = A \cdot f_0 \quad (1 - f_B) \qquad (1)$$

Dabei ist

A die Rechenfläche entsprechend der abstromseitigen Wassertiefe (siehe auch Anhang A.1)

f_0 der Freiflächenfaktor (siehe Gleichung 2)

f_B der Belegungsfaktor, aus den Betriebsbedingungen.

$$f_0 = \frac{e}{e+s} \qquad (2)$$

Dabei ist

e Spaltweite

s größte Stabdicke.

Bei maximalen Zufluss darf die Strömungsgeschwindigkeit zwischen den Rechenstäben 1,2 m/s nicht überschreiten (nach DIN EN 12255-3); bei Schlamm sollten 0,6 m/s nicht überschritten werden (siehe auch Anhang A, Erläuterungen).

Die Geschwindigkeit im Zulaufkanal sollte 0,3 m/s bei minimalem Zufluss nicht unterschreiten (nach DIN EN 12255-3).

Für Kläranlagen sind die Werte des Belegungsfaktors f_B nach Tabelle 1 anzusetzen (siehe auch Anhang A) oder gesondert zu vereinbaren.

Tabelle 1 — Belegungsfaktor f_B von Rechenrosten mit üblichen Zulaufverhältnissen

Anwendung	Spaltweite [a]	Belegungsfaktor f_B bei einer max. Zykluszeit	
	mm	15 s	2 min
Abwasser, Grobrechen	50 bis 20	0,05	0,2
Abwasser, Mittelrechen	20 bis10	0,1	0,3
Abwasser, Feinrechen	10 bis 2	0,2	0,5
Abwasser, Feinrechen, Stoßbelastung	10 bis 2	0,6	–
Schlamm, Feinrechen	10 bis 2	0,6	–

[a] nach DIN EN 12255-3

Bei Rechenanlagen mit stoßartigem Zulauf oder Rechengutanfall, z. B. bei Rechen unmittelbar hinter einem Pumpenauslauf, müssen die höheren Werte des Belegungsfaktors f_B nach Tabelle 1 angesetzt werden.

Bei Rechenanlagen hinter Regenbecken treten darüber hinaus besonders große Rechengut-Belastungsstöße auf. Diese sind bei Auslegung (Belegungsfaktor) und Betrieb zusätzlich zu beachten.

4.2 Anforderungen an das Bauwerk

Bauwerk, Rechen und Reinigungsvorrichtung stellen eine funktionelle Einheit dar. Zur Vermeidung von Eisbildung, Geruchs- und Lärmemissionen sind geeignete Schutzmaßnahmen zu treffen.

Vorrichtungen zum Einsatz von Hebezeugen am Bauwerk sind vorzusehen (Lasthaken, Kran usw.).

Die hydraulischen Verhältnisse im Zulauf, im Bereich des Rechenrostes und im Auslauf sind für den Abscheidegrad entscheidend. Das Rechenbauwerk ist hinsichtlich der hydraulischen Belastung so zu gestalten, dass der Rechen gleichmäßig angeströmt wird. Zur Beeinflussung der abstromseitigen Wassertiefe sind Maßnahmen zum Einbau z. B. von Staublenden vorzusehen.

Der maximal zu erwartende Wasserstand vor dem Rechen ist in den Ausschreibungsunterlagen anzugeben.

Freibord vor dem Rechen nach DIN 19554.

Der Abstand des Rechens von Tosbecken, von Umlenkungen im Gerinne und von Messstrecken ist so zu bemessen, dass die gleichmäßige An- und Abströmung sichergestellt ist.

Grenzabweichungen der Bauwerke und Sohlensprung am Rechenrost sind in DIN 19554 festgelegt.

Mehrstraßigkeit von Rechenanlagen nach DIN EN 12255-3.

4.3 Anforderungen an die technische Ausrüstung

4.3.1 Lasten und Bemessung

Statische Berechnung des Rechenrostes nach DIN EN 12255-3.

Für die Räum- und Antriebselemente sind als Hauptlasten anzusetzen:

— Nutzlast;

— bewegtes Eigengewicht;

— Kräfte zum Schwenken der Harke und zum Abstreifen des Rechengutes;

— mechanische Reibungskräfte.

Nutzlast für die Rechenharke nach DIN EN 12255-3.

Höhere Nutzlasten, z. B. 1,6 kN/m, 2,5 kN/m, 3,2 kN/m, sind zu vereinbaren (z. B. für Schlammrechen oder für Rechen nach offener Abwasserführung oder für besondere Einzellasten).

Zykluszeit nach DIN EN 12255-3.

Auslegung des Antriebs nach DIN EN 12255-3.

4.3.2 Besondere Konstruktionsmerkmale

Die nachfolgend genannten Konstruktionsmerkmale gelten für Rechen nach DIN 19554. Bei anderen Rechenbauarten können sie sinngemäß angewendet werden.

Beladbare Harkentiefe nach DIN 19554.

Der zulässige Abstand der Harkenzähne von der Gleitfläche (Schürze) beträgt maximal 4 mm.

Unter Rechen ohne eintauchende Antriebsteile sind solche Rechen zu verstehen, bei denen alle Antriebsteile über dem maximal auftretenden Wasserspiegel angeordnet sind. Antriebsteile in diesem Sinne sind umlaufende Antriebsketten, Antriebszahnräder, Antriebsseile usw., nicht jedoch Holme, Schwingen, Gelenke usw., sowie Laufrollen, die nur bei höchstem Wasserstand eintauchen.

Die Rechenrostreinigung und die Rechengutabstreifung von der Harke müssen bei einer durch die Belegung bedingten Wasserspiegeldifferenz von mindestens 10 cm (Prüfmaß) sichergestellt sein (siehe A.2).

Überlastsicherung von Räum- und Antriebselementen: nach DIN EN 12255-3.

Ausweichen und Rückwärtsbewegung von Rechenharken: nach DIN 19554.

Laufrollen und Gelenke müssen bei geringer Wartung dauerbeweglich sein.

4.3.3 Rechnerische Lebensdauer

Lebensdauerklassen: nach DIN EN 12255-3.

4.4 Mess-, Steuer- und Regeltechnik

Es gilt DIN 19554.

4.5 Betrieb und Wartung

Es gilt DIN EN 12255-1.

Darüber hinaus sind für Rechenanlagen Stoßbelastungen typisch. Eine Überwachung der Rechenanlage ist daher erforderlich.

Rechenanlagen müssen so geplant sein, dass Einbringung, Montage, Wartung und Reinigung gefahrlos und ohne Schwierigkeiten möglich sind (eventuell Montageöffnung usw. erforderlich). Insbesondere ist

— für Reinigungsarbeiten mit schwerem Gerät auf der Seite vor dem Rechenrost genügend Platz vorzusehen;

— bei mehrstraßigen Rechenanlagen auf gute Zugänglichkeit zu den einzelnen Aggregaten zu achten.

Die Ruhestellung der Harke ist in der Ausschreibung festzulegen.

5 Siebanlagen

5.1 Allgemeines

Es gilt DIN EN 12255-3.

Siebanlagen werden nach Merkmalen der technischen Ausrüstung unterschieden z. B.

a) nach der Größe der Sieböffnung e (Spaltweite, Siebloch, Maschenweite oder äquivalente Maschenweite) in

— Grobsiebe ($e \geq 1$ mm),

— Feinsiebe ($e < 1$ mm),

— Mikrosiebe ($e \leq 0,05$ mm);

b) nach der Art des Siebkörpers in

— Bogensiebe,

— Siebtrommeln,

— Siebbänder,

— Siebscheiben;

c) nach dem konstruktiven Aufbau der Siebfläche in

— Spaltsiebe,

— Lochsiebe,

— Siebgewebe;

d) nach der Art des Einbaus

— in einem Gerinne;

— unabhängig von einem Gerinne.

Bei Siebanlagen sind die Begriffe der freien Fläche und Belegung sinngemäß zu den Festlegungen bei Rechenanlagen zu verwenden (siehe 4.1). Da bei Siebanlagen die Siebfelder umlaufen, kann im Allgemeinen von einer fiktiven Zykluszeit von maximal 15 s und von einem Belegungsfaktor f_B für Grobsiebe von f_B = 0,3 sowie von einem Belegungsfaktor f_B für Feinsiebe und Mikrosiebe von f_B = 0,6 ausgegangen werden. Bei Siebanlagen mit stoßartigem Zulauf oder Siebgutanfall, z. B. bei Siebanlagen unmittelbar hinter einem Pumpenauslauf, müssen die höheren Werte des Belegungsfaktors f_B angesetzt werden.

Bei Siebanlagen hinter Regenbecken treten darüber hinaus besonders große Siebgut-Belastungsstöße auf. Diese sind bei Auslegung (Belegungsfaktor) und Betrieb zusätzlich zu beachten.

Die Zusammenhänge zwischen Sieböffnung, Art der Siebkörper, hydraulischer Belastung, Belegung und gegebenenfalls Wassertiefe sind im jeweiligen Einsatzfall zu berücksichtigen.

5.2 Anforderungen an das Bauwerk

Zur Vermeidung von Eisbildung und Geruchsemissionen sind geeignete Schutzmaßnahmen zu treffen.

Das Bauwerk ist in besonderer Weise abhängig von der Bauart der technischen Ausrüstung. Die Einzelheiten (erforderliche Druckhöhe, Zu- und Ablauf, Siebgutentfernung, Spritzwasseranschluss usw.) sind mit dem Ausrüster abzustimmen.

Bei Einbau der Siebanlage in einem Gerinne ist der maximal zu erwartende Wasserstand vor dem Sieb in den Ausschreibungsunterlagen anzugeben.

Mehrstraßigkeit nach DIN EN 12255-3.

Eine Überstausicherung z. B. Überlauf, ist vorzusehen.

Bei unabhängig von einem Gerinne aufgestellten Siebanlagen sind Spritz- und Überlaufwasser durch geeignete Bodenwannen aufzufangen und durch ausreichend große Bodenabläufe abzuleiten.

5.3 Anforderungen an die technische Ausrüstung

5.3.1 Lasten und Bemessung

Die Bemessung von Sieben ist ganz entscheidend von den Einsatzbedingungen abhängig. In der Ausschreibung sind daher folgende Angaben zu treffen:

— maximaler Zufluss;

— maximale Menge der abzusiebenden Feststoffe;

— Beschaffenheit der abzusiebenden Feststoffe;

— Art und Herkunft der abzusiebenden Feststoffe.

Bei der hydraulischen Berechnung ist eine Belegung der freien Siebfläche durch Siebgut ausreichend zu berücksichtigen.

5.3.2 Besondere Konstruktionsmerkmale

Die Funktionstüchtigkeit von Siebanlagen, wie Verstopfungsfreiheit, Feststoffaustrag, Selbstreinigung usw., ist abhängig von zumeist firmenspezifischen Konstruktionselementen. In Verbindung mit den möglichen vielseitigen Einsatzbedingungen bedarf es daher einer genauen Beschreibung der Anforderungen.

5.3.3 Rechnerische Lebensdauer

Für die rechnerische Lebensdauer nach DIN EN 12255-1 ist die Lebensdauerklasse 3 zu Grunde zu legen.

5.3.4 Werkstoffe

Die Siebflächen sind aus nichtrostenden Stählen nach DIN EN 10088-2 oder Kunststoffen in jeweils geeigneten Werkstoffen vorzusehen (siehe DIN EN 12255-1).

5.4 Mess-, Steuer- und Regeltechnik

Antriebe von Sieben und, soweit vorhanden, von mechanischen Austrags- und Abspritzvorrichtungen sind mit den Beschickungspumpen oder über Stauschalter einzuschalten und mit einer Vor- und Nachlaufsteuerung auszurüsten.

Eine Überlauf-Überwachung ist vorzusehen.

5.5 Betrieb und Wartung

Es gilt DIN EN 12255-1.

Darüber hinaus muss die Siebanlage allseits gut zugänglich sein. Entsprechende Arbeitspodeste sind vorzusehen. Dabei ist genügend Raum einzuplanen, so dass unter Umständen ein Hochdruckstrahlgerät zu Reinigungszwecken eingesetzt werden kann. Ein einfacher Ein- und Ausbau aller Siebflächen ist konstruktiv sicherzustellen.

6 Rechengutentwässerungsanlagen

6.1 Allgemeines

Rechengutentwässerungsanlagen werden nach dem konstruktiven Aufbau der technischen Ausrüstung unterschieden, z. B. in

— Schneckenpressen,

— Kolbenpressen,

— Walzenpressen,

— Entwässerungscontainer.

6.2 Anforderungen an das Bauwerk

Rechengutentwässerungsanlagen sind vor Frost zu schützen, vorzugsweise durch Aufstellung in einem geschlossenen Raum. Das Bauwerk ist in besonderer Weise von der Bauart der technischen Ausrüstung abhängig. Rechengutentwässerungsanlagen stellen mit den vorgeschalteten Rechen, Sieben, Transporteinrichtungen und den Sammelbehältern eine funktionelle Einheit dar.

Es müssen sowohl technische Mittel und Standplätze zur Weiterförderung des Rechengutes als auch eine Umfahrbarkeit (By-pass) vorgesehen werden, z. B. in Form von:

— Verfahrbarkeit von Ausrüstungen;

— Klappschurren;

— Reversierbarkeit der Transporteinrichtung.

Soll ein Schutz vor Überfüllung vorgesehen werden, ist die Art des Schutzes in der Ausschreibung anzugeben.

6.3 Anforderungen an die technische Ausrüstung

6.3.1 Lasten und Bemessung

Als Höchstbelastung ist die vom Antrieb herrührende Kraft anzusetzen, wenn durch sperriges Rechengut oder dergleichen die Press- bzw. Fördereinrichtung der Maschine blockiert wird. Aus diesem Grund ist es erforderlich, alle Elemente auf die Höchstbelastung auszulegen.

6.3.2 Besondere Konstruktionsmerkmale

Bei der konstruktiven Gestaltung ist zu achten auf:

— günstige Form des Beschickungstrichters (zur Vermeidung von Brückenbildung);

— Zugänglichkeit;

— Demontierbarkeit von verstopfungsgefährdeten Teilen der Pressstrecke und Presswasserführung;

— Umfahrbarkeit oder Verfahrbarkeit der Entwässerungsanlage (siehe 6.2);

— Beschränkung von Länge, Steigung und Volumen des Förderrohres bei Rechengutpressen.

6.3.3 Rechnerische Lebensdauer

Für die Anlagen ist die Lebensdauerklasse 3 nach DIN EN 12255-1 anzusetzen.

6.4 Mess-, Steuer- und Regeltechnik

Rechengutentwässerungsanlagen sind zusammen mit den vorgeschalteten Rechen, Sieben oder Transporteinrichtungen so einzuschalten, dass durch ausreichenden Vor- und Nachlauf der Rechengutentwässerungsanlage ein Stau des Rechengutes vermieden wird. Pressen mit Förderrohr sollten mittels einer Höhenstandsmessung oder dergleichen entsprechend dem anfallenden Rechengut ein- und ausgeschaltet werden.

Die Höhenstandsmessung kann auch als zusätzlicher Überlaufschutz verwendet werden.

6.5 Betrieb und Wartung

Es gilt DIN EN 12255-1.

Darüber hinaus muss die Rechengutentwässerungsanlage allseits gut zugänglich sein. Entsprechende Arbeitspodeste sind vorzusehen. Dabei ist genügend Raum einzuplanen, so dass unter Umständen ein Hochdruckstrahlgerät zu Reinigungszwecken eingesetzt werden kann.

7 Sandfanganlagen

7.1 Allgemeines

Es gilt DIN EN 12255-3.

Sandfanganlagen werden nach Merkmalen des Bauwerks und/oder der technischen Ausrüstung und/oder der Funktion unterschieden z. B.:

a) nach dem Abscheideprinzip in

— unbelüfteter Sandfang,

— belüfteter Sandfang,

— kombinierter Sand- und Fettfang;

b) nach der Beckenform in

— Rundsandfang,

— Längssandfang,

— Flachsandfang;

c) nach dem konstruktiven Aufbau in

— Brückenräumer,

— zentral angetriebenes Räumwerk,

— nicht maschinell geräumter Sandfang;

d) nach dem Räumprinzip in

— Saugräumer,

— Schildräumer,

— Förderschnecke.

Der Sandfang bildet mit der nachgeschalteten Sandbehandlung (siehe 8.1) eine funktionelle Einheit. Bei der Bemessung ist dies zu berücksichtigen.

Die nachgeschalteten Vorrichtungen müssen mit einer größeren Trennleistung als der des Sandfanges ausgelegt sein.

Die Trennleistung ist eine rechnerische Größe und bezieht sich auf Sand mit einer Dichte von ρ = 2,65 kg/l und auf eine Abwassertemperatur von 10 °C. Die Trennleistung wird durch ein Wertepaar von $\mathrm{d}T$ und η angeben. Die genormten Größen betragen:

— Trennkorngröße $\mathrm{d}T$ = 0,16 mm, 0,2 mm, 0,25 mm, 0,30 mm und

— Abscheidegrad η = 95 % oder 99 %.

Die Standardbemessung erfolgt für den maximalen Zulauf.

Nach DIN EN 12255-3 müssen Anlagen zur Sandabscheidung so bemessen werden, dass Partikel mit einem Mindestdurchmesser von 0,3 mm und einer Sinkgeschwindigkeit von 0,03 m/s und größer abgeschieden werden.

Höhere Anforderungen dürfen unter Vorgabe eines Wertepaares, des Abscheidegrades und der Trennkorngröße, vereinbart werden.

Häufig wird der Sandfang mit dem Fettfang und/oder dem Schwimmstofffang kombiniert. Können Schwimmstoffe im Anfangs- oder Endbereich der Räumung aus baulichen oder konstruktiven Gründen vom Räumschild nicht völlig erfasst werden, sind zusätzliche Maßnahmen zu ergreifen. Einzelheiten in baulicher, maschinentechnischer und betrieblicher Hinsicht sind abzustimmen.

7.2 Anforderungen an das Bauwerk

Bei firmenspezifischen Sandfangsystemen ist das Bauwerk mit dem Ausrüster abzustimmen.

Unregelmäßigkeiten der Zulauf- und Auslaufgestaltung, z. B. nicht durch die Bauart bedingte Sohlensprünge, Krümmungen, Querschnittsänderungen auf kurzen Entfernungen und Einbauten, verschlechtern die Trennleistung.

Rücklauf aus Trenn-, Wasch- und Stapelvorrichtungen sowie die Verwendung von Drucklufthebern zur Förderung des abgesetzten Sand-Wasser-Gemisches nach DIN 19551-3.

Mehrstraßigkeit von Sandfanganlagen nach DIN EN 12255-3.

Tiefliegende Trichter, z. B. in Sandfängen mit Schildräumern nach DIN 19551-3.

Sofern eine Abdeckung des Sandfanges vorgesehen wird, sind die Einzelheiten mit dem Ausrüster abzustimmen. Weitere Einzelheiten siehe 9.2.5.

Eine Entnahme abgeschiedener Schwimmstoffe ist vorzusehen.

Grenzabmaße der Bauwerke sind in DIN 19551-3 festgelegt.

Anforderungen an Laufflächen aus Beton sind in DIN EN 12255-1 festgelegt.

Darüber hinaus gelten die folgenden Anforderungen an Laufbahnen und Dehnungsfugen.

Da bei Laufbahnen die hohe mechanische Beanspruchung direkt auf die Oberfläche einwirkt, muss diese eine hinreichende Festigkeit besitzen.

Laufbahnen sind Bauteile, die im durchfeuchteten Zustand Frost-Tau-Wechseln und der gleichzeitigen Einwirkung von Tausalzen ausgesetzt sein können. Laufbahnen sind der Expositionsklasse XF4 nach DIN EN 206-1/DIN 1045-1 zuzuordnen. Beton für Laufbahnen muss daher mit hohem Widerstand gegen Frost- und Tausalzeinwirkung (Mindestbetonfestigkeitsklasse C 30/37, LC 30/30 nach DIN 1045-1) hergestellt und entsprechend verarbeitet werden. Die Betondeckung der Bewehrung muss nach DIN EN 12255-1 im Bereich der tausalzbeanspruchten Wandkrone mindestens 1 cm größer sein als üblich.

Notwendigkeit, Anzahl und Breite der Dehnungsfugen richten sich nach dem jeweiligen Einzelfall.

Die gebräuchlichen Durchmesser der Lauf- und Führungsräder lassen zwischen den beiden Fugenteilen maximale Höhendifferenzen von 1 cm zu. Die hohe Beanspruchung der Laufbahn macht eine sorgfältige Fugenübergangsausbildung erforderlich. Spezielle Fugenübergänge, z. B. Stahlplatten in geeigneter Ausbildung, vermeiden eine unzulässig hohe Belastung der Fugenflanken und erleichtern das Abrollen des Rades. Fugenübergänge sollten zweckmäßigerweise nicht nur bei größeren, sondern bei allen Fugenbreiten angewendet werden. Weitere Empfehlungen zu Wandkronen aus Beton siehe Anhang A.5.

7.3 Anforderungen an die technische Ausrüstung

7.3.1 Lasten und Bemessung

Es wird eine Einteilung der Lasten in Hauptlasten (H) und Nebenlasten (N) vorgenommen.

Verkehrslasten sind als Hauptlasten (H) anzusetzen und sind in DIN EN 12255-1 festgelegt.

Windlasten sind als Hauptlasten (H) anzusetzen. Sie berechnen sich nach E DIN 1055-4.

Fahrende technische Ausrüstungen (Räumerbrücken) müssen den Fahrbetrieb bei Windgeschwindigkeiten bis 35,8 m/s entsprechend einem Staudruck von 800N/m² aufrechterhalten.

Falls der Fahrbetrieb bei höheren Windgeschwindigkeiten aufrechterhalten werden soll, ist dies in der Ausschreibung anzugeben.

Schneelasten sind als Nebenlasten (N) anzusetzen.

Die Schneelast nach E DIN 1055-5 ist nur dann zu berücksichtigen, wenn sie größer als die Verkehrslast ist. Dann wird die Verkehrslast gleich Null gesetzt.

Betriebslasten sind z. B. Räumlasten, Hublasten, Massenstromlasten. Regelmäßig oder längerfristig auftretende Betriebslasten sind als Hauptlasten (H) zu berücksichtigen, in allen anderen Fällen als Nebenlasten (N).

Wandernde Einzellasten sind z. B. Lasten durch Hebezeuge und Austauschteile. Diese werden als Nebenlasten (N) berücksichtigt.

Für die Bemessung von Drucklufthebern, Pumpen, Räumschilden gilt DIN EN 12255-3. Für Räumerbrücken gelten die Baugrundsätze nach DIN EN 12255-1.

Sandabscheidebehälter (siehe 8) oder dergleichen, die vom Räumer mitgeführt werden, sind mit dem Gewicht in gefülltem Zustand als Hauptlast (H) anzusetzen.

7.3.2 Besondere Konstruktionsmerkmale

Rückspülbarkeit von Drucklufthebern nach DIN EN 12255-3.

Pumpen für den Einsatz in Sandfängen nach DIN EN 12255-3.

Eine Trockenaufstellung der Pumpe auf der Räumerbrücke oder neben dem Sandsammeltrichter ist zu vermeiden.

Besondere Anforderungen an im Sandsammelbereich bewegte Schilde, Heber, Pumpen und Saugstutzen nach DIN 19551-3.

Antriebe bei Schildräumern müssen für die Lasten nach 7.3.1 ausgelegt sein.

Schilde bei Schildräumern nach DIN 19551-3 müssen berührungsfrei, d. h. ohne Kufen oder Rollen, über die Sohle geführt werden.

Räumvorrichtungen für Schwimmstoffe können für Handbedienung ausgeführt sein.

Bei belüfteten Sandfängen mit Räumvorrichtungen ist zu berücksichtigen, dass sich die fest eingebauten und die bewegten Ausrüstungsteile gegenseitig weder geometrisch noch funktionell stören.

Ruhestellung längsfahrender Räumer nach DIN 19551-3. Weitere Anforderungen an Räumeinrichtungen sind in Abschnitt 9 enthalten.

Geschwindigkeit in Druckluftleitungen nach DIN EN 12255-3.

Festlegungen über Sandbehandlungsanlagen nach 8.

7.3.3 Rechnerische Lebensdauer

Es gilt DIN EN 12255-3. Für Werkstoffe der elastischen Bandagen von Laufrädern gilt 9.3.4.

7.3.4 Werkstoffe

Es gelten die Festlegungen in DIN 19551-3 sowie DIN EN 12255-1 zu:

— steuerungstechnischer Verknüpfung mit vor- und nachgeschalten Maschinen;

— Störmeldungen;

— Laufradüberwachung.

7.4 Mess-, Steuer- und Regeltechnik

Es gilt DIN 19551-3.

7.5 Betrieb und Wartung

Es gelten die Festlegungen in DIN EN 12255-1, insbesondere zu:

- Demontierbarkeit von Fahrwerken;
- Winterbetrieb auf Fahrbahnen von Räumerbrücken.

Darüber hinaus ist für Sandfanganlagen ein stoßartiger Sandanfall typisch. Eine Überwachung des Sandfanges und des Sandaustrages ist daher erforderlich.

8 Sandbehandlungsanlagen

8.1 Allgemeines

Die Trennleistung der Sandbehandlungsanlagen ist höher anzusetzen als die eines vorgeschalteten Sandfanges.

Sandbehandlungsanlagen bilden mit dem vorgeschalteten Sandfang und dem nachgeschalteten Transportsystem eine funktionelle Einheit.

Sandbehandlungsanlagen werden nach der Funktion und dem Trennprinzip unterschieden z. B. in

- Sandklassierer,
- Hydrozyklone,
- Sandaustragsschnecken,
- Sandabscheidebehälter (für geringere Anforderungen an den Entwässerungsgrad).

8.2 Anforderungen an Bauwerk und Behälter

Die Anordnung von Zulauf, Ablauf und Abwurfhöhe sowie die Trogneigung von Klassierern und Sandaustragsschnecken sind bauartabhängig. Sie sind mit dem Ausrüster abzustimmen.

Bauwerk, Trog und Sandabscheidebehälter müssen an ihrer tiefsten Stelle mit einer Entleerungsöffnung versehen sein.

Die hydraulische Bemessung erfolgt für den maximalen Zulauf (Förderstrom) zur Sandbehandlungsanlage (siehe 7.1).

Der maximale Förderstrom und die maximal enthaltene Sandmenge sind in Abhängigkeit von den örtlichen Verhältnissen und der Verfahrenstechnik der Sandfang- und Sandbehandlungsanlage zwischen Ausrüster und Auftraggeber abzustimmen.

Der Überlauf aus der Sandbehandlungsanlage ist in den Zulauf des Sandfanges zurückzuführen.

Der maximale Wasserspiegel ist bei kommunizierendem Sandfang-Klassierer-System in der Ausschreibung anzugeben. Das erforderliche Sandstapelvolumen von Sandabscheidebehältern ist bei der Auslegung zu berücksichtigen. Zusätzlich zur Stapelhöhe ist eine ausreichende Absetzzone vorzusehen.

8.3 Anforderungen an die technische Ausrüstung

8.3.1 Lasten und Bemessung

Die täglich anfallende Feststoffmenge ist in der Ausschreibung anzugeben.

Die Sandbehandlungsanlage muss die täglich anfallende Feststoffmenge innerhalb von 6 h austragen können. Abweichungen sind mit dem Ausrüster festzulegen.

8.3.2 Besondere Konstruktionsmerkmale

Alle Antriebselemente müssen außerhalb des Wassers angeordnet sein.

Sandbehandlungsanlagen sind frostsicher aufzustellen oder zu gestalten.

Sandabscheidebehälter werden hauptsächlich als Stapelbehälter benutzt und müssen mit einer Vorrichtung zum Abziehen der überstehenden Flüssigkeit (z. B. Überläufe und dergleichen) ausgerüstet sein. Bei Behältern ab 1 m^3 muss die überstehende Flüssigkeit auch bei Sandteilfüllung abgezogen werden können.

Bei Sandabscheidebehältern mit Trichteraustrag oder dergleichen sind geeignete Vorkehrungen zu treffen

— gegen Tropf- und Spritzwasser (durch Spritzschutz, Bodenabläufe);

— gegen Brückenbildung im Behälter (durch Rüttler, Stochervorrichtung usw.);

— zur Überwachung des Betriebes (z. B. durch Anordnung einer Bedienungsbühne).

8.3.3 Rechnerische Lebensdauer

Für Klassierer und mechanische Sandaustragungseinrichtungen ist die Lebensdauerklasse 2 nach DIN EN 12255-1 zugrunde zu legen. Hiervon abweichende Lebensdauerklassen sind gesondert zu vereinbaren.

8.4 Mess-, Steuer- und Regeltechnik

Bei dem Einschalten funktionell verbundener Einheiten, z. B. Räumern bzw. Pumpen und Klassierern ist ein ausreichender Vor- und Nachlauf der Sandbehandlungsanlage vorzusehen.

8.5 Betrieb und Wartung

Es gilt DIN EN 12255-1.

Darüber hinaus sind für Sandbehandlungsanlagen Stoßbelastungen typisch. Eine Überwachung des Sandfanges und des Sandaustrages ist daher erforderlich.

Wartungsstellen müssen so gut zugänglich sein, dass das Bedienungspersonal die nötige Bewegungsfreiheit zur Handhabung von Spül- und Stoßlanzen hat.

9 Anlagen zum Abscheiden, Räumen oder Eindicken von Schlamm

9.1 Allgemeines

Es gelten DIN EN 12255-4 und DIN EN 12255-6. Anlagen zum Abscheiden, Räumen oder Eindicken von Schlamm im Sinne dieser Norm bestehen aus Bauwerken (Absetzbecken bzw. Eindicker) und aus technischen Ausrüstungen (Räumer, Krählwerk) und dazugehörigen Vorrichtungen.

Die technischen Ausrüstungen für Anlagen zum Abscheiden, Räumen oder Eindicken werden unterschieden z. B.

a) nach der Beckenform der Anlage in

— Längsräumer,

— Rundräumer;

b) nach dem konstruktiven Aufbau der technischen Ausrüstung in

— Brückenräumer,

— zentral angetriebene Räum- und Krählwerke,

— Bandräumer;

c) nach dem Räumprinzip der technischen Ausrüstung in

— Schildräumer,

— Saugräumer,

— Krählwerke;

d) nach der Art der Fahr- und Führungsbahnen von Brückenräumern in

— Räumer ohne Schienen,

— Räumer mit Schienen;

e) nach der Antriebsart in

— Räumer und Krählwerke mit kraftschlüssigem Antrieb,

— Räumer und Krählwerke mit formschlüssigem Antrieb.

Die technischen Ausrüstungen stellen mit dem Bauwerk eine Einheit dar und müssen bei systembedingten Stoßbelastungen sicher betrieben werden können.

Die Volumen- und Massenströme von Zulauf, Auslauf und Schlammabzug sind mit ihren charakteristischen Parametern in der Ausschreibung anzugeben.

Die Ausrüstung muss den kontinuierlichen oder diskontinuierlichen Schlammfluss erzeugen und fördern können.

9.2 Anforderungen an das Bauwerk, allgemein

9.2.1 Allgemeines

Grenzabweichungen und Anforderungen an Laufbahnen und Dehnungsfugen sind in DIN EN 12255-1 und 7.2 festgelegt.

Darüber hinaus muss die Beckensohle frei von Graten und Löchern sein und muss eine möglichst geringe Rauheit haben.

Unregelmäßigkeiten der Zulauf- und Ablaufgestaltung sowie des Schlammabzugs verschlechtern die Wirkung der Anlagen.

Bei parallel betriebenen Becken ist durch geeignete Verteilerbauwerke und/oder durch geeignete Absperrorgane eine gezielte Aufteilung des Zulaufs sicherzustellen.

Nach DIN EN 12255-6 hat ein Absetzbecken 4 Hauptzonen: Einlaufzone, Absetzzone, Auslaufzone sowie Schlammeindick- und -räumzone.

— Einlaufzone nach DIN EN 12255-6;

— Absetzzone nach DIN EN 12555-6;

— Gestaltung der Ablaufzone außer den Festlegungen in DIN EN 12255-6 gilt:

a) Verlängerte Überfälle sind bei Längsbecken vorzugsweise entlang der Längswände, bei Rundbecken durch ringförmig oder radial zusätzlich angeordnete Rinnen, Rohre, o. ä., auszubilden.

b) Maße und Einbaumaße für Tauchwände und Überfallwehr nach DIN 19558.

c) Bei der Notwendigkeit einer Reinigung der Ablaufvorrichtung, z. B. der Rinnen, sind diese so zu gestalten, dass eine maschinelle Reinigung möglich ist.

— Schlammeindick- und -räumzone nach DIN EN 12255-6.

Bei der Anwendung von Räumern mit Schienen ist die Art der Schienenbefestigung in der Ausschreibung, andernfalls vom Ausrüster im Angebot anzugeben.

9.2.2 Anforderungen an das Bauwerk für Brückenräumer

Es gelten DIN 19551-1 und DIN 19552.

Bei dauernd gefluteten Becken sind Bauwerke für längsfahrende Schildräumer so zu gestalten, dass die Räumschilde von festen Standorten (z. B. am Beckenende) gewartet und repariert werden können und möglichst der gesamte Räumer in die Reparaturstellung gefahren werden kann (siehe DIN 19551-1).

9.2.3 Anforderungen an das Bauwerk für Bandräumer

Es gilt DIN 19551.

9.2.4 Anforderungen an das Bauwerk für Saugräumer

Es gelten DIN 19551-1 und DIN 19552.

9.2.5 Abdeckungen

Abdeckungen können als Bauwerksteil fest mit dem Bauwerk verbunden oder als separate Abdeckelemente auf die Bauwerke aufgesetzt werden.

Werkstoffe der Abdeckungen sowie Gestaltung unter dem Aspekt von Sicherheit, Wartung und Betrieb nach DIN EN 12255-9.

9.3 Anforderungen an die technische Ausrüstung

9.3.1 Lasten und Bemessungen

9.3.1.1 Allgemeines

Die zu berücksichtigenden Lasten sind in 7.3.1, 9.3.1.2, 9.3.1.3 und 9.3.1.4 dieser Norm sowie in DIN EN 12255-1 aufgeführt.

Die Räumlast wird aus der sogenannten Schildbelastung ermittelt. Diese ist ein globales Maß für die Kräfte, die zur Bewegung der Räumschilde in der Flüssigkeit einerseits und zur Förderung des Schlammes andererseits erforderlich sind (siehe auch A.3, Erläuterungen).

Die Schildbelastung ist als Hauptlast in Form einer Streckenlast anzusetzen.

Der Bereich der üblichen Schildbelastungen wird in Belastungsklassen nach Tabelle 2 eingeteilt. Kombinierte Belastungen sind entsprechend zu berücksichtigen. Die im Einzelfall anzusetzende Schildbelastung ist bei der Ausschreibung anzugeben.

In der kommunalen Klärtechnik werden der Auslegung Erfahrungswerte für die Schildbelastung nach Tabelle 2 zugrunde gelegt (siehe auch A.3, Erläuterungen). Vor allem bei Eindickern (siehe auch 9.3.1.3) ist die Abhängigkeit von der Schlammart und der vorgesehenen Betriebsweise zu beachten. Bei größeren

Schildbelastungen (aufgrund höherer Schilde oder schwererer Schlämme) sind höhere Schildbelastungsklassen anzusetzen.

9.3.1.2 Lasten und Bemessungen für Brückenräumer

Verkehrslast, zulässige Durchbiegung und Torsion nach DIN EN 12255-1.

9.3.1.3 Lasten und Bemessungen für zentral angetriebene Räum- und Krählwerke

Räumlasten und entsprechendes Drehmoment nach DIN 19552.

9.3.1.4 Lasten und Bemessungen für Bandräumer

Kettenbelastung und zulässige Balkendurchbiegung nach DIN 19551-1.

Tabelle 2 — Schildbelastungsklassen, Erfahrungswerte für Standardbedingungen

Schildbelastung		Typische Anwendungsbeispiele					Hinweise	
Klasse	N/m	Vorklärung	Nachklärung [a]	Sandfang	Eindicker	Schwimmstoff-Räumer	Bauform	Schlammart oder Trockenmasse TS
0	60		X [c]			X		leichte Schwimmstoffe
1	160		X				Saugräumer, Bandräumer, andere Räumer [a]	
						X		leicht zu räumen
2	250	X					a	ohne Sandanteil
			X			X	a	
3	400	X				X		mit mäßigem Sandanteil
					X			leicht zu räumen
4	630				X			TS < 8 %
						X		schwer zu räumen [b]
5	1000				X			TS < 12 %
6	1600			X			Rundbecken	mit organischem Anteil
7	2500			X			Längsbecken	mit organischem Anteil
					X			thermisch konditioniert
8	4000			X	X			Sand und/oder Sinter, Kohle u.a. industrielle Schlämme

[a] Siehe Anhang A, Erläuterungen

[b] Z. B. Kohle u. a. industrielle Schlämme

[c] nur für Schildhöhe ≤ 0,12 m

9.3.2 Besondere Konstruktionsmerkmale einzelner Bauelemente

9.3.2.1 Allgemeines

Als sogenannte Räumgeschwindigkeit ist die Fahrgeschwindigkeit oder bei zentral angetriebenen Räumwerken die Umfangsgeschwindigkeit des äußeren Schildteils definiert und in Nenngeschwindigkeiten nach Tabelle 3 unterteilt. Die Nenngeschwindigkeit ist im Einzelfall nach Erfordernis zu wählen und in der Ausschreibung anzugeben. Dabei ist das Schleppverhalten der Schlämme zu berücksichtigen.

Nenngeschwindigkeiten für die üblichen Fahr- und Umfangsgeschwindigkeiten enthält Tabelle 3. Für Sonderfälle können weitere Nenngeschwindigkeiten entsprechend festgelegt werden.

Die Gestaltung der Bodenräumschilde und die Rückfahrgeschwindigkeit bei Längsräumern sind in DIN 19551-1 festgelegt.

Tabelle 3 — Fahr- und Umfangsgeschwindigkeiten

Nenngeschwindigkeit cm/s	Geschwindigkeit cm/s	Bandräumer	Schildräumer als		Saugräumer als		Eindicker
			Längsräumer	Rundräumer	Längsräumer	Rundräumer	
1	0,5 bis 1,5	X					
2	> 1,5 bis 2,5	X	X	X	X	X	X
3	> 2,5 bis 3,5	X	X	X	X	X	X
4	> 3,5 bis 4,5			X		X	X
5	> 4,5 bis 5,5			X		X	X
6	> 5,5 bis 6,5						X

9.3.2.2 Besondere Konstruktionsmerkmale für Brückenräumer

Es gelten die Festlegungen in DIN EN 12255-1 zu

— Laufradüberwachung an nicht angetriebenen Laufrädern;

— Geradführung von Längsräumern;

— Einsatz von Bremsmotoren für Hubwerke allgemein und für Fahrantriebe von Längsräumern;

— Mindestmaßen für Lauf- und Führungsräder.

9.3.2.3 Besondere Konstruktionsmerkmale für zentral angetriebene Räum- und Krählwerke

Zentral angetriebene Räum- und Krählwerke müssen gegen mechanische Überlast gesichert werden.

Der Einlaufzylinder ist nach den konstruktiven Erfordernissen feststehend oder umlaufend auszubilden.

9.3.2.4 Besondere Konstruktionsmerkmale für Bandräumer

Es gelten die Festlegungen in DIN 19551-1 zu

— Gestaltung der Räumbalken;

— Abstand der Räumbalken voneinander;

— Überlastsicherung des Antriebs;

— Gestaltung der Abtriebsstation.

Eine Verdrillung von Räumbalken aus Holz ist nur in dem Maße zulässig, solange die Funktion des Bandräumers nicht beeinträchtigt wird.

9.3.2.5 Besondere Konstruktionsmerkmale für Saugräumer

Es gelten die Festlegungen in DIN 19551-1 zu

— Einstellbarkeit der angesaugten Schlammmenge an jedem Saugrohr;

— Anforderungen an die Reinigung der Beckensohle am Beckenende.

9.3.3 Rechnerische Lebensdauer

Rechnerische Lebensdauer für verschiedene Antriebselemente nach DIN EN 12255-1. Die Lebensdauer der dort nicht aufgeführten Antriebselemente, z. B. Lager, Kettenräder, Laufräder, Schleißschuhe und Leisten ist nicht definiert.

9.3.4 Werkstoffe

Seile: Nichtrostender Stahl, z. B. Werkstoff-Nr. 1.4401 (X5CrNiMo17-12-2) nach DIN EN 10088-2 (siehe auch DIN 19551-1, DIN 19551-3 und DIN 19552),

Laufräder: Als Werkstoff der elastischen Bandagen ist Gummi vorzuziehen. Laufräder oder Bandagen aus Polyurethan sind nur zulässig für solche Fahrwerke, für die Gummibandagen nicht einsetzbar sind. Ihre Verwendung ist im Einzelfall zu vereinbaren.

Verbindungselemente nach DIN EN 12255-1.

Bei der Verwendung von Holz als Räumbalken: z. B. Fichte, druckimprägniert.

9.4 Mess-, Steuer- und Regeltechnik

Es gelten die Festlegungen in DIN 19551-1, DIN 19551-3 und DIN EN 12255-1 zu

- steuerungstechnischer Verknüpfung mit vor- und nachgeschalteten Maschinen;
- Störmeldungen;
- Laufradüberwachung;
- Kettenbruchsicherung bei Bandräumern;
- besonderen Räumprogrammen bei Längsräumern.

9.5 Betrieb und Wartung

9.5.1 Betrieb und Wartung für Brückenräumer

Es gelten die Festlegungen in DIN EN 12255-1 zu

- Demontierbarkeit von Fahrwerken und Kugeldrehverbindungen;
- Laufrollen an Bodenschilden von Rundräumern;
- Winterbetrieb auf Fahrbahnen von Brückenräumern.

9.5.2 Betrieb und Wartung für Bandräumer

Es gilt DIN 19551-1.

10 Sicherheitstechnik

Die speziellen Europäischen Normen DIN EN 12255-10 und E DIN EN 292-2 sind zu berücksichtigen. Darüber hinaus gelten die einschlägigen staatlichen Vorschriften, insbesondere die Produktvorschriften der EG-Maschinenrichtlinie 98/37/EG, das deutsche Gerätesicherheitsgesetz sowie die entsprechenden Unfallverhütungsvorschriften des zuständigen Unfallversicherungsträgers[1].

---

1) Bundesverband der Unfallkassen e.V. (BUK)

Anhang A
(informativ)

Erläuterungen zu einzelnen Abschnitten

A.1 Zu Abschnitt 4.1 Allgemeines (Rechenanlagen)

Der Auslegung der Rechenfläche A liegen die Art des Rechenrostes (siehe 4.1), der jeweilige Anstellwinkel gegen die Horizontale und andere geometrische Parameter zugrunde.

Bei der hydraulischen Bemessung wird die Strömungsgeschwindigkeit im zur Verfügung stehenden Strömungsquerschnitt benutzt. Häufig wird in der Praxis die freie Fläche A_0

$$A_0 = A \cdot f_0$$

als Zwischenwert verwendet.

Die Minderung des Strömungsquerschnitts durch Rechengutbelegung wird mit dem Belegungsfaktor f_B berücksichtigt. Dieser ist von Feststoffart und -gehalt, von Spaltweite, Strömungsgeschwindigkeit und Zykluszeit abhängig.

Können im Einzelfall größere Strömungsgeschwindigkeiten nicht vermieden werden, empfehlen sich größere Belegungsfaktoren als in Tabelle 1 angegeben.

Die angegebenen Strömungsgeschwindigkeiten v_B von 1,2 m/s und 0,6 m/s sind Erfahrungswerte. Bei größeren Strömungsgeschwindigkeiten kann ein Teil des am Rechenrost zurückgehaltenen Rechengutes wieder vom Rost abgelöst und von der Strömung mitgerissen werden.

A.2 Zu Abschnitt 4.3.2 Besondere Konstruktionsmerkmale (Rechenanlagen)

Eine funktionsgerechte Rechenrostreinigung und Rechengutabstreifung kann nur anhand einer ausreichenden Rechengutmenge beurteilt werden, die einwandfrei geräumt und abgeworfen wird. Als deren indirektes Mindestmaß wird die Rechengutmenge angesehen, die eine durch die Belegung bedingte Wasserspiegeldifferenz von 10 cm (Prüfmaß) erzeugt. Bei kleineren Mengen dürfen Rechengutteile sowohl beim Räumen und Abstreifen als auch bei dem Abgleiten auf der Schurre hängen bleiben, ohne dass diese Tatsache beanstandet werden kann.

Das Prüfmaß steht nicht im Zusammenhang mit anderen rechnerischen und betrieblichen Werten der Wasserspiegeldifferenz.

A.3 Zu Abschnitt 9.3.1 Lasten und Bemessung (Anlagen zum Abscheiden, Räumen oder Eindicken von Schlamm)

Für die Schildbelastung sind in Tabelle 2 Erfahrungswerte in der Form von Streckenlasten angegeben. Diese beziehen sich auf

- die Räumschilde mit einer Nennhöhe von 300 mm, welche im Einzelfall unter- oder überschritten wird,
- auf die bisherigen Standardbedingungen, d. h. auf vergleichbare Zulauf- und Schlammabzugsbedingungen, bei Anwendung üblicher Verfahrenstechniken in der Abwassertechnik.

Eine einheitliche allgemeine Darstellung der Schildbelastung ist zur Zeit nicht möglich. Es bestehen u. a. folgende Abhängigkeiten der Schildbelastung:

- von Stoffparametern, z. B. Inhaltsstoffen, Konzentrationen, Temperatur, Zähigkeit;
- von hydraulischen Größen, z. B. Volumenströmen, Geschwindigkeiten, maximalen Füllhöhen von Flüssigkeit und Schlamm;

— vom konstruktiven und geometrischen Aufbau von Becken und Ausrüstung sowie deren mechanischen Kenngrößen;

— von der Betriebsweise, z. B. kontinuierlich oder intermittierender Betrieb, zeitweiliger Stapelbetrieb.

A.4 Zu Abschnitt 6 Rechengutentwässerungsanlagen und Abschnitt 8 Sandbehandlungsanlagen

Die Abschnitte 6 und 8 haben keine Entsprechung in der Europäischen Norm (Normen der Reihe DIN EN 12255) und sind daher in dieser Norm ausführlicher dargestellt.

A.5 Zu Abschnitt 7.2 und 9.2.1 Anforderungen an das Bauwerk

Zur Herstellung von Wandkronen aus Beton haben sich folgende Verfahren bewährt:

a) Herstellen der Wandkronen in einem Arbeitsgang mit den aufgehenden Wänden

   — Der Beton wird so hoch eingefüllt, dass er nach der Rüttelverdichtung wenigstens 1 cm über der planmäßigen Bauteiloberfläche steht;

   — Vor dem Ansteifen wird der Beton auf etwa 50 cm Tiefe nachgerüttelt;

   — Anschließend wird die schlämmereiche Betonschicht bis zur Sollhöhe abgetragen, der Beton ohne zusätzliches Nässen geglättet und die Oberfläche ggf. mit einem feinen Besenstrich quer zur Wandachse versehen.

b) Herstellen der Wandkrone in einem besonderen Arbeitsgang

Hierzu werden die Wände bis maximal 20 cm unterhalb der planmäßigen Oberkante betoniert. Darauf wird frisch in frisch ein Beton steiferer Konsistenz und möglichst geringem Mörtelgehalt eingebracht und verdichtet. Nach dem Verdichten steht auch hier der Beton etwa 1 cm über der planmäßigen Bauteiloberfläche. Die schlämmereiche Betonschicht wird sodann bis zur Sollhöhe abgetragen, der Beton ohne zusätzliches Nässen geglättet und die Oberfläche gegebenenfalls mit einem feinen Besenstrich quer zur Wandachse versehen.

c) Herstellen der Wandkrone aus Fertigteilen

Hierbei werden die Wände ebenfalls bis etwa 30 cm unterhalb der planmäßigen Oberkante betoniert und die Wandkronen als Fertigteile aufmontiert. Durch geeignete Formgebung wird erreicht, dass Niederschlags- und Tauwasser von den Fertigteilen abtropft und nicht an den Betonwänden abläuft.

d) Laufbahnvergütung

Sollen Laufbahnen, z. B. durch Einstreuen von Hartstoffen vergütet werden, so werden auch in diesem Fall für die Herstellung der Wandkrone die unter a) und b) genannten Bedingungen eingehalten.

e) Nachbehandlung

Die hohe Beanspruchung der Laufbahnoberflächen erfordert eine besonders sorgfältige Nachbehandlung des Betons. Die in der Richtlinie zur Nachbehandlung von Beton des Deutschen Ausschusses für Stahlbeton angegebenen Mindestzeiten werden verdoppelt. Eine sichere Nachbehandlung wird in der Regel durch Schutzfilme allein nicht erreicht. Der Beton wird zusätzlich abgedeckt.

f) Imprägnierte Anstriche

Wird als zusätzlicher Schutz ein imprägnierter Anstrich vorgesehen, der gleichzeitig der Nachbehandlung dient, eignen sich hierfür Systeme, die eine feste Verbindung auch mit dem feuchten Beton eingehen und die eine möglichst große Tiefenwirkung besitzen.

Die Rauhigkeit der Laufbahnen kann durch Besanden erhöht werden.

Anhang B
(informativ)

Erläuterungen zur Normung von Kläranlagen

Der Arbeitsausschuss NAW V 36 „Kläranlagen“, Unterausschuss 1 „Deutsche Normung“, plant die Fortsetzung der Reihe DIN 19569 „Baugrundsätze für Bauwerke und technische Ausrüstungen“ mit der Erarbeitung des Norm-Projektes „Dosieranlagen“.

Die Europäische Normenreihe DIN EN 12255 „Kläranlagen“ wird voraussichtlich aus den folgenden fünfzehn Normen bestehen [2]:

— Teil 1: Allgemeine Baugrundsätze

— Teil 3: Abwasservorreinigung

— Teil 4: Vorklärung

— Teil 5: Abwasserbehandlung in Teichen

— Teil 6: Belebungsverfahren

— Teil 7: Biofilmreaktoren

— Teil 8: Schlammbehandlung und -lagerung

— Teil 9: Geruchsminderung und Belüftung

— Teil 10: Sicherheitstechnische Baugrundsätze

— Teil 11: Erforderliche allgemeine Angaben

— Teil 12: Steuerung und Automatisierung

— Teil 13: Abwasserbehandlung durch Zugabe von Chemikalien

— Teil 14: Desinfektion

— Teil 15: Messung der Sauerstoffzufuhr in Reinwasser in Belüftungsbecken von Belebungsanlagen

— Teil 16: Abwasserfiltration[3]

ANMERKUNG 1 Für Anforderungen an Pumpanlagen auf Kläranlagen, ursprünglich vorgesehen als Teil 2 „Abwasserpumpanlagen“, siehe EN 752-6 „Entwässerungssysteme außerhalb von Gebäuden – Teil 6: Pumpanlagen“.

Die Titel der einzelnen Teile entsprechen den Titeln der bereits veröffentlichten Norm-Entwürfe bzw. sind Arbeitstitel und können von den Titeln der Normen geringfügig abweichen.

Einige Normen der Reihe EN 12255 sind als Europäisches Normenpaket gemeinsam gültig.

---

[2] Über die bisher erschienenen Normen dieser Reihe gibt die Geschäftsstelle des Normenausschusses Wasserwesen (NAW) im DIN Deutsches Institut für Normung e.V., Telefon (030) 26 01 - 25 49, oder der Beuth Verlag GmbH, 10772 Berlin (Hausanschrift: Burggrafenstraße. 6, 10787 Berlin), Auskunft.

[3] in Vorbereitung

Von der Paketbildung sind die folgenden Normen betroffen:

DIN EN 12255-1, DIN EN 12255-3 bis DIN EN 12255-8, DIN EN 12255-10 und DIN EN 12255-11.

Das Datum der Zurückziehung (date of withdrawal, dow) entgegenstehender Normen ist der

31. Dezember 2002 (Resolution 232/2001 durch CEN/TC 165).

In einem Normenpaket werden Europäische Normen zusammengefasst, die zueinander in Beziehung stehen. Eine Querverbindung kann u. a. aufgrund der Notwendigkeit zur gemeinsamen Anwendung bestehen oder dadurch gegeben sein, dass eine Gruppe entgegenstehender nationaler Normen abzudecken ist.

Die Paketbildung ist aber auch unter dem Aspekt der Verpflichtung zur Übernahme von CEN/CENELEC-Normen durch die CEN-Mitglieder und der damit verbundenen Zurückziehung entgegenstehender nationaler Normen (CEN/CENELEC-Geschäftsordnung) von Bedeutung.

Die in einem Normenpaket zusammengefassten Europäischen Normen sind spätestens bis zu einem vorab festgelegten Datum der Zurückziehung (dow) zu veröffentlichen. Die bereits vor diesem Zeitpunkt fertiggestellten und veröffentlichten Europäischen Normen des Paketes werden in das nationale Normenwerk übernommen. Sie gelten bis zum Datum der Zurückziehung parallel zu entsprechenden nationalen Normen. Erst mit dem Erreichen des Datums der Zurückziehung sind die Europäischen Normen des Normenpaketes in das nationale Regelwerk zu übernehmen, indem ihnen der Status von nationalen Normen gegeben wird. Entgegenstehende nationale Normen sind dann zurückzuziehen.

Die einzelnen Normen der Reihe DIN EN 12255 sind inhaltlich anders konzipiert als die deutschen Normen der Reihe DIN 19569, sodass durchaus mehrere Teile dieser Reihe durch einen Teil der Europäischen Norm berührt werden können.

Der Normungsumfang der Europäischen Normenreihe DIN EN 12255 „Kläranlagen" deckt nicht alle Festlegungen ab, die in den nationalen Normen der Reihe DIN 19569 „Kläranlagen – Baugrundsätze für Bauwerke und technische Ausrüstungen" enthalten sind. Der Arbeitsausschuss V 36 erarbeitet daher Maß- und Restnormen zu den folgenden Themenkreisen:

— Rechteckbecken als Absetzbecken (DIN 19551-1)

— Rechteckbecken als Sandfänge (DIN 19551-3)

— Rundbecken als Absetzbecken (DIN 19552)

— Tropfkörper mit Drehsprengern (DIN 19553)

— Tropfkörperfüllungen (E DIN 19557)

— Rechenbauwerke mit geradem Rechen (DIN 19554)

— Ablaufsysteme in Absetzbecken (DIN 19558)

— Besondere Baugrundsätze für Einrichtungen zum Abtrennen und Eindicken von Feststoffen (DIN 19569-2)

— Besondere Baugrundsätze für Einrichtungen zur aeroben biologischen Abwasserreinigung (DIN 19569-3)

— Besondere Baugrundsätze für Anlagen zur anaeroben Behandlung von Abwasser (DIN 19569-5)

— Besondere Baugrundsätze für Anlagen zur Klärschlammentwässerung (DIN V 19569-9)

— Besondere Baugrundsätze für Anlagen zur Trocknung von Klärschlamm (DIN 19569-10)

Literaturhinweise

98/37/EG, Richtlinie des Europäischen Parlaments und des Rates vom 22. Juni 1998 zur Angleichung der Rechts- und Verwaltungsvorschriften der Mitgliedstaaten für Maschinen, ABl EG, 1998, Nr. L 207, S. 1–46.[4)]

[4)] Deutsches Informationszentrum für technische Regeln (DITR) im DIN
Bezug: Beuth Verlag GmbH, 10772 Berlin.

Dezember 2002

	Kläranlagen Baugrundsätze für Bauwerke und technische Ausrüstungen Teil 3: Besondere Baugrundsätze für Einrichtungen zur aeroben biologischen Abwasserreinigung	DIN 19569-3

ICS 13.060.30

Mit DIN 19553:2002-12
Ersatz für
DIN 19569-3:1995-01

Wastewater treatment plants — Principles for the design of structures and technical equipment — Part 3: Specific principles for the equipment for aerobical biological wastewater treatment

Stations d'épuration — Principes de construction pour bâtiments et équipements techniques — Partie 3: Principes speciaux pour installation d'épuration biologique et aerobic des eaux

Inhalt

Fortsetzung Seite 2 bis 28

Normenausschuss Wasserwesen (NAW) im DIN Deutsches Institut für Normung e.V.

Seite

Seite

Tabellen

Vorwort

Diese Norm wurde vom Arbeitsausschuss V 36 „Kläranlagen", Unterausschuss 1 „Deutsche Normung" des Normenausschusses Wasserwesen (NAW) erarbeitet.

Dieser Ausschuss hat in der Vergangenheit bereits eine Reihe von DIN-Normen über einzelne Einrichtungen von Kläranlagen zusammen mit den entsprechenden Bauwerken erarbeitet und darin festgelegt:

— Hauptmaße;

— Bauwerkstoleranzen (Mindestanforderungen für ordnungsgemäßen Einbau und Betrieb);

— Bezeichnungen

sowie

— spezielle Angaben zu den einzelnen Einrichtungen.

Im Laufe der Normungsarbeit erwies es sich als notwendig, die Normen wesentlich zu erweitern, was aber innerhalb der bestehenden Normen kaum zu verwirklichen ist, ohne den gegebenen Rahmen zu sprengen. Es bot sich daher an, die übergeordneten Baugrundsätze zu definieren und in eigenen Normen festzulegen, die dann künftig einfacher an die laufende Entwicklung angepasst werden können.

DIN 19569 „Kläranlagen — Baugrundsätze für Bauwerke und technische Ausrüstungen" besteht aus:

— Teil 2: Besondere Baugrundsätze für Einrichtungen zum Abtrennen und Eindicken von Feststoffen

— Teil 3: Besondere Baugrundsätze für Einrichtungen zur aeroben biologischen Abwasserreinigung

— Teil 4: Besondere Baugrundsätze für gehäuselose Absperrorgane

— Teil 5: Besondere Baugrundsätze für Anlagen zur anaeroben Behandlung von Abwasser

— Teil 7: Fäkalübernahmestation

— Teil 8: Besondere Baugrundsätze für Anlagen zur Abwasserreinigung mit Festbettfiltern (Raum- und Biofilter) (z. Z. Entwurf)

— Teil 9: Klärschlammentwässerung (Vornorm)

— Teil 10: Besondere Baugrundsätze für Anlagen zur Trocknung von Klärschlamm

Die Erarbeitung weiterer Normen für besondere Baugrundsätze von Bauwerken und technischen Ausrüstungen ist vorgesehen (siehe Anhang B).

Ausdrücklich wird darauf hingewiesen, dass im Normenausschuss CEN/TC 165 "Abwassertechnik" die Ausschüsse WG 42 und WG 43 gemeinsam Europäische Normen für Kläranlagen für > 50 Einwohnerwerte (EW) erarbeiten. Entsprechend der CEN/CENELEC-Geschäftsordnung besteht die Verpflichtung, eine Europäische Norm auf nationaler Ebene zu übernehmen, indem ihr der Status einer nationalen Norm gegeben wird und indem ihr entgegenstehende nationale Normen zurückgezogen werden. Darüber hinaus gilt für die CEN/CENELEC-Mitglieder eine Stillhalteverpflichtung. Das bedeutet, dass während der Bearbeitung eines einzelnen europäischen Norm-Projektes keine denselben Gegenstand betreffenden nationalen Normen erarbeitet werden dürfen.

Weitere Informationen zu den Europäischen Normen für Kläranlagen > 50 EW (Umfang, Paketbildung, Zurückziehung nationaler Normen) siehe Anhang B.

Änderungen

Gegenüber DIN 19569-3:1995-01 wurden folgende Änderungen vorgenommen:

a) Ein allgemeiner Abschnitt „Sicherheitstechnik" aufgenommen,

b) Abschnitt „Begriffe" aufgenommen,

c) Die Norm aufgrund der europäischen Normung überarbeitet (siehe Anhang B),

d) die Norm redaktionell überarbeitet.

Frühere Ausgaben

DIN 19569-3: 1995-01

1 Anwendungsbereich

Diese Norm legt besondere Baugrundsätze für Einrichtungen zur aeroben biologischen Abwasserreinigung fest, und zwar für

— solche Bauwerke bzw. Bauwerksteile, bei denen die Anordnung oder Funktion der technischen Ausrüstung berücksichtigt werden muss und für

— technische Ausrüstungen, soweit besondere klärtechnische oder kläranlagenspezifische Forderungen bei Planung, Bau und Betrieb beachtet werden müssen.

Die Norm gilt zusammen mit den allgemeinen Baugrundsätzen nach DIN EN 12255-1 sowie mit den entsprechenden Fachnormen für einzelne Einrichtungen von Kläranlagen, wie z. B. DIN EN 12255-6, DIN EN 12255-7 und DIN 19553. Die allgemeinen und die besonderen Baugrundsätze gelten auch für solche Einrichtungen, für die keine Fachnorm vorhanden ist (siehe Anhang B).

Diese Norm gilt nicht für allgemeine und besondere Grundsätze des Bau- und Maschinenwesens, der Elektrotechnik, der Sicherheitstechnik sowie der Klärtechnik.

Diese Norm regelt nicht Grundsätze für Aggregate wie Pumpen oder Drucklufterzeugungsanlagen.

2 Normative Verweisungen

Diese Norm enthält durch datierte oder undatierte Verweisungen Festlegungen aus anderen Publikationen. Diese normativen Verweisungen sind an den jeweiligen Stellen im Text zitiert, und die Publikationen sind nachstehend aufgeführt. Bei datierten Verweisungen gehören spätere Änderungen oder Überarbeitungen dieser Publikationen nur zu dieser Norm, falls sie durch Änderung oder Überarbeitung eingearbeitet sind. Bei undatierten Verweisungen gilt die letzte Ausgabe der in Bezug genommenen Publikation (einschließlich Änderungen).

DIN 4045, *Abwassertechnik — Begriffe.*

DIN 19553, *Kläranlagen — Tropfkörper mit Drehsprenger; Hauptmaße und Ausrüstungen.*

E DIN 19557, *Kläranlagen — Mineralische Füllstoffe und Füllstoffe für Tropfkörper; Anforderungen, Prüfung, Lieferung, Einbringen.*

DIN 28131, *Rührer und Stromstörer für Rührbehälter — Formen, Benennungen und Hauptmaße.*

E DIN EN 292-2, *Sicherheit von Maschinen — Grundbegriffe, allgemeine Gestaltungsleitsätze — Teil 2: Technische Leitsätze (identisch mit ISO/DIS 12100-2); Überarbeitung von EN 292-2:1991 und EN 292-2/A1:1995; Deutsche Fassung prEN 292-2:2000*

DIN EN 1085, *Abwasserbehandlung — Wörterbuch; Dreisprachige Fassung EN 1085:1997.*

DIN EN 10025, *Warmgewalzte Erzeugnisse aus unlegierten Baustählen — Technische Lieferbedingungen (Enhält Änderung A1:1993); Deutsche Fassung EN 10025:1990.*

DIN EN 10088-2, *Nichtrostende Stähle — Teil 2: Technische Lieferbedingungen für Blech und Band für allgemeine Verwendung; Deutsche Fassung EN 10088-2:1995.*

DIN EN 12255-1, *Kläranlagen — Teil 1: Allgemeine Baugrundsätze; Deutsche Fassung EN 12255-1:2002.*

DIN EN 12255-6, *Kläranlagen — Teil 6: Belebungsverfahren; Deutsche Fassung EN 12255-6:2002.*

DIN EN 12255-7, *Kläranlagen — Teil 7: Biofilmreaktoren; Deutsche Fassung EN 12255-7:2002.*

DIN EN 12255-10, *Kläranlagen — Teil 10: Sicherheitstechnische Baugrundsätze; Deutsche Fassung EN 12255-10:2000.*

DIN EN 12255-11, *Kläranlagen — Teil 11: Erforderliche allgemeine Angaben; Deutsche Fassung EN 12255-11:2001.*

3 Begriffe

Für die Anwendung dieser Norm gelten die in DIN EN 1085 und DIN 4045 angegebenen und die folgenden Begriffe.

3.1
Rotationstauchkörper
Tauchkörper mit rotierendem Festbett (Trägermaterial), auf dem sich ein biologischer Rasen bildet und das einem periodischen Luft/Wasser-Wechsel ausgesetzt ist

3.2
Oberflächenbelüfter
Ausrüstung, die dem Abwasser-Schlammgemisch in einem Belebungsbecken über Turbulenz im Bereich der Wasseroberfläche Sauerstoff zuführt und diesen gleichzeitig durch Erzeugen von Umwälzströmungen mit dem belebten Schlamm in Kontakt bringt bzw. möglichst gleichmäßig im Becken verteilt

3.3
Strahlbelüfter
Ausrüstung, die dem Abwasser-Schlammgemisch in einem Belebungsbecken so Luft zuführt, dass diese durch einen energiereichen Wasserstrahl bei hoher Geschwindigkeit unter der Wasseroberfläche durch Scherkräfte zerteilt wird. Die Verteilung der Luftblasen und die Durchmischung des Beckeninhaltes erfolgen durch die vom Strahlbelüfter erzeugte Strömung

3.4
Druckbelüftungsanlage
Einrichtung, die dem Abwasser-Schlammgemisch in einem Belebungsbecken durch das Einblasen von Luft — zumeist im Bereich der Beckensohle — Sauerstoff zuführt. Durch den Luftblasenstrom wird dabei der Beckeninhalt vermischt und der belebte Schlamm mit Sauerstoff versorgt

4 Allgemeine, für alle Einrichtungen geltende Grundsätze

Mehrstraßigkeit: nach DIN EN 12255-1, DIN EN 12255-6 und DIN EN 12255-7.

Austauschbarkeit von Einbauten: nach DIN EN 12255-1.

Stromversorgung: nach DIN EN 12255-1.

Zugänglichkeit von Aggregaten, die regelmäßig zu warten sind nach DIN EN 12255-1.

Schutzart für Getriebe, Motore usw. nach DIN EN 12255-1.

Vermeidung von Kurzschlussströmungen, Schlammablagerungen usw. nach DIN EN 12255-6.

Beständigkeit gegenüber Abwasser-Inhaltsstoffen, Oberflächenschutz nach DIN EN 12255-1.

Verbindungselemente im Unterwasserbereich nach DIN EN 12255-1.

Wassergefährdende Schmier- und Betriebsstoffe nach DIN EN 12255-1.

Bei Wirtschaftlichkeitsvergleichen belüfteter Becken ist die Summe des Energiebedarfs der Einrichtungen zur Belüftung und der gegebenenfalls erforderlichen Strömungserzeugung anzusetzen.

5 Tropfkörperanlagen

5.1 Allgemeines

Es gilt DIN EN 12255-7

Tropfkörperbauwerk, Trägermaterialien und Verteilereinrichtungen stellen eine funktionelle Einheit dar. Tropfkörperanlagen werden nach Merkmalen der Klärtechnik, des Bauwerks, der technischen Ausrüstung und/oder des Betriebs unterschieden, z. B.

a) nach dem Verfahrensziel in
   - Tropfkörper ohne Nitrifikation,
   - Tropfkörper mit Nitrifikation,
   - Tropfkörper mit Nitrifikation und Denitrifikation;

b) nach Art der Abwasserzuführung in
   - Tropfkörper mit Pumpbetrieb,
   - Tropfkörper mit Durchlauf im freien Gefälle,
   - Tropfkörper mit Heberbeschickung;

c) nach Art der Belüftung in
   - Tropfkörper mit natürlicher Belüftung,
   - Tropfkörper mit Zwangsbelüftung;

d) nach Art der Rücklaufführung in
   - Tropfkörper ohne Rücklauf,
   - Tropfkörper mit Rücklauf;

e) nach der Bauweise der Tropfkörper in
   - Tropfkörper ohne Abdeckung,
   - Tropfkörper mit Abdeckung;

f) nach dem Werkstoff des Trägermaterials in
   - mineralische Trägermaterialien (siehe E DIN 19557),
   - Trägermaterialien aus Kunststoff (siehe E DIN 19557);

g) bei Trägermaterial aus Kunststoff nach deren Art (siehe auch E DIN 19557) in

— Blockmaterial (geordnetes Trägermaterial),

— geschüttete Formkörper (regelloses Trägermaterial),

— abgehängtes Trägermaterial;

h) nach der Art der Abwasserverteilung auf das Trägermaterial in

— Tropfkörper mit feststehenden Verteilern (z. B. Rinnen ohne Rohre),

— Tropfkörper mit beweglichen Verteilern (z. B. Drehsprenger mit Verteilerarmen);

i) nach der Art des Drehsprengerantriebes in

— Drehsprenger mit Rückstoßantrieb,

— Drehsprenger mit Fremdantrieb;

j) nach der Betriebsweise der Verteiler in

— gleichzeitige Beschickung aller Verteilerarme, Rinnen oder Rohre,

— zuflussabhängige Beschickung der Verteilerarme, Rinnen oder Rohre,

— programmabhängige Beschickung der Verteilerarme, Rinnen oder Rohre (z. B. Spülprogramm).

Für die Beschickungshöhe gilt DIN 19553.

5.2 Anforderungen an das Bauwerk

5.2.1 Lasten und Bemessung

Die Hauptmaße des Bauwerks sind in DIN 19553 festgelegt.

Für die statische Bemessung des Bauwerks sind grundsätzlich die vertikalen und horizontalen Betriebslasten aus dem Trägermaterial zu berücksichtigen (siehe DIN EN 12255-7).

5.2.2 Sonstige bauliche Anforderungen

Die Tropfkörpertasse dient der Sammlung und Ableitung des aus dem Festbett abtropfenden Abwassers und bautechnisch zur Aufständerung des Tragrostes, außer bei abgehängtem Trägermaterial.

Die Tropfkörpersohle ist ganzflächig geneigt und kann konstruktiv als

— Kegel (Kegelspitze nach unten — punktförmiger Ablauf unter dem Mittelbauwerk; Kegelspitze nach oben — kreisförmiger Ablauf entlang der Tropfkörperwand) oder als

— Giebel (Firstlinie nach unten — diametrale Ablaufrinne in der Tropfkörpersohle; Firstlinie nach oben — zweiseitiger Ablauf entlang der Tropfkörperwand)

ausgebildet werden.

Neigung der Tropfkörpersohle nach DIN 19553.

Hochlast-Tropfkörper mit größerem Schlammanfall erfordern ein stärkeres Sohlgefälle als Schwachlast-Tropfkörper.

In Verbindung mit der Stützkonstruktion für den Tragrost empfiehlt sich eine profilierte Tropfkörpersohle, bestehend aus parallel verlaufenden, nach außen oder innen geneigten Rinnen (Giebelform). Der Tragrost wird über die Rinnen verlegt.

In der Regel dient ein Mittelbauwerk der Lagerung des Drehsprengers und der Unterbringung des Zulaufs (siehe auch DIN 19553).

Luftführung im Tropfkörper nach DIN 19553.

5.3 Anforderungen an die technische Ausrüstung

5.3.1 Allgemeines

Zur technischen Ausrüstung gehören Tragrost, Trägermaterial und die Abwasserverteiler mit Auflager und gegebenenfalls motorischem Antrieb.

5.3.2 Tragrost

Das Trägermaterial wird auf einen Tragrost aufgebracht oder abgehängt. Der Tragrost stellt das Verbindungsglied zwischen Trägermaterial und Bauwerk dar, wodurch gleichermaßen verfahrens- wie auch bautechnische Anforderungen (siehe 5.2) zu erfüllen sind.

Die Ausführung des Tragrostes wird von der erforderlichen freien Durchgangsfläche sowie von der Art des einzubringenden Trägermaterials bestimmt.

Die Ausführungen werden unterschieden in

- Tragroste für regelloses Trägermaterial,
- Tragroste für geordnetes Trägermaterial,
- Tragroste für abgehängtes Trägermaterial,
- Rostelemente aus Beton mit Hohlraumbildung und geneigter Auflagerfläche (z. B. Pilzroststeine, Dachsteine),
- Rostelemente aus Beton, auf Abstandhalter aufgelegt, mit horizontaler oder geneigter Auflagerfläche (z. B. Lochplatten, Gittersteine),
- Rostelemente auf Abstandhalter aufgelegt mit horizontaler Auflagerfläche (z. B. Gittersteine aus Beton, Gitterroste aus abwasserbeständigem Holz, Metall oder Kunststoff, parallel verlegte Roststäbe aus Beton, abwasserbeständigem Holz oder Metall).

In Verbindung mit den zu erwartenden Betriebslasten ist für den Tragrost ein Festigkeitsnachweis unter Berücksichtigung der Werte in E DIN 19557 vorzulegen.

5.3.3 Trägermaterial

Bezüglich der einsetzbaren Trägermaterialien ist E DIN 19557 zu beachten.

Die Trägermaterialien sind so zu wählen, dass Verstopfungen, z. B. durch Faserstoffe, vermieden werden (siehe auch DIN EN 12255-7).

5.3.4 Bewegliche Abwasserverteiler

5.3.4.1 Allgemeines

Gleichmäßige Zuflussverteilung auf das Trägermaterial und gegebenenfalls Antrieb dieser Verteiler (z. B. Drehsprenger) siehe auch DIN EN 12255-7.

Erfahrungswerte zur Auslegung von Drehsprengern siehe Anhang A.

5.3.4.2 Lasten und Bemessung

Bei der statischen Bemessung des Drehsprengers und seiner Lagerung ist von vollständiger Füllung aller Verteilerarme auszugehen.

5.3.4.3 Besondere Konstruktionsmerkmale

Schutzart der Antriebe, Lager usw. nach DIN EN 12255-1.

Die Umfangsgeschwindigkeit kann z. B. durch Änderung von Antriebsdrehzahlen oder Veränderung der Zahl, der Größe oder Richtung der Austrittsöffnungen beeinflusst werden.

Mindestdurchmesser der Löcher nach DIN EN 12255-7.

Bei einem Lochabstand von mehr als 200 mm sind Vorrichtungen zur Strahlverteilung vorzusehen.

Bei Verwendung von Verteilerarmen mit durchgehenden Austrittsschlitzen sind diese mit einstellbaren Gummilippen zu versehen.

Die am Armende austretenden Abwasserstrahlen sind von der Tropfkörperwand abzulenken. Gegebenenfalls verhindert ein vor Kopf angebrachtes Leitblech das Spritzen von Abwasser gegen die Tropfkörperwand.

Verschlusskappen am Armende nach DIN EN 12255-7.

Am Mittelbauwerk angebrachte Schmiereinrichtungen müssen vom Bedienungssteg aus zugänglich sein.

5.3.4.4 Rechnerische Lebensdauer

Es gilt DIN EN 12255-7.

5.4 Mess-, Steuerungs- und Regelungstechnik

Der Zufluss zum Tropfkörper und der Rücklauf sind kontinuierlich zu messen. Durch Veränderung des Rücklaufverhältnisses ist eine möglichst gleichmäßige Oberflächenbelastung des Tropfkörpers sicherzustellen.

5.5 Betrieb und Wartung

Es gilt DIN 19553.

6 Rotationstauchkörperanlagen

6.1 Allgemeines

Es gilt DIN EN 12255-7

Eine Rotationstauchkörperanlage besteht aus einem oder mehreren Rotationstauchkörpern, Antrieb, Becken, gegebenenfalls Abdeckung, sowie gegebenenfalls Zusatzausrüstungen. Rotationstauchkörper und Becken bilden eine funktionelle Einheit.

Rotationstauchkörperanlagen werden unterschieden, z. B.

a) nach der Bauart der Tauchkörper in

  — Scheiben-Tauchkörper,

  — Walzen-Tauchkörper (Trägermaterial fest mit Konstruktion verbunden),

— Trommel-Tauchkörper (Trägermaterial lose in einem Käfig),

— Zellrad-Tauchkörper;

b) nach der Art des Antriebes in

— Motorantrieb,

— Luftantrieb;

c) nach dem Maß der Eintauchtiefe;

d) nach der Art der Sauerstoffversorgung in

— periodisches Auftauchen (Rotation des Festbettes),

— periodisches Auftauchen und zusätzliche Druckluftbelüftung des Beckens;

e) nach dem Vorhandensein einer Rücklaufführung in

— Rotationstauchkörper mit Rücklauf,

— Rotationstauchkörper ohne Rücklauf;

f) nach dem Verfahrensziel in

— Rotationstauchkörper ohne Nitrifikation,

— Rotationstauchkörper mit Nitrifikation.

6.2 Anforderungen an das Bauwerk

6.2.1 Allgemeines

Das Bauwerk besteht aus Becken und gegebenenfalls der Abdeckung bzw. Einhausung.

6.2.2 Lasten und Bemessung

6.2.2.1 Allgemeines

Die Maße des Bauwerks werden nach den Angaben der Hersteller der Rotationstauchkörper festgelegt.

Das Bauwerk ist so zu gestalten und statisch zu bemessen, dass die aus der Auflagerung der Rotationstauchkörper entstehenden statischen und dynamischen Kräfte aufgenommen werden (Herstellerangaben beachten, siehe auch DIN EN 12255-7).

6.2.2.2 Becken

Bei der Festlegung der Beckenform sind verfahrenstechnische und hydraulische Belange zu berücksichtigen. Die Beckenform ist auf die Art der Sauerstoffversorgung abzustimmen.

Die Drehbewegung des Rotationstauchkörpers muss eine ausreichende Turbulenz im Becken sicherstellen, so dass nachteilige Ablagerungen vermieden werden (siehe auch DIN EN 12255-7).

Sofern keine zusätzlichen Einrichtungen zur Umwälzung des Beckeninhalts vorgesehen werden, darf der Abstand zwischen Rotationstauchkörper-Außenfläche (Kreisbahn der äußeren Konstruktionsstelle) und Becken nirgendwo 8 cm überschreiten.

6.2.2.3 Abdeckung und Einhausung

Abdeckungen von Rotationstauchkörperanlagen können als Klappen oder Hauben ausgeführt werden. Besonders für größere Anlagen bietet sich eine Einhausung an. Sie sind in der Regel notwendig als Schutz gegen Frosteinwirkung, Abkühlung, Geruchsemission sowie Lichteinwirkung (Algenbildung). Bei der Konstruktion sind ausreichende Belüftung der Rotationstauchkörper sowie Maßnahmen zur Vermeidung bzw. Ableitung von Kondenswasser zu berücksichtigen. Siehe auch DIN EN 12255-1.

6.3 Anforderungen an die technische Ausrüstung

6.3.1 Allgemeines

Zur technischen Ausrüstung gehören der Rotationstauchkörper mit Antrieb sowie Zusatzausrüstungen.

6.3.2 Lasten und Bemessung

Bemessung der Tauchkörperwellen oder -achsen und der anderen tragenden Teile nach DIN EN 12255-7.

6.3.3 Besondere Konstruktionsmerkmale

Bei der Auswahl der Tauchkörper ist darauf zu achten, dass Verstopfungen, z. B. durch Faserstoffe, vermieden werden (siehe auch DIN EN 12255-7).

Lagerung der Tauchkörperwelle bzw. -achse nach DIN EN 12255-7.

Schutzart der Antriebe nach DIN EN 12255-1.

Auslegung der Antriebe nach DIN EN 12255-7.

6.3.4 Rechnerische Lebensdauer

Es gilt DIN EN 12255-7.

6.3.5 Werkstoffe

Für die Herstellung von Welle und Tragkonstruktion wird vorzugsweise Stahl eingesetzt, z. B.:

- S235JR nach DIN EN 10025 mit Korrosionsschutz;
- nichtrostender Stahl nach DIN EN 10088-2, z. B. Werkstoffnummer 1.4301 (X5CrNi18-10) oder 1.4571 (X6CrNiMoTi17-12-2).

Die Werkstoffe des Trägermaterials sind vom Ausrüster anzugeben; Anforderungen an die Eigenschaften des Trägermaterials nach DIN EN 12255-7 und E DIN 19557. Solange geeignete Prüfverfahren fehlen, gelten die Anforderungen an die Dauerfestigkeit des Trägermaterials als erfüllt, wenn sie unter Betriebsbedingungen nach 2 Jahren die aus den genannten Eigenschaften resultierenden Funktionen unverändert erfüllen.

6.4 Mess-, Steuerungs- und Regelungstechnik

Durch Änderung der Drehzahl können Sauerstoffeintrag und kurzfristig der Biomasseaustrag beeinflusst werden.

Durch Änderung des Luftdurchsatzes einer eventuell vorhandenen Zusatzbelüftung können Sauerstoffeintrag und eventuelle Schlammablagerungen im Becken beeinflusst werden.

6.5 Betrieb und Wartung

Für einen störungsfreien Betrieb müssen regelmäßige Prüfungen der Bewuchsentwicklung sowie Kontrollen auf mechanische Beschädigung von Tragkonstruktion und Trägermaterialien ohne längere Stillstandszeit zur Vermeidung eines ungleichmäßigen Bewuchses möglich sein. Eine Möglichkeit zum Abspritzen der Tauchkörper ist vorzusehen.

7 Oberflächenbelüftungsanlagen

7.1 Allgemeines

Es gilt DIN EN 12255-6.

Oberflächenbelüftungsanlagen werden unterschieden z. B.

a) nach dem konstruktiven Aufbau in

— Kreiselbelüfter, langsam oder schnelldrehend,

— Walzenbelüfter;

b) nach der Installationsform in

— fest montierte Belüfter,

— schwimmende Belüfter.

7.2 Anforderungen an das Bauwerk

7.2.1 Allgemeines

Bauwerk und Oberflächenbelüfter stellen eine funktionelle Einheit dar. Einzelheiten, insbesondere Form und Tiefe der Becken, sind mit dem Ausrüster abzustimmen.

Beeinträchtigungen durch Spritzwasser und Eisbildung am Bauwerk oder Bedienungssteg sind durch bauliche Maßnahmen zu vermeiden. Siehe auch DIN EN 12255-6.

Die Eintauchtiefe der Belüfter lässt sich sowohl durch Wasserspiegeländerung (Verstellung des Auslaufwehres) als auch durch höhenmäßige Veränderung der Belüfteraggregate beeinflussen. Der Verstellbereich ist abhängig von der Bauart des Belüfters und beträgt etwa 25 cm. Bei mehreren parallel betriebenen Becken ist sicherzustellen, dass infolge des Verstellens keine gegenseitige hydraulische Beeinflussung der Zuläufe zu den einzelnen Becken erfolgt.

Aerosolausbreitung, Lärmemission und Lärmausbreitung müssen den nationalen Vorschriften genügen (siehe auch DIN EN 12255-6).

Das Bauwerk ist so zu gestalten und statisch zu bemessen, dass die von den Oberflächenbelüftern erzeugten statischen und dynamischen Kräfte aufgenommen werden.

Freibordhöhe nach DIN EN 12255-6.

ANMERKUNG Bewährt hat sich: bei Kreiselbelüftern 1 m, bei Walzenbelüftern 0,5 m.

7.2.2 Kreiselbelüfter

Kreiselbelüfter werden in Rechteck-, Rund- oder in Umlaufbecken eingesetzt. Rechteckbecken sollten eine möglichst quadratische Grundfläche, bezogen auf den Wirkungsbereich eines Belüfters, aufweisen. Die Wassertiefe T richtet sich nach der Beckenbreite B. Das Verhältnis B/T sollte zwischen 2,5 und 5,0 liegen. Optimal ist ein Bereich um 3,5 bis 4,0. Die Wassertiefe sollte 4,5 m nicht überschreiten. Zur Verminderung starker Drehbewegungen des Wasserkörpers und gegen Wellenbildung sind Beckeinbauten in vielen Fällen erforderlich. Wirbelbildungen können durch ein an der Beckensohle angebrachtes Leitkreuz sowie Drehbewegungen des Beckeninhalts durch im Becken angebrachte vertikale Strömungsbremsen reduziert werden. Die Beckensohle unterhalb des Kreiselbelüfters ist gegen Erosion zu schützen. Gegen zu starke Wellenbildung haben sich unterhalb des Wasserspiegels angebrachte horizontale Strömungsbremsen, z. B. in den Beckenecken, bewährt. Die Einbauten sind besonders sorgfältig zu wählen, und die unvermeidbare Wellenbildung ist bei der Maschinenauslegung zu berücksichtigen. In runden Becken kommt es leicht zu einer starken Drehbewegung des Wassers, der durch Einbauten begegnet werden muss.

Beim Einsatz von Kreiselbelüftern in Umlaufbecken sind die Herstellerangaben über mögliche Beckenabmessungen zu beachten.

7.2.3 Walzenbelüfter

Becken für Walzenbelüfter weisen in der Regel die Form eines Umlaufgrabens auf. Da mehrere Walzen hintereinander angeordnet werden können, ist die Beckenlänge nicht begrenzt. Die Beckenbreite richtet sich nach der Länge der Walzenkonstruktion. Die Wassertiefe sollte 3,6 m nicht überschreiten. Bei größeren Wassertiefen sind zusätzliche Umwälzeinrichtungen vorzusehen oder andere Vorkehrungen zu treffen. An den Stirnseiten sind zur Erzielung einer gleichmäßigen Strömung Leitwände zu installieren.

7.3 Anforderungen an die technische Ausrüstung

7.3.1 Allgemeines

Zur technischen Ausrüstung gehören die Einrichtungen zum Lufteintrag mit ihren Antrieben, Getrieben und gegebenenfalls Wehre und Verteilereinrichtungen.

7.3.2 Lasten und Bemessung

Die Leistung der Oberflächenbelüftungsanlagen wird angegeben durch das Wertepaar

— Sauerstoffzufuhrvermögen (OC) in kg/h unter Standardbedingungen (siehe Anhang A, Erläuterungen)

— Brutto-Motorleistung (P) als Klemmenleistung in kW und den hieraus abgeleiteten Sauerstoffertrag (kg/kWh) unter Standardbedingungen.

Es hat sich bewährt, dass der Ausschreibende die Beckengeometrie, den Sauerstoffbedarf (kg O_2/h) unter größten, mittleren und kleinsten Belastungsbedingungen sowie den α-Wert (siehe Anhang A, Erläuterungen) entsprechend dem Abwasser und den Belüftungssystemen vorgibt.

Vom Ausrüster sollten sowohl der Sauerstoffertrag im Reinwasser als auch die Klemmenleistung unter den unterschiedlichen Belastungsbedingungen und damit die installierte Nennleistung angegeben werden.

Bemessungsparameter und Bemessung der Belüftung nach DIN EN 12255-6.

Maschinentechnische Bemessung der Belüfter nach DIN EN 12255-6.

7.3.3 Besondere Konstruktionsmerkmale

Um den Sauerstoffeintrag und die Umwälzleistung unter Betriebsbedingungen zu sichern, sind die Aggregate so auszubilden und auszuwählen, dass keine Störungen und Schäden entstehen, insbesondere durch

— Verzopfung durch Faserstoffe,

— übermäßige Eisbildung.

Schutzart von Lager und Getrieben nach DIN EN 12255-1.

7.3.4 Rechnerische Lebensdauer

Es gilt DIN EN 12255-6.

7.3.5 Werkstoffe

Oberflächenbelüftungsanlagen müssen beständig gegenüber Abrasion durch Feststoffe sein sowie gegenüber den Abwasserinhaltsstoffen.

Weitere Hinweise bezüglich der Werkstoffe in DIN EN 12255-1 sind zu beachten.

7.4 Mess-, Steuerungs- und Regelungstechnik

Zur Steuer- bzw. Regelbarkeit von Oberflächenbelüftungsanlagen ist DIN EN 12255-6 zu beachten.

Bei der Anordnung von Messeinrichtungen ist zu beachten, dass der Sauerstoffgehalt an verschiedenen Stellen im Belebungsbecken sehr unterschiedlich ist (Einlauf, Auslauf usw.).

Die Steuerung wird in folgender Reihenfolge empfohlen:

- Drehzahländerung (stufenlos oder in Stufen);
- Aussetzbetrieb, gegebenenfalls in Kombination mit Umwälzeinrichtungen;
- Höhenänderung der Belüftungsaggregate;
- Wasserspiegeländerung (Änderung der Stellung des Überfallwehres).

Eine Steuerung des Sauerstoffeintrags allein durch Wasserspiegeländerung sollte vermieden werden; eine Änderung des Wasserspiegels darf darüber hinaus nicht zu unzulässigen Strömungsverhältnissen in der Nachklärung führen. Steuerungen über Wehrhöhenverstellung sind bei Koppelungen mit anderen Steuerungsmechanismen nachrangig einzusetzen (siehe auch DIN EN 12255-6).

Die Stromaufnahme der einzelnen Oberflächenbelüfter muss gemessen werden können; die Gesamtstromaufnahme mehrerer Belüftungseinheiten ist kontinuierlich zu messen.

8 Strahlbelüftungsanlagen

8.1 Allgemeines

Diese Norm betrifft die Bauwerke und nur solche technischen Ausrüstungen von Strahlbelüftungsanlagen, die den Sauerstoffeintrag in das Abwasser-Schlammgemisch bewirken.

Strahlbelüftungsanlagen werden unterschieden z. B.:

a) nach der Strahlerzeugung in
   - mit Pumpe,
   - mit Axialrad,
   - mit Radialrad;

b) nach der Richtung der austretenden Strömung in
   - axial,
   - radial;

c) nach der Anordnung im Becken in

— vertikal,

— horizontal,

— geneigt;

d) nach dem Ort des Lufteintrages im Becken in

— oberflächennah,

— sohlennah;

e) nach dem Aufstellungsort der beweglichen Teile (Motoren, Getriebe, Lager) in

— außerhalb des Wassers,

— im Wasser;

f) nach der Art des Einbaus in

— festmontierte Belüfter,

— schwimmende Belüfter;

g) nach der Art der Blasenverteilung über dem Beckenboden in

— gleichmäßig über die Gesamtfläche,

— über Teilflächen.

8.2 Anforderungen an das Bauwerk

Die Strahlbelüftungsanlage und das Bauwerk stellen eine funktionelle Einheit dar. Einzelheiten, insbesondere die Form und Tiefe des Beckens, sind daher mit dem Ausrüster abzustimmen.

Das Bauwerk ist so zu gestalten und statisch zu bemessen, dass die von der Strahlbelüftungsanlage eingebrachten statischen und dynamischen Kräfte aufgenommen werden können. Die Ausrüsterangaben sind zu beachten.

8.3 Anforderungen an die technische Ausrüstung

8.3.1 Allgemeines

Zur technischen Ausrüstung gehören die Einrichtungen zur Strömungserzeugung und zum Lufteintrag mit ihren Antrieben, sofern sie nicht extern aufgestellt sind.

8.3.2 Lasten und Bemessung

Die Leistung der Strahlbelüftungsanlagen wird angegeben durch das Wertepaar

— Sauerstoffzufuhrvermögen (OC) in kg/h unter Standardbedingungen (siehe Anhang A, Erläuterungen),

— Brutto-Motorleistung (P) als Klemmenleistung in kW und den hieraus abgeleiteten Sauerstoffertrag (kg/kWh) unter Standardbedingungen.

Es hat sich bewährt, dass der Ausschreibende die Beckengeometrie, den Sauerstoffbedarf (kg O_2/h) unter größten, mittleren und kleinsten Belastungsbedingungen sowie den α-Wert (siehe Anhang A, Erläuterungen) entsprechend dem Abwasser und den Belüftungssystemen vorgibt.

Vom Ausrüster hingegen sollten sowohl der Sauerstoffertrag im Reinwasser als auch die Klemmenleistung unter den unterschiedlichen Belastungsbedingungen und damit die installierte Nennleistung angegeben werden.

Auch bei kleinster Belastung muss die Durchmischung des Beckeninhaltes sichergestellt sein. Gegebenenfalls sind Ausrüstungen zur getrennten Durchmischung und Umwälzung vorzusehen (siehe auch Abschnitt 10). Falls dies notwendig ist, hat der Ausrüster in seinem Angebot darauf hinzuweisen.

8.3.3 Besondere Konstruktionsmerkmale

Die Strahlenbelüftungsanlagen müssen sämtlichen auftretenden Kräften dauerhaft standhalten.

Schutzart von Lager und Getrieben nach DIN EN 12255-1.

Um den Sauerstoffeintrag und die Umwälzleistung unter Betriebsbedingungen zu sichern, sind die Aggregate so auszubilden und zu wählen, dass keine Störungen und Schäden entstehen, insbesondere durch:

— Verzopfung durch Faserstoffe;

— Verstopfung;

— Erhitzung (bei sehr großer Reaktortiefe).

Luftleitungen müssen entsprechend den Kräften aus Temperaturunterschieden ausgelegt oder im Bereich der Auflager verschiebbar gelagert sein.

8.3.4 Rechnerische Lebensdauer

Für die Getriebe ist eine rechnerische Lebensdauer nach DIN EN 12255-1 nach Lebensdauerklasse 4, für Motoren nach Lebensdauerklasse 3 vorzusehen.

8.3.5 Werkstoffe

Strahlbelüftungsanlagen müssen beständig gegenüber der Abrasion durch Feststoffe sein.

8.4 Mess-, Steuerungs- und Regelungstechnik

Strahlbelüftungsanlagen müssen steuerbar sein. Die Steuerbarkeit ist das Zahlenverhältnis von größtem zu kleinstem Sauerstoffzufuhrvermögen. Die erforderliche Steuerbarkeit ist in der Ausschreibung anzugeben. Sie richtet sich nach den Belastungszuständen des Belebungsbeckens. Das Sauerstoffzufuhrvermögen muss für jeden Reaktor über den O_2-Gehalt oder andere geeignete Parameter (z. B. NH_4- bzw. NO_3-Gehalte, Zehrung, Trübung) regelbar sein.

Bei der Anordnung der Messeinrichtung ist zu beachten, dass der Sauerstoffgehalt an verschiedenen Stellen im Belebungsbecken sehr unterschiedlich ist (Einlauf, Auslauf usw.).

Die Steuerung der Sauerstoffzufuhr erfolgt z. B. über

— das Zu- und Abschalten von Gebläsen,

— Leitschaufelverstellung auf der Druck- oder Saugseite bei Strömungsverdichtern (Turbogebläsen),

— Drehzahleinstellung bei Verdrängungsverdichtern (Drehkolbengebläsen).

Die Stromaufnahme der einzelnen Antriebe muss gemessen werden können; die Gesamtstromaufnahme mehrerer Einheiten ist kontinuierlich zu messen.

9 Druckluftbelüftungsanlagen

9.1 Allgemeines

Es gilt DIN EN 12255-6.

Diese Norm gilt für die Bauwerke und nur die technischen Ausrüstungen von Druckbelüftungsanlagen, die den Sauerstoffeintrag in das Abwasser-Schlammgemisch bewirken.

Druckluftbelüftungsanlagen werden unterschieden z. B.

a) nach der erzeugten Blasengröße in

- grobblasige Belüfter,
- mittelblasige Belüfter,
- feinblasige Belüfter;

b) nach der Geometrie der Belüftungselemente z. B. in

- Rohrbelüfter,
- Kerzenbelüfter,
- Dombelüfter,
- Tellerbelüfter,
- Plattenbelüfter,
- Kastenbelüfter;

c) nach dem Material z. B. in Belüfter aus

- Keramik,
- Elastomer,
- Kunststoff,
- Metall;

d) nach der Einbauart in

- Linienbelüftung,
- Flächenbelüftung,
- Breitbandbelüfter;
- bewegliche Belüftung,

e) nach Betriebsmöglichkeit der Belüftereinheiten in

- geeignet für Abschaltbetrieb,
- nicht geeignet für Abschaltbetrieb.

9.2 Anforderungen an das Bauwerk

Bauwerk und Belüftung stellen eine funktionelle Einheit dar. Die Beckenform darf beliebig gewählt werden. Sie ist gemeinsam mit der Belüfteranordnung mit dem Ausrüster abzustimmen.

Die Beckentiefe beträgt in der Regel 4 m bis 6 m.

9.3 Anforderungen an die technische Ausrüstung

9.3.1 Allgemeines

Zur technischen Ausrüstung gehören die Einrichtungen zum Sauerstoffeintrag mit den entsprechenden Zuleitungen. Ausschreibender und Ausrüster haben sich über die notwendigen Anforderungen an die Druckluftqualität abzustimmen.

9.3.2 Lasten und Bemessung

Die Leistung der Druckbelüftungsanlagen wird angegeben durch das Wertepaar

— Sauerstoffzufuhrvermögen (OC) in kg/h unter Standardbedingungen (siehe Anhang A, Erläuterungen)

— Brutto-Motorleistung (P) als Klemmenleistung in kW und den hieraus abgeleiteten Sauerstoffertrag (kg/kWh) unter Standardbedingungen.

Es hat sich bewährt, dass der Ausschreibende die Beckengeometrie, den Sauerstoffbedarf (kg O_2/h) unter größten, mittleren und kleinsten Belastungsbedingungen sowie den α-Wert (siehe Anhang A, Erläuterungen) entsprechend dem Abwasser und den Belüftungssystemen vorgibt.

Vom Ausrüster sollten sowohl der Sauerstoffertrag im Reinwasser als auch die Klemmenleistung unter den unterschiedlichen Belastungsbedingungen und damit die installierte Nennleistung angegeben werden.

Bemessungsparameter und Bemessung der Druckluftbelüftungsanlagen nach DIN EN 12255-6.

Es hat sich bewährt, dass der hydraulische Höhenverlust bei größter Durchsatzleistung den Wert von $\approx$ 0,05 bar nicht überschreiten sollte (siehe auch DIN EN 12255-6).

Das Belüftungssystem wird zusätzlich durch

— den Gesamtluftdurchsatz q_L (m^3/h) im Normzustand,

— die Anzahl der Belüftungselemente,

— die spezifische Sauerstoffausnutzung f_{O_2} (g/m^3·m) im Normzustand unter Standardbedingungen

beschrieben.

Weitere Angaben sind ferner

— bei Kerzen- bzw. Rohrbelüftern die Nennlänge und der Durchmesser,

— bei Dom-, Platten-, Teller- und Kastenbelüftern die Nennmaße in der Draufsicht.

9.3.3 Besondere Konstruktionsmerkmale

Die Belüfterelemente und die Luftleitungen müssen den Kräften aus Auftrieb sowie Luft- und Wasserströmung standhalten.

Die Belüftungsanlagen werden überwiegend stationär eingesetzt, wobei die Belüftungselemente einzeln oder in Gruppen zusammengefasst und über Leitungshalterungen mit Abstand auf der Beckensohle bzw.

an der Beckenwand befestigt sind. Bei nichtstationären Belüftungsanlagen sind die Belüfterelemente fest mit einer Fahrvorrichtung verbunden und werden mit Abstand zur Bauwerkssohle durch das Becken bewegt.

Die Belüfterelemente müssen einzeln oder in Gruppen demontierbar sein. Wenn eine damit verbundene Betriebsunterbrechung nicht hingenommen werden kann, sind herausschwenkbare oder anderweitig herausnehmbare Belüftergruppen einzusetzen. Belüftergruppen müssen über leicht zugängliche Verschlüsse einzeln abgesperrt werden können.

Die Belüfter werden horizontal und untereinander höhengleich eingebaut. Justierbare Aufständerungen oder Halterungen gleichen Unebenheiten bzw. Neigungen der Beckensohle aus (siehe auch DIN EN 12255-6). Die Bautoleranzen, Neigungen oder besondere Sohlausbildungen sind vom Ausschreibenden anzugeben bzw. mit dem Ausrüster abzustimmen.

Liegt die Luftzufuhrleitung zu Belüftern tiefer als der Luftaustritt aus dem Belüfter, d. h., kann ein Teilbereich der Luftleitung nicht durch die strömende Luft entwässert werden, so sind am Ende jeder Belüftergruppe, jeweils an den Tiefpunkten, Entwässerungsmöglichkeiten vorzusehen. Die Entleerung erfolgt zweckmäßig automatisch.

Die Belüftungsanlage muss eine geringe Verstopfungsanfälligkeit gegenüber Luft- und insbesondere Abwasserinhaltsstoffen (vor allem bei Abschaltbetrieb) sicherstellen.

Luftleitungen müssen entsprechend den Kräften aus Temperaturschwankungen ausgelegt oder im Bereich der Auflager verschiebbar gelagert sein.

9.3.4 Werkstoffe

Das Material für Belüfter und Rohrleitungen muss folgenden Anforderungen genügen:

— ausreichende Bruchfestigkeit;

— ausreichende Wärmebeständigkeit (Kompressionswärme);

— korrosionsbeständig;

— Eintragsverhalten und Druckverlust unter Betriebsbedingungen dürfen sich im Laufe der Zeit nicht wesentlich ändern (z. B. infolge von Verstopfung, Versprödung und Alterung).

Hinsichtlich der Beständigkeit gegenüber Abwasserinhaltsstoffen gilt DIN EN 12255-1.

9.4 Mess-, Steuerungs- und Regelungstechnik

Zur Steuer- bzw. Regelbarkeit von Belüftungsanlagen ist DIN EN 12255-6 zu beachten.

Bei der Anordnung von Messeinrichtungen ist zu beachten, dass der Sauerstoffgehalt im Belebungsbecken sehr unterschiedlich ist (Einlauf, Auslauf usw.).

Die Steuerung der Sauerstoffzufuhr erfolgt z. B. über

— Zu- und Abschalten von Gebläsen,

— Leitschaufelverstellung auf der Druck- oder Saugseite bei Strömungsverdichtern (Turbogebläsen),

— Drehzahleinstellung bei Verdrängungsverdichtern (Drehkolbengebläsen),

— Drosselorgane, die die Luftzufuhr zu einzelnen Becken bzw. Belüftungsgruppen steuern.

Zur Prüfung der Funktion sind in den Hauptzufuhrleitungen Druckmesser vorzusehen.

Geeignete Luftmengenmesseinrichtungen bzw. Vorrichtungen für eine mobile Messeinrichtung sind mindestens in den Hauptleitungen vorzusehen.

9.5 Betrieb und Wartung

Die Belüftungselemente müssen einzeln oder in kleineren Einheiten demontierbar sein.

Für die Wartung der Belüftungselemente wird unterschieden zwischen

— Reinigung im eingebauten Zustand,

— Reinigung mit Austausch der Elemente.

Der Reinigungsvorgang und die gegebenenfalls einzusetzenden Reinigungsstoffe sind vom Ausrüster anzugeben.

Sofern bei den Becken keine Mehrstraßigkeit vorhanden ist, müssen die Belüftungseinrichtungen auch ohne Betriebsunterbrechung des Belüftungsbeckens gewartet werden können.

10 Einrichtung zur getrennten Strömungserzeugung (Durchmischung und Umwälzung)

10.1 Allgemeines

Einrichtungen zur getrennten Durchmischung und Umwälzung werden dann in der biologischen Abwasserreinigung eingesetzt, wenn

a) die durch den Lufteintrag erzeugte Umwälzung nicht in allen Fällen ausreicht, um nachteilige Schlammablagerungen zu verhindern,

b) während Abschaltphasen der Belüftung die Durchmischung des Beckeninhaltes aufrechterhalten werden muss (z. B. in Becken zur wechselweisen Nitrifikation/Denitrifikation),

c) eine Durchmischung ohne (gezielten) Lufteintrag erreicht werden soll (z. B. in Becken zur Denitrifikation, biologischen P-Elimination oder Entgasung).

Die durch die Einrichtungen erzeugten Strömungsverhältnisse müssen allein oder in Verbindung mit den Belüftungseinrichtungen derart sein, dass nachteilige Schlammablagerungen vermieden werden und eine ausreichende Durchmischung von Abwasser und belebtem Schlamm stattfindet (siehe auch DIN EN 12255-6).

In der biologischen Abwasserreinigung werden zur Umwälzung Rührer nach DIN 28131 eingesetzt.

Rührwerke werden unterschieden z. B. nach

a) der Art des Antriebes in

   — getaucht,

   — trocken aufgestellt;

b) der Lage der Rührerachse in

   — horizontal,

   — vertikal,

   — geneigt;

c) der Form des Rührers z. B. in

— Propellerrührer,

— Scheibenrührer;

d) der Strömungsrichtung, bezogen auf die Rührerachse in

— überwiegend axial,

— überwiegend radial.

10.2 Anforderungen an das Bauwerk

Bauwerk, Belüftung und Rührwerk stellen eine funktionelle Einheit dar. Die Beckenform ist so zu wählen, dass die hydraulischen Verhältnisse, die sich aus der Rührereinrichtung allein oder in Verbindung mit den Belüftungseinrichtungen ergeben, nicht negativ beeinflusst werden. Einzelheiten, insbesondere die Anordnung von Belüftern und Rührwerken zueinander, sowie Form und Anordnung von Brücken sind mit dem Ausrüster abzustimmen.

Bei runden und quadratischen Becken sind viele Formen von Rührern einsetzbar. Bei Umlaufbecken werden vorzugsweise Propellerrührer mit horizontaler Achse eingesetzt.

10.3 Anforderungen an die technische Ausrüstung

10.3.1 Lasten und Bemessung

Je nach Einzelfall und Wirtschaftlichkeit sind Rührwerke mit niedrigen Drehzahlen und großer Wasserförderleistung einzusetzen. Die Leistungsaufnahme der Rührwerke wird durch den auf das Beckenvolumen bezogenen spezifischen Leistungsaufwand N_R in W/m^3 angegeben.

Bei Wirtschaftlichkeitsvergleichen belüfteter Becken ist die Summe des Energiebedarfs der Einrichtungen zur Belüftung und zur Strömungserzeugung anzusetzen.

In der Ausschreibung ist die erforderliche Strömungsgeschwindigkeit in Bodennähe, z. B. in 0,2 m Abstand, anzugeben. Der Ausrüster hat die dafür erforderliche Leistung in seinem Angebot festzulegen.

In Fällen, in denen bei Umlaufbecken gewisse Mindestaufenthaltszeiten des Abwasser-Schlammgemisches in bestimmten Beckenzonen erwünscht sind, sind die hydraulischen Verhältnisse und der spezifische Leistungsaufwand im Hinblick auf die angestrebte Geschwindigkeit zwischen Ausschreibendem und Ausrüster abzustimmen.

10.3.2 Besondere Konstruktionsmerkmale

Gestaltung der Mischeinrichtung (Verzopfungsfreiheit) nach DIN EN 12255-6.

Lager im Unterwasserbereich müssen für den Einsatz unter Wasser geeignet sein.

Schutzart von Lagern und Getrieben nach DIN EN 12255-1.

Die Rührwerke sollten so konstruiert und eingebaut sein, dass sie auch bei gefülltem Reaktor ausgetauscht werden können (siehe auch DIN EN 12255-6). Ausnahme: bei seitlich unter der Wasserspiegellage angeordneten Rührwerken.

10.3.3 Rechnerische Lebensdauer

Für die Motore und Getriebe der Rührwerke ist eine rechnerische Lebensdauer nach DIN EN 12255-1 nach Lebensdauerklasse 4 vorzusehen. Hiervon abweichende Lebensdauerklassen sind gesondert zu vereinbaren.

10.3.4 Werkstoffe

An das Rührwerk sind folgende Anforderungen zu stellen:

- ausreichende Bruchfestigkeit des Rührers einschließlich Achse;
- Abrasionsbeständigkeit des Rührers.

Beständigkeit gegenüber Abwasserinhaltsstoffen nach DIN EN 12255-1.

10.4 Mess-, Steuerungs- und Regelungstechnik

Die Stromaufnahme der einzelnen Rührwerke muss gemessen werden können; die Gesamtaufnahme mehrerer Einheiten ist kontinuierlich zu messen.

10.5 Betrieb und Wartung

Rührwerke müssen ohne Beckenentleerung gewartet werden können. Hierzu ist eine Hebevorrichtung für das Absetzen der Rührwerke auf einer Brücke oder einer Arbeitsplattform vorzusehen. Ist die Änderung der Arbeitsrichtung des Rührwerks während des Betriebes gewünscht, ist dies in der Ausschreibung anzugeben.

11 Sicherheitstechnik

Die speziellen Europäischen Normen DIN EN 12255-10 und E DIN EN 292-2 sind zu berücksichtigen. Darüber hinaus gelten die einschlägigen staatlichen Vorschriften, insbesondere die Produktvorschriften der EG-Maschinenrichtlinie 98/37/EG und das deutsche Gerätesicherheitsgesetz sowie die entsprechenden Unfallverhütungsvorschriften des zuständigen Unfallversicherungsträgers[1).

Für Tropfkörperanlagen haben sich folgende Maßnahmen bewährt:

Drehsprenger müssen für Wartungsarbeiten stillgesetzt werden können. Im Bereich der Wartungsöffnung oder des Einstieges auf das Trägermaterial ist eine Not-Aus-Einrichtung sowie örtliche Bedienung mit Schlüsselschalter der Beschickungspumpe und gegebenenfalls des mechanischen Antriebs vorzusehen. Andere sicherheitstechnisch gleichwertige Lösungen sind mit den Trägern der gesetzlichen Unfallversicherungen abzustimmen. Die besonderen Gefahren aus dem Winterbetrieb (Vereisungsgefahr) oder bei abgedeckten Tropfkörpern (gefährliche Gase, Sauerstoffmangel) sind zu beachten.

Die offenen Schachtflächen sind mit Gitterrosten abzudecken.

---

1) Bundesverband der Unfallkassen e. V. (BUK)

Anhang A
(informativ)

Erläuterungen zu den einzelnen Abschnitten

A.1 Zu Abschnitt 5.3.4 Bewegliche Abwasserverteiler

Der Drehsprenger wird hydraulisch nach dem Wertepaar von Durchfluss Q und Umfangsgeschwindigkeit v_u bemessen, wobei die zugehörige Druckhöhe P vom Ausrüster angegeben wird (siehe auch DIN 19553).

Die flächenbezogene, möglichst gleichmäßige Verteilung wird für einen in der Ausschreibung anzugebenden Nenn-Durchfluss Q_{Nenn} vom Ausrüster vorgesehen. Für andere Durchflüsse ergeben sich abweichende, ungleichmäßige Verteilungen.

In der Ausschreibung werden entsprechende Werte angegeben. Die technische Durchführbarkeit wird mit dem Ausrüster abgestimmt, falls

— für zwei verschiedene Zuflüsse jeweils eine gleichmäßige Verteilung (zuflussabhängige Beschickung),

— für einen bestimmten Zufluss die Wahl zweier verschiedener Umfangsgeschwindigkeiten (programmabhängige Beschickung)

vorgesehen wird.

Der Nachweis der flächenbezogenen, möglichst gleichmäßigen Verteilung des Abwassers auf der Tropfkörperfläche kann über die Ermittlung der örtlichen Werte der Beschickungshöhe S_K nach Inbetriebnahme erfolgen.

Bei Drehsprengern mit Rückstoßantrieb gilt Folgendes:

— Es ist ein sicherer Betrieb für einen definierten Zuflussbereich von Q_{min} bis Q_{max} gegeben. Der Nenndurchfluss Q_{Nenn} für die flächenbezogene, möglichst gleichmäßige Verteilung liegt innerhalb dieses Bereichs.

— In Abhängigkeit von der vorgesehenen Betriebsweise des Drehsprengers, das heißt von der Beschickung der einzelnen Verteilerarme, gelten die Zuflussbereiche Q_{min}:Q_{max} nach Tabelle 1.

Tabelle A.1 — Zuflussbereiche

Beschickung der einzelnen Verteilerarme	Möglicher Zuflussbereich Q_{min}:Q_{max}
Alle gleichzeitig	1:1 bis 1:2
Anzahl zuflussabhängig	1:1 bis 1:5

— Von Tabelle 1 abweichende Zuflussbereiche werden im Einzelfall in der Ausschreibung angegeben und mit dem Ausrüster vereinbart.

Die Umfangsgeschwindigkeit v_u beträgt bei Tropfkörpern ab 8 m Durchmesser im allgemeinen v_u= 1,5 m/s. Für Werte unterhalb Q_{min} ist die Gefahr des zufälligen Stillstands oder des Nichtanfahrens gegeben.

A.2 Zu Abschnitt 7.3.2 Lasten und Bemessung (Oberflächenbelüftungsanlagen), 8.3.2 Lasten und Bemessung (Strahlbelüftungsanlagen) und 9.3.2 Lasten und Bemessung (Druckluftbelüftungsanlagen)

Die Standardbedingungen sind beschrieben in [1].

α - Wert siehe [2].

A.3 Zu Abschnitt 8 Strahlbelüftungsanlagen und 10 Einrichtung zur getrennten Strömungserzeugung (Durchmischung und Umwälzung)

Die Abschnitte 8 und 10 haben keine Entsprechung in der Europäischen Norm (Normen der Reihe 12255) und sind daher in dieser Norm ausführlicher dargestellt.

Anhang B
(informativ)

Erläuterungen zu Normung von Kläranlagen

Der Arbeitsausschuss NAW V 36 „Kläranlagen", Unterausschuss 1 „Deutsche Normung", plant die Fortsetzung der Reihe DIN 19569 „Baugrundsätze für Bauwerke und technische Ausrüstungen" mit der Erarbeitung des Norm-Projektes „Dosieranlagen".

Die Europäische Normenreihe DIN EN 12255 „Kläranlagen" wird voraussichtlich aus den folgenden fünfzehn Normen bestehen[2] :

— Teil 1: Allgemeine Baugrundsätze

— Teil 3: Abwasservorreinigung

— Teil 4: Vorklärung

— Teil 5: Abwasserbehandlung in Teichen

— Teil 6: Belebungsverfahren

— Teil 7: Biofilmreaktoren

— Teil 8: Schlammbehandlung und -lagerung

— Teil 9: Geruchsminderung und Belüftung

— Teil 10: Sicherheitstechnische Baugrundsätze

— Teil 11: Erforderliche allgemeine Angaben

— Teil 12: Steuerung und Automatisierung

— Teil 13: Abwasserbehandlung durch Zugabe von Chemikalien

— Teil 14: Desinfektion

— Teil 15: Messung der Sauerstoffzufuhr in Reinwasser in Belüftungsbecken von Belebungsanlagen

— Teil 16: Abwasserfiltration[3]

ANMERKUNG 1 Für Anforderungen an Pumpanlagen auf Kläranlagen, ursprünglich vorgesehen als Teil 2 „Abwasserpumpanlagen", siehe EN 752-6 „Entwässerungssysteme außerhalb von Gebäuden — Teil 6: Pumpanlagen".

Die Titel der einzelnen Teile entsprechen den Titeln der bereits veröffentlichten Norm-Entwürfe bzw. sind Arbeitstitel und können von den Titeln der Normen geringfügig abweichen.

Einige Normen der Reihe EN 12255 sind als Europäisches Normenpaket gemeinsam gültig.

---

[2] Über die bisher erschienenen Normen dieser Reihe gibt die Geschäftsstelle des Normenausschusses Wasserwesen (NAW) im DIN Deutsches Institut für Normung e. V., Telefon (030) 26 01-25 49, oder der Beuth Verlag GmbH, 10772 Berlin (Hausanschrift: Burggrafenstr. 6, 10787 Berlin), Auskunft.

[3] in Vorbereitung

Von der Paketbildung sind die folgenden Normen betroffen:

DIN EN 12255-1, DIN EN 12255-3 bis DIN EN 12255-8, DIN EN 12255-10 und DIN EN 12255-11.

Das Datum der Zurückziehung (date of withdrawal, dow) entgegenstehender Normen ist der

31. Dezember 2002 (Resolution 232/2001 durch CEN/TC 165).

In einem Normenpaket werden Europäische Normen zusammengefasst, die zueinander in Beziehung stehen. Eine Querverbindung kann u. a. aufgrund der Notwendigkeit zur gemeinsamen Anwendung bestehen oder dadurch gegeben sein, dass eine Gruppe entgegenstehender nationaler Normen abzudecken ist.

Die Paketbildung ist aber auch unter dem Aspekt der Verpflichtung zur Übernahme von CEN/CENELEC-Normen durch die CEN-Mitglieder und der damit verbundenen Zurückziehung entgegenstehender nationaler Normen (CEN/CENELEC-Geschäftsordnung) von Bedeutung.

Die in einem Normenpaket zusammengefassten Europäischen Normen sind spätestens bis zu einem vorab festgelegten Datum der Zurückziehung (dow) zu veröffentlichen. Die bereits vor diesem Zeitpunkt fertiggestellten und veröffentlichten Europäischen Normen des Paketes werden in das nationale Normenwerk übernommen. Sie gelten bis zum Datum der Zurückziehung parallel zu entsprechenden nationalen Normen. Erst mit dem Erreichen des Datums der Zurückziehung sind die Europäischen Normen des Normenpaketes in das nationale Regelwerk zu übernehmen, indem ihnen der Status von nationalen Normen gegeben wird. Entgegenstehende nationale Normen sind dann zurückzuziehen.

Die einzelnen Normen der Reihe DIN EN 12255 sind inhaltlich anders konzipiert als die deutschen Normen der Reihe DIN 19569, so dass durchaus mehrere Teile dieser Reihe durch einen Teil der Europäischen Norm berührt werden können.

Der Normungsumfang der Europäischen Normenreihe DIN EN 12255 „Kläranlagen" deckt nicht alle Festlegungen ab, die in den nationalen Normen der Reihe DIN 19569 „Kläranlagen — Baugrundsätze für Bauwerke und technische Ausrüstungen" enthalten sind. Der Arbeitsausschuss V 36 erarbeitet daher Maß- und Restnormen zu den folgenden Themenkreisen:

— Rechteckbecken als Absetzbecken (DIN 19551-1)

— Rechteckbecken als Sandfänge (DIN 19551-3)

— Rundbecken als Absetzbecken (DIN 19552)

— Tropfkörper mit Drehsprengern (DIN 19553)

— Tropfkörperfüllungen (E DIN 19557)

— Rechenbauwerke mit geradem Rechen (DIN 19554)

— Ablaufsysteme in Absetzbecken (DIN 19558)

— Besondere Baugrundsätze für Einrichtungen zum Abtrennen und Eindicken von Feststoffen (DIN 19569-2)

— Besondere Baugrundsätze für Einrichtungen zur aeroben biologischen Abwasserreinigung (DIN 19569-3)

— Besondere Baugrundsätze für Anlagen zur anaeroben Behandlung von Abwasser (DIN 19569-5)

— Besondere Baugrundsätze für Anlagen zur Klärschlammentwässerung (DIN V 19569-9)

— Besondere Baugrundsätze für Anlagen zur Trocknung von Klärschlamm (DIN 19569-10)

Literaturhinweise

[1] E DIN EN 12255-15, Kläranlagen — Teil 15: Messung der Sauerstoffzufuhr in Reinwasser in Belebungsbecken; Deutsche Fassung prEN 12255-15:1999

[2] ATV–Handbuch „Biologische und weitergehende Abwasserreinigung", 4. Auflage 1997, Seite 338 ff.[4)]

[3] 98/37/EG, Richtlinie des Europäischen Parlaments und des Rates vom 33. Juni 1998 zur Angleichung der Rechts- und Verwaltungsvorschriften der Mitgliedstaaten für Maschinen, ABl EG, 1998, Nr. L 207, S. 1 – 46[5)]

4) Bezug: GFA Gesellschaft zur Förderung der Abwassertechnik e. V.

5) Deutsches Informationszentrum für technische Regeln (DITR) im DIN. Bezug: Beuth Verlag GmbH, 10772 Berlin.

November 2000

Kläranlagen

Baugrundsätze für Bauwerke und technische Ausrüstungen

Teil 4: Besondere Baugrundsätze für gehäuselose Absperrorgane

DIN 19569-4

ICS 13.060.30

Ersatz für
DIN 19569-4:1995-02

Wastewater treatment plants — Principles for the design of structures and technical equipment — Part 4: Specific principles for shutoff devices as penstocks, sluice gates, stoplogs etc.

Stations d'épuration — Principes de construction pour bâtiments et équipements — Partie 4: Principes spéciaux pour organes de vannage

Inhalt

Fortsetzung Seite 2 bis 11

Normenausschuss Wasserwesen (NAW) im DIN Deutsches Institut für Normung e.V.

Vorwort

Diese Norm wurde vom Arbeitsausschuss V 36 „Kläranlagen", Unterausschuss 1 „Deutsche Normung", des Normenausschusses Wasserwesen (NAW) erarbeitet.

Dieser Ausschuss hat in der Vergangenheit bereits eine Reihe von DIN-Normen über einzelne Einrichtungen von Kläranlagen zusammen mit den entsprechenden Bauwerken erarbeitet und darin festgelegt:

- Hauptmaße;
- Bauwerkstoleranzen (Mindestanforderungen für ordnungsgemäßen Einbau und Betrieb);
- Bezeichnungen sowie
- spezielle Angaben zu den einzelnen Einrichtungen.

Im Laufe der Normungsarbeit erwies es sich als notwendig, die Normen wesentlich zu erweitern, was aber innerhalb der bestehenden Normen kaum zu verwirklichen war, ohne den gegebenen Rahmen zu sprengen. Es bot sich daher an, die übergeordneten Baugrundsätze zu definieren und in eigenen Normen festzulegen, die dann künftig einfacher an die laufende Entwicklung angepasst werden können.

Die Normenreihe DIN 19569 „Kläranlagen — Baugrundsätze für Bauwerke und technische Ausrüstungen" besteht aus den folgenden Teilen:

- Teil 1: Allgemeine Baugrundsätze[1)]
- Teil 2: Besondere Baugrundsätze für Einrichtungen zum Abtrennen und Eindicken von Feststoffen
- Teil 3: Besondere Baugrundsätze für Einrichtungen zur aeroben biologischen Abwasserreinigung
- Teil 4: Besondere Baugrundsätze für gehäuselose Absperrorgane
- Teil 5: Besondere Baugrundsätze für Anlagen zur anaeroben Behandlung von Klärschlamm und Abwasser
- Teil 6: Besondere Baugrundsätze für Anlagen zur getrennten aeroben Klärschlammstabilisierung
- Teil 7: Fäkalübernahmestation
- Teil 8: Besondere Baugrundsätze für Anlagen zur Abwasserreinigung mit Festbettfiltern (Raum- und Biofilter) (zz. Entwurf)
- Teil 9: Klärschlammentwässerung (zz. Entwurf)
- Teil 10: Besondere Baugrundsätze für Anlagen zur Trocknung von Klärschlamm (zz. Entwurf)

Die Erarbeitung weiterer Normen für besondere Baugrundsätze von Bauwerken und technischen Ausrüstungen ist vorgesehen (siehe Anhang A).

Änderungen

Gegenüber DIN 19569-4:1995-02 wurden folgende Änderungen vorgenommen:

a) Anpassung an die überarbeiteten Stahlwasserbau-Normen DIN 19704-1 bis DIN 19704-3.

b) In diesem Zusammenhang sind insbesondere die Abschnitte über die statische Bemessung und Mindestanforderungen an Maße und Ausführung (6.1.2) sowie über die Ausführung von Dichtungen (6.2.1.1) ergänzt worden.

c) Die Abschnitte zu Grundsätzen für sonstige Maschinenteile (6.2.4) und zu Anforderungen an Schweißkonstruktionen (6.5) sind neu eingefügt worden.

d) Anhang A (informativ) wurde vollständig überarbeitet.

Frühere Ausgaben

DIN 19569-4: 1995-02

---

1) DIN 19569-1 soll durch E DIN EN 12255-1 ersetzt werden.

1 Anwendungsbereich

Diese Norm legt besondere Baugrundsätze für gehäuselose Absperrorgane fest, die in Kläranlagen sowie bei der Abwassersammlung und Abwasserableitung eingesetzt werden.

Diese Norm gilt auch für gehäuselose Absperrorgane im allgemeinen Stahlwasserbau.

Die Stahlwasserbaunormen DIN 19704-1 bis DIN 19704-3 sind auch auf gehäuselose Absperrorgane nach der vorliegenden Norm anzuwenden, sofern dies nicht ausdrücklich in dieser Norm bzw. in DIN 19704-1 bis DIN 19704-3 ausgenommen bzw. anders geregelt ist (siehe Anhang A).

Die vorliegende Norm legt besondere Baugrundsätze für gehäuselose Absperrorgane fest, und zwar für

- die Verbindung zwischen Bauwerk und dem Absperrorgan sowie
- die Ausführung der Absperrorgane, soweit besondere abwasseranlagenspezifische Anforderungen bei Planung, Bau und Betrieb beachtet werden müssen.

Die Norm gilt zusammen mit den allgemeinen Baugrundsätzen nach DIN 19569-1[2)] (siehe Anhang A) sowie mit den entsprechenden Sachnormen für einzelne Einrichtungen von Kläranlagen, wie z. B. DIN 4263 und DIN 19556.

Die allgemeinen und die besonderen Baugrundsätze gelten auch für solche Einrichtungen, für die keine Fachnorm vorhanden ist (siehe Anhang A).

Diese Norm gilt nicht für allgemeine und besondere Grundsätze des Bau- und Maschinenwesens, der Elektrotechnik, der Sicherheitstechnik sowie der Klärtechnik.

Allgemeine Begriffe der Abwassertechnik sind in DIN EN 1085 sowie in DIN 4045 enthalten, besondere Begriffe sind in den jeweiligen Abschnitten dieser Norm definiert.

2 Normative Verweisungen

Diese Norm enthält durch datierte oder undatierte Verweisungen Festlegungen aus anderen Publikationen. Diese normativen Verweisungen sind an den jeweiligen Stellen im Text zitiert, und die Publikationen sind nachstehend aufgeführt. Bei datierten Verweisungen gehören spätere Änderungen oder Überarbeitungen dieser Publikationen nur zu dieser Norm, falls sie durch Änderung oder Überarbeitung eingearbeitet sind. Bei undatierten Verweisungen gilt die letzte Ausgabe der in Bezug genommenen Publikation (einschließlich Änderungen).

DIN 4045, *Abwassertechnik — Begriffe.*

DIN 4263, *Formen, Maße und geometrische Werte von Kanälen und Leitungen im Wasserwesen.*

DIN 18202:1986, *Toleranzen im Hochbau — Bauwerke.*

DIN 18800-7, *Stahlbauten — Teil 7: Herstellen, Eignungsnachweis zum Schweißen.*

DIN 19556, *Kläranlagen — Rinne mit Absperrorgan, Hauptmaße.*

DIN 19569-1[2)], *Kläranlagen — Baugrundsätze für Bauwerke und technische Ausrüstungen — Allgemeine Baugrundsätze.*

DIN 19704-1, *Stahlwasserbauten — Teil 1: Berechnungsgrundlagen.*

DIN 19704-2:1998, *Stahlwasserbauten — Teil 2: Bauliche Durchbildung und Herstellung.*

DIN 19704-3, *Stahlwasserbauten — Teil 3: Elektrische Ausrüstung.*

DIN VDE 0470-1, VDE 0470 Teil 1, *Schutzarten durch Gehäuse (IP-Code) (IEC 60529:1989); 2. Ausgabe; Deutsche Fassung EN 60529:1991.*

DIN EN 1085, *Abwasserbehandlung — WörterbuchDreisprachige Fassung EN 1085:1997.*

DIN EN 1561, *Gießereiwesen — Gusseisen mit Lamellengraphit; Deutsche Fassung EN 1561:1997.*

---

2) DIN 19569-1 soll durch E DIN EN 12255-1 ersetzt werden.

DIN EN 10204, *Metallische Erzeugnisse — Arten von Prüfbescheinigungen (enthält Änderung A1:1995); Deutsche Fassung EN 10204:1991 + EN 10204/A1:1995.*

DIN EN 25817, *Lichtbogenschweißverbindungen an Stahl — Richtlinien für die Bewertungsgruppen von Unregelmäßigkeiten (ISO 5817:1992); Deutsche Fassung EN 25817:1992.*

DIN EN 60034-1, VDE 0530 Teil 1, *Drehende elektrische Maschinen — Teil 1: Bemessung und Betriebsverhalten (IEC 60034-1:1996, modifiziert + IEC 60034-1/A1:1997); Deutsche Fassung EN 60034-1:1998 + EN 60034-1/A1:1998.*

E DIN EN 12255-1, *Abwasserbehandlungsanlagen — Teil 1: Allgemeine Baugrundsätze; Deutsche Fassung prEN 12255-1:1996.*

DIN EN 12255-10, *Kläranlagen — Teil 10: Sicherheitstechnische Baugrundsätze; Deutsche Fassung EN 12255-10:2000.*

DIN EN ISO 3506-1, *Mechanische Eigenschaften von Verbindungselementen aus nichtrostenden Stählen — Teil 1: Schrauben (ISO 3506-1:1997); Deutsche Fassung EN ISO 3506-1:1997.*

DIN EN ISO 3506-2, *Mechanische Eigenschaften von Verbindungselementen aus nichtrostenden Stählen — Teil 2: Muttern (ISO 3506-2:1997); Deutsche Fassung EN ISO 3506-2:1997.*

DIN EN ISO 3506-3, *Mechanische Eigenschaften von Verbindungselementen aus nichtrostenden Stählen — Teil 3: Gewindestifte und ähnliche, nicht auf Zug beanspruchte Schrauben (ISO 3506-3:1997); Deutsche Fassung EN ISO 3506-3:1997.*

GUV 7.4, *Unfallverhütungsvorschrift (UVV) Abwassertechnische Anlagen*[3].

GUV 19.8, *Explosionsschutz — Richtlinien für die Vermeidung der Gefahren durch explosionsfähige Atmosphäre, mit Beispielsammlung*[3].

3 Begriffe

Für die Anwendung dieser Norm gelten die Begriffe nach DIN 4045 und DIN EN 1085 sowie die folgenden:

3.1

gehäuseloses Absperrorgan

Rahmenkonstruktion, die einen Fließquerschnitt in Form eines offenen Gerinnes oder einer Wandöffnung umfasst und in der eine Verschlussplatte verschiebbar bzw. bewegbar zur teilweisen oder vollständigen Absperrung des Durchflusses angeordnet ist

ANMERKUNG Somit sind Gehäuseabsperrorgane, wie z. B. Zwischenflanschschieber, Zwischenflanschklappen, Keilschieber, Ventile, durch diese Norm nicht betroffen.

3.2

Dichtlinie

Erstreckung der Auflagefläche der Dichtung zwischen Rahmen und Platte in Umfangsrichtung

4 Allgemeine Merkmale gehäuseloser Absperrorgane

Gehäuselose Absperrorgane werden z. B. nach folgenden Merkmalen unterschieden:

a) nach der Aufgabenstellung, z. B. zum

   1) Absperren: Schieber, Schütz, Rückstauklappe, Dammtafel;

   2) Steuern oder Regeln: Regelschieber, Regelschütz, Klappenwehr, schwimmergesteuerte Rückstauklappe, Absenkschieber oder -schütz;

   3) Verteilen: z. B. Verteilerzunge;

[3] Herausgeber: Bundesverband der Unfallkassen (BUK), Fockensteinstraße 1, 81539 München, zu beziehen durch den jeweiligen Unfallversicherungsträger

b) nach der konstruktiven Ausführung, z. B. in

   1) Schieber (siehe auch Anhang A): allseitig dichtendes Absperrorgan;

   2) Schütz (siehe auch Anhang A): dreiseitig dichtendes Absperrorgan;

   3) Rinnenschütz: dreiseitig dichtendes Absperrorgan in einer Rinne;

   4) Absenkschieber oder Absenkschütz: durch Absenkbewegung öffnender Schieber oder Schütz zur Niveauregelung und Absperrung. Bei der Niveauregelung wird die Schieber- bzw. Schützplatte überströmt;

   5) Steckschütz: dreiseitig dichtendes Absperrorgan mit Handzugbetätigung für kleinere Querschnitte;

   6) Dammtafel oder -balken: dreiseitig oder allseitig dichtendes Absperrorgan; das Schließen erfolgt nur durch Eigengewicht (d. h. Druckausgleich); dient lediglich als Hilfsverschluss;

   7) Klappenwehr: klappbare Platte zur Niveau- und Abflussregulierung;

   8) Rückstauklappe: Klappe zur Verhinderung des Rückflusses;

   9) Verteilerzunge: Verteilorgan für die Aufteilung von Wasserströmen in zwei Teilströme, ausgeführt als senkrecht stehende, drehbar gelagerte Plattenkonstruktion;

   10) Teleskoprohr: ineinander verschiebbare Rohre zur Niveau- und Abflussregulierung;

c) nach der Richtung der Druckbeaufschlagung in

   1) Druck auf Vorderseite: Dichtwirkung wird durch Wasserdruck unterstützt bzw. Verschlussplatte wird durch Wasserdruck an die Dichtfläche angedrückt;

   2) Druck auf Rückseite: Dichtwirkung wird durch Wasserdruck verringert bzw. Verschlussplatte wird durch Wasserdruck von der Dichtfläche weggedrückt;

d) nach der Abdichtfunktion, z. B. in

   1) dreiseitig abdichtend: Boden- und Seitenabdichtung (z. B. Steckschütz, Rinnenschütz, Schütz, Dammbalken, Klappenwehr);

   2) allseitig abdichtend: z. B. Schieber, Dammtafel mit Scheiteldichtung;

e) nach der Anordnung der Dichtung an

   1) der Platte;

   2) dem Rahmen;

   3) der Platte und dem Rahmen;

f) nach der Art der Dichtung, z. B. in

   1) metallisch dichtend;

   2) elastisch dichtend;

g) nach der Betätigung, z. B. in

   1) Handzugbetätigung;

   2) handbetätigter Spindelantrieb;

   3) Spindelantrieb mit Stell-/Regelantrieb;

   4) hydraulischer, pneumatischer Antrieb;

   5) Schwimmerbetätigung;

   6) Zahnstangenantrieb;

h) nach dem Werkstoff der Platte bzw. des Rahmens z. B. aus

   1) Gusseisen (gusseiserner Schieber, Rückstauklappe);

   2) Stahl mit Korrosionsschutz, nichtrostendem Stahl, Aluminium (Schütz, Rinnenschütz, Steckschütz, Dammbalken usw.).

5 Anforderungen an das Bauwerk

Erst mit dem Anschluss an das Bauwerk können gehäuselose Absperrorgane ihre Aufgabe übernehmen, so dass Bauwerk und technische Ausrüstung zusammen eine funktionelle Einheit darstellen.

Der Anschluss der gehäuselosen Absperrorgane kann erfolgen durch:

a) Einsetzen in bauseits vorgesehene Aussparungen mit anschließendem Verguss.

   Hierfür ist eine Abstimmung zwischen Planer und Hersteller über Lage und Maße der Aussparungen sowie über das anschließende fachgerechte Vergießen erforderlich.

   Für Rinnenaussparungen gilt DIN 19556.

b) Andübeln an das Bauwerk.

   Im Bereich, in dem die Dübellöcher gebohrt werden, darf keine Bewehrung zerstört werden, die für die Standsicherheit und die Gebrauchsfähigkeit des Bauwerkes von Bedeutung ist.

   Im Bereich der Anlageflächen sind für das Bauwerk die Ebenheitstoleranzen nach DIN 18202:1986, Tabelle 3, Zeile 7 — zulässige Toleranzen als Funktion des Abstandes der Messpunkte und der geforderten Genauigkeit (Zeilen) —, einzuhalten.

   Es ist eine Dübeltechnik zu wählen, die eine schädliche Elementbildung nicht zulässt und den Korrosionsangriff auf Beton und Bewehrung nicht fördert (siehe auch 6.4).

   Es dürfen nur baurechtlich zugelassene Dübelverbindungen eingesetzt werden. Hierbei sind die Auflagen nach Zulassung und die Hinweise der Dübelhersteller (Randabstand, Dübelabstände usw.) zu beachten.

c) Anflanschen an ein Rohr mit Gegenflansch.

   Das Bauwerk muss die aus dem Absperrorgan und dem Antrieb (einschließlich Nothandbetätigung) eingeleiteten Kräfte aufnehmen können, insbesondere ist hier auch die Verbindung zwischen Anker und Vergussbeton bzw. Dübel und Bauwerk zu beachten.

6 Anforderungen an die technische Ausrüstung

6.1 Lasten und Bemessungen

6.1.1 Allgemeines

Das Absperrorgan ist zu bemessen nach den vom Ausschreibenden anzugebenden maximal auftretenden Differenzdrücken, der Größe gegebenenfalls auftretender Druckstöße sowie der Richtung der Druckbeaufschlagung. Vom Hersteller ist auch die dynamische Beanspruchung auf Grund der Fließgeschwindigkeit (insbesondere beim Öffnen und Schließen) zu berücksichtigen.

Die erforderliche Schließkraft bei Aufsatzdichtungen entlang der Dichtung muss mindestens angesetzt werden mit:

$$F_{\mathrm{schl}} = 2 \cdot p_{\mathrm{w}} \cdot A_{\mathrm{D}}$$

Dabei ist

F_{schl} die erforderliche Schließkraft;

p_{w} der Wasserdruck;

A_{D} die Auflagefläche der Aufsatzdichtung.

6.1.2 Statische Bemessung der Verschlusskonstruktion

Beim Ansatz der Lasten und bei der Bemessung der gehäuselosen Absperrorgane im Sinne dieser Norm dürfen in Abweichung zu DIN 19704-1 Nachweise anhand einfacherer statischer Ersatzsysteme unter Einhaltung der in DIN 19704-1 geforderten charakteristischen Werte sowie der Teilsicherheitsbeiwerte geführt werden.

Die in DIN 19704-2:1998, 4.2 sowie DIN 19704-2:1998, 4.3.1 und 4.3.2 gestellten Mindestanforderungen an Maße und Ausführung von Blechen, Profilen, Schrauben und Nieten dürfen unterschritten werden, falls der rechnerische Nachweis dies zulässt.

6.1.3 Bemessung des Antriebs

Für die Bemessung des Antriebs sind vom Ausschreibenden Differenzwasserdruck und Druckrichtung anzugeben, bei denen das Absperrorgan betätigt werden soll.

Bei der Auslegung der Antriebsspindeln (bzw. anderer Antriebselemente) sind außer den Kräften aus dem Differenzwasserdruck auch die durch den Antrieb eingeleiteten Kräfte mit den vom Hersteller eingestellten Werten zu berücksichtigen (z. B. Beanspruchung der Spindel auf Knickung beim Schließvorgang).

Für als Serienprodukte zugelieferte Maschinenteile oder Aggregate (z. B. Getriebe, Stellantriebe) darf der rechnerische Nachweis ihrer Eignung durch technische Datenblätter oder Prüfbescheinigungen des Herstellers nach DIN EN 10204 ersetzt werden.

Bei handbetätigten Absperrorganen (Handzugbetätigung, handbetätigter Spindelantrieb) sind für den Nachweis der Bedienbarkeit im Betrieb die maximal verfügbaren Stellkräfte anzusetzen mit

- kurzzeitig (z. B. Lösen aus Keilung): 400 N,
- langfristig (z. B. auf dem übrigen Hubweg): 100 N.

Bei einfachen Betätigungen (Auf-Zu-Betrieb) sind Elektro-Stellantriebe für die Betriebsart Kurzzeitbetrieb S2 (10 min bzw. 15 min) nach DIN EN 60034-1 (VDE 0530 Teil 1) auszulegen.

Bei Regelungsaufgaben sind zur Auslegung des Antriebs vom Ausschreibenden anzugeben:

- Schließ- und Öffnungszeit,
- Regelhäufigkeit.

Vom Hersteller sind dann entweder Regelantriebe oder Elektro-Stellantriebe für Betriebsarten nach DIN EN 60034-1 (VDE 0530 Teil 1) mit längerer Betriebsdauer zu wählen.

ANMERKUNG Mit Elektro-Stellantrieben lassen sich im Normalfall Schließ- und Öffnungsgeschwindigkeiten der Absperrorgane zwischen 0,1 m/min und 0,5 m/min erreichen. Sowohl größere als auch kleinere Werte dürfen vereinbart werden.

Elektro-Stellantriebe sind mindestens in der Schutzart IP 67 bzw. IP 57 nach DIN VDE 0470-1 (VDE 0470 Teil 1) vorzusehen. Für trockene, geheizte Räume dürfen auch niedrigere Schutzarten (z. B. IP 44) vereinbart werden.

6.2 Besondere Konstruktionsmerkmale

6.2.1 Dichtungen

6.2.1.1 Abdichtung zwischen Rahmen und Platte

Elastische Dichtungen müssen austauschbar sein.

Verbindungen elastischer Dichtungen untereinander (Stoßstellen, auch in Ecken) müssen heiß vulkanisiert oder gleichwertig ausgeführt sein.

Metallische Dichtungen müssen mindestens auf einer Seite (Rahmen oder Platte) aus einem korrosionsbeständigeren Metall als Gusseisen bestehen (z. B. Kupfer-Zink-Legierung (Messing), Kupfer-Zinn-Legierung (Bronze), nichtrostender Stahl), um ein Festrosten der Dichtflächen miteinander zu verhindern (Ausnahme: Dammbalken, -tafeln).

6.2.1.2 Abdichtung zwischen Rahmen und Bauwerk

Bei andübelbaren Absperrorganen erfolgt die Abdichtung zwischen Bauwerk und Rahmen des Absperrorgans in der Regel durch in Abstimmung mit dem Hersteller vom Ausrüster beizustellende elastische und abwasserbeständige Dichtungen.

6.2.2 Dichtheit

Die Dichtheit von gehäuselosen Absperrorganen wird in Dichtheits-Klassen nach Tabelle 1 eingeteilt, wobei die zu erreichende Dichtheit der verschiedenen konstruktiven Ausführungen in der Tabelle diesen Klassen beispielhaft zugeordnet ist.

Die Dichtheitsklasse ist vom Ausschreibenden für einen bestimmten Betriebs- bzw. Prüfdruck — unterteilt nach Druck auf Vorder- und/oder Rückseite — anzugeben bzw. zwischen Ausschreibendem und Hersteller zu vereinbaren, wobei die Zuordnung zu den Dichtheitsklassen auch abweichend von den Beispielen in Tabelle 1 vorgenommen werden kann.

Die vereinbarte Dichtheit gilt für Reinwasser.

Die Leckrate wird im eingebauten Zustand bei den hinsichtlich Größe und Richtung vereinbarten Drücken über eine Prüfzeit von $10\,\mathrm{min}$ bestimmt.

Tabelle 1 — Dichtheits-Klassen und Anwendungsbeispiele

Dichtheits-Klasse	Höchstwert der Leckrate bei Reinwasser je Meter Dichtlinie $\mathrm{l \cdot s^{-1} \cdot m^{-1}}$	Anwendungsbeispiele bei Druck auf Vorderseite
1	über 0,3 bis 1,0	– Dammbalken – Verteilerzunge
2	über 0,1 bis 0,3	– Steckschütz – Dammtafel
3	über 0,05 bis 0,1	– Rückstauklappe – Rinnenschütz – Schütz
4	über 0,02 bis 0,05	– Schieber
5	bis 0,02	– für besondere Anwendungsfälle (mit erhöhtem Aufwand)
ANMERKUNG Bei Druck auf die Rückseite ist in der Regel die um eine Klasse höhere Leckrate anzusetzen.		

6.2.3 Antriebsgestänge, Spindeln

Antriebsspindeln sind mit Bewegungsgewinde (z. B. Trapezgewinde) auszurüsten.

Spindelmuttern sind — soweit bauwerksbedingt möglich — oberhalb des Wasserspiegels anzuordnen.

Fluchtungsabweichungen, die sich aus den Bauwerkstoleranzen nach DIN 18202 zwischen Absperrorgan und Antriebsvorrichtung ergeben, müssen durch entsprechende konstruktive Maßnahmen aufgefangen werden können.

6.2.4 Grundsätze für sonstige Maschinenteile

Befestigungselemente für Dichtungen sind aus nichtrostendem Material auszuführen (siehe 6.4). Sie dürfen auf gleichartiges Material aufgeschweißt sein.

Lauf- und Führungsrollen dürfen sowohl mit balliger als auch zylindrischer Lauffläche ausgeführt sein; die weitergehenden Anforderungen nach DIN 19704-2:1998, 10.17 brauchen nur bei hochbelasteten Absperrorganen berücksichtigt zu werden.

Die Einbautoleranzen von Laufschienen richten sich nach der konstruktiven Ausführung des Absperrorgans, wobei die Anforderungen nach DIN 19704-2:1998, Tabelle 4 im Normalfall nicht eingehalten werden müssen.

Schlitzschrauben sind nicht zugelassen, jedoch Senkschrauben mit Innensechskant, und zwar auch für die Befestigung von Laufschienen.

6.3 Rechnerische Lebensdauer

Als rechnerische Lebensdauer nach DIN 19569-1 ist anzusetzen:

a) für Stellantriebe: Lebensdauerklasse 2 bei durchschnittlich zwei Betätigungen je Stunde;

b) für Regelantriebe: Lebensdauerklasse 2 bei durchschnittlich 200 Anläufen je Stunde bzw. nach gesonderter Vereinbarung;

c) für Armaturengetriebe: wie die zugehörigen Stell- bzw. Regelantriebe.

6.4 Werkstoffe

Hinsichtlich der zu verwendenden Werkstoffe ist zu berücksichtigen:

a) Rahmen, Platte:

Bei Verwendung von Aluminium sind abwasserbeständige Qualitäten (z. B. $AlMg_3$) einzusetzen. Bei Ausführung in nichtrostendem Stahl ist hinsichtlich Korrosionsbeständigkeit mindestens der Werkstoff, Werkstoffnummer 1.4301, einzusetzen. Bei Grauguss ist die Mindestqualität GG 20 nach DIN EN 1561 einzusetzen.

b) Spindel:

Als Spindelwerkstoff ist ein nichtrostender Stahl mit einem Massenanteil an Chrom von mindestens 13 % einzusetzen.

c) Spindelmutter:

Die Spindelmutter ist aus Kupfer-Zink-Legierungen (Messing), Kupfer-Zinn-Legierungen (Bronze), Rotguss oder gleichwertigem Material oder entsprechend geeigneten Kunststoffen herzustellen.

d) Dichtungsmaterial:

Dieses muss abwasserbeständig und möglichst abriebfest sein. Als metallische Abdichtung sind eine Kupfer-Zink- (Messing) oder Kupfer-Zinn-Legierung (Bronze) auf der einen Seite und Grauguss, Kupfer-Zink- oder Kupfer-Zinn-Legierung auf der Gegenseite einzusetzen.

e) Alle Verbindungselemente unter Wasser sind aus nichtrostendem Stahl der Werkstoffqualität A2 oder A4 nach DIN EN ISO 3506-1 bis DIN EN ISO 3506-3 auszuführen. Hiervon kann abgewichen werden, wenn größere zu übertragende Kräfte den Einsatz hochfester Schrauben (nicht aus A2, A4 möglich) erforderlich machen.

f) Ankerschrauben im Unterwasserbereich sowie Dübel (z. B. Verbundanker mit Gewindestange) müssen aus nichtrostendem Stahl mindestens der Werkstoffqualität A2 oder A4 nach DIN EN ISO 3506-1 bis DIN EN ISO 3506-3 hergestellt sein.

6.5 Anforderungen an Schweißkonstruktionen

Betriebe, die gehäuselose Absperrorgane nach dieser Norm herstellen, müssen über den kleinen Schweißnachweis nach DIN 18800-7 verfügen.

Für mechanisch und/oder korrosiv beanspruchte Schweißnähte ist die Bewertungsgruppe C für die Schweißnahtqualität nach DIN EN 25817 anzusetzen; für nicht beanspruchte Schweißnähte genügen die Anforderungen nach Bewertungsgruppe D.

7 Messtechnik

Falls bei gehäuselosen Absperrorganen eine Rückmeldung der Endlagen und gegebenenfalls der Zwischenstellungen gewünscht wird, ist dies in der Ausschreibung anzugeben.

Bei Absperrorganen mit Stellantrieb muss die Rückmeldung der Endlagen möglich sein.

8 Sicherheitstechnik

Für Absperrorgane gelten

- allgemeine Regeln der Sicherheitstechnik (DIN 19569-1) und
- besondere Regeln der Sicherheitstechnik, z. B. DIN EN 12255-10 sowie GUV 7.4 und GUV 19.8 (siehe auch Anhang A).

Hinsichtlich der möglichen Explosionsgefahr durch die aluminothermische Reaktion ist Aluminium im Bereich der Zone 1 nach GUV 19.8 nicht zu verwenden, wenn ein Kontakt zwischen oxidiertem Eisen und Aluminium möglich ist.

9 Betrieb und Wartung

Da die meisten Absperrorgane im Betrieb nicht beobachtet werden können, sind diese in Abhängigkeit von der Benutzungshäufigkeit bzw. Wichtigkeit in entsprechenden Zeitintervallen auf ausreichende Verschleißreserven zu inspizieren und gegebenenfalls vorbeugend zu warten.

Die baulichen Voraussetzungen hierfür sind bei der Planung zu berücksichtigen.

Zur technischen Dokumentation gehören — falls nicht anders vereinbart

- ein kompletter Satz Systemzeichnungen,
- Montageanweisungen,
- Betriebs- und Wartungsanleitungen,
- Ersatzteillisten.

Da Dammbalken und Dammtafeln nach dem Ausbau fachgerecht zu lagern sind, müssen entsprechende bauliche Voraussetzungen vorgesehen werden.

Elektro-Stellantriebe sind stets mit einer elektrischen Stillstandsheizung auszurüsten; nach der Montage sind diese umgehend elektrisch anzuschließen, da sonst mit Kondenswasserbildung und Korrosion am Stellantrieb zu rechnen ist.

Ist dieser Elektroanschluss nicht möglich, so sind andere geeignete Maßnahmen (z. B. Demontage und trockene Lagerung des Elektro-Stellantriebs) zu ergreifen.

Anhang A
(informativ)
Erläuterungen

Eine Überarbeitung dieser Norm war erforderlich, da die Stahlwasserbaunormen DIN 19704 und DIN 19705 vollständig überarbeitet und durch DIN 19704-1 bis DIN 19704-3 ersetzt worden sind.

Zum Vorwort

Der Arbeitsausschuss NAW V 36 „Kläranlagen" plant die Fortsetzung der Norm DIN 19569 „Baugrundsätze für Bauwerke und technische Ausrüstungen" mit der Erarbeitung folgender Teile:

– Dosieranlagen;

– Rohrleitungen.

Die Aufzählung stellt bisher nur Arbeitstitel dar, so dass sich die Themen und ihre Reihenfolge während der weiteren Beratung noch ändern können.

Durch die Erarbeitung von Europäischen Normen für Kläranlagen (Normen der Reihe DIN EN 12255) ergibt sich für den Arbeitsausschuss NAW V 36 darüber hinaus die Notwendigkeit, die davon teilweise betroffenen nationalen Normen auf diesem Gebiet (d. h. die Maßnormen DIN 19551 bis DIN 19558 sowie die Baugrundsatznormen der Reihe DIN 19569) zu überarbeiten.

Da gehäuselose Absperrorgane jedoch nicht innerhalb der Europäischen Normen der Reihe DIN EN 12255 behandelt werden, fällt DIN 19569-4 nicht unter diese zu überarbeitenden nationalen Normen.

Zu Abschnitt 1 Anwendungsbereich

Die Anwendungsbereiche dieser Norm und von DIN 19704 überschneiden sich zum Teil, und zwar dann, wenn es sich um gehäuselose Absperrorgane aus Stahl handelt.

Durch Konsultationen zwischen den beiden Normenauschüssen ist es zwar gelungen, für sehr gering belastete Verschlüsse eine Option für den Verzicht der Gültigkeit von DIN 19704 zu verwirklichen (siehe DIN 19704-1:1998-05, Abschnitt 1 Anwendungsbereich), die dort gezogene Grenze erweist sich jedoch für viele Anwendungsfälle der DIN 19569-4 für gehäuselose Absperrorgane als noch zu restriktiv. Viele Anforderungen der DIN 19704 würden auch bei gehäuselosen Absperrorganen über diesem Grenzwert zu unnötig schweren und damit teureren Produkten führen. Hierbei handelt es sich insbesondere um Vorschriften der DIN 19704 zum rechnerischen Nachweis sowie um Mindestabmessungen.

Im Gegensatz zu den Stahlwasserbauten nach DIN 19704 handelt es sich bei gehäuselosen Absperrorganen nach DIN 19569-4 zumindest im mittleren Abmessungsbereich meist um Serienprodukte, bei denen daher der Kostengesichtspunkt eine wesentlichere Rolle spielt als bei Sonderanfertigungen im Stahlwasserbau.

Auch liegt die Nutzungsdauer bei Produkten des Stahlwasserbaus nach DIN 19704 mit 70 Jahren für den Stahlbau sowie mit 35 Jahren für Maschinenteile und elektrische Betriebsmittel wesentlich höher als üblicherweise für Kläranlagen sowie Anlagen zur Abwassersammlung und -ableitung gefordert.

Zu Abschnitt 4 Allgemeine Merkmale gehäuseloser Absperrorgane

Die Ausdrücke „Schieber" und „Schütz" und ihre Komposita werden in der Praxis unterschiedlich und sich gegenseitig überlappend benutzt.

Zu Abschnitt 8 Sicherheitstechnik

Besondere Regeln sind eingehend beschrieben in: DIN EN 12255-10, GUV 7.4 „Unfallverhütungsvorschrift (UVV) Abwassertechnische Anlagen" und GUV 19.8 „Explosionsschutz — Richtlinien für die Vermeidung der Gefahren durch explosionsfähige Atmosphäre mit Beispielsammlung", herausgegeben vom Bundesverband der Unfallkassen (BUK), zu beziehen durch den zuständigen Unfallversicherungsträger.

Dezember 2002

	Kläranlagen Baugrundsätze für Bauwerke und technische Ausrüstungen Teil 5: Besondere Baugrundsätze für Anlagen zur anaeroben Behandlung von Abwasser	DIN 19569-5

ICS 13.060.30

Mit DIN EN 12255-8:2001-10
Ersatz für
DIN 19569-5:1997-01

Wastewater treatment plants — Principles for the design of structures and technical equipment — Part 5: Specific principles for plants for anaerobic wastewater treatment

Stations d'épuration — Principes de construction pour bâtiments et équipements techniques — Partie 5: Principes speciaux pour installations à traitement anaérobic des eaux usées

Inhalt

Fortsetzung Seite 2 bis 12

Normenausschuss Wasserwesen (NAW) im DIN Deutsches Institut für Normung e. V.

Vorwort

Diese Norm wurde vom Arbeitsausschuss V 36 „Kläranlagen“, Unterausschuss 1 „Deutsche Normung“ des Normenausschusses Wasserwesen (NAW) erarbeitet.

Dieser Ausschuss hat in der Vergangenheit bereits eine Reihe von DIN-Normen über einzelne Einrichtungen von Kläranlagen zusammen mit den entsprechenden Bauwerken erarbeitet und darin festgelegt:

— Hauptmaße;

— Bauwerkstoleranzen (Mindestanforderungen für ordnungsgemäßen Einbau und Betrieb);

— Bezeichnungen

sowie

— spezielle Angaben zu den einzelnen Einrichtungen.

Im Laufe der Normungsarbeit erwies es sich als notwendig, die Normen wesentlich zu erweitern, was aber innerhalb der bestehenden Normen kaum zu verwirklichen ist, ohne den gegebenen Rahmen zu sprengen. Es bot sich daher an, die übergeordneten Baugrundsätze zu definieren und in eigenen Normen festzulegen, die dann künftig einfacher an die laufende Entwicklung angepasst werden können.

DIN 19569 „Kläranlagen — Baugrundsätze für Bauwerke und technische Ausrüstungen“ besteht aus:

— Teil 2: Besondere Baugrundsätze für Einrichtungen zum Abtrennen und Eindicken von Feststoffen

— Teil 3: Besondere Baugrundsätze für Einrichtungen zur aeroben biologischen Abwasserreinigung

— Teil 4: Besondere Baugrundsätze für gehäuselose Absperrorgane

— Teil 5: Besondere Baugrundsätze für Anlagen zur anaeroben Behandlung von Abwasser

— Teil 7: Fäkalübernahmestation

— Teil 8: Besondere Baugrundsätze für Anlagen zur Abwasserreinigung mit Festbettfiltern (Raum und Biofilter) (zz. Entwurf)

— Teil 9: Klärschlammentwässerung (Vornorm)

— Teil 10: Besondere Baugrundsätze für Anlagen zur Trocknung von Klärschlamm

Die Erarbeitung weiterer Normen für besondere Baugrundsätze von Bauwerken und technischen Ausrüstungen ist vorgesehen (siehe Anhang A).

Ausdrücklich wird darauf hingewiesen, dass im Normenausschuss CEN/TC 165 „Abwassertechnik“ die Ausschüsse WG 42 und WG 43 gemeinsam Europäische Normen für Kläranlagen für >50 Einwohnerwerte (EW) erarbeiten. Entsprechend der CEN/CENELEC-Geschäftsordnung besteht die Verpflichtung, eine Europäische Norm auf nationaler Ebene zu übernehmen, indem ihr der Status einer nationalen Norm gegeben wird und indem ihr entgegenstehende nationale Normen zurückgezogen werden. Darüber hinaus gilt für die CEN/CENELEC-Mitglieder eine Stillhalteverpflichtung. Das bedeutet, dass während der Bearbeitung eines einzelnen europäischen Norm-Projektes keine denselben Gegenstand betreffenden nationalen Normen erarbeitet werden dürfen.

Weitere Informationen zu den Europäischen Normen für Kläranlagen >50 EW (Umfang, Paketbildung, Zurückziehung nationaler Normen) siehe Anhang A.

Änderungen

Gegenüber DIN 19569-5:1997:01 wurden folgende Änderungen vorgenommen:

a) Baugrundsätze für die Behandlung von Klärschlamm werden nicht mehr festgelegt, diese sind in DIN EN 12255-8 enthalten.

b) Die Norm redaktionell überarbeitet.

Frühere Ausgaben

DIN 19569-5: 1997-01

Einleitung

Bei einem anaeroben Abbau werden organische Substanzen im Wesentlichen zu Wasser und den gasförmigen Endprodukten Methan, Kohlendioxid und in geringen Mengen zu Schwefelwasserstoff sowie zu den Nebenprodukten Ammonium/Ammoniak und Phosphat umgesetzt. Es wird nur wenig Biomasse erzeugt.

Die Anlagen bestehen im Wesentlichen aus den Anaerob-Reaktoren und aus den Systemen zum Erfassen, gegebenenfalls Aufbereiten, Speichern, Verwerten und/oder Abfackeln des entstehenden Biogases. Gegebenenfalls gehören Systeme zum Heizen oder Kühlen und zum Durchmischen des Reaktorinhaltes dazu. Sie umfassen auch Einrichtungen zum Rückhalten oder Abtrennen und Rückführen von Biomasse und gegebenenfalls zur Neutralisation des Abwassers und zur Zugabe von Nährstoffen.

1 Anwendungsbereich

Diese Norm legt besondere Baugrundsätze für Anlagen zur anaeroben biologischen Behandlung von Abwasser fest, und zwar für:

— solche Bauwerke bzw. Bauwerksteile, bei denen die Anordnung oder Funktion der technischen Ausrüstung berücksichtigt werden muss und für

— technische Ausrüstungen, soweit besondere klärtechnische oder kläranlagenspezifische Forderungen bei Planung, Bau und Betrieb beachtet werden müssen.

Diese Norm gilt zusammen mit den allgemeinen Baugrundsätzen nach DIN EN 12255-1. Die allgemeinen Baugrundsätze gelten auch für solche Einrichtungen, für die keine Fachnorm vorhanden ist.

Diese Norm gilt nicht für allgemeine und besondere Grundsätze des Bau- und Maschinenwesens, der Elektrotechnik, der Sicherheitstechnik sowie der Klärtechnik.

Diese Norm gilt nicht für Anlagenteile, die nicht spezifisch sind für die anaerobe Behandlung von Abwasser, wie z. B. Heizungsanlagen oder Einrichtungen zur Gasverwertung und Grundsätze für Aggregate wie z. B. Pumpen und Armaturen.

Diese Norm gilt nicht für Faulgruben, offene Faulbecken und Faulteiche.

2 Normative Verweisungen

Diese Norm enthält durch datierte oder undatierte Verweisungen Festlegungen aus anderen Publikationen. Diese normativen Verweisungen sind an den jeweiligen Stellen im Text zitiert, und die Publikationen sind nachstehend aufgeführt. Bei datierten Verweisungen gehören spätere Änderungen oder Überarbeitungen dieser Publikationen nur zu dieser Norm, falls sie durch Änderung oder Überarbeitung eingearbeitet sind. Bei undatierten Verweisungen gilt die letzte Ausgabe der in Bezug genommenen Publikation (einschließlich Änderungen).

DIN 2403, *Kennzeichnung von Rohrleitungen nach dem Durchflussstoff.*

DIN 4045, *Abwassertechnik — Begriffe.*

DIN 4119-1, *Oberirdische zylindrische Flachboden-Tankbauwerke aus metallischen Werkstoffen — Grundlagen, Ausführung, Prüfungen.*

DIN 4119-2, *Oberirdische zylindrische Flachboden-Tankbauwerke aus metallischen Werkstoffen — Berechnung.*

DIN 30690-1, *Bauteile in Anlagen der Gasversorgung — Teil 1: Anforderungen an Bauelemente in Gasversorgungsanlagen.*

DIN EN 1085, *Abwasserbehandlung — Wörterbuch; Dreisprachige Fassung EN 1085:1997.*

DIN EN 10025, *Warmgewalzte Erzeugnisse aus unlegierten Baustählen — Technische Lieferbedingungen (enthält Änderung A1:1993); Deutsche Fassung EN 10025:1990.*

DIN EN 10088-2, *Nichtrostende Stähle — Teil 2: Technische Lieferbedingungen für Blech und Band für allgemeine Verwendung; Deutsche Fassung EN 10088-2:1995.*

DIN EN 12255-1, Kläranlagen — *Teil 1: Allgemeine Baugrundsätze; Deutsche Fassung EN 12255-1:2002.*

DIN EN 12255-10, *Kläranlagen — Teil 10: Sicherheitstechnische Baugrundsätze; Deutsche Fassung EN 12255-10:2000.*

ISO 4200:1991, *Plain end steel tubes, welded and seamless; general tables of dimensions and masses per unit length.*

3 Begriffe

Für die Anwendung dieser Norm gelten die in DIN 4045 und DIN EN 1085 angegebenen und der folgende Begriff.

3.1
Anlage zur anaeroben Behandlung von Abwasser
Anlage zur biologischen Reinigung organisch stark belasteter Abwässer durch einen biologischen Teilabbau in einer weitgehend O_2-freien Umgebung

4 Merkmale von Anlagen zur anaeroben Behandlung von Abwasser

Die Anlagen zur anaeroben Behandlung von Abwasser werden zum Beispiel nach folgenden Merkmalen unterschieden:

a) nach der Betriebstemperatur in:

— psychrophil betriebene Anlagen (Temperaturbereich unterhalb 30 °C);

— mesophil betriebene Anlagen (Temperaturbereich ungefähr von 30 °C bis 45 °C, Optimum bei ungefähr 32 °C bis 37 °C);

— thermophil betriebene Anlagen (Temperaturbereich ungefähr von 45 °C bis 80 °C, Optimum bei ungefähr 55 °C bis 65 °C);

b) nach der Anzahl der Stufen in:

— einstufige Anlagen;

— mehrstufige Anlagen, wobei in den Stufen entweder gleiche oder unterschiedliche Biozönosen vorhanden sind; insbesondere kann eine Vorstufe vorgeschaltet sein;

c) nach der Reaktortechnik in:

— durchmischte Reaktoren;

— Fließbettreaktoren (die Flüssigkeit strömt durch eine schwebende oder verwirbelte Schicht von Trägermaterial oder Pellets);

— Festbettreaktoren (die Flüssigkeit strömt an ortsfestem Trägermaterial vorbei);

d) nach der Art der Anreicherung von Biomasse in:

— Anlagen ohne Anreicherung der Biomasse (z. B. bei der Schlammfaulung);

— Anlagen mit interner Rückhaltung oder externer Abtrennung und Rückführung der Biomasse;

— Anlagen mit Aufwuchs der Biomasse an Trägermaterial;

e) nach der Art der Durchmischung des Reaktorinhaltes z. B. in:

— Anlagen mit internen oder externen Umwälzpumpen;

— Anlagen mit Rührwerken.

5 Anforderungen an die Bauwerke

5.1 Allgemeines

Zu den Bauwerken gehören die Reaktorbehälter, Betriebsräume und gegebenenfalls Gasbehälter.

Bei geschlossenen Stahlbehältern sind DIN 4119-1 und DIN 4119-2 zu beachten.

5.2 Lasten und Bemessung

Die Reaktorbehälter sind statisch so zu bemessen, dass sie dem hydrostatischen Druck bei Füllung bis zum Notüberlauf zuzüglich dem höchstmöglichen Gasdruck sicher standhalten. Zusätzlich sind statische Lasten durch Schnee und Begehung zu berücksichtigen. Windkräfte sind insbesondere für den entleerten Zustand zu berücksichtigen.

Bei Behältern mit Einbauten (z. B. Füllkörper oder Rührwerke) sind zusätzlich die Kräfte aus dem Gewicht der Einbauten und dem des anhaftenden Schlammes oder anderer Stoffe im gefüllten und entleerten Zustand des Reaktors zu berücksichtigen. Bei Einbauten wie Rührwerken sind nicht nur statische, sondern auch dynamische Kräfte zu berücksichtigen, die insbesondere bei resonanter Schwingung mit dem Bauwerk kritisch werden können.

Nach dem Füllen der Reaktoren ist mit Setzungen zu rechnen, denen durch entsprechende Fugen zu anderen Bauwerken Rechnung zu tragen ist. Insbesondere bei Behältern aus Stahlbeton sind Wärmespannungen zu berücksichtigen, die sich aus der maximalen Temperaturdifferenz sowohl vor und bei der Inbetriebnahme als auch beim Betrieb mit und ohne Wärmedämmung ergeben können.

5.3 Sonstige bauliche Anforderungen

Die Reaktorbehälter bestehen aus Stahlbeton, Stahl oder Kunststoff. Sie sind so auszuführen, dass weder Flüssigkeit noch Gas unkontrolliert austreten kann. Die Wasserdichtheit ist durch eine Probefüllung nachzuweisen. Die Behälter sind in geeigneter Weise gegen Korrosion zu schützen, insbesondere dort, wo sie mit Biogas in Kontakt sind. In der Leistungsbeschreibung sind entweder die Werkstoffe zu nennen oder die im Hinblick auf die Beständigkeit der Werkstoffe wesentlichen Inhaltsstoffe des Abwassers und Biogases und deren erwartete Konzentrationsbereiche anzugeben.

Konstruktiv ist dafür Sorge zu tragen, dass im Normalbetrieb keine nennenswerten Gas- oder Geruchsemissionen entstehen.

Jeder Reaktorbehälter muss vollständig entleerbar sein und über einen ausreichend dimensionierten, nicht absperrbaren Betriebs- oder Notüberlauf verfügen. In entleertem Zustand müssen die Behälter zugänglich sein.

Reaktorbehälter und Reaktorausrüstung sind so zu gestalten und aufeinander abzustimmen, dass Kurzschlussströmungen und Totzonen vermieden werden.

Festbetteinbauten in den Reaktoren müssen periodisch gespült werden können, sofern deren Zuwachsen durch die Ausbildung des Festbettes nicht ausgeschlossen werden kann. Bei Festbett- und Fließbettreaktoren ist eine gleichmäßige Durchströmung sicherzustellen.

Sofern mit dem Aufschwimmen von Stoffen zu rechnen ist, müssen die Behälter so gestaltet sein, dass sich keine festen Schwimmdecken bilden können und die Schwimmstoffe ohne Entleerung des Behälters so entfernt werden können, dass eine Gefährdung des Personals durch gleichzeitig austretendes Biogas vermieden wird. Sofern mit Sinkstoffen (z. B. Sand oder Karbonatausfällungen) zu rechnen ist, muss der Behälterboden eine ausreichende Neigung in Richtung zum Bodenablauf aufweisen, oder es muss auf andere Weise sichergestellt werden, dass es am Boden keine Ablagerungen gibt, die den Betrieb beeinträchtigen. Sofern mit Schaumbildung zu rechnen ist, sind Einrichtungen vorzusehen, die verhindern, dass Schaum in das Gassystem eindringt; zumindest muss eine Nachrüstmöglichkeit für derartige Einrichtungen vorhanden sein. Als derartige Einrichtungen kommen insbesondere Schaumschneider, Schaumfallen oder die Möglichkeit zum Absenken des Flüssigkeitsspiegels im Reaktor in Betracht.

In Schächten, Becken und Behältern, in die anaerob behandeltes Abwasser gelangen kann, kann sich eine gefährliche explosionsfähige Atmosphäre bilden. Durch lüftungstechnische Maßnahmen oder das Fernhalten von Zündquellen ist Explosionen vorzubeugen. Giftige und gesundheitsschädliche Stoffe in der Atmosphäre müssen, wenn die Bereiche betreten werden, durch lüftungstechnische Maßnahmen beseitigt werden können.

Explosionsgefährdete Räume sind mit gasdichten Wänden (einschließlich gasdichter Rohr- und Kabeldurchführungen) aus nicht brennbarem Material von anderen Räumen zu trennen. Durch bauliche Maßnahmen (z. B. Fenster, Lichtkuppeln) ist sicherzustellen, dass Druckwellen ins Freie gelangen können, ohne größere Schäden anzurichten.

Explosionsgefährdete Räume dürfen nur mit Türen ins Freie versehen sein, die sich nach außen öffnen.

Die Bauwerke sind gegen Blitzeinschlag zu schützen.

Es sind Vorkehrungen zu treffen, um ein Einfrieren aller wesentlichen Teile der Anlage zu verhindern.

Erforderlichenfalls sind Stutzen vorzusehen für Einrichtungen zum Messen der Temperatur, des pH-Wertes, des Füllstandes, für den Gasdruck im Reaktor sowie ausreichend viele Probenahmestellen.

Die Gestaltung der Bauwerke ist zwischen Planer und Ausrüster abzustimmen.

6 Anforderungen an die technische Ausrüstung

6.1 Allgemeines

Zur technischen Ausrüstung gehören die Rohrleitungssysteme für Abwasser, Schlamm und Gas sowie gegebenenfalls Abluft einschließlich der darin enthaltenen bzw. mit ihnen verbundenen Einrichtungen. Gegebenenfalls gehören Einrichtungen zum Durchmischen der Reaktoren, zum Heizen und Kühlen von Abwasser oder Schlamm und zum Bevorraten und Dosieren von Chemikalien dazu.

6.2 Lasten und Bemessung

Die Einrichtungen für Abwasser und Schlamm sind so zu bemessen, dass einerseits Verstopfungen durch zu geringe Querschnitte und andererseits Ablagerungen durch zu geringe Strömungsgeschwindigkeiten vermieden werden. Für Spülvorgänge ist eine Mindestgeschwindigkeit von 1 m/s einzuhalten.

Die Einrichtungen für Biogas sind so zu bemessen, dass auch bei maximalem Gasanfall kein Gas durch eine Überdrucksicherung aus den Reaktoren entweicht.

Die Druckstufe von Rohrleitungen muss mindestens PN 6 betragen. Generell ist sie so zu wählen, dass alle Komponenten den im Betrieb maximal auftretenden Drücken bei den maximalen und minimalen Temperaturen standhalten. Die Flansche sollten der Druckstufe PN 10 genügen.

Rohrleitungen müssen eine für den Anwendungszweck, insbesondere für abrasiven Verschleiß genügende Wanddicke haben. Falls nicht in der Leistungsbeschreibung vorgegeben, sind die Wanddicken vom Anbieter anzugeben. Stahlrohrleitungen für Abwasser und Schlamm müssen mindestens eine Wanddicke haben, die der Vorzugs-Wanddicke Reihe D nach ISO 4200 entspricht. Rohre aus nichtrostendem Stahl müssen mindestens eine Wanddicke haben, die der Vorzugs-Wanddicke Reihe A nach ISO 4200 entspricht.

Bei der Bemessung von Durchmischungseinrichtungen, Pumpen, Überläufen und Wärmetauschern ist die Viskosität des Mediums zu berücksichtigen. Die Art des Mediums und die Größenordnung der Feststoffkonzentration und Betriebstemperatur sind in der Leistungsbeschreibung anzugeben.

6.3 Besondere Konstruktionsmerkmale

Dampfdüsen sind so zu gestalten, dass Kondensationsschläge vermieden werden.

Die Verbindungen der technischen Ausrüstung mit den Reaktorbehältern müssen ausreichend flexibel sein, um die Setzungen der Behälter und Wärmeausdehnungen aufzunehmen. Dabei ist zu beachten, dass sich der Setzvorgang nach dem Befüllen der Behälter über eine längere Zeit erstrecken kann. Deshalb ist der zeitliche Verlauf der Setzung nach dem Befüllen zu überwachen und erst dann mit der Montage von Verbindungen zu beginnen, wenn das Ausmaß der Setzung vorhersehbar ist.

Im Leitungssystem für Abwasser sind Hochpunkte wegen möglicher Rohrverstopfungen durch Gasbildung zu vermeiden. Anderenfalls sind die Hochpunkte mit einer Entgasungseinrichtung zu versehen. Tiefpunkte sind dann zu vermeiden, wenn in ihnen eine Ablagerung von Sinkstoffen zu befürchten ist. Anderenfalls müssen Vorkehrungen für ein regelmäßiges Spülen und Entfernen von Ablagerungen getroffen werden. Das System ist so zu konzipieren, dass es bei keinem Betriebszustand erforderlich ist, Abwasser druckdicht einzuschließen, da sonst Zerstörungen durch den sich bildenden Gasdruck zu befürchten sind.

Gasleitungen sollten keine Steigung in Strömungsrichtung aufweisen, sofern mit Kondensatanfall zu rechnen ist. Falls ansteigende Leitungen nicht zu vermeiden sind, sind diese so zu dimensionieren, dass Kondensat auch entgegen dem maximalen Gasfluss abfließen kann. Sofern Tiefpunkte im Gassystem nicht zu vermeiden sind, müssen an diesen Kondensatabscheider zur Entwässerung vorgesehen werden. Zur Vermeidung von Kondensatbildung kann das Gas getrocknet werden.

Für Gasinstallationen sind die einschlägigen Vorschriften zu beachten, z. B. die Arbeitsblätter des DVGW[1)].

---

1) DVGW — Deutscher Verein des Gas- und Wasserfaches e.V., Postfach 14 03 62, 53058 Bonn

Außen liegende Rohrleitungen und Armaturen müssen frostsicher sein. Bei der Konzeption des Rohrleitungssystems sind Wärmespannungen, Druckstöße, Vibrationen und Behältersetzungen zu berücksichtigen und erforderlichenfalls Kompensatoren vorzusehen.

6.4 Rechnerische Lebensdauer

Für Lager und Getriebe von Rührwerken für die Reaktorbehälter, von Pumpen und von Gasverdichtern ist eine rechnerische Lebensdauer nach Lebensdauerklasse 4 nach DIN EN 12255-1 und für Motore eine rechnerische Lebensdauer nach Lebensdauerklasse 3 nach DIN EN 12255-1 vorzusehen. Hiervon abweichende Lebensdauerklassen sind gesondert zu vereinbaren.

6.5 Werkstoffe

Alle Einrichtungen müssen so ausgeführt sein, dass sie den zu erwartenden mechanischen, chemischen und biologischen Angriffen dauerhaft standhalten.

Abwasser- und schlammführende Leitungen müssen aus Stahl (nach DIN EN 10025), nichtrostendem Stahl (z. B. Werkstoff-Nr. 1.4571 (X6CrNiMoTi17-12-2) nach DIN EN 10088-2) oder geeignetem Kunststoff (z. B. PE-HD) bestehen.

Innerhalb der Anaerobreaktoren sollten nur Einbauten und Rohrleitungen aus nichtrostendem Stahl oder geeignetem Kunststoff verwendet werden. Für Verbindungselemente gilt DIN EN 12255-1.

Gasleitungen müssen aus nichtrostendem Stahl (Werkstoff-Nr. 1.4571 (X6CrNiMoTi17-12-2) nach DIN EN 10088-2 oder mindestens gleichwertig) oder aus geeignetem Kunststoff (z. B. PE-HD, nicht aber PVC) bestehen; innerhalb von Gebäuden sollte wegen Brandgefahr kein Kunststoff verwendet werden. Bei Verwendung von Grauguss im Gassystem sind die einschlägigen Vorschriften, z. B. DIN 30690-1 zu beachten.

7 Mess-, Steuerungs- und Regelungstechnik

Es sind mindestens Einrichtungen erforderlich:

- zum Messen und Registrieren des Durchsatzes von Abwasser sowie des Gasanfalles;
- zum Messen der Temperatur des Reaktorinhaltes;
- zum Messen und Registrieren des pH-Wertes;
- zum Messen des Füllungsgrades der Gasspeicher und erforderlichenfalls der Reaktoren;
- zum Messen von Druckverlusten im Gassystem, z. B. von Gasfiltern.

Alle Messeinrichtungen müssen ohne Entleerung des Reaktors ausgewechselt werden können. Bei der Auswahl und beim Betrieb der Gasmesseinrichtungen sind Druck, Temperatur und Wassergehalt des Biogases zu berücksichtigen.

Es sind Probenahmestellen einzurichten für das Rohabwasser, den Reaktorinhalt, gegebenenfalls den Rücklaufschlamm, das behandelte Abwasser sowie für das Biogas.

Für die Prozesskontrolle ist außerdem eine Möglichkeit zum Messen der Gaszusammensetzung (Methan- bzw. Kohlenstoffdioxid-Konzentration) vorzusehen.

8 Sicherheitstechnik

8.1 Allgemeine Anforderungen

Es gelten die allgemeinen Regeln der Sicherheitstechnik sowie die besonderen für Kläranlagen nach DIN EN 12255-10 und die entsprechenden Unfallverhütungsvorschriften des zuständigen Unfallversicherungsträgers[2].

8.2 Besondere Anforderungen

Die Reaktorbehälter müssen mit einem nicht absperrbaren Überlauf versehen sein. Sie müssen mit einer Füllstandsüberwachung mit automatischer Verriegelung der Entleerungseinrichtungen und Alarm bei zu geringem Füllstand ausgerüstet sein, wenn ein Gasaustritt oder Lufteintritt bei der Entnahme von Abwasser nicht anderweitig ausgeschlossen ist.

Durch geeignete Einrichtungen ist ein unbeabsichtigter Gasaustritt in Rohrleitungen (z. B. in die Beschickungsleitung) in jedem Fall sicher zu verhindern.

Mit Flüssigkeit gefüllte Überdruck/Unterdruck-Sicherungen an geschlossenen Reaktoren müssen eine Füllstandsanzeige aufweisen. Die Sicherungen an Gasspeichern müssen bei einem geringeren Überdruck/ Unterdruck ansprechen als die Sicherungen an den Reaktoren. Der Füllstand bzw. Druck von Gasspeichern ist zu überwachen und ein Min./Max.-Alarm auszulösen.

Bezüglich Gasfackeln gilt DIN EN 12255-10, wobei eine Flammen- bzw. Rauchgasaustrittshöhe von mindestens 2,5 m und ein Abstand von Gebäuden und Verkehrswegen von mindestens 5 m vorzusehen sind. Im Übrigen wird auf die entsprechenden Vorschriften und Regelungen der zuständigen Unfallversicherungsträger verwiesen.

Sofern nicht baumustergeprüfte oder von Sachverständigen geprüfte Kondensatableiter eingesetzt werden, gilt die Umgebung der Kondensatableiter als explosionsgefährdet.

In explosionsgefährdeten Bereichen ist die Zündgefahr durch aluminothermische Reaktion bei der Verwendung von Aluminium oder durch elektrostatische Aufladung bei Verwendung von Kunststoffen zu beachten.

Nach DIN EN 12255-10 sollten Gasleitungen eindeutig gekennzeichnet sein. Hierfür gilt DIN 2403.

Kondensatablässe in Schächten müssen ohne Einstieg betätigbar sein. Gasprobenahmestellen müssen selbstschließend sein.

Für Gasentschwefelungsanlagen gilt DIN EN 12255-10. Eine gefährliche explosionsfähige Atmosphäre ist erreicht, wenn eine Methankonzentration von 25 % (Volumenanteil) unterschritten oder eine Sauerstoffkonzentration von 6 % (Volumenanteil) überschritten wird.

9 Betrieb und Wartung

Besondere Maßnahmen und Vorkehrungen sind für den sicheren Betrieb erforderlich:

- Alle zu bedienenden oder zu wartenden Komponenten sind gut zugänglich anzuordnen.
- Wartungsbedürftige Komponenten in den Reaktoren müssen ohne Behälterentleerung herausnehmbar sein.
- Wärmetauscher zum Heizen oder Kühlen sollten außerhalb der Reaktoren gut zugänglich angeordnet sein.

---

2) Bundesverband der Unfallkassen e.V. (BUK); Bundesministerium für Arbeit und Sozialordnung (BMA); Deutscher Verein des Gas- und Wasserfaches e. V. (DVGW)

- Die Möglichkeit zum mechanischen Entfernen von Belägen (z. B. durch Molchen) sollte gegeben sein.

- Zwischen Reaktoren und Gasspeichern angeordnete Gasfilter, Gasentschwefler und Gasmessgeräte müssen eine Umgehung haben.

- Alle Absperrarmaturen in von den Reaktorbehältern ausgehenden Leitungen müssen ohne Behälterentleerung auswechselbar sein. Hierfür ist bei dauernd flüssigkeitsgefüllten Leitungen unmittelbar am Reaktor eine Vereisungsstrecke vorzusehen. Vor häufig betätigten Armaturen ist reaktorseitig ein Ausbauschieber vorzusehen.

- In Abwasserleitungen sind ausreichend Spülstutzen vorzusehen.

- Biogasführende Anlagen und Anlagenteile müssen mit einer Möglichkeit zum Inertisieren vor der Inbetriebnahme und für Instandsetzungsarbeiten versehen sein.

- Antriebe, durch deren Einschalten Gefährdungen verursacht werden können, müssen vor Ort per Schlüsselschalter verriegelbar sein.

Anhang A
(informativ)

Erläuterungen

Der Arbeitsausschuss NAW V 36 „Kläranlagen", Unterausschuss 1 „Deutsche Normung", plant die Fortsetzung der Reihe DIN 19569 „Baugrundsätze für Bauwerke und technische Ausrüstungen" mit der Erarbeitung des Norm-Projektes „Dosieranlagen".

Die Europäische Normenreihe DIN EN 12255 „Kläranlagen" wird voraussichtlich aus den folgenden fünfzehn Normen bestehen[3]:

— Teil 1: Allgemeine Baugrundsätze

— Teil 3: Abwasservorreinigung

— Teil 4: Vorklärung

— Teil 5: Abwasserbehandlung in Teichen

— Teil 6: Belebungsverfahren

— Teil 7: Biofilmreaktoren

— Teil 8: Schlammbehandlung und -lagerung

— Teil 9: Geruchsminderung und Belüftung

— Teil 10: Sicherheitstechnische Baugrundsätze

— Teil 11: Erforderliche allgemeine Angaben

— Teil 12: Steuerung und Automatisierung

— Teil 13: Abwasserbehandlung durch Zugabe von Chemikalien

— Teil 14: Desinfektion

— Teil 15: Messung der Sauerstoffzufuhr in Reinwasser in Belüftungsbecken von Belebungsanlagen

— Teil 16: Abwasserfiltration[4]

ANMERKUNG 1 Für Anforderungen an Pumpanlagen auf Kläranlagen, ursprünglich vorgesehen als Teil 2 „Abwasserpumpanlagen", siehe EN 752-6 „Entwässerungssysteme außerhalb von Gebäuden — Teil 6: Pumpanlagen".

Die Titel der einzelnen Teile entsprechen den Titeln der bereits veröffentlichten Norm-Entwürfe bzw. sind Arbeitstitel und können von den Titeln der Normen geringfügig abweichen.

Einige Normen der Reihe EN 12255 sind als Europäisches Normenpaket gemeinsam gültig.

---

3) Über die bisher erschienenen Normen dieser Reihe gibt die Geschäftsstelle des Normenausschusses Wasserwesen (NAW) im DIN Deutsches Institut für Normung e. V., Telefon (030) 26 01 – 25 49, oder der Beuth Verlag GmbH, 10772 Berlin (Hausanschrift: Burggrafenstr. 6, 10787 Berlin), Auskunft.

4) in Vorbereitung

Von der Paketbildung sind die folgenden Normen betroffen:

DIN EN 12255-1, DIN EN 12255-3 bis DIN EN 12255-8, DIN EN 12255-10 und DIN EN 12255-11.

Das Datum der Zurückziehung (date of withdrawal, dow) entgegenstehender Normen ist der

31. Dezember 2002 (Resolution 232/2001 durch CEN/TC 165).

In einem Normenpaket werden Europäische Normen zusammengefasst, die zueinander in Beziehung stehen. Eine Querverbindung kann u. a. aufgrund der Notwendigkeit zur gemeinsamen Anwendung bestehen oder dadurch gegeben sein, dass eine Gruppe entgegenstehender nationaler Normen abzudecken ist.

Die Paketbildung ist aber auch unter dem Aspekt der Verpflichtung zur Übernahme von CEN/CENELEC-Normen durch die CEN-Mitglieder und der damit verbundenen Zurückziehung entgegenstehender nationaler Normen (CEN/CENELEC-Geschäftsordnung) von Bedeutung.

Die in einem Normenpaket zusammengefassten Europäischen Normen sind spätestens bis zu einem vorab festgelegten Datum der Zurückziehung (dow) zu veröffentlichen. Die bereits vor diesem Zeitpunkt fertig gestellten und veröffentlichten Europäischen Normen des Paketes werden in das nationale Normenwerk übernommen. Sie gelten bis zum Datum der Zurückziehung parallel zu entsprechenden nationalen Normen. Erst mit dem Erreichen des Datums der Zurückziehung sind die Europäischen Normen des Normenpaketes in das nationale Regelwerk zu übernehmen, indem ihnen der Status von nationalen Normen gegeben wird. Entgegenstehende nationale Normen sind dann zurückzuziehen.

Die einzelnen Normen der Reihe DIN EN 12255 sind inhaltlich anders konzipiert als die Deutschen Normen der Reihe DIN 19569, so dass durchaus mehrere Teile dieser Reihe durch einen Teil der Europäischen Norm berührt werden können.

Der Normungsumfang der Europäischen Normenreihe DIN EN 12255 „Kläranlagen" deckt nicht alle Festlegungen ab, die in den nationalen Normen der Reihe DIN 19569 „Kläranlagen — Baugrundsätze für Bauwerke und technische Ausrüstungen" enthalten sind. Der Arbeitsausschuss V 36 erarbeitet daher Maß- und Restnormen zu den folgenden Themenkreisen:

— Rechteckbecken als Absetzbecken (DIN 19551-1)

— Rechteckbecken als Sandfänge (DIN 19551-3)

— Rundbecken als Absetzbecken (DIN 19552)

— Tropfkörper mit Drehsprengern (DIN 19553)

— Tropfkörperfüllungen (E DIN 19557)

— Rechenbauwerke mit geradem Rechen (DIN 19554)

— Ablaufsysteme in Absetzbecken (DIN 19558)

— Besondere Baugrundsätze für Einrichtungen zum Abtrennen und Eindicken von Feststoffen (DIN 19569-2)

— Besondere Baugrundsätze für Einrichtungen zur aeroben biologischen Abwasserreinigung (DIN 19569-3)

— Besondere Baugrundsätze für Anlagen zur anaeroben Behandlung von Abwasser (DIN 19569-5)

— Besondere Baugrundsätze für Anlagen zur Klärschlammentwässerung (DIN V 19569-9)

— Besondere Baugrundsätze für Anlagen zur Trocknung von Klärschlamm (DIN 19569-10)

Mai 1999

Kläranlagen

Baugrundsätze für Bauwerke und technische Ausrüstungen

Teil 7: Fäkalschlammübernahmestation

DIN 19569-7

ICS 13.060.30

Sewage treatment plants —
Principles for the design of structures and technical equipment —
Part 7: Station for the transfer of faecal sewage

Installations d'épuration des eaux usées —
Principes de construction pour bâtiments et équipements techniques —
Partie 7: Station de transfert pour eaux fécales

Inhalt

Fortsetzung Seite 2 bis 6

Normenausschuß Wasserwesen (NAW) im DIN Deutsches Institut für Normung e. V.

Vorwort

Diese Norm wurde vom Arbeitsausschuß V 36 „Kläranlagen", Unterausschuß 1 „Deutsche Normung", des Normenausschusses Wasserwesen (NAW) erarbeitet.

Dieser Ausschuß hat in der Vergangenheit bereits eine Reihe von DIN-Normen über einzelne Einrichtungen von Kläranlagen zusammen mit den entsprechenden Bauwerken erarbeitet und darin festgelegt:

- Hauptmaße;
- Bauwerkstoleranzen (Mindestanforderungen für ordnungsgemäßen Einbau und Betrieb);
- Bezeichnungen

sowie

- spezielle Angaben zu den einzelnen Einrichtungen.

Im Laufe der Normungsarbeit erwies es sich als notwendig, die Normen wesentlich zu erweitern, was aber innerhalb der bestehenden Normen kaum zu verwirklichen ist, ohne den gegebenen Rahmen zu sprengen. Es bot sich daher an, die übergeordneten Baugrundsätze zu definieren und in eigenen Normen festzulegen, die dann künftig einfacher an die laufende Entwicklung angepaßt werden können.

DIN 19569 „Kläranlagen — Baugrundsätze für Bauwerke und technische Ausrüstungen" besteht aus folgenden Teilen:

- Teil 1: Allgemeine Baugrundsätze
- Teil 2: Besondere Baugrundsätze für Einrichtungen zum Abtrennen und Eindicken von Feststoffen
- Teil 3: Besondere Baugrundsätze für Einrichtungen zur aeroben biologischen Abwasserreinigung
- Teil 4: Besondere Baugrundsätze für gehäuselose Absperrorgane
- Teil 5: Besondere Baugrundsätze für Anlagen zur anaeroben Behandlung von Klärschlamm und Abwasser
- Teil 6: Besondere Baugrundsätze für Anlagen zur getrennten aeroben Klärschlammstabilisierung
- Teil 7: Fäkalübernahmestation
- Teil 8: Besondere Baugrundsätze für Anlagen zur Abwasserreinigung mit Festbettfiltern (z. Z. Entwurf)
- Teil 9: Klärschlammentwässerung (in Vorbereitung).

Die Erarbeitung weiterer Normen für besondere Baugrundsätze von Bauwerken und technischen Ausrüstungen ist vorgesehen, siehe informativen Anhang A.

Einleitung

Fäkalschlammübernahmestationen dienen der Übernahme von häuslichem Abwasser oder Schlamm aus Hauskläranlagen oder abflußlosen Sammelgruben. In der Regel werden die vorgenannten Flüssigkeiten in Tankfahrzeugen zur Übernahmestation gebracht.

Die Anlagen bestehen nach den Erfordernissen des Einzelfalles im wesentlichen aus:

- Zufahrtstraße;
- Park- und Rangierfläche;
- Rohrleitungen;
- einem oder mehreren Anschlußstutzen zur Entleerung von Tankfahrzeugen (Saugwagen);
- Rechen- oder Siebanlage;
- erforderlichen Gerinnen und Bedienungsstegen, Podesten, Treppen;
- Meß- und Identifikationseinrichtung, deren Aufgabe darin besteht, den Namen des Anlieferers sowie automatisch die Menge und Beschaffenheit des angelieferten Fäkalschlammes zu ermitteln und elektronisch abzuspeichern;
- Einrichtungen zur Fortleitung des Fäkalschlammes, wie z. B. Pumpen, Armaturen, Rohrleitungen;
- sofern erforderlich: Einrichtungen zur Entwässerung der abgetrennten groben Feststoffe und mineralischen Partikel.

Gegebenenfalls können vorgesehen werden:

- Einrichtungen zum Separieren feinkörniger Feststoffe wie Sand und anderer mineralischer Partikel (Sandfang);
- Fäkalschlammspeicher (Mengen- und Konzentrationsausgleich).

Gegebenenfalls müssen vorgesehen werden:

- Einrichtungen zum Durchmischen des Schlammes;
- Eine Rechneranlage zur Auswertung der Daten einschließlich Vorrichtung zur Ausgabe von Lieferscheinen oder Rechnungen und zur Steuerung der betrieblichen Vorgänge;
- Einrichtungen zur automatischen Probenahme;
- Einrichtungen zur Geruchsminderung.

1 Anwendungsbereich

Diese Norm legt besondere Baugrundsätze für Einrichtungen zur Fäkalschlammübernahme auf Kläranlagen oder dafür eingerichteten Aufbereitungsanlagen fest, und zwar für

- solche Bauwerke bzw. Bauwerksteile, bei denen die Anordnung oder Funktion der technischen Ausrüstung berücksichtigt werden muß;
- technische Ausrüstungen, soweit besondere klärtechnische und kläranlagenspezifische Forderungen bei Planung, Bau und Betrieb betrachtet werden müssen.

Die Norm gilt zusammen mit den allgemeinen Baugrundsätzen nach DIN 19569-1 sowie mit den entsprechenden Normen für einzelne Einrichtungen von Kläranlagen. Die allgemeinen und die besonderen Baugrundsätze gelten auch für solche Einrichtungen, für die keine Norm vorhanden ist (siehe Anhang A).

Allgemeine und besondere Grundsätze des Bau- und Maschinenwesens, der Elektrotechnik, der Sicherheitstechnik sowie der Klärtechnik sind nicht Gegenstand dieser Norm.

In dieser Norm wird nicht eingegangen auf die weitere Behandlung von Fäkalschlamm wie z. B. die biologische Behandlung der Dünn- oder Dickphase. Diese Norm regelt auch nicht Grundsätze für Aggregate wie Pumpen oder Armaturen.

2 Normative Verweisungen

Diese Norm enthält durch datierte oder undatierte Verweisungen Festlegungen aus anderen Publikationen. Diese normativen Verweisungen sind an den jeweiligen Stellen im Text zitiert, und die Publikationen sind nachstehend aufgeführt. Bei datierten Verweisungen gehören spätere Änderungen oder Überarbeitungen dieser Publikationen nur zu dieser Norm, falls sie durch Änderung oder Überarbeitung eingearbeitet sind. Bei undatierten Verweisungen gilt die letzte Ausgabe der in Bezug genommenen Publikation.

DIN 4045
Abwassertechnik — Begriffe

DIN 17440
Nichtrostende Stähle — Technische Lieferbedingungen für Blech, Warmband und gewalzte Stäbe für Druckbehälter, gezogenen Draht und Schmiedestücke

DIN 19569-1
Kläranlagen — Baugrundsätze für Bauwerke und technische Ausrüstungen — Teil 1: Allgemeine Baugrundsätze

DIN 19569-2
Kläranlagen — Baugrundsätze für Bauwerke und technische Ausrüstungen — Besondere Baugrundsätze für Einrichtungen zum Abtrennen und Eindicken von Feststoffen

DIN EN 294
Sicherheit von Maschinen — Sicherheitsabstände gegen das Erreichen von Gefahrstellen mit den oberen Gliedmaßen;
Deutsche Fassung EN 294 : 1992

DIN EN 349
Sicherheit von Maschinen — Mindestabstände zur Vermeidung des Quetschens von Körperteilen;
Deutsche Fassung EN 349 : 1993

DIN EN 1085
Abwasserbehandlung — Wörterbuch;
Dreisprachige Fassung EN 1085 : 1997

DIN EN 1333
Rohrleitungsteile — Definition und Auswahl von PN;
Deutsche Fassung EN 1333 : 1996

DIN EN 10025
Warmgewalzte Erzeugnisse aus unlegierten Baustählen — Technische Lieferbedingungen (enthält Änderung A1 : 1993);
Deutsche Fassung EN 10025 : 1990

E DIN EN 12255-10
Abwasserbehandlungsanlagen — Teil 10: Sicherheitstechnische Baugrundsätze;
Deutsche Fassung prEN 12255-10 : 1996

DIN EN ISO 3506-1
Mechanische Eigenschaften von Verbindungselementen aus nichtrostenden Stählen — Teil 1: Schrauben (ISO 3506-1 : 1997);
Deutsche Fassung EN ISO 3506-1 : 1997

DIN EN ISO 3506-2
Mechanische Eigenschaften von Verbindungselementen aus nichtrostenden Stählen — Teil 2: Muttern (ISO 3506-2 : 1997);
Deutsche Fassung EN ISO 3506-2 : 1997

DIN EN ISO 3506-3
Mechanische Eigenschaften von Verbindungselementen aus nichtrostenden Stählen — Teil 3: Gewindestifte und ähnliche, nicht auf Zug beanspruchte Schrauben (ISO 3506-3 : 1997);
Deutsche Fassung EN ISO 3506-3 : 1997

DIN EN ISO 6708
Rohrleitungsteile — Definition und Auswahl von DN (Nennweite) (ISO 6708 : 1995);
Deutsche Fassung EN ISO 6708 : 1995

ISO 4200
Plain end steel tubes, welded and seamless — General tables of dimensions and masses per unit length

GUV 7.4
Unfallverhütungsvorschrift „Abwassertechnische Anlagen“ mit Durchführungsanweisungen — (GUV 7.4); herausgegeben vom BAGUV[1]

GUV 19.8
Richtlinien für die Vermeidung der Gefahren durch explosionsfähige Atmosphäre mit Beispielsammlung — Explosionsschutz-Richtlinien (EX-RL) (GUV 19.8); herausgegeben vom BAGUV[1]

VBG 54
Abwassertechnische Anlagen; herausgegeben vom HVGB[2][3]

ZH 1/309
Verordnung über elektrische Anlagen in explosionsgefährdeten Räumen (ElexV); herausgegeben von BMA (Bundesminister für Arbeit) und HVGB[2][3]

---

[1] Zu beziehen durch: BAGUV — Bundesverband der Unfallversicherungsträger der öffentlichen Hand e. V., Abteilung Unfallverhütung, Fockensteinstraße 1, 81599 München

[2] HVGB — Hauptverband der gewerblichen Berufsgenossenschaften, Alte Heerstraße 111, 53757 Sankt Augustin

[3] Zu beziehen durch: Carl Heymanns Verlag KG, Luxemburger Straße 449, 50939 Köln

3 Definitionen

Für die Anwendung dieser Norm gelten die allgemeinen Begriffe der Abwassertechnik nach DIN 4045 und DIN EN 1085 sowie die folgende Definition:

3.1

Fäkalschlammübernahmestation

Anlage zur Übernahme von Fäkalschlamm und Abwasser mit Einrichtungen zur Erfassung nach Art, Menge und Beschaffenheit sowie der teilweisen mechanischen Reinigung (Austrag grober Inhaltsstoffe) und gegebenenfalls zum Mengen- und Konzentrationsausgleich.

4 Merkmale von Anlagen zur Übernahme von häuslichem Abwasser und Fäkalschlamm

Fäkalschlammübernahmestationen werden z. B. nach folgenden Merkmalen unterschieden:

Nach örtlichen Gegebenheiten:

- Fäkalschlammübernahmestationen auf Kläranlagen, auf denen der angelieferte Fäkalschlamm weiterverarbeitet wird;
- Fäkalschlammübernahmestationen, die ausschließlich Fäkalschlamm übernehmen und weitestgehend aufbereiten;
- Fäkalschlammübernahmestationen, die für sich allein stehen, den Fäkalschlamm übernehmen und nach mechanischer Vorbehandlung und Durchmischung fortleiten, z. B. über Pumpen und Druckrohrleitungen.

Nach Art des Schlammannahmebetriebes:

- Annahme von Fäkalschlamm während der Betriebszeit in Absprache mit dem dortigen Personal und überwiegend manueller Erfassung;
- Fäkalschlammübernahme im Tag- und Nachtbetrieb, auch außerhalb von nicht ständig besetzten Klärwerken und über vollautomatisch gesteuerten Annahmebetrieb.

Nach prozeßtechnischen Möglichkeiten:

- Einbringen in den Abwasserstrom;
- Einbringen in den Schlammstrom;
- Einbringen teilweise in den Abwasser- und teilweise in den Schlammstrom;
- Einbringen in eine eigene Aufbereitungsanlage.

5 Anforderungen an die Bauwerke

5.1 Allgemeines

Zum Bauwerk gehören die Gebäude, in denen sich die Einrichtungen zur Abtrennung grober Feststoffe befinden, gegebenenfalls Betriebsräume und der Fäkalschlammspeicher sowie Straßen-, Rangier- und Parkplatzflächen für die Tankfahrzeuge.

5.2 Lasten und Bemessung

Fäkalschlammspeicher sind so zu bemessen, daß sie dem hydrostatischen Druck bei Vollfüllung bis zum Notüberlauf sicher standhalten. Zusätzlich sind statische Lasten durch Schnee und Begehung zu berücksichtigen; Windkräfte sind insbesondere für den entleerten Zustand zu berücksichtigen. Bei den Puffer- und Ausgleichsbehältern sind die zusätzlichen Kräfte zu berücksichtigen, die im gefüllten oder im entleerten Zustand durch die einzubauenden Rührwerke entstehen. Dabei ist nicht nur das Gewicht der Einbauten selbst, sondern auch dasjenige anhaftenden Schlammes oder anderer Stoffe zu berücksichtigen. Desgleichen können die Rührwerke neben statischen auch dynamische Kräfte auf das Bauwerk übertragen. Füllen und Entleeren der Fäkalschlammspeicher verursacht Setzungen bzw. Bewegungen, denen durch entsprechende Vorrichtungen, z. B. Fugen, zu anderen Bauwerken Rechnung zu tragen ist.

5.3 Sonstige bauliche Anforderungen

Sämtliche Straßenflächen sind für Schwerlastverkehr auszubilden. Der Umschlagplatz für Fäkalschlamm im Bereich der Anschlußstutzen ist so auszubilden, daß Niederschlagswasser und Verunreinigung durch Fäkalschlamm sowie Reinigungswasser aufgefangen und als Schmutzwasser einer Kläranlage zugeführt wird.

Pumpensümpfe, Gerinne und Fäkalschlammspeicher bestehen aus Stahlbeton, Stahl oder Kunststoff. Sie sind so auszuführen, daß Flüssigkeiten nicht unkontrolliert austreten können. Sämtliche mit Fäkalschlamm in Berührung kommende Materialien sind in geeigneter Weise gegen Korrosion zu schützen. Dies gilt auch für Materialien, die sich innerhalb von Lufträumen und oberhalb von freien Wasserspiegeln befinden und die diese Lufträume umgebenden Materialien. Korrosionsschutz wird erreicht durch Verwendung geeigneter Materialien, Schutzüberzüge, Beschichtungen usw. In der Ausschreibung sind entweder die Werkstoffe zu nennen oder die im Hinblick auf die Beständigkeit der Werkstoffe wesentlichen Inhaltsstoffe des Fäkalschlammes bzw. die Angabe von Inhaltsstoffen in Atmosphären oberhalb von Fäkalschlammspiegeln.

Alle Räume, in denen Fäkalschlamm mit Luft in Berührung kommt, sind ausreichend zu durchlüften. Die geruchsbeladene Luft ist gegebenenfalls chemisch oder biologisch zu behandeln, so daß keine nennenswerten Gas- oder Geruchsemissionen entstehen.

In Schächten, Becken und Behältern, in die Fäkalschlamm eingeleitet wird, kann sich eine gefährliche, explosionsfähige Atmosphäre bilden. Durch lüftungstechnische Maßnahmen oder das Fernhalten von Zündquellen ist Explosionen vorzubeugen. Giftige und gesundheitsschädliche Stoffe in der Atmosphäre müssen, wenn die Bereiche betreten werden, durch lüftungstechnische Maßnahmen beseitigt werden können.

Explosionsgefährdete Räume sind mit gasdichten Wänden aus nicht brennbarem Material von anderen Räumen zu trennen. Durch bauliche Maßnahmen (z. B. Fenster, Lichtkuppeln) ist sicherzustellen, daß Druckwellen ins Freie gelangen können, ohne dabei nennenswerte Schäden anzurichten.

Explosionsgefährdete Räume dürfen nur mit Türen ins Freie versehen sein, die sich nach außen öffnen.

Jeder Behälter muß über einen ausreichend dimensionierten, nicht absperrbaren Notüberlauf verfügen und muß vollständig entleerbar sein. In entleertem Zustand müssen die Behälter zugänglich sein. Fäkalschlammspeicher sollen Mengen- und Konzentrationsausgleich bewirken, d. h., sie sind konstruktiv so durchzubilden, daß Totzonen und Ablagerungen vermieden werden. Trotz vorgeschalteter Sieb- oder Rechenanlagen ist mit Schwimmstoffen im Fäkalschlammspeicher zu rechnen. Zur Vermeidung fester Schwimmdecken müssen die Behälter geeignete Einrichtungen zur gefahrlosen Schwimmstoffentnahme enthalten, ohne daß hierfür der Speicher entleert werden muß.

Es sind Vorkehrungen zu treffen, um ein Einfrieren aller wesentlichen Teile der Anlage zu verhindern.

Die Bauwerke sind vor Schäden durch Blitzschlag zu schützen.

Meßeinrichtungen, wie z. B. Füllstandsmessungen, oder die Entnahme von Proben müssen möglich sein. Entsprechende Vorrichtungen der Konstruktionsteile sind vorzusehen.

6 Anforderungen an die technische Ausrüstung

6.1 Allgemeines

Zur technischen Ausrüstung gehören:
- Anschlußstutzen mit Schnellkupplungsverschlüssen;
- Absperrorgan;
- Mengenmeßeinrichtung für die Übernahme von Fäkalschlamm;
- Anlagen zur Abtrennung von groben Feststoffen (Sieb oder Rechen);
- Rohrleitungen, Armaturen für Fäkalschlamm;
- Rohrleitungen, Armaturen für Zu- und Abluft;
- Einrichtungen zur Spülung der Abwasserleitungen.

Erforderlichenfalls müssen vorgesehen werden:
- Anlagen zum Abtrennen und Zwischenlagern feinkörniger Feststoffe wie Sand und anderer mineralischer Partikel;
- Anlagen zum Durchmischen des Fäkalschlammes;
- Automatische Probenahmevorrichtung;
- Meßeinrichtungen wie z. B. für pH-Wert und Leitfähigkeit bzw. Vorkehrungen für deren Nachrüstung;
- Einrichtungen zum Beheizen;
- Pumpanlagen;
- Ventilatoren;
- Anlagen zur Abluftbehandlung;
- Einrichtungen zur Begrenzung von Schaumbildung;
- Anlagen zum Bevorraten und Dosieren von Chemikalien.

6.2 Lasten und Bemessung

Rohrleitungen für Fäkalschlamm sind so zu bemessen, daß Verstopfungen vermieden werden ($\geq$ DN 100) (siehe DIN EN ISO 6708) und eine zur Vermeidung von Ablagerungen ausreichende Strömungsgeschwindigkeit ($v > 1{,}0$ m/s) vorhanden ist. Bei der Anordnung des Rohrleitungssystems sind Behältersetzungen zu berücksichtigen und erforderlichenfalls Kompensatoren vorzusehen. Bei der Bemessung der Durchmischungseinrichtungen sind wegen der Viskosität des Schlammes dessen Trokkenstoffkonzentrationen zu beachten.

Die Druckstufe von Rohrleitungen sollte mindestens PN 6 betragen, sofern keine höheren Betriebsdrücke auftreten. Die Flansche sollten der Druckstufe PN 10 (siehe DIN EN 1333) genügen.

6.3 Besondere Konstruktionsmerkmale

6.3.1 Rohrleitungen und Zubehör

Rohrleitungen müssen eine für den Anwendungszweck, insbesondere für abrasiven Verschleiß genügende Wanddicke haben. Falls nicht in der Leistungsbeschreibung vorgegeben, sind die Wanddicken vom Anbieter anzugeben. Stahlrohrleitungen für Abwasser und Schlamm müssen mindestens eine Wanddicke haben, die der Vorzugs-Wanddicke Reihe D nach ISO 4200 entspricht. Rohre aus nichtrostendem Stahl müssen mindestens eine Wanddicke nach ISO 4200, Vorzugs-Wanddicke Reihe A, haben.

Erforderlichenfalls sind in den Rohrleitungen Spülstutzen vorzusehen.

Bei häufig zu betätigenden Absperrungen an Rohrleitungen, die in die Fäkalschlammspeicher führen, sind zum Behälter hin noch zusätzliche Handabsperrungen vorzusehen, um einen Austausch ohne Behälterentleerung zu ermöglichen.

Die Verbindungen der technischen Ausrüstungen mit den Fäkalschlammspeichern müssen ausreichend flexibel sein, um Setzungen der Behälter auszugleichen.

Im Leitungssystem für Abwasser und Schlamm sind Hochpunkte wegen möglicher Gasbildung zu vermeiden. Anderenfalls sind die Hochpunkte mit einer Entgasungseinrichtung zu versehen. An Tiefpunkten müssen Vorkehrungen für regelmäßiges Spülen und Entfernen von Ablagerungen getroffen werden. Das System ist so zu konzipieren, daß bei keinem Betriebszustand Abwasser oder Schlamm druckdicht eingeschlossen wird, da sonst Zerstörungen durch den sich bildenden Gasdruck zu befürchten sind.

Außenliegende Rohrleitungen und Armaturen müssen frostsicher sein. Bei der Konzeption des Rohrleitungssystems sind Wärmespannungen, Druckstöße, Vibrationen und Behältersetzungen zu berücksichtigen und erforderlichenfalls Kompensatoren vorzusehen.

6.3.2 Einrichtungen zur Abtrennung von groben Feststoffen

Geeignete Einrichtungen zur Abtrennung von groben Feststoffen sind beispielsweise Rechen, Siebe, eventuell jeweils mit Waschung, und/oder maschinelle Entwässerung von Rechen- oder Siebgut (siehe DIN 19569-2).

6.3.3 Einrichtungen zum Abtrennen von Sand

Ist eine besondere Einrichtung hierfür vorgesehen, so gilt 6.3.2 sinngemäß.

6.3.4 Einrichtungen zum Mengen- und Konzentrationsausgleich von Fäkalschlamm

Die Durchmischungseinrichtungen müssen sicherstellen, daß die Umwälzung des Schlammes im gesamten Behälter erreicht wird und Ablagerungen am Behälterboden oder auf Einbauteilen sowie Schwimmdecken sicher vermieden werden.

6.3.5 Einrichtungen zur Kapselung von Anlagenteilen

In begehbaren geschlossenen Räumen sollten keine offenen Grenzflächen von Fäkalschlamm oder von abgeschiedenen Stoffen zur Raumluft bestehen. Bei Bedarf sind die Anlagenteile so zu kapseln, daß geruchsbeladene Luft abgesaugt und erst nach chemischer oder biologischer Aufbereitung in die Atmosphäre abgeleitet wird.

6.3.6 Einrichtungen zur Abluftbehandlung

Die Abluft aus Anlagen, in denen Fäkalschlamm behandelt wird, enthält geruchsintensive Stoffe. Für die Behandlung dieser Abluft eignen sich biologisch arbeitende Abluftfilter (z. B. Kompostfilter) mit vorgeschaltetem Wäscher. Auf eine ausreichende Sauerstoffversorgung und Befeuchtung dieser Filter ist zu achten. Alternativ dürfen u. a. auch Biowäscher oder chemische Wäscher eingesetzt werden. Die Abluft darf auch in ein Belebungsbecken eingeblasen werden.

6.4 Rechnerische Lebensdauer

Als rechnerische Lebensdauer nach DIN 19569-1 ist anzusetzen
- für Motore Lebensdauerklasse 3;
- für Lager, Getriebe usw. Lebensdauerklasse 3.

Hiervon abweichende Lebensdauerklassen sind gesondert zu vereinbaren.

6.5 Werkstoffe

Alle Einrichtungen müssen so ausgeführt sein, daß sie den zu erwartenden mechanischen, chemischen und biologischen Angriffen dauerhaft standhalten.

Für die Rohrleitungen ist Stahl nach DIN EN 10025 (z. B. S235JR) oder geeigneter Kunststoff (z. B. PE-HD) zu verwenden. Innerhalb der Speicher- und Fäkalschlammspeicher sind nur Rohrleitungen und Befestigungen aus nichtrostendem Stahl nach DIN 17440 (z. B. Werkstoff-Nr 1.4301 oder 1.4571) bzw. Stahlgruppe A2 oder A4 nach DIN EN ISO 3506-1, DIN EN ISO 3506-2, DIN EN ISO 3506-3 zulässig.

Für die Abluftleitungen können geeignete Kunststoffrohre oder Rohre aus nichtrostendem Stahl nach DIN 17440 (z. B. Werkstoff-Nr 1.4301 oder 1.4571) verwendet werden.

7 Meß-, Steuerungs- und Regelungstechnik

Es sind Einrichtungen erforderlich zum Messen von:

- Menge des zugeführten Fäkalschlammes;
- Füllstand zur Inbetriebsetzung von Rechen- oder Siebanlagen;
- Füllstand des Fäkalschlammspeichers.

Erforderlichenfalls müssen vorgesehen werden:

- automatische Probenahme;
- pH-Wert-Messung im Zulauf;
- Leitfähigkeitsmessung;
- eine Rechneranlage zur Identifizierung des Anlieferfahrzeuges, Erfassung und automatische Auswertung der gelieferten Abwassermenge;
- Steuerungsautomatik zum Öffnen der Zuführungsleitung;
- Ausgabe eines Lieferprotokolls bzw. der Rechnung für die angelieferte Fäkalschlammenge.

8 Sicherheitstechnik

Durch maschinell bewegte Teile dürfen Personen nicht gefährdet werden. Dies gilt auch bei geschlossenen Anlagen, die ohne Werkzeug geöffnet werden können. Die erforderlichen Abstände sind festgelegt in DIN EN 294 und DIN EN 349.

Darüber hinaus gelten u. a.:

- die allgemeinen Regeln der Sicherheitstechnik nach DIN 19569-1;
- die sicherheitstechnischen Baugrundsätze nach E DIN EN 12255-10;
- die Unfallverhütungsvorschriften (UVV) der gesetzlichen Unfallversicherungsträger, z. B. die UVV „Abwassertechnische Anlagen" (GUV 7.4 bzw. VBG 54);
- Explosionsschutz-Richtlinien der gesetzlichen Unfallversicherungsträger, z. B. die „Richtlinien für die Vermeidung der Gefahren durch explosionsfähige Atmosphäre, mit Beispielsammlung (GUV 19.8)" und die „Verordnung über elektrische Anlagen in explosionsgefährdeten Räumen (ElexV) (ZH 1/309)" des BMA.

9 Betrieb und Wartung

Einrichtungen wie Antriebe, Absperrorgane, Probeentnahmestutzen und Geräte sind gut zugänglich anzuordnen. Die Ausrüstung der Fäkalschlammspeicher ist so zu gestalten, daß diese zu Beginn längerer Stillstandzeiten unverzüglich entleert werden können, um die Entstehung von Faulgasen zu verhindern.

Während der Durchführung von Wartungs- und Reparaturarbeiten müssen die Behälter ausreichend durchlüftet werden können.

Wartungsbedürftige Komponenten in den Behältern müssen ohne Behälterentleerung herausnehmbar sein.

Die Möglichkeit zum mechanischen Entfernen von Belägen (z. B. durch Molchen) sollte gegeben sein.

Anhang A (informativ)

Erläuterungen

Der Arbeitsausschuß NAW V 36 „Kläranlagen", Unterausschuß 1 „Deutsche Normung", plant die Fortsetzung der Normen der Reihe DIN 19569 „Kläranlagen — Baugrundsätze für Bauwerke und technische Ausrüstungen" mit der Erarbeitung folgender Teile:

- Dosieranlagen,
- Rohrleitungen.

Die Aufzählung stellt bisher nur Arbeitstitel dar, so daß sich die Gliederung während der weiteren Beratung noch ändern kann.

Kläranlagen

Baugrundsätze für Bauwerke und technische Ausrüstungen

Teil 9: Maschinelle Klärschlammentwässerung

DIN 19569-9

ICS 13.060.30

Einsprüche bis 2003-08-31

Vorgesehen als Ersatz für DIN V 19569-9:2001-04

Entwurf

Wastewater treatment plants — Principles for the design of structures and technical equipment — Part 9: Mechanical drainage of sewage sludge

Stations d'épuration ment introductif — Principes de construction pour bâtiments et équipements techniques — Partie 9: Drainage mécanique des boues d'eaux usées

Anwendungswarnvermerk

Dieser Norm-Entwurf wird der Öffentlichkeit zur Prüfung und Stellungnahme vorgelegt.

Weil die beabsichtigte Norm von der vorliegenden Fassung abweichen kann, ist die Anwendung dieses Entwurfes besonders zu vereinbaren.

Stellungnahmen werden erbeten

— vorzugsweise als Datei per E-Mail an naw@din.de in Form einer Tabelle. Die Vorlage dieser Tabelle kann im Internet unter **http://www.din.de/stellungnahme** abgerufen werden;

— oder in Papierform an den Normenausschuss Wasserwesen (NAW) im DIN Deutsches Institut für Normung e.V., 10772 Berlin (Hausanschrift: Burggrafenstraße 6, 10787 Berlin).

Fortsetzung Seite 2 bis 19

Normenausschuss Wasserwesen (NAW) im DIN Deutsches Institut für Normung e. V.

— Entwurf —

Inhalt

— Entwurf —

Vorwort

Diese Norm wurde vom Arbeitsausschuss V 36 "Kläranlagen", Unterausschuss 1 "Deutsche Normung" des Normenausschusses Wasserwesen (NAW) erarbeitet.

Dieser Ausschuss hat in der Vergangenheit bereits eine Reihe von DIN-Normen über einzelne Einrichtungen von Kläranlagen zusammen mit den entsprechenden Bauwerken erarbeitet und darin festgelegt:

— Hauptmaße;

— Bauwerkstoleranzen (Mindestanforderungen für ordnungsgemäßen Einbau und Betrieb);

— Bezeichnungen

sowie

— spezielle Angaben zu den einzelnen Einrichtungen.

Im Laufe der Normungsarbeit erwies es sich als notwendig, die Normen wesentlich zu erweitern, was aber innerhalb der bestehenden Normen kaum zu verwirklichen ist, ohne den gegebenen Rahmen zu sprengen. Es bot sich daher an, die übergeordneten Baugrundsätze zu definieren und in eigenen Normen festzulegen, die dann künftig einfacher an die laufende Entwicklung angepasst werden können.

DIN 19569 "Kläranlagen — Baugrundsätze für Bauwerke und technische Ausrüstungen" besteht aus:

— Teil 2: Besondere Baugrundsätze für Einrichtungen zum Abtrennen und Eindicken von Feststoffen

— Teil 3: Besondere Baugrundsätze für Einrichtungen zur aeroben biologischen Abwasserreinigung

— Teil 4: Besondere Baugrundsätze für gehäuselose Absperrorgane

— Teil 5: Besondere Baugrundsätze für Anlagen zur anaeroben Behandlung von Abwasser

— Teil 7: Fäkalübernahmestation

— Teil 8: Besondere Baugrundsätze für Anlagen zur Abwasserreinigung mit Festbettfiltern (Raum und Biofilter) (zz. Entwurf)

— Teil 9: Klärschlammentwässerung (zz. Norm-Entwurf)

— Teil 10: Besondere Baugrundsätze für Anlagen zur Trocknung von Klärschlamm

Die Erarbeitung weiterer Normen für besondere Baugrundsätze von Bauwerken und technischen Ausrüstungen ist vorgesehen (siehe Anhang A).

Ausdrücklich wird darauf hingewiesen, dass im Normenausschuss CEN/TC 165 "Abwassertechnik" die Ausschüsse WG 42 und WG 43 gemeinsam Europäische Normen für Kläranlagen für > 50 Einwohnerwerte (EW) erarbeiten. Entsprechend der CEN/CENELEC-Geschäftsordnung besteht die Verpflichtung, eine Europäische Norm auf nationaler Ebene zu übernehmen, indem ihr der Status einer nationalen Norm gegeben wird und indem ihr entgegenstehende nationale Normen zurückgezogen werden. Darüber hinaus gilt für die CEN/CENELEC-Mitglieder eine Stillhalteverpflichtung. Das bedeutet, dass während der Bearbeitung eines einzelnen europäischen Norm-Projektes keine denselben Gegenstand betreffenden nationalen Normen erarbeitet werden dürfen.

Weitere Informationen zu den Europäischen Normen für Kläranlagen > 50 EW (Umfang, Paketbildung, Zurückziehung nationaler Normen) siehe Anhang A.

Änderungen

Gegenüber DIN V 19569-9:2001:04 wurden folgende Änderungen vorgenommen:

a) die Norm aufgrund der europäischen Normung überarbeitet (siehe Anhang A);

b) die Norm redaktionell überarbeitet.

1 Anwendungsbereich

Diese Norm legt Anforderungen an die maschinelle Schlammentwässerung fest, und zwar für

— solche Bauwerke und Bauwerksteile, bei denen die Anordnung oder Funktion der technischen Ausrüstung berücksichtigt werden muss und für

— technische Ausrüstungen, soweit besondere Anforderungen bei Planung, Bau und Betrieb beachtet werden müssen.

Diese Norm gilt zusammen mit den allgemeinen Baugrundsätzen von DIN EN 12255-1 und den besonderen Baugrundsätzen für Einrichtungen zur Schlammbehandlung und -speicherung nach DIN EN 12255-8.

Diese Norm gilt nicht für allgemeine und besondere Grundsätze des Bau- und Maschinenwesens, der Elektrotechnik, der Sicherheitstechnik sowie der Klärtechnik. Diese Norm gilt auch nicht für Aggregate wie Pumpen und Verdichter.

Diese Norm ist nicht anwendbar für einfache Anlagen zur Schlammentwässerung, wie z. B. Trockenbeete.

2 Normative Verweisungen

Diese Norm enthält durch datierte oder undatierte Verweisungen Festlegungen aus anderen Publikationen. Diese normativen Verweisungen sind an den jeweiligen Stellen im Text zitiert, und die Publikationen sind nachstehend aufgeführt. Bei datierten Verweisungen gehören spätere Änderungen oder Überarbeitungen dieser Publikationen nur zu dieser Norm, falls sie durch Änderung oder Überarbeitung eingearbeitet sind. Bei undatierten Verweisungen gilt die letzte Ausgabe der in Bezug genommenen Publikation (einschließlich Änderungen).

DIN 4045, *Abwassertechnik – Grundbegriffe.*

DIN 7129, *Filterpressen – Kammerplatten, Rahmenplatten, Rahmen, Tragholme, Hauptmaße, zulässige Abweichungen.*

DIN 19569-2, *Kläranlagen – Baugrundsätze für Bauwerke und technische Ausrüstungen – Teil 2: Besondere Baugrundsätze für Einrichtungen zum Abtrennen und Eindicken von Feststoffen.*

DIN EN 292-1, *Sicherheit von Maschinen – Grundbegriffe, allgemeine Gestaltungsleitsätze – Teil 1: Grundsätzliche Terminologie, Methodik; Deutsche Fassung EN 292-1:1991.*

DIN EN 292-2, *Sicherheit von Maschinen - Grundbegriffe, allgemeine Gestaltungsleitsätze - Teil 2: Technische Leitsätze und Spezifikationen; Deutsche Fassung EN 292-2:1991 + A1:1995.*

DIN EN 294, *Sicherheit von Maschinen – Sicherheitsabstände gegen das Erreichen von Gefahrstellen mit den oberen Gliedmaßen; Deutsche Fassung EN 294:1992.*

DIN EN 349, *Sicherheit von Maschinen – Mindestabstände zur Vermeidung des Quetschens von Körperteilen; Deutsche Fassung EN 349:1993.*

DIN EN 418, *Sicherheit von Maschinen – NOT-AUS-Einrichtung, funktionelle Aspekte – Gestaltungsleitsätze; Deutsche Fassung EN 418:1992.*

DIN EN 953 *Sicherheit von Maschinen – Trennende Schutzeinrichtungen – Allgemeine Anforderungen an Gestaltung und Bau von feststehenden und beweglichen trennenden Schutzeinrichtungen; Deutsche Fassung EN 953:1997.*

DIN EN 954-1, *Sicherheit von Maschinen – Sicherheitsbezogene Teile von Steuerungen – Teil 1: Allgemeine Gestaltungsleitsätze; Deutsche Fassung EN 954-1:1996.*

DIN EN 1037, *Sicherheit von Maschinen – Vermeidung von unerwartetem Anlauf; Deutsche Fassung EN 1037:1995.*

DIN EN 1085, *Abwasserbehandlung – Wörterbuch – Dreisprachige Fassung EN 1085:1997.*

DIN EN 12255-1, *Kläranlagen – Teil 1: Allgemeine Baugrundsätze; Deutsche Fassung EN 12255-1:2002.*

DIN EN 12255-8, *Kläranlagen – Teil 8: Schlammbehandlung und -lagerung; Deutsche Fassung EN 12255-8:2001.*

DIN EN 12255-10, *Kläranlagen – Teil 10: Sicherheitstechnische Baugrundsätze; Deutsche Fassung EN 12255-10:2000.*

DIN EN 60204-1 (VDE 0113 Teil 1), *Sicherheit von Maschinen – Elektrische Ausrüstung von Maschinen – Teil 1: Allgemeine Anforderungen (IEC 60204-1:1997 + Corrigendum 1998); Deutsche Fassung EN 60204-1:1997.*

DIN EN ISO 12944-1, *Beschichtungsstoffe – Korrosionsschutz von Stahlbauten durch Beschichtungssysteme – Teil 1: Allgemeine Einleitung (ISO 12944-1:1998); Deutsche Fassung EN ISO 12944-1:1998.*

DIN EN ISO 12944-2, *Beschichtungsstoffe – Korrosionsschutz von Stahlbauten durch Beschichtungssysteme – Teil 2: Einteilung der Umgebungsbedingungen (ISO 12944-2:1998); Deutsche Fassung EN ISO 12944-2:1998.*

DIN EN ISO 12944-3, *Beschichtungsstoffe – Korrosionsschutz von Stahlbauten durch Beschichtungssysteme – Teil 3: Grundregeln zur Gestaltung (ISO 12944-3:1998); Deutsche Fassung EN ISO 12944-3:1998.*

DIN EN ISO 12944-4, *Beschichtungsstoffe – Korrosionsschutz von Stahlbauten durch Beschichtungssysteme – Teil 4: Arten von Oberflächen und Oberflächenvorbereitung (ISO 12944-4:1998); Deutsche Fassung EN ISO 12944-4:1998.*

DIN EN ISO 12944-5, *Beschichtungsstoffe – Korrosionsschutz von Stahlbauten durch Beschichtungssysteme – Teil 5: Beschichtungssysteme (ISO 12944-5:1998); Deutsche Fassung EN ISO 12944-5:1998.*

DIN EN ISO 12944-6, *Beschichtungsstoffe – Korrosionsschutz von Stahlbauten durch Beschichtungssysteme – Teil 6: Laborprüfungen zur Bewertung von Beschichtungssystemen (ISO 12944-6:1998); Deutsche Fassung EN ISO 12944-6:1998.*

DIN EN ISO 12944-7, *Beschichtungsstoffe – Korrosionsschutz Stahlbauten durch Beschichtungssysteme – Teil 7: Ausführung und Überwachung der Beschichtungsarbeiten (ISO 12944-7:1998); Deutsche Fassung EN ISO 12944-7:1998.*

DIN EN ISO 12944-8, *Beschichtungsstoffe – Korrosionsschutz von Stahlbauten durch Beschichtungssysteme – Teil 8: Erarbeiten von Spezifikationen für Erstschutz und Instandsetzung (ISO 12944-8:1998); Deutsche Fassung EN ISO 12944-8:1998.*

DIN EN 60529 (VDE 0470 Teil 1), *Schutzarten durch Gehäuse (IP-Code) (IEC 60529:1989 + A1:1999); Deutsche Fassung EN 60529:1991 + A1:2000.*

ISO 4200:1991, *Plain end steel tubes, welded and seamless – General tables of dimensions and masses per unit length.*

ATV-M 263, *Empfehlungen zum Korrosionsschutz von Stahlteilen in Abwasserbehandlungsanlagen durch Beschichtungen und Überzüge, herausgegeben durch die Abwassertechnische Vereinigung e. V.)*[1].

3 Begriffe

Für die Anwendung dieser Norm gelten die in DIN 4045, DIN EN 1085 und DIN EN 12255-8 angegebenen und die folgenden Begriffe.

3.1
Vorentwässerung
Abtrennung des nach der Flockung freigewordenen Wassers durch Filtration unter Einwirkung der Schwerkraft vor der Entwässerung in Bandfilterpressen

3.2
Bandfilterpresse
Maschine zur kontinuierlichen Schlammentwässerung, in der mit organischen Flockungshilfsmitteln geflockter Schlamm, üblicherweise nach Durchlaufen einer Vorentwässerung, zwischen umlaufenden Filterbändern ausgepresst wird

3.3
Kammerfilterpresse
Maschine zur diskontinuierlichen Schlammentwässerung, in der mit anorganischen Flockungsmitteln oder organischen Flockungshilfsmitteln konditionierter Schlamm in Kammern gepresst wird, die von mit Filtertüchern bedeckten Filterplatten begrenzt sind

3.4
Membrankammerfilterpresse
Kammerfilterpresse mit zusätzlichen zwischen den Filterplatten und den Filtertüchern angeordneten Membranen, die das Kammervolumen zum Nachpressen des Schlammes verkleinern

3.5
Dekantierzentrifuge
Vollmantelschneckenzentrifuge zur kontinuierlichen Schlammentwässerung mit in der Regel horizontal gelagerter Trommel

3.6
Zentrat
in Zentrifugen abgetrenntes Schlammwasser

3.7
Filtrat
in Bandfilterpressen, Kammer- und Membranfilterpressen abgetrenntes Schlammwasser

---

1) zu beziehen durch: GFA Gesellschaft zur Förderung der Abwassertechnik e. V., Postfach 1165, 53758 Hennef

4 Für alle Anlagen geltende Grundsätze

4.1 Allgemeine Anforderungen

Es gilt DIN EN 12255-8.

Schlammentwässerungsanlagen dienen zur Verminderung der zu entsorgenden Schlammmasse. Eine Schlammentwässerung ist außerdem Voraussetzung für weitergehende Schlammbehandlungsverfahren, z. B. eine Trocknung oder Verbrennung.

Zu maschinellen Schlammentwässerungsanlagen gehören neben den Entwässerungsaggregaten Einrichtungen zur Zu- und Abförderung des Schlammes, zum Lagern, Zuführen, Aufbereiten und Dosieren von anorganischen oder organischen Konditionierungsmitteln sowie zur Unterstützung der Flockenbildung. Gegebenenfalls gehören weitere Einrichtungen zur Vor- oder Nachbehandlung der Schlämme dazu.

Bei einer Nachkonditionierung, als oft verwendete Nachbehandlung, wird der entwässerte Schlamm üblicherweise mit branntkalkhaltigen Zuschlagstoffen vermischt, die Wasser reaktiv binden. Mit reaktiven Zuschlagstoffen, die eine ausreichende Erhöhung der Temperatur und des pH-Wertes bewirken, ist es möglich, bei ausreichender Einwirkzeit den Schlamm zu entseuchen.

4.2 Anforderungen an das Bauwerk

Zum Bauwerk gehören Schlammvorlagebehälter (siehe DIN 19569-2), Maschinengebäude und Fundamente (z. B. für Aggregate und Behälter). Gegebenenfalls gehören Einrichtungen zur Abluftabsaugung und -reinigung dazu.

Es gelten die allgemeinen Baugrundsätze nach DIN EN 12255-1.

Die Gestaltung der Bauwerke ist mit dem Ausrüster abzustimmen. Der Ausrüster hat Angaben zur Fundamentierung und Befestigung der Anlagenteile (Auflagerkräfte, Maße, Verankerungen usw.) sowie zum Platzbedarf zu machen.

Es gelten die folgenden baulichen Anforderungen nach DIN EN 12255-8 an:

— Frostschutz;

— Lüftung, Luftabsaugung;

— Nassreinigung, rutschsichere Bodenbeläge;

— Auslegung der Schlammspeicher;

— Zwischenspeicherung von Schlammwasser.

Darüber hinaus ist Schlammwasser (Filtrat oder Zentrat) in Rohrleitungen abzuleiten. Wenn Speicherbehälter für das Schlammwasser in geschlossenen Räumen aufgestellt sind, sind sie abzudecken und ins Freie zu entlüften.

Hinsichtlich Zugänglichkeit zu der maschinellen Ausrüstung bei Montage-, Wartungs-, Instandhaltungs- und Betriebsarbeiten gilt DIN EN 12255-1.

Hinsichtlich der Lagerung von Chemikalien gelten DIN EN 12255-1 und DIN EN 12255-10.

Hinsichtlich Zufahrtswegen für den Abtransport von Schlamm gilt DIN EN 12255-1.

Hinsichtlich der Vermeidung von Geruchsbelästigungen gilt DIN EN 12255-9

Örtliche Schaltschränke sind außerhalb des Spritzwasserbereiches, möglichst in getrennten und getrennt belüfteten Räumen mit Sichtverbindung zu den Entwässerungsmaschinen anzuordnen.

4.3 Anforderungen an die technische Ausrüstung

4.3.1 Allgemeines

Zur technischen Ausrüstung gehören neben den Entwässerungsaggregaten Einrichtungen zum Beschicken, Abfördern und Speichern des Schlammes, zum Lagern, Zuführen, Aufbereiten und Dosieren von Flockungs- und Flockungshilfsmitteln sowie verbindende Rohrleitungen und zugehörige elektrische Einrichtungen. Gegebenenfalls gehören auch Einrichtungen zum Vor- und Nachbehandeln sowie zum Abfördern und Speichern des abgetrennten Schlammwassers dazu.

Es gelten die allgemeinen Baugrundsätze nach DIN EN 12255-1.

4.3.2 Bemessung

Es gilt DIN EN 12255-8

Für die Bemessung und Gestaltung von Rohrleitungen gilt DIN EN 12255-8. Darüber hinaus müssen Rohrleitungen generell den maximal auftretenden Drücken standhalten und eine für abrasiven Verschleiß ausreichende Wanddicke haben oder durch Gummierung gegen Abrasion geschützt sein. Sie müssen mindestens der Druckstufe PN 6 und Flansche der Druckstufe PN 10 genügen. Stahlrohrleitungen für Schlamm müssen mindestens eine Wanddicke haben, die der Vorzugswanddicke Reihe D nach ISO 4200 entspricht. Rohre aus nicht rostendem Stahl müssen mindestens eine Wanddicke haben, die der Vorzugswanddicke Reihe A nach ISO 4200:1991 entspricht.

Schwingungen und Druckstöße in Rohrleitungen, die durch Pumpen oder Armaturen erzeugt werden können, sind zu beachten und erforderlichenfalls zu vermindern (z. B. durch Kompensatoren).

4.3.3 Einrichtungen zur Schlammzuführung

Hinsichtlich Einrichtungen zum Durchmischen, zum Schutz der Pumpen vor Grobstoffen und hinsichtlich der Eigenschaften der Schlammpumpen gilt DIN EN 12255-8.

4.3.4 Einrichtungen zur Schlammwasserabführung

Hinsichtlich Zwischenspeicherung von Schlammwasser und dessen Zudosierung zur Abwasserreinigung gilt DIN EN 12255-8.

Hinsichtlich Ablagerungen/Anbackungen gilt DIN EN 12255-8.

4.3.5 Einrichtungen zur chemischen Konditionierung

Eine chemische Schlammkonditionierung kann durch Zugabe anorganischer Flockungsmittel oder organischer Flockungshilfsmittel (Polyelektrolyte) erfolgen. Eine anorganische Konditionierung kann auch mit einer organischen Flockung kombiniert werden. Bei einer Nachbehandlung wird der entwässerte Schlamm mit anorganischen Zuschlagstoffen versetzt.

Die Volumina der Vorlagen für Zuschlagstoffe sind zwischen Planer und Betreiber abzustimmen.

Die Aufbereitung von Polyelektrolyten muss automatisch gesteuert werden. Zu empfehlen sind Flockungshilfsmittelstationen, die sowohl für flüssige als auch für feste Polyelektrolyte geeignet sind. Die Polyelektrolyte sind mit geeignetem Wasser anzusetzen, und feste Polyelektrolyte sind sorgfältig zu dispergieren, so dass ein Verklumpen vermieden wird. Je nach Art der Polyelektrolyte kann eine Aktivierung durch Reifung oder Energiezufuhr erfolgen. Reifezeiten müssen bekannt und für flüssige und feste

Polyelektrolyte einstellbar sein. Bei Volllast muss der Betriebsdruck der Wasserversorgung mindestens 3 bar betragen.

Vor der Einmischung der Polyelektrolyte in den Schlamm ist die gereifte, etwa 0,5 % bis 1 %ige (Massenanteil) Stammlösung auf eine etwa 0,05 %ige bis 0,3 %ige (Massenanteil) Gebrauchslösung (jeweils bezogen auf die polymere Wirksubstanz) zu verdünnen, wobei die Angaben der Hersteller im Einzelfall zu beachten sind. Es ist für eine ausreichende Durchmischung der Stammlösung mit dem Verdünnungswasser zu sorgen. In Ausnahmefällen kann auf die Herstellung von Stammlösungen verzichtet werden. Das Verdünnungsverhältnis sollte möglichst konstant sein. Die Dosiermenge muss dem betriebsbedingten Volumendurchsatz stufenlos angepasst werden können. Dosierpumpen müssen gegen Trockenlauf geschützt sein.

Die Gebrauchslösung ist vollständig in den Schlamm einzumischen.

Silos für feste anorganische Konditionierungsmittel müssen eine Einstiegsöffnung, eine Befüllleitung mit Absperreinrichtung, eine Überdrucksicherung, ein Abluftfilter, eine Auflockerungseinrichtung sowie eine Austrags- und Dosiereinrichtung (z. B. eine Zellradschleuse mit Stellgetriebe und eine Förderschnecke) aufweisen.

Bei einer Eisen/Kalk-Konditionierung wird üblicherweise zuerst das saure Eisensalz und danach das alkalische Kalkhydrat eingemischt. In Abhängigkeit von den Schlammeigenschaften, insbesondere von dem Feststoffgehalt des zu entwässernden Schlammes, kann der Entwässerung ein Reaktionseindicker mit Rührwerk vorgeschaltet sein.

Zur Nachbehandlung mit Branntkalk werden je nach der Konsistenz des zugeführten Schlammes und den gewünschten Eigenschaften des Produktes Mischer oder Exzenterschneckenpumpen mit Brückenbrechern eingesetzt. Lager und Wellenabdichtungen von Mischern für die Nachkonditionierung müssen außen angeordnet sein. Die Abförderung des entwässerten Schlammes muss auch unter Umgehung der Nachbehandlung möglich sein.

Bei allen Verfahrensschritten, die zu einer Anhebung des pH-Wertes führen, wird Ammoniak ausgetrieben. Geeignete Maßnahmen zur Einhaltung des MAK-Wertes sind zu ergreifen.

4.3.6 Rechnerische Lebensdauer

Es gilt DIN EN 12255-8.

4.3.7 Werkstoffe

Die Werkstoffe müssen für den jeweiligen Zweck geeignet und unter allen gewöhnlichen Betriebsbedingungen dauerhaft beständig sein oder durch eine entsprechende Beschichtung geschützt werden. Hinsichtlich des Korrosionsschutzes von Stahlteilen sind DIN EN ISO 12944-1 bis DIN EN ISO 12944-8 und ATV-M 263 zu beachten.

Der Ausrüster hat in seinem Angebot die Werkstoffe aller wesentlichen Konstruktionsteile anzugeben.

Bei Konstruktionen aus Kunststoff ist dessen Quellverhalten zu beachten.

4.4 Mess-, Steuerungs- und Regelungstechnik

Schlammentwässerungsanlagen sind mit einer Steuerung auszurüsten, wobei reguläre Ein- und Abschaltungen folgerichtig zu erfolgen haben. Störungen wesentlicher Komponenten sind anzuzeigen und müssen zu einer Notabschaltung der Anlage führen.

Der Schlamm- und Konditionierungsmitteldurchsatz sind für jede einzelne Maschine anzuzeigen. Bei ungleichförmigen Schlammverhältnissen (Feststoffgehalt) ist eine Frachtregelung (Feststoff-Fracht und Flockungshilfsmittel-Menge) zu empfehlen.

Schaltschränke sind erforderlichenfalls spritzwassergeschützt auszuführen. Alle im Bereich von Spritzwasser angeordneten Getriebe und Motoren sind mindestens in Schutzart IP 54 nach DIN EN 60529 (VDE 0470 Teil 1) auszuführen.

Motoren sind mit Motorschutzschaltern auszurüsten. Frequenzgesteuerte Motoren sind mit Kaltleitern auszurüsten.

Die Mess-, Steuerungs- und Regelungstechnik sind im Angebot zu beschreiben.

4.5 Sicherheitstechnik

Es gelten die einschlägigen gesetzlichen Vorgaben und Normen der Sicherheit, wie z. B.

— Produktvorschriften der EG-Maschinenrichtlinie 98/37/EG,

— die Umsetzung der EG-Richtlinien in nationales Recht, z. B. das deutsche Gerätesicherheitsgesetz

sowie die besonderen Regeln der Sicherheitstechnik für Kläranlagen nach DIN EN 12255-10 und die entsprechenden Unfallverhütungsvorschriften des zuständigen Unfallversicherungsträgers[2)].

4.6 Betrieb und Wartung

Alle Komponenten, die regelmäßig zu warten sind, also z. B. Pumpen, Antriebe, Rollen, Lager, Bänder, Filtertücher und Schalter, müssen leicht und gefahrlos auswechselbar sein. Eine entsprechende Zugänglichkeit muss gegeben sein.

Es sind Spülanschlüsse für die Schlammpumpen und -leitungen vorzusehen, und ein Reinigen der gesamten Anlage sollte möglich sein.

5 Anforderungen an Anlagen mit Bandfilterpressen

5.1 Allgemeines

In der Bandfilterpresse wird der Pressdruck kontinuierlich oder in Stufen gesteigert und der Schlamm üblicherweise einer zusätzlichen Scherbeanspruchung ausgesetzt.

Bandfilterpressen arbeiten kontinuierlich und erzeugen einen in Durchlaufrichtung ansteigenden Pressdruck. Der Abscheidegrad beträgt nahezu 100 %, sofern kein Schlamm seitlich aus dem Zwischenraum zwischen den Filterbändern austritt und die Bänder keine Fehlstellen aufweisen.

Der erreichbare Trockenrückstand des Schlammkuchens ist abhängig von den Eigenschaften des zu entwässernden Schlammes, der Qualität der Flockung mit polymeren Flockungshilfsmitteln sowie der Höhe und Einwirkdauer des aufgebrachten Druckes und der einwirkenden Scherkräfte. Die Durchsatzleistung ist im Wesentlichen abhängig von der Bandbreite, der Feststoffkonzentration des zwischen die Filterbänder gelangenden Schlammes und der Bandgeschwindigkeit.

Um die Durchsatzleistung bei der Entwässerung dünner Schlämme zu erhöhen, darf der eigentlichen Bandfilterpresse, in der üblicherweise eine Vorentwässerung integriert ist, eine separate Vorentwässerung vorgeschaltet werden. Bei der integrierten Vorentwässerung wird der geflockte Schlamm unter der Einwirkung der Schwerkraft auf einem Filtergewebe geseiht und schonend umgeschichtet, so dass er einen Großteil des bei der Flockung freigewordenen Schlammwassers (mehr als 50 %) abgibt. Das Filtrat aus der

---

[2)] Bundesverband der Unfallkassen e.V. (BUK); Bundesministerium für Arbeit und Sozialordnung (BMA); Deutscher Verein des Gas- und Wasserfaches e. V. (DVGW)

Vorentwässerung darf bei hohem Abscheidegrad als Spritzwasser zum Reinigen der Filtergewebe verwendet werden.

Häufig werden den Bandfilterpressen Einrichtungen zur Nachbehandlung nachgeschaltet. Der Schlammkuchen wird in Mischern gebrochen und üblicherweise mit den Zuschlagstoffen locker vermischt, so dass ein krümeliges und lagerbares Produkt entsteht.

Offene und auch geschlossene Bandfilterpressenanlagen werden unterschieden, z. B.

c) nach dem Bandantrieb in

— Bandfilterpressen mit einer Antriebsrolle (ein Band wird angetrieben und nimmt das andere Band mit),

— Bandfilterpressen mit zwei Antriebsrollen (beide Bänder werden einzeln, aber mit gleicher Geschwindigkeit angetrieben);

d) nach der Art der Druckaufbringung in

— Druckaufbringung über Zugkräfte in den die Rollen umschlingenden Filterbändern,

— Druckaufbringung über auf die Filterbänder aufgebrachte Normalkräfte (mechanisch, hydraulisch oder pneumatisch);

e) nach der Bauart in

— Bandfilterpressen mit integrierter Vorentwässerung,

— Bandfilterpressen mit zusätzlichen getrennten Einrichtungen zur Vorentwässerung.

5.2 Anforderungen an die technische Ausrüstung

5.2.1 Schlammzuführung

Der Durchsatz der Schlammzuförderpumpe muss dem betriebsbedingten Volumendurchsatz stufenlos angepasst werden können.

5.2.2 Bandfilterpressen

Im Angebot für Bandfilterpressen müssen folgende besonderen Angaben enthalten sein:

— Art, Ausbildung und Dimensionen der Vorentwässerung;

— Bandbreite, Bandlängen, maximale Bandspannung, Abstufung der Rollendurchmesser und die Umschlingungswinkel, Zapfendurchmesser der Presswalzen;

— Maschenweite, Luftdurchlässigkeit und Reißfestigkeit der Filtergewebe.

Die Rollendurchbiegung darf maximal 0,6 mm je Meter Rollenlänge betragen. Bei der Berechnung der Rollendurchbiegung ist eine Bandspannkraft je Band von 9 000 N/m und zusätzlich die durch den Antrieb erzeugte maximale Kraft zu berücksichtigen.

Der Druck des Abspritzwassers am Eintritt ins Spritzrohr muss mindestens 5 bar betragen. Der Austritt von Spritzwasser ist zu verhindern.

Bei Bandfilterpressen in offener oder geschlossener Ausführung ist für eine entsprechende Abführung freiwerdender Aerosole und Geruchsemissionen ins Freie zu sorgen und erforderlichenfalls zu desodorieren.

5.2.3 Werkstoffe

Antriebs- und Steuerrollen sind zu gummieren. Umlenkrollen sind mit einem geeigneten Kunststoff (z. B. Polyamid) in einer Dicke von mindestens 0,3 mm zu beschichten. Die Oberfläche muss glatt sein. Lochwalzen sind aus Stahl feuerverzinkt oder mit einem geeigneten Kunststoff (z. B. Polyamid) beschichtet oder nichtrostendem Stahl zu fertigen.

Die Filterbänder bestehen aus monofilem Kunststoffgewebe, -gewirke oder aus rostfreiem Drahtgeflecht.

5.3 Mess-, Steuerungs- und Regelungstechnik

Die Bandspannung oder der Pressdruck müssen auf einem einstellbaren Wert konstant gehalten werden können. Der Bandlauf muss automatisch gesteuert werden. Die Bandgeschwindigkeit und die Trommelgeschwindigkeit von Vorentwässerungstrommeln müssen stufenlos einstellbar sein.

Für jedes Band sind ein Bandrissschalter sowie pneumatische oder elektrische Laufwächter vorzusehen, die auch eine Notabschaltung auslösen.

5.4 Betrieb und Wartung

Ein Bandwechsel muss auch bei einem gerissenen Band mit geringem Aufwand ausführbar sein.

Alle Schmierstellen müssen von außen zugänglich sein. Ein Abschmieren der Lager und sonstigen Schmierstellen muss auch bei laufender Maschine gefahrlos möglich sein.

Bei laufender Maschine sollte eine kontinuierliche Grobreinigung der Wannen möglich sein bzw. automatisch erfolgen.

6 Anforderungen an Anlagen mit Kammerfilterpressen

6.1 Allgemeines

Kammerfilterpressen arbeiten diskontinuierlich nach dem Prinzip der kuchenbildenden Filtration. Schlamm wird mittels Verdrängerpumpen (z. B. Kolbenmembran-, Exzenterschnecken- oder Drehkolbenpumpen) in die Filterkammern gepresst und gibt Schlammwasser durch den sich auf den Filtertüchern aufbauenden Filterkuchen ab. Die Kammern werden durch Auseinanderfahren der Filterplatten nacheinander geöffnet und die Filterkuchen von den Filtertüchern abgelöst.

Der Abscheidegrad beträgt nahezu 100 %. Die Durchsatzleistung und der Trockenrückstand des Filterkuchens sind im Wesentlichen abhängig von den Eigenschaften und der Feststoffkonzentration des zu entwässernden Schlammes, der Art der Konditionierung, dem Endpressdruck, der Presszeit und der Tiefe der Kammern. Weiterhin ist die Durchsatzleistung im Wesentlichen abhängig von der Anzahl und Fläche der Filterplatten sowie dem Kammervolumen, dem Pressdruck sowie der Press- und Entleerungszeit.

In Membrankammerfilterpressen erfolgt die Entwässerung in zwei Stufen: In der ersten Stufe wird Schlamm in die Kammern gepresst, bis ein vorgegebener Druck erreicht wird, in der zweiten Stufe wird der Schlammkuchen nachgepresst, indem die Zwischenräume zwischen den Membranen und den Filterplatten hydraulisch oder pneumatisch mit einem noch höheren Druck beaufschlagt werden und das Kammervolumen verkleinern. In Membrankammerfilterpressen kann im Vergleich zu einfachen Kammerfilterpressen in Abhängigkeit von den Schlammeigenschaften und der Konditionierung ein höherer Trockenrückstand erreicht und/oder die Filtrationszeit verkürzt werden.

Kammerfilterpressenanlagen werden unterschieden, z. B.

a) nach der Konditionierung:

— anorganisch mit Metallsalz und Kalkhydrat,

— organisch mit polymeren Flockungshilfsmitteln,

— gemischt mit polymeren Flockungshilfsmitteln und zusätzlicher anorganischer Konditionierung (z. B. mit Metallsalzen, Kalkhydrat, Steinmehl, Asche oder Kohle);

b) nach der Aufhängung der Filterplatten:

— Brückenausführung (an einer Brücke hängende Filterplatten),

— Seitenholmausführung (auf seitlichen Holmen hängende Filterplatten);

c) nach der Form der Filterplatten (siehe DIN 7129):

— Kammerplatten,

— Rahmenplatten (ebene Platten mit dazwischenliegenden Rahmen);

d) nach der Art des Plattentransportes:

— manueller Plattentransport ohne Einzelplattenverriegelung,

— halb- oder vollautomatischer Plattentransport, mit oder ohne Einzelplattenverriegelung;

e) nach dem Werkstoff der Filterplatten:

— Metall,

— Kunststoff,

— Verbundwerkstoff.

6.2 Anforderungen an das Bauwerk

Falls kein unmittelbarer Abwurf des Filterkuchens in Transportcontainer oder -fahrzeuge erfolgt, sind unterhalb von Kammerfilterpressen Abwurftrichter und Fördereinrichtungen anzuordnen.

Filtrat und für das Reinigen der Filtertücher verwendetes Abspritzwasser sind aufzufangen und abzuleiten. Im Bereich des Kuchenabwurfes sind insbesondere dann Einrichtungen zum Absaugen der Luft vorzusehen, wenn der Schlamm anorganisch konditioniert wird. Die Art, der Ort und der Umfang der Luftabsaugung sind zwischen Planer und Ausrüster abzustimmen.

Stapelbehälter für Filterkuchen sollten außerhalb der Gebäude angeordnet werden.

Die Pumpen zum Befüllen der Kammerfilterpressen sind erforderlichenfalls geräuschgedämmt auszuführen oder in einem separaten Raum zu installieren.

6.3 Anforderungen an die technische Ausrüstung

6.3.1 Konditionierung

Das Konditionierungsverfahren ist unter Berücksichtigung möglicher Schwankungen der Zusammensetzung und Feststoffkonzentration des zu entwässernden Schlammes so zu wählen, dass möglichst ein ungleichmäßiger Kuchenaufbau in den Filterkammern vermieden wird.

Bei einer Konditionierung mit organischen Flockungshilfsmitteln kann die Festigkeit der Flocken möglicherweise durch eine zusätzliche Zugabe anorganischer Konditionierungsmittel erhöht und damit das Ablöseverhalten verbessert werden.

6.3.2 Kammerfilterpressen

Im Angebot für Kammerfilterpressen müssen folgende besonderen Angaben enthalten sein:

— Kammervolumen und Filterfläche;

— Anzahl, Abmessungen und Werkstoff der Filterplatten, maximale Anzahl der Filterplatten, maximaler Druck der Schlammpumpen;

— Luftdurchlässigkeit und Reißfestigkeit der Filtertücher.

Die Gestelle von Kammerfilterpressen sind für die maximale Anzahl der Filterplatten auszulegen. Das Gewicht des Schlammes in den Kammern ist zu berücksichtigen. Die Gestelle sind sowohl auf die maximale dynamische Belastung beim Schließen der Kammern sowie den maximalen bei Pulsation der Schlammpumpen auftretenden Kammerdruck auszulegen.

Die Filterplatten sollten hydraulisch zusammengepresst werden. Das gesamte Hydrauliksystem muss dem 1,5fachen maximalen Schließdruck standhalten.

Die Filterplatten sind so auszulegen, dass sie einseitigen Druckbelastungen infolge von Verstopfungen sicher standhalten. Das Durchbiegen der Filterplatten kann durch Stütznocken begrenzt werden.

Hinsichtlich der Ausführung und den Abmessungen der Filterplatten ist DIN 7129 zu beachten.

Einrichtungen für den Transport der Filterplatten sind so auszuführen, dass auch bei anhaftendem Filterkuchen ein Einzeltransport jeder Filterplatte sichergestellt ist.

6.3.3 Reinigung der Filtertücher

Das Abspritzen der Filtertücher sollte automatisch und bei einem Druck des Abspritzwassers von etwa 100 bar erfolgen. Sofern die Bildung von Krusten in den Filtertüchern zu erwarten ist, insbesondere bei einer Konditionierung mit Kalk und Eisensalzen, ist eine periodische Behandlung mit Chemikalien (z. B. 3 %ige bis 5 %ige (Massenanteil) Salzsäure) erforderlich.

Die Einwirkung von Spritzwasser auf das Personal ist möglichst gering zu halten.

6.4 Mess-, Steuerungs- und Regelungstechnik

Zur Vermeidung von Fehlchargen infolge ungleichmäßigen Kuchenaufbaus ist eine automatisierte Prozessüberwachung und -steuerung vorzusehen.

Die Schlammmenge ist in Abhängigkeit vom Verlauf des Filtrationsdruckes zu steuern.

Die Steuerung bzw. Regelung der Konditionierung ist im Angebot ausführlich zu beschreiben.

Der Transport der Filterplatten beim Kuchenaustrag muss so erfolgen, dass das Bedienungspersonal am Filtertuch oder an den Schlammzufuhröffnungen anhaftenden Filterkuchen manuell abtrennen und Schäden an den Filtertüchern erkennen kann.

6.5 Sicherheitstechnik

Es gelten die Anforderungen an die Sicherheitstechnik nach 4.5.

7 Anforderungen an Anlagen mit Dekantierzentrifugen

7.1 Allgemeines

Der zu entwässernde und mit polymeren Flockungshilfsmitteln konditionierte Schlamm gelangt über ein Zulaufrohr und eine Verteilerkammer in die um ihre Achse rotierende Zentrifugentrommel. Die Trommel besteht aus einem zylindrischen und einem konischen Teil. Während der Schlamm im zylindrischen Teil in Richtung eines am Ende angeordneten Flüssigkeitsauslasses fließt, bewirkt die Zentrifugalkraft eine Klärung des Zentrates, d. h. die Feststoffe mit einer Dichte, die größer ist als diejenige des Schlammwassers, setzen sich an der Trommelwandung ab und werden komprimiert. Die abgesetzten Feststoffe werden durch eine Schnecke innen entlang des zylindrischen Teiles und über den konischen Teil der Trommel zum Feststoffauslass gefördert.

Der erreichbare Trockenrückstand des entwässerten Schlammes und der Abscheidegrad sind u. a. abhängig von Durchmesser und Drehzahl der Trommel sowie von der Dicke der Schlammschicht in der Trommel, dem Längen-Durchmesser-Verhältnis und dem Wehrdurchmesser. Eine Steigerung der Schichtdicke erhöht zwar den Trockenrückstand im entwässerten Schlamm, verschlechtert aber den Abscheidegrad. Die Schichtdicke ist über die Differenz der Drehzahlen von Trommel und Schnecke steuerbar. Das zwischen Trommel und Schnecke wirkende Drehmoment wird als Regelgröße für die Differenzdrehzahl verwendet. Der Flüssigkeitsspiegel in der Trommel ist über Ringscheiben einstellbar.

Zentrifugen werden unterschieden, z. B.:

a) nach der Richtung des Feststoffaustrages in:

— Gleichstromzentrifugen (Feststoffaustrag und Flüssigkeitsaustrag in gleicher Richtung und Rückführung des Zentrates über Rückführkanäle),

— Gegenstromzentrifugen;

b) nach dem Vorzeichen der Differenzdrehzahl:

— voreilende Schnecke (Schnecke dreht sich schneller als Trommel),

— nacheilende Schnecke;

c) nach der Antriebstechnik:

— Ein-Motor-Antrieb (Trommel und Schnecke werden vom selben Motor z. B. über Riemenscheiben angetrieben),

— Motor-Bremsen-Antrieb (Ein Motor treibt die Trommel an, die Schnecke wird z. B. über eine Wirbelstrombremse oder einen Generator gebremst),

— Zwei-Motoren-Antrieb (Ein Motor treibt die Trommel, ein zweiter Motor treibt die Schnecke; es können z. B. Hydromotoren verwendet werden),

— Zwei-Motoren-Zwei-Getriebe-Antrieb (Der Hauptmotor treibt über ein Getriebe die Trommel und die Schnecke an, der Hilfsmotor verändert über ein weiteres Getriebe die Differenzdrehzahl).

7.2 Anforderungen an das Bauwerk

Die statischen und dynamischen Auflagerkräfte sind vom Ausrüster anzugeben und entsprechend zu berücksichtigen.

Erforderlichenfalls sind bauliche Maßnahmen zur Begrenzung der Geräuschemission vorzusehen.

7.3 Anforderungen an die technische Ausrüstung

7.3.1 Schlammzuführung

Beschickungspumpen müssen den Schlamm gleichmäßig in die Zentrifugen fördern. Der Durchsatz muss (z. B. für das Anfahren) langsam bis zum Betriebsdurchsatz gesteigert werden können, um einen Austrag von Zentrat über den Feststoffauslass und eine hydraulische Überlastung zu vermeiden.

Der Schlammdurchsatz und die Flockungshilfsmitteldosierung müssen dem betriebsbedingtem Volumendurchsatz angepasst werden können.

7.3.2 Zentrifugen

Über Entlüftungsöffnungen aus den Zentrifugen entweichende Luft ist ins Freie zu führen und erforderlichenfalls zu desodorieren.

Im Angebot für Zentrifugen müssen folgende besonderen Angaben enthalten sein:

— Trommeldurchmesser und Länge,

— zylindrische Trommellänge,

— Konuswinkel,

— Betriebs-Trommeldrehzahl, max. Trommeldrehzahl,

— max. Schneckendrehmoment,

— Bereich der Differenzdrehzahl,

— A-bewerteter äquivalenter Schalldruckpegel.

7.3.3 An- und Abfahrvorgänge

Dem Austrag von Dünnschlamm beim Anfahren und Abfahren ist verfahrenstechnisch Rechnung zu tragen.

Nach Beendigung der Schlammzufuhr und vor dem Abfahren muss die Zentrifuge automatisch gespült werden können.

7.3.4 Werkstoffe

Die Innenwandung der Trommeln und der Umfang der Schnecken sind insbesondere bei einem hohen Sandanteil im Schlamm einer beachtlichen Abrasion ausgesetzt. Dementsprechend sind die Trommel und die Schnecke besonders gegen Abrasion und gegebenenfalls Korrosion zu schützen.

7.4 Mess-, Steuerungs- und Regelungstechnik

Bei Zentrifugen mit Differenzdrehzahlregelung ist das Drehmoment anzuzeigen und bei Überschreitung eines Maximalwertes eine automatische Notabschaltung vorzusehen. Es wird eine zweistufige Abschaltung empfohlen. Dabei wird zuerst die Schlammzufuhr unterbrochen, und danach der Trommelantrieb abgeschaltet.

— Entwurf —

Anhang A
(informativ)

Erläuterungen

Der Arbeitsausschuss NAW V 36 "Kläranlagen", Unterausschuss 1 "Deutsche Normung", plant die Fortsetzung der Reihe DIN 19569 "Baugrundsätze für Bauwerke und technische Ausrüstungen" mit der Erarbeitung des Norm-Projektes "Dosieranlagen".

Die Europäische Normenreihe DIN EN 12255 "Kläranlagen" wird voraussichtlich aus den folgenden fünfzehn Normen bestehen [3]:

— Teil 1: Allgemeine Baugrundsätze

— Teil 3: Abwasservorreinigung

— Teil 4: Vorklärung

— Teil 5: Abwasserbehandlung in Teichen

— Teil 6: Belebungsverfahren

— Teil 7: Biofilmreaktoren

— Teil 8: Schlammbehandlung und -lagerung

— Teil 9: Geruchsminderung und Belüftung

— Teil 10: Sicherheitstechnische Baugrundsätze

— Teil 11: Erforderliche allgemeine Angaben

— Teil 12: Steuerung und Automatisierung

— Teil 13: Abwasserbehandlung durch Zugabe von Chemikalien

— Teil 14: Desinfektion

— Teil 15: Messung der Sauerstoffzufuhr in Reinwasser in Belüftungsbecken von Belebungsanlagen

— Teil 16: Abwasserfiltration

ANMERKUNG 1 Für Anforderungen an Pumpanlagen auf Kläranlagen, ursprünglich vorgesehen als Teil 2 "Abwasserpumpanlagen", siehe EN 752-6 "Entwässerungssysteme außerhalb von Gebäuden - Teil 6: Pumpanlagen".

Die Titel der einzelnen Teile entsprechen den Titeln der bereits veröffentlichten Norm-Entwürfe bzw. sind Arbeitstitel und können von den Titeln der Normen geringfügig abweichen.

---

[3] Über die bisher erschienenen Normen dieser Reihe gibt die Geschäftsstelle des Normenausschusses Wasserwesen (NAW) im DIN Deutsches Institut für Normung e. V., Telefon (030) 26 01 – 25 49, oder der Beuth Verlag GmbH, 10772 Berlin (Hausanschrift: Burggrafenstr. 6, 10787 Berlin), Auskunft.

— Entwurf —

Einige Normen der Reihe EN 12255 sind als Europäisches Normenpaket gemeinsam gültig.

Von der Paketbildung sind die folgenden Normen betroffen:

DIN EN 12255-1, DIN EN 12255-3 bis DIN EN 12255-8, DIN EN 12255-10 und DIN EN 12255-11.

Das Datum der Zurückziehung (date of withdrawal, dow) entgegenstehender Normen ist der

31. Dezember 2002 (Resolution 232/2001 durch CEN/TC 165).

In einem Normenpaket werden Europäische Normen zusammengefasst, die zueinander in Beziehung stehen. Eine Querverbindung kann u. a. aufgrund der Notwendigkeit zur gemeinsamen Anwendung bestehen oder dadurch gegeben sein, dass eine Gruppe entgegenstehender nationaler Normen abzudecken ist.

Die Paketbildung ist aber auch unter dem Aspekt der Verpflichtung zur Übernahme von CEN/CENELEC-Normen durch die CEN-Mitglieder und der damit verbundenen Zurückziehung entgegenstehender nationaler Normen (CEN/CENELEC-Geschäftsordnung) von Bedeutung.

Die in einem Normenpaket zusammengefassten Europäischen Normen sind spätestens bis zu einem vorab festgelegten Datum der Zurückziehung (dow) zu veröffentlichen. Die bereits vor diesem Zeitpunkt fertiggestellten und veröffentlichten Europäischen Normen des Paketes werden in das nationale Normenwerk übernommen. Sie gelten bis zum Datum der Zurückziehung parallel zu entsprechenden nationalen Normen. Erst mit dem Erreichen des Datums der Zurückziehung sind die Europäischen Normen des Normenpaketes in das nationale Regelwerk zu übernehmen, indem ihnen der Status von nationalen Normen gegeben wird. Entgegenstehende nationale Normen sind dann zurückzuziehen.

Die einzelnen Normen der Reihe DIN EN 12255 sind inhaltlich anders konzipiert als die Deutschen Normen der Reihe DIN 19569, so dass durchaus mehrere Teile dieser Reihe durch einen Teil der Europäischen Norm berührt werden können.

Der Normungsumfang der Europäischen Normenreihe DIN EN 12255 "Kläranlagen" deckt nicht alle Festlegungen ab, die in den nationalen Normen der Reihe DIN 19569 "Kläranlagen - Baugrundsätze für Bauwerke und technische Ausrüstungen" enthalten sind. Der Arbeitsausschuss V 36 erarbeitet daher Maß- und Restnormen zu den folgenden Themenkreisen:

— Rechteckbecken als Absetzbecken (DIN 19551-1)

— Rechteckbecken als Sandfänge (DIN 19551-3)

— Rundbecken als Absetzbecken (DIN 19552)

— Tropfkörper mit Drehsprengern (DIN 19553)

— Tropfkörperfüllungen (E DIN 19557)

— Rechenbauwerke mit geradem Rechen (DIN 19554)

— Ablaufsysteme in Absetzbecken (DIN 19558)

— Besondere Baugrundsätze für Einrichtungen zum Abtrennen und Eindicken von Feststoffen (DIN 19569-2)

— Besondere Baugrundsätze für Einrichtungen zur aeroben biologischen Abwasserreinigung (DIN 19569-3)

— Besondere Baugrundsätze für Anlagen zur anaeroben Behandlung von Abwasser (DIN 19569-5)

— Besondere Baugrundsätze für Anlagen zur Klärschlammentwässerung (E DIN 19569-9)

— Besondere Baugrundsätze für Anlagen zur Trocknung von Klärschlamm (DIN 19569-10)

— Entwurf —

Literaturhinweise

DIN EN 12832, *Charakterisierung von Schlämmen – Schlammverwertung und -entsorgung – Wörterbuch; Dreisprachige Fassung EN 12832 : 1999*

ATV-DVWK-M 366 "Maschinelle Schlammentwässerung", ISBN 3-933707-60-9, Hennef September 2000[4]

ATV-Handbuch "Klärschlamm", 4. Auflage, ISBN 3-433-00909-0, Hennef 1996 [4]

Forderung nach der Bewertungsgruppe R 12 für die Trittsicherheit gemäß der Unfallverhütungsvorschrift BGV C 5 "Abwassertechnische Anlagen" - früher VBG 54 - bzw. BGR 181 (Berufsgenossenschaftliche Regel) "Merkblatt für Fußböden in Arbeitsräumen und Arbeitsbereichen mit Rutschgefahr"[5]

4) zu beziehen durch: GFA Gesellschaft zur Förderung der Abwassertechnik e. V., Postfach 1165, 53758 Hennef

5) zu beziehen durch: Carl Heymanns Verlag KG Luxemburger Straße 449, 50939 Köln

Juni 2001

Kläranlagen

Baugrundsätze für Bauwerke und technische Ausrüstungen

Teil 10: Besondere Baugrundsätze für Anlagen zur Trocknung von Klärschlamm

DIN 19569-10

ICS 13.060.30

Wastewater treatment plants — Principles for the design of structures and technical equipment — Part 10: Specific principles for the equipment for thermal sludge drying

Stations d'épuration — Principes de construction pour bâtiments et équipments techniques — Partie 10: Principes spéciaux pour la séchage thermique de boue

Inhalt

Fortsetzung Seite 2 bis 16

Normenausschuss Wasserwesen (NAW) im DIN Deutsches Institut für Normung e. V.

Vorwort

Diese Norm wurde vom Arbeitsausschuss V 36 „Kläranlagen“, Unterausschuss 1 „Deutsche Normung“ des Normenausschusses Wasserwesen (NAW) erarbeitet.

Dieser Ausschuss hat in der Vergangenheit bereits eine Reihe von DIN-Normen über einzelne Einrichtungen von Kläranlagen zusammen mit den entsprechenden Bauwerken erarbeitet und darin festgelegt:

- Hauptmaße;
- Bauwerkstoleranzen (Mindestanforderungen für ordnungsgemäßen Einbau und Betrieb);
- Bezeichnungen

sowie

- spezielle Angaben zu den einzelnen Einrichtungen.

Im Laufe der Normungsarbeit erwies es sich als notwendig, die Normen wesentlich zu erweitern, was aber innerhalb der bestehenden Normen kaum zu verwirklichen ist, ohne den gegebenen Rahmen zu sprengen. Es bot sich daher an, die übergeordneten Baugrundsätze zu definieren und in eigenen Normen festzulegen, die dann künftig einfacher an die laufende Entwicklung angepasst werden können.

Die Normen der Reihe DIN 19569 „Kläranlagen — Baugrundsätze für Bauwerke und technische Ausrüstungen“ besteht aus folgenden Teilen:

- Teil 1: Allgemeine Baugrundsätze
- Teil 2: Besondere Baugrundsätze für Einrichtungen zum Abtrennen und Eindicken von Feststoffen
- Teil 3: Besondere Baugrundsätze für Einrichtungen zur aeroben biologischen Abwasserreinigung
- Teil 4: Besondere Baugrundsätze für gehäuselose Absperrorgane
- Teil 5: Besondere Baugrundsätze für Anlagen zur anaeroben Behandlung von Klärschlamm und Abwasser
- Teil 6: Besondere Baugrundsätze für Anlagen zur getrennten aeroben Klärschlammstabilisierung
- Teil 7: Fäkalschlammübernahmestation
- Teil 8: Besondere Baugrundsätze für Anlagen zur Abwasserreinigung mit Festbettfiltern (Raum- und Biofilter) (z. Z. Entwurf)
- Teil 9: Klärschlammentwässerung
- Teil 10: Besondere Baugrundsätze für Anlagen zur Trocknung von Klärschlamm

Die Erarbeitung weiterer Normen für besondere Baugrundsätze von Bauwerken und technischen Ausrüstungen ist vorgesehen (siehe Anhang A).

Ausdrücklich wird darauf hingewiesen, dass im Normenausschuss CEN/TC 165 „Abwassertechnik“ die Ausschüsse WG 42 und WG 43 gemeinsam Europäische Normen für Kläranlagen für > 50 Einwohnerwerte (EW) erarbeiten. Entsprechend der CEN/CENELEC-Geschäftsordnung besteht die Verpflichtung, eine Europäische Norm auf nationaler Ebene zu übernehmen, indem ihr der Status einer nationalen Norm gegeben wird und indem ihr entgegenstehende nationale Normen zurückgezogen werden. Darüber hinaus gilt für die CEN/CENELEC-Mitglieder eine Stillhalteverpflichtung. Das bedeutet, dass während der Bearbeitung eines einzelnen europäischen Norm-Projektes keine denselben Gegenstand betreffenden nationalen Normen erarbeitet werden dürfen.

Weitere Informationen zu den Europäischen Normen für Kläranlagen > 50 EW (Umfang, Paketbildung, Zurückziehung nationaler Normen) siehe Anhang A.

Einleitung

Die Trocknung ist ein Verfahren zum weit gehenden Schlammwasserentzug. Während mechanische Entwässerungsverfahren nur freies und Zwischenraumwasser entfernen können (erreichbarer Trockenrückstand etwa 35 %, in Ausnahmefällen auch mehr), ermöglichen thermische Verfahren nahezu beliebige Trocknungsgrade durch Verdampfen oder Verdunsten des Haft-, Innen- und Adsorptionswassers. Dabei werden auch flüchtige und geruchsintensive Stoffe freigesetzt.

Durch Ausschleusung der Brüden aus dem Trockner erfolgt die endgültige Trennung zwischen Schlammtrockensubstanz und Schlammwasser. Die Brüden können in weiteren Schritten nachbehandelt werden. In der Regel werden sie entstaubt und anschließend kondensiert.

1 Anwendungsbereich

Diese Norm legt besondere Baugrundsätze für Einrichtungen zur Trocknung von Klärschlamm fest, und zwar für:

- solche Bauwerke und Bauwerksteile, bei denen die Anordnung oder Funktion der technischen Ausrüstung berücksichtigt werden muss und für
- technische Ausrüstungen, soweit besondere Anforderungen bei Planung, Bau und Betrieb beachtet werden müssen.

Die zugehörigen Einrichtungen für die Übernahme des entwässerten und Abgabe des getrockneten Schlammes werden in dieser Norm nicht behandelt.

Diese Norm gilt zusammen mit den allgemeinen Baugrundsätzen nach E DIN EN 12255-1 und den besonderen Baugrundsätzen für Einrichtungen zur Schlammbehandlung und -lagerung nach E DIN EN 12255-8.

Allgemeine und besondere Grundsätze des Bau- und Maschinenwesens, der Elektrotechnik, der Sicherheitstechnik sowie der Klärtechnik sind nicht Gegenstand dieser Norm. Diese Norm behandelt auch nicht Grundsätze für Aggregate wie Pumpen und Antriebe.

2 Normative Verweisungen

Diese Norm enthält durch datierte oder undatierte Verweisungen Festlegungen aus anderen Publikationen. Diese normativen Verweisungen sind an den jeweiligen Stellen im Text zitiert, und die Publikationen sind nachstehend aufgeführt. Bei datierten Verweisungen gehören spätere Änderungen oder Überarbeitungen dieser Publikationen nur zu dieser Norm, falls sie durch Änderung oder Überarbeitung eingearbeitet sind. Bei undatierten Verweisungen gilt die letzte Ausgabe der in Bezug genommenen Publikation (einschließlich Änderungen).

DIN 4045, *Abwassertechnik — Begriffe.*

DIN EN 1085, *Abwasserbehandlung — Wörterbuch; Dreisprachige Fassung EN 1085:1997.*

DIN EN 10088-2, *Nichtrostende Stähle — Teil 2: Technische Lieferbedingungen für Blech und Band für allgemeine Verwendung; Deutsche Fassung EN 10088-2:1995.*

E DIN EN 12255-1, *Abwasserbehandlungsanlagen — Teil 1: Allgemeine Baugrundsätze; Deutsche Fassung prEN 12255-1:1996.*

E DIN EN 12255-8, *Abwasserbehandlungsanlagen — Teil 8: Schlammbehandlung und -deponierung; Deutsche Fassung prEN 12255-8:1997.*

E DIN EN 12255-9, *Kläranlagen — Teil 9: Vermeidung von Geruchsbelästigung; Deutsche Fassung prEN 12255-9:1999.*

DIN EN 12255-10, *Kläranlagen — Teil 10: Sicherheitstechnische Baugrundsätze; Deutsche Fassung EN 12255-10:2000.*

DIN EN 60529, *Schutzarten durch Gehäuse (IP-Code) (IEC 60529:1989 + A1:1999); Deutsche Fassung EN 60529:1991 + A1:2000.*

DIN EN ISO 12944-1, *Beschichtungsstoffe — Korrosionsschutz von Stahlbauten durch Beschichtungssysteme — Teil 1: Allgemeine Einleitung (ISO 12944-1:1998); Deutsche Fassung EN ISO 12944-1:1998.*

DIN EN ISO 12944-2, *Beschichtungsstoffe — Korrosionsschutz von Stahlbauten durch Beschichtungssysteme — Teil 2: Einleitung der Umgebungsbedingungen (ISO 12944-2:1998); Deutsche Fassung EN ISO 12944-2:1998.*

DIN EN ISO 12944-3, *Beschichtungsstoffe — Korrosionsschutz von Stahlbauten durch Beschichtungssysteme — Teil 3: Grundregeln zur Gestaltung (ISO 12944-3:1998); Deutsche Fassung EN ISO 12944-3:1998.*

DIN EN ISO 12944-4, *Beschichtungsstoffe — Korrosionsschutz von Stahlbauten durch Beschichtungssysteme — Teil 4: Arten von Oberflächen und Oberflächenvorbereitung (ISO 12944-4:1998); Deutsche Fassung EN ISO 12944-4:1998.*

DIN EN ISO 12944-5, , *Beschichtungsstoffe — Korrosionsschutz von Stahlbauten durch Beschichtungssysteme — Teil 5: Beschichtungssysteme (ISO 12944-5:1998); Deutsche Fassung EN ISO 12944-5:1998.*

ISO 4200:1991, *Plain end steel tubes, welded and seamless — General tables of dimensions and masses per unit length.*

GUV 7.4, *Unfallverhütungsvorschrift „Abwassertechnische Anlagen“ mit Durchführungsanweisungen*[1].

VDI 2263, *Staubbrände und Staubexplosionen — Gefahren, Beurteilung, Schutzmaßnahmen.*

ATV-M 263, *Empfehlungen zum Korrosionsschutz von Stahlteilen in Abwasserbehandlungsanlagen durch Beschichtungen und Überzüge*[2].

TRGS 900, *Grenzwerte in der Luft am Arbeitsplatz „Luftgrenzwerte“*[3].

BGV C5, *Unfallverhütungsvorschrift für Abwassertechnische Anlagen*[4].

BGR 104, *Richtlinien für die Vermeidung der Gefahren durch explosionsfähige Atmosphäre mit Beispielsammlung — Explosionsschutz-Richtlinien (Ex-RL)/Achtung: Loseblattsammlung*[4].

---

[1] Herausgeber: Bundesverband der Unfallkassen e. V. (BUK), Postfach 90 02 62, 81502 München

[2] zu beziehen durch: GFA Gesellschaft zur Förderung der Abwassertechnik e. V., Postfach 11 65, 53758 Hennef

[3] zu beziehen durch: Deutsches Informationszentrum für Technische Regeln (DITR) im DIN, Deutsches Institut für Normung e. V., 10722 Berlin (Hausanschrift: Burggrafenstraße 6, 10787 Berlin)

[4] Herausgeber: HVGB Hauptverband der gewerblichen Berufsgenossenschaften, Alte Heerstraße, 53757 Sankt Augustin; zu beziehen durch: Carl Heymanns Verlag KG, Luxemburger Straße 449, 50939 Köln

3 Begriffe

Für die Anwendung dieser Norm gelten die in DIN 4045 und DIN EN 1085 angegebenen und die folgenden Begriffe.

3.1

Brüden

mit leichtflüchtigen Stoffen und feinstkörnigen Feststoffen belasteter Wasserdampf aus der Trocknung

3.2

Brüdenkondensat

aus Brüden bei Temperaturabsenkung abgetrenntes, mit gelösten Stoffen belastetes Wasser

3.3

Kontakttrocknung

der zu trocknende Klärschlamm wird über eine beheizte Kontaktfläche erwärmt

3.4

Konvektionstrocknung

der zu trocknende Klärschlamm wird von Gas oder Luft durchströmt oder überströmt

3.5

Leimphase

Trocknungsphase, in der Schlamm klebrig ist; Massenanteil an Wasser (Wassergehalt) zwischen 35 % bis 60 %

3.6

Mischgut

rieselfähiges Gemisch aus Dickschlamm und getrocknetem Produkt; Massenanteil an Wasser (Wassergehalt) unterhalb der Leimphase

3.7

Staub

fein zerteilter Feststoff beliebiger Form, Struktur und Dichte unterhalb der Korngröße von 500 µm (siehe VDI 2263)

3.8

Trocknung

Wasserentzug durch Verdampfen oder Verdunsten

3.9

Volltrocknung

Trocknung bis zu einem Massenanteil an Wasser (Wassergehalt) von unter 15 %

3.10

Wasserverdampfungsleistung

Masse des verdampften Wassers je Zeiteinheit

4 Für alle Anlagen geltende Grundsätze

4.1 Allgemeines

Zu Schlammtrocknungsanlagen gehören neben den Trocknungsaggregaten gegebenenfalls Einrichtungen zur Speicherung und Zuführung des vorentwässerten Schlammes, zur Abführung, Kühlung und Speicherung des getrockneten Schlamms, zur Kondensation der Brüden, zur Behandlung oder Rückführung der Brüden, zur Wärmeerzeugung und -rückgewinnung sowie zur Abluftbehandlung. Gegebenenfalls gehören ferner Einrichtungen zum Mischen von vorentwässertem Schlamm mit bereits getrocknetem Schlamm sowie Einrichtungen zur Abluftbehandlung dazu.

Zum Bauwerk gehören Schlammvorlagebehälter, Maschinengebäude und Fundamente (z. B. für Aggregate und Behälter).

In der Ausschreibung sind mindestens anzugeben:

a) Herkunft, Art, Menge, Trockenrückstand und Glühverlust des zu trocknenden Schlammes;

b) Trockenrückstand nach Trocknung;

c) gewünschte Trockengutbeschaffenheit (z. B. Angaben über die Trockengutsieblinie und Schüttgewicht);

d) zulässiger Staubgehalt in der Abluft und zugehörige Messstelle;

e) vorgesehene Betriebszeit (Stunden/Tag, Tage/Woche);

f) Verfügbarkeit von Betriebswasser, Druckluft und Energie.

Im Angebot sind mindestens anzugeben:

a) Platzbedarf;

b) erreichbarer Trockenrückstand des getrockneten Schlammes mit zugehöriger Wasserverdampfungsleistung;

c) Art der Wärmeerzeugung und -rückgewinnung;

d) Wärmebilanz;

e) maximaler Wärme- und Strombedarf;

f) Art der Brüdenbehandlung;

g) Art der Abluftbehandlung;

h) Menge und Temperatur von anfallendem Brüdenkondensat;

i) installierte Leistung und Leistungsaufnahme aller elektrischen Antriebe;

j) Verfügbarkeit der Anlage mit Angabe der Wartungsintervalle;

k) Personalbedarf und Qualifikation;

l) Werkstoffe der wesentlichen Konstruktionsteile;

m) Ersatz- und Verschleißteile sowie deren zu erwartende Lebensdauer;

n) Mess-, Steuerungs- und Regelungstechnik für alle Betriebszustände;

o) Definition von und Anforderungen an Einfahrphase und Dauerbetrieb.

4.2 Anforderungen an das Bauwerk

Die allgemeinen Baugrundsätze nach E DIN EN 12255-1 sind zu beachten.

Die Gestaltung der Bauwerke ist mit dem Ausrüster abzustimmen. Der Ausrüster hat Angaben zur Fundamentierung und Befestigung der Anlagenteile (Auflagerkräfte, Maße, Verankerungen usw.) sowie zum Platzbedarf zu machen.

Die Räume müssen so gestaltet und belüftbar sein, dass die maßgebende maximale Arbeitsplatzkonzentration (MAK) und die technische Richtlinienkonzeption (TRK) (siehe Technisches Regelwerk für Gefahrstoffe TRGS 900) nicht überschritten werden. Für Absaugungen ist entsprechender Raumbedarf zu berücksichtigen.

Räume, in denen mit Wasserstrahl gereinigt werden soll, müssen mit einer Spritzwasserversorgung und Entwässerung versehen sowie spritzwasserfest und trittsicher ausgestattet werden. Örtliche Schaltschränke sind außerhalb des Spritzwasserbereiches, möglichst in getrennten Räumen anzuordnen.

Räume müssen gut zugänglich und so geräumig sein, dass Aggregate wie z. B. Pumpen, Antriebe, Rollen, Bänder, Rotoren und Trommeln ausgewechselt werden können. Hierfür ist ausreichender Freiraum vorzusehen. Für Montage, Instandhaltungs- und Betriebsarbeiten sind ausreichende Montageöffnungen vorzusehen. Bei der Planung muss die Montage größerer Anlagenteile berücksichtigt werden. Vorkehrungen zum Anbringen von Hebezeugen sind vorzusehen (z. B. Kranschiene, Kran).

Das Volumen von Schlammvorlagebehältern ist unter Berücksichtigung der Schlammmengen und Betriebszeiten zu bemessen.

Speicherbehälter für geruchsbelastete oder ausgasende Stoffe (z. B. Schlamm, Schlammwasser, Brüdenkondensat) sind abzudecken und zu entlüften. Eine Abluftbehandlung kann erforderlich sein.

4.3 Anforderungen an die technische Ausrüstung

4.3.1 Allgemeines

Die allgemeinen Baugrundsätze nach E DIN EN 12255-1 sind zu beachten.

4.3.2 Bemessung

Rohrleitungen müssen den maximal auftretenden Drücken sicher standhalten und eine für den abrasiven Verschleiß genügende Wanddicke haben. Rohre müssen mindestens der Druckstufe PN 6, Flansche der Druckstufe PN 10 genügen. Stahlrohrleitungen für Schlamm müssen mindestens eine Wanddicke haben, die der Vorzugswanddicke Reihe D nach ISO 4200:1991 entspricht. Rohrleitungen aus nichtrostendem Stahl müssen mindestens eine Wanddicke haben, die der Vorzugswanddicke Reihe A nach ISO 4200:1991 entspricht.

Schwingungen und Druckstöße in Rohrleitungen, die durch Pumpen erzeugt werden können, sind durch geeignete Maßnahmen (z. B. durch Kompensatoren) zu vermindern.

4.3.3 Einrichtungen zur Speicherung und Zuführung des Schlammes

Schlammvorlagebehälter müssen ein ausreichendes Puffervolumen zum Ausgleich von betrieblich bedingten Mengenschwankungen zwischen Anlieferung und Entnahme besitzen.

Veränderungen des vorentwässerten Schlammes bei der Zwischenspeicherung sowie Ausgasung sind zu berücksichtigen. Zum Ablösen von verfestigtem Schlamm sind, sofern erforderlich, geeignete Einrichtungen vorzusehen.

Fördereinrichtungen (z. B. Dickschlammpumpen, Trogkettenförderer oder Schneckenförderer) müssen für Schlammart, Entwässerungssystem, Trockenrückstand, Konditionierungsmittel, Vorlagetyp und Trocknungsverfahren geeignet sein.

Schlammeintrags- und Schlammaustragsorgane sowie sämtliche Apparatedichtungen sind so zu gestalten, dass wenig Leckluft in den Trockner einströmen kann.

4.3.4 Einrichtungen zur Förderung, Kühlung und Speicherung des getrockneten Schlammes

Je nach Beschaffenheit kann getrockneter Klärschlamm mit mechanischen oder pneumatischen Systemen gefördert werden. Die Speicherung des getrockneten Schlammes erfolgt als Schüttung in Silos, in Einweggebinden oder Bunkern.

4.3.5 Einrichtungen zur Abführung, Kondensation und Behandlung von Brüden

Brüden sind in geeigneter Weise aus dem Trockner abzuführen und erforderlichenfalls zur Verminderung von Staub-, Geruchs- und Schadstoffemissionen zu behandeln.

Bei der Brüdenkondensation gelangen Stoffe aus der Gasphase in die wässrige Phase. Nichtkondensierbare Restbrüden sind geruchsbelastet und müssen erforderlichenfalls nachbehandelt werden.

Eine Kondensation kann durch Eindüsen von Kühlwasser direkt in den Brüdenstrom, durch Quenchen oder durch Abkühlung in Wärmetauschern erfolgen. Belastete Brüdenkondensate bzw. verunreinigtes Kühlwasser sollten einer Nachbehandlung in geschlossenen Systemen zugeführt werden.

Die Qualität des Brüdenkondensats ist u. a. von den Schlamminhaltsstoffen, dem Trocknungsverfahren sowie der Trocknungstemperatur abhängig.

Gegen Staubemissionen sind entsprechende Filtereinrichtungen einzubauen oder andere geeignete Maßnahmen, wie z. B. staubarme Verfahren, vorzusehen.

4.3.6 Einrichtungen zur Abluftbehandlung

Einrichtungen zur Ablufterfassung und -behandlung sind so zu gestalten, dass die Abluft an den Anfallstellen sachgerecht abgeführt und behandelt werden kann. Die Abluft kann über einen Filter, Wäscher oder durch Mitverbrennung im Wärmeerzeuger unter Beachtung der sicherheitstechnischen Anforderungen behandelt werden.

Im Übrigen wird auf E DIN EN 12255-9 verwiesen.

4.3.7 Rechnerische Lebensdauer

Lager, Getriebe und Motoren müssen mindestens eine rechnerische Lebensdauer der Lebensdauerklasse 3 nach E DIN EN 12255-1 haben. Hiervon abweichende Lebensdauerklassen müssen gesondert vereinbart werden.

4.3.8 Werkstoffe

Die Werkstoffe müssen für den jeweiligen Zweck geeignet und unter allen gewöhnlichen Betriebsbedingungen dauerhaft beständig sein oder durch eine entsprechende Beschichtung geschützt werden. Insbesondere sind die Abrasivität und Korrosivität des Klärschlammes zu beachten. Hinsichtlich des Korrosionsschutzes von Stahlteilen sind die DIN EN ISO 12944-1 bis DIN EN ISO 12944-5 und ATV M 263 zu beachten.

Kondensatberührte Anlagenteile sind gegen Korrosion zu schützen.

Bei Verwendung von nichtrostenden Stählen ist der Gehalt an Chloriden im Schlamm, für Konstruktionen aus Kunststoff das Quellverhalten zu beachten.

Als Werkstoffe sind hinsichtlich Korrosionsbeständigkeit mindestens folgende Werkstoffe einzusetzen:

a) bei korrosiver Atmosphäre: nichtrostender Stahl (z. B. 1.4301 (X5CrNi18-10 nach DIN EN 10088-2));

b) für Brüdenkondensat: nichtrostender Stahl (z. B. 1.4571 (X6CrNiMoTi17-12-2 nach DIN EN 10088-2)).

Als Verschleißschutz sind z. B. Wanddickenzuschläge, spezielle Schleißbleche, Aufpanzerungen, Gummierungen in Betracht zu ziehen.

Zur Frage der Korrosionsbeständigkeit von Rohrleitungen und anderen Ausrüstungsteilen in Schlammbehältern siehe E DIN EN 12255-8.

4.4 Mess-, Steuerungs- und Regelungstechnik

Trocknungsanlagen müssen im regulären Betrieb, im An- und Abfahrbetrieb sowie im Notbetrieb vollautomatisch gesteuert, geregelt und überwacht werden. Sicherheitstechnische Verriegelungen müssen auch im Handbetrieb funktionsfähig bleiben. Bei Störungen oder sicherheitsrelevanten Grenzwertüberschreitungen muss die Trocknungsanlage automatisch in einen sicheren Zustand überführt werden.

Produkt- und Trocknungsgastemperaturen, Stromaufnahmen einzelner Antriebe, der Sauerstoffgehalt im Trocknungsgas sowie die Schlammaufgabemengen und die Qualität des Mischgutes müssen überwacht werden und können als Regelgrößen dienen.

Schaltschränke sind erforderlichenfalls spritzwassergeschützt oder staubgeschützt auszuführen. Alle im Bereich von Spritzwasser angeordneten Getriebe und Motoren sind mindestens in Schutzart IP 54 nach DIN EN 60529 auszuführen.

Wenn ein Prozessleitsystem eingesetzt ist, muss eine unterbrechungsfreie Notstromversorgung sichergestellt sein.

Nach Fertigstellung der Anlage ist eine Funktionsprüfung aller Betriebszustände vorzunehmen.

4.5 Sicherheitstechnik

4.5.1 Allgemeines

Die einschlägigen Normen und Vorschriften für die Sicherheit von Maschinen sind zu beachten.

Außerdem gelten die

- allgemeinen Regeln der Sicherheitstechnik (siehe DIN EN 12255-10),
- besonderen Regeln der Sicherheitstechnik und Unfallverhütungsvorschriften der gesetzlichen Unfallversicherer, z. B. GUV 7.4, BGV C5, BGR 104,
- VDI 2263.

Gegen Stromausfall ist eine unterbrechungsfreie Notstromversorgung einzurichten, die das Erreichen eines sicheren Betriebszustandes gewährleistet.

4.5.2 Dickschlammlagerung und -förderung

Für geschlossene Dickschlamm-Lagerbehälter sind die Explosionsschutz-Regeln zu beachten, insbesondere die dort beschriebenen möglichen Schutzmaßnahmen.

In der Entlüftung ist eine CH_4-Messung zur Überwachung (untere Explosionsgrenze UEG 5 % (Volumenanteil)) zu installieren. Bei Überschreitung von 50 % des UEG-Wertes ist der Luftwechsel zu erhöhen und Alarm auszulösen.

Messgeräte innerhalb explosionsgefährdeter Bereiche müssen für die vorgegebenen Explosionszonen zugelassen sein.

4.5.3 Trockengutförderung

Alle Trockengutförderer, in denen brennbares Produkt gefördert wird, sind konstruktiv so zu gestalten, dass Zündbedingungen (z. B. durch heiß laufende Lager) sicher vermieden werden.

Die Temperatur des getrockneten Klärschlammes ist vor dem Weitertransport bzw. vor einer Lagerung soweit abzusenken, dass durch Selbsterwärmung keine Selbstentzündung erfolgt.

Zur Vermeidung von Staubaustritt aus mechanischen Fördereinrichtungen sind diese ständig im Unterdruck zu betreiben. Be- und Entlüftungsleitungen sollten so ausgebildet sein, dass sich Staub nicht ablagern kann. Die für den Einzelfall zu ermittelnde UEG für Staub-Luftgemische darf nicht überschritten werden.

4.5.4 Trockengutlagerung

Um bei getrocknetem Klärschlamm einen Glimmbrand mit verstärkter Kohlenmonoxid-Bildung zu verhindern bzw. einen entstehenden Glimmbrand frühzeitig zu erkennen, müssen entsprechende Maßnahmen ergriffen werden, z. B.:

- Überwachung über mehrere Temperatursonden;
- Lagerung unter Inertgasbedingungen unter leichtem Überdruck;
- Überwachung des CO/O_2-Verhältnisses (im Haufwerk) ohne Be- und Entlüftung;
- Überwachung des CO/O_2-Verhältnisses (in der Abluft) bei kontinuierlicher Be- und Entlüftung.

Im Normalbetrieb stellt sich eine CO-Konzentration ein, die vom Klärschlamm und von der Lagertemperatur abhängt. Steigt die CO-Konzentration über diesen Normalwert, sind Sicherheitsmaßnahmen (z. B. Inertisieren, oder kontrolliertes Entleeren) einzuleiten.

Zur Vermeidung von Brand- und Explosionsgefahr sind besondere Maßnahmen erforderlich, wie:

- ständiges Inertisieren;
- Vermeiden von Zündquellen;
- explosionsfeste Bauweise;
- explosionsfeste Bauweise für einen reduzierten Explosionsdruck in Verbindung mit Druckentlastung oder in Verbindung mit Explosionsunterdrückung.

4.5.5 Trockner

Die folgenden Grundsätze gelten für Trockner, die mit einer Betriebstemperatur über 40 °C arbeiten. In Trocknern und in den nachgeschalteten Anlagenteilen ist zur Vermeidung einer explosionsfähigen Atmosphäre die Sauerstoffkonzentration auf einen Wert zu begrenzen, der einen sicheren Abstand zur UEG hat. Bei Überschreitung dieses Wertes ist die Anlage zu inertisieren bzw. sind gleichwertige Maßnahmen zu ergreifen. Die Inertisierung kann je nach Trocknertyp und Anlagenaufbau erreicht werden durch:

- Verdrängung des Sauerstoffes durch Wasserdampf;
- Zufuhr von Teilströmen aus der Verbrennungsabluft der Wärmeerzeuger oder
- Inertgaszufuhr (nur für An-und Abfahrvorgänge und Störungen).

Die Sauerstoffkonzentration ist kontinuierlich zu messen.

Bei Konvektionstrocknern mit Gewebefiltern zur Staubabschiebung und Kreislaufführung der Trocknungsluft ist hinter dem Filter ein Staubmessgerät zur Überwachung von Filterschäden einzubauen. Bei Überschreiten eines eingestellten Grenzwertes, der anlagenspezifisch ist, sind Sicherheitsmaßnahmen automatisch einzuleiten, z. B. Notinertisierung durch Eindüsen von Wasser oder Inertgaszufuhr.

Für die Überwachung des Trocknungsprozesses sind Temperaturwächter und -begrenzer einzubauen.

Je nach Trocknertyp ist die Temperatur folgender Medien zu überwachen:

a) Wärmeträger;

b) Klärschlamm am Trockneraustritt;

c) Brüdenaustritt am Trockner;

d) Brüdenaustritt am Feststoffabscheider;

e) Produkt vor Eintritt in die Fördereinrichtungen.

Ferner ist bei der Planung und dem Bau zu beachten:

a) Vermeidung von Zündquellen;

b) Erdung aller leitfähigen Anlagenteile;

c) Notstromversorgung für alle sicherheitsrelevanten Anlagenteile, Mess- und Regeleinrichtungen.

An schwer zugänglichen Anlagenteilen sollten Löschmittelanschlüsse angebracht werden.

4.6 Betrieb und Wartung

Anlagen und Einrichtungen sind so zu gestalten, dass Betrieb und Wartung leicht durchführbar und Aggregate leicht austauschbar sind. Den abrasiven und korrosiven Eigenschaften des Schlammes ist besonders Rechnung zu tragen.

An Schlammleitungen sind ausreichend Spülanschlüsse vorzusehen.

5 Anlagen mit Konvektionstrocknern

5.1 Allgemeines

Für Anlagen zur Konvektionstrocknung werden üblicherweise eingesetzt:

- Trommeltrockner,
- Bandtrockner,
- Wirbelschichttrockner.

Die Brüden werden gemeinsam mit Falsch-, Fremd- und Brüdenförderluft aus dem Trockner ausgetragen.

Durch den Trockner strömendes Gas (Luft) kann direkt oder indirekt erwärmt werden. Bei direkter Erwärmung wird heißes Abgas aus einer Brennkammer in den Trockner geleitet, während bei der indirekten Erwärmung Luft über Wärmetauscher erhitzt und teilweise im Kreislauf gefahren wird.

5.2 Trommeltrockner

5.2.1 Allgemeines

Trommeltrockner bestehen aus einer horizontalen oder schwach gegen die Horizontale geneigten Trommel, die langsam um ihre Achse rotiert. Der zu trocknende Schlamm wird durch Trommeleinbauten umgewälzt und von dem axial durch die Trommel strömenden Trocknungsgas mitgenommen. Die Drehzahl und die Trommeleinbauten sind so zu wählen, dass eine ständige Umwälzung des Gutes gewährleistet ist, um Anbackungen zu vermeiden.

Trommeltrockner werden zur Volltrocknung eingesetzt.

Da Trommeltrockner die Leimphase des Klärschlammes nicht sicher durchfahren können, muss vor der Einspeisung in die Trocknungstrommel mechanisch entwässerter Schlamm mit bereits getrocknetem Produkt zu einem rieselfähigen Gut gemischt werden (Mischgut).

Das Kornspektrum des Trockengutes wird entscheidend durch die Qualität des Mischgutes beeinflusst.

Trommeltrockner arbeiten kontinuierlich. Sie sollten mit möglichst homogenem Mischgut beschickt werden, um weitgehend konstante Betriebsbedingungen zu gewährleisten.

5.2.2 Anforderungen an die technische Ausrüstung

Alle vom Trocknungsgas durchströmten Anlagenteile sollten so isoliert werden, dass der Wärmeverlust minimal ist.

Bei indirekter Trocknung kann als Wärmemedium Heißluft, Thermoöl oder Dampf zur Aufheizung des Trocknungsgases eingesetzt werden. Das Trocknungsgas sollte im Kreislauf geführt werden. Bei direkter Trocknung werden die Abgase aus der Verbrennung von z. B. Erdgas, Klärgas, Heizöl oder Kohle als Trocknungsgas benutzt.

5.3 Bandtrockner

5.3.1 Allgemeines

In Bandtrocknern wird mechanisch entwässerter Schlamm auf Transportbändern getrocknet. Die Leimphase kann ohne Rückmischung direkt durchfahren werden.

Bandtrockner arbeiten kontinuierlich mit oder ohne Trockengutrückführung. Sie sind gleichermaßen zur Teil- oder Volltrocknung geeignet. Bandtrockner besitzen ein Transportband oder mehrere Bänder, die als grobmaschige Siebbänder ausgeführt sind und abhängig von der Betriebstemperatur aus Kunststoff oder Metall bestehen.

Der Klärschlamm wird als durchströmbares Haufwerk auf das Band aufgegeben und durch das Aggegrat transportiert. Die Trocknungsluft durchströmt die mit dem Klärschlammhaufwerk belegten Bänder und nimmt hierbei Feuchtigkeit aus dem Schlamm auf.

Bandtrockneranlagen werden nach der Trocknungstemperatur unterschieden in:

- thermische Bandtrockner mit Temperaturen über 40 °C;
- Niedertemperatur-Bandtrockner.

5.3.2 Anforderungen an die technische Ausrüstung

Es sind Einrichtungen zur Vorbereitung des aufzugebenden Schlammes vorzusehen, wobei kuchenartige und großstückige Schlämme zu zerkleinern und anschließend mit gleichmäßiger Schichtdicke auf das Trocknerband aufzugeben sind. Pastöse und strukturarme Schlämme sollten durch eine Matrize zur Erzielung eines gleichmäßigen porösen Haufwerks mit großer Grenzfläche auf das Trocknerband aufgegeben werden.

Wird zur Trocknung Umgebungsluft eingesetzt, so ist die Einhaltung des Trocknungsgrades durch geeignete Maßnahmen, z. B. durch Lufttemperierung, sicherzustellen.

Beim Einsatz von Trocknern mit mehreren Trocknerbändern sollte jedes Band über einen eigenen Antrieb verfügen, um die Schichtdicke auf jedem Band getrennt einstellen zu können.

5.3.3 Mess-, Steuerungs- und Regelungstechnik

Der Bandlauf muss automatisch gesteuert werden. Die Bandgeschwindigkeit sollte einzeln für jedes Transportband regelbar sein.

Es ist für jedes Band ein Bandrissschalter sowie zumindest ein pneumatischer oder elektrischer Laufwächter vorzusehen, um eine Notabschaltung auslösen zu können.

5.4 Wirbelschichttrockner

In Wirbelschichttrocknern wird mechanisch entwässerter Schlamm in einer Wirbelschicht getrocknet, in die von unten heißes Inertgas, Dampf oder ein Gas-Dampfgemisch eingeblasen wird. Dieses Fluidisierungsmedium wird, nachdem es den Wirbelschichttrockner verlassen hat, durch einen Kondensator geleitet und in den Wirbelschichttrockner zurückgeführt.

Die zur Trocknung benötigte Wärme kann auch über einen im Wirbelbett integrierten Wärmetauscher eingetragen werden.

Entwässerter Klärschlamm kann entweder mit oder ohne Vermischung mit zurückgeführtem Trockengut in den Wirbelschichttrockner eingetragen werden.

Wirbelschichttrockner werden nur zur Volltrocknung eingesetzt. Eine Teiltrocknung kann nur durch Mischung des Trockengutes mit nicht-getrocknetem Schlamm erzielt werden.

6 Anlagen mit Kontakttrocknern

6.1 Allgemeines

Für Anlagen zur Kontakttrocknung werden üblicherweise eingesetzt:

- Scheibentrockner,
- Dünnschichttrockner.

6.2 Scheibentrockner

6.2.1 Allgemeines

Scheibentrockner bestehen aus einem liegenden Behälter, in dem sich ein Scheibenrotor langsam dreht. Auf der Rotorwelle sind doppelwandige Scheiben angebracht. Das Heizmedium strömt durch den Rotor und die Scheiben, während der Klärschlamm zwischen den Scheiben getrocknet wird. Im Behälter sind Abstreifer angeordnet, die getrockneten Schlamm von den Scheiben abschälen.

Scheibentrockner arbeiten kontinuierlich und werden daher stetig beschickt. Als Wärmeträger wird Dampf oder Thermoöl eingesetzt. Im Behälter wird ein geringer Unterdruck aufrechterhalten.

Scheibentrockner können sowohl zur Teiltrocknung unterhalb der Leimphase als auch zur Volltrocknung oberhalb der Leimphase eingesetzt werden. Für die Volltrocknung ist eine Trockengutrückführung erforderlich, um die Leimphase zu vermeiden. Die Trockengutrückführung und Beimischung ist so zu gestalten, dass das Mischgut möglichst homogen ist.

6.2.2 Anforderungen an die technische Ausrüstung

Der Rotor unterliegt hohen mechanischen Wechselbeanspruchungen. Die Dauerfestigkeit von Schweißkonstruktionen sowie der Maschinenelemente ist zu gewährleisten.

Rotor und Scheiben werden durch Innendruck und thermisch belastet. Sie müssen auch den korrosiven und abrasiven Beanspruchungen durch den Klärschlamm standhalten.

Schlammeintrags- und Austragsorgane sowie sämtliche Apparatedichtungen sind so zu gestalten, dass möglichst wenig Leckluft in den Trockner einströmen kann.

6.2.3 Mess- Steuer- und Regelungstechnik

Die Stromaufnahmen von Trocknerhauptantrieb und Austragsschneckenantrieb sind kontinuierlich zu überwachen. Sie sind ein Maß für den Trocknungsgrad.

Der Heizmitteldruck ist kontinuierlich zu überwachen.

6.3 Dünnschichttrockner

6.3.1 Allgemeines

Dünnschichttrockner bestehen aus einem zylindrischen Gehäuse mit Heizmantel. Innerhalb des Gehäuses dreht sich ein Rotor mit Schaufeln, die einen geringen Abstand zum Heizmantel aufweisen.

Dünnschichttrockner sind in der Lage, die Leimphase ohne Trockengutrückführung zu durchfahren.

Im Dünnschichttrockner kann jeder gewünschte Trockenrückstand des Produktes erzielt werden.

Der Schlamm wird an einem Ende des Trockners kontinuierlich zugeführt, durch die Rotorschaufeln in dünner Schicht auf die Heizfläche aufgetragen und unter hoher Durchmischung wendelförmig an der Heizfläche entlang zum Austrag gefördert.

6.3.2 Anforderung an die technische Ausrüstung

Der Rotor sollte mit unterschiedlichen Schaufeltypen bestückbar sein, um das Förderverhalten an unterschiedliche Bedingungen anpassen zu können. Die Schaufeln sollten nachstellbar sein, um eine durch Abrasion erhöhte Distanz zur Heizfläche wieder vermindern zu können.

Der Rotor muss ausgewuchtet sein.

Als Heizmittel kann Dampf, Heißwasser unter Druck oder Thermoöl eingesetzt werden.

6.3.3 Mess-, Steuerungs- und Regelungstechnik

Die Stromaufnahme des Rotorantriebes ist kontinuierlich zu überwachen, sie dient zur Steuerung der Schlammzufuhr.

Anhang A
(informativ)
Erläuterungen

Der Arbeitsausschuss NAW V 36 „Kläranlagen", Unterausschuss 1 „Deutsche Normung", plant die Fortsetzung der Reihe DIN 19569 „Baugrundsätze für Bauwerke und technische Ausrüstungen" mit der Erarbeitung folgender Teile:

– Dosieranlagen,

– Rohrleitungen.

Die Aufzählung gibt die bisherigen Arbeitstitel wieder. Die Formulierungen und Themen sowie deren Reihenfolge können sich im Verlauf der weiteren Beratung noch ändern.

Die Europäischen Normen der Reihe DIN EN 12255 „Kläranlagen" wird voraussichtlich aus den folgenden fünfzehn Normen bestehen:

– Teil 1: Allgemeine Baugrundsätze

– Teil 3: Abwasservorreinigung

– Teil 4: Vorklärung

– Teil 5: Abwasserbehandlung in Teichen

– Teil 6: Belebungsverfahren

– Teil 7: Biofilmreaktoren

– Teil 8: Schlammbehandlung und -lagerung

– Teil 9: Geruchsminderung und Belüftung

– Teil 10: Sicherheitstechnische Baugrundsätze

– Teil 11: Erforderliche allgemeine Angaben

– Teil 12: Steuerung und Automatisierung[5)]

– Teil 13: Abwasserbehandlung durch Zugabe von Chemikalien

– Teil 14: Desinfektion[5)]

– Teil 15: Messung der Sauerstoffzufuhr in Reinwasser in Belüftungsbecken von Belebungsanlagen

– Teil 16: Abwasserfiltration[5)]

ANMERKUNG 1 Für Anforderungen an Pumpanlagen auf Kläranlagen, ursprünglich vorgesehen als Teil 2 „Abwasserpumpanlagen", siehe EN 752-6 „Entwässerungssysteme außerhalb von Gebäuden — Teil 6: Pumpanlagen".

ANMERKUNG 2 Über die Teile 3 und 10 ist in der formellen Abstimmung unter den CEN-Mitgliedern bereits positiv abgestimmt worden; der Teil 5 ist bereits veröffentlicht. Die Teile 1, 4, 6, 7, 8, 9, 11, 13 und 15 liegen als deutsche Norm-Entwürfe E DIN EN 12255-1, E DIN EN 12255-4, E DIN EN 12255-6 bis E DIN EN 12255-9 sowie E DIN EN 12255-11, E DIN EN 12255-13 und E DIN EN 12255-15 vor, von denen sich einige zurzeit in der formellen Abstimmung befinden.

Die Titel der einzelnen Teile entsprechen den Titeln der bereits veröffentlichten Norm-Entwürfe bzw. sind Arbeitstitel und können von den Titeln der Normen geringfügig abweichen.

Darüber hinaus wird in den Titeln der jeweiligen deutschen Sprachfassung im Hauptelement zukünftig der Begriff „Kläranlagen" verwendet.

Einige Teile der Normen der Reihe EN 12255 werden als Europäisches Normenpaket gemeinsam gültig werden.

Von der Paketbildung sind die folgenden Normen betroffen:

DIN EN 12255-1, DIN EN 12255-3 bis DIN EN 12255-8, DIN EN 12255-10 und DIN EN 12255-11.

---

5) in Vorbereitung

Das Datum der Zurückziehung (date of withdrawal, dow) entgegenstehender Normen ist der

31. Dezember 2001 (Resolution BT 152/1998).

In einem Normenpaket werden Europäische Normen zusammengefasst, die zueinander in Beziehung stehen. Eine Querverbindung kann u. a. auf Grund der Notwendigkeit zur gemeinsamen Anwendung bestehen oder dadurch gegeben sein, dass eine Gruppe entgegenstehender nationaler Normen abzudecken ist.

Die Paketbildung ist aber auch unter dem Aspekt der Verpflichtung zur Übernahme von CEN/CENELEC-Normen durch die CEN-Mitglieder und der damit verbundenen Zurückziehung entgegenstehender nationaler Normen (CEN/CENELEC-Geschäftsordnung) von Bedeutung.

Die in einem Normenpaket zusammengefassten Europäischen Normen sind spätestens bis zu einem vorab festgelegten Datum der Zurückziehung (dow) zu veröffentlichen. Die bereits vor diesem Zeitpunkt fertig gestellten und veröffentlichten Europäischen Normen des Paketes werden in das nationale Normenwerk übernommen. Sie gelten bis zum Datum der Zurückziehung parallel zu entsprechenden nationalen Normen. Erst mit dem Erreichen des Datums der Zurückziehung sind die Europäischen Normen des Normenpaketes in das nationale Regelwerk zu übernehmen, indem ihnen der Status von nationalen Normen gegeben wird. Entgegenstehende nationale Normen sind dann zurückzuziehen.

Die einzelnen Teile der Normen der Reihe DIN EN 12255 sind inhaltlich anders konzipiert als die deutschen Normen der Reihe DIN 19569, sodass durchaus mehrere Teile dieser Reihe durch einen Teil der Europäischen Norm berührt werden können.

Der Normungsumfang der Europäischen Normen der Reihe DIN EN 12255 „Kläranlagen“ deckt nicht alle Festlegungen ab, die in den nationalen Normen der Reihe DIN 19569 „Kläranlagen — Baugrundsätze für Bauwerke und technische Ausrüstungen“ enthalten sind. Der Arbeitsausschuss V 36 plant daher die Erarbeitung von Maß- und Restnormen zu den folgenden Themenkreisen:

- Rechteckbecken als Absetzbecken
- Rechteckbecken als Sandfänge
- Rundbecken als Absetzbecken
- Tropfkörper mit Drehsprengern
- Tropfkörperfüllungen
- Rechenbauwerke mit geradem Rechen
- Ablaufsysteme in Absetzbecken
- Besondere Baugrundsätze für Einrichtungen zum Abtrennen und Eindicken von Feststoffen
- Besondere Baugrundsätze für Einrichtungen zur aeroben biologischen Abwasserreinigung
- Besondere Baugrundsätze für Anlagen zur aeroben Behandlung von Abwasser
- Besondere Baugrundsätze für Anlagen zur Abwasserreinigung mit Festbettfiltern
- Besondere Baugrundsätze für Anlagen zur Klärschlammentwässerung
- Besondere Baugrundsätze für Anlagen zur Trocknung von Klärschlamm

Literaturhinweise

DIN 2458, *Geschweißte Stahlrohre — Maße, längenbezogene Massen (internationale Übereinstimmung ISO 4200:1991).*

DIN EN 10025, *Warmgewalzte Erzeugnisse aus unlegierten Baustählen — Technische Lieferbedingungen (enthält Änderung A1:1993); Deutsche Fassung DIN EN 10025:1990.*

DIN EN 10222-1, *Schmiedestücke aus Stahl für Druckbehälter — Teil 1: Allgemeine Anforderungen an Freiformschmiedestücke; Deutsche Fassung EN 10222-1:1998.*

E DIN EN 12437-1, *Sicherheit von Maschinen — Ortsfeste Zugänge zu Maschinen und industriellen Anlagen — Teil 1: Wahl eines ortsfesten Zugangs zwischen zwei Ebenen; Deutsche Fassung prEN 12437-1:1996.*

E DIN EN 12437-2, *Sicherheit von Maschinen — Ortsfeste Zugänge zu Maschinen und industriellen Anlagen — Teil 2: Arbeitsbühnen und Laufstege; Deutsche Fassung prEN 12437-2:1996.*

E DIN EN 12437-3, *Sicherheit von Maschinen — Ortsfeste Zugänge zu Maschinen und industriellen Anlagen— Teil 3: Treppen, Treppenleitern und Geländer; Deutsche Fassung prEN 12437-3:1996.*

E DIN EN 12437-4, *Sicherheit von Maschinen — Ortsfeste Zugänge zu Maschinen und industriellen Anlagen — Teil 4: Ortsfeste Leitern; Deutsche Fassung prEN 12437-4:1996.*

DIN EN ISO 1127, *Nichtrostende Stahlrohre — Maße, Grenzabmaße und längenbezogene Masse (ISO 1127:1992); Deutsche Fassung EN ISO 1127:1996.*

DIN EN ISO 3506-1, *Mechanische Eigenschaften von Verbindungselementen aus nichtrostenden Stählen — Teil 1: Schrauben (ISO 3506-1:1997); Deutsche Fassung EN ISO 3506-1:1997.*

DIN EN ISO 3506-2, *Mechanische Eigenschaften von Verbindungselementen aus nichtrostenden Stählen — Teil 2: Muttern (ISO 3506-2:1997); Deutsche Fassung EN ISO 3506-2:1997.*

DIN EN ISO 3506-3, *Mechanische Eigenschaften von Verbindungselementen aus nichtrostenden Stählen — Teil 3: Gewindestifte und ähnliche, nicht auf Zug beanspruchte Schrauben (ISO 3506-3:1997); Deutsche Fassung EN ISO 3506-3:1997.*

GUV 19.8, *Richtlinien für die Vermeidung der Gefahren durch explosionsfähige Atmosphäre mit Beispielsammlung — Explosionsschutz-Richtlinie (Ex-RL);* herausgegeben vom Bundesverband der Unfallkassen e. V. (BUK), Postfach 90 02 62, 81502 München.

ATEX 118a, *Gerätesicherheitsgesetz.*

April 2002

	Kläranlagen Teil 1: Allgemeine Baugrundsätze Deutsche Fassung EN 12255-1:2002	DIN EN 12255-1

ICS 13.060.30

Teilweiser Ersatz für
DIN 19569-1:1987-2
und
DIN 19569-2:1989-5

Wastewater treatment plants — Part 1: General construction principles;
German version EN 12255-1:2002

Stations d'épuration — Partie 1: Principes généraux de construction;
Version allemande EN 12255-1:2002

Die Europäische Norm EN 12255-1:2002 hat den Status einer Deutschen Norm.

Nationales Vorwort

Diese Europäische Norm wurde vom Technischen Komitee TC 165 „Abwassertechnik" (Sekretariat: Deutschland) des Europäischen Komitees für Normung (CEN) erarbeitet.

Die Arbeiten wurden von der Arbeitsgruppe „Kläranlagen – Allgemeine Anforderungen und besondere Verfahren" (WG 43) (Sekretariat: Deutschland) des CEN/TC 165 durchgeführt. Für Deutschland war der Arbeitsausschuss V 36/UA 2/3 „Abwasserbehandlungsanlagen; CEN/TC 165/WG 42 und 43" an der Bearbeitung beteiligt.

Die Normenreihe DIN EN 12255 „Kläranlagen" wird voraussichtlich aus 15 Teilen bestehen (siehe Vorwort EN 12255-1).

Die im Vorwort von EN 12255-1 genannten Titel der einzelnen Teile entsprechen den Titeln der bereits veröffentlichten Norm-Entwürfe bzw. sind Arbeitstitel und können von den Titeln der Normen geringfügig abweichen.

Darüber hinaus wird zukünftig in allen Teilen der Europäischen Normenreihe EN 12255 in den Titeln der jeweiligen deutschen Sprachfassung im Hauptelement der Begriff „Kläranlagen" verwendet.

Einige Teile der Normenreihe DIN EN 12255 werden als Europäisches Normenpaket gemeinsam gültig werden.

Von der Paketbildung sind die folgenden Teile der Normenreihe DIN EN 12255 betroffen:

DIN EN 12255-1, DIN EN 12255-3 bis DIN EN 12255-8, DIN EN 12255-10 und DIN EN 12255-11 (siehe Vorwort EN 12255-1).

Fortsetzung Seite 2 und 3
und 19 Seiten EN

Normenausschuss Wasserwesen (NAW) im DIN Deutsches Institut für Normung e. V.

Datum der Zurückziehung (date of withdrawal, dow) entgegenstehender nationaler Normen ist der

31. Dezember 2002 (Resolution 232/2001 durch CEN/TC 165).

In einem Normenpaket werden Europäische Normen zusammengefasst, die zueinander in Beziehung stehen. Eine Querverbindung kann u. a. aufgrund der Notwendigkeit zur gemeinsamen Anwendung bestehen oder dadurch gegeben sein, dass eine Gruppe entgegenstehender nationaler Normen abzudecken ist.

Die Paketbildung ist aber auch unter dem Aspekt der Verpflichtung zur Übernahme von CEN/CENELEC-Normen durch die CEN-Mitglieder und der damit verbundenen Zurückziehung entgegenstehender nationaler Normen (CEN/CENELEC-Geschäftsordnung) von Bedeutung.

Die in einem Normenpaket zusammengefassten Europäischen Normen sind spätestens bis zu einem vorab festgelegten Datum der Zurückziehung (dow) zu veröffentlichen.

Die bereits vor diesem Zeitpunkt fertiggestellten und veröffentlichten Europäischen Normen des Paketes werden in das nationale Normenwerk übernommen. Sie gelten bis zum Datum der Zurückziehung parallel zu entsprechenden nationalen Normen.

Erst mit dem Erreichen des Datums der Zurückziehung sind die Europäischen Normen des Normenpaketes in das nationale Regelwerk zu übernehmen, indem ihnen der Status von nationalen Normen gegeben wird. Entgegenstehende nationale Normen sind dann zurückzuziehen.

Die einzelnen Teile der Normenreihe DIN EN 12255 sind inhaltlich anders konzipiert als die deutschen Normen der Reihe DIN 19569, so dass durchaus mehrere Teile dieser Reihe durch einen Teil der Europäischen Norm berührt werden können.

Der Normungsumfang der Europäischen Normenreihe DIN EN 12255 „Kläranlagen" deckt nicht alle Festlegungen ab, die in den nationalen Normen der Reihe DIN 19569 „Kläranlagen – Baugrundsätze für Bauwerke und technische Ausrüstungen" enthalten sind.

Der Arbeitsausschuss V 36 erarbeitet daher Maß- und Restnormen zu den folgenden Themenkreisen:

— Rechteckbecken als Absetzbecken

— Rechteckbecken als Sandfänge

— Rundbecken als Absetzbecken

— Tropfkörper mit Drehsprengern

— Tropfkörperfüllungen

— Rechenbauwerke mit geradem Rechen

— Ablaufsysteme in Absetzbecken

— Besondere Baugrundsätze für Einrichtungen zum Abtrennen und Eindicken von Feststoffen

— Besondere Baugrundsätze für Einrichtungen zur aeroben biologischen Abwasserreinigung

— Besondere Baugrundsätze für Anlagen zur anaeroben Behandlung von Abwasser

— Besondere Baugrundsätze für Anlagen zur Abwasserreinigung mit Festbettfiltern

— Besondere Baugrundsätze für Anlagen zur Klärschlammentwässerung

— Besondere Baugrundsätze für Anlagen zur Trocknung von Klärschlamm

Änderungen

Gegenüber DIN 19569-1:1987-02 und DIN 19569-2:1989-05 wurden folgende Änderungen vorgenommen:

a) Die Abschnitte 3.2.2 „Beton für Wandkronen", 3.2.3 „Beton für Laufbahnen", 3.2.4 „Dehnungsfugen", 4.1.1 „Lasten", 5.3 „Immissionsschutz", 5.4 „Umgebungsschutz" aus DIN 19569-1:1987-02 wurden nicht in EN 12255-1:2001 übernommen;

b) zusätzlich zu DIN 19569-1:1987-02 wurden die Abschnitte 4.1 „Allgemeine Anforderungen", 4.2 „Anforderungen an die Planung", 4.3.9 „Lagerung gefährlicher Chemikalien und Treibstoffe", 4.4.2.5 „Gebläse und Verdichter" und 5 „Prüfverfahren" aufgenommen;

c) Aus DIN 19569-2:1989-05 wurden Lasten und Bemessungen, besondere Konstruktionsmerkmale sowie Betrieb und Wartung für Brückenräumer aufgenommen;

d) Rechnerische Lebensdauer für Brückenräumer, zentral angetriebene Räumer und Krählwerke sowie Bandräumer wurden festgelegt.

Frühere Ausgaben

DIN 19569-1:1987-02

DIN 19569-2:1989-05

EUROPÄISCHE NORM

EUROPEAN STANDARD

NORME EUROPÉENNE

EN 12255-1

Januar 2002

ICS 13.060.30

Deutsche Fassung

Kläranlagen - Teil 1: Allgemeine Baugrundsätze

Wastewater treatment plants - Part 1: General construction principles

Stations d'épuration - Partie 1: Principes généraux de construction

Diese Europäische Norm wurde vom CEN am 9.November 2001 angenommen.

Die CEN-Mitglieder sind gehalten, die CEN/CENELEC-Geschäftsordnung zu erfüllen, in der die Bedingungen festgelegt sind, unter denen dieser Europäischen Norm ohne jede Änderung der Status einer nationalen Norm zu geben ist. Auf dem letzen Stand befindliche Listen dieser nationalen Normen mit ihren bibliographischen Angaben sind beim Management-Zentrum oder bei jedem CEN-Mitglied auf Anfrage erhältlich.

Diese Europäische Norm besteht in drei offiziellen Fassungen (Deutsch, Englisch, Französisch). Eine Fassung in einer anderen Sprache, die von einem CEN-Mitglied in eigener Verantwortung durch Übersetzung in seine Landessprache gemacht und dem Management-Zentrum mitgeteilt worden ist, hat den gleichen Status wie die offiziellen Fassungen.

CEN-Mitglieder sind die nationalen Normungsinstitute von Belgien, Dänemark, Deutschland, Finnland, Frankreich, Griechenland, Irland, Island, Italien, Luxemburg, Malta, Niederlande, Norwegen, Österreich, Portugal, Schweden, Schweiz, Spanien, der Tschechischen Republik und dem Vereinigten Königreich.

EUROPÄISCHES KOMITEE FÜR NORMUNG
EUROPEAN COMMITTEE FOR STANDARDIZATION
COMITÉ EUROPÉEN DE NORMALISATION

Management-Zentrum: rue de Stassart, 36 B-1050 Brüssel

Ref. Nr. EN 12255-1:2002 D

Inhalt

Vorwort

Dieses Dokument wurde vom Technischen Komitee CEN /TC 165 „Abwassertechnik" erarbeitet, dessen Sekretariat vom DIN gehalten wird.

Dieses Europäische Dokument muss den Status einer nationalen Norm erhalten, entweder durch Veröffentlichung eines identischen Textes oder durch Anerkennung bis **Juli 2002**, und etwaige entgegenstehende nationale Normen müssen bis **Dezember 2002** zurückgezogen werden.

Es ist der erste von den Arbeitsgruppen CEN/TC 165/WG 42 und 43 erarbeitete Teil, der sich auf allgemeine Anforderungen an Verfahren für Kläranlagen für über 50 Einwohnerwerte (EW) bezieht. Die Normen dieser Reihe sind folgende:

— Teil 1: Allgemeine Baugrundsätze

— Teil 3: Abwasservorreinigung

— Teil 4: Vorklärung

— Teil 5: Abwasserbehandlung in Teichen

— Teil 6: Belebungsverfahren

— Teil 7: Biofilmreaktoren

— Teil 8: Schlammbehandlung und -lagerung

— Teil 9: Geruchsminderung und Belüftung

— Teil 10: Sicherheitstechnische Baugrundsätze

— Teil 11: Erforderliche allgemeine Angaben

— Teil 12: Steuerung und Automatisierung

— Teil 13: Chemische Behandlung - Abwasserbehandlung durch Fällung/Flockung

— Teil 14: Desinfektion

— Teil 15: Messung der Sauerstoffzufuhr in Reinwasser in Belüftungsbecken von Belebungsanlagen

— Teil 16: Abwasserfiltration [1)]

ANMERKUNG Für Anforderungen an Pumpanlagen auf Kläranlagen, ursprünglich vorgesehen als Teil 2 „Abwasserpumpanlagen", siehe EN 752-6 „Entwässerungssysteme außerhalb von Gebäuden - Teil 6: Pumpanlagen".

Die Teile EN 12255-1, EN 12255-3 bis EN 12255-8 sowie EN 12255-10 und EN 12255-11 werden als europäisches Normenpaket gemeinsam gültig (Resolution 232/2001).

Diese Europäische Norm ist auf allgemeine Baugrundsätze beschränkt. Besondere Normen für besondere Baugrundsätze der Teile von Kläranlagen sind in anderen Teilen enthalten.

---

1) in Vorbereitung

Sicherheitstechnische Baugrundsätze und erforderliche allgemeine Angaben sind Gegenstand der EN 12255-10 und EN 12255-11.

Anhang A ist informativ, Anhang B ist normativ.

Entsprechend der CEN/CENELEC-Geschäftsordnung sind die nationalen Normungsinstitute der folgenden Länder gehalten, diese Europäische Norm zu übernehmen: Belgien, Dänemark, Deutschland, Finnland, Frankreich, Griechenland, Irland, Island, Italien, Luxemburg, Malta, Niederlande, Norwegen, Österreich, Portugal, Schweden, Schweiz, Spanien, die Tschechische Republik und das Vereinigte Königreich.

1 Anwendungsbereich

Diese Europäischen Norm legt allgemeine Baugrundsätze für Bauwerke und die technische Ausrüstung von Kläranlagen für mehr als 50 EW fest.

Diese Europäische Norm ist in erster Linie auf Kläranlagen für die Behandlung von häuslichem und kommunalem Abwasser anzuwenden.

Anforderungen an Bauwerke, die nicht spezifisch für Kläranlagen sind, sind nicht Gegenstand dieser Norm. Andere Europäische Normen können hierfür gelten.

Für technische Ausrüstung, die nicht ausschließlich auf Kläranlagen eingesetzt wird, sind die einschlägigen Produktnormen zu beachten. Besondere Anforderungen an diese technische Ausrüstung hinsichtlich ihres Einsatzes auf Kläranlagen sind allerdings Gegenstand dieser Europäischen Norm.

Allgemeine Grundsätze des Bau- und Maschinenwesens sowie der Elektrotechnik sind nicht Gegenstand dieser Europäischen Norm.

Diese Europäische Norm bezieht sich nicht auf die Auslegung von Abwasserreinigungsverfahren.

Die Unterschiede in Planung und Bau von Kläranlagen in Europa haben zu einer Vielzahl von Anlagenausführungen geführt. Diese Europäische Norm enthält grundsätzliche Angaben zu den Anlagenausführungen; sie beschreibt jedoch nicht alle Einzelheiten jeder Ausführungsart.

Die in den Literaturhinweisen aufgeführten Unterlagen enthalten Einzelheiten und Hinweise, die im Rahmen dieser Norm verwendet werden dürfen.

2 Normative Verweisungen

Diese Europäische Norm enthält durch datierte oder undatierte Verweisungen Festlegungen aus anderen Publikationen. Diese normativen Verweisungen sind an den jeweiligen Stellen im Text zitiert, und die Publikationen sind nachstehend aufgeführt. Bei datierten Verweisungen gehören spätere Änderungen oder Überarbeitungen nur zu dieser Europäischen Norm, falls sie durch Änderung oder Überarbeitung eingearbeitet sind. Bei undatierten Verweisungen gilt die letzte Ausgabe der in Bezug genommenen Publikation (einschließlich Änderungen).

EN 752-6, *Entwässerungssysteme außerhalb von Gebäuden — Teil 6: Pumpanlagen.*

EN 809, *Pumpen und Pumpaggregate für Flüssigkeiten — Allgemeine sicherheitstechnische Anforderungen.*

EN 1085, *Abwasserbehandlung — Wörterbuch.*

EN 12255-9, *Kläranlagen — Teil 9: Geruchsminderung und Belüftung.*

EN 12255-10, *Kläranlagen — Teil 10: Sicherheitstechnische Baugrundsätze.*

prEN 12255-12, *Kläranlagen — Teil 12: Steuerung und Automatisierung.*

EN 60034-1, *Drehende elektrische Maschinen — Teil 1 Bemessung und Betriebsverhalten (IEC 60034-1:1996, modifiziert) / Achtung: Enthält Corrigendum von Februar 2000.*

EN 60529, *Schutzarten durch Gehäuse (IP-Code) (IEC 60529 : 1989).*

ISO 3506-1, *Mechanical properties of corrosion-resistant stainless-steel fasteners — Part 1: Bolts, screws and studs.*

ISO 3506-2, *Mechanical properties of corrosion-resistant stainless-steel fasteners — Part 2: Nuts.*

ISO 3506-3, *Mechanical properties of corrosion-resistant stainless-steel fasteners — Part 3: Set screws and similar fasteners not under tensile stress.*

ISO 4200, *Plain end steel tubes, welded and seamless; general tables of dimensions and masses per unit length.*

3 Begriffe

Für die Anwendung dieser Europäischen Norm gelten die in EN 1085 angegebenen und die folgenden Begriffe.

3.1
Bauwerk
jedes Gebäude oder Gebäudeteil, das zur Aufnahme technischer Ausrüstung dient

3.2
technische Ausrüstung
jedes Teil, das zur Erfüllung seiner bestimmungsgemäßen Funktion in einem Bauwerk installiert, auf einem Bauwerk montiert, an einem Bauwerk befestigt oder auf einem Bauwerk betrieben wird

3.3
Anlagenteil
jedes Bauwerk mit seiner zugehörigen technischen Ausrüstung, das als eine Verfahrensstufe dient und von anderen parallelen, vor- oder nachgeschalteten Bauwerken abtrennbar ist.

ANMERKUNG Beispiele für Anlagenteile sind ein Sandfang, ein Absetzbecken, ein Belebungsbecken, ein Eindicker, ein Faulbehälter.

3.4
Aggregat
maschinentechnische Ausrüstung, die als Einheit entfernt und ersetzt werden kann

ANMERKUNG Beispiele für Aggregate sind eine Pumpe, ein Verdichter, ein Gasmotor, ein Belüfter.

3.5
Kläranlage
System für die Abwasserreinigung einschließlich seiner Bauwerke und technischen Ausrüstung

3.6
Auftraggeber
eine Gemeinde, Stadt oder andere Organisation, die eine Kläranlage oder Teile davon errichten möchte oder deren Vertreter

3.7
Bieter
eine Firma oder andere Organisation, die den Bau einer Anlage oder den Bau oder die Lieferung von Anlagenteilen anbietet

3.8
Auftragnehmer
eine Firma oder andere Organisation, die einen Auftrag zum Bau einer Anlage oder für den Bau oder die Lieferung von Anlagenteilen erhalten hat

3.9
Laufflächen
diejenigen Teile eines Bauwerkes, auf denen Räder fahren

3.10
Nennbelastung Y_N
wirksame mittlere Belastung bei andauerndem Betrieb unter voller Last

ANMERKUNG Sie ist zumindest ebenso groß wie die Betriebsbelastung, die beispielsweise in Abhängigkeit von der tatsächlichen Last schwankt.

3.11
Dauerbelastbarkeit Y_D
Belastbarkeit bei andauerndem Betrieb unter voller Last

3.12
Höchstbelastung Y_{max}
Spitzenbelastung, die als Abschaltwert dient, auf den beispielsweise Überlastschalter eingestellt werden

3.13
Höchstbelastbarkeit Y_B
höchstmögliche Belastbarkeit bei kurzzeitigen Spitzen, wie sie bei Ein- und Abschaltvorgängen vorkommen

ANMERKUNG Außerdem können je nach Bedarf Alarmbelastungen Y_S, die zwischen der Nennbelastung Y_N und dem Abschaltwert Y_{max} liegen, vereinbart werden, wobei Y_N und Y_{max} vom Lieferanten der technischen Ausrüstung anzugeben sind.

3.14
Anwendungsfaktor K_A
Kennwert für die betriebsbedingten Einflüsse auf Antriebe und dergleichen bei deren Betrieb

ANMERKUNG Üblicherweise enthält K_A direkt oder indirekt Angaben über die Belastung, Laufzeit und Temperatur und ist ein Gesamtwert für das Verhältnis zwischen Belastbarkeit und Belastung.

3.15
Rechnerische Lebensdauer [2)]
Betriebszeit unter Nennbelastung bis zum Versagen eines Maschinenelements, die von einem bestimmten Anteil der geprüften Maschinenelemente erreicht wird

ANMERKUNG

— beispielsweise beträgt der Anteil bei Rollenlagern 90 %;

— die rechnerische Lebensdauer ist sowohl von der Gewährleistungszeit als auch von der durchschnittlichen Nutzungsdauer, die bei Wirtschaftlichkeitsrechnungen verwendet wird, zu unterscheiden.

3.16
Betriebsart
Kenngröße für die Wirkung auf Antriebe und andere elektrische Komponenten hinsichtlich ihres Betriebes (z. B. Einschalthäufigkeit, Temperatur)

3.17
Schutzart
Kenngröße für die Wirkung auf Antriebe und andere elektrische Komponenten hinsichtlich Umwelteinflüssen (z. B. Einwirkung von Wasser oder Staub)

4 Anforderungen

4.1 Allgemeine Anforderungen

Kläranlagen müssen die folgenden Anforderungen erfüllen:

a) nationale Vorschriften müssen beachtet werden;

---

2) siehe Erläuterungen in Anhang A

b) die Einleitungsbedingungen müssen eingehalten werden;

c) die Reinigungsleistung muss im gesamten Bereich der Durchflüsse und Frachten ausreichend sein;

d) die Sicherheit von Personen muss gewährleistet sein;

e) Belästigungen, Geruch, Lärm und gefährliche Stoffe, Aerosole und Schaum müssen beachtet werden und die einschlägigen Anforderungen hierzu eingehalten werden nach EN 12255-9 und EN 12255-10;

f) Gefahren für das Betriebspersonal müssen gering gehalten werden;

g) die geforderte Lebensdauer und langfristige bauliche Standzeiten von Gebäuden müssen erreicht werden, auch unter der Einwirkung von Wasser und Gasen;

h) die Anlage muss dicht sein;

i) Vorkehrungen für Betrieb und Wartung sind vorzusehen;

j) Vorkehrungen für zukünftige Erweiterungen und Veränderungen sind in Betracht zu ziehen;

k) die Betriebssicherheit muss hoch sein und die Gefahren und Auswirkungen von Betriebsstörungen müssen begrenzt sein;

l) die Anlage muss wirtschaftlich sein (unter Berücksichtigung der Kapital- und Betriebskosten);

m) der Energieverbrauch beim Bau und Betrieb ist in Betracht zu ziehen;

n) Abfälle sind in ihrer Menge zu vermindern und in ihrer Qualität, soweit sinnvoll, aufzubereiten, so dass sie verwertet oder sicher entsorgt werden können.

4.2 Anforderungen an die Planung

Die folgenden Anforderungen sind während der Planung einer Kläranlage zu berücksichtigen:

a) Alle Aggregate, die gelegentlich ausfallen können (z. B. Pumpen und Gebläse), sind mit ausreichender Reserve zu installieren, so dass auch bei Ausfall eines Aggregats die volle Durchsatz- und Reinigungsleistung der Anlage sichergestellt ist. Wo keine Reserveaggregate installiert werden können, müssen Vorkehrungen getroffen werden, um Aggregate schnell durch vorrätige Ersatzaggregate ersetzen zu können.

b) Soweit für Wartungsarbeiten sinnvoll und notwendig, muss jedes Anlagenteil und Aggregat über ein paralleles Anlagenteil, Aggregat oder über Umgehungsleitungen oder -kanäle umfahren werden können.

c) Erforderlichenfalls muss der Zulauf zur Kläranlage eine Einrichtung zum Begrenzen des Zuflusses aufweisen. Hierfür kommen Ausgleichsbecken oder Regenüberläufe in Betracht, je nach den behördlichen Auflagen.

d) Wo mit längeren Unterbrechungen der Stromversorgung zu rechnen ist, müssen die Kläranlagen mit Notstromerzeuger oder gleichwertigen Einrichtungen, z. B. einer einfachen Anschlussmöglichkeit für ein mobiles Notstromaggregat, ausgerüstet sein, um eine ausreichende Notstromversorgung während eines Stromausfalles sicherzustellen. An die Notstromversorgung müssen mindestens die Mess- und Steuereinrichtungen, die Pumpen für das Abwasser und den Rücklaufschlamm sowie Belüftungseinrichtungen (für eine geplante Mindestleistung entsprechend der Bemessung) angeschlossen sein.

e) Die Kläranlage muss so geplant werden, dass sie ihren normalen Betriebszustand selbsttätig wieder erreicht, nachdem die Stromversorgung nach einem Stromausfall wiederhergestellt ist.

f) Es sind Vorkehrungen zu treffen für eine repräsentative Probenahme aus dem Zu- und Ablauf jedes Anlagenteils und aus allen Durchflüssen, deren Kennwerte für den Betrieb und die Überwachung der Anlage wesentlich sind.

g) Bei der Planung ist sicherzustellen, dass alle Betriebsdaten (quantitative und qualitative), die für einen wirksamen Betrieb der Anlage wesentlich sind (z. B. Durchflüsse, Füllstände, Drücke, Temperaturen, Sauerstoffgehalte, pH-Werte und Konzentrationen anderer Stoffe), verfügbar sind.

h) Bei der Planung ist sicherzustellen, dass Reinigungs-, Wartungs- und Instandsetzungsarbeiten einfach und sicher ausführbar sind (z. B. Zugänglichkeit, Spülstutzen an Rohrleitungen, Absperrmöglichkeiten).

i) Für den Fall von Betriebsstörungen und für Notfälle sind entsprechende Vorkehrungen zu treffen.

4.3 Bauliche Anforderungen

4.3.1 Allgemeines

Bauwerke müssen

— so stabil sein, dass sie allen Belastungen während des Baus, des Betriebes und der Wartung standhalten, z. B. den Wasserdrücken oder den von der technischen Ausrüstung erzeugten statischen und dynamischen Kräften,

— soweit erforderlich, widerstandsfähig sein gegen den chemischen und biologischen Angriff durch Abwasser, Schlamm, Luft- oder Gasbestandteile und gegen auftretende Temperaturen und Temperaturschwankungen,

— gegen Auftrieb gesichert sein.

4.3.2 Maßtoleranzen

Die zulässigen Maßtoleranzen der Bauwerke, die durch die Funktion der technischen Ausrüstung bestimmt werden, sind in den entsprechenden besonderen Normen oder in Anhang B festgelegt. Andere Maßtoleranzen sind mit dem Lieferanten der technischen Ausrüstung abzustimmen.

4.3.3 Laufflächen aus Beton

Laufflächen sind in den Zeichnungen zu kennzeichnen.

Laufflächen müssen eben und gratfrei sein.

An den Beton sind hinsichtlich Qualität und Verarbeitung besondere Anforderungen zu stellen, so dass die Laufflächen beständig sind gegen die Einwirkung von

— Druck- und Scherkräften;

— Frost und Tausalz.

Die Druckfestigkeit des Betons muss mindestens 35 N/mm² betragen. Die Betonüberdeckung über der Bewehrung muss im Bereich von tausalzbeanspruchten Wandkronen mindestens um 1 cm stärker sein als üblich.

Die Flächenpressung auf die Räder ist zu begrenzen auf:

— 2,5 MN/m² bei Gummirädern;

— 5,0 MN/m² bei Polyurethanrädern.

Bei Polyurethanrädern kann ein Schutz der Lauffläche durch Platten aus Stahl oder einem anderen geeigneten Werkstoff erforderlich sein.

4.3.4 Befestigungen und Verbindungen zwischen technischer Ausrüstung und Bauwerk

Die Möglichkeit unterschiedlicher Setzungen verschiedener Bauwerksteile und zwischen Bauwerken und technischer Ausrüstung (wie z. B. Rohrleitungen) muss berücksichtigt werden. Ausreichend flexible Verbindungen bzw. Flexibilität zwischen Teilen der technischen Ausrüstung untereinander oder zwischen ihnen und den Bauwerken müssen vorgesehen werden.

Die Bewehrung von Bauwerken darf nicht zum Befestigen technischer Ausrüstung verwendet werden.

Wo unterschiedliche Metalle miteinander in Kontakt kommen, sind Vorkehrungen zu treffen, um Korrosion durch galvanische Elementbildung zu verhindern.

Wo die Gefahr besteht, dass metallische Verbindungselemente mit der Bewehrung von Bauwerken in elektrisch leitenden Kontakt gelangen, muss eine geeignete elektrische Isolation vorgesehen werden, z. B. durch Isolierung oder Verbundanker mit Gewindestange.

4.3.5 Zugänglichkeit

Sichere Zugänge über Wege, Stege, Brücken, Bühnen und dergleichen müssen für Inspektions-, Betriebs-, Wartungs-, Reparatur- und Reinigungsarbeiten vorhanden sein. Montageöffnungen müssen vorhanden sein, so dass die technische Ausrüstung leicht ein- und ausgebaut werden kann.

Betriebs- und Wartungsstellen sind unter Berücksichtigung schlechter Wetterbedingungen und anderer Beeinträchtigungen (z. B. durch Gase, Dämpfe, Schlamm, Öl und Fett) sowie von Störungen und Quetsch- und Scherstellen anzuordnen.

Die Bauwerke und deren Zugänge müssen ausreichend groß sein, so dass Montage- und Demontage-, Wartungs- und Reparaturarbeiten sowie der Austausch von Aggregaten leicht ausgeführt werden können.

Geeignete Vorkehrungen sind vorzusehen, um unbefugten Zugang zu verhindern.

4.3.6 Lüftung von Bauwerken

In geschlossenen Räumen ist das Auftreten feuchter oder verbrauchter Luft sowie von Explosionsgefahr zu beachten nach EN 12255-10. Es ist eine ausreichende Lüftung vorzusehen nach EN 12255-9. Erforderlichenfalls sind Frostschutzmaßnahmen vorzusehen.

4.3.7 Wasserversorgung und Entwässerung

Wo Reinigungsarbeiten durch Spülen und Abspritzen erforderlich sind, muss ein Wasseranschluss installiert werden, wobei vorzugsweise Brauchwasser zu verwenden ist. Geeignete Einrichtungen, die eine Verschmutzung des Trinkwassernetzes durch Brauchwasser verhindern, sind vorzusehen. Nationale Vorschriften über die Qualität von Brauchwasser, das als Spülwasser verwendet wird, sind zu beachten. Das ist insbesondere dann wichtig, wenn das Wasser unter Druck steht.

Wo sich Überlauf-, Leck- oder Spritzwasser ansammeln kann, sind geeignete Entwässerungseinrichtungen zu installieren. Dort muss der Boden wasserdicht sein und ein ausreichendes Gefälle zu einem Sumpf haben, von dem aus das Wasser abfließt oder automatisch abgepumpt wird.

Alle Becken sollten so gestaltet sein, dass sie vollständig entleerbar sind.

4.3.8 Hebevorrichtungen

Hebevorrichtungen oder entsprechende Transporteinrichtungen müssen, wo notwendig, angeordnet werden, um die Ausführung aller Wartungsarbeiten sowie den Austausch aller Aggregate zu erlauben.

4.3.9 Lagerung gefährlicher Chemikalien und Treibstoffe

Wo gefährliche Chemikalien oder Treibstoffe gelagert oder gefördert werden, müssen Vorkehrungen getroffen werden, die eine Beeinträchtigung der Umwelt durch Leckagen verhindern. Nationale Vorschriften und alle Anforderungen der EN 12255-10 sind zu beachten. Die erforderlichen Schutzmaßnahmen (z. B. doppelwandige Behälter, Auffangwannen oder Leckwarneinrichtungen) sind abhängig von dem zu lagernden Volumen und den möglichen Gefahren.

Behälter mit Chemikalien, die ein gefährliches Gemisch bilden oder die Werkstoffe anderer Behälter angreifen könnten, dürfen nicht mit anderen Behältern in einer gemeinsamen Auffangwanne angeordnet werden.

4.4 Anforderungen an die technische Ausrüstung

4.4.1 Grundsätze der maschinentechnischen Bemessung [3)]

Der Einsatz der technischen Ausrüstung und die Anforderungen an diese sind festzulegen.

Eine allgemeine Beschreibung und die folgenden Angaben sind zur Verfügung zu stellen:

a) Lasten (z. B. Verkehrslasten, Windlast, Schneelast, Betriebslasten und bewegte Einzellasten);

b) Belastungen (z. B. Nennbelastung, Höchstbelastung, Alarmbelastungen);

c) Belastbarkeiten (z. B. Dauerbelastbarkeit, Höchstbelastbarkeit);

d) Anwendungsfaktor K_A;

e) Betriebsart nach EN 60034-1;

f) Schutzart durch das Gehäuse (IP Klasse) nach EN 60529. Alle über Wasser angeordneten Getriebe und Motore sind im Bereich von Reinigungsarbeiten spritzwassergeschützt nach Schutzart IP 54 nach EN 60529 auszuführen; solche Getriebe und Motore, die durch Abspritzen mit scharfem Wasserstrahl gereinigt werden, sind nach Schutzart IP 55 nach EN 60529 auszuführen; solche Getriebe und Motore, die auch gelegentlich untergetaucht werden, sind nach Schutzart IP 67 nach EN 60529 auszuführen;

g) Lebensdauerklassen:

Die in 3.15 definierte rechnerische Lebensdauer ist in Lebensdauerklassen eingeteilt (siehe Tabelle 1).

Tabelle 1 — Rechnerische Lebensdauer

	Lebensdauerklasse				
	1	2	3	4	5
rechnerische Lebensdauer h	Unbestimmt	10 000	20 000	50 000	80 000

Die Wahl der Lebensdauerklasse ist unter Berücksichtigung der tatsächlichen Belastung zu treffen, die von der Nennbelastung abweichen kann (weitere Angaben siehe Anhang A).

ANMERKUNG Weitere Angaben hinsichtlich besonderer technischer Ausrüstung sind in den speziellen Normen EN 12255-3 bis EN 12255-8, prEN 12255-13, prEN 12255-14 und prEN 12255-16 (in Vorbereitung) enthalten.

Andere einschlägige Vorschriften und Normen (z. B. für Kräne) sind zu beachten.

4.4.2 Allgemeine Anforderungen an die Planung

4.4.2.1 Gehwege, Treppen, Plattformen, Gitterroste

Auch bei geringer Verkehrslast muss die Tragfähigkeit von Laufstegen mindestens 3,5 kN/m² betragen. Außerdem darf die maximale Durchbiegung von Laufstegen 10 mm oder den Wert, der sich aus der Spannweite, geteilt durch 200 ergibt, nicht übersteigen.

3) siehe Erläuterungen in Anhang A

4.4.2.2 Abdeckungen, Montage- und Reinigungsöffnungen

Abdeckungen, Montage- und Reinigungsöffnungen müssen den Betriebserfordernissen entsprechend gestaltet und angeordnet sein. Öffnungen müssen mit Schutzabdeckungen versehen sein, die sich nicht unbeabsichtigt schließen können. Wo ein häufiger Zugang erforderlich ist, müssen die Abdeckungen leicht zu öffnen und zu schließen sein.

4.4.2.3 Kabeltrommeln mit Federantrieb

Für Kabeltrommeln dürfen Federantriebe nur verwendet werden, wenn die Anzahl der Arbeitszyklen nicht mehr als 1 000 pro Jahr beträgt und die Fahrstrecke 30 m nicht überschreitet.

4.4.2.4 Pumpen und Rohrleitungen

Pumpen müssen für die Art und den Zustand der zu fördernden Medien geeignet sein. Sie müssen den Anforderungen nach EN 809 und EN 752-6 entsprechen.

Der Mindestnennweite von Rohrleitungen und Pumpen ist entsprechend dem zu fördernden Medium festzulegen. Die Mindestnennweite muss DN 80 betragen, falls Gemische von Wasser und Sand oder Schlamm gefördert werden. Kleinere Mindestnennweiten dürfen vereinbart werden, wenn stromaufwärts eine Zerkleinerung oder Siebung erfolgt oder wenn keine Verstopfungsgefahr besteht.

Pumpen müssen einzeln mit Absperr- und Rückschlagarmaturen versehen sein, sofern nichts anderes festgelegt oder vereinbart wurde. Verdrängerpumpen müssen mit einem Sensor und einem Druckschalter versehen sein, so dass Flüssigkeitsmangel im Zulauf festgestellt und Zerstörung vermieden wird.

Absperr- und Rückschlagorgane müssen dicht schließen und für das Medium und dessen Zustand geeignet sein (z. B. Druck, Temperatur, Zusammensetzung). Falls nicht anders vereinbart, dürfen sie in geöffnetem Zustand keine Querschnittsverengung aufweisen.

Im Rohrleitungssystem wirkende Kräfte und Schwingungen müssen bei der Planung und Installation berücksichtigt werden.

Wenn Schäden oder Betriebsbeeinträchtigungen durch Frost zu befürchten sind oder wenn die Wärmeverluste gering gehalten werden sollen, müssen Behälter und Rohrleitungssysteme wärmegedämmt und erdverlegte Rohrleitungen erforderlichenfalls frostgeschützt sein.

Rohrleitungen für Abwasser, Schlamm oder Faulgas müssen so angeordnet, mit einem solchen Höhenprofil verlegt und mit solchen Geschwindigkeiten durchströmt werden, dass Feststoffablagerungen und Gasansammlungen (und in Gas- und Luftleitungen Kondensatansammlungen) vermieden werden. Wenn dies nicht möglich ist, sind Vorkehrungen zum Entfernen von Feststoffablagerungen, Gas- oder Kondensatansammlungen erforderlich. Verzweigungen müssen so gestaltet sein, dass Verstopfungen vermieden werden. Falls nichts anderes festgelegt ist, muss der Radius von Krümmern mindestens der dreifachen Nennweite entsprechen.

Der Nenndruck von Kunststoffleitungen muss mindestens PN 6 betragen, sofern nichts anderes vereinbart ist. Die Wanddicke von Leitungen aus nichtrostendem Stahl muss mindestens der Vorzugs-Wanddicke A von ISO 4200 entsprechen und die Wanddicke von Leitungen aus anderem Stahl muss mindestens der Vorzugs-Wanddicke D von ISO 4200 entsprechen, sofern nichts anderes vereinbart ist.

Rohrleitungen müssen leicht identifizierbar oder so gekennzeichnet sein, dass sie leicht identifiziert werden können.

Rohrleitungssysteme müssen je nach Erfordernis wasser- und gasdicht sein und sind nach 5.4 zu prüfen.

4.4.2.5 Gebläse und Verdichter

Gebläse und Verdichter müssen für den vorgesehenen Gebrauch geeignet sein; Gebläse für die Belüftung müssen eine ausreichend ölfreie Luft liefern.

Gebläse und Verdichter müssen mit geeigneten Absperr- und Rückschlagarmaturen und erforderlichenfalls mit Temperatur- und Druckschaltern versehen sein.

Lärm und Erschütterung sollten beachtet werden (siehe EN 12255-10).

4.4.2.6 Mess-, Steuerungs- und Regelungseinrichtungen

Mess-, Steuerungs- und Regelungseinrichtungen dienen der Gewinnung von Informationen über den Prozess, die für einen zuverlässigen und effektiven Betrieb der Kläranlage und ihrer technischen Ausrüstung notwendig sind.

Die erforderlichen Mess-, Steuerungs- und Regelungseinrichtungen sind bereits in einem frühen Planungsstadium unter Berücksichtigung der Einbauverhältnisse festzulegen. Entsprechend der Art der technischen Ausrüstung gilt dies sowohl hinsichtlich ihrer Anordnung innerhalb der Anlage als auch hinsichtlich Gestaltung und Abmessungen der Bauwerke (siehe prEN 12255-12).

4.4.2.7 Elektrische Ausrüstung

Die erforderliche elektrische Ausrüstung muss in einem frühen Planungsstadium unter Berücksichtigung der Einbauverhältnisse festgelegt werden. Entsprechend der Art der technischen Ausrüstung gilt dies sowohl hinsichtlich ihrer Anordnung innerhalb der Anlage als auch hinsichtlich Gestaltung und Abmessungen der Bauwerke.

Weitere Hinweise für besondere Bauwerke und Aggregate sind den jeweiligen besonderen Normen zu entnehmen. Die einschlägigen CENELEC-Normen und die Anforderungen der örtlichen Stromversorger sind zu beachten.

Siehe EN 12255-10 hinsichtlich Sicherheitsanforderungen.

Siehe prEN 12255-12 hinsichtlich Mess-, Steuerungs- und Regelungseinrichtungen.

4.4.2.8 Werkstoffe und Korrosionsschutz

Werkstoffe für technische Ausrüstungen von Kläranlagen müssen im Rahmen gegebener Anforderungen gegen Angriffe durch Inhaltsstoffe aus kommunalem Abwasser und Schlamm, Aerosole, Gas aus dem Abwasser und atmosphärische Einflüsse (Mikroklima) beständig sein. Der Auftraggeber muss den Ausrüster über sämtliche Besonderheiten, z. B. das Vorhandensein von angefaultem Abwasser, in Kenntnis setzen. Bei Verbindungen unterschiedlicher Werkstoffe muss schädliche galvanische Korrosion verhindert werden. Bei tragenden Teilen aus Kunststoff sind schädliche Umwelteinflüsse (z. B. durch UV-Licht, Temperatur) zu beachten.

Werden keine besonderen Angaben gemacht, darf der Ausrüster davon ausgehen, dass es sich um kommunales Abwasser handelt und Industrieabwasser nur in solchen Anteilen enthalten ist, dass die Eigenschaften des Abwassers innerhalb der durch die Einleitungsbedingungen für die öffentliche Kanalisation festgelegten Grenzen liegen. Auf dieser Grundlage hat der Ausrüster die geeigneten Werkstoffe zu wählen.

Örtliche Verhältnisse können die Verwendung besonders beständiger Werkstoffe erforderlich machen. Dies ist im Einzelfall zwischen Auftraggeber und Auftragnehmer abzustimmen. Beständigkeit kann durch Verwendung korrosionsbeständiger Werkstoffe oder durch geeignete Beschichtungen erreicht werden. Soweit möglich, sind Korrosionsschutzmaßnahmen werkseitig vom Hersteller auszuführen.

Die Werkstoffe sind gemäß den in der Ausschreibung gestellten Anforderungen auszuwählen. Besondere Werkstoffe sind auf Wunsch des Auftraggebers zu verwenden.

Verbindungselemente (z. B. Muttern, Bolzen, Unterlegscheiben und Schrauben), im Unterwasserbereich oder in korrosiver Atmosphäre, sollten aus rostfreiem Stahl der Klasse A2 oder A4 nach ISO 3506-1 bis ISO 3506-3 bestehen, es sei denn, dass die Verwendung von hochfestem Werkstoff erforderlich ist, der nicht in den Klassen A2 oder A4 verfügbar ist.

Weitere Anforderungen hinsichtlich Werkstoffen und Korrosionsschutz für besondere Bauteile sind den jeweiligen Normen dieser Reihe zu entnehmen.

4.4.2.9 Fertigung von Schweißkonstruktionen

Für die Fertigung geschweißter Bauteile und technischer Einrichtungen (z. B. Absperrschieber, Arbeitsbühnen, Förderanlagen, Rechenanlagen und Räumerkonstruktionen) sind entsprechende Eignungsnachweise erforderlich.

Besondere Fertigkeiten sind für die Ausführung von Schweißarbeiten an Systemen für brennbare oder explosionsfähige Flüssigkeiten wie Treibstoffe oder Gas erforderlich.

Andere Festlegungen für bestimmte Ausrüstungsteile, z. B. für Druckbehälter, bleiben von diesen Anforderungen unberührt.

4.4.2.10 Räumer

Da Räumer in mehreren Anlagenteilen verwendet werden, die in verschiedenen Normen der Reihe EN 12255 behandelt werden, werden deren Baugrundsätze in diesem allgemeinen Teil festgelegt.

a) Lasten und Bemessung:

Die Verkehrslast auf Brücken ist mit 1,5 kN/m^2 anzusetzen. Höhere Verkehrslasten dürfen vereinbart werden. Die Durchbiegung bei kombinierter Einwirkung von Eigengewicht und Hauptlasten, mit der Ausnahme der Verkehrslast, darf höchstens der Spannweite geteilt durch 500 entsprechen. Die Tragkonstruktion muss so gestaltet sein, dass die Hauptlasten einschließlich der Betriebslasten keine Verwindung bewirken, die die Funktion des Räumers beeinträchtigen oder zu einer bleibenden Verformung führen könnten.

Für den Antrieb von Hubtrieben sind Bremsmotoren oder andere Komponenten mit ähnlicher Funktion einzusetzen.

Breite und Durchmesser von Räumerrädern, die auf Beton fahren, sind in Tabelle 2 festgelegt, wobei die zulässige Flächenpressung den Festlegungen in 4.3.3 entsprechen muss.

Tabelle 2 — Mindestgrößen von Rädern

Art des Rades	Mindestbreite b mm	Mindestdurchmesser d mm
angetriebenes Rad	75	300
nicht angetriebenes Rad	50	200
Leitrad	50	200

b) rechnerische Lebensdauer der Komponenten von Brückenräumern:

— Fahrantriebe: Lebensdauerklasse 3;

— Hubantriebe: Lebensdauerklasse 2;

— Kugeldrehverbindungen: Lebensdauerklasse 4.

c) rechnerische Lebensdauer der Komponenten von zentral angetriebenen Räumern und Krählwerken:

— Zentrallager und Zentralgetriebe: Lebensdauerklasse 4;

— Elektromotoren: Lebensdauerklasse 3;

— Hubantriebe: Lebensdauerklasse 2.

d) rechnerische Lebensdauer der Komponenten von Bandräumern:

— Getriebe: Lebensdauerklasse 4;

— Motoren: Lebensdauerklasse 3.

e) Planungsanforderungen an Brückenräumer für rechteckige Becken:

Brückenräumer sind mit Einrichtungen zur Geradführung auszurüsten, z. B. mit seitlichen Führungsrollen, Zahnstangen oder Ketten.

Eine Laufüberwachung an den Laufrädern sollte verwendet werden.

Für die Antriebe von Räumern in Rechteckbecken sind Bremsmotoren oder andere Einrichtungen mit ähnlicher Funktion zu verwenden.

f) Wartung und Betrieb von Brückenräumern:

Fahrwerke und Kugeldrehverbindungen sind so anzuordnen, dass ein Austausch dieser Komponenten nur ein geringes Anheben der Brücke erfordert.

Laufrollen an Bodenräumwerken von Rundräumern können nur nach einer Beckenentleerung inspiziert und ausgetauscht werden. In der Ausschreibung ist anzugeben, ob Räumschilde verlangt werden, die bei gefülltem Becken über den Wasserspiegel heraushebbar sind.

Laufflächen von Brückenräumern im Freien sind im Winter von Schnee und Eis freizuhalten; falls das nicht manuell erfolgen soll, ist eines der folgenden Systeme vorzusehen:

— Einrichtungen am Bauwerk (z. B. Laufflächenbeheizung);

— Einrichtungen an der technischen Ausrüstung (z. B. Heißluftgebläse oder sich drehende Bürsten an den Räumern, Einrichtungen zum Dosieren von Enteisungsmitteln, die nicht betonkorrosiv sein sollten).

4.4.3 Auswirkungen auf die Umwelt

Alle einschlägigen Anforderungen hinsichtlich Emissionsverminderung sind zu beachten. Alle Kläranlagen sind unter sorgfältiger Abwägung ihrer Umwelteinflüsse anzuordnen und zu planen.

Sind wesentliche Emissionen durch den Betrieb zu erwarten, so müssen diese durch die Gestaltung der Bauwerke und der technischen Ausrüstung und die Betriebsweise möglichst gering gehalten werden. Der Abstand zu schützender Gebiete von der Kläranlage ist dabei zu berücksichtigen. Die Emission von Geruch, Lärm und Schmutz (z. B. Öl und Fett) muss durch geeignete bauliche, ausrüstungstechnische und betriebliche Vorkehrungen vermieden werden. Durch erforderliche besondere Maßnahmen zur Vermeidung oder Verminderung derartiger Emissionen dürfen weder die Funktion, Zuverlässigkeit und Sicherheit noch die Wartung der Anlage und ihrer Teile beeinträchtigt werden.

EN 12255-9 enthält weitere Hinweise zu Geruchsemissionen und Geruchsverminderung.

4.4.4 Sicherheit

Hinweise zu sicherheitstechnischen Anforderungen sind in EN 12255-10 und in den besonderen Normen der Normenreihe EN 12255 enthalten.

4.4.5 Dokumentation

Zur grundlegenden Dokumentation von Kläranlagen gehören Bestandspläne der Bauwerke, Bauwerksteile und technischen Ausrüstung sowie Maßnahmen zum Korrosionsschutz, Rohrleitungspläne, Stromlaufpläne, Betriebsanleitungen, Schmierpläne und Listen über Ersatz- und Verschleißteile, die alle regelmäßig auf den neuesten Stand zu bringen sind. Die Dokumentation muss es dem Auftraggeber ermöglichen, alle Bedienungs-, Wartungs- und Instandsetzungsarbeiten auszuführen, und muss wesentliche Angaben für spätere Umbauten oder Erweiterungen der Anlage enthalten.

Der Auftraggeber hat die Sprache, in der die Unterlagen bereitzustellen sind, festzulegen.

Die Betriebsanleitungen müssen sowohl das allgemeine Verfahren als auch alle speziellen örtlichen Abweichungen und Besonderheiten behandeln. Für alle Anlagenteile müssen Routinearbeiten sowie die notwendigen Wartungsmaßnahmen einschließlich Funktionskontrollen nach Häufigkeit und Umfang beschrieben werden.

4.4.6 Ersatzteile und Spezialwerkzeuge

Ersatzteile sind vom Ausrüster zu empfehlen und gesondert aufzulisten. Die Lieferanten müssen ausreichende Vorkehrungen treffen, so dass die Ersatzteile lieferbar bleiben. Sofern nichts anderes festgelegt ist, ist der Ausrüster verpflichtet, wichtige Ersatzteile über einen Zeitraum von 10 Jahren ab dem Datum der Lieferung der Ausrüstung lieferbar zu halten. Der Ausrüster kann diese Verpflichtung auf seine Unterlieferanten übertragen.

Definitionsgemäß haben Verschleißteile eine begrenzte Lebensdauer. Es sind Teile, die unter normalen Betriebsbedingungen einem hohen Verschleiß ausgesetzt sind und deshalb leicht austauschbar sein müssen. Beispiele für Verschleißteile sind gleitende Dichtungen, Treibriemen, Antriebsketten und Messelektroden.

5 Prüfverfahren

5.1 Funktion und Leistung

Prüfverfahren für die Funktionstüchtigkeit und Leistung von Kläranlagen werden in die Norm über allgemeine Angaben aufgenommen (siehe EN 12255-11).

Prüfverfahren für die Funktion und Leistung verschiedener Anlagenteile werden in den besonderen Teilen der EN 12255 festgelegt.

5.2 Dichtheitsprüfung von Betonbauwerken

Betonbauwerke für Flüssigkeiten werden auf Dichtheit geprüft, indem die Bauwerke mit dieser Flüssigkeit oder Wasser gefüllt und vor der Verfüllung einer Sichtprüfung unterzogen werden. Leckagen werden entsprechend nationaler Praxis gemessen.

5.3 Dichtheitsprüfung von Erdbecken

Erdbecken werden gemäß nationaler Gepflogenheit geprüft.

5.4 Dichtheitsprüfung anderer Bauwerke und der technischen Ausrüstung

Die Dichtheit wird durch Druckprüfung mit einem geeigneten Medium geprüft. Falls möglich und falls das Bauwerk oder die technische Ausrüstung bei Unterdruck betrieben wird, ist eine Unterdruckprüfung zulässig. Nationale Richtlinien und Normen für Druck- und Unterdruckprüfungen sind zu beachten. Falls keine nationalen Richtlinien bestehen, muss der Auftraggeber festlegen, ob und wie eine Prüfung erfolgen soll.

Anhang A
(informativ)

Erläuternde Anmerkungen

Bezug: 3.15 Rechnerische Lebensdauer

4.4.1 Grundsätze der maschinentechnischen Bemessung

Um einen störungsfreien Betrieb der technischen Ausrüstung von Kläranlagen sicherzustellen, sind verschiedene Anforderungen an die rechnerische Lebensdauer von Komponenten festgelegt worden, die einer Wechselbeanspruchung unterliegen, zum Beispiel Rollenlager, Gleitlager, Zahn-, Ketten-, Seil- und Bandantriebe, Kupplungen und Bremsen.

Die Berechnung der Lebensdauer solcher Maschinenkomponenten ist in Normen und der einschlägigen technischen Literatur beschrieben. Der Verlauf der Belastung über die Zeit ist ein wichtiger Faktor bei solchen Berechnungen.

Die Berechnung der Lebensdauer erfolgt auf der Grundlage der Nennlast auf der Lastseite unter Berücksichtigung der jeweiligen Betriebswerte.

Die erforderliche rechnerische Lebensdauer wird durch die erforderliche Lebensdauerklasse bestimmt, die in den weiteren Teilen dieser Norm enthalten sein wird. Einzelheiten, einschließlich der Abstufung dieser Lebensdauerklassen, sind aus Tabelle A.1 ersichtlich.

Je nach Art der technischen Ausrüstung kann die wirkliche Belastung geringer sein als die Nennlast auf die Lastseite, weshalb die wirkliche Lebensdauer länger als die rechnerische Lebensdauer sein kann.

Tabelle A.1 — Lebensdauerklassen und rechnerische Lebensdauer von Maschinenteilen

Lebens-dauer-klasse	rechnerische Lebensdauer h	Beanspruchungen				Beispiele
		Grad der Beanspruchung	Einschalt-dauer	Belastung	Geschwindig-keit	
1	–	unbedeutend	kurz	klein	langsam	Schwenkantriebe, Container-Verschiebung
2	10 000	gering	kurz	mittel	beliebig	Rechen
3	20 000	üblich	mittel	groß	beliebig	Rechen
			lang	mittel	beliebig	Fahrantriebe von Räumern
4	50 000	hoch	lang	groß	beliebig	Antriebe für Oberflächenbelüfter usw., Lager für Drehsprenger
5	80 000	äußerst hoch	lang	groß	beliebig	wie Lebensdauer-klasse 4, jedoch für besonders hohe Ansprüche oder besondere Einbauverhältnisse

Diese Parameter beziehen sich auf die Wirkung auf Antriebe und andere elektrische Komponenten bei ihrem Betrieb. Diese Parameter werden so zu gewählt, dass die Anforderungen an die Komponente der jeweiligen technischen Ausrüstung erfüllt werden. Dadurch werden andere einschlägige Festlegungen nicht berührt.

BEISPIELE Fahrantriebe von Räumern werden in der Praxis sehr selten mit der Nennlast beansprucht (entsprechend dem Rollwiderstand unter Ansatz aller Hauptlasten auf der Lastseite). Aus diesem Grund kann man annehmen, dass die wirkliche Lebensdauer einer solchen technischen Ausrüstung ein Vielfaches der in Tabelle A.1 angegebenen 20 000 Stunden beträgt. Falls ein Räumer jedoch andauernd nahe seiner Nennlast auf der Lastseite betrieben werden soll, wird eine dementsprechend höhere Lebensdauerklasse vereinbart.

Im Falle anderer technischer Ausrüstungen, bei denen die mittlere Belastung näher bei der Nennbelastung auf der Lastseite liegt, beispielsweise im Falle von Rechen, die einer hohen Belastung ausgesetzt werden, wird bei der Festlegung der Lebensdauerklasse die üblicherweise verhältnismäßig kurze Betriebszeit in Betracht gezogen. Falls solche technischen Ausrüstungen im Dauerbetrieb belastet werden, wird dementsprechend eine höhere Lebensdauerklasse zu vereinbart.

Anhang B
(normativ)

Bauwerkstoleranzen

B.1 Rundbecken

B.1.1 Rundbecken mit Räumeinrichtung

— Innendurchmesser des Beckens: ± 0,03 m;

— Kontur des Beckenbodens: ± 0,03 m.

B.1.2 Rundbecken mit auf der Wandkrone fahrender Räumerbrücke

— Innendurchmesser des Beckens: ± 0,03 m;

— Kontur des Beckenbodens: ± 0,03 m;

— Innen- und Außendurchmesser der Fahrbahn: ± 0,03 m.

B.2 Rechteckbecken

— Abstand der Längswände und Fahrbahnen von der Mittelachse: ± 0,02 m;

— Abstand der Fahrbahnen voneinander: ± 0,02 m;

— Abstand der Längswände voneinander: ± 0,02 m;

— Kontur des Beckenbodens in Querrichtung: ± 0,01 m;

— Ebenheit der Fahrbahnen bezogen auf eine Länge von 4 m: ± 0,02 m.

Nur bei Saugräumern und anderen Räumern mit starren Schilden:

— Beckentiefe (von der Fahrbahn zum Boden): ± 0,02 m.

Literaturhinweise

Die folgenden Dokumente enthalten Einzelheiten, die im Rahmen dieser Norm verwendet werden können. Diese Zusammenstellung war zum Zeitpunkt der Veröffentlichung dieser Norm aktuell, sollte jedoch nicht als vollständig angesehen werden.

Europäische Normen

prEN 12255-14, *Kläranlagen — Teil 14: Desinfektion.*

prEN 12255-16, *Kläranlagen — Teil 16: Abwasserfiltration.* [4]

4) in Vorbereitung

März 2001

	Kläranlagen Teil 3: Abwasservorreinigung (enthält Berichtigung AC:2000) Deutsche Fassung EN 12255-3:2000 + AC:2000	DIN EN 12255-3

ICS 13.060.30

Wastewater treatment plants —
Part 3: Preliminary treatment
(includes corrigendum AC:2000);
German version EN 12255-3:2000 + AC:2000

Stations d'épuration —
Partie 3: Prétraitements
(inclut corrigendum AC:2000);
Version allemande EN 12255-3:2000 + AC:2000

Die Europäische Norm EN 12255-3:2000 hat den Status einer Deutschen Norm, einschließlich der eingearbeiteten Berichtigung AC:2000, die von CEN getrennt verteilt wurde.

Nationales Vorwort

Diese Europäische Norm wurde vom Technischen Komitee TC 165 „Abwassertechnik" (Sekretariat: Deutschland) des Europäischen Komitees für Normung (CEN) erarbeitet.

Die Arbeiten wurden von der Arbeitsgruppe „Kläranlagen — Allgemeine Verfahren" (WG 42) (Sekretariat: Vereinigtes Königreich) des CEN/TC 165 durchgeführt. Für Deutschland war der Arbeitsausschuss V 36/UA 2/3 „Abwasserbehandlungsanlagen; CEN/TC 165/WG 42 und 43" an der Bearbeitung beteiligt.

Die Normen der Reihe DIN EN 12255 „Kläranlagen" werden voraussichtlich aus 15 Teilen bestehen (siehe Vorwort DIN EN 12255-3).

Die im Vorwort von DIN EN 12255-3 genannten Titel der einzelnen Teile entsprechen den Titeln der bereits veröffentlichten Norm-Entwürfe bzw. sind Arbeitstitel und können von den Titeln der Normen geringfügig abweichen.

Darüber hinaus wird zukünftig in allen Teilen der Europäischen Normen der Reihe DIN EN 12255 in den Titeln der jeweiligen deutschen Sprachfassung im Hauptelement der Begriff „Kläranlagen" verwendet.

Der Entwurf zu DIN EN 12255-3 war als E DIN 19569-103:1996-03 veröffentlicht worden.

Einige Teile der Normen der Reihe DIN EN 12255 werden als Europäisches Normenpaket gemeinsam gültig werden.

Von der Paketbildung sind die folgenden Teile der Normen der Reihe DIN EN 12255 betroffen:

DIN EN 12255-1, DIN EN 12255-3 bis DIN EN 12255-8, DIN EN 12255-10 und DIN EN 12255-11 (vgl. Vorwort DIN EN 12255-3).

Datum der Zurückziehung (date of withdrawal, dow) entgegenstehender nationaler Normen ist der 2001-12-31 (Resolution BT 152/1998).

Fortsetzung Seite 2
und 8 Seiten EN

Normenausschuss Wasserwesen (NAW) im DIN Deutsches Institut für Normung e. V.

In einem Normenpaket werden Europäische Normen zusammengefasst, die zueinander in Beziehung stehen. Eine Querverbindung kann u. a. aufgrund der Notwendigkeit zur gemeinsamen Anwendung bestehen oder dadurch gegeben sein, dass eine Gruppe entgegenstehender nationaler Normen abzudecken ist.

Die Paketbildung ist aber auch unter dem Aspekt der Verpflichtung zur Übernahme von CEN/CENELEC-Normen durch die CEN-Mitglieder und der damit verbundenen Zurückziehung entgegenstehender nationaler Normen (CEN/CENELEC-Geschäftsordnung) von Bedeutung.

Die in einem Normenpaket zusammengefassten Europäischen Normen sind spätestens bis zu einem vorab festgelegten Datum der Zurückziehung (dow) zu veröffentlichen.

Die bereits vor diesem Zeitpunkt fertiggestellten und veröffentlichten Europäischen Normen des Paketes werden in das nationale Normenwerk übernommen. Sie gelten bis zum Datum der Zurückziehung parallel zu entsprechenden nationalen Normen.

Erst mit dem Erreichen des Datums der Zurückziehung sind die Europäischen Normen des Normenpaketes in das nationale Regelwerk zu übernehmen, indem ihnen der Status von nationalen Normen gegeben wird. Entgegenstehende nationale Normen sind dann zurückzuziehen.

Die einzelnen Teile der Normen der Reihe DIN EN 12255 sind inhaltlich anders konzipiert als die deutschen Normen der Reihe DIN 19569, so dass durchaus mehrere Teile dieser Reihe durch einen Teil der Europäischen Norm berührt werden können.

Der Normungsumfang der Europäischen Normen der Reihe DIN EN 12255 „Kläranlagen" deckt nicht alle Festlegungen ab, die in den nationalen Normen der Reihe DIN 19569 „Kläranlagen — Baugrundsätze für Bauwerke und technische Ausrüstungen" enthalten sind.

Der Arbeitsausschuss V 36 plant daher die Erarbeitung von Maß- und Restnormen zu den folgenden Themenkreisen:

- Rechteckbecken als Absetzbecken
- Rechteckbecken als Sandfänge
- Rundbecken als Absetzbecken
- Tropfkörper mit Drehsprengern
- Tropfkörperfüllungen
- Rechenbauwerke mit geradem Rechen
- Ablaufsysteme in Absetzbecken
- Besondere Baugrundsätze für Einrichtungen zum Abtrennen und Eindicken von Feststoffen
- Besondere Baugrundsätze für Einrichtungen zur aeroben biologischen Abwasserreinigung
- Besondere Baugrundsätze für Anlagen zur aeroben Behandlung von Abwasser
- Besondere Baugrundsätze für Anlagen zur Abwasserreinigung mit Festbettfiltern
- Besondere Baugrundsätze für Anlagen zur Klärschlammentwässerung
- Besondere Baugrundsätze für Anlagen zur Trocknung von Klärschlamm

EUROPÄISCHE NORM
EUROPEAN STANDARD
NORME EUROPÉENNE

EN 12255-3
September 2000
+ AC
Dezember 2000

ICS 13.060.30

Deutsche Fassung

Kläranlagen

Teil 3: Abwasservorreinigung
(enthält Berichtigung AC:2000)

Wastewater treatment plants — Part 3: Preliminary treatment (includes corrigendum AC:2000)

Stations d'épuration — Partie 3: Prétraitements (inclut corrigendum AC:2000)

Diese Europäische Norm wurde von CEN am 2000-08-17 und die Berichtigung AC:2000 am 2000-12-20 angenommen.

Die CEN-Mitglieder sind gehalten, die CEN/CENELEC-Geschäftsordnung zu erfüllen, in der die Bedingungen festgelegt sind, unter denen dieser Europäischen Norm ohne jede Änderung der Status einer nationalen Norm zu geben ist. Auf dem letzten Stand befindliche Listen dieser nationalen Normen mit ihren bibliographischen Angaben sind beim Management-Zentrum oder bei jedem CEN-Mitglied auf Anfrage erhältlich.

Diese Europäische Norm besteht in drei offiziellen Fassungen (Deutsch, Englisch, Französisch). Eine Fassung in einer anderen Sprache, die von einem CEN-Mitglied in eigener Verantwortung durch Übersetzung in seine Landessprache gemacht und dem Management-Zentrum mitgeteilt worden ist, hat den gleichen Status wie die offiziellen Fassungen.

CEN-Mitglieder sind die nationalen Normungsinstitute von Belgien, Dänemark, Deutschland, Finnland, Frankreich, Griechenland, Irland, Island, Italien, Luxemburg, Niederlande, Norwegen, Österreich, Portugal, Schweden, Schweiz, Spanien, der Tschechischen Republik und dem Vereinigten Königreich.

EUROPÄISCHES KOMITEE FÜR NORMUNG
EUROPEAN COMMITTEE FOR STANDARDIZATION
COMITÉ EUROPÉEN DE NORMALISATION

Management-Zentrum: rue de Stassart, 36 B-1050 Brüssel

Ref.-Nr. EN 12255-3:2000 + AC:2000 D

Inhalt

Vorwort

Diese Europäische Norm wurde vom Technischen Komitee CEN/TC 165 „Abwassertechnik" erarbeitet, dessen Sekretariat vom DIN gehalten wird.

Diese Europäische Norm muss den Status einer nationalen Norm erhalten, entweder durch Veröffentlichung eines identischen Textes oder durch Anerkennung bis 2001-03, und etwaige entgegenstehende nationale Normen müssen bis 2001-12 zurückgezogen werden.

Entsprechend der CEN/CENELEC-Geschäftsordnung sind die nationalen Normungsinstitute der folgenden Länder gehalten, diese Europäische Norm zu übernehmen: Belgien, Dänemark, Deutschland, Finnland, Frankreich, Griechenland, Irland, Island, Italien, Luxemburg, Niederlande, Norwegen, Österreich, Portugal, Schweden, Schweiz, Spanien, die Tschechische Republik und das Vereinigte Königreich.

Es ist der dritte von den Arbeitsgruppen CEN/TC 165/WG 42 und 43 erarbeitete Teil, der sich auf allgemeine Anforderungen an Verfahren für Kläranlagen für über 50 Einwohnerwerte (EW) bezieht. Die Normen dieser Reihe sind folgende:

- Teil 1: Allgemeine Baugrundsätze
- Teil 3: Abwasservorreinigung
- Teil 4: Vorklärung
- Teil 5: Abwasserbehandlung in Teichen
- Teil 6: Belebungsverfahren
- Teil 7: Biofilmreaktoren
- Teil 8: Schlammbehandlung und -lagerung
- Teil 9: Geruchsminderung und Belüftung
- Teil 10: Sicherheitstechnische Baugrundsätze
- Teil 11: Erforderliche allgemeine Angaben
- Teil 12: Steuerung und Automatisierung[1)]
- Teil 13: Abwasserbehandlung durch Zugabe von Chemikalien
- Teil 14: Desinfektion[1)]
- Teil 15: Messung der Sauerstoffzufuhr in Reinwasser in Belüftungsbecken von Belebungsanlagen
- Teil 16: Abwasserfiltration[1)]

---

1) In Vorbereitung

ANMERKUNG Für Anforderungen an Pumpanlagen auf Kläranlagen, ursprünglich vorgesehen als Teil 2 „Abwasserpumpanlagen", siehe EN 752-6 „Entwässerungssysteme außerhalb von Gebäuden — Teil 6: Pumpanlagen".

Die Teile EN 12255-1, EN 12255-3 bis -8 sowie EN 12255-10 und EN 12255-11 werden als europäisches Normenpaket gemeinsam gültig (Resolution BT 152/1998). Das Datum der Zurückziehung (dow) entgegenstehender nationaler Normen ist 2001-12-31. Bis zu diesem Zeitpunkt gelten die nationalen und bereits veröffentlichten Europäischen Normen parallel.

1 Anwendungsbereich

Diese Europäische Norm legt Ausführungsanforderungen an die Abwasservorreinigung auf Kläranlagen für über 50 EW fest.

Vorrangig gilt dies für Kläranlagen, die zur Behandlung von häuslichem und kommunalem Abwasser ausgelegt sind.

Vorreinigungsanlagen können aus einer oder mehreren der folgenden Behandlungsstufen bestehen:

- Rechen, Siebe;
- Sandabscheidung;
- Fett- und Ölabscheidung;
- Ausgleich und Aufteilung des Zuflusses.

ANMERKUNG In die oben angeführten Behandlungsstufen können Zuflussmessung und/oder Probenahme mit einbezogen werden.

Die Unterschiede in Planung und Bau von Kläranlagen in Europa haben zu einer Vielzahl von Anlagenausführungen geführt. Diese Norm enthält grundsätzliche Angaben zu den Anlagenausführungen; sie beschreibt jedoch nicht alle Einzelheiten jeder Ausführungsart.

Die in den Literaturhinweisen aufgeführten Unterlagen enthalten Einzelheiten und Hinweise, die im Rahmen dieser Norm verwendet werden dürfen.

2 Normative Verweisungen

Diese Europäische Norm enthält durch datierte oder undatierte Verweisungen Festlegungen aus anderen Publikationen. Diese normativen Verweisungen sind an den jeweiligen Stellen im Text zitiert, und die Publikationen sind nachstehend aufgeführt. Bei datierten Verweisungen gehören spätere Änderungen oder Überarbeitungen dieser Publikationen nur zu dieser Europäischen Norm, falls sie durch Änderung oder Überarbeitung eingearbeitet sind. Bei undatierten Verweisungen gilt die letzte Ausgabe der in Bezug genommenen Publikation (einschließlich Änderungen).

EN 1085, *Abwasserbehandlung — Wörterbuch.*

prEN 12255-1:1996, *Abwasserbehandlungsanlagen — Teil 1: Allgemeine Baugrundsätze.*

prEN 12255-10:2000, *Kläranlagen — Teil 10: Sicherheitstechnische Baugrundsätze.*

prEN 12255-11:1998, *Abwasserbehandlungsanlagen — Teil 11: Grundlegende Angaben für die Auslegung der Anlagen.*

3 Begriffe

Für die Anwendung dieser Europäischen Norm gelten die in EN 1085 aufgeführten Begriffe.

4 Anforderungen

4.1 Allgemeines

Einrichtungen zur Abwasservorreinigung sind wichtige Stufen im gesamten Abwasserreinigungsprozess, da sie sicherstellen, dass nachfolgende Behandlungsstufen effektiv arbeiten. Die Abwasservorreinigung bewirkt die Entfernung von groben Schwimmstoffen, Schwebstoffen, Sand, Fett und Öl. Auch bei richtig geplanten Vorreinigungsanlagen können Zuflussschwankungen Betriebsstörungen im nachfolgenden Reinigungsprozess verursachen. Dies trifft vor allem für kleine Anlagen zu.

Art und Größe der Behandlungsstufen der Vorreinigung hängen vom Gesamtsystem und der Zusammensetzung des zu behandelnden Abwassers ab. Im Mischsystem herrschen größere Zuflussschwankungen vor als im Trennsystem, so dass Vorrichtungen zur Abtrennung des Regenwassers oder zum Ausgleich des Abwasserzuflusses üblicherweise notwendig werden können. Sandabscheidung kann erforderlich sein, um Schäden an nachfolgenden Behandlungsstufen zu vermeiden. Für Kläranlagen, die mit größeren Mengen von organisch belastetem gewerblichem Abwasser beschickt werden, besonders aus der Nahrungsmittelindustrie, sind Einrichtungen zur Fett- und Ölabscheidung unerlässlich.

4.2 Planung

Zu den Überlegungen zur Gestaltung einer Vorreinigungsanlage muss auch ein Vergleich mit anderen Verfahren gehören, inwieweit diese die Prozessanforderungen erfüllen. Die Auswahl eines dieser Verfahren muss entsprechend der Abwassercharakteristik, der Anlagengröße sowie der technischen und ökonomischen Folgen für die nachfolgenden Behandlungsschritte getroffen werden.

Die Abwasservorreinigung sollte unter Berücksichtigung der folgenden Gesichtspunkte ausgelegt werden:

- Auswirkung der Förderströme auf den nachfolgenden Abwasserreinigungsprozess;
- Notwendigkeit zur Begrenzung der Verweilzeit, um Anfaulung und/oder Ablagerungen zu vermeiden;
- Einsatz von Feinrechen und Sieben und deren Einfluss auf die Schlammbehandlung sowie auf die Notwendigkeit einer Vorklärung;
- Sandabscheidung mit oder ohne Fett- und Ölabscheidung;
- Anforderungen an die Entsorgung von Sandfanggut, Erfordernis oder Option einer Waschung des Sandfanggutes;
- Zuverlässigkeit des Reinigungsprozesses;
- erforderlichenfalls Frostschutz von Rohrleitungen und Ausrüstungen im Freien.

Nachdem die Anforderungen an die Anlage feststehen, sollten die Anforderungen an den Standort unter Berücksichtigung der Entsorgung von Rechen- und Sandfanggut sowie Fett und Öl geprüft werden.

Weitere allgemeine Anforderungen sind festgelegt in prEN 12255-1:1996, prEN 12255-10:2000 und prEN 12255-11:1998.

4.3 Behandlungsstufen

4.3.1 Rechen, Siebe

Wenn Rechen oder Siebe eingesetzt werden, müssen sie Fest- und Grobstoffe aus dem Abwasserzufluss zurückhalten.

ANMERKUNG 1 Die Wahl der Spaltweiten kann auch beeinflusst werden durch die Anforderungen an die Schlammentsorgung, an die nachfolgenden Behandlungsstufen sowie die Einleitungsbedingungen an den Kläranlagenabfluss.

Folgende Mindestabstände der Rechenstäbe dienen als Richtwerte:

a) 20 mm bis 50 mm: Grobrechen zum Schutz der Anlage und zur Vermeidung von Verstopfung;

   ANMERKUNG 2 Grobrechen werden zum Schutz der mechanischen Anlagenteile eingesetzt, indem sie Schwimm- und Grobstoffe wie z. B. Papier, Textil- und Kunststoffteile zurückhalten.

b) 10 mm bis 20 mm: Mittelrechen zur Vermeidung von Verstopfungen;

c) 2 mm bis 10 mm: Feinrechen/Siebe zur Verringerung der Feststoffansammlung im Schlamm.

   ANMERKUNG 3 Rechen- und Siebanlagen können kombiniert werden mit Rechengutwaschung, -entwässerung und -kompaktierung.

Die Fließgeschwindigkeit durch den Rechen darf bei maximalem Zufluss 1,2 m/s nicht überschreiten. Die Geschwindigkeit im Zulaufkanal sollte 0,3 m/s bei minimalem Zufluss nicht unterschreiten.

Mögliche gesundheitliche Gefahren durch die Behandlung und Beseitigung des Rechengutes müssen beachtet werden. Weitere Ausführungen hierzu siehe prEN 12255-10:2000.

An Entlastungsbauwerken im Einlaufbereich sind Rechen vorzusehen, es sei denn, der Überlauf erfolgt in ein Regenrückhaltebecken.

Die Entsorgung des Rechengutes hat sich nach nationalen Vorschriften zu richten.

Rechenanlagen werden im allgemeinen mehrstraßig ausgeführt; bei einstraßigen Anlagen ist ein Notumlauf mit handgereinigtem Rechen vorzusehen. Es sind geeignete Vorkehrungen zu treffen, um sicherzustellen, dass jede Straße einzeln außer Betrieb genommen werden kann.

Die statische Bemessung des Rechenrostes ist auf eine maximal mögliche Staudifferenz von $0{,}5\,\mathrm{m}$ auszulegen.

Die hydraulischen Verluste sind unter Berücksichtigung des maximalen Zuflusses, der Spaltweite und der Belegung mit Rechengut zu ermitteln.

Die Zykluszeit des Rechens sollte $2\,\mathrm{min}$ nicht überschreiten. Wo dies nicht möglich ist (z. B. aufgrund tiefer Kanäle), sollte die Konstruktion angepasst werden an die höheren Belastungen, Pegeldifferenzen und Freibord.

Die Nutzlast für die Rechenharke ist mit $1\,\mathrm{kN/m}$ Rechenbreite, mindestens jedoch mit $0{,}6\,\mathrm{kN}$ anzusetzen.

Der Antrieb ist auf Dauerbetrieb auszulegen und muss für die größten zu erwartenden Abmessungen von Rechengut geeignet sein.

Die Räum- und Antriebselemente sind mechanisch und/oder elektrisch gegen Überlast zu schützen.

Falls nicht anders vereinbart, ist für Rechenanlagen die Lebensdauerklasse 3 nach prEN 12255-1:1996 anzusetzen.

4.3.2 Sandabscheidung

Anlagen zur Sandabscheidung müssen so bemessen sein, dass Partikel mit einem Mindestdurchmesser von $0{,}3\,\mathrm{mm}$ und einer Sinkgeschwindigkeit von $0{,}03\,\mathrm{m/s}$ und größer abgeschieden werden.

Für Langsandfänge und belüftete Sandfänge wird eine horizontale Fließgeschwindigkeit von $0{,}3\,\mathrm{m/s}$ empfohlen.

ANMERKUNG Mischsysteme enthalten wesentliche Mengen von Sand, der durch Straßenabläufe und Abläufe von befestigten Flächen in den Kanal gelangt. Trennsysteme können Sand vor allem in Küstenregionen und Gegenden mit sandigem Boden enthalten.

Der abgesetzte Sand kann gewaschen werden, wobei das ausgewaschene organische Material zur weiteren Behandlung in den Abwasserstrom zurückgeführt werden sollte. Der Sand muss entsprechend den Sicherheits- und Hygienebestimmungen nach prEN 12255-10:2000 entsorgt werden.

Sandfanganlagen sollten mehrstraßig ausgeführt werden. Bei einstraßigen Anlagen ist ein Notumlauf oder dergleichen vorzusehen. Es sind geeignete Vorkehrungen zu treffen, dass jede Straße einzeln außer Betrieb genommen werden kann.

Die Anlagen sind so auszulegen, dass sie auch stoßartigem Sandanfall z. B. bei Starkregen und/oder nach langer Trockenperiode widerstehen können. Pumpen, Räumwerke und Antriebe sind entsprechend auszulegen.

Als Räumschildbelastung sind $10\,\mathrm{kN/m^2}$ anzusetzen, bei automatischer Höhenanpassung des Räumschildes an das Räumgut $5\,\mathrm{kN/m^2}$.

Pumpen müssen von ihrer Bauart und dem verwendeten Werkstoff her für den Einsatz in Sandfängen geeignet sein (z. B. Laufrad als Einkanalrad oder Freistromrad). Sie sind als Tauchmotorpumpen auszubilden und sollten während des Pumpbetriebes höhenverstellbar sein. Werden Drucklufheber eingesetzt, müssen diese rückspülbar sein.

Die Geschwindigkeit in Druckluftleitungen belüfteter Sandfänge darf $20\,\mathrm{m/s}$ nicht überschreiten, um Lärmbelästigungen zu vermeiden.

Die Baugrundsätze für Räumerbrücken von Sandfängen sind in prEN 12255-1:1996 aufgeführt.

Wie in prEN 12255-1:1996 weiter festgelegt, muss die rechnerische Lebensdauer für Antriebe von Räumerbrücken und Pumpen der Klasse 3 entsprechen, diejenige der Druckluftversorgung für Druckluftheber der Klasse 2 und diejenige der Druckluftversorgung für die Sandfangbelüftung der Klasse 3.

4.3.3 Fett- und Ölabscheidung

Wegen der schädlichen Wirkung von Fett und Öl muss dieses ausgeschieden und darf nicht emulgiert oder gelöst werden. Wenn häusliches und kommunales Abwasser Einleitungen aus Hotels, Restaurants und Nahrungsmittelbetrieben enthalten, sollte eine Fett- und Ölabscheidung in der Kläranlage vorgesehen sein.

ANMERKUNG 1 Als Alternative einer gesonderten Abscheidungsstufe kann auch eine Kombination der Fett- und Ölabscheidung mit dem Sandfang oder der Vorklärung gewählt werden.

Wenn Großküchen oder ähnliche Betriebe Abwasser in das Kanalnetz einleiten, sollten bereits dort an Ort und Stelle eigene Fettabscheider an den Küchenabläufen vorgesehen werden.

Aus dem Abwasser abgeschiedenes Fett und Öl muss so entsorgt werden, wie es den Sicherheits- und Hygienebestimmungen nach prEN 12255-10:2000 entspricht. Die Bemessung des Abscheiders muss eine sichere Rückhaltung von abscheidbaren Feststoffen, Fett und Öl ermöglichen.

ANMERKUNG 2 Vor der Entsorgung kann das abgeschiedene Fett und Öl auch entwässert werden.

4.3.4 Ausgleich des Zuflusses und Zuflussaufteilung

Der Ausgleich des Zuflusses kann eine Mengenmessung erforderlich machen. Über die Bemessungswassermenge der nachfolgenden Behandlungsstufen hinausgehende Zuflussmengen sind in Ausgleichsbecken abzuleiten, welche in der Regel nach Rechen und Sandfang angeordnet werden.

Die Genauigkeit der Messung sollte durch Schwebstoffe nicht wesentlich beeinträchtigt werden.

ANMERKUNG 1 Eine Verminderung der Zuflussschwankungen kann sich positiv auf die Anlage auswirken, ist jedoch bei kleinen Anlagen aufgrund der Kosten und der Komplexität nicht immer zu rechtfertigen.

Alle Puffer und Zuflussverteileinrichtungen müssen so gestaltet sein, dass sie leicht zu reinigen sind.

Wenn eine Umgehung der Anlage nicht erlaubt ist, muss ein Ausgleich des Abwasserzulaufes in den Abwasserreinigungsprozess mit eingeplant werden.

Es müssen Vorkehrungen zur Räumung der in den Ausgleichsbecken abgesetzten Feststoffe getroffen werden.

ANMERKUNG 2 Es ist wichtig, dass die organischen Stoffe in den zu behandelnden Abwasserstrom zurückgeführt werden.

Um anaerobe Bedingungen und Geruchsbelästigung zu vermeiden, können Vorkehrungen zur Belüftung von Ausgleichsbecken vorgesehen werden.

4.4 Wartung

Die Anforderungen hinsichtlich Zugänglichkeit, Ersatzteilen sowie Inspektion und Wartung der Anlage sind in prEN 12255-1:1996 enthalten.

4.5 Sicherheit

Allgemeine Sicherheitsanforderungen an die Anlagen nach prEN 12255-10:2000 sind zu beachten.

Literaturhinweise

Die folgenden Schriften enthalten Hinweise, die im Rahmen dieser Europäischen Norm verwendbar sind.

Diese Zusammenstellung von in den Mitgliedsländern veröffentlichten und angewendeten Dokumenten war zum Zeitpunkt der Veröffentlichung dieser Norm aktuell, sollte jedoch nicht als vollständig angesehen werden.

Deutschland

DIN 4040-1, *Abscheideranlagen für Fette — Teil 2: Begriffe, Nenngrößen, Anforderungen, Prüfungen.*

DIN V 4040-2, *Abscheideranlagen für Fette — Teil 2: Wahl der Nenngrößen, Einbau, Betrieb und Wartung.*

DIN 4261-1, *Kleinkläranlagen — Teil 1: Anlagen ohne Abwasserbelüftung; Anwendung, Bemessung und Ausführung.*

DIN 4261-2, *Kleinkläranlagen — Teil 2: Anlagen mit Abwasserbelüftung; Anwendung, Bemessung, Ausführung und Prüfung.*

DIN 4261-3, *Kleinkläranlagen — Teil 3: Anlagen ohne Abwasserbelüftung; Betrieb und Wartung.*

DIN 4261-4, *Kleinkläranlagen — Teil 4: Anlagen mit Abwasserbelüftung; Betrieb und Wartung.*

DIN 19551-3, *Kläranlagen — Teil 3: Rechteckbecken als Sandfänge mit Saugräumer; Hauptmaße.*

DIN 19554-1, *Kläranlagen — Teil 1: Rechenbauwerk mit geradem Rechen; Hauptmaße.*

DIN 19554-3, *Kläranlagen — Teil 3: Rechenbauwerk mit geradem Rechen; Gegenstromrechen; Hauptmaße.*

DIN 19569-1, *Kläranlagen — Baugrundsätze für Bauwerke und technische Ausrüstungen — Teil 1: Allgemeine Baugrundsätze.*

DIN 19569-2, *Kläranlagen — Baugrundsätze für Bauwerke und technische Ausrüstungen — Teil 2: Besondere Baugrundsätze für Einrichtungen zum Abtrennen und Eindicken von Feststoffen.*

ATV-A 117[2)], *Richtlinien für die Bemessung, die Gestaltung und den Betrieb von Regenrückhaltebecken.*

ATV-H 258[2)], *Einsatz von Feinstrechen und Sieben auf kleinen kommunalen Kläranlagen.*

ATV Handbuch, *Mechanische Abwasserreinigung*, Verlag Ernst & Sohn, Berlin; 4. Auflage 1997.

Frankreich

Ministère de l'équipement, du logement et des transports (96-7 TO); *Conception et exécution d'installations d'épuration d'eaux usées*; Fascicule n° 81 titre II.

Portugal

Direcção geral da qualidade do ambiente — *Manual de tecnologias de saneamento basico apropriadas a pequenos aglomerados*; SEARN, rua de O Século 51 — 1200 Lisboa Portugal

Schweiz

VSA-Richtlinie Kleinkläranlagen — *Richtlinie für den Einsatz, die Auswahl und die Bemessung von Kleinkläranlagen*

---

2) Bezug: Gesellschaft zur Förderung der Abwassertechnik e. V. (GFA), Theodor-Heuß-Allee 17, 53773 Hennef

Großbritannien

BS 62971983 (with amd 1990): *Code of practice for design and installation of a small sewage treatment works and cesspools.*

Lothian regional council department of drainage design manual (1980)

Österreich

ÖNORM B 2502-2, *Kleine Kläranlagen — Anlagen von 51 bis 500 Einwohnerwerten — Anwendung, Bemessung, Bau und Betrieb.*

ÖNORM B 5101, *Mineralöl-Abscheideanlagen.*

ÖWAV RB 18, *Sicherheit auf Abwasserreinigungsanlagen (Kläranlagen) — Ausrüstung und Betrieb.*

ÖWAV RB 19, *Richtlinien für die Bemessung und Gestaltung von Regenentlastungen in Mischwasserkanälen.*

April 2002

	Kläranlagen Teil 4: Vorklärung Deutsche Fassung EN 12255-4:2002	DIN EN 12255-4

ICS 13.060.30

Wastewater treatment plants — Part 4: Primary settlement;
German version EN 12255-4:2002

Stations d'épuration — Partie 4: Décantation primaire;
Version allemande EN 12255-4:2002

Die Europäische Norm EN 12255-4:2002 hat den Status einer Deutschen Norm.

Nationales Vorwort

Diese Europäische Norm wurde vom Technischen Komitee TC 165 „Abwassertechnik" (Sekretariat: Deutschland) des Europäischen Komitees für Normung (CEN) erarbeitet.

Die Arbeiten wurden von der Arbeitsgruppe „Kläranlagen – Allgemeine Verfahren" (WG 42) (Sekretariat: Vereinigtes Königreich) des CEN/TC 165 durchgeführt. Für Deutschland war der Arbeitsausschuss V 36/UA 2/3 „Abwasserbehandlungsanlagen; CEN/TC 165/WG 42 und 43" an der Bearbeitung beteiligt.

Die Normenreihe DIN EN 12255 "Kläranlagen" wird voraussichtlich aus 15 Teilen bestehen (siehe Vorwort EN 12255-4).

Die im Vorwort von EN 12255-4 genannten Titel der einzelnen Teile entsprechen den Titeln der bereits veröffentlichten Norm-Entwürfe bzw. sind Arbeitstitel und können von den Titeln der Normen geringfügig abweichen.

Darüber hinaus wird zukünftig in allen Teilen der Europäischen Normenreihe EN 12255 in den Titeln der jeweiligen deutschen Sprachfassung im Hauptelement der Begriff „Kläranlagen" verwendet.

Einige Teile der Normenreihe DIN EN 12255 werden als Europäisches Normenpaket gemeinsam gültig werden.

Von der Paketbildung sind die folgenden Teile der Normenreihe DIN EN 12255 betroffen:

DIN EN 12255-1, DIN EN 12255-3 bis DIN EN 12255-8, DIN EN 12255-10 und DIN EN 12255-11 (siehe Vorwort EN 12255-4).

Fortsetzung Seite 2
und 8 Seiten EN

Normenausschuss Wasserwesen (NAW) im DIN Deutsches Institut für Normung e. V.

Datum der Zurückziehung (date of withdrawal, dow) entgegenstehender nationaler Normen ist der

31. Dezember 2002 (Resolution 232/2001 durch CEN/TC 165).

In einem Normenpaket werden Europäische Normen zusammengefasst, die zueinander in Beziehung stehen. Eine Querverbindung kann u. a. aufgrund der Notwendigkeit zur gemeinsamen Anwendung bestehen oder dadurch gegeben sein, dass eine Gruppe entgegenstehender nationaler Normen abzudecken ist.

Die Paketbildung ist aber auch unter dem Aspekt der Verpflichtung zur Übernahme von CEN/CENELEC-Normen durch die CEN-Mitglieder und der damit verbundenen Zurückziehung entgegenstehender nationaler Normen (CEN/CENELEC-Geschäftsordnung) von Bedeutung.

Die in einem Normenpaket zusammengefassten Europäischen Normen sind spätestens bis zu einem vorab festgelegten Datum der Zurückziehung (dow) zu veröffentlichen.

Die bereits vor diesem Zeitpunkt fertiggestellten und veröffentlichten Europäischen Normen des Paketes werden in das nationale Normenwerk übernommen. Sie gelten bis zum Datum der Zurückziehung parallel zu entsprechenden nationalen Normen.

Erst mit dem Erreichen des Datums der Zurückziehung sind die Europäischen Normen des Normenpaketes in das nationale Regelwerk zu übernehmen, indem ihnen der Status von nationalen Normen gegeben wird. Entgegenstehende nationale Normen sind dann zurückzuziehen.

Die einzelnen Teile der Normenreihe DIN EN 12255 sind inhaltlich anders konzipiert als die deutschen Normen der Reihe DIN 19569, so dass durchaus mehrere Teile dieser Reihe durch einen Teil der Europäischen Norm berührt werden können.

Der Normungsumfang der Europäischen Normenreihe DIN EN 12255 „Kläranlagen" deckt nicht alle Festlegungen ab, die in den nationalen Normen der Reihe DIN 19569 „Kläranlagen – Baugrundsätze für Bauwerke und technische Ausrüstungen" enthalten sind.

Der Arbeitsausschuss V 36 erarbeitet daher Maß- und Restnormen zu den folgenden Themenkreisen:

— Rechteckbecken als Absetzbecken

— Rechteckbecken als Sandfänge

— Rundbecken als Absetzbecken

— Tropfkörper mit Drehsprengern

— Tropfkörperfüllungen

— Rechenbauwerke mit geradem Rechen

— Ablaufsysteme in Absetzbecken

— Besondere Baugrundsätze für Einrichtungen zum Abtrennen und Eindicken von Feststoffen

— Besondere Baugrundsätze für Einrichtungen zur aeroben biologischen Abwasserreinigung

— Besondere Baugrundsätze für Anlagen zur anaeroben Behandlung von Abwasser

— Besondere Baugrundsätze für Anlagen zur Abwasserreinigung mit Festbettfiltern

— Besondere Baugrundsätze für Anlagen zur Klärschlammentwässerung

— Besondere Baugrundsätze für Anlagen zur Trocknung von Klärschlamm

EUROPÄISCHE NORM

EUROPEAN STANDARD

NORME EUROPÉENNE

EN 12255-4

Januar 2002

ICS 13.060.30

Deutsche Fassung

Kläranlagen - Teil 4: Vorklärung

Wastewater treatment plants - Part 4: Primary settlement

Stations d'épuration - Partie 4: Décantation primaire

Diese Europäische Norm wurde vom CEN am 9.November 2001 angenommen.

Die CEN-Mitglieder sind gehalten, die CEN/CENELEC-Geschäftsordnung zu erfüllen, in der die Bedingungen festgelegt sind, unter denen dieser Europäischen Norm ohne jede Änderung der Status einer nationalen Norm zu geben ist. Auf dem letzen Stand befindliche Listen dieser nationalen Normen mit ihren bibliographischen Angaben sind beim Management-Zentrum oder bei jedem CEN-Mitglied auf Anfrage erhältlich.

Diese Europäische Norm besteht in drei offiziellen Fassungen (Deutsch, Englisch, Französisch). Eine Fassung in einer anderen Sprache, die von einem CEN-Mitglied in eigener Verantwortung durch Übersetzung in seine Landessprache gemacht und dem Management-Zentrum mitgeteilt worden ist, hat den gleichen Status wie die offiziellen Fassungen.

CEN-Mitglieder sind die nationalen Normungsinstitute von Belgien, Dänemark, Deutschland, Finnland, Frankreich, Griechenland, Irland, Island, Italien, Luxemburg, Malta, Niederlande, Norwegen, Österreich, Portugal, Schweden, Schweiz, Spanien, der Tschechischen Republik und dem Vereinigten Königreich.

EUROPÄISCHES KOMITEE FÜR NORMUNG
EUROPEAN COMMITTEE FOR STANDARDIZATION
COMITÉ EUROPÉEN DE NORMALISATION

Management-Zentrum: rue de Stassart, 36 B-1050 Brüssel

Ref. Nr. EN 12255-4:2002 D

Inhalt

Vorwort

Dieses Dokument wurde vom Technischen Komitee CEN /TC 165 „Abwassertechnik" erarbeitet, dessen Sekretariat vom DIN gehalten wird.

Dieses Europäische Dokument muss den Status einer nationalen Norm erhalten, entweder durch Veröffentlichung eines identischen Textes oder durch Anerkennung bis **Juli 2002**, und etwaige entgegenstehende nationale Normen müssen bis **Dezember 2002** zurückgezogen werden.

Es ist der vierte von den Arbeitsgruppen CEN/TC 165/WG 42 und 43 erarbeitete Teil, der sich auf allgemeine Anforderungen an Verfahren für Kläranlagen für über 50 Einwohnerwerte (EW) bezieht. Die Normen dieser Reihe sind folgende:

— Teil 1: Allgemeine Baugrundsätze

— Teil 3: Abwasservorreinigung

— Teil 4: Vorklärung

— Teil 5: Abwasserbehandlung in Teichen

— Teil 6: Belebungsverfahren

— Teil 7: Biofilmreaktoren

— Teil 8: Schlammbehandlung und -lagerung

— Teil 9: Geruchsminderung und Belüftung

— Teil 10: Sicherheitstechnische Baugrundsätze

— Teil 11: Erforderliche allgemeine Angaben

— Teil 12: Steuerung und Automatisierung

— Teil 13: Chemische Behandlung - Abwasserbehandlung durch Fällung/Flockung

— Teil 14: Desinfektion

— Teil 15: Messung der Sauerstoffzufuhr in Reinwasser in Belüftungsbecken von Belebungsanlagen

— Teil 16: Abwasserfiltration[1)]

ANMERKUNG Für Anforderungen an Pumpanlagen auf Kläranlagen, ursprünglich vorgesehen als Teil 2 „Abwasserpumpanlagen", siehe EN 752-6 „Entwässerungssysteme außerhalb von Gebäuden - Teil 6: Pumpanlagen".

EN 12255-1, EN 12255-3 bis EN 12255-8 sowie EN 12255-10 und EN 12255-11 werden als europäisches Normenpaket gemeinsam gültig (Resolution BT 152/1998).

Entsprechend der CEN/CENELEC-Geschäftsordnung sind die nationalen Normungsinstitute der folgenden Länder gehalten, diese Europäische Norm zu übernehmen: Belgien, Dänemark, Deutschland, Finnland, Frankreich, Griechenland, Irland, Island, Italien, Luxemburg, Malta, Niederlande, Norwegen, Österreich, Portugal, Schweden, Schweiz, Spanien, die Tschechische Republik und das Vereinigte Königreich.

---

1) in Vorbereitung

1 Anwendungsbereich

Diese Europäische Norm legt Ausführungsanforderungen an die Vorklärung von Abwasser auf Kläranlagen für über 50 EW fest.

Vorrangig gilt dies für Kläranlagen, die zur Behandlung von häuslichem oder kommunalem Abwasser bestimmt sind.

Die Unterschiede in Planung und Bau von Kläranlagen in Europa haben zu einer Vielzahl von Anlagenausführungen geführt. Diese Europäische Norm enthält grundsätzliche Angaben zu den Anlagenausführungen; sie beschreibt jedoch nicht alle Einzelheiten jeder Ausführungsart.

Die in den Literaturhinweisen aufgeführten Unterlagen enthalten Einzelheiten und Hinweise, die im Rahmen dieser Norm verwendet werden dürfen.

2 Normative Verweisungen

Diese Europäische Norm enthält durch datierte oder undatierte Verweisungen Festlegungen aus anderen Publikationen. Diese normativen Verweisungen sind an den jeweiligen Stellen im Text zitiert, und die Publikationen sind nachstehend aufgeführt. Bei datierten Verweisungen gehören spätere Änderungen oder Überarbeitungen nur zu dieser Europäischen Norm, falls sie durch Änderung oder Überarbeitung eingearbeitet sind. Bei undatierten Verweisungen gilt die letzte Ausgabe der in Bezug genommenen Publikation (einschließlich Änderungen).

EN 1085, *Abwasserbehandlung — Wörterbuch.*

EN 12255-1, *Kläranlagen — Teil 1: Allgemeine Baugrundsätze.*

EN 12255-3, *Kläranlagen — Teil 3: Abwasservorreinigung.*

EN 12255-10, *Kläranlagen — Teil 10: Sicherheitstechnische Baugrundsätze.*

EN 12255-11, *Kläranlagen — Teil 11: Erforderliche allgemeine Angaben.*

EN 12566-1, *Kleinkläranlagen für bis zu 50 Einwohnerwerte (EW) — Teil 1: Werkmäßig hergestellte Faulgruben.*

3 Begriffe

Für die Anwendung dieser Europäischen Norm gelten die in EN 1085 angegebenen und der folgende Begriff.

3.1
Lamellenklärer
Absetzbehälter, in dem geneigte Platten oder Röhren in gleichen Abständen angeordnet sind, um die wirksame Klärfläche in dem Absetzbehälter zu vergrößern

4 Anforderungen

4.1 Allgemeines

Eine Vorklärung dient zum Abtrennen absetzbarer Stoffe, die regelmäßig in Form von Rohschlamm abgezogen werden. Dabei können auch Fett und andere Schwimmstoffe, die in weiteren Abwasserreinigungsstufen zu Störungen führen können, abgeschieden und entfernt werden. Bei einem zu erwartenden hohen Fettanteil im Abwasser wird vor der Vorklärung eine Fettabscheidung (siehe EN 12255-3) empfohlen.

Die Bauart und Größe der Einheiten sind abhängig vom Gesamtsystem der Abwasserreinigung, EW, der Art der Schlammentnahme und der Beschaffenheit des Grundstückes.

Eine Vorklärung kann aus folgenden Arten von Absetzbecken bestehen:

— vertikal durchströmt (einschließlich Emscherbecken) – üblicherweise quadratisch oder kreisförmig;

— horizontal durchströmt – üblicherweise rechteckig;

— Lamellenklärern.

Eine Vorklärung ist nicht erforderlich, wenn das Abwasser z. B. in Teichen oder nach bestimmten Belebungsverfahren biologisch gereinigt wird. Die Auswirkungen auf nachfolgende Behandlungsstufen durch Auslassen dieses Aufbereitungsschrittes sind zu berücksichtigen.

Auch Klärgruben können zur Vorklärung dienen.

ANMERKUNG Gestaltung, Bau und Betrieb von Klärgruben sind in EN 12566-1 festgelegt.

4.2 Planung

Die Vorklärung sollte unter Berücksichtigung der folgenden Gesichtspunkte ausgelegt werden:

— Eigenschaft und Menge des anfallenden Schlammes;

— Auswirkungen der verbleibenden Fracht auf nachfolgende Reinigungsstufen;

— Erfordernis zur Begrenzung der Aufenthaltszeit, um Anfaulen zu verhindern.

Die in EN 12255-11 festgelegten Anforderungen, die sich auf die Leistung der Vorklärung beziehen, sind zu beachten.

Weitere Anforderungen sind in EN 12255-1 und EN 12255-10 enthalten.

4.3 Behandlungsstufen

4.3.1 Allgemeines

Der Abscheidegrad und die Aufenthaltszeiten bei minimalem und maximalem Durchfluss müssen den Erfordernissen aller nachfolgenden Verfahrensstufen entsprechen. Gegebenenfalls sind zusätzliche Zuflüsse von Pumpwerken und/oder von Kreislaufströmen bei der Ermittlung des Spitzendurchflusses zu berücksichtigen.

Das Abwasser ist dem Vorklärbecken über eine Beruhigungseinrichtung zuzuführen, in der die kinetische Energie des Zuflusses abgebaut und der Zufluss gleichmäßig über die gesamte Fläche der Absetzzone bzw. das Plattenpaket des Lamellenklärers verteilt wird.

Der Ablauf ist so zu gestalten, dass Aufwirbelungen in der Absetzzone auf ein Minimum reduziert werden und das Zurückhalten von Schwimmschlamm möglich ist.

4.3.2 Erforderliches Volumen

Das erforderliche Gesamtvolumen des Vorklärbeckens ist auf der Grundlage der EW und des stündlichen Trockenwetterspitzenzuflusses zu ermitteln.

4.3.3 Vertikal durchströmte Vorklärbecken (und Emscherbecken)

Die Grundfläche von vertikal durchströmten Vorklärbecken kann quadratisch oder kreisförmig sein. Vorklärbecken ohne Räumer müssen einen trichterförmigen Boden aufweisen, in dem sich der Schlamm sammelt.

ANMERKUNG Vorklärbecken mit quadratischer Grundfläche werden selten auf Anlagen mit einer Ausbaugröße von mehr als 5 000 EW eingesetzt.

Das Becken sollte so bemessen sein, dass die Fließgeschwindigkeit in senkrechter Richtung (Flächenbeschickung) begrenzt wird auf 1,0 $m^3/(m^2 \cdot h)$ bis 2,0 $m^3/(m^2 \cdot h)$ bei stündlichem Trockenwetterspitzenzufluss.

Bei Vorklärbecken, die jeweils einzeln zur Klärung des Abwassers von > 50 EW bis 1 000 EW dienen, muss die Mindestwandhöhe zwischen der Oberkante des Bodentrichters und dem maximalen Wasserspiegel von 0,3 m bis 1,5 m betragen.

4.3.4 Horizontal durchströmte Vorklärbecken

Horizontal durchströmte Vorklärbecken haben gewöhnlich eine rechteckige Grundfläche und einen Schlammtrichter im Bereich des Einlaufs. Sie müssen folgende Mindestmaße aufweisen:

— eine Wassertiefe am Auslauf von mindestens 1,5 m;

— ein Längen/Breiten-Verhältnis von mindestens 3:1;

— ein Freibord von mindestens 0,3 m bei nicht abgedeckten Vorklärbecken.

Die maximale Überfallschwellenbeschickung bei stündlichem Trockenwetterspitzenzufluss darf nicht größer sein als 30 $m^3/(m \cdot h)$.

4.3.5 Lamellenklärer

Wenn diese eingesetzt werden, sollten sie mit geneigten Platten oder Röhren ausgerüstet und üblicherweise von unten nach oben durchströmt werden, wobei der abgesetzte Schlamm im Gegenstrom von oben nach unten rutscht. Die Lamellen sind mit einem solchen Abstand zueinander anzuordnen, dass Verstopfungen vermieden werden. Dieser Abstand hat sich nach der Wirksamkeit der vorgeschalteten Rechenstufe und Fettabscheidung zu richten. Der Neigungswinkel der Platten bzw. Röhren muss zwischen 55° und 65° (gemessen zur Horizontalen) liegen.

Der Raum zwischen den Lamellen und dem Behälterboden ist so zu gestalten, dass eine gleichmäßige Verteilung des Zuflusses und ausreichend Raum für das Absetzen des Schlammes sichergestellt werden.

Der Schlamm sollte in einem oder mehreren Trichtern gesammelt werden. In größeren Behältern wird auch eine Räumvorrichtung eingesetzt, um den abgesetzten Schlamm zu einem oder mehreren an einem Ende des Behälters angeordneten Trichtern zu fördern.

Die konstruktive Ausführung sollte die regelmäßige Reinigung der Platten oder Rohre erleichtern.

4.3.6 Sammlung und Abzug des Schlammes

4.3.6.1 Vertikal durchströmte Vorklärbecken

Kleine vertikal durchströmte Vorklärbecken haben üblicherweise keine Räumeinrichtung, um den Schlamm zu sammeln, und müssen deshalb einen Schlammtrichter mit glatten Wandungen aufweisen. Die Neigung der Wandungen muss bei kegelförmigen Schlammtrichtern mindestens 50° und bei pyramidenförmigen Schlammtrichtern mindestens 60° (gemessen zur Horizontalen) betragen.

Bei größeren vertikal durchströmten Vorklärbecken (üblicherweise für mehr als 1 000 EW) ist es wegen der erforderlichen Tiefe der Baugrube aufwendig, Schlammtrichter mit einer Neigung von 50° bzw. 60° vorzusehen. In diesem Fall ist eine flach geneigte Sohle erforderlich, auf der der abgesetzte Schlamm zu einem im Zentrum angeordneten Schlammtrichter geräumt wird, aus dem er entfernt werden kann. Die Neigung der Sohle sollte zwischen 3° und 30° (gemessen zur Horizontalen) betragen. Sie ist abhängig von der Beckengröße und dem eingesetzten Räumer.

ANMERKUNG Sofern Saugräumer eingesetzt werden, ist eine Sohlneigung nicht erforderlich.

4.3.6.2 Horizontal durchströmte Vorklärbecken

Sehr kleine horizontal durchströmte Vorklärbecken ohne Räumer müssen eine Sohlenneigung von mindestens 1:100 aufweisen, um eine vollständige Entleerung hin zum Schlammsammeltrichter am Einlauf zu ermöglichen. Derartige Vorklärbecken sollten zum Entfernen des Schlammes vollständig entleert werden. Es sind mindestens zwei Becken erforderlich, um eine ununterbrochene Klärung sicherzustellen.

In großen horizontal durchströmten Vorklärbecken sollte eine Räum- und/oder Absaugeinrichtung installiert sein. In diesem Fall ist eine Sohlenneigung nicht erforderlich.

4.3.7 Entfernung von Schwimmstoffen

Alle Vorklärbecken müssen mit einer Tauchwand ausgerüstet sein, die Schwimmstoffe zurückhält. Die Gestaltung des Vorklärbeckens muss so erfolgen, dass die zurückgehaltenen Schwimmstoffe entfernt werden können.

4.4 Wartung

Anforderungen hinsichtlich Zugänglichkeit, Ersatzteilen sowie Inspektion und Wartung der Anlagen sind in EN 12255-1 enthalten.

4.5 Sicherheit

Allgemeine Sicherheitsanforderungen an die Anlagen sind in EN 12255-10 enthalten.

Literaturhinweise

Die folgenden Dokumente enthalten Hinweise, die im Rahmen dieser Norm verwendbar sind.

Diese Zusammenstellung von in den Mitgliedsländern veröffentlichten und angewendeten Dokumenten war zum Zeitpunkt der Veröffentlichung dieser Europäischen Norm aktuell, sollte jedoch nicht als vollständig angesehen werden.

Deutschland

[1] DIN 4261-2, *Kleinkläranlagen — Teil 2: Anlagen mit Abwasserbelüftung — Anwendung, Bemessung, Ausführung und Prüfung.*

[2] E DIN 19551, *Kläranlagen — Rechteckbecken — Teil 1: Absetzbecken für Schild-, Saug- und Bandräumer; Bauformen, Hauptmaße, Ausrüstungen.*

[3] E DIN 19552, *Kläranlagen — Rundbecken — Absetzbecken für Schild- und Saugräumer und Eindicker; Hauptmaße, Ausrüstungen.*

[4] E DIN 19558, *Kläranlagen — Ablaufeinrichtungen, Überfallwehr und Tauchwand, getauchte Ablaufrohre in Becken — Baugrundsätze, Hauptmaße, Anordnungsbeispiele.*

[5] DIN 19569-2, *Kläranlagen — Baugrundsätze für Bauwerke und technische Ausrüstungen — Teil 2: Besondere Baugrundsätze für Einrichtungen zum Abtrennen und Eindicken von Feststoffen.*

[6] ATV-Handbuch; *Mechanische Abwasserreinigung*; Verlag Ernst und Sohn, Berlin; 4. Auflage 1997.

Frankreich

[7] Ministère de l'équipement, du logement et des transports (96-7 TO); *Conception et exécution d'installations d'épuration d'eaux usées*, Fascicule n° 81 titre II.

Großbritannien

[8] BS 6297:1983 (with amendment 1990) *Code of practice for design and installation of a small sewage treatment works and cesspools.*

[9] *Manual of British Practice in Water Pollution Control, Primary Sedimentation*, 1973 reprinted 1980

Österreich

[10] OENORM B 2502-1, *Kleinkläranlagen (Hauskläranlagen) für Anlagen bis 50 Einwohnerwerte — Anwendung, Bemessung, Bau und Betrieb.*

[11] OENORM B 2502-2, *Kleine Kläranlagen — Anlagen von 51 bis 500 Einwohnerwerten — Anwendung, Bemessung, Bau und Betrieb.*

[12] OENORM B 2505, *Bepflanzte Bodenfilter (Pflanzenkläranlagen) — Anwendung, Bemessung, Bau und Betrieb.*

Portugal

[13] *Direcção general da qualidade do ambiente — Manual de tecnologias de saneamento basico apropriadas a pequenos aglomerados*; SEARN, rua de O Século 51 1200 Lisboa Portugal.

Schweiz

[14] VSA-Richtlinie, *Kleinkläranlagen — Richtlinie für den Einsatz, die Auswahl und die Bemessung von Kleinkläranlagen.*

Dezember 1999

	Kläranlagen Teil 5: Abwasserbehandlung in Teichen Deutsche Fassung EN 12255-5 : 1999	DIN EN 12255-5

ICS 13.060.30

Wastewater treatment plants — Part 5: Lagooning processes;
German version EN 12255-5 : 1999

Station d'épuration — Partie 5: Lagunage;
Version allemande EN 12255-5 : 1999

Die Europäische Norm EN 12255-5 : 1999 hat den Status einer Deutschen Norm.

Nationales Vorwort

Diese Europäische Norm wurde vom Technischen Komitee TC 165 „Abwassertechnik" (Sekretariat DIN) des Europäischen Komitees für Normung (CEN) erarbeitet.

Die Arbeiten wurden von der Arbeitsgruppe „Kläranlagen — Allgemeine Verfahren" (WG 42) (Sekretariat BSI) des CEN/TC 165 durchgeführt. Für Deutschland war der Arbeitsausschuß V 36/UA 2/3 „Abwasserbehandlungsanlagen" (CEN/TC 165/WG 42 und 43) an der Bearbeitung beteiligt.

Die Normenreihe EN 12255 „Kläranlagen" wird voraussichtlich aus 15 Teilen bestehen (siehe Vorwort EN 12255-5).

Die im Vorwort von EN 12255-5 genannten Titel der einzelnen Teile entsprechen den Titeln der bereits veröffentlichten Norm-Entwürfe bzw. sind Arbeitstitel und können von den Titeln der Normen geringfügig abweichen.

Darüber hinaus wird in allen Teilen der Europäischen Normenreihe EN 12255 in den Titeln der jeweiligen deutschen Sprachfassung im Hauptelement zukünftig der Begriff „Kläranlagen" verwendet.

Der Entwurf zu EN 12255-5 war als E DIN 19569-105 : 1996-03 veröffentlicht worden.

Einige Teile der Normenreihe EN 12255 werden als Europäisches Normenpaket gemeinsam gültig werden.

Von der Paketbildung sind die folgenden Normen betroffen:

EN 12255-1, EN 12255-3 bis EN 12255-8, EN 12255-10 und EN 12255-11 (vgl. Vorwort EN 12255-5).

Datum der Zurückziehung (dow) entgegenstehender nationaler Normen ist 2001-12-31 (Resolution BT 152/1998).

In einem Normenpaket werden Europäische Normen zusammengefaßt, die zueinander in Beziehung stehen. Eine Querverbindung kann u. a. aufgrund der Notwendigkeit zur gemeinsamen Anwendung bestehen oder dadurch gegeben sein, daß eine Gruppe entgegenstehender nationaler Normen abzudecken ist.

Die Paketbildung ist aber auch unter dem Aspekt der Verpflichtung zur Übernahme von CEN/CENELEC-Normen durch die CEN-Mitglieder und der damit verbundenen Zurückziehung entgegenstehender nationaler Normen (CEN/CENELEC-Geschäftsordnung) von Bedeutung.

Die in einem Normenpaket zusammengefaßten Europäischen Normen sind spätestens bis zu einem vorab festgelegten Datum der Zurückziehung (dow) zu veröffentlichen.

Die bereits vor diesem Zeitpunkt fertiggestellten und veröffentlichten Europäischen Normen des Paketes werden in das nationale Normenwerk übernommen. Sie gelten bis zum Datum der Zurückziehung parallel zu entsprechenden nationalen Normen.

Erst mit dem Erreichen des Datums der Zurückziehung sind die Europäischen Normen des Normenpaketes in das nationale Regelwerk zu übernehmen, indem ihnen der Status von nationalen Normen gegeben wird. Entgegenstehende nationale Normen sind dann zurückzuziehen.

Die einzelnen Teile der Normenreihe EN 12255 sind inhaltlich anders konzipiert als die deutschen Normen der Reihe DIN 19569, so daß durchaus mehrere Teile dieser Reihe durch einen Teil der Europäischen Norm berührt werden können.

Der Normungsumfang der Europäischen Normenreihe EN 12255 „Kläranlagen" deckt nicht alle Festlegungen ab, die in den nationalen Normen der Reihe DIN 19569 „Kläranlagen — Baugrundsätze für Bauwerke und technische Ausrüstungen" enthalten sind.

Fortsetzung Seite 2
und 5 Seiten EN

Normenausschuß Wasserwesen (NAW) im DIN Deutsches Institut für Normung e. V.

Der Arbeitsausschuß V 36 plant daher die Erarbeitung von Maß- und Restnormen zu den folgenden Themenkreisen:

- Rechteckbecken als Absetzbecken
- Rechteckbecken als Sandfänge
- Rundbecken als Absetzbecken
- Tropfkörper mit Drehsprengern
- Tropfkörperfüllungen
- Rechenbauwerke mit geradem Rechen
- Ablaufsysteme in Absetzbecken
- Besondere Baugrundsätze für Einrichtungen zum Abtrennen und Eindicken von Feststoffen
- Besondere Baugrundsätze für Einrichtungen zur aeroben biologischen Abwasserreinigung
- Besondere Baugrundsätze für Anlagen zur aeroben Behandlung von Abwasser
- Besondere Baugrundsätze für Anlagen zur Abwasserreinigung mit Festbettfiltern
- Besondere Baugrundsätze für Anlagen zur Klärschlammentwässerung
- Besondere Baugrundsätze für Anlagen zur Trocknung von Klärschlamm

Die Unterschiede in Planung und Bau von Kläranlagen in Europa haben zu einer Vielzahl von Anlagenausführungen geführt. Diese Norm enthält grundsätzliche Angaben zu den Anlagenausführungen; sie beschreibt jedoch nicht alle Einzelheiten jeder Ausführungsart.

Die in den Literaturhinweisen aufgeführten Unterlagen enthalten Einzelheiten und Hinweise, die im Rahmen dieser Norm verwendet werden können.

Diese Zusammenstellung von in den Mitgliedsländern veröffentlichten, herausgegebenen und angewendeten Dokumenten war zum Zeitpunkt der Veröffentlichung dieser Norm aktuell, sollte jedoch nicht als vollständig angesehen werden.

EUROPÄISCHE NORM
EUROPEAN STANDARD
NORME EUROPÉENNE

EN 12255-5

September 1999

ICS 13.060.30

Deutsche Fassung

Kläranlagen

Teil 5: Abwasserbehandlung in Teichen

Wastewater treatment plants — Part 5: Lagooning processes

Station d'épuration — Partie 5: Lagunage

Diese Europäische Norm wurde von CEN am 13. August 1999 angenommen.

Die CEN-Mitglieder sind gehalten, die CEN/CENELEC-Geschäftsordnung zu erfüllen, in der die Bedingungen festgelegt sind, unter denen dieser Europäischen Norm ohne jede Änderung der Status einer nationalen Norm zu geben ist.

Auf dem letzten Stand befindliche Listen dieser nationalen Normen mit ihren bibliographischen Angaben sind beim Zentralsekretariat oder bei jedem CEN-Mitglied auf Anfrage erhältlich.

Diese Europäische Norm besteht in drei offiziellen Fassungen (Deutsch, Englisch, Französisch). Eine Fassung in einer anderen Sprache, die von einem CEN-Mitglied in eigener Verantwortung durch Übersetzung in seine Landessprache gemacht und dem Zentralsekretariat mitgeteilt worden ist, hat den gleichen Status wie die offiziellen Fassungen.

CEN-Mitglieder sind die nationalen Normungsinstitute von Belgien, Dänemark, Deutschland, Finnland, Frankreich, Griechenland, Irland, Island, Italien, Luxemburg, Niederlande, Norwegen, Österreich, Portugal, Schweden, Schweiz, Spanien, der Tschechischen Republik und dem Vereinigten Königreich.

EUROPÄISCHES KOMITEE FÜR NORMUNG

European Committee for Standardization

Comité Européen de Normalisation

Zentralsekretariat: rue de Stassart 36, B-1050 Brüssel

Ref.-Nr. EN 12255-5 : 1999 D

Inhalt

Vorwort

Diese Europäische Norm wurde vom Technischen Komitee CEN/TC 165 „Abwassertechnik" erarbeitet, dessen Sekretariat vom DIN gehalten wird.

Diese Europäische Norm muß den Status einer nationalen Norm erhalten, entweder durch Veröffentlichung eines identischen Textes oder durch Anerkennung bis März 2000, und etwaige entgegenstehende nationale Normen müssen bis Dezember 2001 zurückgezogen werden.

Es ist der fünfte von diesen Arbeitsgruppen erarbeitete Teil, der sich auf allgemeine Anforderungen an Verfahren für Kläranlagen für über 50 EW (Einwohnerwerte) bezieht. Die Norm besteht aus den folgenden Teilen:

Teil 1: Allgemeine Baugrundsätze
Teil 3: Abwasservorreinigung
Teil 4: Vorklärung
Teil 5: Abwasserbehandlung in Teichen
Teil 6: Belebungsverfahren
Teil 7: Biofilmreaktoren
Teil 8: Schlammbehandlung und -deponierung
Teil 9: Vermeidung von Geruchsbelästigung
Teil 10: Sicherheitstechnische Baugrundsätze
Teil 11: Grundlegende Angaben für die Auslegung der Anlagen
Teil 12: Steuerung und Automatisierung
Teil 13: Abwasserbehandlung durch Zugabe von Chemikalien
Teil 14: Desinfektion
Teil 15: Messung der Sauerstoffzufuhr in Reinwasser in Belebungsbecken
Teil 16: Abwasserfiltration

ANMERKUNG: Für Anforderungen an Pumpanlagen auf Kläranlagen und in deren Zulaufbereich, ursprünglich vorgesehen als Teil 2 „Abwasserpumpanlagen", siehe EN 752-6 „Entwässerungssysteme außerhalb von Gebäuden — Teil 6: Pumpanlagen".

Entsprechend der CEN/CENELEC-Geschäftsordnung sind die nationalen Normungsinstitute der folgenden Länder gehalten, diese Europäische Norm zu übernehmen:

Belgien, Dänemark, Deutschland, Finnland, Frankreich, Griechenland, Irland, Island, Italien, Luxemburg, Niederlande, Norwegen, Österreich, Portugal, Schweden, Schweiz, Spanien, die Tschechische Republik und das Vereinigte Königreich.

1 Anwendungsbereich

Diese Europäische Norm legt die Ausführungsanforderungen für den Bau von Abwasserteichanlagen fest.

Sie bezieht sich auf Abwasserteiche zur Reinigung von kommunalem Abwasser aus Misch- oder Trennsystemen sowie auf Teichanlagen zur weitergehenden Reinigung.

ANMERKUNG: Teichanlagen sind besonders dort zur Abwasserreinigung zweckmäßig, wo starke Zuflußschwankungen zu erwarten sind (z. B. aus Niederschlagswasser).

2 Normative Verweisungen

Diese Norm enthält durch datierte oder undatierte Verweisungen Festlegungen aus anderen Publikationen. Diese normativen Verweisungen sind an den jeweiligen Stellen im Text zitiert, und die Publikationen sind nachstehend aufgeführt. Bei datierten Verweisungen gehören spätere Änderungen oder Überarbeitungen dieser Publikationen nur zu dieser Norm, falls sie durch Änderung oder Überarbeitung eingearbeitet sind. Bei undatierten Verweisungen gilt die letzte Ausgabe der in Bezug genommenen Publikation.

EN 1085 : 1997
Abwasserbehandlung — Wörterbuch; Dreisprachige Fassung EN 1085 : 1997

prEN 12255-1 : 1996
Abwasserbehandlungsanlagen — Teil 1: Allgemeine Baugrundsätze

prEN 12255-3 : 1995
Abwasserbehandlungsanlagen — Teil 3: Abwasservorreinigung

prEN 12255-6 : 1997
Abwasserbehandlungsanlagen — Teil 6: Belebungsverfahren

prEN 12255-10 : 1996
Abwasserbehandlungsanlagen — Teil 10: Sicherheitstechnische Baugrundsätze

prEN 12255-11 : 1998
Abwasserbehandlungsanlagen — Teil 11: Grundlegende Angaben für die Auslegung der Anlagen

3 Definitionen

Für die Anwendung dieser Norm gelten die Definitionen nach EN 1085 : 1997 sowie:

3.1

Schönungsteich

Abwasserteichanlage zur weitergehenden Reinigung, insbesondere zur Entfernung von pathogenen Mikroorganismen durch Sonneneinstrahlung sowie durch Konkurrenz und Freßfeinde.

4 Verfahrensbeschreibung

4.1 Unbelüftete Abwasserteichkaskade

Teiche für Abwasserbehandlung bestehen aus einer Kaskade einzelner, nacheinandergeschalteter Teiche. Der erste Teich hat die Funktion eines Absetzteiches oder eines unbelüfteten (anaeroben) Teiches. Der folgende Teich ist teilweise aerob (fakultativer Teich) und dient zum Abbau von Kohlenstoff und Stickstoff. Die weiteren Teiche sorgen für eine weitergehende Reinigung einschließlich der Reduktion pathogener Mikroorganismen durch Sonneneinstrahlung.

4.2 Belüftete Teiche

Belüftete Teichanlagen bestehen aus mindestens zwei einzelnen Teichen, einem mit künstlicher Belüftung, die durch technische Ausrüstungen durchgeführt wird, und dem zweiten als Absetzteich.

4.3 Schönungsteiche

Schönungsteiche werden hauptsächlich für die weitere Reduzierung von Schwebstoffen im Abwasser aus größeren technischen Kläranlagen eingesetzt.

4.4 Kombinationen

Im Falle von überlasteten Teichen oder beim Bedarf nach weitergehender Reinigung kann eine Kombination von Teichen und kleinen technischen Systemen (Tropfkörper, Rotationstauchkörper) installiert werden.

Wo Geruchsprobleme auftreten können, können anstelle von anaeroben Teichen Emscherbecken verwendet werden. Bei belüfteten Teichen sollte ein Rechen vorgeschaltet werden.

Weitere Vorreinigungsstufen können erforderlich sein (siehe prEN 12255-3 : 1995).

5 Anforderungen

5.1 Allgemeines

Die in prEN 12255-1 : 1996 und in prEN 12255-10 : 1996 aufgeführten Anforderungen gelten auch für diesen Teil.

Wo künstliche Belüftung mittels technischer Ausrüstung erforderlich ist, sollte prEN 12255-6 : 1996 beachtet werden; bei zusätzlicher Vorreinigung (z. B. Rechen) sollte prEN 12255-3 : 1995 beachtet werden.

5.2 Standort

Sind Geruchsbelästigungen möglich (z. B. bei unbelüfteten Teichen), sind die Anlagen mindestens 200 Meter von Wohnbebauungen entfernt anzuordnen. Die Hauptwindrichtung, die Topographie, die höchsten Wasserstände in Grundwasser und Gewässer, die geologischen Gegebenheiten, Überschwemmungsrisiken und das Landschaftsbild sollten bei der Beurteilung mit einbezogen werden.

5.3 Zugänglichkeit

Zur Instandhaltung der Ufer, zur Pflege der Anpflanzungen und zur Entschlammung muß es möglich sein, jede Stelle der Anlage um den Teich herum mit den jeweils geeigneten erforderlichen Maschinen zu erreichen. Der Zutritt zur Abwasserteichanlage muß Unbefugten verwehrt werden, z. B. durch Umzäunung.

5.4 Entwurf und Gestaltung

5.4.1 Anforderungen aufgrund des Verfahrens

Die Gestaltung der Teichanlage muß den Betrieb mit voller Wasserfüllung aller Erdbecken bis zum Stauziel zulassen. Falls nicht anders vereinbart, müssen die Bedingungen für den Betrieb festgelegt werden, die Schäden an den Bauwerken verhindern.

Entwurf und Gestaltung von Abwasserteichen müssen außer den Anforderungen, die in prEN 12255-1 und prEN 12255-11 aufgeführt sind, u. a. auch die folgenden Vorgaben berücksichtigen:

a) die klimatischen Bedingungen für Abwasserteiche, um eine Reinigung unter möglichst natürlichen Bedingungen, z. B. bei Erdfaulbecken, Oxidationsteichen und Schönungsteichen, aufrechtzuerhalten; Informationen zu Klimabedingungen müssen gegeben werden;
b) eine Mindestwassertiefe von 1 m unter Berücksichtigung des Schlammstapelraumes vor der Schlammräumung, um die Sedimentation der Feststoffe in Absetzteichen sicherzustellen; dies trifft besonders für Absetz- und Anaerobteiche zu;
c) Gestaltung von Einlauf und Auslauf unter Berücksichtigung der Schlammspiegelhöhe und der einfachen Schlammentnahme;
d) die Häufigkeit der Schlammentnahme;
e) bei belüfteten Teichen: die Art der Belüftungseinrichtung, Anzahl und Größe der einzelnen Belüftungsaggregate unter Berücksichtigung der Wassertiefe und des Schutzes der Sohle vor Erosion;
f) Minimierung von Kurzschlußströmungen durch geeignete Form, Gestaltung und Anordnung der Zu- und Abläufe;
g) bei Schönungsteichen sollte die Sonneneinstrahlung nicht behindert werden, dabei ist die mögliche Algenmassenvermehrung und deren Auswirkung auf den Vorfluter zu beachten;
h) die Art der Schlammentsorgung;
i) die Auswirkungen von Regenwasserzulauf.

5.4.2 Wasserdichtheit

Erdbecken sind wasserdicht auszuführen. Sie gelten als dicht, wenn 0,3 m Boden einen Durchlässigkeitskoeffizienten k_f von weniger als 10^{-8} m/s aufweisen. Bei Becken mit einer Aufenthaltszeit von nicht mehr als 10 Tagen und zur weitergehenden Reinigung (z. B. Schönungsteichen) muß ein Durchlässigkeitskoeffizient von weniger als 10^{-7} m/s bezogen auf 0,3 m Boden vorhanden sein. Der Nachweis der Wasserdichtheit sollte gemäß nationalen Gepflogenheiten erfolgen.

Wird die Wasserdichtheit durch Bodenverdichtung bewerkstelligt, müssen optimale Verdichtungsbedingungen, wie z. B. Verdichtungsgrad und Wassergehalt, durch vorhergehende Prüfungen festgelegt werden. Die Wasserdichtheit ist durch Laboruntersuchungen nachzuweisen, vor der Füllung mit Wasser muß anhand von mindestens drei Durchlässigkeitstests pro Teich getestet werden.

Wird die Wasserdichtheit durch eine Folie gewährleistet, so muß diese lichtundurchlässig, abriebfest und UV-beständig sein. Zur Verhinderung von Gasansammlungen unter der Folie sind Vorsichtsmaßnahmen zu treffen.

Die Folie sollte mindestens 3 mm dick sein.

Wenn die Wasserdichtheit durch eingebrachten Ton gewährleistet wird, sollte die Schicht mindestens 0,3 m dick sein.

Für die Leerung der Teiche oder im Falle eines Anstiegs des Grundwasserspiegels müssen Maßnahmen zum Schutz der wasserabdichtenden Schicht getroffen werden.

5.4.3 Böschungen

In gewachsenem Boden sollte die Neigung der Böschung bei Abwasserteichen über und unter Wasser nicht steiler als 1 : 2 sein. Die Böschungen von Abwasserteichen sollten gegen Bodenerosion geschützt werden. Die Böschungen von belüfteten Abwasserteichen sollten 0,3 m oberhalb und unterhalb des Wasserspiegels besonders geschützt werden, sofern mit Wellenschlag zu rechnen ist.

Böschungen mit einer Tondichtung dürfen nicht steiler als 1 : 3 angelegt sein. Durch geeignete Maßnahmen ist zu verhindern, daß die Tondichtung reißt (z. B. bei Austrocknung).

5.4.4 Bauwerke und Rohrleitungssysteme

Der Einlauf in den ersten Teich muß so gestaltet sein, daß Schwimmstoffe zurückgehalten und leicht entfernt werden können. Jeder Teich sollte über einen Umlauf verfügen. Die Verbindungskanäle und -leitungen zwischen den Teichen müssen so gestaltet sein, daß sie vom Ufer aus gereinigt werden können und verhindert wird, daß Schlamm und Schwimmstoffe mitgeführt werden. Der Ablauf des letzten Beckens muß so ausgelegt sein, daß eine Durchflußmengenmessung und eine Probenahme möglich sind.

Literaturhinweise

Deutschland

DIN 18127 Baugrund — Untersuchung von Bodenproben— Proctorversuch

ATV- A 201 Grundsätze für Bemessung, Bau und Betrieb von Abwasserteichen für kommunales Abwasser (2. Auflage 1989)

ATV- A 257 Grundsätze für die Bemessung von Abwasserteichen und zwischengeschalteten Tropf- und Tauchkörpern

Frankreich

Ministère de l'Equipement, du Logement et des Transports (96-7 TO) — Conception et exécution d'installations d'épuration d'eaux usées — Fascicule n° 81 titre II

Österreich

Ö NORM B 2502-1 Kleinkläranlagen (Hauskläranlagen) für Anlagen bis 50 Einwohnerwerte — Anwendung, Bemessung, Bau und Betrieb

Ö NORM B 2502-2 Kleine Kläranlagen — Anlagen von 51 bis 500 Einwohnerwerte — Anwendung, Bemessung, Bau und Betrieb

Ö NORM B 2505 Bepflanzte Bodenfilter (Pflanzenkläranlagen) — Anwendung, Abmessung, Bau und Betrieb

Portugal

Direcção Geral da Qualidade do Ambiente — Manual de tecnologias de Saneamento Basico Apropriadas a Pequenos Aglomerados; SEARN, rua de O Século 51 — 1200 LISBOA PORTUGAL.

Schweiz

VSA — Richtlinie Kleinkläranlagen
Richtlinie für den Einsatz, die Auswahl und die Bemessung von Kleinkläranlagen (Ausgabe 1995)

April 2002

	Kläranlagen Teil 6: Belebungsverfahren Deutsche Fassung EN 12255-6:2002	DIN EN 12255-6

ICS 13.060.30

Wastewater treatment plants — Part 6: Activated sludge process;
German version EN 12255-6:2002

Stations d'épuration — Partie 6: Procédé à boues activées;
Version allemande EN 12255-6:2002

Die Europäische Norm EN 12255-6:2002 hat den Status einer Deutschen Norm.

Nationales Vorwort

Diese Europäische Norm wurde vom Technischen Komitee TC 165 „Abwassertechnik" (Sekretariat: Deutschland) des Europäischen Komitees für Normung (CEN) erarbeitet.

Die Arbeiten wurden von der Arbeitsgruppe „Kläranlagen – Allgemeine Verfahren" (WG 42) (Sekretariat: Vereinigtes Königreich) des CEN/TC 165 durchgeführt. Für Deutschland war der Arbeitsausschuss V 36/UA 2/3 „Abwasserbehandlungsanlagen; CEN/TC 165/WG 42 und 43" an der Bearbeitung beteiligt.

Die Normenreihe DIN EN 12255 „Kläranlagen" wird voraussichtlich aus 15 Teilen bestehen (siehe Vorwort EN 12255-6).

Die im Vorwort von EN 12255-6 genannten Titel der einzelnen Teile entsprechen den Titeln der bereits veröffentlichten Norm-Entwürfe bzw. sind Arbeitstitel und können von den Titeln der Normen geringfügig abweichen.

Darüber hinaus wird zukünftig in allen Teilen der Europäischen Normenreihe EN 12255 in den Titeln der jeweiligen deutschen Sprachfassung im Hauptelement der Begriff „Kläranlagen" verwendet.

Einige Teile der Normenreihe DIN EN 12255 werden als Europäisches Normenpaket gemeinsam gültig werden.

Von der Paketbildung sind die folgenden Teile der Normenreihe DIN EN 12255 betroffen:

DIN EN 12255-1, DIN EN 12255-3 bis DIN EN 12255-8, DIN EN 12255-10 und DIN EN 12255-11 (siehe Vorwort EN 12255-6).

Fortsetzung Seite 2
und 14 Seiten EN

Normenausschuss Wasserwesen (NAW) im DIN Deutsches Institut für Normung e. V.

138/9*

Datum der Zurückziehung (date of withdrawal, dow) entgegenstehender nationaler Normen ist der

31. Dezember 2002 (Resolution 232/2001 durch CEN/TC 165).

In einem Normenpaket werden Europäische Normen zusammengefasst, die zueinander in Beziehung stehen. Eine Querverbindung kann u. a. aufgrund der Notwendigkeit zur gemeinsamen Anwendung bestehen oder dadurch gegeben sein, dass eine Gruppe entgegenstehender nationaler Normen abzudecken ist.

Die Paketbildung ist aber auch unter dem Aspekt der Verpflichtung zur Übernahme von CEN/CENELEC-Normen durch die CEN-Mitglieder und der damit verbundenen Zurückziehung entgegenstehender nationaler Normen (CEN/CENELEC-Geschäftsordnung) von Bedeutung.

Die in einem Normenpaket zusammengefassten Europäischen Normen sind spätestens bis zu einem vorab festgelegten Datum der Zurückziehung (dow) zu veröffentlichen.

Die bereits vor diesem Zeitpunkt fertiggestellten und veröffentlichten Europäischen Normen des Paketes werden in das nationale Normenwerk übernommen. Sie gelten bis zum Datum der Zurückziehung parallel zu entsprechenden nationalen Normen.

Erst mit dem Erreichen des Datums der Zurückziehung sind die Europäischen Normen des Normenpaketes in das nationale Regelwerk zu übernehmen, indem ihnen der Status von nationalen Normen gegeben wird. Entgegenstehende nationale Normen sind dann zurückzuziehen.

Die einzelnen Teile der Normenreihe DIN EN 12255 sind inhaltlich anders konzipiert als die deutschen Normen der Reihe DIN 19569, so dass durchaus mehrere Teile dieser Reihe durch einen Teil der Europäischen Norm berührt werden können.

Der Normungsumfang der Europäischen Normenreihe DIN EN 12255 „Kläranlagen" deckt nicht alle Festlegungen ab, die in den nationalen Normen der Reihe DIN 19569 „Kläranlagen – Baugrundsätze für Bauwerke und technische Ausrüstungen" enthalten sind.

Der Arbeitsausschuss V 36 erarbeitet daher Maß- und Restnormen zu den folgenden Themenkreisen:

— Rechteckbecken als Absetzbecken

— Rechteckbecken als Sandfänge

— Rundbecken als Absetzbecken

— Tropfkörper mit Drehsprengern

— Tropfkörperfüllungen

— Rechenbauwerke mit geradem Rechen

— Ablaufsysteme in Absetzbecken

— Besondere Baugrundsätze für Einrichtungen zum Abtrennen und Eindicken von Feststoffen

— Besondere Baugrundsätze für Einrichtungen zur aeroben biologischen Abwasserreinigung

— Besondere Baugrundsätze für Anlagen zur anaeroben Behandlung von Abwasser

— Besondere Baugrundsätze für Anlagen zur Abwasserreinigung mit Festbettfiltern

— Besondere Baugrundsätze für Anlagen zur Klärschlammentwässerung

— Besondere Baugrundsätze für Anlagen zur Trocknung von Klärschlamm

EUROPÄISCHE NORM

EUROPEAN STANDARD

NORME EUROPÉENNE

EN 12255-6

Januar 2002

ICS 13.060.30

Deutsche Fassung

Kläranlagen - Teil 6: Belebungsverfahren

Wastewater treatment plants - Part 6: Activated sludge process

Stations d'épuration - Partie 6: Procédé à boues activées

Diese Europäische Norm wurde vom CEN am 9.November 2001 angenommen.

Die CEN-Mitglieder sind gehalten, die CEN/CENELEC-Geschäftsordnung zu erfüllen, in der die Bedingungen festgelegt sind, unter denen dieser Europäischen Norm ohne jede Änderung der Status einer nationalen Norm zu geben ist. Auf dem letzen Stand befindliche Listen dieser nationalen Normen mit ihren bibliographischen Angaben sind beim Management-Zentrum oder bei jedem CEN-Mitglied auf Anfrage erhältlich.

Diese Europäische Norm besteht in drei offiziellen Fassungen (Deutsch, Englisch, Französisch). Eine Fassung in einer anderen Sprache, die von einem CEN-Mitglied in eigener Verantwortung durch Übersetzung in seine Landessprache gemacht und dem Management-Zentrum mitgeteilt worden ist, hat den gleichen Status wie die offiziellen Fassungen.

CEN-Mitglieder sind die nationalen Normungsinstitute von Belgien, Dänemark, Deutschland, Finnland, Frankreich, Griechenland, Irland, Island, Italien, Luxemburg, Malta, Niederlande, Norwegen, Österreich, Portugal, Schweden, Schweiz, Spanien, der Tschechischen Republik und dem Vereinigten Königreich.

EUROPÄISCHES KOMITEE FÜR NORMUNG
EUROPEAN COMMITTEE FOR STANDARDIZATION
COMITÉ EUROPÉEN DE NORMALISATION

Management-Zentrum: rue de Stassart, 36 B-1050 Brüssel

Ref. Nr. EN 12255-6:2002 D

Inhalt

Vorwort

Dieses Dokument wurde vom Technischen Komitee CEN /TC 165 „Abwassertechnik" erarbeitet, dessen Sekretariat vom DIN gehalten wird.

Dieses Europäische Dokument muss den Status einer nationalen Norm erhalten, entweder durch Veröffentlichung eines identischen Textes oder durch Anerkennung bis **Juli 2002**, und etwaige entgegenstehende nationale Normen müssen bis **Dezember 2002** zurückgezogen werden.

Anhang A ist informativ.

Es ist der sechste von den Arbeitsgruppen CEN/TC 165/WG 42 und 43 erarbeitete Teil, der sich auf allgemeine Anforderungen an Verfahren für Kläranlagen für über 50 Einwohnerwerte (EW) bezieht. Die Normen dieser Reihe sind folgende:

— Teil 1: Allgemeine Baugrundsätze

— Teil 3: Abwasservorreinigung

— Teil 4: Vorklärung

— Teil 5: Abwasserbehandlung in Teichen

— Teil 6: Belebungsverfahren

— Teil 7: Biofilmreaktoren

— Teil 8: Schlammbehandlung und -lagerung

— Teil 9: Geruchsminderung und Belüftung

— Teil 10: Sicherheitstechnische Baugrundsätze

— Teil 11: Erforderliche allgemeine Angaben

— Teil 12: Steuerung und Automatisierung

— Teil 13: Chemische Behandlung - Abwasserbehandlung durch Fällung/Flockung

— Teil 14: Desinfektion

— Teil 15: Messung der Sauerstoffzufuhr in Reinwasser in Belüftungsbecken von Belebungsanlagen

— Teil 16: Abwasserfiltration[1)]

ANMERKUNG Für Anforderungen an Pumpanlagen auf Kläranlagen, ursprünglich vorgesehen als Teil 2 „Abwasserpumpanlagen", siehe EN 752-6 „Entwässerungssysteme außerhalb von Gebäuden - Teil 6: Pumpanlagen".

Die Teile EN 12255-1, EN 12255-3 bis EN 12255-8 sowie EN 12255-10 und EN 12255-11 werden als europäisches Normenpaket gemeinsam gültig (Resolution BT 152/1998).

---

1) in Vorbereitung

Entsprechend der CEN/CENELEC-Geschäftsordnung sind die nationalen Normungsinstitute der folgenden Länder gehalten, diese Europäische Norm zu übernehmen: Belgien, Dänemark, Deutschland, Finnland, Frankreich, Griechenland, Irland, Island, Italien, Luxemburg, Niederlande, Norwegen, Österreich, Portugal, Schweden, Schweiz, Spanien, die Tschechische Republik und das Vereinigte Königreich.

1 Anwendungsbereich

Diese Europäische Norm legt Ausführungsanforderungen an die Abwasserreinigung mit dem Belebungsverfahren auf Kläranlagen für über 50 EW fest.

Die Unterschiede in Planung und Bau von Kläranlagen in Europa haben zu einer Vielzahl von Anlagenausführungen geführt. Diese Europäische Norm enthält grundsätzliche Angaben zu den Anlagenausführungen; sie beschreibt jedoch nicht alle Einzelheiten jeder Ausführungsart.

Die in den Literaturhinweisen aufgeführten Unterlagen enthalten Einzelheiten und Hinweise, die im Rahmen dieser Norm verwendet werden dürfen.

2 Normative Verweisungen

Diese Europäische Norm enthält durch datierte oder undatierte Verweisungen Festlegungen aus anderen Publikationen. Diese normativen Verweisungen sind an den jeweiligen Stellen im Text zitiert, und die Publikationen sind nachstehend aufgeführt. Bei datierten Verweisungen gehören spätere Änderungen oder Überarbeitungen nur zu dieser Europäischen Norm, falls sie durch Änderung oder Überarbeitung eingearbeitet sind. Bei undatierten Verweisungen gilt die letzte Ausgabe der in Bezug genommenen Publikation (einschließlich Änderungen).

EN 1085, *Abwasserbehandlung — Wörterbuch.*

EN 12255-1, *Kläranlagen — Teil 1: Allgemeine Baugrundsätze.*

EN 12255-10, *Kläranlagen — Teil 10: Sicherheitstechnische Baugrundsätze.*

EN 12255-11, *Kläranlagen — Teil 11: Erforderliche allgemeine Angaben.*

prEN 12255-12, *Kläranlagen — Teil 12: Steuerung und Automatisierung.*

3 Begriffe

Für die Anwendung dieser Europäischen Norm gelten die in EN 1085 angegebenen Begriffe.

4 Anforderungen

4.1 Allgemeines

Belebungsbecken und die Nachklärung bilden in Verbindung mit der Rückführung des belebten Schlammes eine Einheit, das Belebungsverfahren. Die Wirksamkeit des Verfahrens hängt sowohl von den biologischen und chemischen Prozessen im Belebungsbecken, als auch vom Absetzvorgang des Schlammes im Nachklärbecken ab.

ANMERKUNG Die biologische Reinigung und die Nachklärung dürfen in einem Becken kombiniert sein, z. B. in einer Aufstau-Belebungsanlage (Sequencing-Batch-Reactor, SBR).

Bei der Planung sind die in EN 12255-1, EN 12255-10, EN 12255-11 und prEN 12255-12 festgelegten Anforderungen einzuhalten.

4.2 Planung

Bei der Planung einer Belebungsanlage sind folgende Punkte zu berücksichtigen:

— das Volumen und die Abmessungen der Belebungsbecken;

— das Verhindern von Totzonen und störender Ablagerungen in den Becken und Kanälen;

— das Vorsehen mehrerer Straßen oder Einheiten oder anderer Maßnahmen, mit denen die geforderte Abflussqualität auch dann eingehalten wird, wenn eine oder mehrere Straßen oder Einheiten außer Betrieb sind;

— die Einrichtungen zum Belüften und/oder Durchmischen;

— die Oberfläche, das Volumen und die Tiefe der Nachklärbecken;

— die Einrichtungen zum Räumen des Schlammes in den Nachklärbecken;

— die Einrichtungen zur Förderung des Rücklaufschlammes und zum Abzug des Überschussschlammes;

— die Behandlung und Entsorgung des anfallenden Schlammes;

— die Steuerung und Automatisierung;

— der auf ein Minimum zu reduzierende hydraulische Höhenverlust.

Die Bauwerke sind so zu gestalten, dass sie durch Ablassen oder mittels Pumpen entleert werden können. Das Entleeren darf die Stabilität der Bauwerke nicht beeinträchtigen, unabhängig von der Höhe des Grundwasserspiegels. Alle notwendigen Vorkehrungen sind zu treffen, wie das Einbringen von Ballastbeton, der Einbau von Flutventilen in die Sohle oder Vorkehrungen für zeitweises Absenken des Grundwasserspiegels.

Es kann vorteilhaft sein, wenn die Sohle leicht zu den tiefsten Entwässerungspunkten hin geneigt ist.

Wenn die Entleerung durch Pumpen erfolgt, darf auch ein Pumpensumpf zum Einbringen von Entwässerungspumpen an diesen Tiefpunkten angeordnet werden.

4.3 Verteilerbauwerk

Wenn die Anlage mehrstraßig ist oder parallele Einheiten aufweist, ist der Zufluss mittels einstellbarer Verteileinrichtungen (z. B. Schieber, Schütze oder Dammbalken) aufzuteilen. Diese können auch zum Absperren jeder Einheit dienen.

Diese Einrichtung muss die erforderliche Zuflussverteilung über den gesamten Bereich des in Betracht zu ziehenden Zuflusses ermöglichen.

ANMERKUNG Die Ansammlung und Entfernung von Schwimmstoffen kann bei der Planung der Verteilungsbauwerke berücksichtigt werden.

4.4 Belebungsbecken

4.4.1 Auslegung

Die Anzahl, die Form und das Volumen dieser Becken, in denen die biologischen Vorgänge überwiegend stattfinden, können sehr unterschiedlich sein, je nach:

— der Größe der Anlage;

— dem Reinigungsziel, z. B. Entfernung der Kohlenstoffverbindungen, Nitrifikation, Denitrifikation und Entfernung von Phosphorverbindungen;

— den anoxischen Zonen zur Stickstoffentfernung;

— der Dosierung von Fällungsmitteln und/oder den anaeroben Zonen zur Entfernung von Phosphorverbindungen.

Die hydraulische Auslegung ist so zu gestalten, dass Kurzschlussströmungen minimiert werden. Die Art der Strömung durch die Belebungsbecken ist abhängig von der gewählten Verfahrenstechnik. Bei Abwasserzufuhr an mehreren Stellen (z. B. in Verbindung mit einer abgestuften Belüftung) sind geeignete Einrichtungen vorzusehen (z. B. Schieber, Schütze oder Dammbalken), die eine Veränderung der ursprünglich vorgesehenen Zuflussverteilung ermöglichen.

Falls eine Außerbetriebnahme eines oder mehrerer Belebungsbecken im Normalbetrieb oder zu Wartungszwecken vorgesehen ist, müssen die in Betrieb bleibenden Belebungsbecken, die Kanäle, Rohrleitungen usw. hydraulisch und in ihrer verfahrenstechnischen Auslegung so bemessen werden, dass der gesamte Zufluss in den in Betrieb bleibenden Belebungsbecken aufgenommen werden kann.

Durch kurzzeitigen Kontakt von Abwasser und Rücklaufschlamm in einem Selektor kann das Wachstum von flockenbildenden Mikroorganismen gegenüber den fadenbildenden Mikroorganismen begünstigt werden. Wegen der kurzen Kontaktzeit muss das Becken intensiv durchmischt werden. Wenn Abwasser und Rücklaufschlamm intermittierend gepumpt werden, müssen beide gleichzeitig gefördert werden.

4.4.2 Bemessungsparameter

Die folgenden betrieblichen Kenngrößen sind in Betracht zu ziehen und sollten dem geforderten Reinigungsziel entsprechen:

— Trockensubstanzgehalt im Belebungsbecken (TS_{BB}) oder der organische Trockensubstanzgehalt im Belebungsbecken (oTS_{BB});

— das Schlammalter (t_{TS});

— die Schlammbelastung (B_{TS});

— der Schlammindex (ISV), z. B. als Rührschlammindex (ISV_M) oder verdünnt.

ANMERKUNG Weitere Hinweise sind in den Literaturhinweisen zu finden.

4.4.3 Durchmischung

Die Durchmischung kann allein mittels der Belüftungseinrichtung (z. B. Oberflächenbelüfter, Druckluftbelüfter), mittels einer besonderen Mischeinrichtung oder durch Zusammenwirken von beiden erfolgen. Einzelne Mischeinrichtungen sollten ohne Beckenentleerung herausnehmbar sein. Der Inhalt von Belebungsbecken ist zu durchmischen, um zu verhindern, dass sich der belebte Schlamm absetzt oder störende Ablagerungen bildet.

Wenn nicht kontinuierlich belüftet wird, müssen die Mischeinrichtungen eine ausreichende Leistung haben, um den belebten Schlamm in Schwebe zu halten oder wieder aufzuwirbeln.

Die Mischeinrichtungen sollten so gestaltet sein, dass sie nicht durch Anhängen von Faserstoffen beeinträchtigt werden.

Die Auswahl der Einrichtungen ist abhängig von den Eigenschaften des zu behandelnden Abwassers und der erforderlichen Schlammtrockensubstanz im Belebungsbecken. Bei Anlagen ohne Vorklärung können leistungsstärkere Mischeinrichtungen erforderlich sein.

4.4.4 Belüftung

Wenn keine zusätzlichen Mischeinrichtungen vorhanden sind, müssen die Belüftungseinrichtungen eine ausreichende Durchmischungsleistung haben, so dass der belebte Schlamm, die Schmutzstoffe und der gelöste Sauerstoff intensiv vermischt werden.

Bei der Bemessung der Belüftungseinrichtung und der Becken sollten gleichermaßen die Durchmischung und die energetische Wirtschaftlichkeit bedacht werden.

Wenn Belebungsbecken mit Reinsauerstoff begast werden, müssen

— alle notwendigen Sicherheitsmaßnahmen getroffen werden;

— Explosionswarnanlagen installiert und die gesamten technischen Einrichtungen explosionssicher ausgeführt werden;

— besondere Hinweiszeichen angebracht werden.

Es ist zu überprüfen, ob bei allen Betriebsbedingungen die aufgrund des erforderlichen Belüftungsbedarfs eingebrachte Leistung nicht niedriger ist als die für eine ausreichende Umwälzung erforderliche (es sei denn, es sind gesonderte Mischeinrichtungen eingebaut).

Druckluftbelüfter sind so zu installieren, dass ihre Luftaustrittsöffnungen auf gleicher Höhe liegen.

Die Belüftungseinrichtungen müssen ausreichend Sauerstoff zuführen können, so dass bei allen Betriebsbedingungen die Oxidation von Kohlenstoffverbindungen, die endogene Atmung und die Oxidation von Stickstoffverbindungen (falls diese erforderlich ist) sicher möglich ist. Grundlage der Bemessung ist das Sauerstoffzufuhrvermögen in Reinwasser ermittelt für den maximalen und minimalen Sauerstoffverbrauch, wobei der Alpha-Faktor, der sowohl von der Beschaffenheit des Abwassers als auch von dem Belüftungssystem abhängt, zu berücksichtigen ist.

Um die gewünschte Konzentration an gelöstem Sauerstoff einhalten zu können, sollte die Sauerstoffzufuhr, wo möglich, veränderbar sein, besonders dort, wo eine große Schwankungsbreite des Sauerstoffbedarfes zu erwarten ist.

ANMERKUNG Die erforderliche Sauerstoffzufuhr ist abhängig von den Eigenschaften des Abwassers und der Reinigungsleistung, die zum Einhalten der Einleitungsbedingungen erforderlich ist.

Wenn die Belüftung nicht nach einer online-Messung geregelt wird, darf die Belüftung programmgesteuert mit Einstellungen für Belüftungsintensitäten, -dauer und -pausen betrieben werden. Bei Nitrifikation und Denitrifikation in einem Becken (intermittierende Denitrifikation) muss die Leistung der Belüftungseinrichtung auf die Belüftungsdauer abgestimmt werden.

Automatische Steuerungen müssen so aufgebaut sein, dass eine ausreichende Belüftung auch dann sichergestellt wird, wenn die Automatik des Steuerungssystems ausfällt.

Wenn die Sauerstoffzufuhr durch Veränderung des Wasserspiegels im Belebungsbecken mittels eines höhenverstellbaren Wehres geregelt wird, sind hydraulische Stoßbelastungen der Nachklärbecken zu berücksichtigen.

Erfolgt die Steuerung automatisch, muss das System so arbeiten, dass es bei Versagen in einen sicheren Zustand übergeht (Failsafe-Prinzip).

Das Belüftungssystem muss so gestaltet sein, dass es unter den schwierigsten örtlichen Bedingungen (z. B. extremen Temperaturen, rauhem Wetter, korrosiver Atmosphäre) zuverlässig arbeitet.

Sofern nichts anderes vereinbart ist, muss die rechnerische Lebensdauer der technischen Ausrüstung den folgenden Klassen (siehe EN 12255-1) entsprechen:

— Klasse 5 für Getriebe und Lager von Oberflächenbelüftern;

— Klasse 3 für alle elektrischen Antriebe;

— Klasse 4 für zusätzliche Mischeinrichtungen.

Bei feinblasiger Druckluftbelüftung ist eine gründliche Filterung der Luft erforderlich, um Staub und Öl zurückzuhalten, weil hierdurch die Poren der Belüftungselemente verstopft werden können. Wenn bei Unterbrechung der Belüftung das Eindringen von belebtem Schlamm in die feinblasigen Belüfter möglich ist, darf keine intermittierende Belüftung verwendet werden. Wenn das Anwachsen von Calciumcarbonat an feinblasigen Belüftungselementen zu erwarten ist, müssen geeignete Vorkehrungen zur Reinigung mit Säure getroffen werden.

Der Anwendungsfaktor (siehe EN 12255-1) für die Bemessung von Getrieben und Lagern von Oberflächenbelüftern muss K_A = 2 betragen. Rotorblätter und Hauptwellen sollten unter Zugrundelegung der Dauerfestigkeit bei Nennbelastung bemessen werden. Die Durchbiegung der Wellen von horizontal angeordneten Belüftern durch Belastung und Gewicht sollte höchstens 1/1 000 der Wellenlänge betragen.

Belüftungssysteme müssen Reserven aufweisen, entweder in Form von fest installierten oder eingelagerten Reserveaggregaten.

Die Leistung der Belüftungseinrichtung ist schriftlich nachzuweisen. Der Nachweis sollte

— eine Beschreibung und Abmessungen des Prüfbeckens mit der Belüftungseinrichtung,

— das verwendete Prüfverfahren,

— den Prüfbericht,

— das Sauerstoffzufuhrvermögen bei der Nennleistung,

— den Sauerstoffertrag bei Nennleistung

enthalten.

ANMERKUNG Eine Leistungsprüfung vor Ort kann verlangt werden (siehe EN 12255-11 und prEN 12255-15).

4.4.5 Weitere Gesichtspunkte

Um die Einleitungsbedingungen einhalten zu können, sollte die biologische Behandlungsstufe vor hydraulischer Überlastung geschützt werden, z. B. durch Überlaufeinrichtungen und/oder durch Regenbecken.

Der Wasserspiegel in den Belebungsbecken kann über starre oder verstellbare Wehre eingestellt werden.

Die Freibordhöhe der Becken muss ausreichend sein, um unter normalen Betriebsbedingungen das Überlaufen des Abwasser-Belebtschlammgemisches oder von Schaum zu unterbinden.

Die Wellenbildung kann durch hydraulische Resonanzwirkung verstärkt werden. Besondere Vorsicht ist bei Becken mit Oberflächenbelüftern erforderlich.

Es kann Schaum unterschiedlicher Festigkeit und Zähigkeit entstehen und mit fadenbildenden Mikroorganismen besiedelt sein. Die Anzahl der Stellen, an denen sich Schaum anreichern kann, ist möglichst gering zu halten, um Bedingungen zu vermeiden, die ein physikalisch/chemisches oder biologisches Schäumen begünstigen (d. h. Bedingungen, die zu einer Anreicherung von flüchtigen Fettsäuren und oberflächenaktiver Substanzen im Belebungsbecken führen).

Feste Tauchwände sollten vermieden werden. Absenkbare Wehre und zugängliche Abzugseinrichtungen sollten vorgesehen werden.

Vorkehrungen zum Entfernen oder Weiterleiten von Schwimmstoffen und/oder biologischem Schaum sollten vorgesehen werden.

In einem Verteilungsbauwerk wird auch eine Entgasung erreicht.

Insbesondere bei tiefen Belebungsbecken dürfen auch Entgasungsbauwerke eingesetzt werden, um durch die vorherige Entfernung von Gasblasen die Nachklärung zu verbessern. Sie sind auch zum Entfernen von Schwimmstoffen geeignet.

Die Oberfläche und das Volumen der Entgasungsbauwerke müssen ausreichen, um eine wirksame Abtrennung der Gasphase von der flüssigen Phase bis zum größten erwarteten Durchfluss sicherzustellen.

Entgasungsbauwerke sollten zwischen den Belebungsbecken und Nachklärbecken angeordnet werden, vorzugsweise so nah wie möglich bei den Nachklärbecken.

Emissionen aller Art aus Belebungsbecken müssen den nationalen Vorschriften genügen. Maßnahmen zur Schalldämmung und Resonanzdämpfung sind für folgende Anlagenteile in Betracht zu ziehen:

— Gebläse, Schalldämpfer und zugehörige Luftverteilleitungen;

— Antriebe und Getriebe von Oberflächenbelüftern.

Bei Oberflächenbelüftern ist Spritzwasserschutz zu berücksichtigen.

Bei Druckluftbelüftungsanlagen ist darauf zu achten, dass die Luftgeschwindigkeit so begrenzt wird, dass Geräusche und Druckverluste möglichst gering bleiben. Wärmeentwicklungen in den Luftleitungen sind aus Sicherheitsgründen zu berücksichtigen.

In der Mehrzahl der Fälle ist eine Abdeckung der Belebungsbecken nicht erforderlich. Wenn die Belebungsbecken abgedeckt werden (z. B. unter Umweltgesichtspunkten), müssen die Werkstoffe so gewählt werden, dass sie der Aggressivität der Atmosphäre unter der Abdeckung, die sich mit steigenden Anteilen von potentiell angefaultem Abwasser oder industriellen Zuflüssen erhöht, standhalten. Die vertikalen Wände über dem Wasserspiegel müssen bis 0,3 m unterhalb des niedrigsten Betriebswasserstandes geschützt werden.

Eine technische Lüftung ist in Betracht zu ziehen, um die Aggressivität der Atmosphäre zu begrenzen und die Lebensdauer der Bauwerke und technischen Ausrüstung zu erhöhen. So eine Zwangsbelüftung ist vorzusehen, falls Betriebspersonal unter der Abdeckung arbeiten muss.

Bei Einsatz von Kreiselbelüftern sind Vorkehrungen in Betracht zu ziehen, um Erosion der Beckensohle, verursacht durch Kavitation, zu vermeiden.

4.5 Nachklärbecken

4.5.1 Allgemeines

In Nachklärbecken muss der belebte Schlamm vom Abwasser getrennt werden. Nachklärbecken müssen eine Eindickzone zum Abzug des Rücklaufschlammes aufweisen. Die Trennwirkung beeinflusst die Qualität des Kläranlagenabflusses und die Konzentration des Rücklaufschlammes.

Nachklärbecken können vertikal oder horizontal durchströmt werden oder können als Lamellenklärer ausgebildet sein (siehe EN 12255-4).

ANMERKUNG In Aufstau-Belebungsanlagen (SBR) erfolgt die Nachklärung im Reaktor, und es wird kein System zur Rücklaufschlammförderung benötigt.

Hinsichtlich der allgemeinen Baugrundsätze und der rechnerischen Lebensdauer der technischen Ausrüstung von Nachklärbecken siehe EN 12255-1.

4.5.2 Gestaltung

Die Bemessungsgrößen sind außer von der vorgesehenen Verfahrensart und der erforderlichen Trennwirkung auch von der Art des Nachklärbeckens und insbesondere von der maximal anzunehmenden Absetzgeschwindigkeit abhängig. Diese Absetzgeschwindigkeit berücksichtigt die besonderen hydraulischen Verhältnisse sowohl von vertikal als auch von horizontal durchströmten Nachklärbecken und ob diese mit Lamelleneinbauten versehen sind oder nicht.

Die für den wirksamen Betrieb des Nachklärbeckens einzuhaltenden Werte für die Flächenbeschickung sind besonders zu beachten.

In allen Fällen hängt die Größe der Absetzfläche ab von:

— dem Absetzverhalten des Schlammes ausgedrückt durch den Schlammindex;

— der Konzentration des Zulaufs;

— der erforderlichen Ablaufqualität;

— der Form und der Tiefe des Beckens.

Das Nachklärbecken muss ausreichend tief sein, so dass genügend Schlamm für alle hydraulischen Belastungsfälle (Zulaufschwankungen nach Dauer und Größe) gespeichert werden kann.

Ein Nachklärbecken hat vier Hauptzonen: Einlaufzone, Absetzzone, Auslaufzone sowie Schlammeindick- und -räumzone.

Durch die Einlaufzone muss sichergestellt sein, dass

— die Zulaufenergie abgebaut und die Flockung unterstützt wird,

— der Zufluss gleichmäßig verteilt wird,

— eine Entgasung erfolgt (siehe 4.4.5).

Die Absetzzone ist für eine hinreichende Fläche und Tiefe zum Absetzen des belebten Schlammes bei minimaler Kurzschlussströmung zu bemessen.

Die Gestaltung der Auslaufzone muss sicherstellen, dass

— das gereinigte Abwasser gleichmäßig und langsam aus der Absetzzone abfließt,

— Schwimmstoffe zurückgehalten und entfernt werden können,

— möglichst wenig Schlamm abtreibt.

Die Schlamm-Eindick- und -Räumzone ist so zu gestalten, dass die Eindickung und Speicherung des Schlammes sichergestellt wird.

Die Einrichtungen zum Räumen und Entfernen des Schlammes sind abhängig von der Größe und Form des Nachklärbeckens zu gestalten.

Der Neigungswinkel der Wandung von Schlammtrichtern darf nicht geringer sein als 50° bei konischen und 60° bei pyramidenförmigen Trichtern (gemessen zur Horizontalen).

Bei kleinen Nachklärbecken wird der Schlamm auch aufgrund von Dichteströmungen durch Abrutschen von steil geneigten (50° bzw. 60°) und möglichst glatten Wänden gesammelt.

Bei größeren Nachklärbecken mit flachen oder schwach geneigten Sohlen sind Räum- oder Abzugseinrichtungen erforderlich. Diese können folgendermaßen wirken:

— der Schlamm wird mittels Räumschildern zum Zentrum (kreisförmiger Nachklärbecken) oder zu einem Beckenende (rechteckiger Nachklärbecken) geschoben;

— der Schlamm wird mittels Saugeinrichtungen, die an fahrenden Brücken angebracht sind, von der Beckensohle abgezogen.

Die Einrichtungen für den Schlammaustrag sind so zu gestalten, dass eine rasche Sammlung des Schlammes sichergestellt wird, um den erforderlichen Trockensubstanzgehalt im Belebungsbecken einzuhalten und um anaerobe Verhältnisse zu vermeiden. Die Geschwindigkeit von Räumern, wenn vorhanden, muss klein genug sein, um Turbulenzen zu minimieren.

Eine Einrichtung zum Sammeln und Abführen von Schwimmschlamm und Schwimmstoffen sollte vorgesehen werden.

4.6 Förderung von Rücklauf- und Überschussschlamm

Das Rücklaufschlammsystem führt Schlamm aus den Nachklärbecken zu den Belebungsbecken zurück, so dass die für den biologischen Prozess erforderliche Konzentration des Abwasser-Belebtschlammgemischs im Belebungsbecken aufrechterhalten wird.

Das System sollte so gestaltet sein, dass der Rücklaufschlammstrom verändert werden kann. Die technische Ausrüstung und die zugehörige Steuerung dürfen dabei den Rücklaufschlammstrom nicht sprunghaft verändern.

Wenn Belebungsbecken unterschiedlicher Art unmittelbar vor den Nachklärbecken angeordnet werden, können voneinander unabhängige Rücklaufschlammsysteme erforderlich werden.

Der Rücklaufschlamm darf mit Kreiselpumpen, Verdrängerpumpen, Förderschnecken, Mammutpumpen oder jedem anderen System gefördert werden, mit dem der erforderliche Durchsatz eingestellt werden kann. Wenn der Rücklaufschlamm in eine anoxische oder anaerobe Zone zurückgeführt wird, sollte das System so gestaltet sein, dass eine Belüftung des Rücklaufschlammes vermieden wird.

Das System muss Reserveeinrichtungen haben, bei kleinen Belebungsanlagen können hierfür tragbare Pumpen genügen.

Der bei der biologischen Reinigung entstehende Überschussschlamm wird zur Einhaltung des erforderlichen Trockensubstanzgehaltes im Belebungsbecken (TS_{BB}) aus dem System abgezogen.

Die Masse und das Volumen des abzuziehenden Überschussschlammes ist vor allem von der Zusammensetzung des Abwassers, der Art des Prozesses und dem erforderlichen Schlammalter abhängig.

Überschussschlamm kann aus dem Rücklaufschlamm oder als Abwasser-Belebtschlammgemisch aus dem Belebungbecken abgezogen werden.

Der Abzug des Überschussschlammes muss auch unter Beachtung der weiteren Schlammbehandlung erfolgen.

Anhang A
(informativ)

Bemessung - Verfahrenstechnische Merkmale

Tabelle A.1 - Typische Bemessungswerte

Geforderte Reinigung	Art der Belebungsanlage	B_{TS} oder B_{oTS} kg/(kg·d)	TS_{BB} g/l	Schlammalter d
Teilreinigung	Hochlast	≥ 1,0	1,5 bis 2,0	≤ 1
Oxidation der Kohlenstoffverbindungen [a]	Mittlere Belastung	0,25 bis 0,50	2,0 bis 3,0	2 bis 4
Nitrifikation [a]	Schwachlast	0,10 bis 0,15	3,0 bis 5,0	7 bis 12 [c]
Nitrifikation [b] und Denitrifikation [a,b]	N-Elimination	0,07 bis 0,09	3,0 bis 5,0	12 bis 15 [c]
Aerobe Schlammstabilisierung [a,b]	Langzeitbelüftung	0,04 bis 0,07	3,0 bis 5,0	15 bis 30 [c]

[a] Für Phosphatelimination ist eine anaerobe Kontaktzeit von 0,5 h bis 2 h erforderlich und/oder entsprechende Dosierung von Fällungsmitteln.

[b] Für Stickstoffelimination ist ein anoxischer Anteil des Reaktors von 0,2 bis 0,5 erforderlich.

[c] Diese Werte gelten für Temperaturen ≥ 10 °C.

Literaturhinweise

Die folgenden Schriften enthalten Hinweise, die im Rahmen dieser Norm verwendbar sind.

Diese Zusammenstellung von in den Mitgliedsländern veröffentlichten und angewendeten Dokumenten war zum Zeitpunkt der Veröffentlichung dieser Europäischen Norm aktuell, sollte jedoch nicht als vollständig angesehen werden.

Europäische Normen

[1] EN 12255-4, *Kläranlagen — Teil 4: Vorklärung.*

[2] prEN 12255-15, *Kläranlagen — Teil 15: Messung der Sauerstoffzufuhr in Reinwasser in Belebungsbecken.*

Deutschland

[3] E DIN 9551-1, *Kläranlagen — Rechteckbecken — Teil 1: Absetzbecken für Schild-, Saug- und Bandräumer; Bauformen, Hauptmaße, Ausrüstungen.*

[4] E DIN 19552, *Kläranlagen — Rundbecken — Absetzbecken für Schild- und Saugräumer und Eindicker; Hauptmaße, Ausrüstungen.*

[5] E DIN 19558, *Kläranlagen — Ablaufeinrichtungen, Überfallwehr und Tauchwand, getauchte Ablaufrohre in Becken — Baugrundsätze, Hauptmaße, Anordnungsbeispiele.*

[6] E DIN 19569-2, *Kläranlagen — Baugrundsätze für Bauwerke und technische Ausrüstungen — Teil 2: Besondere Baugrundsätze für Einrichtungen zum Abtrennen und Eindicken von Feststoffen.*

[7] E DIN 19569-3, *Kläranlagen — Baugrundsätze für Bauwerke und technische Ausrüstungen — Teil 3: Besondere Baugrundsätze für Einrichtungen zur aeroben biologischen Abwasserreinigung.*

[8] ATV-A 122, *Grundsätze für Bemessung, Bau und Betrieb von kleinen Kläranlagen mit aerober biologischer Reinigungsstufe für Anschlusswerte zwischen 50 und 500 Einwohnerwerten.* [2)]

[9] ATV-A 126, *Grundsätze für die Abwasserbehandlung in Kläranlagen nach dem Belebungsverfahren mit gemeinsamer Schlammstabilisierung bei Anschlusswerten zwischen 500 und 5000 Einwohnerwerten.* [2)]

[10] ATV-DVWK-A 131, *Bemessung von einstufigen Belebungsanlagen.* [2)]

[11] ATV-M 209, *Messung der Sauerstoffzufuhr von Belüftungseinrichtungen in Belebungsanlagen in Reinwasser und belebtem Schlamm.* [2)]

[12] ATV-Handbuch, *Biologische und weitergehende Abwasserreinigung, Kapitel 5: Belebungsverfahren*; Verlag Ernst und Sohn, Berlin und München; 4. Auflage 1997.

[13] ATV-Handbuch, *Mechanische Abwasserreinigung*; Verlag Ernst und Sohn, Berlin und München; 4. Auflage 1997.

Frankreich

[14] Ministère de l'équipement, du logement et des transports (96-7 TO); *Conception et exécution d'installations d'épuration d'eaux usées*, Fascicule n° 81 titre II.

---

2) Herausgegeben von der Gesellschaft zur Förderung der Abwassertechnik e. V. (GFA), Theodor-Heuss-Allee 17, D-53773 Hennef

Großbritannien

[15] *Manual of British Practice in Water Pollution; Control Unit Processes, Activated Sludge*; The Institution of Water and Environmental Management, 1987.

[16] *Operating the Activated Sludge Process*; Hartley, Gutteridge, Haskins and Davey.

[17] *Water Treatment Handbook*; Degremont Volumes I & II, 6th Edition 1991.

Schweiz

[18] VSA – Richtlinie, *Kleine Abwasserreinigungsanlagen — Richtlinie für die Auswahl und Gestaltung der Reinigungsverfahren* (1995).

April 2002

	Kläranlagen Teil 7: Biofilmreaktoren Deutsche Fassung EN 12255-7:2002	DIN EN 12255-7

ICS 13.060.30

Teilweiser Ersatz für
DIN 19557-2:1989-11

Wastewater treatment plant — Part 7: Biological fixed-film reactors;
German version EN 12255-7:2002

Stations d'épuration — Partie 7: Réacteurs biologiques à cultures fixées;
Version allemande EN 12255-7:2002

Die Europäische Norm EN 12255-7:2002 hat den Status einer Deutschen Norm.

Nationales Vorwort

Diese Europäische Norm wurde vom Technischen Komitee TC 165 „Abwassertechnik" (Sekretariat: Deutschland) des Europäischen Komitees für Normung (CEN) erarbeitet.

Die Arbeiten wurden von der Arbeitsgruppe „Kläranlagen – Allgemeine Verfahren" (WG 42) (Sekretariat: Vereinigtes Königreich) des CEN/TC 165 durchgeführt. Für Deutschland war der Arbeitsausschuss V 36/UA 2/3 „Abwasserbehandlungsanlagen; CEN/TC 165/WG 42 und 43" an der Bearbeitung beteiligt.

Die Normenreihe DIN EN 12255 „Kläranlagen" wird voraussichtlich aus 15 Teilen bestehen (siehe Vorwort EN 12255-7).

Die im Vorwort von EN 12255-7 genannten Titel der einzelnen Teile entsprechen den Titeln der bereits veröffentlichten Norm-Entwürfe bzw. sind Arbeitstitel und können von den Titeln der Normen geringfügig abweichen.

Darüber hinaus wird zukünftig in allen Teilen der Europäischen Normenreihe EN 12255 in den Titeln der jeweiligen deutschen Sprachfassung im Hauptelement der Begriff „Kläranlagen" verwendet.

Einige Teile der Normenreihe DIN EN 12255 werden als Europäisches Normenpaket gemeinsam gültig werden.

Von der Paketbildung sind die folgenden Teile der Normenreihe DIN EN 12255 betroffen:

DIN EN 12255-1, DIN EN 12255-3 bis DIN EN 12255-8, DIN EN 12255-10 und DIN EN 12255-11 (siehe Vorwort EN 12255-7).

Fortsetzung Seite 2 und 3
und 13 Seiten EN

Normenausschuss Wasserwesen (NAW) im DIN Deutsches Institut für Normung e. V.

Datum der Zurückziehung (date of withdrawal, dow) entgegenstehender nationaler Normen ist der

31. Dezember 2002 (Resolution 232/2001 durch CEN/TC 165).

In einem Normenpaket werden Europäische Normen zusammengefasst, die zueinander in Beziehung stehen. Eine Querverbindung kann u. a. aufgrund der Notwendigkeit zur gemeinsamen Anwendung bestehen oder dadurch gegeben sein, dass eine Gruppe entgegenstehender nationaler Normen abzudecken ist.

Die Paketbildung ist aber auch unter dem Aspekt der Verpflichtung zur Übernahme von CEN/CENELEC-Normen durch die CEN-Mitglieder und der damit verbundenen Zurückziehung entgegenstehender nationaler Normen (CEN/CENELEC-Geschäftsordnung) von Bedeutung.

Die in einem Normenpaket zusammengefassten Europäischen Normen sind spätestens bis zu einem vorab festgelegten Datum der Zurückziehung (dow) zu veröffentlichen.

Die bereits vor diesem Zeitpunkt fertiggestellten und veröffentlichten Europäischen Normen des Paketes werden in das nationale Normenwerk übernommen. Sie gelten bis zum Datum der Zurückziehung parallel zu entsprechenden nationalen Normen.

Erst mit dem Erreichen des Datums der Zurückziehung sind die Europäischen Normen des Normenpaketes in das nationale Regelwerk zu übernehmen, indem ihnen der Status von nationalen Normen gegeben wird. Entgegenstehende nationale Normen sind dann zurückzuziehen.

Die einzelnen Teile der Normenreihe DIN EN 12255 sind inhaltlich anders konzipiert als die deutschen Normen der Reihe DIN 19569, so dass durchaus mehrere Teile dieser Reihe durch einen Teil der Europäischen Norm berührt werden können.

Der Normungsumfang der Europäischen Normenreihe DIN EN 12255 „Kläranlagen" deckt nicht alle Festlegungen ab, die in den nationalen Normen der Reihe DIN 19569 „Kläranlagen – Baugrundsätze für Bauwerke und technische Ausrüstungen" enthalten sind.

Der Arbeitsausschuss V 36 erarbeitet daher Maß- und Restnormen zu den folgenden Themenkreisen:

— Rechteckbecken als Absetzbecken

— Rechteckbecken als Sandfänge

— Rundbecken als Absetzbecken

— Tropfkörper mit Drehsprengern

— Tropfkörperfüllungen

— Rechenbauwerke mit geradem Rechen

— Ablaufsysteme in Absetzbecken

— Besondere Baugrundsätze für Einrichtungen zum Abtrennen und Eindicken von Feststoffen

— Besondere Baugrundsätze für Einrichtungen zur aeroben biologischen Abwasserreinigung

— Besondere Baugrundsätze für Anlagen zur anaeroben Behandlung von Abwasser

— Besondere Baugrundsätze für Anlagen zur Abwasserreinigung mit Festbettfiltern

— Besondere Baugrundsätze für Anlagen zur Klärschlammentwässerung

— Besondere Baugrundsätze für Anlagen zur Trocknung von Klärschlamm

Änderungen

Gegenüber DIN 19557:1989-11 wurden folgende Änderungen vorgenommen:

— Anforderungen an die chemischen und physikalischen Eigenschaften an Füllstoffe sowie an die Bautechnik wurden in geringem Umfang aufgenommen.

Frühere Ausgaben

DIN 19557:1989-11

EUROPÄISCHE NORM
EUROPEAN STANDARD
NORME EUROPÉENNE

EN 12255-7

Januar 2002

ICS 13.060.30

Deutsche Fassung

Kläranlagen - Teil 7: Biofilmreaktoren

Wastewater treatment plants - Part 7: Biological fixed-film reactors

Stations d'épuration - Partie 7: Réacteurs biologiques à cultures fixées

Diese Europäische Norm wurde vom CEN am 9.November 2001 angenommen.

Die CEN-Mitglieder sind gehalten, die CEN/CENELEC-Geschäftsordnung zu erfüllen, in der die Bedingungen festgelegt sind, unter denen dieser Europäischen Norm ohne jede Änderung der Status einer nationalen Norm zu geben ist. Auf dem letzen Stand befindliche Listen dieser nationalen Normen mit ihren bibliographischen Angaben sind beim Management-Zentrum oder bei jedem CEN-Mitglied auf Anfrage erhältlich.

Diese Europäische Norm besteht in drei offiziellen Fassungen (Deutsch, Englisch, Französisch). Eine Fassung in einer anderen Sprache, die von einem CEN-Mitglied in eigener Verantwortung durch Übersetzung in seine Landessprache gemacht und dem Management-Zentrum mitgeteilt worden ist, hat den gleichen Status wie die offiziellen Fassungen.

CEN-Mitglieder sind die nationalen Normungsinstitute von Belgien, Dänemark, Deutschland, Finnland, Frankreich, Griechenland, Irland, Island, Italien, Luxemburg, Malta, Niederlande, Norwegen, Österreich, Portugal, Schweden, Schweiz, Spanien, der Tschechischen Republik und dem Vereinigten Königreich.

EUROPÄISCHES KOMITEE FÜR NORMUNG
EUROPEAN COMMITTEE FOR STANDARDIZATION
COMITÉ EUROPÉEN DE NORMALISATION

Management-Zentrum: rue de Stassart, 36 B-1050 Brüssel

Ref. Nr. EN 12255-7:2002 D

Inhalt

Vorwort

Dieses Dokument wurde vom Technischen Komitee CEN /TC 165 „Abwassertechnik" erarbeitet, dessen Sekretariat vom DIN gehalten wird.

Dieses Europäische Dokument muss den Status einer nationalen Norm erhalten, entweder durch Veröffentlichung eines identischen Textes oder durch Anerkennung bis **Juli 2002**, und etwaige entgegenstehende nationale Normen müssen bis **Dezember 2002** zurückgezogen werden.

Es ist der siebente von den Arbeitsgruppen CEN/TC 165/WG 42 und 43 erarbeitete Teil, der sich auf allgemeine Anforderungen an Verfahren für Kläranlagen für über 50 Einwohnerwerte (EW) bezieht. Die Normen dieser Reihe sind folgende:

— Teil 1: Allgemeine Baugrundsätze

— Teil 3: Abwasservorreinigung

— Teil 4: Vorklärung

— Teil 5: Abwasserbehandlung in Teichen

— Teil 6: Belebungsverfahren

— Teil 7: Biofilmreaktoren

— Teil 8: Schlammbehandlung und -lagerung

— Teil 9: Geruchsminderung und Belüftung

— Teil 10: Sicherheitstechnische Baugrundsätze

— Teil 11: Erforderliche allgemeine Angaben

— Teil 12: Steuerung und Automatisierung

— Teil 13: Chemische Behandlung - Abwasserbehandlung durch Fällung/Flockung

— Teil 14: Desinfektion

— Teil 15: Messung der Sauerstoffzufuhr in Reinwasser in Belüftungsbecken von Belebungsanlagen

— Teil 16: Abwasserfiltration [1)]

ANMERKUNG Für Anforderungen an Pumpanlagen auf Kläranlagen, ursprünglich vorgesehen als Teil 2 „Abwasserpumpanlagen", siehe EN 752-6 „Entwässerungssysteme außerhalb von Gebäuden - Teil 6: Pumpanlagen".

Die Teile EN 12255-1, EN 12255-3 bis EN 12255-8 sowie EN 12255-10 und EN 12255-11 werden als europäisches Normenpaket gemeinsam gültig (Resolution BT 152/1998).

Entsprechend der CEN/CENELEC-Geschäftsordnung sind die nationalen Normungsinstitute der folgenden Länder gehalten, diese Europäische Norm zu übernehmen: Belgien, Dänemark, Deutschland, Finnland, Frankreich,

---

1) in Vorbereitung

Griechenland, Irland, Island, Italien, Luxemburg, Malta, Niederlande, Norwegen, Österreich, Portugal, Schweden, Schweiz, Spanien, die Tschechische Republik und das Vereinigte Königreich.

1 Anwendungsbereich

Diese Europäische Norm legt Grundsätze der Planung und Anforderungen an Biofilmreaktoren als zweiten (biologischen) Reinigungsteil von Kläranlagen über 50 EW fest.

Die Anwendung bezieht sich in erster Linie auf Kläranlagen, die zum Reinigen von häuslichem und kommunalem Abwasser geplant werden.

Biofilmreaktoren umfassen Tropfkörper, Rotationstauchkörper, Biofilmreaktoren mit getauchtem Trägermaterial und biologische Filter.

Die Unterschiede in Planung und Bau von Kläranlagen in Europa haben zu einer Vielzahl von Anlagenausführungen geführt. Diese Europäische Norm enthält grundsätzliche Angaben zu den Anlagenausführungen; sie beschreibt jedoch nicht alle Einzelheiten jeder Ausführungsart.

Die in den Literaturhinweisen aufgeführten Unterlagen enthalten Einzelheiten und Hinweise, die im Rahmen dieser Norm verwendet werden dürfen.

2 Normative Verweisungen

Diese Europäische Norm enthält durch datierte oder undatierte Verweisungen Festlegungen aus anderen Publikationen. Diese normativen Verweisungen sind an den jeweiligen Stellen im Text zitiert, und die Publikationen sind nachstehend aufgeführt. Bei datierten Verweisungen gehören spätere Änderungen oder Überarbeitungen nur zu dieser Europäischen Norm, falls sie durch Änderung oder Überarbeitung eingearbeitet sind. Bei undatierten Verweisungen gilt die letzte Ausgabe der in Bezug genommenen Publikation (einschließlich Änderungen).

EN 752-6, *Entwässerungssysteme außerhalb von Gebäuden — Teil 6: Pumpanlagen.*

EN 1085, *Abwasserbehandlung — Wörterbuch.*

EN 12255-1, *Kläranlagen — Teil 1: Allgemeine Baugrundsätze.*

EN 12255-6, *Kläranlagen — Teil 6: Belebungsverfahren.*

EN 12255-10, *Kläranlagen — Teil 10: Sicherheitstechnische Baugrundsätze.*

EN 12255-11, *Kläranlagen — Teil 11: Erforderliche allgemeine Angaben.*

3 Begriffe

Für die Anwendung dieser Europäischen Norm gelten die in EN 1085 angegebenen und die folgenden Begriffe.

3.1
Charge
einem Tropfkörper aus einer Beschickungskammer mit einem Pumpzyklus oder einem Entleerungsvorgang über Siphon zugeführte Abwassermenge

3.2
Spülintensität (spezifische Beschickungshöhe je Armdurchgang)
Flächenbeschickung eines Tropfkörpers geteilt durch die Anzahl der Arme seines Drehsprengers und durch dessen Drehzahl

ANMERKUNG Die Spülintensität ist ein Maß für die hydraulische Spülkraft zum Auswaschen von Schlamm aus dem Tropfkörper.

3.3
Biofilmreaktor mit getauchtem Trägermaterial
gepacktes oder schwebendes Bett aus inertem Trägermaterial, normalerweise aus offen strukturiertem Kunststoff, welches im Abwasser untergetaucht ist und so eine Reinigung des Abwassers durch den an dem Material haftenden Biofilm ermöglicht

ANMERKUNG Eine Nachklärung kann erforderlich sein.

4 Anforderungen

4.1 Allgemeines

4.1.1 Biofilmreaktoren

Biofilmreaktoren umfassen:

— Tropfkörper;

— Rotationstauchkörper;

— Biofilmreaktoren mit getauchtem Trägermaterial;

— biologische Filter.

Biofilmreaktoren sind in der Lage, die folgenden Abwasserarten zu reinigen:

— vorgeklärtes Abwasser;

— in einem Feinrechen oder Feinsieb vorgereinigtes Abwasser;

— Abwasser, das bereits einer biologischen Reinigung unterzogen wurde.

In diesen Verfahren wird Trägermaterial eingesetzt, um das Wachstum eines biologischen Rasens (Biofilms) aus Mikroorganismen zu unterstützen, die gelöste, kolloidale und suspendierte organische Stoffe im Abwasser flocken und biologisch abbauen.

Biofilmreaktoren können unter aeroben und/oder anoxischen oder anaeroben Bedingungen betrieben werden und ermöglichen einen engen Kontakt des zufließenden Abwassers mit dem Biofilm. Im behandelten Abwasser enthaltene Feststoffe sollten vor der Einleitung (in den Vorfluter) entfernt werden.

Bei der Behandlung mittels biologischen Filtern werden die Feststoffe im Reaktor selbst zurückgehalten.

4.1.2 Tropfkörper

Abwasser wird über der Oberfläche von Tropfkörpern verteilt, rieselt durch eine Schicht aus Trägermaterial und gelangt dabei in Kontakt mit dem auf der Oberfläche des Trägermaterials wachsenden Biofilm. Die Schicht muss durchgängig offene Hohlräume zwischen den einzelnen Füllkörpern aufweisen, so dass eine natürliche oder künstliche Belüftung unterstützt wird. Die Betriebsbedingungen müssen so gewählt werden, dass das Wachstum von größeren Mikroorganismen, wie Protozoen, und von Wirbellosen gefördert wird, die auf dem biologischen Rasen „grasen" und so das Wachstum des Biofilms begrenzen und den Schlammzuwachs vermindern. Der Abfluss aus den Tropfkörpern sollte in Nachklärbecken geklärt werden.

4.1.3 Rotationstauchkörper

Rotationstauchkörper weisen Scheiben oder Füllkörperpackungen auf, die um eine Welle herum angeordnet sind und teilweise im Abwasser eintauchen.

Durch die Rotation der Welle gelangt der auf dem Trägermaterial wachsende Biofilm abwechselnd in Kontakt mit Abwasser und Luft und erbringt so die Abwasserreinigung. Die Leistung kann durch die Anwendung des Prinzips der Pfropfenströmung verbessert werden. Rotationstauchkörper werden entweder als selbständige biologische Reinigungseinheiten oder als Kompaktanlagen mit integrierten Vor- und Nachklärzonen geliefert. Die Anlagen müssen so gestaltet sein, dass Schlamm zu leicht zugänglichen Stellen fließt, an denen er entnommen werden kann.

4.1.4 Biofilmreaktoren mit getauchtem Trägermaterial und biologische Filter

In diesen Reaktoren sollte Abwasser gleichmäßig verteilt durch eine getauchte Trägermaterialschicht strömen. Zur Belüftung verwendete Luft sollte über Gebläse zugeführt und über Rohrleitungen verteilt werden. Das Belüftungssystem sollte die Luft gleichmäßig über die Trägermaterialschicht verteilen.

Denitrifizierende Reaktoren mit getauchtem Trägermaterial müssen Systeme aufweisen, die Schlammansammlungen am Boden oder in der Trägermaterialschicht begrenzen.

Bei Reaktoren mit getauchtem Trägermaterial von offener Struktur ist ein Rückspülen nicht erforderlich, da der Schlammzuwachs beim Belüften entfernt wird. Ein Rückspülen ist aber üblicherweise erforderlich, wenn ein granulatförmiges Trägermaterial verwendet wird.

Neben dem Zurückhalten von Schwebstoffen kann auch Kohlenstoffabbau, Nitrifikation und Denitrifikation in gemeinsamen oder getrennten Stufen einer biologischen Filtration stattfinden.

Biologische Filter dürfen für Aufwärts- oder Abwärtsdurchströmung des Abwassers ausgelegt werden. Sie dürfen für Aussetzbetrieb zum Rückspülen oder für kontinuierlichen Betrieb mit gesondertem Rückspülsystem vorgesehen werden. Das Material darf ein- oder mehrlagig angeordnet sein und kann ein spezifisches Gewicht entweder höher oder niedriger als das von Wasser haben.

4.2 Planung

Die folgenden Gesichtspunkte sind bei der Planung zu beachten:

- Eigenschaften des zu behandelnden Abwassers;
- das Leistungsvermögen und die Abmessungen der Biofilmreaktoren;
- das Verhindern von Totzonen und störender Ablagerungen in Behältern und Kanälen;
- das Vorhandensein mehrerer Straßen oder Einheiten oder anderer Vorkehrungen, die sicherstellen, dass die erforderliche Qualität des Abflusses auch dann erreicht wird, wenn eine oder mehrere Straßen oder Einheiten außer Betrieb sind;
- Oberfläche, Volumen und Tiefe der Nachklärbecken, sofern vorgesehen;
- die Behandlung und Entsorgung des anfallenden Schlammes;
- ein zu minimierender Druckhöhenverlust;
- Mess-, Steuer- und Regeltechnik;
- die Eigenschaften des Trägermaterials.

Hinsichtlich weiterer Gesichtspunkte sollten EN 12255-1, EN 12255-6, EN 12255-10 und EN 12255-11 beachtet werden.

4.3 Verfahrenstechnische Anforderungen

4.3.1 Bemessung

Die folgenden betrieblichen Kennwerte müssen beachtet werden und dem geforderten Reinigungsziel entsprechen:

— Raumbelastung [kg/($m^3 \cdot d$)] (als BSB_5, CSB, NH_4-N und NO_3-N);

— Flächenbelastung [kg/($m^2 \cdot d$)] (als BSB_5, CSB, NH_4-N und NO_3-N);

— spezifische Oberfläche des Trägermaterials [m^2/m^3];

— Verhältnis von Rücklaufwasser und Zufluss;

— Flächenbeschickung [$m^3/(m^2 \cdot h)$];

— Spülintensität [mm];

— Zeitraum zwischen den Rückspülvorgängen (bei biologischen Filtern).

ANMERKUNG Weitere Hinweise sind in den Literaturhinweisen aufgeführt.

4.3.2 Betriebsarten

Die Anlage darf nach einer der nachfolgend aufgeführten Arten aufgebaut sein:

— einstufige Reinigung, bei der das Abwasser nur durch einen Reaktor mit anschließender Nachklärung fließt;

— zweistufige Reinigung, bei der das Abwasser durch zwei hintereinandergeschaltete Reaktoren fließt und die eine Zwischenklärung und Nachklärung oder nur eine Nachklärung umfassen kann;

ANMERKUNG Bei biologischen Filtern ist keine Zwischen- oder Nachklärung erforderlich.

— zweistufige Tropfkörperanlage mit wechselnder Reihenfolge, wobei jeder Tropfkörper (bzw. Gruppe von Tropfkörpern) abwechselnd mit vorgeklärtem Abwasser und dem Abfluss aus der ersten Stufe beschickt wird. Hierdurch wird ein übermäßiges Biofilmwachstum vermieden, wie es sonst in den oberen Schichten der ersten Tropfkörper bei hoher Belastung aufträte.

Die folgenden Reinigungsziele dürfen gesetzt werden:

— Abbau von Kohlenstoffverbindungen;

— Nitrifikation, die zusätzlich zur Entfernung der Kohlenstoffverbindungen erfolgt und entweder durch eine entsprechend geringe Belastung der Anlage oder in einer nachgeschalteten Stufe erreicht wird;

— Denitrifikation, die üblicherweise in einem zweistufigen System durchgeführt wird, wobei in der ersten Stufe die Denitrifikation und in der zweiten Stufe die Entfernung der Kohlenstoffverbindungen und die Nitrifikation erfolgt. Bei dieser Anordnung ist ein Kreislauf von nitrifiziertem Abwasser aus dem Abfluss der zweiten Stufe zurück in den Einlauf der ersten Stufe erforderlich. Eine simultane Nitrifikation und Denitrifikation in einer einstufigen Anlage erfordert eine spezielle Auslegung und Betriebsweise des Belüftungssystems. Um eine nachgeschaltete Denitrifikation zu erreichen, ist eine zusätzliche Kohlenstoffzugabe erforderlich;

— Entfernung von Phosphor, die in Biofilmreaktoren durch chemische Fällung erreicht werden kann. Die Dosierstelle für die Chemikalien sollte am Zulauf der Nachklärbecken angeordnet werden, um eine Anreicherung von ausgefallenen Feststoffen im Biofilm zu vermeiden;

— Abbau von Phosphor kann auch in einem biologischen Filter erreicht werden.

Kreislaufwasser darf verwendet werden:

— um den Zufluss zu verdünnen und damit ein übermäßiges Wachstum des Biofilmes in den oberen Schichten von Tropfkörpern zu vermeiden;

— um die Flächenbeschickung bei Tropfkörpern zu erhöhen und damit die Benetzung des Trägermaterials zu verbessern und das Biofilmwachstum von oberen auf untere Schichten im Trägermaterial zu verlagern;

— um eine angemessene Spülintensität zu erreichen.

ANMERKUNG Der Kreislauf erfolgt üblicherweise durch Rückpumpen von gereinigtem Abwasser (siehe EN 752-6).

4.3.3 Auswahl des Trägermaterials

Trägermaterial muss eine große Oberfläche aufweisen, um das Biofilmwachstum zu begünstigen und damit die Reinigungsleistung zu maximieren. Zwischen den Oberflächen benachbarter Füllkörperelemente muss ein ausreichender Abstand bestehen, so dass der Schlammzuwachs aus der Schicht entfernt werden und Abwasser und Luft ungehindert durch die Schicht strömen können.

Trägermaterial darf aus folgenden Stoffen bestehen:

— gebrochenes und klassiertes Gestein;

— ungeordnet angeordnete Kunststoffkörper mit regelmäßiger Form und Größe;

— aus zu Modulen zusammengesetzten Kunststoffplatten oder -röhren, die ein Trägermaterial mit geringem Gewicht und einem Hohlraumvolumenanteil von 90 % und darüber bilden.

Das Trägermaterial muss folgende Eigenschaften aufweisen:

— eine dauerhafte Witterungs- und UV-Beständigkeit;

— eine geeignete Oberfläche, um die Haftung des Biofilmes zu unterstützen;

— chemische Beständigkeit gegenüber den Abwasserinhaltsstoffen;

— biologisch nicht abbaubar.

Das Trägermaterial von Biofilmreaktoren mit getauchtem Trägermaterial und biologischen Filtern muss widerstandsfähig sein gegen Abrasion.

Trägermaterial aus Kunststoff muss formbeständig gegenüber den auftretenden Lasten sein.

Die spezifische Oberfläche des Trägermaterials für Biofilmreaktoren ohne Rückspülung ist unter Berücksichtigung der Art des Abwassers und der gewünschten Leistung der Reaktoren auszuwählen. Bei hochbelasteten Tropfkörpern und hochbelasteten Biofilmreaktoren mit getauchtem Trägermaterial sowie in den ersten Abschnitten von Biofilmreaktoren mit getauchtem Trägermaterial sollte die spezifische Oberfläche einen Wert von 100 m^2/m^3 nicht überschreiten. Bei Rotationstauchkörpern sollte die spezifische Oberfläche einen Wert von 150 m^2/m^3 in den ersten hochbelasteten Abschnitten nicht überschreiten. Bei simultanem BSB-Abbau mit Nitrifikation oder bei alleiniger Nitrifikation in Tropfkörpern und in den letzten Abschnitten von Biofilmreaktoren mit getauchtem Trägermaterial sollte die spezifische Oberfläche des Trägermaterials einen Wert von 200 m^2/m^3 nicht überschreiten. Bei Rotationstauchkörpern sollten 250 m^2/m^3 nicht überschritten werden.

Bei getauchten Biofilmreaktoren mit schwebendem Bett sollte die spezifische Oberfläche einen Wert von 1 000 m^2/m^3 nicht überschreiten.

Der Planer muss den für die Art des Biofilmverfahrens geeigneten Belastungskennwert auswählen und einen Wert ansetzen, der von den Eigenschaften des zufließenden Abwassers, den klimatischen Bedingungen und den Anforderungen an den Abfluss abhängig ist.

4.3.4 Abmessungen

Die Anzahl der Einheiten und ihre Grundfläche ist unter Beachtung der folgenden Gesichtspunkte zu wählen:

a) Tropfkörper

Tropfkörper sollten kreisförmig sein, um die Verteilung des Zuflusses zu erleichtern. Wenn die zur Verfügung stehende Grundfläche begrenzt ist, darf auch eine rechteckige Form in Betracht gezogen werden. Falls nicht anders vereinbart, sollten außer bei sehr kleinen Anlagen mindestens zwei Einheiten vorhanden sein, so dass eine

Reserve bei Betriebsstörungen besteht. Wegen der Grenzen bei der Konstruktion von Drehsprengern sollte der Durchmesser von kreisförmigen Tropfkörpern 50 m nicht überschreiten.

Die Schichthöhe des Trägermaterials sollte in Abhängigkeit von den örtlichen Einsatzbedingungen, z. B. der verfügbaren Druckhöhe, und den verfahrenstechnischen Anforderungen gewählt werden. Tropfkörper in zweiter Stufe für eine Vollreinigung des Abwassers sollten eine Höhe zwischen 1,8 m und 7,0 m haben. Hochbelastete Tropfkörper für eine Teilreinigung und nitrifizierende Tropfkörper können eine Höhe zwischen 4,0 m und 7,0 m haben. Bei vorgefertigten Tropfkörperanlagen für eine geringe Anschlussgröße (z. B. 51 EW bis 100 EW) sind Mindesthöhen von nur 0,6 m zulässig.

Nachdem der Planer die Grundfläche aus dem erforderlichen Volumen des Trägermaterials, der gewählten Schichthöhe und dem täglichen Abwasserzufluss berechnet hat, muss er sicherstellen, dass die Flächenbeschickung ausreicht, um jedes Element genügend zu benetzen, damit der Biofilm in der gesamten Schicht gut wachsen kann. Der Planer muss eine Schichthöhe, einen geeigneten Kreislaufwasserstrom, die Drehzahl des Drehsprengers und dessen Bauweise so festlegen, dass eine ausreichende Spülintensität für einen effizienten Betrieb erzielt wird.

b) Rotationstauchkörper

Scheiben oder Füllkörperpackungen haben üblicherweise Durchmesser im Bereich zwischen 1 m und 5 m, mit Wellen bis zu 10 m Länge. Die Wellendurchbiegung bei höchster Betriebslast, bei der der Rotor vollständig mit Biomasse verstopft ist, darf nicht mehr als 1/300 der Wellenlänge betragen.

Das Beckenvolumen von Rotationstauchkörpern sollte mit 4 l/m^2 (bezogen auf die Oberfläche des Trägermaterials) vorgesehen werden oder so bemessen sein, dass beim größten Zufluss die Durchlaufzeit mindestens 1 h beträgt.

c) Biofilmreaktor mit getauchtem Trägermaterial und biologische Filter

Die Schichthöhe in diesen Reaktoren liegt üblicherweise im Bereich zwischen 2 m und 10 m, diejenige in biologischen Filtern darf zwischen 2 m und 4 m liegen.

4.3.5 Zuflussverteilung

Bei allen Anlagen muss eine gleichmäßige Verteilung des Zuflusses auf das Trägermaterial möglich sein.

a) Tropfkörper

In Tropfkörpern kann der Zufluss durch ortsfeste Einrichtungen mit Sprühdüsen oder Spritzblechen oder durch bewegte Sprenger verteilt werden. Bei kreisförmigen Tropfkörpern werden Drehsprenger und bei rechteckigen Tropfkörpern Fahrsprenger eingesetzt.

Verteileinrichtungen müssen so gestaltet sein, dass sie die Tropfkörperoberfläche gleichmäßig benässen. Da rotierende Drehsprengerarme außen größere Oberflächen überstreichen, sollte die Beregnungsmenge nach außen hin zunehmen. Dies kann durch eine Erhöhung der Anzahl der Austrittsöffnungen pro Längeneinheit im äußeren Bereich erreicht werden.

Für einen wirkungsvollen Betrieb bei intermittierender Beschickung ist mindestens 1 Charge pro 30 min erforderlich, um ein Austrocknen der Biomasse zu vermeiden.

b) Rotationstauchkörper

Zuläufe und Abläufe sollten an entgegengesetzten Enden der Rotationsstauchkörper so angeordnet sein, dass das zufließende Abwasser durch das rotierende Trägermaterial strömt und Kurzschlussströmungen vermieden werden.

c) Biofilmreaktoren mit getauchtem Trägermaterial

Belüftete Biofilmreaktoren dürfen aufwärts oder abwärts durchströmt betrieben werden. Anoxisch betriebene Biofilmreaktoren benötigen eine spezielle Auslegung, um Kurzschlussströmungen zu vermeiden.

d) Biologische Filter

Der Zufluss muss in geeigneter Weise auf die einzelnen Einheiten verteilt werden. Es ist eine ausreichende Anzahl von Zufluss- und/oder Abflussstellen vorzusehen, um eine genügend gleichmäßige Strömung durch die Filterschicht sicherzustellen.

4.3.6 Sauerstoffzufuhr

Tropfkörper müssen einen Hohlboden zur Sammlung des Abwassers aufweisen, der einen unbehinderten Abfluss des Abwassers ermöglicht. Für die Belüftung muss dieses System auch einen unbehinderten Zustrom von Luft zu den Auflageflächen für das Trägermaterial ermöglichen. Zur Verstärkung der Belüftung dürfen zusätzlich senkrechte Rohre in die Trägermaterialschicht eingebaut werden. Bei hochbelasteten Tropfkörpern sollten Geruchsbelästigungen auf ein Mindestmaß reduziert werden, indem eine Zwangsbelüftung mittels Gebläse, eine Abdeckung und eine Abluftbehandlung vorgesehen werden.

Rotationstauchkörper sind auf eine unbehinderte Zufuhr von Luft zu dem am Trägermaterial haftenden Biofilm angewiesen. Abdeckungen müssen so gestaltet sein, dass eine gute Zugänglichkeit ermöglicht wird; sie dürfen die erforderliche Luftströmung nicht behindern.

Biofilmreaktoren mit getauchtem Trägermaterial und biologische Filter müssen eine für die Spitzenbelastung ausreichende Belüftungsleistung aufweisen. Durch eine genügende Anzahl der Luftzufuhrstellen muss eine gleichmäßige Verteilung der Luft im Trägermaterial sichergestellt werden. Es gibt aber auch Ausführungen, bei denen nur eine Stelle belüftet wird und das belüftete Abwasser im Kreislauf durch das Trägermaterial strömt und so die gewünschte Verteilung ermöglicht.

ANMERKUNG Die Belüftung dient auch dazu, den Biomassenzuwachs aus dem Trägermaterial auszuspülen.

4.3.7 Nachklärung und Feststoffabtrennung

Im Anschluss an Tropfkörper, Rotationstauchkörper und Biofilmreaktoren mit getauchtem Trägermaterial sollte eine Nachklärung vorgesehen werden, um absetzbare Stoffe aus dem Abfluss zu entfernen. Biologische Filter werden rückgespült und benötigen normalerweise keine Nachklärung.

Die Bemessungsparameter hängen neben der Art der Biofilmreaktoren und der geforderten Trennwirkung auch von der Art der Nachklärung und besonders von der geringsten Sinkgeschwindigkeit des Schlammes ab. Diese Sinkgeschwindigkeit berücksichtigt die speziellen hydraulischen Gegebenheiten sowohl von aufwärts als auch horizontal durchströmten Klärbecken, sowohl mit Lamellenseparatoren ausgerüstet als auch ohne.

Das Nachklärbecken muss tief genug sein, um den Schlamm auch bei maximalem Zufluss zurückzuhalten.

Die Steiggeschwindigkeit des Abflusses muss geringer sein als die geringste Sinkgeschwindigkeit der Stoffe, die sich noch absetzen sollen.

Die Gestaltung des Nachklärbeckens und der Räumeinrichtung muss derart sein, dass eine Resuspension der Feststoffe verhindert wird.

Weitere Empfehlungen zur Gestaltung sind auch unter 4.4 sowie in EN 12255-6 zu finden.

Eine Nachklärung darf auch durch Mikrosiebung, durch Verregnung auf Grasflächen, durch Bodenfiltration oder in Teichen erfolgen.

Rückspülwasser aus biologischen Filtern darf in die Vorklärung zurückgeführt oder gesondert behandelt werden.

4.3.8 Weitere Gesichtspunkte

Jede biologische Abwasserreinigungsanlage sollte vor hydraulischer Überlastung geschützt werden, z. B. durch Vorsehen von Regenüberläufen und/oder Regenrückhaltebecken, so dass die geforderten Einleitungsbedingungen eingehalten werden.

Durch einen Mengen- und Konzentrationsausgleich kann die Leistungsfähigkeit verbessert werden, insbesondere der Nitrifikationsgrad.

Feinsiebe oder -rechen sollten eingesetzt werden, um Verstopfungen der Verteileinrichtungen oder der Trägermaterialschichten zu verhindern.

Die Anlage sollte so geplant werden, dass eine übermäßige Anreicherung von Schlamm in Trägermaterialschichten vermieden wird, um so zu verhindern, dass

— Schlamm anfault,

— die Reinigungsleistung beeinträchtigt wird,

— Gerüche entstehen,

— das Trägermaterial überlastet wird.

4.4 Detailplanung

4.4.1 Bauwerke

Die Bauwerke müssen so ausgelegt sein, dass sie allen möglichen Beanspruchungen des Betriebes standhalten.

a) Tropfkörper

Die Wände und die Auflager müssen dem vollen Wasserdruck unter Berücksichtigung einer verstopften Trägermaterialschicht standhalten, es sei denn, das Trägermaterial kann nicht verstopfen oder die Wände sind ausreichend wasserdurchlässig.

Wenn mineralisches Trägermaterial verwendet wird, sind die Spannungen zu berücksichtigen, die in der Wand dadurch entstehen können, dass sich das Bauwerk bei einer Erwärmung ausdehnt, wodurch sich das Trägermaterial absetzen kann, und dass sich das Bauwerk beim späteren Abkühlen wieder zusammenzieht.

b) Rotationstauchkörper und Biofilmreaktoren mit getauchtem Trägermaterial

Der Behälter sollte so gestaltet sein, dass Schlammablagerungen möglichst gering gehalten werden und sollte so steif sein, dass die Funktion der technischen Ausrüstung im Betrieb nicht beeinträchtigt wird.

c) Biologische Filter

Bei biologischen Filtern mit einem durchlässigen Filterzwischenboden, auf dem das Trägermaterial aufliegt und der eine Luftverteilkammer im Boden abdeckt, sind mögliche Drücke auf das Bauwerk während der Filtration und des Rückspülens zu berücksichtigen.

d) Nachklärbecken

Die Einlaufzone ist so zu gestalten, dass die Strömungsenergie des Zuflusses abgebaut wird und eine gleichmäßige Verteilung erfolgt.

Die Absetzzone ist so zu gestalten, dass eine ausreichende Oberfläche und Tiefe für das Absetzen des Schlammes zur Verfügung steht und Kurzschlussströmungen so gering wie möglich gehalten werden.

Die Auslaufzone ist so zu gestalten, dass sichergestellt wird:

— ein gleichmäßiges und langsames Abziehen des Abflusses aus der Absetzzone;

— das Zurückhalten von Schwimmschlamm und Schwimmstoffen durch entsprechende Einrichtungen;

— ein geringst möglicher Schlammabtrieb.

Die Eindickzone und der Abzug des Schlammes sind entsprechend der Größe und der Art des Nachklärbeckens anzuordnen. Der Neigungswinkel der Wandungen von Schlammtrichtern darf nicht geringer sein als 50° bei konischen und 60° bei pyramidenförmigen Trichtern (gemessen gegen die Horizontale).

Bei kleinen Nachklärbecken wird der Schlamm auch durch Abrutschen von steil geneigten (50° bis 60°) und möglichst glatten Sohlen gesammelt.

Bei größeren Nachklärbecken mit flachen oder schwach geneigten Sohlen sind Räum- oder Abzugseinrichtungen erforderlich, wie z. B.:

— Räumschilde, die den Schlamm zum Zentrum (kreisförmige Becken) bzw. zu einem Beckenende (rechteckige Becken) mit mehreren Trichtern schieben;

— Schlamm wird mittels Saugeinrichtungen oder Pumpen, die an fahrenden Brücken angebracht sind, von der Beckensohle abgezogen.

Die Einrichtungen für den Schlammaustrag sind so zu gestalten, dass eine rasche Sammlung des Schlammes sichergestellt wird, um anaerobe Verhältnisse zu vermeiden. Die Geschwindigkeit von Räumeinrichtungen - falls vorhanden - muss gering genug sein, um Turbulenzen zu minimieren.

4.4.2 Technische Ausrüstung

Sofern nicht anders vereinbart, muss die rechnerische Lebensdauer der technischen Ausrüstung betragen:

— Lebensdauerklasse 3 - für Motore, Getriebe und Antriebsketten;

— Lebensdauerklasse 4 - für Zentrallager von rotierenden Verteilern;

— Lebensdauerklasse 5 - für die Lager von Rotationstauchkörpern.

a) Tropfkörper

Drehsprenger werden üblicherweise durch hydraulischen Rückstoß oder motorisch angetrieben. Die Löcher in den Verteilerarmen müssen einen Mindestdurchmesser von 20 mm aufweisen. Sie dürfen kleiner sein, wenn eine Feinsiebung vorgeschaltet ist. An den Enden der Verteilerarme sind abnehmbare Kappen vorzusehen, um ein Entfernen von Verstopfungen zu erleichtern.

b) Rotationstauchkörper

Die Rotoraggregate von Rotationstauchkörpern müssen den höchsten Bemessungsbelastungen standhalten, die dann auftreten, wenn das Hohlraumvolumen einseitig mit Biofilm gefüllt ist. Außerdem müssen Motore, Getriebe und Lager der erheblichen Unwucht standhalten, die dann entstehen kann, wenn ein Rotor mit seinem Biofilm für eine beliebig lange Zeit teilweise eingetaucht stillsteht.

Die Lager von Rotationstauchkörpern müssen in der Lage sein, einen Versatz der Welle von bis zu 5 mm je Meter Wellenlänge auszugleichen.

c) Biofilmreaktoren mit getauchtem Trägermaterial und biologische Filter

Die Rückspülung erfolgt mittels gereinigtem Ablauf, oft auch unter Luftzusatz zur Reinigung der Filterschicht. Gereinigter Ablauf für die Rückspülung sollte dazu in einem Tank gesammelt werden. Rückspülung darf entweder nach festgelegten Zeitintervallen und/oder beim Erreichen eines festgelegten Druckverlustes erfolgen. Erfolgt die Rückspülung nach festgelegten Zeitintervallen, so sollte sie darüber hinaus auch eingeleitet werden, wenn der Druckverlust einen kritischen Wert überschreitet.

Wenn eine Einheit außer Betrieb genommen wird, müssen die anderen die zusätzliche Belastung aufnehmen und die geforderte Leistung aufrechterhalten können. Wenn die Rückspülung nicht kontinuierlich erfolgt, sollte ein Puffertank für das Schlammwasser vorgesehen werden.

Eine Programmsteuerung für das Rückspülen ist erforderlich, weil Luft und Rückspülwasser auch getrennt oder zusammen während einzelner Rückspülphasen eingesetzt werden können. Die Programmsteuerung für Mehrschichtfilter muss sowohl die Reinigung des Filterbettes als auch die Klassierung der einzelnen Filterschichten bewirken. Bei kontinuierlich arbeitenden Filtern ist ein derartiges Programm nicht erforderlich, da ein Teilstrom der Trägerschicht in eine gesonderte Waschvorrichtung gefördert wird.

Literaturhinweise

Die folgenden Schriften enthalten Hinweise, die im Rahmen dieser Norm verwendbar sind.

Diese Zusammenstellung von in den Mitgliedsländern veröffentlichten und angewendeten Dokumenten war zum Zeitpunkt der Veröffentlichung dieser Europäischen Norm aktuell, sollte jedoch nicht als vollständig angesehen werden.

Deutschland

[1] DIN 19569-8, *Kläranlagen — Baugrundsätze für Bauwerke und technische Ausrüstungen — Teil 8: Besondere Baugrundsätze für Anlagen zur Abwasserreinigung mit Festbettfiltern.*

[2] ATV-A 122, *Grundsätze für Bemessung, Bau und Betrieb von kleinen Kläranlagen mit aerober biologischer Reinigungsstufe für Anschlusswerte zwischen 50 und 500 Einwohnerwerten.* 2)

[3] ATV-A 135, *Grundsätze für die Bemessung von Tropfkörpern und Tauchkörpern mit Anschlusswerten über 500 Einwohnerwerten.* 2)

[4] ATV-A 257, *Grundsätze für die Bemessung von Abwasserteichen und zwischengeschalteten Tropf- und Tauchkörpern.* 2)

[5] ATV-Handbuch, *Biologische und weitergehende Abwasserreinigung, Verlag Ernst & Sohn, Berlin und München; 4. Auflage, 1997.* 2)

Frankreich

[6] Ministère de l'équipment, du logement et des transports (96-7 TO) — *Conception et exécution d'installations d'épuration d'eaux usées* - Fascicule n° 81 titre II.

Großbritannien

[7] BS 6297 (Amd 1990), *Code of Practice for Design and installation of small sewage and treatment works and cesspools.*

[8] BS 1438 (Amd 1980), *Media for Biological Percolating Filters.*

[9] The Institution of Water and Environmental Management. *Unit Processes BIOLOGICAL FILTRATION.* (1988).

Österreich

[10] OENORM B 2502-1, *Kleinkläranlagen (Hauskläranlagen) für Anlagen bis 50 Einwohnerwerte — Anwendung, Bemessung, Bau und Betrieb.*

[11] OENORM B 2502-2, *Kleine Kläranlagen-Anlagen von 51 bis 500 Einwohnerwerte — Anwendung, Bemessung, Bau und Betrieb*

[12] VORNORM OENORM B 2505-2, *Bepflanzte Bodenfilter (Pflanzenkläranlagen) — Anwendung, Bemessung, Bau und Betrieb.*

[13] OWAV – RB 23, *Geruchsemissionen aus Abwasseranlagen.*

Schweiz

[14] VSA Richtlinie, *Kleinkläranlagen — Richtlinie für den Einsatz, die Auswahl und die Bemessung von Kleinkläranlagen (1995).*

2) Bezug: Gesellschaft zur Förderung der Abwassertechnik e. V. (GFA), Theodor-Heuss-Allee 17, 53773 Hennef

Oktober 2001

Kläranlagen
Teil 8: Schlammbehandlung und -lagerung
Deutsche Fassung EN 12255-8:2001

DIN EN 12255-8

ICS 13.060.30

Teilweiser Ersatz für
DIN 19569-5:1997-01

Wastewater treatment plants – Part 8: Sludge treatment and storage;
German version EN 12255-8:2001

Stations d'épuration – Partie 8: Stockage et traitement des boues;
Version allemande EN 12255-8:2001

Die Europäische Norm EN 12255-8:2001 hat den Status einer Deutschen Norm.

Nationales Vorwort

Diese Europäische Norm wurde vom Technischen Komitee TC 165 „Abwassertechnik" (Sekretariat: Deutschland) des Europäischen Komitees für Normung (CEN) erarbeitet.

Die Arbeiten wurden von der Arbeitsgruppe „Kläranlagen – Allgemeine Verfahren" (WG 42) (Sekretariat: Vereinigtes Königreich) des CEN/TC 165 durchgeführt. Für Deutschland war der Arbeitsausschuss V 36/UA 2/3 „Abwasserbehandlungsanlagen; CEN/TC 165/WG 42 und 43" an der Bearbeitung beteiligt.

Für die anaerobe Behandlung von Abwasser, enthalten in DIN 19569-5:1997-01, ist die Erarbeitung einer Restnorm vorgesehen.

Die Normenreihe DIN EN 12255 „Kläranlagen" wird voraussichtlich aus 15 Teilen bestehen (siehe Vorwort EN 12255-8).

Die im Vorwort von EN 12255-8 genannten Titel der einzelnen Teile entsprechen den Titeln der bereits veröffentlichten Norm-Entwürfe bzw. sind Arbeitstitel und können von den Titeln der Normen geringfügig abweichen.

Darüber hinaus wird zukünftig in allen Teilen der Europäischen Normenreihe EN 12255 in den Titeln der jeweiligen deutschen Sprachfassung im Hauptelement der Begriff „Kläranlagen" verwendet.

Einige Teile der Normenreihe DIN EN 12255 werden als Europäisches Normenpaket gemeinsam gültig werden.

Von der Paketbildung sind die folgenden Teile der Normenreihe DIN EN 12255 betroffen:

DIN EN 12255-1, DIN EN 12255-3 bis DIN EN 12255-8, DIN EN 12255-10 und DIN EN 12255-11 (vgl. Vorwort DIN EN 12255-8).

Datum der Zurückziehung (date of withdrawal, dow) entgegenstehender nationaler Normen ist der

31. Dezember 2002 (Resolution 232/2001 taken by CEN/TC 165).

In einem Normenpaket werden Europäische Normen zusammengefasst, die zueinander in Beziehung stehen. Eine Querverbindung kann u. a. aufgrund der Notwendigkeit zur gemeinsamen Anwendung bestehen oder dadurch gegeben sein, dass eine Gruppe entgegenstehender nationaler Normen abzudecken ist.

Die Paketbildung ist aber auch unter dem Aspekt der Verpflichtung zur Übernahme von CEN/CENELEC-Normen durch die CEN-Mitglieder und der damit verbundenen Zurückziehung entgegenstehender nationaler Normen (CEN/CENELEC-Geschäftsordnung) von Bedeutung.

Fortsetzung Seite 2
und 14 Seiten EN

Normenausschuss Wasserwesen (NAW) im DIN Deutsches Institut für Normung e. V.

138/10*

Die in einem Normenpaket zusammengefassten Europäischen Normen sind spätestens bis zu einem vorab festgelegten Datum der Zurückziehung (dow) zu veröffentlichen.

Die bereits vor diesem Zeitpunkt fertig gestellten und veröffentlichten Europäischen Normen des Paketes werden in das nationale Normenwerk übernommen. Sie gelten bis zum Datum der Zurückziehung parallel zu entsprechenden nationalen Normen.

Erst mit dem Erreichen des Datums der Zurückziehung sind die Europäischen Normen des Normenpaketes in das nationale Regelwerk zu übernehmen, indem ihnen der Status von nationalen Normen gegeben wird. Entgegenstehende nationale Normen sind dann zurückzuziehen.

Die einzelnen Teile der Normenreihe DIN EN 12255 sind inhaltlich anders konzipiert als die deutschen Normen der Reihe DIN 19569, so dass durchaus mehrere Teile dieser Reihe durch einen Teil der Europäischen Norm berührt werden können.

Der Normungsumfang der Europäischen Normenreihe DIN EN 12255 „Kläranlagen" deckt nicht alle Festlegungen ab, die in den nationalen Normen der Reihe DIN 19569 „Kläranlagen – Baugrundsätze für Bauwerke und technische Ausrüstungen" enthalten sind.

Der Arbeitsausschuss V 36 plant daher die Erarbeitung von Maß- und Restnormen zu den folgenden Themenkreisen:

- Rechteckbecken als Absetzbecken
- Rechteckbecken als Sandfänge
- Rundbecken als Absetzbecken
- Tropfkörper mit Drehsprengern
- Tropfkörperfüllungen
- Rechenbauwerke mit geradem Rechen
- Ablaufsysteme in Absetzbecken
- Besondere Baugrundsätze für Einrichtungen zum Abtrennen und Eindicken von Feststoffen
- Besondere Baugrundsätze für Einrichtungen zur aeroben biologischen Abwasserreinigung
- Besondere Baugrundsätze für Anlagen zur anaeroben Behandlung von Abwasser
- Besondere Baugrundsätze für Anlagen zur Abwasserreinigung mit Festbettfiltern
- Besondere Baugrundsätze für Anlagen zur Klärschlammentwässerung
- Besondere Baugrundsätze für Anlagen zur Trocknung von Klärschlamm

Änderungen

Gegenüber DIN 19569-5:1997-01 wurden folgende Änderungen vorgenommen:

a) der Inhalt der Europäischen Norm beschränkt sich auf die anaerobe Behandlung von Klärschlamm;
b) der Abschnitt 4 „Planung" wurde aufgenommen;
c) verfahrenstechnische Anforderungen an die einzelnen Verfahrensschritte der Schlammbehandlung und -lagerung sind dargelegt;
d) Anforderungen an die Lagerung von Schlamm werden aufgenommen.

Frühere Ausgaben

DIN 19569-5:1997-01

EUROPÄISCHE NORM
EUROPEAN STANDARD
NORME EUROPÉENNE

EN 12255-8

Mai 2001

ICS 13.060.30

Deutsche Fassung

Kläranlagen

Teil 8: Schlammbehandlung und -lagerung

Wastewater treatment plants – Part 8: Sludge treatment and storage

Stations d'épuration – Partie 8: Stockage et traitement des boues

Diese Europäische Norm wurde von CEN am 8. März 2001 angenommen.

Die CEN-Mitglieder sind gehalten, die CEN/CENELEC-Geschäftsordnung zu erfüllen, in der die Bedingungen festgelegt sind, unter denen dieser Europäischen Norm ohne jede Änderung der Status einer nationalen Norm zu geben ist.

Auf dem letzten Stand befindliche Listen dieser nationalen Normen mit ihren bibliographischen Angaben sind beim Management-Zentrum oder bei jedem CEN-Mitglied auf Anfrage erhältlich.

Diese Europäische Norm besteht in drei offiziellen Fassungen (Deutsch, Englisch, Französisch). Eine Fassung in einer anderen Sprache, die von einem CEN-Mitglied in eigener Verantwortung durch Übersetzung in seine Landessprache gemacht und dem Management-Zentrum mitgeteilt worden ist, hat den gleichen Status wie die offiziellen Fassungen.

CEN-Mitglieder sind die nationalen Normungsinstitute von Belgien, Dänemark, Deutschland, Finnland, Frankreich, Griechenland, Irland, Island, Italien, Luxemburg, Niederlande, Norwegen, Österreich, Portugal, Schweden, Schweiz, Spanien, der Tschechischen Republik und dem Vereinigten Königreich.

EUROPÄISCHES KOMITEE FÜR NORMUNG
EUROPEAN COMMITTEE FOR STANDARDIZATION
COMITÉ EUROPÉEN DE NORMALISATION

Management-Zentrum: rue de Stassart, 36 B-1050 Brüssel

Ref. Nr. EN 12255-8:2001 D

Inhalt

Vorwort

Diese Europäische Norm wurde vom Technischen Komitee CEN/TC 165 „Abwassertechnik“ erarbeitet, dessen Sekretariat vom DIN gehalten wird.

Diese Europäische Norm muss den Status einer nationalen Norm erhalten, entweder durch Veröffentlichung eines identischen Textes oder durch Anerkennung bis November 2001, und etwaige entgegenstehende nationale Normen müssen bis Dezember 2001 zurückgezogen werden.

Es ist der achte von den Arbeitsgruppen CEN/TC 165/WG 42 und 43 erarbeitete Teil, der sich auf allgemeine Anforderungen an Verfahren für Kläranlagen für über 50 Einwohnerwerte (EW) bezieht. Die Normen dieser Reihe sind folgende:

Teil 1: Allgemeine Baugrundsätze
Teil 3: Abwasservorreinigung
Teil 4: Vorklärung
Teil 5: Abwasserbehandlung in Teichen
Teil 6: Belebungsverfahren
Teil 7: Biofilmreaktoren
Teil 8: Schlammbehandlung und -lagerung
Teil 9: Geruchsminderung und Belüftung
Teil 10: Sicherheitstechnische Baugrundsätze
Teil 11: Erforderliche allgemeine Angaben
Teil 12: Steuerung und Automatisierung[1)]
Teil 13: Abwasserbehandlung durch Zugabe von Chemikalien
Teil 14: Desinfektion[1)]
Teil 15: Messung der Sauerstoffzufuhr in Reinwasser in Belüftungsbecken von Belebungsanlagen
Teil 16: Abwasserfiltration[1)]

ANMERKUNG Für Anforderungen an Pumpanlagen auf Kläranlagen, ursprünglich vorgesehen als Teil 2 „Abwasserpumpanlagen“, siehe EN 752-6 „Entwässerungssysteme außerhalb von Gebäuden – Teil 6: Pumpanlagen“.

Die Teile EN 12255-1, EN 12255-3 bis EN 12255-8 sowie EN 12255-10 und EN 12255-11 werden als europäisches Normenpaket gemeinsam gültig (Resolution BT 152/1998). Das Datum der Zurückziehung (dow) entgegenstehender nationaler Normen ist 2001-12-31. Bis zu diesem Zeitpunkt gelten die nationalen und bereits veröffentlichten Europäischen Normen parallel.

Diese Norm beinhaltet Literaturhinweise.

Entsprechend der CEN/CENELEC-Geschäftsordnung sind die nationalen Normungsinstitute der folgenden Länder gehalten, diese Europäische Norm zu übernehmen: Belgien, Dänemark, Deutschland, Finnland, Frankreich, Griechenland, Irland, Island, Italien, Luxemburg, Niederlande, Norwegen, Österreich, Portugal, Schweden, Schweiz, Spanien, die Tschechische Republik und das Vereinigte Königreich.

---

1) In Vorbereitung

1 Anwendungsbereich

Diese Europäische Norm legt Planungs- und Baugrundsätze für Einrichtungen zur Behandlung und -lagerung von Schlamm in Kläranlagen für mehr als 50 EW fest.

Andere Schlämme oder organische Abfälle dürfen gemeinsam mit kommunalem Klärschlamm behandelt werden.

Die Unterschiede in Planung und Bau von Kläranlagen in Europa haben zu einer Vielzahl von Anlagenausführungen geführt. Diese Norm enthält grundsätzliche Angaben zu den Anlagenausführungen; sie beschreibt jedoch nicht alle Einzelheiten jeder Ausführungsart.

Die in den Literaturhinweisen aufgeführten Unterlagen enthalten Einzelheiten und Hinweise, die im Rahmen dieser Norm verwendet werden dürfen.

2 Normative Verweisungen

Diese Norm enthält durch datierte oder undatierte Verweisungen Festlegungen aus anderen Publikationen. Diese normativen Verweisungen sind an den jeweiligen Stellen im Text zitiert, und die Publikationen sind nachstehend aufgeführt. Bei datierten Verweisungen gehören spätere Änderungen oder Überarbeitungen nur zu dieser Norm, falls sie durch Änderung oder Überarbeitung eingearbeitet sind. Bei undatierten Verweisungen gilt die letzte Ausgabe der in Bezug genommenen Publikation (einschließlich Änderungen).

EN 1085, *Abwasserbehandlung – Wörterbuch.*

EN 12176, *Charakterisierung von Schlamm – Bestimmung des pH-Wertes.*

prEN 12255-1:1996, *Abwasserbehandlungsanlagen – Teil 1: Allgemeine Baugrundsätze.*

prEN 12255-4:1997, *Abwasserbehandlungsanlagen – Teil 4: Vorklärung.*

EN 12255-5, *Kläranlagen – Teil 5: Abwasserbehandlung in Teichen.*

prEN 12255-6:1997, *Abwasserbehandlungsanlagen – Teil 6: Belebungsverfahren.*

prEN 12255-9:1999, *Kläranlagen – Teil 9: Vermeidung von Geruchsbelästigung.*

EN 12255-10, *Kläranlagen – Teil 10: Sicherheitstechnische Baugrundsätze.*

EN 12880, *Charakterisierung von Schlämmen – Bestimmung des Trockenrückstandes und des Wassergehaltes.*

EN ISO 5667-13, *Wasserbeschaffenheit – Probenahme – Teil 13: Anleitung zur Probenahme von Schlämmen aus Abwasserbehandlungs- und Wasseraufbereitungsanlagen (ISO 5667-13:1997).*

3 Begriffe

Für die Anwendung dieser Norm gelten die in EN 1085 angegebenen und die folgenden Begriffe.

3.1
psychrophil

Eigenschaften von Organismen, die bei Temperaturen unter 30 °C aktiv sind

3.2
mesophil

Eigenschaften von Organismen, die bei Temperaturen zwischen 30 °C und 45 °C aktiv sind und deren Temperaturoptimum bei ungefähr 32 °C bis 37 °C liegt

3.3
thermophil

Eigenschaften von Organismen, die bei Temperaturen zwischen 45 °C und 80 °C aktiv sind und deren Temperaturoptimum zwischen 55 °C und 65 °C liegt

3.4
Pseudo-Stabilisierung

Verfahren, das ein Produkt erzeugt, dessen organische Substanz biologisch nicht abbaubar ist, solange bestimmte Bedingungen (z. B. pH-Wert oder Wassergehalt) eingehalten werden, wobei der biologische Abbau jedoch dann wieder beginnt, wenn diese Bedingungen nicht mehr eingehalten werden

4 Planung

Die Schlammbehandlung und -lagerung beeinflussen die nachfolgende Schlammverwertung. Hierfür gilt eine Vielzahl von Vorschriften, je nach Ort der Kläranlage und vorgesehener Verwertung oder Entsorgung. Für neue Kläranlagen oder bei wesentlichen Veränderungen bestehender Kläranlagen sollte eine Umweltverträglichkeitsprüfung durchgeführt werden.

Die Wahl des Schlammbehandlungsverfahrens ist abhängig von der Größe der Kläranlage, Art, Herkunft und Eigenschaften des zu behandelnden Schlammes und der Art seiner endgültigen Verwertung oder Entsorgung. Bevorzugte Verfahren sind solche, die mehr als eine Art der Schlammverwertung oder -entsorgung ermöglichen.

Eine zentralisierte Schlammbehandlung, die einen weiten Bereich von Verfahren der Schlammbehandlung ermöglicht, sollte in Betracht gezogen werden. Die höhere Rückbelastung z. B. durch Stickstoff aufgrund des anfallenden Schlammwassers ist bei Kläranlagen mit zentralisierter Schlammbehandlung besonders zu beachten.

Am Ort des Schlammanfalls muss für alle vorhersehbaren Bedingungen ausreichend Lagerkapazität für Rohschlamm bzw. stabilisierten Schlamm vorhanden sein.

Die folgenden Punkte müssen bei der Planung der Schlammbehandlung beachtet werden:

- Art der Schlammverwertung und -entsorgung und entsprechende Qualitätsanforderungen, z. B. Nährstoff- und Schadstoffgehalt sowie Heizwert;
- Eigenschaften des Schlammes;
- mitzubehandelnde Schlämme und andere organische Abfälle;
- geringster und größtmöglicher täglicher Schlammanfall (Volumen und Masse);
- zukünftiger Schlammanfall;
- Bereich der Feststoffkonzentration (gesamte und organische Feststoffe);
- physikalische Eigenschaften (Viskosität, Temperatur);
- biologische Eigenschaften (Abbaubarkeit, Hemm- und Giftstoffe);
- aggressive oder korrosive Bedingungen;
- Wahrscheinlichkeit von Emissionen, einschließlich derjenigen von Geruch und Gasen, die den Treibhauseffekt verstärken (siehe auch prEN 12255-9:1999);
- Entfernung oder Zerkleinerung von Grobstoffen, die Verstopfung oder andere Betriebsbeeinträchtigungen verursachen können;
- Einflüsse abrasiver oder ablagerungsbildender Stoffe, wie z. B. Sand;
- Wirkung der bei der Abwasserreinigung eingesetzten Zusatzstoffe (z. B. Fällungs-, Koagulations- und Flockungsmittel) und ihre Auswirkung auf die weitere Verwertung;
- Beeinträchtigung der Abwasserreinigung durch zurückgeführtes Schlammwasser, z. B. Frachtspitzen von Ammonium und Phosphorrücklösung bei der Behandlung des Schlammes;
- Sicherheits- und Gesundheitsvorsorge für das Betriebspersonal und die Öffentlichkeit (siehe auch EN 12255-10), z. B. Vorsorge gegen Erzeugung einer giftigen oder explosionsfähigen Atmosphäre;
- Belästigungen, z. B. Geruchsbelästigungen und optische Belästigungen;
- Umweltbeeinträchtigungen, z. B. durch Undichtheit.

5 Verfahrenstechnische Anforderungen

5.1 Allgemeines

Vorkehrungen sind vorzusehen, um bei jeder Verfahrensstufe Probenahmen des zu- und abgeführten Schlammes zu ermöglichen (siehe EN ISO 5667-13). Die Messung des Durchflusses durch jede einzelne Verfahrensstufe sollte in Betracht gezogen werden.

Bei der Planung sind alle Anforderungen hinsichtlich der Verminderung von Geruch, Lärm, Erschütterungen und explosiven Atmosphären zu berücksichtigen (siehe prEN 12255-9:1999 und EN 12255-10).

5.2 Eindickung

5.2.1 Allgemeines

Schlamm wird kontinuierlich oder chargenweise eingedickt, wobei statische Eindicker, maschinelle Eindicker (z. B. Filtertrommeln oder Zentrifugen) oder Entspannungsflotationsanlagen eingesetzt werden können.

Bei der Auswahl des Eindickverfahrens und dessen Auslegung sind folgende Punkte zu beachten:

- erforderliche Feststoffkonzentration für nachfolgende Verfahrensstufen;
- Trennschärfe des Verfahrens;
- Rücklösung von Phosphor in statischen Eindickern;
- Aufenthaltszeit; falls sie länger ist als ein Tag, kann anaerober Abbau, verbunden mit Geruchsemission, Schäumen, Schwimmschlammbildung und verschlechterter Entwässerbarkeit die Folge sein;
- Steuerung der Schlammbeschickung und der Schlammwasserrückführung;
- die Speicherung und gesteuerte Rückführung des Schlammwassers, wenn Nitrifikation oder Stickstoffelimination erforderlich ist.

Wegen der erhöhten Viskosität des eingedickten Schlammes sollten zum Weiterfördern Verdrängerpumpen eingesetzt werden.

Soweit möglich, ist ein Programm zu Schlammversuchen und -analysen in Erwägung zu ziehen, was bei der Auslegung statischer Eindicker hilfreich sein kann.

5.2.2 Statische Eindickung

Statische Eindicker sollten eine Tiefe von mindestens 3 m und eine Sohlenneigung von mindestens 50° (rund) bzw. 60° (eckig) haben, sofern sie nicht mit einem Rührwerk oder Krählwerk mit Bodenräumer ausgerüstet sind. Andere in Betracht zu ziehende Einrichtungen sind solche:

- zum Zurückhalten und Entfernen von Schwimmstoffen;
- zum Abzug des Schlammwassers aus unterschiedlichen Schichten (z. B. unter Verwendung höhenverstellbarer Vorrichtungen);
- zum Beobachten der Qualität des Schlammwassers während des Abzugs;
- zum Absaugen und zum Behandeln der Abluft, falls Eindicker abgedeckt werden.

Folgende Größen beeinflussen die Bemessung:

- Flächenbeschickung;
- Flächenbelastung;
- Feststoffaufenthaltszeit;
- Gesamthöhe der Eindickzone.

5.2.3 Maschinelle Eindickung

Wenn die technische Ausrüstung zur Eindickung ähnlich derjenigen zur maschinellen Schlammentwässerung ist, gelten die diesbezüglichen Baugrundsätze entsprechend. Üblicherweise eingesetzte Maschinen für die maschinelle Schlammeindickung sind:

- Trommelfilter;
- Bandfilter;
- Zentrifugen.

Die technische Ausrüstung für die maschinelle Schlammeindickung sollte

- unter üblichen Bedingungen automatisch arbeiten, mit der Möglichkeit für einen vorrangigen Handbetrieb;
- die gesamte erforderliche technische Ausrüstung für die Speicherung, Aufbereitung und Dosierung aller notwendigen Flockungsmittel umfassen;
- geschlossen oder in einem ausreichend belüfteten Raum untergebracht sein, so dass die Korrosion und Gefahren für die Gesundheit und Sicherheit des Betriebspersonals gering gehalten werden.

Die Anforderungen und Hinweise für die maschinelle Schlammentwässerung in 5.5.2 gelten für die maschinelle Schlammeindickung entsprechend.

5.2.4 Entspannungsflotation

Überschussschlamm oder Schlammwasser von Biofilmreaktoren kann mittels einer Entspannungsflotation mit oder ohne eine chemische Flockung eingedickt werden.

Die Bemessung einer Entspannungsflotationsanlage hat unter Berücksichtigung der folgenden Größen zu erfolgen:

- Flächenbeschickung;
- Flächenbelastung;
- Luft/Feststoff-Verhältnis.

5.3 Desinfektion

Eine Schlammdesinfektion darf chemisch (siehe 5.4.4) oder thermisch durchgeführt werden.

Verfahren zur Desinfektion sind insbesondere:

- aerob-thermophile Stabilisierung;
- thermische Behandlung, wie z. B. Erhitzung, thermische Trocknung;
- aerob-thermophile Vorbehandlung vor einer mesophilen Schlammfaulung;
- anaerob-thermophile Vorbehandlung vor einer mesophilen Schlammfaulung;
- Kompostierung;
- Zusatz von Kalk zu flüssigem oder entwässertem Schlamm;
- mesophile Schlammfaulung in Verbindung mit einer Langzeitlagerung.

ANMERKUNG Pasteurisierung ist abhängig von der Temperatur und deren Einwirkdauer. Sie darf vor oder innerhalb einer Verfahrensstufe jeder beliebigen Schlammstabilisierung durchgeführt werden.

5.4 Stabilisierung und Pseudo-Stabilisierung

5.4.1 Allgemeines

Schlammstabilisierungsverfahren dienen zur Umwandlung leicht abbaubarer organischer Substanz in mineralische oder schwer abbaubare organische Substanzen. Die Behandlung von Schlamm mit Kalk oder durch thermische Trocknung wird „Pseudo-Stabilisierung“ genannt. Diese kann zwar den organischen Abbau verhindern, solange bestimmte Bedingungen (pH-Wert oder Wassergehalt) aufrechterhalten bleiben. Wenn diese Bedingungen aber nicht mehr herrschen, beginnt der Abbau erneut.

Pseudo-Stabilisierungsverfahren werden auch eingesetzt, um Geruchsemission während der Lagerung zu vermindern, die Handhabung des Schlammes zu erleichtern sowie eine Desinfektion zu erreichen. Sie bleiben eine Möglichkeit der Schlammbehandlung vor dessen Aufbringung auf Boden, sie vermindern aber nicht das Potential für die langfristige Gasproduktion, die insbesondere dann zu beachten ist, wenn der Schlamm auf einer Deponie gelagert werden soll.

Verfahren zur Messung der Abbaubarkeit können eingesetzt werden zur Bestimmung des Stabilisierungsgrades.

Verfahren zur Bestimmung der Sulfidentwicklung sind geeignet, um ein Anfaulen des Schlammes festzustellen (bzw. das Potential für das Entstehen und Freisetzen von Geruch).

Eine teilweise Stabilisierung des Schlammes kann erreicht werden durch das Belebungsverfahren mit simultaner Schlammstabilisierung (siehe prEN 12255-6:1997).

5.4.2 Schlammfaulung

5.4.2.1 Empfehlungen zur Auslegung

Bei der Planung einer Schlammfaulungsanlage sind folgende Faktoren zu berücksichtigen, abhängig davon, ob die Anlage beheizt ist oder nicht:

- erforderlicher Abbaugrad;
- Abbaubarkeit;
- Betriebstemperatur;
- Temperaturregelung;

- Aufenthaltszeit;
- durchschnittlicher und maximaler Rohschlammanfall;
- Abmessungen der Reaktoren;
- ein- oder mehrstufiger Faulprozess;
- Gasanfall (Durchschnitt und Spitzen);
- Gasspeicherung und Gasverwertung;
- Grenzwerte für Gasemissionen;
- Grenzwerte für Geruchsemission und deren Überwachung;
- Häufigkeit der Rohschlammbeschickung;
- Vorkehrungen zur Verminderung der Bildung von Schwimmdecken und Schaum sowie zum Entfernen von Schwimmstoffen und Schaum;
- Impfen des Rohschlamms;
- Durchmischen des Faulbehälterinhaltes;
- Kurzschlussströme und Totzonen;
- Energie in $Wh/(m^3 \cdot d)$ und Leistung in W/m^3 für die Durchmischung;
- Wärmedämmung;
- Entstehung aggressiver Bestandteile im Schlamm oder Gas;
- Korrosionsschutz der inneren Oberflächen, die mit Gas in Kontakt sind;
- Korrosionsschutz für Gasbehälter bzw. Möglichkeit des Zusatzes von Korrosionshemmern in Wassertassen;
- Summe des maximalen hydrostatischen Druckes und des maximalen Gasdruckes;
- Wirkung der statischen und dynamischen Kräfte (z. B. von Durchmischungseinrichtungen, Umwälzeinrichtungen, Pumpen und infolge von Temperaturschwankungen);
- Reparatur und Austausch der technischen Ausrüstung ohne Entleerung des Faulbehälters;
- Notüberläufe dürfen nicht abgesperrt werden;
- Sichtfenster auf dem Faulbehälter mit innerem und äußerem Scheibenwischer;
- Überdruck-/Unterdruck-Sicherungen;
- Ausrüstungen für die Zugabe, z. B. von Alkali oder Entschäumungsmitteln.

Der Trockenrückstand des Rohschlamms sollte im Mittel mindestens 4 % betragen (siehe EN 12880).

Rohrleitungen, die unterhalb der niedrigsten Schlammspiegelhöhe in Faulbehälter führen, sollten zwischen dem Faulbehälter und dem Absperrschieber einen Abschnitt aufweisen, der durch Vereisen verschlossen werden kann.

Gasfilter, Entschwefler und Gasmessgeräte, die zwischen dem Faulbehälter und dem Gasspeicher angeordnet sind, müssen mit einer Umgehungsleitung versehen sein. Wenn Faulgas aufgefangen wird, sollte es genutzt oder verbrannt und nicht abgeblasen werden.

ANMERKUNG Verfahren zur Behandlung, Speicherung und Verwertung des Gases sind nicht Gegenstand dieser Norm.

Bei beheizter Schlammfaulung sollten zumindest Einrichtungen zum Überwachen bzw. Aufzeichnen der folgenden Messgrößen vorgesehen werden:

- Temperatur (im Faulbehälter);
- Schlammspiegelhöhe;
- Rohschlammdurchsatz und Gasanfall;
- Füllstand in Gasbehältern;
- Druckverlust im Gassystem.

Alle Messgeber müssen ohne Faulbehälterentleerung austauschbar sein. Die Möglichkeit, Proben vom Rohschlamm, Schlamm im Faulbehälter, Faulschlamm und Faulgas zu nehmen, ist zu erwägen.

5.4.2.2 Kalte Schlammfaulung

Eine kalte Schlammfaulung erfolgt in offenen Faulbehältern, z. B. in Faulteichen und Faulbecken, in geschlossenen Faulbehältern und in Emscherbecken.

Eine offene Faulung von Rohschlamm sollte nur auf kleinen Kläranlagen für weniger als 1 000 EW betrieben werden und nur dort, wo die Emission von Geruch, anderen flüchtigen Stoffen und Methan in die Umwelt hinnehmbar ist.

Die folgenden Punkte sind bei der Planung zu berücksichtigen:

- mindestens zwei Einheiten (z. B. Faulteiche oder Faulbehälter);
- Parallelbetrieb;
- Schlammaustrag;
- Erfordernis für Tauchwände am Ablauf.

Einzelheiten von Emscherbecken und Faulteichen sind in prEN 12255-4:1997 bzw. EN 12255-5 enthalten.

5.4.2.3 Beheizte Schlammfaulung

Eine beheizte ist einer kalten Faulung von Klärschlamm wegen der zuverlässigeren Stabilisierung und Prozesssteuerung vorzuziehen. Mitzubehandelnde Abfälle sollten gesiebt oder entsprechend zerkleinert werden, bevor sie dem Faulbehälter unmittelbar oder nach Vermischung mit dem Rohschlamm zugeführt werden.

Bei der Gestaltung des Heizungssystems und der Wärmetauscher sind folgende Punkte zu beachten:

- Installation der technischen Ausrüstung außerhalb der Faulbehälter;
- Vermeidung von Kondensatschlägen (bei Dampfeindüsung);
- Entfernbarkeit von Belägen und Ablagerungen;
- Mindestfließgeschwindigkeit des Schlammes in Rohrleitungen (falls geringer als 1 m/s, ist eine regelmäßige Spülung erforderlich);
- Druckverlust;
- Wärmedämmung und Wärmebilanz.

Bei der Gestaltung des Durchmischungssystems sind folgende Punkte zu beachten:

- interne oder externe Umwälzung des Faulbehälterinhaltes;
- Faulbehälterform und -größe;
- vollständig durchmischter Faulbehälter oder Faulbehälter mit gleichzeitiger Schlammeindickung und Faulwasserabzug;
- Verhinderung von Totzonen und Kurzschlussströmen.

Eine wirksame Durchmischung durch Umpumpen erfordert einen Durchsatz von mindestens dem 5fachen Faulbehältervolumen je Tag.

Schwimmstoffe, Schaum und Bodenablagerungen führen zu erheblichen Störungen des Faulprozesses. Die folgenden Punkte sind zu berücksichtigen:

- Mittel zum Verhindern von Schwimmdecken und Bodenablagerungen;
- Entfernen von Schwimmstoffen ohne Behälterentleerung;
- Sicherheits- und Gesundheitsvorkehrungen für die Wartung;
- Verhindern des Eintritts von Schaum in die Gasleitungen, z. B. durch Schaumfallen;
- Austrag von Sand während des üblichen Betriebes.

5.4.3 Aerobe Stabilisierung

Aerobe Schlammstabilisierung wird üblicherweise thermophil und in geschlossenen Behältern betrieben.

Die folgenden Punkte sind bei der Planung aerob-thermophiler Stabilisierungsanlagen zu berücksichtigen:

- Schlammart;
- Feststoffkonzentration;
- Viskosität;
- Stabilisierungsgrad;
- Erfordernis einer Desinfektion;
- Temperatur und deren Steuerung;
- Aufenthaltszeit;
- durchschnittlicher und maximaler Rohschlammanfall;

- Häufigkeit der Rohschlammbeschickung;
- Abmessungen der Reaktoren;
- Wärmedämmung;
- ein- oder mehrstufiger Prozess;
- für die Durchmischung erforderliche Leistung (W/m^3);
- Verhinderung anaerober Zustände;
- Verhinderung von Feststoffablagerung;
- Sauerstoffzufuhrvermögen in kg/h und Sauerstoffertrag in kg/kWh;
- Schaumbegrenzung und Aufrechterhaltung der Belüftung bei Schaumentwicklung;
- Geruchsverminderung;
- Wärmerückgewinnung und Wärmebilanz;
- Zugänglichkeit von Wärmeaustauscherflächen für eine mechanische Reinigung.

Reaktoren für eine aerob-thermophile Stabilisierung müssen geschlossen und wärmegedämmt sein. Die Konzentration der organischen Feststoffe im zugeführten Rohschlamm sollte mindestens 25 kg/m^3 betragen, damit keine zusätzliche Beheizung erforderlich ist.

5.4.4 Chemische Behandlung, Konditionierung und Flockung

Eine Pseudo-Stabilisierung kann durch Zugabe geeigneter Chemikalien erreicht werden (z. B. von Kalk, um einen pH-Wert über 12 einzustellen), um Mikroorganismen zu inaktivieren. Bei der Zugabe von Kalk kann eine Desinfektion als Nebeneffekt erreicht werden.

Eine chemische Behandlung von Rohschlamm darf, je nach den entsprechenden nationalen Vorschriften, für eine landwirtschaftliche Verwertung als ausreichend erachtet werden und sie kann bei Betriebsunterbrechungen der eigentlichen Schlammbehandlung, z. B. der Schlammfaulung, als Ersatz dienen.

Die folgenden Punkte sind zu beachten:

- Emission von Ammoniak infolge hoher pH-Werte;
- Absaugung und Wäsche der Abluft.

Falls eine Desinfektion von flüssigem Schlamm erforderlich ist, sind außerdem folgende Punkte zu beachten:

- der pH-Wert sollte auf Werte über 12 angehoben werden;
- die erforderliche Lagerzeit für den behandelten Schlamm;
- Nutzung mehrerer Lagerbehälter;
- Überwachung des pH-Wertes während der Lagerung (siehe EN 12176);
- Zerkleinerung oder Siebung des Schlammes vor der Behandlung;
- Einsatz von Rührwerken, um Ablagerungen zu vermeiden.

Entwässerter Schlamm kann durch Zugabe von Branntkalk behandelt werden. Durch die exotherme Reaktion können im Schlamm Temperaturen von über 55 °C erreicht werden. Die Behandlung von entwässertem Schlamm mit Branntkalk darf als ausreichend angesehen werden, um die für eine Deponierung erforderlichen rheologischen Eigenschaften einzuhalten.

Wenn Branntkalk zur Desinfektion von entwässertem Schlamm eingesetzt wird, sind die folgenden Punkte zu beachten:

- Einhaltung eines pH-Wertes >12 und einer Temperatur von 55 °C über mindestens 24 Stunden (z. B. durch Lagerung des gekalkten Schlammes in wärmegedämmten Behältern);
- Überwachung der Temperatur des Schlammes nahe der Oberfläche;
- die Partikelgröße sollte 10 mm nicht überschreiten;
- Mischintensität (es genügt üblicherweise, wenn die Oberflächen kleiner Partikel, d. h. Partikelgröße ≤ 10 mm, mit Branntkalk bepudert werden);
- Verfestigung und Anstieg des Trockenrückstands und der Menge aufgrund des zusätzlichen Materials.

Silos oder Behälter zur Speicherung der Chemikalien sollten ein Volumen haben, das unter Berücksichtigung des bei der Anlieferung noch vorhandenen Restvorrats zur Aufnahme der Ladung eines Lastzuges ausreicht. Sie müssen Folgendes aufweisen:

- ausreichende Zugänglichkeit für die Wartung;
- Beschickungsleitung mit Absperrung;
- Druckentlastungsventil;
- Abluftfilter;
- Einrichtung zur Verhinderung von Brückenbildung;
- Einrichtung zur Steuerung der Dosierung;
- Sicherheitseinrichtungen mit Verriegelungen;
- Einrichtung zur Füllstandsüberwachung.

Die Behälter und ihre technische Ausrüstung müssen korrosionsbeständig sein und den chemischen Angriffen standhalten. Abrasion ist zu beachten. Es muss möglich sein, Chemikalienablagerungen von allen Ausrüstungsteilen mechanisch zu entfernen.

Die folgenden Punkte sind bei der Gestaltung von Mischern zum Vermischen von entwässertem Schlamm und Branntkalk zu beachten:

- staubdichter Mischer;
- außen liegende Lager und Wellendichtungen;
- Inspektionsöffnung mit Verriegelung (als Eingreifschutz);
- Raumlüftung;
- Überwachung von Geruch, Staub und anderen Luftverschmutzungen.

Bei der Verwendung polymerer Flockungsmittel sind folgende Punkte zu beachten:

- Eignung für flüssige und/oder feste Polyelektrolyte;
- Aufbereitung von Chargen in getrennten Behältern zum Ansetzen und Reifen;
- Behältervolumina, ausreichend für die Einhaltung der Reifezeit;
- Versorgung mit sauberem Wasser nach Menge und Qualität zum Ansetzen der Polymere;
- Vorkehrungen zum Verhindern von Klumpenbildung;
- Verdünnung der gereiften Stammlösung mit sauberem Wasser vor dem Einmischen in den Schlamm;
- Unabhängigkeit des Verdünnungsverhältnisses vom Wassernetzdruck;
- hohe Mischintensität beim Einmischen der Polymere in den Schlamm;
- Steuerbarkeit der Polymerdosierung.

5.5 Schlammentwässerung

5.5.1 Schlammtrockenbeete

Schlammtrockenbeete in trockenen Klimagebieten bestehen üblicherweise aus mindestens zwei Zellen mit porösem Filtermittel und Drainageleitungen. Die Filterbetten sind gewöhnlich aus mehreren Sand- und Kiesschichten aufgebaut, wobei die Korngröße von oben nach unten zunimmt. Die obere Feinsandschicht wird allmählich zusammen mit dem entwässerten Schlamm ausgetragen und muss nach mehreren Austragsvorgängen erneuert werden.

Die obere Sandschicht muss eine Dicke zwischen 50 mm und 100 mm und die untere Kiesschicht muss eine Dicke zwischen 300 mm und 400 mm haben. Die Drainageleitungen in der Kiesschicht müssen eine Nennweite von mindestens DN 80 haben.

Faulschlamm wird auf Trockenbeete mit einer Beschickungshöhe von maximal 300 mm aufgebracht, andere Schlämme mit einer Beschickungshöhe von maximal 100 mm. Es wird empfohlen, den Faulschlamm unten aus dem Faulbehälter zu entnehmen. Infolge des plötzlichen Druckabfalls wird Gas frei und flotiert die Feststoffe zur Schlammoberfläche, so dass das Schlammwasser unten schnell abfließen kann.

Der Schlamm wird manuell oder maschinell mit Räumern entfernt. Für die Abfuhr des Schlammes muss eine für Fahrzeuge ausreichende Zufahrt vorhanden sein.

5.5.2 Maschinelle Schlammentwässerung

Maschinelle Schlammentwässerung erfolgt nach einer chemischen Konditionierung (mit Kalk und Eisen oder durch Flockung mit Polymeren) oder einer thermischen Konditionierung (durch die Einwirkung von Wärme oder Gefrieren) z. B. mittels:

- Bandfilterpressen;
- Zentrifugen;
- Kammerfilterpressen;
- Membranfilterpressen.

Hinsichtlich der Handhabung und Lagerung der Chemikalien ist EN 12255-10 zu beachten.

Die folgenden Punkte sind bei der Planung von Schlammentwässerungsanlagen zu beachten:

- Frostschutz für Rohrleitungen und Betriebsräume;
- Luftabsaugung bei den Maschinen;
- ausreichende Lüftung der Betriebsräume, so dass die Anforderungen für die Arbeitssicherheit hinsichtlich Luftverschmutzung und für den Korrosionsschutz eingehalten werden;
- Nassreinigung der Räume;
- rutschsichere Bodenbeläge;
- ausreichendes Schlammspeichervolumen vor der Schlammentwässerung für gewöhnlich zu erwartende Betriebsunterbrechungen;
- Homogenisierung des Schlammes in den Speicherbehältern;
- Zerkleinerung von Feststoffen im Schlamm vor der Schlammbeschickungspumpe;
- Behandlung des Schlammwassers;
- Zwischenspeicherung des Schlammwassers und Steuerung des Abflusses, insbesondere bei der Entwässerung ammoniumreicher Schlämme.

Die folgenden Gesichtspunkte sind bei der Auswahl und der Gestaltung der technischen Ausrüstung zu beachten:

- Art und Feststoffkonzentration des zu entwässernden Schlammes;
- Entwässerbarkeit des Schlammes;
- Schlammeigenschaften, die in Abhängigkeit von Art und Ziel der Schlammentsorgung gefordert werden;
- Verfügbarkeit von Betriebswasser (Qualität, Menge, Druck);
- Verfügbarkeit von Druckluft (Menge und Druck);
- täglicher Netto-Durchsatz (Feststoffe im entwässerten Schlamm) und maximaler täglicher Durchsatz inklusive aller im Kreislauf geführter Feststoffe (z. B. der im Zentrat einer Zentrifuge verbleibenden Feststoffe);
- maximale Schlammzufuhr hinsichtlich Volumen (Volumenstrom in m^3/h) und Feststoffmasse (Massenstrom in $kg\ TS/h$);
- Verbrauch von Flockungs- bzw. Konditionierungsmitteln bezogen auf die Masse der zugeführten Feststoffe;
- Konzentration der Trockenmasse im entwässerten Schlamm beim festgelegten Netto-Durchsatz;
- erreichbare Trockenmasse-Rückhaltung beim festgelegten Netto-Durchsatz;
- Verbrauch von Flockungs- bzw. Konditionierungsmittel beim festgelegten Netto-Durchsatz;
- Ausführungsart der maschinentechnischen Ausrüstung, wesentliche Abmessungen und Spezifikation aller wesentlichen Materialien sowie des Korrosionsschutzes;
- Nennwert der Stromaufnahme aller elektrischen Antriebe, maximaler und durchschnittlicher Stromverbrauch;
- automatischer Betrieb, soweit möglich;
- Fehlermeldung an der Schalttafel;
- automatische Betriebsunterbrechung bei Betriebsstörung;
- automatischer Anfahr- und Abfahrvorgang;
- Verbrauch von Betriebswasser und Reinwasser (einschließlich des Wassers zum Ansetzen und Verdünnen der Polymere oder Konditionierungsmittel);
- Arbeitsaufwand bei regulärem Betrieb.

5.6 Kompostierung

Durch Kompostierung können folgende Ziele erreicht werden:

- aerobe Stabilisierung;
- Desinfektion;
- Trocknung.

Bei der Planung einer Kompostierungsanlage sind folgende Punkte zu beachten:

- Kompostierung in belüfteten oder unbelüfteten Mieten oder in Behältern;
- Porosität und Luftdurchlässigkeit des zu kompostierenden Materials;
- erforderlicher Nährstoffgehalt;
- Durchmischung/Verschneiden (Beimischung);
- Emission von Geruch, Staub, flüchtigen Stoffen und biologischen Giftstoffen;
- Flächenbedarf;
- Wassergehalt;
- Steuerung der Temperatur;
- Entwässerung von Lager- und Verkehrsflächen;
- Lagerung des Produktes;
- Wetterschutz während und nach der Kompostierung;
- Herkunft, Verfügbarkeit und Dauerhaftigkeit des strukturverbessernden Materials.

Strukturverbesserndes Material kann zu folgenden Zwecken beigemischt werden:

- Aufrechterhaltung aerober Bedingungen;
- Anheben der Feststoffkonzentration des reifen Kompostes;
- Erhöhen des Kohlenstoffgehalts.

5.7 Umschlag und Lagerung

5.7.1 Allgemeines

Flüssiger Schlamm wird in Schlammbehältern oder Schlammteichen und entwässerter Schlamm auf Schlammplätzen oder in Schlammsilos gelagert. Bei der Planung von Einrichtungen für Umschlag und Lagerung von Schlamm sind folgende Punkte zu beachten:

- Schlammanfall;
- Häufigkeit der Schlammabgabe;
- Perioden ohne Schlammabnahmen (z. B. seitens der Landwirtschaft, Deponie);
- Auswirkung von Schlammwasser auf die Abwasserreinigung;
- rheologische Eigenschaften des Schlammes;
- Geruchs- und Gasemission;
- Explosionsgefahren.

5.7.2 Lagerbehälter für flüssigen Schlamm

Bei der Lagerung von flüssigem Schlamm in Behältern sind Einrichtungen für folgende Zwecke zu berücksichtigen:

- Entfernen von Überstandswasser;
- Durchmischen oder Räumen bei flach geneigter Sohle;
- Entfernen von Schwimmstoffen.

5.7.3 Schlammteiche

Schlammteiche siehe EN 12255-5.

5.7.4 Schlammplätze für entwässerten Schlamm

Bei der Lagerung von entwässertem Schlamm auf Schlammplätzen ist Folgendes zu beachten:

- wasserdichter Boden;
- Abdeckung;
- Sammlung, Ableitung und Vergleichmäßigung des Zuflusses von Regen- und Schlammwasser in den Klärprozess.

5.7.5 Silos für entwässerten oder getrockneten Schlamm

Bei der Lagerung von entwässertem oder getrocknetem Schlamm in Silos ist Folgendes zu beachten:

- wasserdichter Boden;
- Vermeidung von Brückenbildung;
- Steuerung des Schlammaustrages;
- Brandgefahr und Überwachung der Lagertemperatur;
- Explosionsgefahr durch Staub oder Faulgas.

6 Baugrundsätze

6.1 Rechnerische Lebensdauer

Die rechnerische Lebensdauer aller Motoren muss zumindest der Klasse 3 (siehe prEN 12255-1:1996) entsprechen und diejenige aller Lager und Getriebe für Pumpen, Kompressoren, Krählwerke, Rührwerke, Schlammentwässerungsmaschinen und ähnlicher maschinentechnischer Aggregate und Komponenten muss mindestens der Klasse 4 (siehe prEN 12255-1:1996) genügen, sofern nichts anderes festgelegt ist.

6.2 Rohrleitungen

Die Fließgeschwindigkeit in Flüssigschlamm- und Schlammwasserleitungen darf nicht andauernd geringer sein als 1 m/s, es sei denn, Maßnahmen gegen Ablagerungen/Anbackungen sind vorgesehen. Der Einsatz von Pumpen ist in Betracht zu ziehen, wo der Durchfluss im freien Gefälle zu gering ist.

Leitungssysteme sind so zu gestalten, dass bei üblichen Betriebsbedingungen kein Abschnitt druckdicht eingeschlossen werden kann, dadurch wird die Bildung extremer Gasdrücke in eingeschlossenen Abschnitten verhindert.

In Schlammleitungen, die in ständig gefüllte Schlammbehälter unterhalb der minimalen Schlammspiegelhöhe münden und in denen häufig betätigte Absperrschieber angeordnet sind, sind manuell betätigbare Schieber zwischen dem Behälter und den häufig betätigten Absperrschiebern vorzusehen.

Rohrleitungen und andere Ausrüstungsteile, die in Schlammbehältern angeordnet sind, sollten korrosionsbeständig sein.

6.3 Schlammpumpen

Bei der Auswahl von Schlammpumpen ist Folgendes zu beachten:

- Feststoffkonzentration und Viskosität des Schlammes;
- Sand, Lumpen und andere Grobstoffe sowie Faserstoffe im Schlamm;
- Anordnung von Schlammsieben und/oder Zerkleinerern;
- Gefahr der Verstopfung, Abrasion und Kavitation;
- Pumpenverschleiß;
- energetischer Wirkungsgrad;
- Pumpenleistung einschließlich Saug- und Druckhöhe und Durchfluss;
- örtliche und betriebliche Bedingungen, z. B. Tauchpumpe oder Trockenaufstellung, zur Verfügung stehender Platz.

Pumpengehäuse sollten entlüftbar und entwässerbar sein. Das Schmierwasser von Stopfbuchsen ist abzuleiten. Die Umfangsgeschwindigkeit der Rotoren von Exzenterschneckenpumpen sollte im Normalbetrieb 2 m/s nicht überschreiten, um ein zu schnelles Verschleißen zu vermeiden.

7 Sicherheit

Die Gefahren durch Bildung einer giftigen oder explosionsfähigen Atmosphäre sind zu beachten. Geeignete Vorkehrungen für eine ausreichende natürliche oder technische Lüftung sind zu treffen und/oder eine explosionssichere technische Ausrüstung auszuwählen.

Geschlossene Faulbehälter müssen als Überlaufreaktoren betrieben werden können.

Falls die Schlammspiegelhöhe in Faulbehältern verändert werden kann, sind geeignete Vorkehrungen zu treffen, z. B. in Form von Verriegelungen, um zu verhindern, dass

- Unterdruck entsteht;
- der Gasüberdruck zu groß wird;
- Faulgas austritt.

Gasführende Einrichtungen sind durch Blitzableiter zu schützen.

Auf die sicherheitstechnischen Anforderungen in EN 12255-10 wird verwiesen.

Literaturhinweise

Die folgenden Dokumente enthalten Hinweise für Planung, Bau und Betrieb von Schlammbehandlungsanlagen.

Diese Zusammenstellung von in den Mitgliedsländern veröffentlichten und angewendeten Dokumenten war zum Zeitpunkt der Veröffentlichung dieser Europäischen Norm aktuell, sollte jedoch nicht als vollständig angesehen werden.

Europäische Norm

prEN 12832, *Charakterisierung von Schlamm – Schlammverwertung und -entsorgung – Wörterbuch.*

Deutschland

ATV-M 366 [2] Maschinelle Schlammentwässerung, Entwurf 1999:08

Arbeitsbericht der ATV (1986): Entseuchung von Klärschlamm, Teil 1, Korrespondenz Abwasser (1986), 11, 1141

Arbeitsbericht der ATV (1988): Entseuchung von Klärschlamm, Teil 2, Korrespondenz Abwasser (1988), 1, 71

Arbeitsbericht der ATV (1988): Entseuchung von Klärschlamm, Teil 3, Korrespondenz Abwasser (1988), 12, 1325

Arbeitsbericht der ATV (1992): Auswahl und Einsatz von organischen Flockungshilfsmitteln – Polyelektrolyten – bei der Klärschlammentwässerung. Korrespondenz Abwasser (1992), 4, 569

Arbeitsbericht der ATV (1994): Stabilisierungskennwerte für biologische Stabilisierungsverfahren, Korrespondenz Abwasser (1994), 3, 455

Arbeitsbericht der ATV (1995): Maschinelle Schlammentwässerung, Korrespondenz Abwasser (1995), 2, 271

Arbeitsbericht der ATV (1998): Eindickung von Klärschlamm, Korrespondenz Abwasser (1998), 1, 122–134

Arbeitsbericht der ATV (1999): Einstufung von organischen Flockungsmitteln – Polyelektrolyten – in Wassergefährdungsklassen, Korrespondenz Abwasser (1999), 2, 267

Abwassertechnische Vereinigung (1996): Klärschlamm, ATV-Handbuch, 4. Auflage, Verlag Ernst & Sohn, Berlin

Frankreich

Ministère de l'équipement, du logement et des transports (96-7 TO)

Conception et exécution d'installations d'épuration d'eaux usées. Fascicule n° 81 titre II.

Großbritannien

Dee, A., Day, M. and Chambers, B. (1994). Guidelines for the design and operation of sewage sludge consolidation tanks. ISBN 0 902 156 93 4.[3]

- CIWEM Services Ltd (1996). Sewage Sludge: Introducing Treatment and Management.
- CIWEM Services Ltd (1997). Sewage Sludge: Stabilization and Disinfection.
- CIWEM Services Ltd. Sewage Sludge: Dewatering, Drying and Incineration.

---

2) Zu beziehen durch: Gesellschaft zur Förderung der Abwassertechnik e. V. (GFA), Theodor-Heuß-Allee 17, 53773 Hennef

3) Veröffentlicht bei WRc, Frankland Road, Blagrove, Swindon SN5 8YR

April 2002

	Kläranlagen Teil 9: Geruchsminderung und Belüftung Deutsche Fassung EN 12255-9:2002	DIN EN 12255-9

ICS 13.060.30

Wastewater treatment plants — Part 9: Odour control and ventilation;
German version EN 12255-9:2002

Stations d'épuration — Partie 9: Maîtrise des odeurs et ventilation;
Version allemande EN 12255-9:2002

Die Europäische Norm EN 12255-9:2002 hat den Status einer Deutschen Norm.

Nationales Vorwort

Diese Europäische Norm wurde vom Technischen Komitee TC 165 „Abwassertechnik" (Sekretariat: Deutschland) des Europäischen Komitees für Normung (CEN) erarbeitet.

Die Arbeiten wurden von der Arbeitsgruppe „Kläranlagen – Allgemeine Anforderungen und besondere Verfahren" (WG 43) (Sekretariat: Deutschland) des CEN/TC 165 durchgeführt. Für Deutschland war der Arbeitsausschuss V 36/UA 2/3 „Abwasserbehandlungsanlagen; CEN/TC 165/WG 42 und 43" an der Bearbeitung beteiligt.

Die Normenreihe DIN EN 12255 „Kläranlagen" wird voraussichtlich aus 15 Teilen bestehen (siehe Vorwort EN 12255-9).

Die im Vorwort von EN 12255-9 genannten Titel der einzelnen Teile entsprechen den Titeln der bereits veröffentlichten Norm-Entwürfe bzw. sind Arbeitstitel und können von den Titeln der Normen geringfügig abweichen.

Darüber hinaus wird zukünftig in allen Teilen der Europäischen Normenreihe EN 12255 in den Titeln der jeweiligen deutschen Sprachfassung im Hauptelement der Begriff „Kläranlagen" verwendet.

Fortsetzung Seite 2 und 3
und 17 Seiten EN

Normenausschuss Wasserwesen (NAW) im DIN Deutsches Institut für Normung e. V.

Einige Teile der Normenreihe DIN EN 12255 werden als Europäisches Normenpaket gemeinsam gültig werden.

Von der Paketbildung sind die folgenden Teile der Normenreihe DIN EN 12255 betroffen:

DIN EN 12255-1, DIN EN 12255-3 bis DIN EN 12255-8, DIN EN 12255-10 und DIN EN 12255-11 (vgl. Vorwort EN 12255-9).

Datum der Zurückziehung (date of withdrawal, dow) entgegenstehender nationaler Normen ist der

31. Dezember 2002 (Resolution 232/2001 durch CEN/TC 165).

In einem Normenpaket werden Europäische Normen zusammengefasst, die zueinander in Beziehung stehen. Eine Querverbindung kann u. a. aufgrund der Notwendigkeit zur gemeinsamen Anwendung bestehen oder dadurch gegeben sein, dass eine Gruppe entgegenstehender nationaler Normen abzudecken ist.

Die Paketbildung ist aber auch unter dem Aspekt der Verpflichtung zur Übernahme von CEN/CENELEC-Normen durch die CEN-Mitglieder und der damit verbundenen Zurückziehung entgegenstehender nationaler Normen (CEN/CENELEC-Geschäftsordnung) von Bedeutung.

Die in einem Normenpaket zusammengefassten Europäischen Normen sind spätestens bis zu einem vorab festgelegten Datum der Zurückziehung (dow) zu veröffentlichen.

Die bereits vor diesem Zeitpunkt fertig gestellten und veröffentlichten Europäischen Normen des Paketes werden in das nationale Normenwerk übernommen. Sie gelten bis zum Datum der Zurückziehung parallel zu entsprechenden nationalen Normen.

Erst mit dem Erreichen des Datums der Zurückziehung sind die Europäischen Normen des Normenpaketes in das nationale Regelwerk zu übernehmen, indem ihnen der Status von nationalen Normen gegeben wird. Entgegenstehende nationale Normen sind dann zurückzuziehen.

Die einzelnen Teile der Normenreihe DIN EN 12255 sind inhaltlich anders konzipiert als die deutschen Normen der Reihe DIN 19569, so dass durchaus mehrere Teile dieser Reihe durch einen Teil der Europäischen Norm berührt werden können.

Der Normungsumfang der Europäischen Normenreihe DIN EN 12255 „Kläranlagen" deckt nicht alle Festlegungen ab, die in den nationalen Normen der Reihe DIN 19569 „Kläranlagen – Baugrundsätze für Bauwerke und technische Ausrüstungen" enthalten sind.

Der Arbeitsausschuss V 36 erarbeitet daher Maß- und Restnormen zu den folgenden Themenkreisen:

— Rechteckbecken als Absetzbecken

— Rechteckbecken als Sandfänge

— Rundbecken als Absetzbecken

— Tropfkörper mit Drehsprengern

— Tropfkörperfüllungen

— Rechenbauwerke mit geradem Rechen

— Ablaufsysteme in Absetzbecken

— Besondere Baugrundsätze für Einrichtungen zum Abtrennen und Eindicken von Feststoffen

— Besondere Baugrundsätze für Einrichtungen zur aeroben biologischen Abwasserreinigung

— Besondere Baugrundsätze für Anlagen zur anaeroben Behandlung von Abwasser

— Besondere Baugrundsätze für Anlagen zur Abwasserreinigung mit Festbettfiltern

— Besondere Baugrundsätze für Anlagen zur Klärschlammentwässerung

— Besondere Baugrundsätze für Anlagen zur Trocknung von Klärschlamm

Für die im Abschnitt 2 zitierte Internationale Norm wird im Folgenden auf die entsprechende Deutsche Norm hingewiesen:

ISO 5492 siehe DIN 10950-1

Nationaler Anhang NA
(informativ)

Literaturhinweise

DIN 10950-1, *Sensorische Prüfung — Teil 1: Begriffe.*

EUROPÄISCHE NORM
EUROPEAN STANDARD
NORME EUROPÉENNE

EN 12255-9

Januar 2002

ICS 13.060.30

Deutsche Fassung

Kläranlagen
Teil 9: Geruchsminderung und Belüftung

Wastewater treatment plants —
Part 9: Odour control and ventilation

Stations d'épuration —
Partie 9: Maîtrise des odeurs et ventilation

Diese Europäische Norm wurde vom CEN am 20. Dezember 2001 angenommen.

Die CEN-Mitglieder sind gehalten, die CEN/CENELEC-Geschäftsordnung zu erfüllen, in der die Bedingungen festgelegt sind, unter denen dieser Europäischen Norm ohne jede Änderung der Status einer nationalen Norm zu geben ist. Auf dem letzten Stand befindliche Listen dieser nationalen Normen mit ihren bibliographischen Angaben sind beim Management-Zentrum oder bei jedem CEN-Mitglied auf Anfrage erhältlich.

Diese Europäische Norm besteht in drei offiziellen Fassungen (Deutsch, Englisch, Französisch). Eine Fassung in einer anderen Sprache, die von einem CEN-Mitglied in eigener Verantwortung durch Übersetzung in seine Landessprache gemacht und dem Management-Zentrum mitgeteilt worden ist, hat den gleichen Status wie die offiziellen Fassungen.

CEN-Mitglieder sind die nationalen Normungsinstitute von Belgien, Dänemark, Deutschland, Finnland, Frankreich, Griechenland, Irland, Island, Italien, Luxemburg, Malta, Niederlande, Norwegen, Österreich, Portugal, Schweden, Schweiz, Spanien, der Tschechischen Republik und dem Vereinigten Königreich.

EUROPÄISCHES KOMITEE FÜR NORMUNG
EUROPEAN COMMITTEE FOR STANDARDIZATION
COMITÉ EUROPÉEN DE NORMALISATION

Management-Zentrum: rue de Stassart, 36 B-1050 Brüssel

Ref. Nr. EN 12255-9:2002 D

Inhalt

Vorwort

Diese Europäische Norm wurde vom CEN /TC 165 "Abwassertechnik" erarbeitet, dessen Sekretariat vom DIN gehalten wird.

Diese Europäische Norm muss den Status einer nationalen Norm erhalten, entweder durch Veröffentlichung eines identischen Textes oder durch Anerkennung bis Juli 2002, und etwaige entgegenstehende nationale Normen müssen bis Dezember 2002 zurückgezogen werden.

Es ist der neunte von den Arbeitsgruppen CEN/TC 165/WG 42 und 43 erarbeitete Teil, der sich auf allgemeine Anforderungen an Verfahren für Kläranlagen für über 50 Einwohnerwerte (EW) bezieht. Die Normen dieser Reihe sind folgende:

- Teil 1: Allgemeine Baugrundsätze
- Teil 3: Abwasservorreinigung
- Teil 4: Vorklärung
- Teil 5: Abwasserbehandlung in Teichen
- Teil 6: Belebungsverfahren
- Teil 7: Biofilmreaktoren
- Teil 8: Schlammbehandlung und -lagerung
- Teil 9: Geruchsminderung und Belüftung
- Teil 10: Sicherheitstechnische Baugrundsätze
- Teil 11: Erforderliche allgemeine Angaben
- Teil 12: Steuerung und Automatisierung
- Teil 13: Chemische Behandlung — Abwasserbehandlung durch Fällung/Flockung
- Teil 14: Desinfektion
- Teil 15: Messung der Sauerstoffzufuhr in Reinwasser in Belüftungsbecken von Belebungsanlagen
- Teil 16: Abwasserfiltration[1)]

ANMERKUNG Für Anforderungen an Pumpanlagen auf Kläranlagen, ursprünglich vorgesehen als Teil 2 „Abwasserpumpanlagen", siehe EN 752-6 „Entwässerungssysteme außerhalb von Gebäuden — Teil 6: Pumpanlagen".

Die Teile EN 12255-1, EN 12255-3 bis EN 12255-8 sowie EN 12255-10 und EN 12255-11 werden als europäisches Normenpaket gemeinsam gültig (Resolution BT 152/1998).

Entsprechend der CEN/CENELEC-Geschäftsordnung sind die nationalen Normungsinstitute der folgenden Länder gehalten, diese Europäische Norm zu übernehmen: Belgien, Dänemark, Deutschland, Finnland, Frankreich, Griechenland, Irland, Island, Italien, Luxemburg, Niederlande, Norwegen, Österreich, Portugal, Schweden, Schweiz, Spanien, die Tschechische Republik und das Vereinigte Königreich.

---

1) in Vorbereitung

1 Anwendungsbereich

Diese Europäische Norm legt Planungsgrundsätze und Leistungsanforderungen für die Geruchsminderung und die damit verbundene Lüftungstechnik in Kläranlagen fest.

In erster Linie gilt dieser Teil für Kläranlagen, die für die Reinigung von häuslichem und kommunalem Abwasser für mehr als 50 EW ausgelegt sind.

Die Unterschiede in Planung und Bau von Kläranlagen in Europa haben zu einer Vielzahl von Anlagenausführungen geführt. Diese Europäische Norm enthält grundsätzliche Angaben zu den Anlagenausführungen; sie beschreibt jedoch nicht alle Einzelheiten jeder Ausführungsart.

Die in den Literaturhinweisen aufgeführten Unterlagen enthalten Einzelheiten und Hinweise, die im Rahmen dieser Norm verwendet werden dürfen.

2 Normative Verweisungen

Diese Europäische Norm enthält durch datierte oder undatierte Verweisungen Festlegungen aus anderen Publikationen. Diese normativen Verweisungen sind an den jeweiligen Stellen im Text zitiert, und die Publikationen sind nachstehend aufgeführt. Bei datierten Verweisungen gehören spätere Änderungen oder Überarbeitungen nur zu dieser Europäischen Norm, falls sie durch Änderung oder Überarbeitung eingearbeitet sind. Bei undatierten Verweisungen gilt die letzte Ausgabe der in Bezug genommenen Publikation (einschließlich Änderungen).

EN 752-4, *Entwässerungssysteme außerhalb von Gebäuden — Teil 4: Hydraulische Berechnung und Umweltschutzaspekte.*

EN 1085, *Abwasserbehandlung — Wörterbuch.*

prEN 13725, *Luftbeschaffenheit — Bestimmung der Geruchsstoffkonzentration mit dynamischer Olfaktometrie.*

ISO 5492:1997, *Sensory analysis — Vocabulary.*

3 Begriffe

Für die Anwendung dieser Europäischen Norm gelten die in EN 1085 angegebenen und die folgenden Begriffe.

3.1
Olfaktometrie
Messen der Reaktion der Prüfer auf Geruchsreize (siehe ISO 5492). Begriff nach prEN 13725

3.2
Geruchsstoffkonzentration
die Anzahl der Europäischen Geruchseinheiten in einem Kubikmeter Gas unter Normbedingungen. Die Geruchsstoffkonzentration hat das Symbol c_{od} und die Einheit GE_E/m^3 (siehe prEN 13725)

ANMERKUNG Der Wert der Geruchsstoffkonzentration entspricht dem Verdünnungsfaktor, bei dem die Geruchsschwelle erreicht ist. Bei der Geruchsschwelle hat die Geruchsstoffkonzentration der Mischung definitionsgemäß den Wert 1 GE_E/m^3.

BEISPIEL Wenn eine Probe um den Faktor 300 verdünnt werden muss, um die Geruchsschwelle zu erreichen, ist die Geruchsstoffkonzentration der Probe c_{od} = 300 GE_E/m^3.

3.3
Geruchsstoffstrom; emittierter Geruchsstoffstrom
der Geruchsstoffstrom q_{od} ist die Menge an geruchsbehafteten Substanzen, die pro Zeiteinheit eine definierte Fläche durchströmt. Er ist das Produkt aus der Geruchsstoffkonzentration c_{od}, der Austrittsgeschwindigkeit v und der Austrittsfläche A, oder das Produkt der Geruchsstoffkonzentration c_{od} und des zugehörigen Volumenstroms $\dot{V}$. Die zugehörige Einheit ist GE_E/h, GE_E/min oder GE_E/s (siehe prEN 13725)

ANMERKUNG Diffuse Quellen wie unbelüftete Abwasser- oder Schlammoberflächen haben keinen festgelegten Abluftstrom, sie können aber bekanntlich Geruchsstoffe emittieren. In derartigen Fällen ist ein besonderes Probenahmeverfahren erforderlich, das in prEN 13725 behandelt ist (siehe Anhang A).

Der Geruchsstoffstrom kann analog dem Massenstrom anderer Stoffe verwendet werden, um die Wirkung einer Emissionsquelle zu modellieren. Aus jeder Geruchsquelle wird ein Geruchsstoffstrom emittiert, sogar dort, wo kein Luftstrom feststellbar ist.

4 Planungsgrundsätze

4.1 Allgemeines

Auf Grund der Natur von Abwasser ist es unmöglich sicherzustellen, dass eine Kläranlage vollständig geruchsfrei sein wird. Eine gut geplante Anlage verringert das Potential für Geruchsprobleme.

Die Möglichkeit der Entstehung von Geruch ist bereits bei Beginn der Planung von Kläranlagen in Betracht zu ziehen. Die Wahrscheinlichkeit von Geruchsemissionen, ihre Auswirkungen und einfache Möglichkeiten der Behandlung sind in allen Stufen der Planung zu berücksichtigen, insbesondere bei der

a) Minimierung der Faulung des Rohabwassers durch ein entsprechendes Entwässerungssystem.

b) Wahl des Verfahrens — wenn z. B. angefaultes Abwasser erwartet wird, gibt es unter anderem folgende Möglichkeiten zur Geruchsminderung:

— Minimierung der Aufenthaltszeit des Schlamms im Vorklärbecken;

— Vorklärung entfallen lassen (damit wird eine Hauptgeruchsquelle vermieden) verbunden mit dem Einsatz des Belebungsverfahrens mit simultaner Schlammstabilisierung;

— Wahl eines abgedeckten Verfahrens.

c) Anordnung der Hauptgeruchsquellen möglichst weit entfernt von besonders immissionsempfindlichen umliegenden Gebieten. Bei der Planung sind die Windrichtung und -geschwindigkeit auf der Anlage zu berücksichtigen.

ANMERKUNG Situationen mit schwachem Wind oder Windstille und stabilen atmosphärischen Bedingungen sind am ungünstigsten für die Auflösung von Gerüchen. Wenn diese Bedingungen häufig auftreten, dann ist die örtliche Windrichtung während diesen Situationen relevant anstelle der allgemein vorherrschenden Windrichtung.

d) Anordnung der Verfahrensstufen zueinander: Es kann dann ausreichen, ein einziges Geruchsminderungsverfahren zur Behandlung der Abluft von mehreren Geruchsquellen einzusetzen, oder geruchsintensive Abluft aus einer Verfahrensstufe als Prozessluft oder Verbrennungsluft in einer angrenzenden Verfahrensstufe zu verwenden. Jede Entscheidung für eine Behandlung geruchsintensiver Abluft erfordert eine Abdeckung und Entlüftung der betreffenden Verfahrensstufe sowie die Ableitung der Abluft zur Behandlung. Abdeckung, Entlüftung und Abluftbehandlung sind als Einheit zu planen.

Wenn Kläranlagen nicht abgedeckt oder eingehaust sind und die Wirkung von Geruch vor der Inbetriebnahme schlecht abschätzbar ist, sollte die Planung so ausgeführt werden, dass eine nachträgliche Abdeckung und/oder Entlüftung möglich ist.

Bei der Abdeckung von Behältern und Verfahrensstufen sind sorgfältig zu prüfen:

a) Explosionsgefahr;

b) Korrosionsschutz;

c) Sicherheit für das Betriebspersonal;

d) Zugänglichkeit für die Wartung.

4.2 Quellen und Beschaffenheit von Gerüchen

Geruch wird während des Transports und der Behandlung von Abwasser durch Abbau organischer Stoffe durch Mikroorganismen unter anaeroben Bedingungen erzeugt. Industrieabwässer können ebenfalls typische Geruchsstoffe enthalten. Das Anfaulen kann durch erhöhte Temperatur, hohe BSB-Konzentration und das Vorhandensein reduzierender Chemikalien beschleunigt werden. Die Palette von geruchsbehafteten Bestandteilen ist sehr groß und beinhaltet:

— Schwefelwasserstoff;

— Ammoniak;

— organische Schwefelverbindungen;

— Thiole (z. B. Mercaptane);

— Amine;

— Indole und Skatole;

— flüchtige Fettsäuren;

— weitere organische Verbindungen.

Besonders typische Bedingungen für verstärkte Geruchsentwicklung herrschen in:

— Entwässerungssystemen unter ungünstigen Bedingungen (z. B. lange Aufenthaltszeiten, mangelhafte Wartung, industrielle Einleitungen);

— langen Druckleitungen;

— einigen hochbelasteten Verfahrensstufen;

— Erdfaulbecken;

— Anlagen zur Speicherung und Behandlung von Schlamm.

Geruchsstoffe können im Entwässerungssystem oder in der Kläranlage bereits vorhanden sein oder dort entstehen. Geruchsstoffe neigen dazu, nach ihrer Erzeugung mit dem Abwasser durch Verfahrensstufen zu fließen, bis sie an Stellen mit hoher Turbulenz oder an großen Luft-Wasser-Grenzflächen in die Atmosphäre entweichen. Geruch kann durch Rückführung von Flüssigkeiten innerhalb einer Anlage verstärkt werden, insbesondere dann, wenn Flüssigkeiten zurückgeführt werden, die bei der Eindickung oder Entwässerung von Schlamm anfallen.

ANMERKUNG In EN 752-4 sind Hinweise enthalten, wie das Anfaulen von Abwasser in Entwässerungssystemen vermindert werden kann.

Probleme sind insbesondere zu erwarten:

a) bei Einlaufbauwerken: starker Geruch des zufließenden Abwassers führt am Einlaufbauwerk zu einer hohen Freisetzungsrate;

b) bei Vorklärbecken: wenn der Zufluss geruchsintensiv ist, oder wenn sich übermäßig viel Schlamm im Becken ansammeln und anfaulen kann;

c) bei der biologischen Abwasserreinigung, wenn diese hoch belastet oder der Zufluss geruchsintensiv ist;

d) an Stellen mit Förderung, Speicherung und Behandlung von Schlamm, besonders von nicht stabilisiertem Schlamm;

e) an undichten Stellen oder bei Emissionen von Faulgas aus der Schlammfaulung und an der ersten Austrittsstelle von Faulschlamm.

4.3 Geruchsmessung

Quantitative Geruchsmessungen sind zur Ermittlung der Ursachen von Geruch, zum Auffinden der Stellen, an denen Geruch entsteht oder emittiert wird, zur Abschätzung der Wirkung einer Geruchsquelle und zur Festlegung von Anforderungen an Einrichtungen zur Geruchsminderung durchzuführen.

Quantitative Geruchsmessungen umfassen:

a) Messungen auf Basis der Olfaktometrie:

- Wahrnehmungsschwelle der Geruchsstoffkonzentration anwendbar auf einzelne Verbindungen;
- Geruchsstoffkonzentration, anwendbar auf Stoffgemische unbekannter Zusammensetzung;
- Geruchspotential und Geruchsstoffemissionspotential (siehe Anhang A);
- Geruchsstoffstrom (siehe Anhang A).

b) Messungen auf Basis bestimmter Verbindungen:

- die Messung bestimmter geruchsintensiver Verbindungen ist hilfreich für die Auswahl und Bemessung von Behandlungseinrichtungen;
- die Konzentration von Schwefelwasserstoff ist leicht messbar und liefert wertvolle Informationen. Es kann irreführend sein, sich allein auf die H_2S-Messung zu verlassen, wenn andere Geruchsstoffe vorherrschend sind, z. B. Ammoniak und organische Sulfidverbindungen. Das kann z. B. oft der Fall sein bei Gerüchen:
  - von besonderem Industrieabwasser;
  - aus der biologische Abwasserreinigung;
  - aus der Schlammverbrennung oder Schlammtrocknung;
  - nach gezielten Maßnahmen zur Minderung der H_2S-Konzentration.

4.4 Planung

4.4.1 Vorbetrachtungen

4.4.1.1 Allgemeines

Mit den zuständigen Behörden sollten Gespräche geführt werden, um die Auflagen berücksichtigen zu können, die von der vorgeschlagenen Anlage oder den vorgeschlagenen Geruchsminderungsmaßnahmen für eine bestehende Anlage zu erfüllen sind. Die meisten Prozessschritte der Abwasserreinigung können in der Nähe von besonders immissionsempfindlichen Gebieten eine Geruchsminderung erfordern.

Ein atmosphärisches Ausbreitungsmodell unter Verwendung gemessener Daten zu Windgeschwindigkeit und -richtung sowie einer atmosphärischen Stabilitätsklasse kann genutzt werden, um denjenigen emittierten Geruchsstoffstrom abzuschätzen, der eine derartige Auflage erfüllt. Dieser emittierte Geruchsstoffstrom kann als Planungsziel oder für die Festlegung der Leistung von Minderungstechnologien verwendet werden.

Bei bestehenden Anlagen mit bekanntem emittierten Geruchsstoffstrom können die Ergebnisse eines atmosphärischen Ausbreitungsmodells mit den Orten, von denen Beschwerden eingegangen sind, verglichen werden, um einen geeigneten Qualitätsstandard abzuschätzen.

Neue Anlagen sind, soweit möglich, so zu planen, dass die Geruchsentwicklung minimiert wird.

4.4.1.2 Entwässerungssystem

Ein Entwässerungssystem, das nach den in EN 752-4 enthaltenen Grundsätzen geplant ist, sollte die Fäulnisbildung verringern.

Weitere Informationen sind in den Literaturhinweisen [15] enthalten.

4.4.1.3 Kläranlagen

Die folgenden Punkte sind bei der Planung zu berücksichtigen:

a) die Überwachung der Einleitung von besonders geruchsintensivem Industrieabwasser;

b) die Standortwahl;

c) die Verminderung der Exposition nicht oder nicht ausreichender stabilisierter Schlämme während der Speicherung oder Behandlung;

d) Vermeidung der Fäulnisentwicklung in Absetzbecken durch Verminderung der Aufenthaltszeit der angesammelten Schlammschicht;

e) Wahl eines emissionsarmen Verfahrens, wenn ein stark geruchsintensiver Zufluss nicht vermeidbar ist (siehe 4.1);

f) Verminderung der Turbulenz, z. B. durch Verminderung der Absturzhöhe bei Wehren (es sei denn, zum Ausstrippen angewendet);

g) Zugabe von geruchsintensiven rückgeführten Prozesswässern möglichst nahe der aeroben biologischen Abwasserreinigung;

h) Wahl einer kompakten Bauweise, wenn eine Abdeckung von Verfahrensstufen unvermeidlich ist;

i) Anordnung der Hauptgeruchsquellen möglichst weit entfernt von den immissionsempfindlichsten Gebieten in der Umgebung;

j) eine Gruppierung der Hauptgeruchsquellen in der Art und Weise, dass der Einsatz gemeinsamer Minderungsmaßnahmen möglich ist;

k) die Verwendung von geruchsintensiver Abluft aus einem Anlagenteil als Prozess- oder Verbrennungsluft in einem anderen Anlagenteil. In diesem Fall muss die Qualität der Luft beachtet werden.

4.4.1.4 Abhilfemaßnahmen

Wenn Abhilfemaßnahmen gegen unzulässige Geruchsimmissionen in der Umgebung geplant werden, sollten eingehende Untersuchungen angestellt werden, um festzustellen, wo der Geruch emittiert und wie er erzeugt wird sowie um möglichst den emittierten Geruchsstoffstrom der Hauptquellen abzuschätzen. Die Analyse besonderer Verbindungen in Flüssigkeitsströmen und die Messung ihrer Geruchspotentiale geben Hinweise darüber, wo die Gerüche entstehen. Die Analyse besonderer Verbindungen in Luftproben kann bei der Lokalisierung der wesentlichen Geruchsemissionsstellen hilfreich sein. Die Anfertigung einer Karte mit den Schwefelwasserstoffkonzentrationen innerhalb und außerhalb von Kläranlagen kann sehr wertvoll sein. Techniken zur Messung des Geruchsstoffstroms siehe Anhang A.

4.4.2 Detailplanung

4.4.2.1 Geruchsminderung

Zu den Verfahren zur Geruchsminderung der unterschiedlichen Kategorien gehören:

a) verfahrenstechnische Planung und Auslegung;

b) Anlagenbetrieb;

c) Begrenzung und Überwachung von Industrieabwassereinleitungen;

d) Zugabe von Chemikalien, um Fäulnisbildung zu verhindern, ihre Wirkung abzuschwächen oder auf andere Weise Geruch zu vermindern;

e) Abdeckung von Geruchsquellen, Einrichtungen zur Entlüftung und Behandlung der Abluft;

f) Einsatz von Luftdüsen als Barriere oder um chemische Geruchsgegenmittel oder Geruchsveränderer zuzugeben.

Die Verfahren a), b) und c) sind in 4.4.1.1 und 4.4.1.2 beschrieben.

Bei der Anwendung von Chemikalien muss sichergestellt werden, dass keine schädlichen Nebenprodukte gebildet werden.

4.4.2.2 Chemische Zusatzstoffe

Die chemischen Zusatzstoffe können unterteilt werden in:

a) starke Oxidationsmittel, wie Wasserstoffperoxid und Natriumhypochlorit, die viele geruchsintensive Verbindungen nach ihrer Entstehung oxidieren können;

Bei der Verwendung von Natriumhypochlorit muss die Bildung von AOX-Verbindungen beachtet werden.

b) Sauerstoffquellen: Luft, flüssiger Sauerstoff und Nitratsalze; diese wirken in erster Linie als Sauerstoffquellen, um Fäulnisbildung zu verhindern. In untergeordnetem Umfang können bereits gebildete Gerüche vermindert werden;

c) Metallsalze, typischerweise Eisensalze, die Sulfide als unlösliche Metallsulfide binden, so dass ihr Übergang in die Atmosphäre verhindert wird;

d) eine Reihe verschiedenartiger Geruchsveränderer zur Geruchsverminderung.

4.4.2.3 Behandlung geruchsintensiver Luft

Verfahren, die für die Behandlung geruchsintensiver Luft in Betracht kommen, sind:

a) biologische Oxidation;

b) nass-chemische Wäsche;

c) Festbettadsorption wie z. B. Aktivkohleadsorption;

d) thermische Oxidation.

Die meisten aus Abwasser entstehenden Gerüche können durch biologische Oxidation beseitigt werden. Hierzu stehen verschiedene Verfahren zur Verfügung:

1) biologisch arbeitende Abluftfilter;

2) Biowäscher;

3) bestehende biologische Abwasserreinigungsstufen. Geruchsintensive Luft kann als Prozessluft bei den meisten biologischen Abwasserreinigungsverfahren mit entsprechender Ausbildung der Belüftung verwendet werden, z. B.:

— bei einer Belebungsanlage mit Druckluftbelüftung;

— bei einem belüfteten biologischen Filter.

Biologische Reinigungsverfahren, die auf diese Weise genutzt werden, sollten nur schwach belastet sein und selbst keinen wesentlichen Geruch erzeugen.

4.4.3 Auswahlkriterien

Die wichtigsten Auswahlkriterien sind die angestrebte Leistung und die Kosten der Abluftbehandlung. Die Leistung sollte durch Versuche ermittelt oder durch Vergleich mit ähnlichen Anlagen abgeschätzt werden, die unter ähnlichen Bedingungen betrieben werden.

Die folgenden Einschränkungen können ebenfalls wichtig sein. Platzmangel kann insbesondere den Einsatz von biologisch arbeitenden Abluftfiltern für die Geruchsminderung begrenzen, und eine Höhenbegrenzung kann den Einsatz sowohl chemischer als auch biologischer Gegenstrom-Wäscher einschränken. Die Folgen aus der Handhabung gefährlicher Chemikalien für chemische Wäscher müssen bedacht werden. Der Einsatz von Festbett-Adsorbern und biologisch arbeitenden Abluftfiltern, bei denen regelmäßig Material ausgetauscht werden muss, kann durch eine schlechte Zugänglichkeit begrenzt sein. Andere Gesichtspunkte umfassen die Verfügbarkeit von elektrischem Strom, Wasser oder Kläranlagenabfluss (Betriebswasser) und auch Entsorgungsmöglichkeiten für Prozesswässer.

Eine Kombination mehrerer Verfahren ist in Betracht zu ziehen, wenn eine sehr hohe Leistung erforderlich ist, z. B. eine Kombination chemischer und biologischer Verfahren.

4.5 Anforderungen an die Planung

4.5.1 Allgemeines

Planungsverfahren für Geruchsminderungstechnologien sind häufig weniger genau als für verwandte Technologien auf anderen Gebieten, weil die Geruchsstoffkonzentration der Luft nichts über ihre chemische Zusammensetzung aussagt. Die meisten Planungen erfolgen auf der Grundlage halbtechnischer Versuche und werden entsprechend der Erfahrung mit großtechnischen Anlagen modifiziert. Lieferanten von Anlagen sollten entweder halbtechnische Versuchsanlagen oder ausreichende Einzelheiten über die Leistung ähnlicher, bereits in Betrieb befindlicher Anlagen zur Verfügung stellen.

4.5.2 Zugabe von Chemikalien

Chemikalien dürfen sowohl im Entwässerungssystem als auch in der Kläranlage zugegeben werden, um die Geruchsbildung zu unterbinden oder um Geruchsstoffe unschädlich zu machen.

Als Chemikalien können eingesetzt werden:

a) oxydierende Chemikalien wie:

- Luftsauerstoff;
- reiner Sauerstoff;
- Wasserstoffperoxyd;
- Nitrat;

b) geruchsbindende Stoffe wie:

- Eisen(III)-salze.

Weiterführende Literatur siehe Literaturhinweise [9].

4.5.3 Behandlung geruchsintensiver Luft

Die erforderliche Leistung von Anlagen für die Behandlung geruchsintensiver Luft sollte in Form des Volumendurchsatzes der zu behandelnden Luft sowie mit den erwarteten Eingangs- und geforderten Ausgangsparametern angegeben werden. Geeignete Parameter können die Konzentration von Schwefelwasserstoff und die Geruchsstoffkonzentration in Europäischen Geruchseinheiten GE_E/m^3 sein. Der geforderte maximal emittierte Geruchsstoffstrom (Produkt aus Volumenstrom und Geruchsstoffkonzentration) kann durch Einsatz eines Ausbreitungsmodells zur Abschätzung der Geruchsimmission ermittelt werden. Für die Planung von Neuanlagen können schon die Ausgangsparameter nach dieser Behandlung genügen.

Falls andere besondere geruchsintensive Verbindungen erwartet werden, können diese in die Liste der Werte in der Spezifikation aufgenommen werden. Es sollte darauf geachtet werden, dass die Kosten von Abnahmeversuchen nicht extrem hoch werden.

Bei Trockenadsorbern sollte eine Mindeststandzeit für das Adsorbermaterial festgelegt werden.

4.5.4 Planung von Abdeckungen

Bei der Planung von Abdeckungen sind die folgenden Punkte zu beachten:

- Über- oder Unterdruck unter der Abdeckung;
- Größe und Form des abzudeckenden Anlagenteils, insbesondere die erforderliche freie Spannweite, und der für die maschinelle Einrichtung erforderliche lichte Raum;
- von den Abdeckungen aufzunehmende Lasten, z. B. Schnee-, Wind- und Verkehrslasten. Verkehrswege müssen gegebenenfalls vorgegeben werden;
- Konstruktionswerkstoffe – Beständigkeit gegenüber korrosiver Atmosphäre und Lichtbeständigkeit;

— Zugänglichkeit für den regelmäßigen Betrieb der Anlage sowie für Wartung, Reparatur oder Austausch der maschinellen Ausrüstung.

Der Luftraum unter der Abdeckung sollte möglichst gering gehalten werden. Umschlossene Räume, die regelmäßig zu begehen sind, sollten auf ein Minimum beschränkt werden. Ein folgerichtiger Planungsgrundsatz ist, geruchsintensive Anlagenteile mit Abdeckungen einzuschließen, die möglichst flach aufsitzen. Es sollten nur so viele Öffnungen und Zugangsklappen angeordnet werden wie notwendig, um möglichst viele Betriebs- und Wartungsarbeiten von außerhalb der Abdeckungen ausführen zu können.

Einzelne große Gebäude zur primären Einhausung geruchsintensiver Anlagenteile sollten vermieden werden. Im Hinblick auf die Luftqualität sind die Anforderungen an getrennte Abdeckungen im Inneren von Gebäuden höher als an Abdeckungen von Anlagenteilen im Freien.

4.5.5 Planung von Entlüftungsanlagen

Für abgedeckte Bauwerke sollte eine Entlüftung vorgesehen werden. Sie sollte u. a. den nachfolgenden Anforderungen genügen:

— Erzeugung eines Unterdruckes, um den Austritt von Luft durch nicht luftdichte Abdeckungen oder unvermeidbare Öffnungen gering zu halten;

— Aufrechterhaltung einer bestimmten Luftqualität unter den Abdeckungen, um die Bildung einer giftigen, korrosiven oder explosionsfähigen Atmosphäre zu verhindern;

— Zufuhr und/oder Abfuhr von Prozessluft oder von Luft, die bei Veränderung des Füllstandes von Flüssigkeiten unter der Abdeckung verdrängt oder benötigt wird.

Die Luftwechselrate sollte unter Berücksichtigung der obigen Anforderungen möglichst gering gehalten werden. Die Kosten werden dadurch verringert und die Wirksamkeit der nachfolgenden Abluftbehandlung verbessert. Eine Verminderung der Abluftströme ist durch eine Verkleinerung der umschlossenen Räume möglich.

Abluft, die aus leicht belasteten Räumen abgesaugt wird, darf in Behandlungsstufen mit Belüftung verwendet werden (biologische Filter, Belebungsverfahren und Verbrennung). In vollständig abgedeckten Behandlungsanlagen und vorausgesetzt, dass umfassende Beachtung der Gesundheits- und Sicherheitsvorkehrungen gegeben ist, darf die abgesaugte Abluft aus gering belasteten Räumen zur Belüftung höher belasteter Räume verwendet werden.

Abluft, die schädliche oder gefährliche Komponenten enthält, sollte kontinuierlich und so nah wie möglich am Entstehungsort abgeführt werden.

4.6 Verfahrenstechnische Anforderungen

Jede Projektierung, die eine Einhausung für eine Kläranlage enthält, ist aufgrund von Sicherheits- und Gesundheitsaspekten zu bewerten und muss eine entsprechende Klassifizierung der umschlossenen Räume aufweisen.

Einrichtungen zur Behandlung geruchsintensiver Luft müssen so geplant werden, dass sie einen festgelegten Luftstrom mit einer festgelegten Konzentration der wesentlichen Werte, soweit diese bekannt sind, behandeln können und behandelte Abluft mit ausreichender Güte erzeugen, so dass Beeinträchtigungen auf ein annehmbares Maß vermindert werden.

Die Einrichtungen sind mit leicht zugänglichen Stellen zu versehen, an denen Durchfluss oder Geschwindigkeit und Druck gemessen und Luftproben für die Analyse gesammelt werden können.

Verfahren und Ausrüstungen sind einer Abnahmeprüfung zu unterziehen, die zwischen Auftraggeber und Auftragnehmer zu vereinbaren und in einer angemessenen Zeit nach der Inbetriebnahme durchzuführen ist und z. B. auf Olfaktometrie oder Messung festgelegter Verbindungen basiert.

4.7 Wartung und Betrieb

Es sollte ein Betriebstagebuch geführt und alle Inspektionen eingetragen werden. Diese Aufzeichnungen müssen Einzelheiten über alle für Prüfungen von der Aufsichtsbehörde oder vom Betreiber gesammelten Proben enthalten und die Analysenergebnisse dieser Proben sollten dokumentiert werden.

ANMERKUNG Einzelheiten über Baugrundsätze, sicherheitstechnische Anforderungen, Anforderungen an Zeichnungen und Betriebsanleitungen können EN 12255-1 [1], EN 12255-10 [2] oder EN 12255-11 [3] entnommen werden.

Anhang A
(informativ)

Geruchspotential und Geruchsstoffemissionspotential, Messung des Geruchsstoffstroms

A.1 Geruchspotential und Geruchsstoffemissionspotential

Es wird auf zwei Verfahren zur Bestimmung der Möglichkeit verwiesen, dass eine gegebene Flüssigkeit Geruch emittiert, und zur Messung der Höhe des Geruchspotentials. Diese Verfahren geben wertvolle Hinweise auf die Eigenschaften verschiedener Flüssigkeiten und sind hilfreich bei der Bestimmung ihres Verhaltens in Bezug auf Geruchsemissionen in den Stufen der Abwasser- und Schlammbehandlung.

Das Geruchspotential einer Flüssigkeitsprobe ist definiert als die Geruchsstoffkonzentration von Luft, die mit der Flüssigkeitsprobe in einen Gleichgewichtszustand gebracht worden ist, und hat die gleiche Einheit wie die Geruchsstoffkonzentration, GE_E/m^3.

Das Geruchsstoffemissionspotential ist definiert als Gesamtgeruch einer Flüssigkeit und wird durch Strippen der Flüssigkeit bis zu einem geringen Geruch und Aufsummierung aller gesammelten Geruchseinheiten in GE_E/m^3 bestimmt ([9]).

A.2 Messung des Geruchsstoffstroms

Wenn Durchflüsse gemessen werden können, z. B. in Kaminen, Entlüftungsrohren oder bei Anlagenteilen mit Luftabsaugung, darf der emittierte Geruchsstoffstrom aus getrennten Messungen für den Durchfluss und die Geruchsstoffkonzentration berechnet werden. Wenn solche getrennten Messungen nicht möglich sind, können indirekte Verfahren verwendet werden, um den emittierten Geruchsstoffstrom zu bestimmen. Diese umfassen:

a) Schwimmhaube bzw. Lindvall-Kasten

Der von einer Wasseroberfläche in einem Becken emittierte Geruchsstoffstrom kann unter Verwendung einer Schwimmhaube bzw. eines Lindvall-Kastens abgeschätzt werden. Ein Ventilator bläst Luft mit einem bekannten Durchfluss in ein Ende der unten offenen Schwimmhaube. Die Luft strömt innerhalb der Haube über die Wasseroberfläche, üblicherweise mit einer Geschwindigkeit zwischen 0,5 m/s und 1 m/s, und wird am anderen Ende gesammelt. Eine Probe der Luft wird genommen und die Geruchsstoffkonzentration wird olfaktometrisch bestimmt. Das Produkt der Geruchsstoffkonzentration und des Durchflusses ergibt den emittierten Geruchsstoffstrom der Schwimmhaube bzw. des Lindvall-Kastens. Der von der Beckenoberfläche insgesamt emittierte Geruchsstoffstrom wird ermittelt, indem der emittierte Geruchsstoffstrom in der Haube mit der Beckenoberfläche multipliziert und durch die von dem Lindvall-Kasten abgedeckte Oberfläche geteilt wird.

Vorteile: Es handelt sich um eine relativ preiswerte und einfache Bestimmung. Diese Verfahren kann auch verwendet werden, um die Emissionen von verunreinigtem Boden oder Haufen von Schlammkuchen abzuschätzen.

Nachteile: Die Schwimmhaube beeinflusst die Strömung im Becken. Es ist bekannt, dass dadurch die Geruchsemission beeinflusst wird. Es wurde angenommen, dass der emittierte Geruchsstoffstrom von Absetzbecken mit diesem Verfahren abgeschätzt werden kann, es ist aber bekannt, dass dieser überwiegend durch Emissionen umlaufender Wehre und Rinnen bestimmt wird.

b) mikro-meteorologisches Vorgehen

Die Geruchsstoffkonzentration einer Reihe von Luftproben ist zu messen, die in zunehmender Entfernung von einer Quelle genommen worden sind, entweder vertikal über einer großen Flächenquelle oder abwindseitig einer Quelle. Durch Kombination dieser Messwerte mit Messergebnissen, die die aktuelle meteorologische Situation charakterisieren wie Windgeschwindigkeiten (in unterschiedlichen Höhen), Temperaturprofile und Energieeinstrahlung von der Sonne (oder durch Eingruppierung dieser Daten in „Stabilitätsklassen"), ist es möglich, im Zuge einer Rückwärtsberechnung mit Hilfe eines Ausbreitungsrechenmodells den aktuell vorhandenen emittierten Geruchsstoffstrom aus den abwindseitig gemessenen Geruchsstoffkonzentrationen zu errechnen. In Deutschland (siehe [8]) wird dieses Verfahren als „Fahnenmessung“ bezeichnet, allerdings erfordert diese statt Probenahmen für olfaktometrische Bestimmungen den Besuch einer Prüfergruppe, die vor Ort ihre Beobachtungen anstellt.

Vorteile: Dieses Verfahren führt zur Abschätzung der Gesamtstärke der Emission von einer komplexen Geruchsquelle, z. B. einem Absetzbecken. Es kann die Emission von Anlagenteilen abschätzen, wie z. B. von Gerinnen oder umlaufende Wehren, was mit jedem anderen Verfahren vor Ort fast unmöglich wäre.

Nachteile: Hohe Kosten, Beeinflussung der Ergebnisse durch andere naheliegende Quellen; die Geruchsintensität sinkt insbesondere in der Nähe von großen Flächenquellen schnell unter die Nachweisgrenze.

c) Extrapolation von Untersuchungen im Windkanal

Wenn eine Anlage eingehaust wird, ist es einfach, den emittierten Geruchsstoffstrom zu messen. Bei der Untersuchung von eingehausten Anlagen kann der emittierte Geruchsstoffstrom bei unterschiedlichen Bedingungen gemessen werden, wie Windgeschwindigkeit und Durchfluss, und der Einfluss der Abmessungen der Anlage sowie des Geruchspotentials der Prozessflüssigkeit untersucht werden. Die Ergebnisse können auf großtechnische Anlagen extrapoliert werden. Mit den bei Untersuchungen im Windkanal erhaltenen Beziehungen kann der emittierte Geruchsstoffstrom für andere Abmessungen der Anlage, Flüssigkeitsdurchsätze, Windgeschwindigkeiten und geschätzte oder vorzugsweise gemessene Werte des Geruchspotentials der Prozessflüssigkeit abgeschätzt werden.

Vorteile: Geringe Kosten, nachdem die grundlegenden Untersuchungen durchgeführt sind; Übertragbarkeit, der emittierte Geruchsstoffstrom kann für eine Reihe von Verfahrens- und Wetterbedingungen geschätzt werden. Der Nutzen von verschiedenartigen Minderungsmaßnahmen kann auf einer gemeinsamen Grundlage bewertet werden, z. B. die Verringerung des Gehalts an Geruchsstoffen in der Prozessflüssigkeit, die Veränderung verfahrenstechnischer Einstellungen oder eine Abdeckung und Abluftbehandlung.

Nachteile: Da sich um eine indirekte Messung handelt, kann für jede Anlage eine Kalibrierung notwendig werden.

Literaturhinweise

Die folgenden Schriften enthalten Hinweise, die im Rahmen dieser Norm verwendbar sind.

Diese Zusammenstellung von in den Mitgliedsländern veröffentlichten und angewendeten Dokumenten war zum Zeitpunkt der Veröffentlichung dieser Europäischen Norm aktuell, sollte jedoch nicht als vollständig angesehen werden.

Europäische Normen

[1] EN 12255-1, *Kläranlagen — Teil 1: Allgemeine Baugrundsätze.*

[2] EN 12255-10, *Kläranlagen — Teil 10: Sicherheitstechnische Baugrundsätze.*

[3] EN 12255-11, *Kläranlagen — Teil 11: Erforderliche allgemeine Angaben.*

Deutschland

[4] ATV-M 204, Stand und Anwendung der Emissionsminderungstechnik bei Kläranlagen — Gerüche, Aerosole.

[5] VDI 3881 Blatt 1:1986-05, Olfaktometrie — Geruchsschwellenbestimmung — Grundlagen.

[6] VDI 3882 Blatt 1:1992-10, Olfaktometrie — Bestimmung der Geruchsintensität.

[7] VDI 3882 Blatt 2:1994-09, Olfaktometrie — Bestimmung der hedonischen Geruchswirkung.

[8] VDI 3940:1993-10, Bestimmung der Geruchsstoffimmission durch Begehungen.

[9] Frechen F. B. and Köster W.: Odour Emission Capacity of Wastewaters – Standardization of Measurement Method and Application. Wat. Sci. Tech. Vol. 38, No. 3 pp 61-69, 1998 IAWQ.

[10] Frechen F. B.: Odour Emission of Wastewater Treatment Plants – Recent German Experiences. Wat. Sci. Tech., 1994.

[11] Hagen G.; Van Belois H. J.: Die rechtlichen Regelungen der Niederlande zur Verringerung der Geruchsbelästigung: Wie man einen akzeptablen Belästigungsindex findet. VDI-Berichte 1373 „Gerüche in der Umwelt – Innenraum- und Außenluft", VDI-Verlag, Düsseldorf 1998.

[12] Hangartner M.; Both R.; Frechen F. B.; Medrow W.; Paduch M.; Plattig K. H.; Punter P. H.; Winneke G.: Charakterisierung von Geruchsbelästigungen – Teil 3: Nationale Regelungen, Lösungsansätze und vorhandene Wissenslücken. Staub – Reinhaltung der Luft, Band 55, Nr. 4.

[13] Koch E.: Erfahrungen mit der Geruchsimmissions-Richtlinie (GIRL) in NRW in der Probephase 1995 bis 1997 – Behandlung von Auslegungsfragen. VDI-Berichte 1373 „Gerüche in der Umwelt – Innenraum- und Außenluft", VDI-Verlag, Düsseldorf 1998.

Frankreich

[14] Ministère de l'équipement, du logement et des transports (96-7 TO). Conception et exécution d'installations d'épuration d'eaux usées. Fascicule n° 81 titre II.

Großbritannien

[15] Boon, Arthur. G.: Septicity in Sewers: Causes, Consequences and Containment. Wat. Sci. Tech. Vol. 31, 167, 237 — 353, 1995.

[16] Harreveld, van A.Ph.: Odour Nuisance: Policy options and regulatory approach. Odours: Indoor and Environmental Air VIP-60, US Air and Waste Management Association, September 1996.

[17] J. Hobson: The Odour Potential: A New Tool of Odour Management, J. CIWEM 1995 Vol 9, Oct.

Niederlande

[18] STOWA, Bedrijfstakonderzoek stankbestrijding op rwzi's, april 1994.
- 94-04 Deel Ondezoeksresultaten.
- 94-05 Deel Handleiding voor het vaststellen van geuremissies van rwzi's.

[19] NeR, een ander luchtje, aanpassingen inde NeR naar aanleiding van de veranderingen in het geurbeleid, NeR/Infomil, februari 1996.

[20] STOWA 96-18, Hinderonderzoek en bedrijfseffectentoets bij rioolwaterzuiveringsinrichtingen in Nederland.

Österreich

[21] ÖWAV Regelblatt NR. 23, Geruchsemissionen aus Abwasseranlagen.

März 2001

	Kläranlagen Teil 10: Sicherheitstechnische Baugrundsätze Deutsche Fassung EN 12255-10:2000	DIN EN 12255-10

ICS 13.060.30

Wastewater treatment plants – Part 10: Safety principles;
German version EN 12255-10:2000

Stations d'épuration – Partie 10: Principes de sécurité;
Version allemande EN 12255-10:2000

Die Europäische Norm EN 12255-10:2000 hat den Status einer Deutschen Norm.

Nationales Vorwort

Diese Europäische Norm wurde vom Technischen Komitee TC 165 „Abwassertechnik" (Sekretariat: Deutschland) des Europäischen Komitees für Normung (CEN) erarbeitet.

Die Arbeiten wurden von der Arbeitsgruppe „Kläranlagen – Allgemeine Anforderungen und Besondere Verfahren" (WG 43) (Sekretariat: Deutschland) des CEN/TC 165 durchgeführt. Für Deutschland war der Arbeitsausschuss V 36/UA 2/3 „Abwasserbehandlungsanlagen; CEN/TC 165/WG 42 und 43" an der Bearbeitung beteiligt.

Die Normenreihe DIN EN 12255 „Kläranlagen" wird voraussichtlich aus 15 Teilen bestehen (siehe Vorwort DIN EN 12255-10).

Die im Vorwort von DIN EN 12255-10 genannten Titel der einzelnen Teile entsprechen den Titeln der bereits veröffentlichten Norm-Entwürfe bzw. sind Arbeitstitel und können von den Titeln der Normen geringfügig abweichen.

Darüber hinaus wird zukünftig in allen Teilen der Europäischen Normenreihe DIN EN 12255 in den Titeln der jeweiligen deutschen Sprachfassung im Hauptelement der Begriff „Kläranlagen" verwendet.

Einige Teile der Normenreihe EN 12255 werden als Europäisches Normenpaket gemeinsam gültig werden.

Von der Paketbildung sind die folgenden Teile der Normenreihe DIN EN 12255 betroffen:

DIN EN 12255-1, DIN EN 12255-3 bis DIN EN 12255-8, DIN EN 12255-10 und DIN EN 12255-11 (vgl. Vorwort DIN EN 12255-10).

Datum der Zurückziehung (date of withdrawal, dow) entgegenstehender nationaler Normen ist der

31. Dezember 2001 (Resolution BT 152/1998).

In einem Normenpaket werden Europäische Normen zusammengefasst, die zueinander in Beziehung stehen. Eine Querverbindung kann u. a. aufgrund der Notwendigkeit zur gemeinsamen Anwendung bestehen oder dadurch gegeben sein, dass eine Gruppe entgegenstehender nationaler Normen abzudecken ist.

Die Paketbildung ist aber auch unter dem Aspekt der Verpflichtung zur Übernahme von CEN/CENELEC-Normen durch die CEN-Mitglieder und der damit verbundenen Zurückziehung entgegenstehender nationaler Normen (CEN/CENELEC-Geschäftsordnung) von Bedeutung.

Fortsetzung Seite 2
und 14 Seiten EN

Normenausschuss Wasserwesen (NAW) im DIN Deutsches Institut für Normung e.V.

Die in einem Normenpaket zusammengefassten Europäischen Normen sind spätestens bis zu einem vorab festgelegten Datum der Zurückziehung (dow) zu veröffentlichen.

Die bereits vor diesem Zeitpunkt fertiggestellten und veröffentlichten Europäischen Normen des Paketes werden in das nationale Normenwerk übernommen. Sie gelten bis zum Datum der Zurückziehung parallel zu entsprechenden nationalen Normen.

Erst mit dem Erreichen des Datums der Zurückziehung sind die Europäischen Normen des Normenpaketes in das nationale Regelwerk zu übernehmen, indem ihnen der Status von nationalen Normen gegeben wird. Entgegenstehende nationale Normen sind dann zurückzuziehen.

Die einzelnen Teile der Normenreihe DIN EN 12255 sind inhaltlich anders konzipiert als die Deutschen Normen der Reihe DIN 19569, so dass durchaus mehrere Teile dieser Reihe durch einen Teil der Europäischen Norm berührt werden können.

Der Normungsumfang der Europäischen Normenreihe DIN EN 12255 „Kläranlagen" deckt nicht alle Festlegungen ab, die in den nationalen Normen der Reihe DIN 19569 „Kläranlagen – Baugrundsätze für Bauwerke und technische Ausrüstungen" enthalten sind.

Der Arbeitsausschuss V 36 plant daher die Erarbeitung von Maß- und Restnormen zu den folgenden Themenkreisen:

- Rechteckbecken als Absetzbecken
- Rechteckbecken als Sandfänge
- Rundbecken als Absetzbecken
- Tropfkörper mit Drehsprengern
- Tropfkörperfüllungen
- Rechenbauwerke mit geradem Rechen
- Ablaufsysteme in Absetzbecken
- Besondere Baugrundsätze für Einrichtungen zum Abtrennen und Eindicken von Feststoffen
- Besondere Baugrundsätze für Einrichtungen zur aeroben biologischen Abwasserreinigung
- Besondere Baugrundsätze für Anlagen zur aeroben Behandlung von Abwasser
- Besondere Baugrundsätze für Anlagen zur Abwasserreinigung mit Festbettfiltern
- Besondere Baugrundsätze für Anlagen zur Klärschlammentwässerung
- Besondere Baugrundsätze für Anlagen zur Trocknung von Klärschlamm

EUROPÄISCHE NORM
EUROPEAN STANDARD
NORME EUROPÉENNE

EN 12255-10

Dezember 2000

ICS 13.060.30

Deutsche Fassung

Kläranlagen

Teil 10: Sicherheitstechnische Baugrundsätze

Wastewater treatment plants –
Part 10: Safety principles

Stations d'épuration –
Partie 10: Principes de sécurité

Diese Europäische Norm wurde von CEN am 27. Oktober 2000 angenommen.

Die CEN-Mitglieder sind gehalten, die CEN/CENELEC-Geschäftsordnung zu erfüllen, in der die Bedingungen festgelegt sind, unter denen dieser Europäischen Norm ohne jede Änderung der Status einer nationalen Norm zu geben ist.

Auf dem letzten Stand befindliche Listen dieser nationalen Normen mit ihren bibliographischen Angaben sind beim Zentralsekretariat oder bei jedem CEN-Mitglied auf Anfrage erhältlich.

Diese Europäische Norm besteht in drei offiziellen Fassungen (Deutsch, Englisch, Französisch). Eine Fassung in einer anderen Sprache, die von einem CEN-Mitglied in eigener Verantwortung durch Übersetzung in seine Landessprache gemacht und dem Zentralsekretariat mitgeteilt worden ist, hat den gleichen Status wie die offiziellen Fassungen.

CEN-Mitglieder sind die nationalen Normungsinstitute von Belgien, Dänemark, Deutschland, Finnland, Frankreich, Griechenland, Irland, Island, Italien, Luxemburg, Niederlande, Norwegen, Österreich, Portugal, Schweden, Schweiz, Spanien, der Tschechischen Republik und dem Vereinigten Königreich.

CEN

EUROPÄISCHES KOMITEE FÜR NORMUNG
European Committee for Standardization
Comité Européen de Normalisation

Zentralsekretariat: rue de Stassart 36, B-1050 Brüssel

Ref. Nr. EN 12255-10:2000 D

Inhalt

Vorwort

Diese Europäische Norm für Kläranlagen wurde vom Technischen Komitee CEN/TC 165 „Abwassertechnik" erarbeitet, dessen Sekretariat vom DIN gehalten wird.

Diese Europäische Norm muss den Status einer nationalen Norm erhalten, entweder durch Veröffentlichung eines identischen Textes oder durch Anerkennung bis Juni 2001, und etwaige entgegenstehende nationale Normen müssen bis Dezember 2001 zurückgezogen werden.

Entsprechend der CEN/CENELEC-Geschäftsordnung sind die nationalen Normungsinstitute der folgenden Länder gehalten, diese Europäische Norm zu übernehmen: Belgien, Dänemark, Deutschland, Finnland, Frankreich, Griechenland, Irland, Island, Italien, Luxemburg, Niederlande, Norwegen, Österreich, Portugal, Schweden, Schweiz, Spanien, die Tschechische Republik und das Vereinigte Königreich.

Es ist der zehnte von den Arbeitsgruppen CEN/TC 165/WG 42 und WG 43 erarbeitete Teil, der sich auf allgemeine Anforderungen an Verfahren für Kläranlagen für über 50 Einwohnerwerte (EW) bezieht. Die Normen dieser Reihe sind folgende:

Teil 1: Allgemeine Baugrundsätze
Teil 3: Abwasservorreinigung
Teil 4: Vorklärung
Teil 5: Abwasserbehandlung in Teichen
Teil 6: Belebungsverfahren
Teil 7: Biofilmreaktoren
Teil 8: Schlammbehandlung und -lagerung
Teil 9: Geruchsminderung und Belüftung
Teil 10: Sicherheitstechnische Baugrundsätze
Teil 11: Erforderliche allgemeine Angaben
Teil 12: Steuerung und Automatisierung [1)]
Teil 13: Abwasserbehandlung durch Zugabe von Chemikalien
Teil 14: Desinfektion [1)]
Teil 15: Messung der Sauerstoffzufuhr in Reinwasser in Belüftungsbecken von Belebungsanlagen
Teil 16: Abwasserfiltration[1)]

ANMERKUNG Für Anforderungen an Pumpanlagen auf Kläranlagen, ursprünglich vorgesehen als Teil 2 „Abwasserpumpanlagen", siehe EN 752-6 „Entwässerungssysteme außerhalb von Gebäuden – Teil 6: Pumpanlagen".

Diese Europäische Norm enthält nur allgemeine Mindestanforderungen. Besondere Sicherheitsanforderungen sind in den jeweiligen nationalen Normen zu finden.

Die Teile EN 12255-1, EN 12255-3 bis EN 12255-8 sowie EN 12255-10 und EN 12255-11 werden als europäisches Normenpaket gemeinsam gültig (Resolution BT 152/1998). Das Datum der Zurückziehung (dow) entgegenstehender nationaler Normen ist 2001-12-31. Bis zu diesem Zeitpunkt gelten die nationalen und bereits veröffentlichten Europäischen Normen parallel.

1 Anwendungsbereich

Diese Norm dient dem Schutz der Beschäftigten und legt sicherheitstechnische Anforderungen für den Bau und Umbau von Kläranlagen fest, und zwar für

- Bauwerke und Bauwerksteile, bei denen sicherheitstechnische Belange berücksichtigt werden müssen;
- alle Bestandteile der technischen Ausrüstung, soweit sicherheitstechnische Anforderungen bei Planung und Gestaltung dieser Anlagenteile beachtet werden müssen.

Es ist möglich, dass nationale Regelungen die in dieser Norm festgelegten Anforderungen übersteigen. In diesem Falle müssen diese Anforderungen in Leistungsbeschreibungen genau beschrieben werden.

Spezielle sicherheitstechnische Anforderungen z. B. aus den Bereichen Elektrotechnik und Maschinenbau, die in anderen Regelwerken behandelt werden, sind zu berücksichtigen, auch wenn sie in dieser Norm nicht besonders erwähnt werden.

Diese Norm gilt nur für neue Kläranlagen und neue Bauteile von bestehenden Anlagen, die nach dem In-Kraft-Treten geplant und gebaut werden. Eine Nachrüstung bestehender Kläranlagen ist nicht notwendig.

---

1) in Vorbereitung

Die in den Literaturhinweisen aufgeführten Unterlagen enthalten Einzelheiten und Hinweise, die im Rahmen dieser Norm verwendet werden dürfen.

2 Normative Verweisungen

Diese Norm enthält durch datierte oder undatierte Verweisungen Festlegungen aus anderen Publikationen. Diese normativen Verweisungen sind an den jeweiligen Stellen im Text zitiert, und die Publikationen sind nachstehend aufgeführt. Bei datierten Verweisungen gehören spätere Änderungen oder Überarbeitungen dieser Publikationen nur zu dieser Norm, falls sie durch Änderung oder Überarbeitung eingearbeitet sind. Bei undatierten Verweisungen gilt die letzte Ausgabe der in Bezug genommenen Publikation (einschließlich Änderungen).

EN 124, *Aufsätze und Abdeckungen für Verkehrsflächen – Baugrundsätze, Prüfungen, Kennzeichnung, Güteüberwachung.*

EN 476, *Allgemeine Anforderungen an Bauteile für Abwasserkanäle und -leitungen für Schwerkraftentwässerungssysteme.*

EN 752-6, *Entwässerungssysteme außerhalb von Gebäuden – Teil 6: Pumpanlagen.*

EN 1085, *Abwasserbehandlung – Wörterbuch.*

prEN 12255-1:1996, *Abwasserbehandlungsanlagen – Teil 1: Allgemeine Baugrundsätze.*

3 Begriffe

Für die Anwendung dieser Norm gelten die Begriffe nach EN 1085 sowie die folgenden:

3.1
Abwasserableitungsanlagen in einer Kläranlage
alle Einrichtungen zum Sammeln, Ableiten und Speichern von Abwasser in einer Kläranlage

ANMERKUNG Abwasserableitungsanlagen innerhalb von Kläranlagen umfassen:
- offene und geschlossene Kanäle;
- Pumpwerke;
- Anlagen zur Ableitung und Behandlung von Niederschlagswasser.

3.2
Kläranlage
Einrichtung, in der Abwasser physikalisch, biologisch und chemisch behandelt wird einschließlich der Einrichtungen zur Behandlung von Feststoffen (Rechengut, Sand, Schlamm)

3.3
umschlossene Räume
alle Bauwerke von Klär- und Abwasserableitungsanlagen, die in offener Verbindung mit Abwasser, Schlamm, gefährlichen Chemikalien usw. stehen, soweit sie abgedeckt sind oder versenkt sind

ANMERKUNG Zu den umschlossenen Räumen gehören auch Kontrollschächte und sonstige Schächte, auch wenn sie nicht in offener Verbindung mit dem Abwasser stehen.

4 Allgemeine Anforderungen

Die Befolgung der Sicherheitsregeln muss unerlässlicher Bestandteil für Entwurf, Bau und Ausrüstung der Kläranlagen sein.

4.1 Umschlossene Räume, Gefahren und Warnanlagen

4.1.1 Umschlossene Räume

Umschlossene Räume in Kläranlagen erfordern besondere Beachtung. Zu ihnen gehören z. B.:

- Kanäle;
- Schächte, Kontrollschächte, Sickerschächte;
- Becken (abgedeckt oder versenkt);
- Absturzbauwerke;

- Schieberbauwerke;
- Ein- und Auslaufbauwerke;
- sehr tiefliegende oder umbaute Rechenanlagen;
- Pumpensümpfe (trocken oder nass);
- Schlammsilos und Eindicker;
- Faulbehälter;
- Gasbehälter;
- vollkommen abgedeckte Anlagen.

4.1.2 Gefahren

Gefahren durch Stoffe in Abwasseranlagen können entstehen durch Feststoffe, Flüssigkeiten, Dämpfe, Gase und Aerosole, Mikroorganismen und Stäube in gefährlicher Menge oder Konzentration sowie durch sauerstoffverdrängende Medien.

Gefahren durch Stoffe können von außen eingebracht werden oder vorort durch biologische Vorgänge (z. B. Gärung, Fäulnis) oder chemische Reaktionen (z. B. beim Vermischen verschiedener Abwässer) entstehen.

Gefahren können folgende Ursachen haben:

- Gase oder Dämpfe, durch die Brände oder Explosionen entstehen können;
- Sauerstoffmangel, der zum Ersticken führen kann;
- giftige, ätzende, reizende, entflammbare oder heiße Stoffe, die durch Berührung, Aufnahme durch Haut, Mund, Einatmung oder Eindringen in kleine Verletzungen Gesundheitsschäden verursachen;
- Anstieg der Wasserführung oder des Wasserspiegels, z. B. infolge starken Regens oder schwallartiger Abflüsse;
- Mikroorganismen und deren Stoffwechselprodukte, die zu gesundheitlichen Beeinträchtigungen führen können;
- radioaktive Substanzen.

4.1.3 Warnanlagen zum Personenschutz

Vor dem Betreten von umschlossenen Räumen muss durch Messungen festgestellt werden können, dass die Atmosphäre für Menschen gesundheitlich unbedenklich ist.

Die Messung darf mit stationären oder mit mobilen Geräten erfolgen. Mobile Geräte dürfen nur von sicheren Standorten aus eingesetzt werden.

Stationäre Geräte dürfen auch Notfunktionen (z. B. Einschalten der Lüftung) übernehmen. Die Aktivierung ist durch entsprechende Signale anzuzeigen.

Die Messgeräte müssen auf ihre Zuverlässigkeit geprüft und explosionsgeschützt sein.

Es muss jederzeit möglich sein, Hilfe anzufordern (z. B. über Telefon oder Betriebsfunk).

4.2 Verkehrswege für Fahrzeuge und Fußgänger

4.2.1 Verkehrswege für Fahrzeuge und Fußgänger müssen den betrieblichen Anforderungen entsprechend so angelegt sein, dass sie ein sicheres Erreichen und Verlassen von Arbeitsplätzen und Wartungsstellen ermöglichen. Sie müssen frei von Stolperstellen sein und auch in nassem Zustand sowie bei Eis und Schnee sicher begangen werden können.

Dies wird erfüllt, wenn z. B.:

- Arbeitsplätze möglichst direkt und bequem erreicht werden können;
- Wege eben hergerichtet und nicht durch Anlagenteile versperrt sind und sich auf den Wegen keine Hindernisse, wie querlaufende Rohrleitungen oder Schieberantriebe, befinden;
- Hindernisse, wie offene Gerinne oder Förderbänder, mit Brücken überbaut sind;
- Böden leicht zu reinigen sind;
- Bodenbeläge, Rostabdeckungen, Fahrbahnen und Wege mit einer rutschsicheren Oberfläche ausgeführt sind und Wasseransammlungen auf der Oberfläche nicht entstehen können;
- Wege aus Materialien gebaut werden, die widerstandsfähig gegen Abnutzung und Verschleiß sind;
- Platten und Pflaster eben und mit engen Fugen verlegt werden;
- rutschsichere Oberflächen ein sicheres Begehen in alle Richtungen auch unter ungünstigen Bedingungen erlauben;
- Türen im Verlauf von Fluchtwegen nach außen aufschlagen.

4.2.2 Verkehrswege und Durchfahrten müssen so angelegt sein, dass Gefährdungen durch Fahrzeuge im Betrieb vermieden werden.

Dies wird erfüllt, wenn z. B.:

- Verkehrswege von Einbauten freigehalten werden, damit sie jederzeit benutzt werden können;
- Verkehrswege für Fahrzeuge an Türen und Toren, Durchgängen, Durchfahrten und Treppenaustritten einen Abstand von mindestens 1,0 m zwischen Ausgang und Fahrbahnrand haben. Ist der Ausgang unübersichtlich, müssen zusätzlich Umgehungsgeländer, Spiegel oder ähnliche Einrichtungen angeordnet werden;
- Verkehrswege in solcher Anzahl vorhanden und so beschaffen und bemessen sind, dass sie entsprechend ihrem Bestimmungszweck sicher begangen oder befahren werden können (z. B. geeignete Wendeplätze für Fahrzeuge);
- Verkehrswege für kraftbetriebene oder schienengebundene Beförderungsmittel so breit sind, dass zwischen der äußeren Begrenzung der Beförderungsmittel und der Grenze der Verkehrswege ein Sicherheitsabstand von mindestens 0,5 m auf beiden Seiten der Verkehrswege erhalten bleibt;
- Beleuchtungseinrichtungen an Verkehrswegen so angeordnet und ausgelegt sind, dass sich hieraus keine Unfallgefahren ergeben können und die Stärke der Allgemeinbeleuchtung mindestens 5 Lux beträgt;
- Geschwindigkeitsbegrenzungen in Betracht gezogen worden sind.

4.2.3 Durchgänge müssen mindestens eine Höhe von 2 m und eine Breite von 0,60 m aufweisen. Werden sie zur Lastenbeförderung benutzt, müssen sie mindestens 1,20 m breit sein.

4.2.4 Wo Höhenunterschiede von mehr als 0,2 m zu überwinden sind, müssen Treppen oder Rampen vorhanden sein. Rampen dürfen nicht steiler als 1 : 10 sein und müssen stufenfrei ausgeführt werden. Sind Treppen oder Rampen nicht möglich, siehe 4.3.1.

4.3 Steigleitern, Steigeisengänge und Steigkästen

4.3.1 Wo Treppen oder Rampen aus baulichen Gründen nicht möglich sind, müssen Steigleitern, Steigeisen, Steigkästen oder andere Zugangsmöglichkeiten vorhanden sein.

4.3.2 Steigleitern, Steigeisengänge und Steigkästen müssen trittsicher sein und einen ausreichenden Fußraum bieten. Bei möglicher Anwesenheit von Wasser, Öl oder Fett sind zusätzliche Rutschsicherungsmaßnahmen, wie Profilierung oder Überzüge, erforderlich.

Steigleitern müssen eine Fußraumtiefe von mindestens 150 mm aufweisen.

4.3.3 Wo die Absturzhöhe mehr als 3 m beträgt, müssen fest angebrachte Absturzsicherungen vorhanden sein (z. B. Sicherheitsschienen für Schlitten und Sicherheitsgurt).

4.3.4 In umschlossenen Räumen darf kein Rückenschutz vorhanden sein, weil dieser die Rettung verletzter Personen behindert.

4.3.5 Für ein sicheres Ein- und Aussteigen müssen oberhalb von Einstiegsstellen geeignete Einstiegshilfen vorhanden sein.

Dies wird erfüllt, wenn z. B.:

- in die Rahmen von Schachtabdeckungen Muffen eingebaut sind, in die mindestens 1,10 m über die Schachtabdeckung hinausragende, feststellbare Haltestangen eingesetzt werden können;
- vorhandene Geländer eine Haltemöglichkeit bieten;
- eine Seilfahrtwinde eingesetzt werden kann.

4.3.6 Steigleitern und Aufstiege mit einer Länge von mehr als 10 m müssen in Abständen von höchstens 6 m mit Ruheplattformen versehen sein, die die Rettung Verletzter und den Transport von Werkzeugen und Material nicht behindern.

4.3.7 Der Freiraum auf der Benutzerseite von Steigleitern muss mindestens 0,65 m bei Vertikal- und 1,10 m bei Schrägleitern betragen.

4.4 Zugangsschächte

4.4.1 Zugangsschächte müssen eine lichte Weite von mindestens DN/ID 1 000 nach EN 476 haben.

4.4.2 Einstiegsöffnungen müssen in Verkehrsbereichen einen lichten Durchmesser von mindestens DN/ID 600 haben. In nicht befahrenen Bereichen sollten Einstiegsöffnungen einen lichten Durchmesser von mindestens DN/ID 800 nach EN 124 haben.

4.5 Absturzsicherungen und Abdeckungen

4.5.1 Arbeitsplätze und Verkehrswege, neben denen eine Absturzhöhe vorhanden ist oder die an Gefahrenbereiche angrenzen, müssen ständige Schutzgeländer haben, die verhindern, dass Personen abstürzen oder in die Gefahrenbereiche gelangen. Die maximal zulässige, ungesicherte Absturzhöhe ist den nationalen Regelungen zu entnehmen.

Gestraffte Ketten, Seile oder Netze dürfen dort angebracht werden, wo keine direkte Absturzgefahr in offene Kanäle oder Becken besteht.

Geeignete Absturzsicherungen sind z. B. mindestens 1,10 m hohe fest angebrachte Geländer oder entsprechend hochgezogene Umfassungswände.

Geländer müssen so gestaltet sein, dass Personen nicht hindurchfallen können.

Bei Geländern mit vertikalen Füllstäben darf deren lichter Abstand nicht mehr als 0,18 m betragen. Bei Geländer mit einer oder mehreren Knieleisten darf der lichte Abstand zwischen Fuß- und Knieleiste, zwischen Knieleiste und Handlauf oder zwischen zwei Knieleisten nicht größer als 0,50 m sein.

Fehlen die Fußleisten, darf die Entfernung zwischen Boden und Knieleiste nicht mehr als 0,30 m betragen.

Fußleisten müssen mindestens 0,10 m hoch sein und sind – unabhängig von der Geländergestaltung – über allen Arbeitsplätzen und Verkehrswegen unbedingt erforderlich.

Die Geländer müssen so beschaffen und befestigt sein, dass an ihrer Oberkante eine Horizontalkraft von 1 000 N/m aufgenommen werden kann. Abweichend genügt ein Lastansatz von 500 N/m für Geländer an Bühnen oder Treppen und Laufstegen mit lotrechten Verkehrslasten von höchstens 5 000 N/m oder von 300 N/m für Geländer in Bereichen oder an Verkehrswegen, die nur zu Kontroll- und Wartungszwecken begangen werden (z. B. Tankdächer, Schauöffnungen an Öfen) sowie auf Fahrzeugen und für Steckgeländer.

Die genannten Werte sind Lastannahmewerte für die statische Berechnung der Geländer.

Bepflanzungen mit Bäumen, Büschen oder Hecken können bei Schrägen mit einer Böschungsneigung bis 1 : 1 als Absturzsicherung dienen.

4.5.2 Bewegliche Schutzgeländer müssen klappbar, schiebbar oder steckbar sein. Bewegliche Absturzsicherungen können z. B. an Zugängen zu Leitern und Treppen oder an Montageöffnungen erforderlich sein.

4.5.3 Abdeckungen müssen sicher zu handhaben und gegen unbeabsichtigtes Verschieben gesichert sein und den betrieblichen und witterungsbedingten Belastungen standhalten.

Dies wird erfüllt, wenn z. B.:

- Abdeckungen von gesicherten Standplätzen aus geöffnet werden können;
- klappbare Abdeckungen in geöffnetem Zustand festgestellt werden können;
- schwere Abdeckungen zusätzlich mit Gewichtsausgleich, hydraulisch betätigten Hubvorrichtungen oder Gasdruckfedern ausgestattet sind.

4.6 Notausstiege

Becken müssen in jedem für sich abgeschlossenen Beckenteil mit fest eingebauten Notausstiegen ausgerüstet sein.

Steigleitern, Steigeisengänge und Steigkästen, die bis mindestens 1 m unter den niedrigsten Betriebswasserstand hinabreichen, dürfen als Notausstiege genutzt werden.

Offene Becken mit Böschungswinkeln flacher als 1:2 dürfen auch mit anderen Ausstiegshilfen (z. B. Seilen) ausgerüstet werden.

4.7 Arbeitsplätze, Arbeitsbühnen und Wartungspodeste

Arbeitsplätze, Arbeitsbühnen und Wartungspodeste müssen so geplant, angeordnet und beschaffen sein, dass sie frei von Hindernissen sind und von ihnen aus ein sicheres Arbeiten auch bei Nässe und Frost möglich ist. Dies gilt insbesondere hinsichtlich des Materials, der Geräumigkeit, der Festigkeit und Stabilität, der Oberfläche, der Rutschsicherheit, der Beleuchtung und Belüftung sowie hinsichtlich des Fernhaltens von schädlichen Umwelteinflüssen und von Gefahren, die von Dritten ausgehen.

Die Forderung nach Rutschsicherheit schließt ein, dass Rostabdeckungen und Standplätze überflutungssicher angeordnet werden, soweit das möglich ist.

4.8 Hebevorrichtungen

Für die Handhabung schwerer Lasten müssen geeignete und sichere Hebevorrichtungen vorhanden sein.

Dies ist erfüllt, wenn z. B.:

- eine Hebeeinrichtung eingebaut ist;
- ein Träger für ein mobiles Hebezeug eingebaut ist;
- ein Dreibock mit mobilem Hebezeug, gesichert gegen Verschieben und Auseinandergleiten der Füße, benutzt wird;
- eine ausreichend große und belastbare Standfläche für ein Fahrzeug mit schwenk- und teleskopierbarem Ausleger (Kranarm) vorhanden ist;
- sicherer Gebrauch gemacht werden kann von Vielzweck-Hebegeräten, wie z. B. entsprechend ausgerüsteten LKW-Hebeeinrichtungen, Gabelstaplern, kleinen Hydraulikbaggern usw.

4.9 Lüftung

Umschlossene Räume in Kläranlagen, in denen sich gefährliche Stoffe, eine explosionsfähige Atmosphäre oder Aerosole in gesundheitsschädlichen Konzentrationen in der Atemluft ansammeln können oder in denen Sauerstoffmangel auftreten kann, müssen über eine wirksame Lüftung verfügen.

Die Wirksamkeit der Lüftung muss von einem sicheren Standort aus gemessen werden können.

Eine natürliche Lüftung kann wirksam sein, wenn z. B. die Bauweise der Öffnungen eine ausreichende Lüftung aller Bereiche zulässt, und die Lüftungsöffnungen nicht geschlossen werden können.

Lüftungsöffnungen, die sich nur oben oder unten in einer Tür befinden sowie Fenster, gelten nicht als wirksame Lüftungsmöglichkeit.

Wenn die natürliche Lüftung nicht ausreicht, muss eine technische Lüftung vorgesehen werden.

4.10 Explosionsgefährdete Bereiche

4.10.1 Explosionsgefahren in Abwasseranlagen können z. B. durch unzulässig in die Kanalisation eingeleitete brennbare Stoffe oder durch Faulprozesse entstehen, z. B. Methan.

Umschlossene Räume in Kläranlagen müssen so gebaut und ausgerüstet werden, dass die Bildung explosionsfähiger Atmosphäre verhindert wird. Kann die Bildung explosionsfähiger Atmosphäre nicht sicher verhindert werden, muss durch zusätzliche Schutzmaßnahmen eine Zündung explosionsfähiger Atmosphäre vermieden werden, wie z. B. durch Lüftung oder durch ortsfeste Gaswarngeräte zur Auslösung von Notfunktionen.

Ortsfeste Gaswarngeräte sollten vorgegebene Grenzkonzentrationen haben, z. B.:

- bei 20 % der unteren Explosionsgrenze (UEG) Voralarm (z. B. Einschalten der technischen Lüftung, Öffnen der Tore);
- bei 50 % UEG Einsetzen von Notfunktionen (z. B. Abschalten von Zündquellen).

Die Richtlinie des Europäischen Parlaments und des Rates Nr. 99/92/EG sollte für die Beurteilung, ob gefährliche explosionsfähige Atmosphäre auftreten kann sowie für die Auswahl und Durchführung von Schutzmaßnahmen zur Vermeidung von Gefahren durch explosionsfähige Atmosphäre heranzuziehen.

Explosionsgefährdete Bereiche in Kläranlagen müssen klar gekennzeichnet und für nichtautorisierte Personen unzugänglich sein.

Durch bauliche Maßnahmen kann eine Einschränkung der explosionsgefährdeten Bereiche erreicht werden. Bauliche Maßnahmen sind z. B. genügend gasdichte Wände aus nicht brennbarem Material und gasdichte Rohrleitungen und Kanäle. Als genügend gasdicht in diesem Sinne gelten Ziegelsteinwände, die beidseitig verputzt sind oder Stahlbetonwände.

Oberirdische Räume, in denen unter außergewöhnlichen Umständen explosionsfähige Atmosphäre entstehen kann, müssen von angrenzenden Räumen durch selbstschließende gasdichte Türen abgetrennt sein.

Schutzmaßnahmen, welche die Bildung explosionsfähiger oder entzündlicher Atmosphäre verhindern, sind bereits in den Entwurf einzubeziehen.

4.10.2 Verkehrswege für Kraftfahrzeuge müssen außerhalb von explosionsgefährdeten Bereichen angelegt sein.

4.11 Hygieneeinrichtungen

Der Umfang, in dem Hygieneeinrichtungen notwendig sind, hängt von der Größe und der Lage der Kläranlage ab. Hygieneeinrichtungen sollten einschließen Einrichtungen für:

- die Reinigung von Schutzkleidung einschließlich von Schuhen und Stiefeln;
- die persönliche Reinigung der Mitarbeiter (Waschbecken und Duschen);
- die Einnahme von Mahlzeiten und die Zubereitung von Getränken;
- die Aufbewahrung der persönlichen Gegenstände;
- die Erste-Hilfe-Ausrüstung.

Einige dieser Einrichtungen können auch in Fahrzeugen zur Verfügung gestellt werden, andere nur an geeigneten Orten.

4.12 Allgemeine Sicherheitskennzeichnung

Warnzeichen sollten gut sichtbar an allen Eingängen von Gefahrenbereichen angebracht werden, z. B.:

- Gefahr durch Elektrizität,
- Gefahr durch hohen Lärmpegel,
- automatisch betriebene bewegliche Einrichtungen,
- Vorhandensein gefährlicher Gase und mögliche Explosionsgefahr,
- Sauerstoffmangel,
- gefährliche Chemikalien.

Verbots- und Gebotszeichen müssen am Zugang zu den entsprechenden Bereichen angebracht sein, z. B.:

- Rauchverbot,
- Schutzbrille tragen,
- Schutzhelm tragen,
- Gehörschutz tragen,
- Selbstretter oder umluftunabhängigen Atemschutz tragen,
- Zutritt nur für autorisierte Personen.

Auf die Rettungs- und Brandschutzausrüstung wie:

- Fluchtwege und Notausgänge,
- Feuerlöscher,
- Rettungsgeräte,
- Erste-Hilfe-Ausrüstungen.

muss durch entsprechende Zeichen hingewiesen werden.

5 Besondere Anforderungen

5.1 Anlagen zum Abscheiden von Feststoffen aus dem Abwasser

5.1.1 Rechen-, Sieb- und Rechengutentwässerungsanlagen, sowie Sand- und Fettfänge müssen so ausgeführt sein, dass ein Kontakt von Personen mit den Feststoffen möglichst vermieden wird, und ein sicherer Abtransport der Feststoffe sichergestellt ist.

5.1.2 In belüfteten Sandfängen mit rotierenden Wasserwalzen und Wassertiefen von mehr als 1,35 m muss auf der Seite mit Abwärtsströmung auf ganzer Länge eine geeignete Festhalteeinrichtung zur Selbstrettung vorhanden sein.

Um rotierende Einrichtungen sind Sicherheitsseile oder -geländer unmittelbar über der Wasserlinie anzubringen. In belüfteten Sandfängen mit Horizontalströmung müssen stromabwärts Notausstiege angeordnet werden.

Diese Notausstiege dürfen nicht in der Nähe der Sandtrichter angeordnet werden und müssen von der Festhalteeinrichtung unmittelbar erreichbar sein.

Geeignete Festhaltevorrichtungen zur Selbstrettung können z. B. umfassbare Rohre, Haltestangen oder straff gespannte Seile sein.

5.1.3 Grubenförmige Absetzplätze für Fahrzeug-Container müssen anfahrtseitig mit einer Aufkantung versehen sein, die ein Abstürzen des Fahrzeugs beim Rückwärtsfahren verhindert.

Eine geeignete Aufkantung ist eine mindestens 0,25 m hohe Schwelle mit den Kontrastfarben gelb/schwarz.

5.2 Abwasserpumpwerke

5.2.1 Zur Vermeidung von Gefahren durch gefährliche Stoffe müssen Pumpensümpfe einen Zugang von außen haben und dürfen nicht mit anderen Räumen in Verbindung stehen.

5.2.2 Der feste Einbau einer Einstiegsmöglichkeit in Pumpensümpfe ist nicht erforderlich, wenn weder zu Reinigungs- noch zu Wartungszwecken eingestiegen werden muss.

Einsteigen ist z. B. nicht erforderlich, wenn ein Absetzen der Feststoffe durch maschinelle Einrichtungen verhindert wird, oder Reinigungs- und Wartungsarbeiten wirksam von gesicherten Standplätzen aus durchgeführt werden können.

5.2.3 Pumpen, auch in Nassaufstellung, und elektrische Ausrüstungen müssen so beschaffen sein, dass keine Zündenergie freigesetzt werden kann, wenn sie in explosionsgefährdeten Bereichen eingesetzt werden.

Diese Anforderung wird z. B. erfüllt, wenn explosionsgeschützte Tauchmotorpumpen eingesetzt werden, oder die Pumpenmotoren während der Pumpzeit völlig untergetaucht sind.

5.2.4 Pumpen müssen so gestaltet und installiert werden, dass sie einfach und sicher gewartet werden können. Jede Pumpe muss einzeln so absperrbar sein, dass die anderen Pumpen der Station weiter betrieben werden können.

Im Falle von Schneckenpumpen ist zusätzlich zu berücksichtigen, dass:

- Schnecken sicher gesäubert werden können;
- Standplätze über dem Schneckenzulauf nicht überflutet werden können.

Für weitere Informationen siehe EN 752-6.

5.3 Belebungsbecken

5.3.1 Belüftungs- und Umwälzeinrichtungen müssen so gestaltet sein, dass Wartungsarbeiten sicher ausgeführt werden können.

Dies wird erfüllt, wenn z. B.:

- bei Becken mit Druckluftbelüftung aushebe- oder schwenkbare Belüftungseinrichtungen eingebaut werden oder
- Becken zu Wartungszwecken entleert werden können.

5.3.2 Oberflächenbelüfter und mechanische Umwälzeinrichtungen müssen mit Not-Aus-Schaltern versehen sein. Die Not-Aus-Schalter müssen in der unmittelbaren Nähe der Belüftungs- oder Umwälzeinrichtungen angeordnet und gut erreichbar sein.

In Abhängigkeit von der Anordnung der Oberflächenbelüfter bzw. mechanischen Umwälzeinrichtungen (Strömungserzeuger) können auch mehrere Not-Aus-Schalter erforderlich sein.

5.3.3 In Belebungsbecken mit rotierenden Wasserwalzen und Wassertiefen von mehr als 1,35 m muss auf der Seite mit Abwärtsströmung auf ganzer Länge eine geeignete Festhaltevorrichtung zur Selbstrettung vorhanden sein.

Um rotierende Einrichtungen sind Sicherheitsseile oder -geländer unmittelbar über der Wasserlinie anzubringen. In Belebungsbecken müssen Notausstiege angeordnet werden.

5.4 Faulbehälter, Niederdruckgasbehälter

5.4.1 Faulbehälter und Niederdruckgasbehälter müssen mit frostsicheren Sicherheitseinrichtungen gegen Überschreiten des zulässigen Betriebsüberdrucks und gegen unzulässige Druckunterschreitung ausgerüstet sein.

Die Drucksicherheitseinrichtung muss sich automatisch wieder betriebsbereit schalten oder im Falle von Unterdruck in einem Überwachungsraum Alarm auslösen.

5.4.2 Es müssen mindestens zwei Einstiegsöffnungen, eine zu ebener Erde und eine am Faulbehälterkopf, vorhanden sein. Eine der Einstiegsöffnungen von Faulbehältern sollte eine lichte Weite von mindestens 0,8 m haben.

5.5 Faulgasführende Leitungen

5.5.1 Faulgasführende Leitungen und Armaturen müssen so ausgeführt sein, dass sie den beim Betrieb zu erwartenden mechanischen, chemischen und thermischen Beanspruchungen widerstehen.

Die Anforderung mechanischer und chemischer Belastbarkeit wird z. B. durch geeignete Werkstoffe, wie nichtrostender Stahl, erfüllt.

Mechanische Beanspruchungen durch Setzungen, Temperaturunterschiede und Schwingungen sind durch entsprechende konstruktive Ausbildung der Rohrleitungen, z. B. Rohrschleifen, Einbau von Dehnungsausgleichern, aufzufangen.

5.5.2 Faulgasführende Leitungen müssen am Faulbehälter und vor dem Gasbehälter mit Absperreinrichtungen ausgerüstet sein.

5.5.3 Faulgasführende Leitungen müssen vor Gasverbrauchern, Entschwefelungsanlagen und Ansaugleitungen von Kompressoren Einrichtungen haben, die eine ungewollte Flammenausbreitung verhindern. Dies können z. B. flammendurchschlagsichere Armaturen oder über Strömungsmessung schließende Absperrorgane sein. Die Wirksamkeit der Einrichtungen ist auf der Basis nationaler Regelungen nachzuweisen.

5.5.4 Faulgasführende Leitungen, die in umschlossene Räume führen, müssen außerhalb der Räume an ungefährdeten Stellen mit Absperreinrichtungen versehen sein.

5.5.5 Es müssen Einrichtungen vorgesehen sein, um das im Faulgassystem anfallende Kondensat gefahrlos ableiten zu können.

Dies wird z. B. erfüllt durch:

- Entwässerungsautomaten,
- Schleusen mit Doppelabsperrarmaturen.

Faulgasleitungen sollten eindeutig gekennzeichnet sein.

5.6 Entschwefelungsanlagen

Entschwefelungsanlagen müssen mit den Sicherheitseinrichtungen nach 5.4 und 5.5 ausgerüstet sein.

Zusätzlich muss sichergestellt sein, dass:

- weder Luft in die faulgasführende Leitung, noch Faulgas in die Luftleitungen eindringen kann;
- die Luftzufuhr unterbrochen wird, bevor eine gefährliche explosionsfähige Atmosphäre entsteht;
- das Faulgas im Entschwefelungsbehälter die Temperatur von 60 °C nicht überschreitet.

5.7 Gasmaschinenräume und Gasmaschinen

5.7.1 Gasmaschinenräume müssen ausreichend natürlich oder technisch belüftet sein (siehe auch 4.9 und 4.10).

5.7.2 In Gasmaschinenräume und Luftansaugleitungen von Gasmaschinen darf beim Betrieb oder bei Störungen kein Gas eindringen.

Diese Anforderung wird erfüllt, wenn z. B.:

- bei Stillstand der Gasmaschine kein Gas in den Maschinenraum austreten kann. Dies kann durch den Einbau eines selbsttätig wirkenden Gasabsperrschiebers (mit redundant ausgeführter Steuerung) sichergestellt werden;

- Kurbelgehäuse-Entlüftungsleitungen ins Freie geführt oder ins geschlossene System zurückgeführt werden;
- Lüftungsöffnungen von Gasmaschinenräumen nicht in der Nähe von Kurbelgehäuse-Entlüftungsleitungen oder Öffnungen von Gasmaschinen-Ansaug- oder Abgasleitungen angeordnet sind;
- Luftansaugleitungen von Gasmaschinen von außen eingeführt werden.

5.7.3 Die Zündung von Gasmaschinen darf erst dann möglich sein, wenn Maschine und Abgassystem ausreichend mit Luft durchspült sind.

5.8 Gasfackeln

Gasfackeln müssen so eingerichtet und angeordnet sein, dass Personen nicht durch Gase, Flammen oder heiße Bauteile gefährdet werden. Gasfackeln müssen mit selbsttätig wirkender Zündeinrichtung, Flammensperre und Flammenüberwachung ausgerüstet sein.

5.9 Schlammentwässerung

5.9.1 Schlammentwässerungsanlagen, bei denen sich Gase und Dämpfe in schädlichen Konzentrationen ansammeln können, müssen mit wirksamen lüftungstechnischen Einrichtungen ausgerüstet sein, die diese Gase an der Entstehungsstelle absaugen.

Bei der Schlammentwässerung können gefährliche Gase, wie z. B. Ammoniak, Schwefelwasserstoff oder Methan, in Abhängigkeit vom Verfahren oder der Konditionierungsmethode entweichen.

Gefährliche Gase können auch aus entwässertem Schlamm entweichen. Räume, in denen entwässerter Schlamm gelagert wird, müssen deshalb wirksam durchlüftet sein (siehe 4.9).

5.9.2 Maschinell betriebene Entwässerungsanlagen sollten mit automatischen Reinigungsanlagen ausgerüstet sein.

5.10 Anlagen zur Lagerung und Handhabung von Chemikalien und gefährlichen Stoffen

Anlagen zur Anlieferung zum Einlagern, Mischen und Zugeben von chemischen und gefährlichen Stoffen müssen so beschaffen sein, dass weder Personen noch die Umwelt durch Flüssigkeiten, Gase, Dämpfe und Stäube gefährdet werden.

Diese Anforderung ist erfüllt, wenn z. B.:

- die Oberflächen der Bereiche, in denen Chemikalien angeliefert und übernommen werden, versiegelt und so gestaltet sind, dass versehentlich verschüttete Stoffe gefahrlos beseitigt werden können;
- Chemikalientanks aus entsprechend widerstandsfähigem Material hergestellt, Anschlüsse zum Füllen und Entleeren dichtschließend sowie Füllstand und Art des Inhaltes von außen kontrollierbar sind, Überfüllung sicher verhindert wird, Leckflüssigkeiten sicher aufgefangen werden können (Auffangwannen, doppelwandige Tanks oder Behälter) und die jeweils zutreffende Sicherheitskennzeichnung auf der Tankaußenwand bzw. der Zugangstür zum Lagerraum angebracht ist;
- Kalksilos und ihre Füll- und Abzugseinrichtungen staubdicht ausgeführt und deutlich gekennzeichnet sind;
- Kalkmilch-Anmischanlagen dichtschließend ausgeführt sind und Kontrollöffnungen während des Mischvorganges nicht geöffnet werden können;
- ein selbstschließender und -verriegelnder Sicherheitsschrank für die Lagerung kleiner Mengen von brennbaren, brandfördernden, giftigen oder ätzenden Gefahrstoffen am Arbeitsplatz (Labors, Werkstätten) vorhanden ist;
- separate, verschließbare Lagerräume mit sicherheitstechnischen Einrichtungen (z. B. Feuer- und Explosionsschutz, Lüftung und Vorkehrungen zum Auffangen auslaufender Flüssigkeiten) und entsprechende Sicherheitskennzeichnungen für die Lagerung größerer Mengen von Gefahrstoffen, die für den Betrieb von Abwasserbehandlungsanlagen benötigt werden, (z. B. Kalk, Säuren) vorhanden sind;
- Vorkehrungen zur Verhütung von Umweltschäden im Leckagefall getroffen sind. Hierzu muss ein zweiter Sicherheitsbehälter vorhanden sein (z. B. zusätzliche unterirdische Leitungen, zusätzliche Tankwände, Tankwälle mit einem Aufnahmevolumen von mindestens 110 % des größten Einzeltanks) und Messfühler, die bei einer Leckage des ersten Behälters Alarm auslösen.

Für weitere Informationen siehe prEN 12255-1:1996.

Anhang A
(informativ)

Diese Norm enthält die wesentlichen Anforderungen für sicherheitstechnische Baugrundsätze bei der Planung und dem Bau von Kläranlagen. Weitergehende Einzelheiten und Hinweise können nationalen Unterlagen entnommen werden, bis umfassende Europäische Normen zur Verfügung stehen.

Aufgrund der Artikel 100 a und 118 a der Gemeinsamen Europäischen Akte erlässt die EU Anordnungen zur Arbeitssicherheit, die in Verbindung mit diesen Sicherheitsgrundsätzen zu beachten und in die nationale Gesetzgebung umzusetzen sind.

Einige der einschlägigen Richtlinien des Rates sind:

- Bauprodukte (89/106/EWG)
- Maschinen (89/392/EWG)
- Durchführung von Maßnahmen zur Verbesserung der Sicherheit und des Gesundheitsschutzes der Arbeitnehmer bei der Arbeit (89/391/EWG)
- Mindestvorschriften für Sicherheit und Gesundheitsschutz in Arbeitsstätten (89/654/EWG)
- Schutz der Arbeitnehmer gegen Gefährdung durch biologische Arbeitsstoffe bei der Arbeit (90/679/EWG)
- Mindestvorschriften für die Sicherheits- und Gesundheitsschutzkennzeichnung am Arbeitsplatz (92/58/EWG)
- Schutz der Arbeitnehmer vor Gefährdung durch chemische, physikalische und biologische Arbeitsstoffe bei der Arbeit (80/1107/EWG)
- Schutz der Arbeitnehmer gegen Gefahren durch krebserregende Stoffe (90/188/EWG)
- Schutz der Arbeitnehmer gegen Gefährdung durch Lärm am Arbeitsplatz (86/188/EWG).

Alle Richtlinien des Rates sind im Amtsblatt der Europäischen Gemeinschaft veröffentlicht.

Die weiteren aufgeführten Dokumente (siehe Literaturhinweise) enthalten Einzelheiten und Hinweise, die im Rahmen dieser Norm verwendet werden können, soweit sie ergänzend und nicht entgegengesetzt wirken.

Literaturhinweise

Die folgenden Schriften enthalten Hinweise, die im Rahmen dieser Europäischen Norm verwendbar sind.

Diese Zusammenstellung von in den Mitgliedsländern veröffentlichten und angewendeten Dokumenten war zum Zeitpunkt der Veröffentlichung dieser Norm aktuell, sollte jedoch nicht als vollständig angesehen werden.

Europäische Normen

prEN 12437-1, *Sicherheit von Maschinen – Ortsfeste Zugänge zu Maschinen und industriellen Anlagen – Teil 1: Wahl eines ortsfesten Zugangs zwischen zwei Ebenen.*

prEN 12437-2, *Sicherheit von Maschinen – Ortsfeste Zugänge zu Maschinen und industriellen Anlagen – Teil 2: Arbeitsbühnen und Laufstege.*

prEN 12437-3, *Sicherheit von Maschinen – Ortsfeste Zugänge zu Maschinen und industriellen Anlagen – Teil 3: Treppen, Treppenleitern und Geländer.*

prEN 12437-4, *Sicherheit von Maschinen – Ortsfeste Zugänge zu Maschinen und industriellen Anlagen – Teil 4: Ortsfeste Leitern.*

EU-Vorschriften

93/38/EWG, *Richtlinie des Rates vom 14. Juni 1993 zur Koordinierung der Auftragsvergabe durch Auftraggeber im Bereich der Wasser-, Energie- und Verkehrsversorgung sowie im Telekommunikationssektor.*

99/92/EG, *Richtlinie des Europäischen Parlaments und des Rates vom 16. Dezember 1999 über Mindestvorschriften zur Verbesserung des Gesundheitsschutzes und der Sicherheit der Arbeitnehmer, die durch explosionsfähige Atmosphären gefährdet werden können (Fünfzehnte Einzelrichtlinie im Sinne von Artikel 16 Absatz 1 der Richtlinie 89/391/EWG).*

89/391/EWG, *Richtlinie des Rates vom 12. Juni 1989 über die Durchführung von Maßnahmen zur Verbesserung der Sicherheit und des Gesundheitsschutzes der Arbeitnehmer bei der Arbeit.*

89/654/EWG, *Richtlinie des Rates vom 30. November 1989 über Mindestvorschriften für Sicherheit und Gesundheitsschutz in Arbeitsstätten (Erste Einzelrichtlinie im Sinne des Artikels 16 Absatz 1 der Richtlinie 89/391/EWG).*

90/679/EWG, *Richtlinie des Rates vom 26. November 1990 über den Schutz der Arbeitnehmer gegen Gefährdung durch biologische Arbeitsstoffe bei der Arbeit (Siebte Einzelrichtlinie im Sinne von Artikel 16 Absatz 1 der Richtlinie 89/391/EWG).*

92/58/EWG, *Richtlinie des Rates vom 24. Juni 1992 über Mindestvorschriften für die Sicherheits- und Gesundheitsschutzkennzeichnung am Arbeitsplatz (Neunte Einzelrichtlinie im Sinne von Artikel 16 Absatz 1 der Richtlinie 89/391/EWG).*

80/1107/EWG, *Richtlinie des Rates vom 27. November 1980 zum Schutz der Arbeitnehmer vor Gefährdung durch chemische, physikalische und biologische Arbeitsstoffe bei der Arbeit.*

86/188/EWG, *Richtlinie des Rates vom 12. Mai 1986 über den Schutz der Arbeitnehmer gegen Gefährdung durch Lärm am Arbeitsplatz.*

Nationale Regelungen

Deutschland

DIN 2403, *Kennzeichnung von Rohrleitungen nach dem Durchflussstoff.*

DIN 4034-1, *Schächte aus Beton- und Stahlbetonfertigteilen – Schächte für erdverlegte Abwasserkanäle und -leitungen – Maße, Technische Lieferbedingungen.*

DIN 4034-2, *Schächte aus Beton- und Stahlbetonfertigteilen – Schächte für Brunnen- und Sickeranlagen – Maße, Technische Lieferbedingungen.*

GUV 7.4, *Unfallverhütungsvorschrift „Abwassertechnische Anlagen“ mit Durchführungsanweisungen (VBG 54)* [2].

Frankreich

Constrution et aménagement des lieux de travail.

Mémento des obligations réglemantaires; Edition Ministère du Travail.

Conception des lieux de travail – Obligation des maîtres d'ouvrages; réglementation ED 773; Edition INRS.

Conception des lieux de travail – Demande méthodes et connaissances techniques ED 718; Edition INRS.

Station d'épuration – Annexe sécurité au cahier des clauses techniques particulières; CRAM Bretagne 1994.

Dépollution des eaux résiduaires – Giude pratique de ventilation n° 19 ED 820; Edition INRS.

Großbritannien

Enclosed Wastewater treatment plants – Health and safety considerations. Foundation of Water Research, 1993
Safe working in sewer and sewage works (H and S Guidelin No. 3), Institution of Civil Engineering, 1979.

Niederlande

„Arbeidsomstandigheden op rioolwaterzuiveringsinrichingen“, STOWA, 1994.

Schweiz

SUVA-Richtlinie Nr. 44050, Sichere Kläranlagen für Abwasser.

---

2) Zu beziehen durch: Bundesverband der Unfallversicherungsträger der öffentlichen Hand e.V., Abteilung Unfallverhütung, Forckensteinstraße 1, 81599 München.

Juli 2001

Kläranlagen

Teil 11: Erforderliche allgemeine Angaben
Deutsche Fassung EN 12255-11:2001

DIN EN 12255-11

ICS 13.060.30

Wastewater treatment plants – Part 11: General data required;
German version EN 12255-11:2001

Stations d'épuration – Partie 11: Informations générales exigées;
Version allemande EN 12255-11:2001

Die Europäsche Norm EN 12255-11:2001 hat den Status einer Deutschen Norm.

Nationales Vorwort

Diese Europäische Norm wurde vom Technischen Komitee TC 165 „Abwassertechnik" (Sekretariat: Deutschland) des Europäischen Komitees für Normung (CEN) erarbeitet.

Die Arbeiten wurden von der Arbeitsgruppe „Kläranlagen – Allgemeine Anforderungen und besondere Verfahren" (WG 43) (Sekretariat: Deutschland) des CEN/TC 165 durchgeführt. Für Deutschland war der Arbeitsausschuss V 36/UA 2/3 „Abwasserbehandlungsanlagen; CEN/TC 165/WG 42 und 43" an der Bearbeitung beteiligt.

Die Normenreihe DIN EN 12255 „Kläranlagen" wird voraussichtlich aus 15 Teilen bestehen (siehe Vorwort EN 12255-11).

Die im Vorwort von EN 12255-11 genannten Titel der einzelnen Teile entsprechen den Titeln der bereits veröffentlichten Norm-Entwürfe bzw. sind Arbeitstitel und können von den Titeln der Normen geringfügig abweichen.

Darüber hinaus wird zukünftig in allen Teilen der Europäischen Normenreihe DIN EN 12255 in den Titeln der jeweiligen deutschen Sprachfassung im Hauptelement der Begriff „Kläranlagen" verwendet.

Einige Teile der Normenreihe DIN EN 12255 werden als Europäisches **Normenpaket** gemeinsam gültig werden.

Von der Paketbildung sind die folgenden Teile der Normenreihe DIN EN 12255 betroffen:

DIN EN 12255-1, DIN EN 12255-3 bis DIN EN 12255-8, DIN EN 12255-10 und DIN EN 12255-11 (vgl. Vorwort EN 12255-11).

Datum der Zurückziehung (date of withdrawal, dow) entgegenstehender nationaler Normen ist der **31. Dezember 2001** (Resolution BT 152/1998).

In einem Normenpaket werden Europäische Normen zusammengefasst, die zueinander in Beziehung stehen. Eine Querverbindung kann u. a. aufgrund der Notwendigkeit zur gemeinsamen Anwendung bestehen oder dadurch gegeben sein, dass eine Gruppe entgegenstehender nationaler Normen abzudecken ist.

Die Paketbildung ist aber auch unter dem Aspekt der Verpflichtung zur Übernahme von CEN/CENELEC-Normen durch die CEN-Mitglieder und der damit verbundenen Zurückziehung entgegenstehender nationaler Normen (CEN/CENELEC-Geschäftsordnung) von Bedeutung.

Die in einem Normenpaket zusammengefassten Europäischen Normen sind spätestens bis zu einem vorab festgelegten Datum der Zurückziehung (dow) zu veröffentlichen.

Fortsetzung Seite 2
und 11 Seiten EN

Normenausschuss Wasserwesen (NAW) im DIN Deutsches Institut für Normung e.V.

Die bereits vor diesem Zeitpunkt fertiggestellten und veröffentlichten Europäischen Normen des Paketes werden in das nationale Normenwerk übernommen. Sie gelten bis zum Datum der Zurückziehung parallel zu entsprechenden nationalen Normen.

Erst mit dem Erreichen des Datums der Zurückziehung sind die Europäischen Normen des Normenpaketes in das nationale Regelwerk zu übernehmen, indem ihnen der Status von nationalen Normen gegeben wird. Entgegenstehende nationale Normen sind dann zurückzuziehen.

Die einzelnen Teile der Normenreihe DIN EN 12255 sind inhaltlich anders konzipiert als die Deutschen Normen der Reihe DIN 19569, so dass durchaus mehrere Teile dieser Reihe durch einen Teil der Europäischen Norm berührt werden können.

Der Normungsumfang der Europäischen Normenreihe DIN EN 12255 „Kläranlagen“ deckt nicht alle Festlegungen ab, die in den nationalen Normen der Reihe DIN 19569 „Kläranlagen – Baugrundsätze für Bauwerke und technische Ausrüstungen“ enthalten sind.

Der Arbeitsausschuss V 36 plant daher die Erarbeitung von **Maß- und Restnormen** zu den folgenden Themenkreisen:

- Rechteckbecken als Absetzbecken
- Rechteckbecken als Sandfänge
- Rundbecken als Absetzbecken
- Tropfkörper mit Drehsprengern
- Tropfkörperfüllungen
- Rechenbauwerke mit geradem Rechen
- Ablaufsysteme in Absetzbecken
- Besondere Baugrundsätze für Einrichtungen zum Abtrennen und Eindicken von Feststoffen
- Besondere Baugrundsätze für Einrichtungen zur aeroben biologischen Abwasserreinigung
- Besondere Baugrundsätze für Anlagen zur anaeroben Behandlung von Abwasser
- Besondere Baugrundsätze für Anlagen zur Abwasserreinigung mit Festbettfiltern
- Besondere Baugrundsätze für Anlagen zur Klärschlammentwässerung
- Besondere Baugrundsätze für Anlagen zur Trocknung von Klärschlamm.

EUROPÄISCHE NORM
EUROPEAN STANDARD
NORME EUROPÉENNE

EN 12255-11

März 2001

ICS 13.060.30

Deutsche Fassung

Kläranlagen

Teil 11: Erforderliche allgemeine Angaben

Wastewater treatment plants – Part 11: General data required

Stations d'épuration – Partie 11: Informations générales exigées

Diese Europäische Norm wurde von CEN am 4. Februar 2001 angenommen.

Die CEN-Mitglieder sind gehalten, die CEN/CENELEC-Geschäftsordnung zu erfüllen, in der die Bedingungen festgelegt sind, unter denen dieser Europäischen Norm ohne jede Änderung der Status einer nationalen Norm zu geben ist.

Auf dem letzten Stand befindliche Listen dieser nationalen Normen mit ihren bibliographischen Angaben sind beim Zentralsekretariat oder bei jedem CEN-Mitglied auf Anfrage erhältlich.

Diese Europäische Norm besteht in drei offiziellen Fassungen (Deutsch, Englisch, Französisch). Eine Fassung in einer anderen Sprache, die von einem CEN-Mitglied in eigener Verantwortung durch Übersetzung in seine Landessprache gemacht und dem Zentralsekretariat mitgeteilt worden ist, hat den gleichen Status wie die offiziellen Fassungen.

CEN-Mitglieder sind die nationalen Normungsinstitute von Belgien, Dänemark, Deutschland, Finnland, Frankreich, Griechenland, Irland, Island, Italien, Luxemburg, Niederlande, Norwegen, Österreich, Portugal, Schweden, Schweiz, Spanien, der Tschechischen Republik und dem Vereinigten Königreich.

CEN

EUROPÄISCHES KOMITEE FÜR NORMUNG
European Committee for Standardization
Comité Européen de Normalisation

Zentralsekretariat: rue de Stassart 36, B-1050 Brüssel

Ref. Nr. EN 12255-11:2001 D

Inhalt

Vorwort

Diese Europäische Norm für Kläranlagen wurde vom Technischen Komitee CEN/TC 165 „Abwassertechnik" erarbeitet, dessen Sekretariat vom DIN gehalten wird.

Diese Europäische Norm muss den Status einer nationalen Norm erhalten, entweder durch Veröffentlichung eines identischen Textes oder durch Anerkennung bis September 2001, und etwaige entgegenstehende nationale Normen müssen bis Dezember 2001 zurückgezogen werden.

Es ist der elfte von den Arbeitsgruppen CEN/TC 165/WG 42 und 43 erarbeitete Teil, der sich auf allgemeine Anforderungen an Verfahren für Kläranlagen für über 50 Einwohnerwerte (EW) bezieht. Die Normen dieser Reihe sind folgende:

- *Teil 1: Allgemeine Baugrundsätze*
- *Teil 3: Abwasservorreinigung*
- *Teil 4: Vorklärung*
- *Teil 5: Abwasserbehandlung in Teichen*
- *Teil 6: Belebungsverfahren*
- *Teil 7: Biofilmreaktoren*
- *Teil 8: Schlammbehandlung und -lagerung*
- *Teil 9: Geruchsminderung und Belüftung*
- *Teil 10: Sicherheitstechnische Baugrundsätze*
- *Teil 11: Erforderliche allgemeine Angaben*
- *Teil 12: Steuerung und Automatisierung* [1)]
- *Teil 13: Abwasserbehandlung durch Zugabe von Chemikalien*
- *Teil 14: Desinfektion* [1)]
- *Teil 15: Messung der Sauerstoffzufuhr in Reinwasser in Belüftungsbecken von Belebungsanlagen*
- *Teil 16: Abwasserfiltration* [1)]

1) in Vorbereitung

ANMERKUNG Für Anforderungen an Pumpanlagen auf Kläranlagen, ursprünglich vorgesehen als Teil 2 „Abwasserpumpanlagen“, siehe EN 752-6 „Entwässerungssysteme außerhalb von Gebäuden – Teil 6: Pumpanlagen“.

Die Teile EN 12255-1, EN 12255-3 bis EN 12255-8 sowie EN 12255-10 und EN 12255-11 werden als europäisches Normenpaket gemeinsam gültig (Resolution BT 152/1998). Das Datum der Zurückziehung (dow) entgegenstehender nationaler Normen ist 2001-12-31. Bis zu diesem Zeitpunkt gelten die nationalen und bereits veröffentlichten Europäischen Normen parallel.

Entsprechend der CEN/CENELEC-Geschäftsordnung sind die nationalen Normungsinstitute der folgenden Länder gehalten, diese Europäische Norm zu übernehmen:

Belgien, Dänemark, Deutschland, Finnland, Frankreich, Griechenland, Irland, Island, Italien, Luxemburg, Niederlande, Norwegen, Österreich, Portugal, Schweden, Schweiz, Spanien, die Tschechische Republik und das Vereinigte Königreich.

1 Anwendungsbereich

Diese Europäische Norm legt allgemeine Grundlagen für die Planung, Ausschreibung, Auslegung, Angebotserstellung, Festlegung von Garantiewerten, Errichtung, Inbetriebnahme und Abnahmeprüfung von Kläranlagen oder Teilen von Kläranlagen fest.

Die Unterschiede in Planung und Bau von Kläranlagen in Europa haben zu einer Vielzahl von Vorgehensweisen geführt. Diese Europäische Norm enthält grundsätzliche Angaben zu den Vorgehensweisen; sie beschreibt jedoch nicht alle Einzelheiten jeder Vorgehensweise.

Die in den Literaturhinweisen aufgeführten Unterlagen enthalten Einzelheiten und Hinweise, die im Rahmen dieser Norm verwendet werden dürfen.

2 Normative Verweisungen

Diese Europäische Norm enthält durch datierte oder undatierte Verweisungen Festlegungen aus anderen Publikationen. Diese normativen Verweisungen sind an den jeweiligen Stellen im Text zitiert, und die Publikationen sind nachstehend aufgeführt. Bei datierten Verweisungen gehören spätere Änderungen oder Überarbeitungen dieser Publikationen nur zu dieser Europäischen Norm, falls sie durch Änderung oder Überarbeitung eingearbeitet sind. Bei undatierten Verweisungen gilt die letzte Ausgabe der in Bezug genommenen Publikation (einschließlich Änderungen).

EN 1085, *Abwasserbehandlung – Wörterbuch.*

prEN 12255-1:1996, *Abwasserbehandlungsanlagen – Teil 1: Allgemeine Baugrundsätze.*

3 Begriffe

Für die Anwendung dieser Europäischen Norm gelten die in EN 1085 angegebenen und die folgenden Begriffe.

3.1
Anlage

eine neue Kläranlage, Erneuerung oder Erweiterung einer bestehenden oder ein Teil einer neuen oder zu erweiternden Kläranlage (z. B. Anlagen für die Schlammbehandlung)

3.2
Auftraggeber

eine Gemeinde, Stadt oder andere Organisation, die eine Kläranlage oder Teile davon errichten möchte, oder deren Vertreter [siehe prEN 12255-1:1996]

3.3
Leistungsbeschreibung mit Leistungsprogramm (Funktionalausschreibung)

eine Ausschreibung, bei der die Bemessungsfrachten und Bemessungszuflüsse, eine Beschreibung des vorgesehenen Anlagenstandortes, die wesentlichen Einleitungsanforderungen und zusätzliche Anforderungen angegeben sind

ANMERKUNG Generalunternehmer planen die Anlage aufgrund der vom Auftraggeber (gegebenenfalls unter Mitwirkung eines beratenden Ingenieurs) vorgegebenen Anforderungen sowie Plänen und geben Angebote für die gesamte Anlage mit den gesamten Garantien ab. Der Generalunternehmer, der den Auftrag erhält, ist für den Bau und die Inbetriebnahme der Anlage ebenso verantwortlich, wie dafür, dass die Anlage die in den Ausschreibungsunterlagen geforderten Anforderungen erfüllt (schlüsselfertiger Bau).

3.4
Leistungsbeschreibung mit Leistungsverzeichnis (gewerkeweise Ausschreibung) [2)]

Ausschreibung, bei der die Gewerke der Anlage gesondert ausgeschrieben werden

ANMERKUNG Die Gewerke können z. B. in Erdarbeiten, Betonarbeiten, maschinentechnische Ausrüstung, elektrische Ausrüstung oder Gebäude unterteilt werden. Im Allgemeinen wird die Anlage vollständig von einem beratenden Ingenieur geplant. Die einzelnen Gewerke dürfen an unterschiedliche Auftragnehmer vergeben werden. Ein beratender Ingenieur darf mit der Koordinierung und Überwachung des Baus beauftragt werden.

3.5
Ingenieurbüro (beratender Ingenieur)

vom Auftraggeber beauftragter unabhängiger Ingenieur, der eine gesamte Anlage oder Teile davon plant und/oder die Bauausführung überwacht

ANMERKUNG Der Auftraggeber kann sich von einem beratenden Ingenieur bei der Erstellung der gesamten Ausschreibungsunterlagen oder Teilen davon unterstützen lassen und kann diesem die Bau-, Termin- und Kostenüberwachung übertragen. Der beratende Ingenieur hat Wissen und Erfahrung bei der Planung von Kläranlagen und Kenntnisse über deren Betrieb. In einigen Ländern kann eine besondere Zertifizierung verlangt sein.

3.6
Generalunternehmer

ein Auftragnehmer, der den schlüsselfertigen Bau einer Anlage oder von Anlagenteilen als Ganzes übernimmt

ANMERKUNG Der Generalunternehmer hat Wissen und Erfahrungen auf den Gebieten Auslegung, Planung, Bau und Betrieb von Kläranlagen.

4 Wahlmöglichkeiten des Auftraggebers

Der Auftraggeber entscheidet darüber, ob nach Leistungsprogramm oder in Gewerken ausgeschrieben wird.

Der Auftraggeber darf ein Ingenieurbüro beauftragen, um

- die Bemessungsfrachten und -zuflüsse sowie die Grundlagen nach Abschnitt 5 zu ermitteln;
- die Unterlagen für eine Ausschreibung mit Leistungsprogramm zu erstellen;
- die Anlage zu planen, deren Kosten zu schätzen und die Unterlagen für eine Ausschreibung in Gewerken zu erstellen;
- bei einer Ausschreibung mit Leistungsprogramm den Bau zu überwachen;
- bei einer Ausschreibung in Gewerken die Bauarbeiten zu koordinieren und zu überwachen;
- die Angebote für die ausgeschriebene Anlage bzw. ausgeschriebenen Gewerke zu bewerten und Vergabevorschläge zu unterbreiten.

5 Vom Auftraggeber bereitzustellende Planungsgrundlagen

Der Auftraggeber hat die folgenden gemessenen oder geschätzten grundlegenden Daten, soweit erforderlich, zur Verfügung zu stellen, wobei er sich auch der Mithilfe eines Ingenieurbüros bedienen kann:

5.1 Frachten und Zuflüsse

5.1.1 Entwässerungssystem

Die Angaben über das Entwässerungssystem sollten enthalten:

- Ausweis der Gebiete, die im Misch- oder Trennsystem entwässert werden;
- Anteile der Zuflüsse und Frachten bei Trockenwetter aus dem Trenn- und/oder Mischsystem;

2) Nationale Fußnote: Zur Erläuterung der Unterschiede zwischen einer Leistungsbeschreibung mit Leistungsprogramm und einer Leistungsbeschreibung mit Leistungsverzeichnis vergleiche Verdingungsordnung für Bauleistungen (VOB) des Deutschen Verdingungsausschusses.

- Speichervolumen für Regenwasser im Entwässerungssystem;
- Möglichkeit, die Zuflüsse und Frachten im Entwässerungssystem zu beeinflussen und auszugleichen;
- Fremdwasserzufluss bei Trockenwetter und gegebenenfalls dessen saisonale Schwankung;
- faulige und korrosive Bestandteile des Abwassers.

5.1.2 Angeschlossene Einwohner

Die Angaben über die angeschlossenen Einwohner müssen enthalten:

- gegenwärtig an das Entwässerungssystem angeschlossene Einwohnerzahl;
- bei Inbetriebnahme angeschlossene Einwohnerzahl;
- zum Ende des Planungshorizontes angeschlossene Einwohnerzahl;
- saisonale Schwankungen der Einwohnerzahl, z. B. in Ferienzeiten;
- wöchentliche Schwankungen der Einwohnerzahl, z. B. wegen eines erheblichen Anteils von Pendlern.

5.1.3 Wesentliche industrielle und gewerbliche Einleiter

Eine Liste der Gewerbe- und Industriebetriebe, die wesentliche Abwassermengen und Frachten in das Entwässerungssystem einleiten, sollte z. B. die folgenden Angaben zu Zuflüssen und Frachten enthalten:

- CSB, BSB_5, KN, NH_4-N, NO_3-N, Gesamtphosphor, abfiltrierbare Stoffe, organische abfiltrierbare Stoffe, Salzgehalt und Säurekapazität;

dargestellt für die Gegenwart, den Zeitpunkt der Inbetriebnahme und zum Ende des Planungshorizontes:

- höchster Stundenwert (m^3/h, kg/h);
- höchstes wöchentliches Tagesmittel (m^3/d, kg/d);
- höchstes Wochenmittel (m^3/Woche, kg/Woche);
- Jahresmittelwerte (m^3/a, kg/a).

Außerdem sind für Einleiter mit ausgeprägten saisonalen Schwankungen die Zeiten mit hohen und geringen Frachten vorzugsweise in Form von Jahresganglinien anzugeben.

Der Auftraggeber hat Gewerbe- und Industriebetriebe, die mit gefährlichen, toxischen oder hemmenden Stoffen umgehen, zu benennen und anzugeben, welche Vorkehrungen erforderlich sind, um eine Einleitung derartiger Stoffe zu verhindern.

Organische Frachten mit biologisch schlecht abbaubaren Stoffen sollten angegeben werden.

5.1.4 Angaben über bestehende Kläranlagen

Die Belastungsdaten und die Betriebsergebnisse bestehender Kläranlagen sind wertvolle Informationen. Mindestens die folgenden Angaben über zumindest das letzte Jahr sind, soweit zutreffend, bereitzustellen:

- jährliche Abwassermenge (m^3/a) und die Anteile, die mechanisch, biologisch und chemisch gereinigt werden;
- durchschnittlicher Schlammanfall (m^3/a) und seine Zusammensetzung mit Trockenrückstand (%), Glühverlust (%) und Schwermetalle;
- Jahresmengen an Rechengut, Sandfanggut und Schwimmstoffen;
- durchschnittlicher Schlammwasseranfall aus der Schlammbehandlung (m^3/d) und dessen Frachten an organischen Stoffen und Nährsalzen (kg/d);
- durchschnittliche Faulgaserzeugung (m^3/d);
- elektrische Energie, die aus dem Faulgas erzeugt wird (kWh/a);
- elektrischer Energieverbrauch (kWh/a);
- Summenhäufigkeitsdiagramme über ein Jahr für den Abwasserzufluss (m^3/d) und die Tagesfrachten an CSB, BSB_5, KN, NH_4-N, NO_3-N, Gesamtphosphor, abfiltrierbaren Stoffen, organischen abfiltrierbaren Stoffen, Salzgehalt und Säurekapazität;
- Jahresganglinie der gemessenen Abwassertemperatur oder der Temperatur im biologischen Reaktor;
- Tagesganglinie des Abwasserzuflusses bei Trockenwetter;
- höchster Abwasserzufluss bei Regenwetter (m^3/h);
- Mengen und Frachten anderer zur Kläranlage angelieferter Abfälle (z. B. von Fäkalschlamm);
- Reinigungsleistung der Kläranlage.

5.1.5 Bemessungszuflüsse und -frachten

Die Bemessungszuflüsse und -frachten sind auf der Grundlage der gegenwärtigen Zuflüsse und Frachten festzulegen, wobei Zuwächse oder Abnahmen bei der Einwohnerzahl und der Gewerbe- und Industrieeinleitungen sowie zukünftige Anschlüsse von anderen Gemeinden und von Gewerbe- und Industriebetrieben zu berücksichtigen sind. Falls es nicht möglich ist, die gegenwärtigen Zuflüsse und Frachten zu messen, dürfen Bemessungsgrößen auf der Grundlage von Prognosen für die Einwohnerzahl festgelegt werden. Zusätzlich zu der Einwohnerzahl ist der einwohnerspezifische Schmutzwasserabfluss in l/(Einwohnerzahl · d), der größte Zuschlagsfaktor für Regenwasser und Fremdwasser und die einwohnerspezifische Fracht in g/(Einwohnerzahl · d) für CSB, BSB_5, KN, NH_4-N, NO_3-N, Gesamtphosphor, abfiltrierbare Stoffe und organische abfiltrierbare Stoffe anzugeben. Die Abflüsse und Frachten von Gewerbe- und Industriebetrieben sollten durch Messungen vor Ort bestimmt werden.

Die folgenden Bemessungsgrundlagen sollten angegeben werden:

- größter stündlicher Abwasserzufluss Q_{max} (l/s) zu der Anlage sowie dessen wahrscheinliche Dauer;
- Einzelheiten über die Erlaubnis zur Regenwasserentlastung in den Vorfluter oder in Speicherbecken, z. B. nach Rechen, Sandfang, Vorklärung oder einer anderen Behandlungsstufe;
- Bemessungsspitzenzufluss (l/s) als größter Zufluss nach der Regenentlastung;
- Tagesganglinie des Trockenwetterzuflusses (l/s) für einen typischen Werktag;
- Tagesfrachten soweit zutreffend (kg/h, kg/d, kg/Woche) für CSB, BSB_5, KN, NH_4-N, NO_3-N, Gesamtphosphor, abfiltrierbare Stoffe, und organische abfiltrierbare Stoffe sowie den zugehörigen Tageszufluss (m^3/d);
- geringste tägliche und wöchentliche CSB/N- und CSB/P-Verhältnisse;
- Jahresganglinien des Tageszuflusses (m^3/d) und der wesentlichen Tagesfrachten (kg/d), sofern wesentliche saisonale Zufluss- und Frachtschwankungen auftreten;
- jahreszeitlicher Verlauf der Abwassertemperatur;
- Jahreszufluss (m^3/a) und Jahresfrachten (kg/a) für CSB, BSB_5, KN, NH_4-N, Gesamtphosphor, abfiltrierbare Stoffe und organische abfiltrierbare Stoffe.

5.2 Anforderungen an den Abfluss der Kläranlage und die Entsorgung des Schlammes und anderer Abfälle

5.2.1 Anforderungen an den Abfluss der Kläranlage

Die Anforderungen der Einleitungserlaubnis, die Art der Überprüfung (z. B. Stichproben, 2-Stunden-Mischproben, Tagesmischproben) und die Bedingungen zur Einhaltung der Einleitwerte (z. B. zulässige jährliche Häufigkeit der Überschreitung des Einleitwertes) sind anzugeben.

5.2.2 Anforderungen an die Regenentlastung

Falls besondere Anforderungen an eine Regenentlastung der Kläranlage gestellt werden, sind diese anzugeben.

5.2.3 Anforderungen an Abfälle aus der Vorreinigung

Die Anforderungen an die zu entsorgenden Abfälle sind festzulegen, z. B. der Wassergehalt des Rechengutes und der organische Anteil im Sandfanggut. Es ist anzugeben, ob eine gemeinsame oder getrennte Entsorgung des Rechen- und Sandfanggutes und der Schwimmstoffe erlaubt ist.

5.2.4 Anforderungen an den zu entsorgenden Schlamm

Die vom Auftraggeber bevorzugte Schlammentsorgungsart (z. B. Verwertung in der Landwirtschaft, Deponierung, Verbrennung, Mitverbrennung in Kraftwerken oder in der Industrie) sowie die entsprechenden Anforderungen an den Schlamm (z. B. Stabilisierungsgrad und Wassergehalt) sind anzugeben. Falls die Zugabe bestimmter Chemikalien (z. B. für die Konditionierung) nicht zugelassen ist, sind diese zu benennen.

5.3 Beschreibung des Standortes

Die Beschreibung des Standortes muss enthalten:

5.3.1 Pläne

Es sind Pläne für den Standort zur Verfügung zu stellen, aus denen die folgenden Informationen zu entnehmen sind:

- Höhenlage des Standortes;
- Höhenlinien und Geländeverhältnisse;
- Grundstücksgrenzen;
- bestehende Gebäude und Bauwerke, einschließlich derer einer bestehenden Kläranlage;
- alle Versorgungsleitungen (z. B. Abwasserkanal, Abwasserdruckleitung, Wasserleitung, Stromkabel, Telefonleitung, Gasleitung) mit Angabe von Dimension und Leistung (z. B. Druck, Spannung, Durchfluss);
- Fahrstraßen (mit Angabe des zulässigen Gesamtgewichtes von Fahrzeugen) und Gehwege;
- Zufahrt von der öffentlichen Straße;
- Ort des Ablaufs der Kläranlage mit Angabe des höchsten, niedrigsten und mittleren Wasserstandes des Vorfluters.

5.3.2 Bestehende Kläranlagen

Einzelheiten von bestehenden Kläranlagen sind zu beschreiben. Lagepläne und Baupläne sind zur Verfügung zu stellen. Der Zustand der Bauwerke (z. B. der Betonkonstruktion), Fahrwege und maschinen- und elektrotechnischen Ausrüstung ist zu beschreiben.

5.3.3 Baugrund, Grundwasser und Klima

Folgende Angaben über Probebohrungen sollten zur Verfügung gestellt werden:

- besondere Eigenschaften des Bodens und Grundwassers, mögliche Verunreinigungen;
- Ort der Probebohrungen;
- Bodenform, z. B. Lehm, Fels, Sand;
- höchste, niedrigste und mittlere Grundwasserstände.

Angaben über klimatische Verhältnisse des Standortes einschließlich Temperaturen, Luftfeuchtigkeit, Windverhältnisse usw. sollten gemacht werden.

5.3.4 Besondere Auflagen für den Standort

Jede besondere Auflage für den Standort ist anzugeben, z. B.:

- größte zulässige Höhe von Gebäuden und Bauwerken;
- Begrenzung der Emission von Geruch und Lärm;
- Erhaltung des Grundwasserstandes;
- Schutz der Umwelt und natürlichen Lebensräume;
- Abstand aller Gebäude von der Grundstücksgrenze;
- jede einschränkende Bedingung bezüglich Gebäuden, Transport und Betrieb;
- besondere Anforderungen an Werkstoffe.

5.4 Sonstige erforderliche Angaben

Die folgenden Angaben zur Planung sollten vom Auftraggeber oder seinem Beauftragten festgelegt werden:

a) Mindestanzahl paralleler Einheiten;

b) Umgehungen;

c) Reserveaggregate;

d) Anforderungen an die Notstromversorgung (kVA);

e) jeder vom Auftraggeber besonders verlangte Bemessungswert (z. B. Schlammalter, Verweilzeit, Oberflächenbelastung, Schlammbelastung);

f) Anforderungen an die Mess-, Steuerungs- und Regelungstechnik sowie an die Automatisierung;

g) rechnerische Lebensdauer von Ausrüstungsteilen;

h) die Verkehrslast von Fahrstraßen;

i) Anforderungen an Werkstätten, Laboratorien, Lagerräume und Büroräume (Flächenbedarf, Raumhöhe und Einrichtungsgegenstände);

j) Garantiewerte für:

  - die Reinigungsleistung der Kläranlage bei Bemessungsbelastung; die Dauer und Jahreszeit der Prüfung ist anzugeben;
  - den angegebenen Energiebedarf und Betriebsmittelverbrauch; diese Prüfung darf zusammen mit der Prüfung der Reinigungsleistung erfolgen, sie darf aber auch für eine geringere Belastung und/oder einen anderen Zeitraum verlangt werden;
  - die Leistung einzelner Einheiten (z. B. Rechen, Mischer, Belüftungsausrüstung, Faulbehälter).

ANMERKUNG Zusätzliche Leitungen sowie Mess- und Überwachungsgeräte können erforderlich sein, um die Garantiewerte ermitteln zu können (siehe 5.6.2).

5.5 Zeitplan

a) Bei einer Ausschreibung in Gewerken sind alle wesentlichen vertraglichen Termine anzugeben und sollten enthalten:

  - den Beginn der vertraglichen Lieferzeit;
  - die voraussichtlichen Termine für das Abnahmeprogramm und die Inbetriebnahme;
  - die spätesten Termine für den Auftragnehmer zur Meldung der Bereitschaft für die Abnahme und Übergabe des Baus bzw. der Ausrüstung.

b) Bei einer Ausschreibung mit Leistungsprogramm sind alle wesentlichen vertraglichen Termine anzugeben und sollten enthalten:

  - den voraussichtlichen Beginn der vertraglichen Lieferzeit (Baufreigabe);
  - den Termin für die Abgabe der Unterlagen (Genehmigung der Zeichnungen, Prüfungsbescheid);
  - den Termin für den Beginn der gesamten Funktionsprüfung (Abnahme, Abnahmebescheinigung);
  - die Termine für die vorläufige und endgültige Übergabe.

ANMERKUNG Der Auftraggeber sollte mit Unterstützung durch den Auftragnehmer nach den besonderen nationalen Vorschriften die Genehmigung für das geplante Reinigungsverfahren und den Bau der Anlage bei den zuständigen Behörden vor der Baufreigabe einholen. Dies sollte am besten vor der endgültigen Auftragserteilung erfolgen.

5.6 Inbetriebnahme und Überprüfung der Garantiewerte

5.6.1 Inbetriebnahme

Der Auftraggeber darf verlangen:

- Personalschulung;
- technische und technologische Beratung.

5.6.2 Überprüfung der Garantiewerte

Falls Garantien verlangt werden, ist festzulegen, wie diese überprüft werden sollen und wer die Kosten hierfür trägt. Der Auftraggeber darf verlangen, dass:

- der Auftraggeber und der Auftragnehmer die Prüfungen gemeinsam durchführen;
- ein geeigneter unabhängiger Dritter die Prüfungen in Zusammenarbeit mit dem Auftraggeber durchführt;
- ein geeigneter unabhängiger Dritter die Prüfungen in Zusammenarbeit mit dem Auftragnehmer durchführt.

Der Zeitrahmen und die Vorgehensweise bei der Prüfung des Verfahrens und der Anlage und chemische Analysenverfahren sind festzulegen.

5.7 Angaben zu den Betriebskosten

Der Auftraggeber sollte entsprechende Einheitskosten vorgeben, z. B. für:

- das Personal mit Angabe der Ausbildung und des Kenntnisstandes;
- Strom;
- Heizöl;
- Erdgas;

- Chemikalien, z. B. für die Phosphatfällung, Schlammkonditionierung und Denitrifikation;
- die Entsorgung von Abfällen (Rechengut und Sandfanggut) in Abhängigkeit von der Art der Entsorgung wie in 5.2.3 angegeben;
- die Schlammentsorgung in Abhängigkeit von der Art der Schlammentsorgung wie in 5.2.4 angegeben.

6 Vom Generalunternehmer oder beratenden Ingenieur bereitzustellende Unterlagen

6.1 Vollständigkeit der Unterlagen

Falls die vom Auftraggeber bereitzustellenden Unterlagen und Angaben für die Planung und Kostenermittlung nicht ausreichend sind, sind von diesem weitere Angaben zu verlangen:

a) durch den Anbieter, unmittelbar nachdem er die Ausschreibungsunterlagen empfangen hat

oder

b) durch das Ingenieurbüro nach Bedarf.

6.2 Planungsvarianten

Im Allgemeinen hat das Ingenieurbüro mehrere Planungsalternativen mit zugehörigen Kostenschätzungen vorzulegen. Ein Generalunternehmer darf ebenfalls Varianten desselben Reinigungsverfahrens anbieten.

6.3 Ausführungsvorschlag

Die Angebote eines Generalunternehmers oder der Entwurf eines Ingenieurbüros sind in Form von Zeichnungen und Beschreibungen vorzulegen, aus denen die Einzelheiten ersichtlich sind und die in einer vereinbarten Sprache verfasst sind. Eine für Entscheidungsträger ohne technisches Grundwissen geschriebene Zusammenfassung sollte mitgeliefert werden. Eine Liste mit den verwendeten Abkürzungen und Symbolen ist beizufügen. Eine Verfahrensbeschreibung ist abzugeben. Es ist zu erläutern, wie die Verfahrensziele erreicht werden.

Die verfahrenstechnischen und hydraulischen Berechnungen sind mit Literaturangaben einzureichen. Die wesentlichen Bemessungsgrößen sind für jedes angebotene Reinigungsverfahren so ausreichend anzugeben, dass der Auftraggeber das angebotene Verfahren beurteilen kann.

Es ist darzustellen, wie ein ordnungsgemäßer Betrieb in Zeiten mit Betriebsstörungen, bei Ausfall von Ausrüstungsteilen oder bei Außerbetriebnahme von Einheiten für die Wartung und Instandhaltung sichergestellt werden kann.

Innerhalb einer vereinbarten Zeitspanne sind nachfolgend aufgeführte Punkte (soweit zutreffend) im Einzelnen schriftlich festzulegen und zeichnerisch darzustellen:

- System zur Steuerung und Regelung des Verfahrens (das als Teil des Behandlungsverfahrens angesehen werden kann), z. B. Schalttafeln, Prozessrechner, untergeordnete Schaltwarten, Instrumentierung;
- System für die Stromversorgung mit Gasmotoren, Transformatoren, Verkabelung, Stromverbrauchsmessung für die wesentlichen Verbraucher, Unterstationen, Spitzenbedarf (kVA);
- Beleuchtung mit Art und Beleuchtungsstärke, Verkabelung, Schalter;
- System für die Versorgung mit Trinkwasser und Betriebswasser, Zapfstellen und Hydranten, gegebenenfalls Wasseraufbereitung;
- Fahrstraßen für Verkehrslasten nach 5.4;
- Gehwege;
- Werkstatt-, Büro- und Lagergebäude mit Einrichtung und Möblierung nach 5.4;
- Bedienungs- und Wartungsanleitungen.

Die wesentlichen Eigenschaften der Baustoffe und der zu installierenden technischen Ausrüstung sind anzugeben.

Die Vorgehensweise bei der Inbetriebnahme und Prüfung ist anzugeben, falls sie nicht vom Auftraggeber vorgegeben wurde.

6.4 Berechnung und Darstellung der Kosten

6.4.1 Baukosten

Die Baukosten für die gesamte Anlage sind unter Berücksichtigung der besonderen Bedingungen des Geländes und Standortes zu berechnen. Dabei sind die Kosten für den Bau (z. B. Betonbehälter, Gebäude, Straßen), die maschinentechnische Ausrüstung und die elektrotechnische Ausrüstung einschließlich der Mess-, Steuerungs- und Regelungstechnik aufzugliedern.

Außerdem sind die Kosten für die Inbetriebnahme und Überprüfung der Garantiewerte anzugeben.

6.4.2 Betriebskosten

Die Jahresbetriebskosten sind unter Berücksichtigung der besonderen verfahrenstechnischen und örtlichen Bedingungen für die vorgegebenen Zuflüsse und Frachten auf der Grundlage der nach 5.7 vorgegebenen Einheitskosten wie folgt darzustellen:

a) Personalkosten: Berechnung auf der Grundlage der erforderlichen Anzahl und Qualifikation des Betriebspersonals, unter Berücksichtigung von Schichtarbeit und/oder regulärer Arbeitszeit;

b) Energiekosten: Berechnung getrennt für die Teile (soweit angemessen):

   - Rohabwasserpumpwerk,
   - Hauptreinigung, z. B. Belüftung, Rührwerke, Kreislaufpumpen, Räumer,
   - weitergehender Reinigung,
   - Schlammbehandlung, einschließlich Pumpen, Rührwerke, maschineller Schlammentwässerung,
   - Verschiedenes, z. B. Beleuchtung, Gebäudeheizung

   und zwar aufgrund des geschätzten Verbrauchs von (soweit angemessen):

   - Strom,
   - Erdgas,
   - Faulgas,
   - Heizöl;

c) Chemikalienkosten: Berechnung getrennt auf der Grundlage der geschätzten Verbräuche (soweit angemessen) für:

   - Vorklärung bei Vorfällung und/oder Flockung,
   - biologische Reaktoren für Phosphatfällung,
   - biologische Reaktoren für die Denitrifikation,
   - Nachklärung oder Filter bei Phosphatfällung,
   - Nachklärung oder Filter für die weitergehende Suspensaentnahme,
   - Schlammeindickung,
   - Schlammentwässerung;

d) Entsorgungskosten für Abfälle und Schlamm: Berechnung (soweit angemessen) getrennt auf der Grundlage der geschätzten Mengen oder Massen:

   - des Rechengutes,
   - des Sandfanggutes,
   - der abgetrennten Schwimmstoffe und Fette,
   - des Schlammes;

e) Unterhaltungskosten für Bauwerke und technische Ausrüstung: Berechnung (soweit angemessen) getrennt für:

   - Bürogebäude, Werkstätten, Lager, Laboratorien und andere Betriebsgebäude,
   - Betonbecken und Gerinne, die mit Abwasser oder Schlamm beaufschlagt werden,
   - Rohrleitungen, die mit Abwasser, Schlamm oder Faulgas beaufschlagt werden,
   - Kunststoffbehälter und -rohrleitungen, die mit Abwasser, Schlamm oder Faulgas beaufschlagt werden,
   - die maschinentechnische Ausrüstung unter Berücksichtigung von Ersatzteilen und Schmiermitteln,
   - die elektrotechnische Ausrüstung einschließlich der Mess-, Steuerungs- und Regelungstechnik.

6.4.3 Darstellung der Kosten

Der Auftraggeber darf ein Ingenieurbüro mit der Kostenberechnung nach 6.4.1 und 6.4.2 beauftragen. Für alle Varianten sind die Kapitalkosten und die Jahresgesamtkosten durch das Ingenieurbüro vollständig zu berechnen.

Bei einer Ausschreibung in Gewerken haben die Anbieter für alle in der Ausschreibung geforderten Leistungen Preise anzugeben. Sie dürfen gleichwertige Sondervorschläge zu den ausgeschriebenen Leistungen anbieten und deren Kosten angeben.

Ein Generalunternehmer hat die Kosten nach 6.4.1 und 6.4.2 und den Aufforderungen in den Ausschreibungsunterlagen in seinem Angebot anzugeben.

Der Auftraggeber muss in die Lage versetzt werden, die Jahresgesamtkosten der Anlage einschließlich der Kapitalkosten auf der Grundlage der Angebote zu berechnen und mittels Kosten/Nutzen-Analysen zu bewerten.

Literaturhinweise

Die folgenden Schriften enthalten Hinweise, die im Rahmen dieser Europäischen Norm verwendbar sind.

Diese Zusammenstellung von in den Mitgliedsländern veröffentlichten und angewendeten Dokumenten war zum Zeitpunkt der Veröffentlichung dieser Europäischen Norm aktuell, sollte jedoch nicht als vollständig angesehen werden.

Deutschland

ATV-A 102 [3)], *Allgemeine Hinweise für die Planung von Abwasserableitungsanlagen und Abwasserbehandlungsanlagen bei Industrie- und Gewerbebetrieben (nur in Deutsch).*

ATV-A 106 [3)], *Entwurf und Bauplanung von Abwasserbehandlungsanlagen.*

ATV-DVWK-A 198 [3)], *Ermittlung von Bemessungsgrundlagen für Abwasseranlagen (nur in Deutsch).*

ATV-A 200 [3)], *Grundsätze für die Abwasserentsorgung in ländlich strukturierten Gebieten (nur in Deutsch).*

Leitlinien zur Durchführung von Kostenvergleichsrechnungen. Länderarbeitsgemeinschaft Wasser (LAWA), Stuttgart 1994.

Frankreich

Ministère de l'équipement, du logement et des transports (96-7 TO);

Conception et exécution d'installations d'épuration d'eaux usées Fascicule n° 81 titre II.

Portugal

Direcção Geral da Qualidade do Ambiente – *Manual de Tecnologias de Saneamento Basico Apropriadas a Pequenos Aglomerados; SEARN, rua de O Século 51 – 1200 Lisboa Portugal.*

3) Zu beziehen durch: Gesellschaft zur Förderung der Abwassertechnik e. V. (GFA), Theodor-Heuß-Allee 17, 53773 Hennef.

	Kläranlagen Teil 12: Steuerung und Automatisierung Deutsche Fassung prEN 12255-12:2001	DIN EN 12255-12

ICS 13.060.30

Einsprüche bis 2001-10-31

Wastewater treatment plants —
Part 12: Control and automation;
German version prEN 12255-12:2001

Stations d'épuration —
Partie 12: Mesure et contrôl;
Version allemande prEN 12255-12:2001

Anwendungswarnvermerk

Dieser Norm-Entwurf wird der Öffentlichkeit zur Prüfung und Stellungnahme vorgelegt.

Weil die beabsichtigte Norm von der vorliegenden Fassung abweichen kann, ist die Anwendung dieses Entwurfes besonders zu vereinbaren.

Stellungnahmen werden erbeten an den Normenausschuss Wasserwesen (NAW) im DIN Deutsches Institut für Normung e. V., 10772 Berlin (Hausanschrift: Burggrafenstr. 6, 10787 Berlin).

Nationales Vorwort

Der hiermit der Öffentlichkeit zur Stellungnahme vorgelegte europäische Norm-Entwurf ist die Deutsche Fassung des vom Technischen Komitee CEN/TC 165 „Abwassertechnik“ (Sekretariat: Deutschland) des Europäischen Komitees für Normung (CEN) ausgearbeiteten Entwurfes prEN 12255-12, der nach einem positiven Abstimmungsergebnis innerhalb der CEN-Mitglieder als Europäische Norm EN 12255-12 in deutscher, englischer und französischer Sprachfassung herausgegeben wird.

Die Arbeiten wurden von der Arbeitsgruppe „Kläranlagen — Allgemeine Anforderungen und besondere Verfahren“ (WG 43) (Sekretariat: Deutschland) des CEN/TC 165 durchgeführt. Für Deutschland war der Arbeitsausschuss V 36/UA 2/3 "Abwasserbehandlungsanlagen; CEN/TC 165/WG 42 und 43" an der Bearbeitung beteiligt.

Die Normenreihe DIN EN 12255 „Kläranlagen“ wird voraussichtlich aus 15 Teilen bestehen (siehe Vorwort EN 12255-12).

Die im Vorwort von EN 12255-12 genannten Titel der einzelnen Teile entsprechen den Titeln der bereits veröffentlichten Norm-Entwürfe bzw. sind Arbeitstitel und können von den Titeln der Normen geringfügig abweichen.

Fortsetzung Seite 2
und 15 Seiten EN

Normenausschuss Wasserwesen (NAW) im DIN Deutsches Institut für Normung e. V.

Darüber hinaus wird zukünftig in allen Teilen der Europäischen Normenreihe EN 12255 in den Titeln der jeweiligen deutschen Sprachfassung im Hauptelement der Begriff "Kläranlagen" verwendet.

Einige Teile der Normenreihe DIN EN 12255 werden als Europäisches Normenpaket gemeinsam gültig werden.

Von der Paketbildung sind die folgenden Teile der Normenreihe DIN EN 12255 betroffen:

DIN EN 12255-1, DIN EN 12255-3 bis DIN EN 12255-8, DIN EN 12255-10 und DIN EN 12255-11 (vgl. Vorwort EN 12255-12).

Datum der Zurückziehung (date of withdrawal, dow) entgegenstehender nationaler Normen ist der

31. Dezember 2002 (Resolution 232/2001 durch CEN/TC 165).

In einem Normenpaket werden Europäische Normen zusammengefasst, die zueinander in Beziehung stehen. Eine Querverbindung kann u. a. aufgrund der Notwendigkeit zur gemeinsamen Anwendung bestehen oder dadurch gegeben sein, dass eine Gruppe entgegenstehender nationaler Normen abzudecken ist.

Die Paketbildung ist aber auch unter dem Aspekt der Verpflichtung zur Übernahme von CEN/CENELEC-Normen durch die CEN-Mitglieder und der damit verbundenen Zurückziehung entgegenstehender nationaler Normen (CEN/CENELEC-Geschäftsordnung) von Bedeutung.

Die in einem Normenpaket zusammengefassten Europäischen Normen sind spätestens bis zu einem vorab festgelegten Datum der Zurückziehung (dow) zu veröffentlichen.

Die bereits vor diesem Zeitpunkt fertiggestellten und veröffentlichten Europäischen Normen des Paketes werden in das nationale Normenwerk übernommen. Sie gelten bis zum Datum der Zurückziehung parallel zu entsprechenden nationalen Normen.

Erst mit dem Erreichen des Datums der Zurückziehung sind die Europäischen Normen des Normenpaketes in das nationale Regelwerk zu übernehmen, indem ihnen der Status von nationalen Normen gegeben wird. Entgegenstehende nationale Normen sind dann zurückzuziehen.

Die einzelnen Teile der Normenreihe DIN EN 12255 sind inhaltlich anders konzipiert als die deutschen Normen der Reihe DIN 19569, so dass durchaus mehrere Teile dieser Reihe durch einen Teil der Europäischen Norm berührt werden können.

Der Normungsumfang der Europäischen Normenreihe DIN EN 12255 "Kläranlagen" deckt nicht alle Festlegungen ab, die in den nationalen Normen der Reihe DIN 19569 "Kläranlagen – Baugrundsätze für Bauwerke und technische Ausrüstungen" enthalten sind.

Der Arbeitsausschuss V 36 erarbeitet daher Maß- und Restnormen zu den folgenden Themenkreisen:

— Rechteckbecken als Absetzbecken
— Rechteckbecken als Sandfänge
— Rundbecken als Absetzbecken
— Tropfkörper mit Drehsprengern
— Tropfkörperfüllungen
— Rechenbauwerke mit geradem Rechen
— Ablaufsysteme in Absetzbecken
— Besondere Baugrundsätze für Einrichtungen zum Abtrennen und Eindicken von Feststoffen
— Besondere Baugrundsätze für Einrichtungen zur aeroben biologischen Abwasserreinigung
— Besondere Baugrundsätze für Anlagen zur anaeroben Behandlung von Abwasser
— Besondere Baugrundsätze für Anlagen zur Abwasserreinigung mit Festbettfiltern
— Besondere Baugrundsätze für Anlagen zur Klärschlammentwässerung
— Besondere Baugrundsätze für Anlagen zur Trocknung von Klärschlamm

CEN TC 165

Datum: 2001-07

prEN 12255-12

CEN TC 165

Sekretariat: DIN

Kläranlagen — Teil 12: Steuerung und Automatisierung

Stations d'épuration — Partie 12: Mesure et contrôle

Wastewater treatment plants — Part 12: Control and automation

ICS:

Deskriptoren

Dokument-Typ: Europäische Norm
Dokument-Untertyp:
Dokument-Stage: CEN-Umfrage
Dokument-Sprache: D

Inhalt

Vorwort

Diese Europäische Norm für Kläranlagen wurde vom Technischen Komitee CEN /TC 165 "Abwassertechnik" erarbeitet, dessen Sekretariat vom DIN gehalten wird.

Dieses Dokument ist derzeit zur CEN-Umfrage vorgelegt.

Es ist der zwölfte von den Arbeitsgruppen CEN/TC 165/WG 42 und 43 erarbeitete Teil, der sich auf allgemeine Anforderungen an Verfahren für Kläranlagen für über 50 Einwohnerwerte (EW) bezieht. Die Normen dieser Reihe sind folgende:

— Teil 1: Allgemeine Baugrundsätze

— Teil 3: Abwasservorreinigung

— Teil 4: Vorklärung

— Teil 5: Abwasserbehandlung in Teichen

— Teil 6: Belebungsverfahren

— Teil 7: Biofilmreaktoren

— Teil 8: Schlammbehandlung und -lagerung

— Teil 9: Geruchsminderung und Belüftung

— Teil 10: Sicherheitstechnische Baugrundsätze

— Teil 11: Erforderliche allgemeine Angaben

— Teil 12: Steuerung und Automatisierung

— Teil 13: Chemische Behandlung — Abwasserbehandlung durch Fällung/Flockung

— Teil 14: Desinfektion

— Teil 15: Messung der Sauerstoffzufuhr in Reinwasser in Belüftungsbecken von Belebungsanlagen

— Teil 16: Abwasserfiltration [1)]

ANMERKUNG Für Anforderungen an Pumpanlagen auf Kläranlagen, ursprünglich vorgesehen als Teil 2 "Abwasserpumpanlagen", siehe EN 752-6 "Entwässerungssysteme außerhalb von Gebäuden - Teil 6: Pumpanlagen".

Die Teile EN 12255-1, EN 12255-3 bis EN 12255-8 sowie EN 12255-10 und EN 12255-11 werden als europäisches Normenpaket gemeinsam gültig (Resolution BT 152/1998). Das Datum der Zurückziehung (dow) entgegenstehender nationaler Normen ist 2001-12-31. Bis zu diesem Zeitpunkt gelten die nationalen und bereits veröffentlichten Europäischen Normen parallel.

Entsprechend der CEN/CENELEC-Geschäftsordnung sind die nationalen Normungsinstitute der folgenden Länder gehalten, diese Europäische Norm zu übernehmen: Belgien, Dänemark, Deutschland, Finnland, Frankreich, Griechenland, Irland, Island, Italien, Luxemburg, Niederlande, Norwegen, Österreich, Portugal, Schweden, Schweiz, Spanien, die Tschechische Republik und das Vereinigte Königreich.

---

1) in Vorbereitung

1 Anwendungsbereich

Diese Europäische Norm legt Anforderungen an Steuerungs- und Automatisierungssysteme von Kläranlagen für mehr als 50 EW fest. Falls notwendig, sollte die Leittechnik auch so ausgelegt werden, dass die Überwachung des Kanalnetzes im Einzugsbereich der Kläranlage möglich ist.

Diese Europäische Norm beschreibt Anforderungen an die Informationen, die zur Auslegung und die Implementierung solcher Systeme notwendig sind sowie Leistungsanforderungen an die Hard- und Software.

Die Unterschiede in Planung und Bau von Kläranlagen in Europa haben zu einer Vielzahl von Ausführungsformen geführt. Diese Norm enthält grundsätzliche Angaben zu den Ausführungsformen; sie beschreibt jedoch nicht alle Einzelheiten jeder Ausführungsform.

Die in den Literaturhinweisen aufgeführten Unterlagen enthalten Einzelheiten und Hinweise, die im Rahmen dieser Norm verwendet werden können.

2 Normative Verweisungen

Diese Europäische Norm enthält durch datierte oder undatierte Verweisungen Festlegungen aus anderen Publikationen. Diese normativen Verweisungen sind an den jeweiligen Stellen im Text zitiert, und die Publikationen sind nachstehend aufgeführt. Bei datierten Verweisungen gehören spätere Änderungen oder Überarbeitungen nur zu dieser Europäischen Norm, falls sie durch Änderung oder Überarbeitung eingearbeitet sind. Bei undatierten Verweisungen gilt die letzte Ausgabe der in Bezug genommenen Publikation (einschließlich Änderungen).

EN 1085, *Abwasserbehandlung — Wörterbuch.*

prEN 12255-1, *Abwasserbehandlungsanlagen — Teil 1: Allgemeine Baugrundsätze.*

EN 12255-10, *Kläranlagen — Teil 10: Sicherheitstechnische Baugrundsätze.*

prEN 12255-11, *Abwasserbehandlungsanlagen — Teil 11: Grundlegende Angaben für die Auslegung der Anlagen.*

EN 61131-3, *Speicherprogrammierbare Steuerungen — Teil 3: Programmiersprachen (IEC 61131-3:1993).*

3 Begriffe

Für die Anwendung dieser Europäischen Norm gelten die in EN 1085 angegebenen und die folgenden Begriffe.

3.1
Client-Server
Rechnerkonfiguration, bei der ein oder mehrere Server als Datenbank zur Bearbeitung und Speicherung der Prozessvariablen (PV) (siehe 3.10) dienen und diese Daten den unterschiedlichen Clients für ihre speziellen Anwendungen zur Verfügung stellen

3.2
Delta-event
SCADA Funktion (siehe 3.11), die nur durch Abweichung einer PV (siehe 3.10) um einen vorgegebenen Wert angestoßen wird

3.3
ereignisorientiert
SCADA Funktion (siehe 3.11), die nur durch ein Ereignis, d. h. ein Binärsignal, angestoßen wird

3.4
LAN
Local Area Network

3.5
multi-tasking
Eigenschaft des Betriebssystems, dass verschiedene laufende Programme (task) quasi gleichzeitig abgearbeitet werden, ohne dass sie vom Ablauf der anderen gestört werden und jedes genügend CPU-Zeit für ausreichende Programmleistung sowie Prozessaufrufe, Programmunterbrechungen durch Prozessanforderungen erhält, sofern dies notwendig ist

3.6
multi-screen
Darstellung von Bildschirminhalten auf mehreren Bildschirmen unter Verwendung nur eines Betriebspultes (Tastatur/Maus) mittels spezieller Grafikkarten

3.7
OLE
Object Linking and Embedding

3.8
OPC
OLE (siehe 3.7) for process control

3.9
SPS
speicherprogrammierbare Steuerung (Automatisierungsgerät) für Prozessautomation und Regelungsfunktionen

3.10
PV
Prozessvariable, Element des Datenmodells, d. h. binärer Ein-/Ausgabewert (z. B. Meldung/Schalter), analoger Ein-/Ausgabewert (z. B. Messwert/Sollwertausgabe), Zählwerte, Rechenwerte, Handeingabewerte. Die PVs bilden die Datenbasis des Automatisierungssystems

3.11
SCADA
Supervisory Control and Data Acquisition

3.12
TCP/IP
Transmission Control Protocol/Internetwork Protocol

3.13
WAN
Wide Area Network

3.14
watch-dog
Zeitüberwachung des Programmablaufs in der CPU

4 Allgemeine Anforderungen

Steuerungs- und Automatisierungssysteme werden zur Unterstützung des Bedienpersonals bei der Prozessführung der Kläranlagen eingesetzt, um die Prozessqualität und den kostengünstigen Betrieb sicherzustellen. Darüber hinaus dienen sie zur Prozessdokumentation, insbesondere zur Überwachung und Aufzeichnung der Einleitewerte, sowie als Hilfsmittel bei der Anlageninstandhaltung.

Das Steuerungs- und Überwachungssystem muss in einem frühen Planungsstadium der Verfahrensauslegung für den Gesamtprozess berücksichtigt werden. Die Gesamtkosten, einschließlich Investitions- und Betriebskosten, für das Steuerungs- und Automatisierungssystem sollten in diesem Stadium in Hinblick auf die verschiedenen Verfahrensalternativen abgeschätzt und geprüft werden. Dabei muss berücksichtigt werden, dass ein hoch entwickeltes Steuerungssystem auch erfahrenes und ausgebildetes Personal für die Aufrechterhaltung des Betriebes erfordert. Daher hängt es im wesentlichen von der Anlagengröße und den Anforderungen an die Verfahrenstechnik ab, ob ein einfaches oder komplexes Automatisierungssystem benötigt wird.

Bei der Systemauslegung muss das geforderte Berichtswesen für das Prozessmanagement berücksichtigt werden. In einigen Fällen kann es vorteilhaft sein, auch die Überwachung bzw. Steuerung des Entwässerungssystems zu integrieren.

Das Steuerungs- und Automatisierungskonzept muss speziell für jede Kläranlage unter Berücksichtigung des Verfahrensablaufs und der Fertigkeiten des Personals ausgelegt werden. Weiterhin sollten die Anforderungen an die Systemverfügbarkeit und der Betrieb in speziellen Situationen, z. B. Ausfall von Anlagenteilen, in die Überlegungen mit einbezogen werden.

Die Automatisierungs- und Überwachungssysteme sollten als Netzwerk mehrerer intelligenter Subsysteme aufgebaut und in einer hierarchischen Client-Server-Struktur von einem oder mehreren Leittechnik-Arbeitsplätzen betrieben und bedient werden. Die Auslegung solcher Netzwerke hat sich nach den Anforderungen an die Datenübertragungsrate, die Übertragungsprotokolle und die Funktionen auszurichten, die in den Unterstationen implementiert sind. Das Steuerungs- und Automatisierungssystem sollte die Kommunikation über Internet unterstützen, es sollte z. B. möglich sein, den Webserver und Routinefunktionen auszuführen.

Ausgehend von diesen grundlegenden Gesichtspunkten für die Auslegung des Steuerungs- und Automatisierungssystems werden in den folgenden Abschnitten Anforderungen an die notwendigen Informationen im Hinblick auf die Auslegung des Systems und darüber hinaus an Hard- und Software-Features des Systems gegeben. Für einfache Anlagen wird ein Basiskonzept entwickelt, das für die Anwendung mit komplexerer Verfahrenstechnik zu einem Netzwerksystem ausgebaut werden kann.

5 Anforderungsprofil und Automatisierungskonzept

5.1 Notwendige Angaben für die Auslegung der Leittechnik

5.1.1 Allgemeines

Ergänzend zu den allgemeinen Angaben und Anforderungen nach prEN 12255-11 muss der Auftraggeber weitere Anforderungen formulieren, die die Grundlage für eine angepasste Instrumentierung und die Auswahl der erforderlichen Komponenten für das Steuerungs- und Automatisierungssystem sowie die Ausstattung der Leitwarte bilden. Der Umfang der notwendigen Informationen hängt jeweils ab von den Anforderungen an die Betriebsweise der Anlage, dem Grad der Automatisierung sowie vom geforderten Berichtswesen, z. B. die Zusammenstellung von Betriebsdaten in Listen oder Bilanzen. Diese zusätzlichen Anforderungen beziehen sich auf die Instrumentierung und Automatisierungstechnik (siehe 5.1.2) sowie auf Angaben zum Betrieb der Kläranlage (siehe 5.1.3).

5.1.2 Instrumentierung und Automatisierungstechnik

Die Komplexität der Verfahrenstechnik spiegelt sich im Ausmaß der Instrumentierung und der Automatisierungstechnik wieder. Daher sollten die folgenden Anforderungen spezifiziert werden:

a) der Umfang und der Grad der Instrumentierung für die Prozesssteuerung, z. B. für:

— Durchfluss, Niveau, Druck, Temperatur;

— die chemischen Parameter, wie pH-Wert,

— Leitfähigkeit und gelöster Sauerstoff, Trübung;

— die komplexeren on-line-Kontrollinstrumente für Ammonium, Nitrit, Nitrat, Phosphat;

— den Trockensubstanzgehalt im Belebungsbecken (TS_{BB}).

b) Ersatzwertstrategien für den Fall der Störung oder des Ausfalls des Messsystems durch die Vorgabe von Ersatzwerten, z. B. für Regelkreise.

c) das Regelungskonzept für die Sauerstoffzufuhr, die Steuerung der Nitrifikation und Denitrifikation ebenso wie die der Rezirkulation und die Verfahren zur Schlammbehandlung.

d) höhere Regelstrategien, wie Modellbildung oder Fuzzy-control für die Dosierung von Fällungs- oder Flockungsmitteln.

5.1.3 Angaben zum Betrieb der Kläranlage

Ergänzend zur grundlegenden Verfahrensauslegung müssen auch die Betriebsbedingungen der Anlage, z. B. die geforderte Ablaufqualität, die Energieversorgung, die Personalausstattung und die Organisation zur Aufrechterhaltung von Betrieb und Wartung berücksichtigt werden. Die hierfür notwendigen Angaben können umfassen:

a) Anforderungen an die elektrische Energieversorgung, die Notstromversorgung und das Energiemanagementsystem einschließlich Gasmaschinen zur Eigenstromerzeugung;

b) die räumliche Anordnung der Leitwarten auf der Anlage und die Informationen darüber, wie die unterschiedlichen Prozessstufen betrieben werden sollen;

c) Festlegung der Explosionsschutzbereiche innerhalb der Anlage (siehe EN 12255-10);

d) Angaben zur Anlagen-Infrastruktur, z. B. Telefonversorgung, Fernsehüberwachung, Feuermeldesysteme;

e) Anzahl der externen Arbeitsplätze, die an die Leitwarte angeschlossen werden, z. B. im Betriebslabor oder in entfernt liegenden Büros sowie tragbare Rechner für Service und Wartung;

f) Kennzeichnungssystem für Anlagen, Verbraucher und Messgeräteinstallation mit Hilfe von Kennnummern;

g) Systemanforderungen:

  — einfaches System zur Datenerfassung und Aufzeichnung oder komplexe Leittechnik mit einem Netzwerk von Automatisierungsgeräten oder Computer, Anforderungen an die Datenübertragung über Schnittstellen oder Internet-Kopplung;

h) Unterstützung des Bedienpersonals durch Expertensysteme, Software für künstliche Intelligenz oder adaptive Prozesssimulation;

i) Wartungs- und Instandhaltungsprotokolle, die evtl. mit Systemen für die Lagerverwaltung und die Ersatzteilbeschaffung verbunden sein können;

j) Diagnose- und Vorhersagefunktionen, z. B. für Energiemanagement, Steuerung des Entwässerungssystems oder des Durchflusses und die Berechnung von Frachten;

k) Personalbesetzung der Leitwarte (ständig oder nur zeitweise besetzt);

l) Personalqualifikation und Verfügbarkeit von Bedien- und Wartungspersonal;

m) Schulungsmaßnahmen für das Bedien- und Wartungspersonal durch den Lieferanten der Leittechnik;

n) Verfahren zum log-in für die verschiedenen hierarchischen Stufen der Zugriffsberechtigung, z. B.:

  — Systemadministration, Berechtigung zum Einstellen bzw. Ändern von Parametern für die Steuerungs- und Automatisierungsfunktionen oder nur die reine Bedienungsfunktion;

o) Vorgaben für die Alarmbehandlung und die Regelungen, wie die Information im Fall einer Störung oder eines Alarms weiterverarbeitet werden sollen.

5.2 Automatisierungskonzept

Das Automatisierungskonzept ist ein schriftliches Dokument, in dem detailliert zu beschreiben ist, wie die Anforderungen nach 5.1 zu realisieren sind. Die im Wesentlichen aufzuführenden Punkte sind:

a) Auslegungsdaten für das Automatisierungssystem:

- eine komplette Beschreibung des Behandlungsverfahrens;
- ein Rohrleitungs- und Instrumentierungsschema, in dem die Stoffströme zwischen den verschiedenen Verfahrensstufen mit den Stoffdaten, z. B. Durchfluss, Druck, Temperatur und die damit zusammenhängenden Regelungen oder Steuerungen mit den Messstellen und der maschinellen Ausrüstung darzustellen sind;
- Anzahl und Aufgliederung der Prozesssignale, geordnet nach binären und analogen Eingangs-/Ausgangsgrößen, Rechenwerten und Handeingabewerten, ebenso wie die Anzahl der Regelkreise und der Ablaufsteuerungen;
- Anzahl der Unterstationen, die Auslegung des Netzwerks und Angaben über die Bedienstationen auf den verschiedenen Eingriffsebenen;
- Spezifikation einer hierarchischen Bedienstrategie auf verschiedenen Ebenen von Automatisierungssystemen, d. h. Betrieb vor Ort oder in der Leitwarte;
- Spezifikationen der Installationen in den Leitwarten, d. h. Anzahl der Arbeitsplätze, der Bildschirme und Drucker, Schnittstellen zu Funkalarmsystemen oder anderen Systemen zur Datenverarbeitung;
- Angaben zur Verkabelung für Prozesssignale und die verschiedenen Systemkomponenten.

b) Angaben zur Sicherheit und zur Betriebsweise:

- back-up-Systeme für den Fall, dass Prozessstörungen, Störungen in der Anlagentechnik oder in der Leittechnik auftreten einschließlich Angaben zur Ausführung sicherheitsgerichteter Automatisierungstechnik in Hardware;
- Anfahr- und Abfahrprozeduren;
- System zur Störungsüberwachung und Quittierfunktionen im Falle von Alarmmeldungen;
- Schutz der Prozesssignale gegen Blitzschlag und Überspannung;
- Beschreibung der hierarchisch angeordneten Bedienebenen auf den verschiedenen Stufen des Automatisierungssystems, d. h. vor Ort Steuerstellen, Gruppensteuerungen, übergeordnete Steuerung und Überwachung von der Leitwarte aus.

Die Festlegungen des Automatisierungskonzeptes haben als verbindliche Grundlage für die Implementierung des gesamten Steuerungs- und Automatisierungssystems zu gelten.

Die Art und Weise, in der die notwendigen Daten und Angaben zusammengestellt werden, unterscheidet sich je nach der Durchführung des Ausschreibungsverfahrens.

6 Systemauslegung und -realisierung

6.1 Ausschreibung

6.1.1 Allgemeines

Das Steuerungs- und Automatisierungssystem wird in verschiedenen Schritten entworfen und ausgeführt, an denen der Auftraggeber, der Planer und der Betreiber in unterschiedlichem Maße und mit unterschiedlicher Verantwortung beteiligt sind, je nach Form des Ausschreibungsverfahrens:

- Funktionalausschreibung;

- gewerkeweise Ausschreibung.

Das Steuerung- und Automatisierungssystem muss allen Anforderungen des Auftraggebers entsprechen, wie sie im Automatisierungskonzept spezifiziert sind, und den allgemeinen Baugrundsätzen der prEN 12255-1 entsprechen. Je nach der Form der Ausschreibungsverfahrens unterscheidet sich der Grad der Detaillierung und der Umfang der Informationen, die der Auftraggeber zur Verfügung zu stellen hat, erheblich.

6.1.2 Funktionalausschreibung

Sie erfordert im wesentlichen eine detaillierte Beschreibung der geforderten Funktionen und Leistungen, die mindestens folgende Punkte umfassen muss:

— alle Betriebsanforderungen an das Steuerungs- und Automatisierungssystem;

— die Verpflichtungen des Auftragnehmers im Hinblick auf Auslegung, Ausführung und Installation, die insbesondere die Fein- bzw. Ausführungsplanung (detail-engineering) umfasst;

— das Verfahren zur Beauftragung;

— Angaben zur Durchführung der Tests und der Inbetriebnahme;

— Angaben zum Leistungstest und zur Übernahme des Gesamtsystems.

6.1.3 Gewerkeweise Ausschreibung

Sie wird häufig nicht in einem derart formalisierten Verfahren wie die Funktionalausschreibung durchgeführt, sollte aber in den verschiedenen Phasen der Projektrealisierung die anerkannten Verfahren der Projektkontrolle und -überwachung anwenden, damit die Einhaltung der Kosten und des Zeitrahmens gewährleistet ist. Da der Auftraggeber, insbesondere in der Phase der Grundlagenplanung, in weit höherem Umfang in die Systemauslegung eingebunden ist, sollte er sich neben dem daraus resultierenden erhöhten Einflussnahme auch der erhöhten Verantwortung bewusst sein.

6.2 Grundlagenplanung

Bei der Durchführung der Grundlagenplanung sind alle Anforderungen nach Abschnitt 5 auszuwerten, um das Automatisierungskonzept aufzustellen. Daher muss der Automatisierungsingenieur eng mit dem Auftraggeber und dem Verfahrensingenieur zusammenarbeiten. In dieser Planungsphase sind die Verfahrensauslegung sowie die hierfür erforderliche technische Ausrüstung und die notwendige Instrumentierung festzulegen. Die folgenden Angaben müssen zur Verfügung gestellt werden, um die Grundlagenplanung durchzuführen:

— Lage- und Anordnungspläne für die Verfahrensstufen;

— Aufstellungspläne für die maschinelle Ausrüstung;

— Rohrleitungs- und Instrumentierungsschemata, in denen die Messstellen und die Verbraucher ebenso wie die Produktströme, Durchmesser, Drücke, Temperaturen und ähnliches eingetragen sind;

— zusätzlich müssen Gebäudepläne als Grundlage für die Planung der Kabeltrassen und für die Gestaltung der Leitwarte zu Verfügung gestellt werden;

— im Falle der Funktionalausschreibung werden die vorbeschriebenen Planungsphasen als Paket durch den Anbieter ausgeführt und sind dann die Grundlage des Auftrages an ihn.

6.3 Feinplanung

Im Rahmen der Feinplanung sind die endgültigen Pläne mit der Beschreibung zu erstellen, z. B. durch Regelkreis-Darstellung und Ablaufdiagramme für die Programmierung, wie die im Automatisierungskonzept spezifizierten Funktionen mit den Hard- und Softwarekomponenten des Lieferanten zu realisieren sind. Die erforderliche Ausrüstung wird festgelegt und die notwendigen Untersysteme und Komponenten für die Montage werden in Auftrag gegeben.

6.4 Endmontage, Test und Übernahme

Nachdem das Steuerungs- und Automatisierungssystem installiert worden ist, sind die Inbetriebnahme und die Abnahmen in mehreren Stufen durchzuführen, die schon bei der Auftragsvergabe schriftlich aufgeführt werden sollten:

— Zunächst sind im Rahmen des Signaltests alle elektrischen Stromkreise für die Signalverarbeitung, Steuerungen und Regelkreise zu überprüfen.

— Anschließend sind die Verriegelungsbedingungen und Abhängigkeiten innerhalb des Automatisierungssystems für die Prozesssteuerungen "kalt" zu testen, d. h. vor der Inbetriebsetzung des eigentlichen Prozesses. Während der Kalttests müssen einige Signale simuliert werden, da zu Beginn nur einige Verfahrensstufen der Gesamtanlage überprüft werden können, und nicht alle PVs zur Verfügung stehen. Schrittweise sind dann die verschiedenen Verfahrensstufen in Betrieb zu nehmen bis schließlich die gesamte Anlage arbeitet.

— Bei größeren Leitwarten, z. B. mit mehreren Arbeitsplätzen, kann es nützlich sein, einen gesonderten Werksabnahmetest nur für diesen Teil des Automatisierungssystems im Hinblick auf die Prozessvisualisierung und -überwachung sowie die Protokollierung durchzuführen.

An die Kaltinbetriebnahme schließen sich der Probebetrieb und die Leistungstests an, bei denen die beauftragten Systemfunktionen und die Gesamtleistung des Automatisierungssystem nachgewiesen und in der formalen Übernahmeprozedur bestätigt werden müssen.

Die verschiedenen Schritte der Test- und der Übernahmeprozedur sind in einem schriftlichen Dokument festzuhalten, insbesondere folgende Aspekte sind zu vereinbaren:

— der Umfang der Signal- und Regelkreistests, die Dokumentation der Testergebnisse sowie je ein Vertreter des Auftraggebers bzw. des Planers ebenso wie des Auftragnehmers, die die Tests durchführen;

— die Bedingungen für den Beginn der Inbetriebnahme, die Bereitstellung des Personals für den Betrieb, die Erstattung der Kosten für die Inbetriebnahme, die Haftung;

— die Dauer des Probebetriebes, Betriebspersonal, Reaktionszeit des Lieferanten bei Störungen, Inbetriebnahmepersonal des Lieferanten;

— Ausführungsbestimmungen für den Leistungstest und die Übernahme; Beginn der Gewährleistung;

— Schulungsmaßnahmen für das Betriebsführungspersonal und das Personal zur Pflege und Wartung des Automatisierungssystems.

7 Spezifikation der Leittechnik

7.1 Allgemeines

Das Automatisierungskonzept beschreibt die Anwendungsziele und den Funktionsumfang des Steuerungs- und Automatisierungssystems für eine vorgegebene Installation. Die verschiedenen Komponenten des Automatisierungssystems und deren endgültige Systemkonfiguration müssen mit den Anforderungen des Automatisierungskonzeptes übereinstimmen und sollten für den geforderten Leistungsumfang nach wirtschaftlichen Gesichtspunkten ausgewählt werden.

Bei einfachen Anlagen kann in der Leitwarte eine PC-basierte Leittechnik für die Dokumentation und Prozesssteuerung in Verbindung mit dezentralen Automatisierungsgeräten als Unterstationen für den peripheren Prozessanschluss ausreichen.

Bei größeren und komplexeren Anlagen sind in der Regel verteilte Leitwarten erforderlich, z. B. für die biologische Behandlungsstufe sowie die Schlammbehandlung einschließlich der Anlagen zur Entwässerung. Zusätzlich kann ein Arbeitsplatz zur Eingabe von Labordaten eingerichtet werden und ein weiterer zur Abwicklung von administrativen und übergeordneten Aufgaben in der Verwaltung.

7.2 Anforderungsprofile

Nachfolgend sind Mindestanforderungen und zusätzliche Merkmale der Automatisierungseinheiten in Hinblick auf die Hard- und Software-Funktionen zusammengestellt. Diese Zusammenstellung (Tabellen 1 bis 4) kann als Checkliste und als Katalog für Anforderungen verwendet werden, die von den Komponenten des Steuerungs- und Automatisierungssystems erfüllt werden sollten, um den Bedingungen des Automatisierungskonzeptes zu entsprechen.

Tabelle 1 — Hardware des Automatisierungssystems: Unterstationen

Funktion	Mindestanforderung	Höherwertige Funktionen
Systemkonfiguration	dezentrale, intelligente SPS in einem lokalen Netzwerk (LAN)	LAN/WAN Netze: Kombination von Wähl- und Festverbindungen; selbstkonfigurierende Netzwerke
Funktionsumfang	Prozessanschluss konventionell	Feldbusanschlüsse nach verschiedenen Protokollen verfügbar
	Speicherausbau fest	modular erweiterbar
	Ein-Prozessor-System	Mehr-Prozessor-System mit Koordinierungseinheit; spezielle Peripheriekarten zur Vorverarbeitung verfügbar (z. B. Zählwertkarten)
	SCADA verfügbar	zusätzlich Zeitstempelung für PV in Echtzeit der Unterstation
	Selbstdiagnose des Systems mittels watch- dog	zusätzliche Überwachung der Kommunikationswege und der Peripherieanschlüsse
	Spannungsversorgung: 110 V bis 230 V AC; 24 V DC	integrierte Spannungsversorgung durch Batterien mit Erhaltungsladung und Ladezustandsüberwachung
	Neustart nach Ausfall von der Leitwarte aus oder lokal	redundante Systeme verfügbar; Kartenwechsel bei laufender Station ohne Ausfall

Tabelle 2 — Hardware des Automatisierungssystems: Leitwarte

Funktion	Mindestanforderung	Höherwertige Funktionen
Systemauslegung	Client-Server-System als nicht-dedizierter Server mit einem Arbeitsplatz und zwei Bildschirmen in multi-screen-Technik	Client-Server-System mit mehreren Clients und gegebenenfalls mehreren Servern, die mit mehreren Arbeitsplätzen, z. B. in der Warte und Unterstationen betrieben werden
	Redundanz durch vollständig gedoppelte Systeme muss möglich sein	skalierbare Redundanz für einzelne Systemkomponenten ist möglich
Netzwerk	LAN-Konfiguration unter Verwendung etablierter Industrie-Standards, Ethernet mit verdrillter Leitung (twisted pair)	gemischte LAN/WAN-Netze können durch Systeme betrieben werden, die Fast Ethernet nutzen; Router-Funktionen und der Zugang zum Internet werden unterstützt; Selbstkonfiguration der Stationen innerhalb des Netzwerkes und Zweitwegumschaltung bei Ausfall
Arbeitsplätze	ein Arbeitsplatz in der Leitwarte mit zwei Bildschirmen und üblicherweise zwei Druckern	mehrere Arbeitsplätze innerhalb der Anlage an verschiedenen Stellen, auch räumlich abgesetzte Bedienplätze in entfernten Büros oder für den Service mit definierbaren unterschiedlichen Zugriffsrechten für den jeweiligen Nutzer
Selbstüberwachung und Diagnose	watch-dog-timer; Systemprotokolle im Klartext; keine verschlüsselten Nachrichten	Schnittstelle für Ferndiagnose und technische Hilfe durch den Hersteller über Telefonnetz mit log-in-Funktionen zur Zugangskontrolle

Tabelle 3 — Software des Automatisierungssystems: Unterstationen

Funktion	Mindestanforderung	Höherwertige Funktionen
Software für die intelligente Vorverarbeitung von Analogwerten	zyklische Erfassung mit bestimmbarem Zeitraster	delta-event und ereignisgesteuerte Messwerterfassung mit Zeitstempel und lokaler Speicherung von Messwert und Zeit bei Wählverkehr
	Momentanwert; Summenwert über definierbare Zeitintervalle	Mittelwert und lokale Archivierung; lokale Ersatzwertstrategien
Binärdatenverarbeitung	spontane Übertragung; polling verfügbar und frei konfigurierbar; Zählwerte als Summen und Inkrementanzeige	die Übertragung von binären Werten kann mit unmittelbarem und verzögertem Datentransfer konfiguriert werden; getrennte Archive für unmittelbaren oder verzögerten Datentransfer verfügbar; Zählwertarchive für Inkrement- und Summenanzeige lokal verfügbar
Download von der Leitstelle aus	Laden von Prozessparametern (z. B. Grenzwerte, Schaltpunkte)	zusätzlich Parametrierung der Infopunkte bzw. Objekte, z. B. in Hinblick auf die Speicherung, die Vorverarbeitung von Meldungseingängen oder Befehlsausgängen
Programmierung	Selbstdokumentation der integrierten Unterstationsprogramme sowie der Parameter und Kommentare lokal in der Unterstation verfügbar Programmierung von Sprachen nach EN 61131-3	Softwareprogramme der Unterstation können sowohl im Überwachungssystem in der Leitwarte als auch vor Ort in der Station angezeigt werden durch Verwendung desselben Dokumentations-Standards in der Zentralstation und in der Unterstation; Informationspunkt- sowie objektorientierte Programmierung mit Typicals wird unterstützt; SPS- und Regelungsfunktionen integrierbar
Selbstüberwachung	Überwachung des Programmablaufs der Unterstationssoftware; Verbindungsüberwachung durch integrierte Firmware und automatische Umschaltung auf lokale Automatik bei Verbindungsstörung	zusätzlich Zweitwegumschaltung bei Ausfall der ersten Leitung; Automatische Neukonfigurierung des Netzwerks; spezielle Alarmkonzepte und Ersatzwertstrategien für den Fehlerfall werden unterstützt.

Tabelle 4 — Software des Automatisierungssystems: Leitwarte

Funktion	Mindestanforderung	Höherwertige Funktionen
Betriebssystem	32-bit-Verarbeitung; multi-tasking, Echtzeitbetrieb basierend auf allgemein anerkanntem Industriestandard und Vorkehrungen zur Vermeidung eines totalen Zusammenbruchs bei Anwendungsfehlern	Netzwerkunterstützung für verteilte Server, z. B. Datenbankrechner
Arbeitsplätze	ein Arbeitsplatz mit mindestens zwei Anzeigen unter Verwendung der multi-screen-Technik einfache log-in-Prozeduren	Unterstützung mehrerer verteilter Arbeitsplätze vor Ort oder zur externen Verwendung, z. B. Notebook-Rechner für die Wartung oder die Verwaltung mit unterschiedlichen Zugriffsrechten und komplexen log-in-Prozeduren zu deren Absicherung
Netzwerke	Ethernet in verschiedenen gemeinsamen LAN-Strukturen, z. B. Tree-Bus, Ringstrukturen unter Verwendung allgemein anerkannter Industriestandards; im Allgemeinen keine spezifischen Standards einzelner Hersteller	Fast Ethernet, TCP/IP zur LAN-Kommunikation; Profibus-Kopplung; Emulation von marktgängigen Kommunikationsprotokollen der Hersteller
Schnittstellen	Import und Export von auswählbaren Dateien des Servers im ASCII-Format zur Übertragung und mindestens zum Austausch von Excel-Dateien sowie DXF-Format für Zeichnungen	Unterstützung von OLE, OPC, web-Server; Router-Funktionen für unterschiedliche Kommunikationswege und –protokolle; TCP/IP-Anbindung für anwenderspezifische Programme auf speziellen Clients
Alarmbearbeitung	einfache Alarmbearbeitung, wie akustische und/oder optische Signale sowie Ausdruck der Alarmmeldung und einfache Prozeduren zur Alarmbestätigung	unterschiedliche und getrennte Alarmverarbeitung je nach Prioritätsklasse; verschiedene Meldungswege und Prozeduren zur Bestätigung; Implementierung von Alarm- und Dienstplänen zur Unterstützung der automatischen Echt-Kommunikation

Literaturhinweise

Die folgenden Schriften enthalten Hinweise, die im Rahmen dieser Norm verwendbar sind.

Diese Zusammenstellung von in den Mitgliedsländern veröffentlichten und angewendeten Dokumenten war zum Zeitpunkt der Veröffentlichung dieser Europäischen Norm aktuell, sollte jedoch nicht als vollständig angesehen werden.

Internationale Normen

[1] ISO/IEC 8802-3, *Information technology — Telecommunications and information exchange between systems — Local and metropolitan area networks; Specific requirements — Part 3: Carrier sense multiple access with collision detection (CSMA/CD) access method and physical layer specifications.*

Europäische Normen

[2] EN 50170, *General purpose field communication system.*

Deutschland

[3] E DIN 19222, *Leittechnik — Begriffe.*

[4] DIN 19227-2, *Leittechnik — Teil 2: Graphische Symbole und Kennbuchstaben für die Prozessleittechnik — Darstellung von Einzelheiten.*

[5] DIN 33414-1, *Ergonomische Gestaltung von Warten — Teil 1: Sitzarbeitsplätze — Begriffe, Grundlagen, Maße.*

[6] E DIN 33414-2, *Ergonomische Gestaltung von Warten — Teil 2: Kognitive Faktoren.*

[7] E DIN 33414-3, *Ergonomische Gestaltung von Warten — Teil 3: Gestaltungskonzept.*

[8] DIN 33414-4, *Ergonomische Gestaltung von Warten — Teil 4: Gliederungsschema, Anordnungsprinzipien.*

[9] DIN 66234-6, *Bildschirmarbeitsplätze — Teil 6: Gestaltung des Arbeitsplatzes.*

[10] ATV-DVWK-M 253, *Automatisierungs- und Leittechnik auf Abwasseranlagen.* 2)

[11] ATV M 260, *Erfassen, Auswerten und Darstellen von Betriebsdaten mit Hilfe von Prozessdatenverarbeitungsanlagen auf Klärwerken.* 2)

[12] ATV M 207, *Nachrichtentechnische Netzwerke für die Abwassertechnik.* 2)

[13] VDI/VDE 3546 Blatt 1, *Konstruktive Gestaltung von Prozessleitwarten — Allgemeiner Teil/Achtung: Inhaltlich überprüft und unverändert weiterhin gültig: Februar 1999.*

[14] VDI/VDE 3694, *Lastenheft/Pflichtenheft für den Einsatz von Automatisierungssystemen.*

[15] VDI/VDE 3699 Blatt 3, *Prozessführung mit Bildschirmen — Fließbilder.*

[16] VDI/VDE 3699 Blatt 4, *Prozessführung mit Bildschirmen — Kurven.*

---

2) Bezug: Gesellschaft zur Förderung der Abwassertechnik e. V. (GFA), Postfach 1165, 53758 Hennef

April 2003

Kläranlagen
Teil 13: Chemische Behandlung
Abwasserbehandlung durch Fällung/Flockung
Deutsche Fassung EN 12255-13:2002

DIN
EN 12255-13

ICS 13.060.30

Wastewater treatment plants — Part 13: Chemical treatment – Treatment of wastewater by precipitation/flocculation; German version EN 12255-13:2002

Station d'épuration — Partie 13: Traitement chimique – Traitement des eaux usées par précipitation/floculation; Version allemande EN 12255-13:2002

Die Europäische Norm EN 12255-13:2002 hat den Status einer Deutschen Norm.

Nationales Vorwort

Diese Europäische Norm wurde vom Technischen Komitee TC 165 „Abwassertechnik" (Sekretariat: Deutschland) des Europäischen Komitees für Normung (CEN) erarbeitet.

Die Arbeiten wurden von der Arbeitsgruppe „Kläranlagen – Allgemeine Anforderungen und besondere Verfahren" (WG 43) (Sekretariat: Deutschland) des CEN/TC 165 durchgeführt. Für Deutschland war der Arbeitsausschuss V 36/UA 2/3 „Abwasserbehandlungsanlagen; CEN/TC 165/WG 42 und 43" an der Bearbeitung beteiligt.

Die Normenreihe DIN EN 12255 „Kläranlagen" wird voraussichtlich aus 15 Teilen bestehen (siehe Vorwort EN 12255-13).

Die im Vorwort von EN 12255-13 genannten Titel der einzelnen Teile entsprechen den Titeln der bereits veröffentlichten Norm-Entwürfe bzw. sind Arbeitstitel und können von den Titeln der Normen geringfügig abweichen.

Darüber hinaus wird zukünftig in allen Teilen der Europäischen Normenreihe EN 12255 in den Titeln der jeweiligen deutschen Sprachfassung im Hauptelement der Begriff „Kläranlagen" verwendet.

Einige Teile der Normenreihe DIN EN 12255 werden als Europäisches Normenpaket gemeinsam gültig werden.

Von der Paketbildung sind die folgenden Teile der Normenreihe DIN EN 12255 betroffen:

DIN EN 12255-1, DIN EN 12255-3 bis DIN EN 12255-8, DIN EN 12255-10 und DIN EN 12255-11 (vgl. Vorwort EN 12255-13).

Fortsetzung Seite 2
und 14 Seiten EN

Normenausschuss Wasserwesen (NAW) im DIN Deutsches Institut für Normung e. V.

Datum der Zurückziehung (date of withdrawal, dow) entgegenstehender nationaler Normen ist der

31. Dezember 2002 (Resolution 232/2001 durch CEN/TC 165).

In einem Normenpaket werden Europäische Normen zusammengefasst, die zueinander in Beziehung stehen. Eine Querverbindung kann u. a. aufgrund der Notwendigkeit zur gemeinsamen Anwendung bestehen oder dadurch gegeben sein, dass eine Gruppe entgegenstehender nationaler Normen abzudecken ist.

Die Paketbildung ist aber auch unter dem Aspekt der Verpflichtung zur Übernahme von CEN/CENELEC-Normen durch die CEN-Mitglieder und der damit verbundenen Zurückziehung entgegenstehender nationaler Normen (CEN/CENELEC-Geschäftsordnung) von Bedeutung.

Die in einem Normenpaket zusammengefassten Europäischen Normen sind spätestens bis zu einem vorab festgelegten Datum der Zurückziehung (dow) zu veröffentlichen.

Die bereits vor diesem Zeitpunkt fertiggestellten und veröffentlichten Europäischen Normen des Paketes werden in das nationale Normenwerk übernommen. Sie gelten bis zum Datum der Zurückziehung parallel zu entsprechenden nationalen Normen.

Erst mit dem Erreichen des Datums der Zurückziehung sind die Europäischen Normen des Normenpaketes in das nationale Regelwerk zu übernehmen, indem ihnen der Status von nationalen Normen gegeben wird. Entgegenstehende nationale Normen sind dann zurückzuziehen.

Die einzelnen Teile der Normenreihe DIN EN 12255 sind inhaltlich anders konzipiert als die Deutschen Normen der Reihe DIN 19569, so dass durchaus mehrere Teile dieser Reihe durch einen Teil der Europäischen Norm berührt werden können.

Der Normungsumfang der Europäischen Normenreihe DIN EN 12255 „Kläranlagen" deckt nicht alle Festlegungen ab, die in den nationalen Normen der Reihe DIN 19569 „Kläranlagen — Baugrundsätze für Bauwerke und technische Ausrüstungen" enthalten sind.

Der Arbeitsausschuss V 36 erarbeitet daher Maß- und Restnormen zu den folgenden Themenkreisen:

— Rechteckbecken als Absetzbecken

— Rechteckbecken als Sandfänge

— Rundbecken als Absetzbecken

— Tropfkörper mit Drehsprengern

— Tropfkörperfüllungen

— Rechenbauwerke mit geradem Rechen

— Ablaufsysteme in Absetzbecken

— Besondere Baugrundsätze für Einrichtungen zum Abtrennen und Eindicken von Feststoffen

— Besondere Baugrundsätze für Einrichtungen zur aeroben biologischen Abwasserreinigung

— Besondere Baugrundsätze für Anlagen zur anaeroben Behandlung von Abwasser

— Besondere Baugrundsätze für Anlagen zur Abwasserreinigung mit Festbettfiltern

— Besondere Baugrundsätze für Anlagen zur Klärschlammentwässerung

— Besondere Baugrundsätze für Anlagen zur Trocknung von Klärschlamm

EUROPÄISCHE NORM
EUROPEAN STANDARD
NORME EUROPÉENNE

EN 12255-13

Dezember 2002

ICS 13.060.30

Deutsche Fassung

Kläranlagen
Teil 13: Chemische Behandlung
Abwasserbehandlung durch Fällung/Flockung

Wastewater treatment plants — Part 13: Chemical treatment — Treatment of wastewater by precipitation/flocculation

Stations d'épuration — Partie 13: Traitement chimique — Traitement des eaux usées par précipitation/floculation

Diese Europäische Norm wurde vom CEN am 1. November 2002 angenommen.

EUROPÄISCHES KOMITEE FÜR NORMUNG
EUROPEAN COMMITTEE FOR STANDARDIZATION
COMITÉ EUROPÉEN DE NORMALISATION

Management-Zentrum: rue de Stassart, 36 B-1050 Brüssel

Ref. Nr. EN 12255-13:2002 D

Inhalt

Vorwort

Dieses Dokument (EN 12255-13:2002) wurde vom Technischen Komitee CEN/TC 165 „Abwassertechnik" erarbeitet, dessen Sekretariat vom DIN gehalten wird.

Diese Europäische Norm muss den Status einer nationalen Norm erhalten, entweder durch Veröffentlichung eines identischen Textes oder durch Anerkennung bis Juni 2003, und etwaige entgegenstehende nationale Normen müssen bis Juni 2003 zurückgezogen werden.

Entsprechend der CEN/CENELEC-Geschäftsordnung sind die nationalen Normungsinstitute der folgenden Länder gehalten, diese Europäische Norm zu übernehmen: Belgien, Dänemark, Deutschland, Finnland, Frankreich, Griechenland, Irland, Island, Italien, Luxemburg, Malta, Niederlande, Norwegen, Österreich, Portugal, Schweden, Schweiz, Spanien, die Tschechische Republik und das Vereinigte Königreich.

Es ist der dreizehnte von den Arbeitsgruppen CEN/TC 165/WG 42 und 43 erarbeitete Teil, der sich auf allgemeine Anforderungen an Verfahren für Kläranlagen für über 50 Einwohnerwerte (EW) bezieht. Die Normen dieser Reihe sind folgende:

— Teil 1: Allgemeine Baugrundsätze

— Teil 3: Abwasservorreinigung

— Teil 4: Vorklärung

— Teil 5: Abwasserbehandlung in Teichen

— Teil 6: Belebungsverfahren

— Teil 7: Biofilmreaktoren

— Teil 8: Schlammbehandlung und -lagerung

— Teil 9: Geruchsminderung und Belüftung

— Teil 10: Sicherheitstechnische Baugrundsätze

— Teil 11: Erforderliche allgemeine Angaben

— Teil 12: Steuerung und Automatisierung

— Teil 13: Chemische Behandlung — Abwasserbehandlung durch Fällung/Flockung

— Teil 14: Desinfektion

— Teil 15: Messung der Sauerstoffzufuhr in Reinwasser in Belüftungsbecken von Belebungsanlagen

— Teil 16: Abwasserfiltration[1)]

ANMERKUNG Für Anforderungen an Pumpanlagen auf Kläranlagen, ursprünglich vorgesehen als Teil 2 „Abwasserpumpanlagen", siehe EN 752-6 „Entwässerungssysteme außerhalb von Gebäuden — Teil 6: Pumpanlagen".

Die Teile EN 12255-1, EN 12255-3 bis EN 12255-8 sowie EN 12255-10 und EN 12255-11 werden als Europäisches Normenpaket gemeinsam gültig (Resolution BT 152/1998).

WARNUNG — Die Anwendung dieser Europäischen Norm kann gefährliche Stoffe, Betriebsabläufe und Ausrüstungen zur Folge haben. Diese Norm gibt nicht vor, alle unter Umständen mit der Anwendung des Verfahrens verbundenen Sicherheitsaspekte anzusprechen. Es liegt in der Verantwortung des Anwenders, angemessene Sicherheits- und Schutzmaßnahmen zu treffen und sicherzustellen, dass diese mit nationalen Festlegungen übereinstimmen (siehe auch EN 12255-10).

Anhang A ist normativ.

1) in Vorbereitung

1 Anwendungsbereich

Diese Europäische Norm legt Anforderungen an die chemische Behandlung von Abwasser durch Fällung/Flockung zur Phosphatelimination und zur Abscheidung suspendierter Stoffe fest.

Die Anwendung von Polymeren wird in dieser Europäischen Norm nicht beschrieben.

Die Unterschiede in Planung und Bau von Kläranlagen in Europa haben zu einer Vielzahl von Verfahrensweisen geführt. Diese Norm enthält grundsätzliche Angaben zu den Verfahrensweisen; sie beschreibt jedoch nicht alle Einzelheiten jeder Verfahrensweise.

Die in den Literaturhinweisen aufgeführten Unterlagen enthalten Einzelheiten und Hinweise, die im Rahmen dieser Norm verwendet werden dürfen.

2 Normative Verweisungen

Diese Europäische Norm enthält durch datierte oder undatierte Verweisungen Festlegungen aus anderen Publikationen. Diese normativen Verweisungen sind an den jeweiligen Stellen im Text zitiert, und die Publikationen sind nachstehend aufgeführt. Bei datierten Verweisungen gehören spätere Änderungen oder Überarbeitungen dieser Publikationen nur zu dieser Europäischen Norm, falls sie durch Änderung oder Überarbeitung eingearbeitet sind. Bei undatierten Verweisungen gilt die letzte Ausgabe der in Bezug genommenen Publikation (einschließlich Änderungen).

EN 752-6, *Entwässerungssysteme außerhalb von Gebäuden — Teil 6: Pumpanlagen.*

EN 1085:1997, *Abwasserbehandlung — Wörterbuch.*

EN 10088-2, *Nichtrostende Stähle — Teil 2: Technische Lieferbedingungen für Blech und Band für allgemeine Verwendung.*

EN 12255-1, *Kläranlagen — Teil 1: Allgemeine Baugrundsätze.*

EN 12255-6, *Kläranlagen — Teil 6: Belebungsverfahren.*

EN 12255-11, *Kläranlagen — Teil 11: Erforderliche allgemeine Angaben.*

EN 12518:2000, *Produkte zur Aufbereitung von Wasser für den menschlichen Gebrauch — Weißkalk.*

3 Begriffe

Für die Anwendung dieser Europäischen Norm gelten die in EN 1085:1997 und EN 12518:2000 angegebenen und der folgende Begriff.

3.1
chemische Abwasserbehandlung
die Behandlung von Abwasser durch chemische Koagulation bzw. Fällung mit Metallsalzen (einschließlich Kalk) oder organischen Polyelektrolyten zur Elimination anorganischer und organischer Phosphorverbindungen, suspendierter Stoffe sowie von Kolloiden

4 Anforderungen

4.1 Allgemeines

Die chemische Behandlung von Abwasser läuft in zwei Prozessschritten ab: eine Reaktionsphase, in der die Fällung von gelöstem Phosphat, die Auflösung kolloidaler Verbindungen und die Flockung erfolgt und eine Trennphase, in der die Flocken vom Wasser getrennt werden.

Die Reaktionsbehälter und Flockenabscheider (Absetzbecken, Flotationsanlagen usw.) für die chemische Behandlung können in andere Teile der Kläranlage integriert werden (Vorfällung, Simultanfällung, siehe 4.2.2.2 und 4.2.2.3) oder eine gesonderte Behandlungsstufe sein (Nachfällung, Abwasserbehandlung allein durch chemische Flockung).

Der Wasserstand in chemischen Reaktoren und Becken lässt sich durch feste oder einstellbare Wehre regeln. Dies ist besonders wichtig bei mehreren parallel betriebenen Reaktoren.

Die Bemessung des Verfahrens muss auch die Schwankungen des Durchflusses und der Frachten, wie in EN 12255-1 und EN 12255-11 gefordert, berücksichtigen.

4.2 Chemische Grundlagen und Varianten des Prozesses

4.2.1 Chemischer Prozess

Um eine Koagulation bzw. Fällung zu bewirken, müssen dem Abwasser kationische Chemikalien zugegeben werden. Meistens werden Aluminium- oder Eisensalze verwendet. Auch Kalk wird eingesetzt. Wenn lediglich Koagulation (Partikelabscheidung) angestrebt wird, wird auch ein kationisches Polyelektrolyt alleine oder zusammen mit Metallsalzen zugegeben.

Phosphor kann in Abwasser vorhanden sein in Form von:

a) organischen Phosphorverbindungen,

b) anorganischen Phosphorverbindungen,

- Polyphosphat,
- Orthophosphat.

Polyphosphate werden letztendlich in Orthophosphat umgewandelt, genauso wie organische Phosphorverbindungen bei der biologischen Abwasserbehandlung in Orthophosphat umgewandelt werden.

Bei der Vorklärung wird Phosphor, der an absetzbare Stoffe gebunden ist, entfernt (je nach Art des Abwassers sind das 5 % bis 15 % der Phosphor-Fracht). Bei der biologischen Behandlung wird ein gewisser Anteil des Phosphors für den mikrobiologischen Aufbau von neuem Zellmaterial verbraucht (10 % bis 30 % der Phosphor-Fracht). Durch Einfügen einer anaeroben Behandlungsstufe, in der leicht abbaubare Fettsäuren gebildet und Phosphate freigesetzt werden, kann ohne Zugabe von Chemikalien eine erhöhte biologische Elimination des Gesamtphosphors erreicht werden (60 % bis 90 % der Phosphorfracht).

Zur chemischen Fällung wird dem Abwasser ein Fällungsmittel (z. B. Aluminiumsulfat, Eisen(II)-sulfat, Eisen(III)-chlorid oder Calciumhydroxid) zugegeben. Orthophosphat fällt als Metallphosphat aus. Al^{3+} und Fe^{3+} bilden auch kolloidale Hydroxide. Die Löslichkeit der Fällungsprodukte ist pH-abhängig.

Organische Polyelektrolyte werden als Flockungsmittel für kolloidale und suspendierte Stoffe verwendet.

Chemische Koagulation bzw. Fällung kann in den folgenden sechs Verfahrensvarianten erfolgen:

- Abwasserbehandlung allein durch chemische Fällung,
- Vorfällung,
- simultane Fällung,
- Nachfällung,
- Fällung an mehreren Stellen des Prozesses,
- Fällung direkt vor der Filtration.

4.2.2 Fällungsverfahren

4.2.2.1 Abwasserbehandlung allein durch chemische Fällung

Dieses Verfahren kommt auf Kläranlagen ohne biologische Stufe zur Anwendung.

In einer solchen Anlage sollte das Fällungsmittel nach der Vorreinigung (Rechen, Sandfang und eventuell Vorklärung) zugegeben werden.

Das Fällungsmittel sollte so zugegeben werden, dass eine schnelle und vollständige Vermischung sichergestellt ist.

Nach dem Mischvorgang erfolgt die Flockung in einem Flockungsbecken. Die chemischen Flocken werden dann in einem Absetzbecken oder einer anderen Einrichtung zur Flockenabtrennung abgeschieden.

4.2.2.2 Vorfällung

Vorfällung kann auf Kläranlagen eingesetzt werden, die sowohl über eine mechanische als auch biologische Stufe verfügen. Bei der Vorfällung wird das Fällungsmittel vor der biologischen Stufe, oft sogar vor dem belüfteten Sandfang, vor der Vorbelüftung oder vor dem Flockungsbecken zugegeben. Die chemischen Flocken werden zusammen mit dem Vorklärschlamm im Vorklärbecken abgeschieden.

Chemische Flocken, die im Vorklärbecken nicht abgeschieden werden, gelangen mit dem Abwasser in das Nachklärbecken und werden dort zusammen mit dem biologischen Schlamm abgetrennt.

4.2.2.3 Simultane Fällung

Simultane Fällung kann auf Kläranlagen mit biologischer Stufe in Abhängigkeit von dem verwendeten Belebungsverfahren eingesetzt werden.

Bei der simultanen Fällung erfolgt die Zugabe des Fällungsmittels im Belebungsbecken, am Auslauf des Belebungsbeckens oder mit der Zugabe des Rücklaufschlamms, sodass sowohl ein biologischer als auch chemischer Prozess stattfindet.

Die Mischung aus biologischem und chemischem Schlamm wird im Nachklärbecken oder einer Filtrationsstufe abgeschieden. Der Rücklaufschlamm, der Überschussschlamm und die Trockensubstanz im Belebungsbecken enthalten gegenüber einer üblichen Belebungsanlage einen höheren Anteil an anorganischen Stoffen.

4.2.2.4 Nachfällung

Nachfällung kann auf Kläranlagen mit biologischer Stufe (Belebungsverfahren, Tropfkörper usw.) eingesetzt werden.

Bei der Nachfällung wird das Fällungsmittel in einen Mischbehälter nach der Nachklärung zugegeben. Die Flockenbildung erfolgt in einem Flockungsbecken, gefolgt von einem weiteren Nachklärbecken, in dem der chemische Schlamm abgeschieden wird. Als Alternative können zur Trennung auch Lamellenabscheider oder Flotationsanlagen eingesetzt werden.

4.2.2.5 Fällung an mehreren Stellen des Prozesses

Die Wirksamkeit einer Fällung kann durch Zugabe der Chemikalien an zwei oder drei verschiedenen Stellen, z. B. dem Sandfang, dem Belebungsbecken, dem letzten Sandfilter erhöht werden.

4.2.2.6 Fällung direkt vor der Filtration

Fällung direkt vor der Filtration wird üblicherweise als Ergänzung zu einer biologischen Phosphorelimination, zur Vorfällung oder zur simultanen Fällung eingesetzt. Die Chemikalien werden im Zulaufkanal oder der Zufuhrleitung zum Filter zugegeben. Eine wirkungsvolle Durchmischung ist sicherzustellen.

4.2.3 Auswahl der Fällungsmittel

Einzelheiten zu häufig eingesetzten Chemikalien sind in Anhang A aufgeführt. Darüber hinaus können einige Abfall- und Nebenprodukte sowie konfektionierte Produkte als Fällungs- oder Flockungsmittel eingesetzt werden.

Der Gehalt an Schwermetallen und an anderen Schadstoffen ist sorgfältig zu berücksichtigen.

ANMERKUNG Einzelheiten zu Grenzwerten können den entsprechenden nationalen und europäischen Richtlinien entnommen werden.

Tabelle 1 — Üblicher Einsatz von Chemikalien

	Aluminium-sulfat	Poly--Aluminium-chlorid	Eisen(II)-sulfat	Eisen(III)-chlorid	Kalk
Alleinige Fällung	×	×	—	×	×
Vorfällung	×	×	×	×	x
Simultane Fällung	×	×	×	×	—
Nachfällung	×	×	—	×	×
Fällung an mehreren Stellen des Prozesses	×	×	(×)	×	×
Fällung direkt vor der Filtration	×	×	×	×	—

Die verschiedenen Fällungsmittel haben unterschiedliche pH-Optima (siehe Anhang A). Die Zugabe beeinflusst auch den pH-Wert des Abwassers.

Das zu verwendende Fällungsmittel und seine Dosierung hängen von der Art des Abwassers und seinem Gehalt an Hydrogencarbonat ab. Beides sollte in einem Fällungsversuch mit dem betreffenden Abwasser bestimmt werden.

Diese Versuche können in Bechergläsern mit Laborrührwerk mit variabler Drehzahl, in Pilotanlagen oder auf Anlagen im Maßstab 1:1 durchgeführt werden.

4.3 Lagerung der Chemikalien

4.3.1 Allgemeines

Die Herstellerhinweise sind zu beachten.

Weiterhin sind zu beachten:

— Sicherheitsvorkehrungen bei der Handhabung der Chemikalien (z. B. Schutzbrille, Atemschutzmasken usw.);

— maximal zulässige Lagerzeit der Chemikalien;

— Sicherheitsvorkehrungen zur Aufnahme von Leckagen bei vollem Tankvolumen;

— klimatische Bedingungen.

Zu den Sicherheitsvorkehrungen siehe auch EN 12255-10.

4.3.2 Aluminiumsalze

4.3.2.1 Aluminiumsulfat

Aluminiumsulfat in trockener Granulatform ist nicht korrosiv und kann in Behältern aus jedem beliebigen Konstruktionswerkstoff gelagert werden. Lagersilos müssen vollständig dicht sein, um das Eindringen von Feuchtigkeit zu verhindern.

Lösungen von Aluminiumsulfat sind sauer und korrosiv; als Konstruktionswerkstoff sollten geeignete Kunststoffe oder nichtrostende Stähle geeigneter Zusammensetzung mit einem Mindest-Molybdänanteil von 2 % (z. B. 1.4571 (X6CrNiMoTi 17-12-2) nach EN 10088-2) eingesetzt werden.

4.3.2.2 Poly-Aluminiumchlorid

Die Lösungen sind sauer; korrosionsbeständiges Material wie geeigneter Kunststoff oder gummierter Stahl sollten verwendet werden.

4.3.3 Eisensalze

4.3.3.1 Allgemeines

Fällungsmittel auf Eisenbasis können auch aus Nebenprodukten gewonnen werden.

4.3.3.2 Eisen(II)-sulfat (Monohydrat)

Das trockene Granulat des Eisen(II)-sulfats ist nicht korrosiv. Lagersilos müssen vollständig dicht sein, um das Eindringen von Feuchtigkeit zu verhindern. Lösungen sind korrosiv und müssen in Tanks aus nichtrostendem Stahl (z. B. 1.4571 (X6CrNiMoTi 17-12-2) nach EN 10088-2) oder geeignetem Kunststoff gelagert werden.

4.3.3.3 Eisen(II)-sulfat (Heptahydrat)

Das grüne, kristalline Hetpahydrat ist sauer und korrosiv. Konstruktionswerkstoffe müssen korrosionsbeständig wie nichtrostender Stahl (z. B. 1.4571 (X6CrNiMoTi 17-12-2) nach EN 10088-2), geeigneter Kunststoff oder mit Kunststoff beschichteter Beton sein.

Eisen(II)-sulfat (Heptahydrat) wird nicht in Silos gelagert, sondern wird direkt in die Lösemitteltanks auf der Kläranlage angeliefert.

4.3.3.4 Eisen(III)-chlorid und Eisen(III)-chloridsulfat

Eisen(III)-chlorid ist sauer und korrosiv und muss in korrosionsbeständigen Tanks aus gummiertem Stahl oder Kunststoff gelagert werden.

Die Flüssigkeit sollte nicht verdünnt oder belüftet werden.

4.3.4 Calciumsalze

Calciumoxid (Branntkalk) und Calciumhydroxid müssen trocken gehalten werden.

Calciumhydroxid kann in Silos gelagert werden und hat gute Lagerungseigenschaften.

4.4 Dosiereinrichtungen

4.4.1 Allgemeines

Falls nicht anders festgelegt, müssen für Dosiereinrichtungen Vorkehrungen zur Sicherstellung des Betriebs getroffen werden, entweder in der Anlage integriert oder als Reserveaggregate.

Erfolgt die Steuerung automatisch, muss das System so ausgelegt sein, dass es bei Versagen in einen sicheren Zustand übergeht (Failsafe-Prinzip). In den meisten Fällen verläuft die Reaktion zwischen den Chemikalien und dem Abwasser sehr schnell. Es ist daher wichtig, dass das Fällungsmittel gleichmäßig im Wasser verteilt wird. Dies kann auf verschiedene Weisen erfolgen, z. B. durch Injektions- oder Mischeinrichtungen.

Die Auslegung sollte Vorkehrungen zur Entfernung von Kesselstein enthalten.

Weitere als die in 4.4 enthaltenen allgemeinen Anforderungen für Dosiereinrichtungen dürfen national festgelegt werden.

4.4.2 Aluminiumsalze

4.4.2.1 Aluminiumsulfat in technischer Lieferform

Dieses Salz kann trocken zugegeben werden, ist aber üblicherweise in Wasser gelöst. Der übliche Massenanteil liegt bei 10 % bis 15 %. Die Konzentration muss über 5 % liegen, um Ausfällungen von Metallhydroxid zu verhindern.

Um Ablagerungen in Rohrleitungen zu vermeiden, sollte die Strömungsgeschwindigkeit in Rohrleitungen nicht geringer als 0,5 m/s sein.

4.4.2.2 Poly-Aluminiumchlorid

Technische Poly-Aluminiumchloride werden direkt aus dem Lagertank dosiert. Die Lösung ist sauer, korrosionsbeständige Pumpen sind zu verwenden. Rohrleitungen und Absperrarmaturen sollten aus gummiertem Stahl oder geeignetem Kunststoff bestehen.

4.4.3 Eisensalze

4.4.3.1 Eisen(II)-sulfat (Monohydrat)

Das Granulat wird üblicherweise in Wasser gelöst. Dazu wird es mit einer Förderschnecke dem Lösebehälter zudosiert. Die Ausrüstung des Lösebehälters muss so gestaltet sein, dass Verstopfungen vermieden werden.

4.4.3.2 Eisen(II)-sulfat (Heptahydrat)

Eisen(II)-sulfat (Heptahydrat) wird chargenweise in einem geeigneten Lösebehälter, z. B. aus glasfaserverstärktem Kunststoff, gelöst. Da Ausfällungen auftreten können, kann es gegebenenfalls notwendig sein, diese Lösung vor der Zudosierung zu filtern. Sie wird üblicherweise als gesättigte Lösung zudosiert. Aerosole von Eisen(II)-sulfat-Lösungen greifen die Zähne an; daher sollte eine Atemschutzmaske getragen werden, wenn beim Mischvorgang Aerosole entstehen können.

4.4.3.3 Eisen(III)-chlorid

Eisen(III)-chlorid-Lösung wird direkt (ohne Verdünnen) aus dem Lagertank dosiert. Pumpen müssen korrosionsbeständig sein. Rohrleitungen und Absperrarmaturen müssen korrosionsbeständig sein und aus geeignetem Kunststoff oder gummiertem Stahl bestehen.

4.4.4 Calciumsalze

Calciumoxid muss in einer Kalklöschanlage gelöscht werden und wird dann mit Wasser zu Kalkschlamm gemischt, der mit einer Dosierpumpe dem Abwasser zugegeben wird.

Calciumhydroxid wird üblicherweise mittels einer am Boden des Kalksilos angebrachten Förderschnecke dosiert. Der trockene Kalk wird in einem Lösebehälter mit Wasser gemischt und mit einer Dosierpumpe dem Abwasser zugegeben. Dabei besteht die Gefahr der Verstopfung der Rohrleitungen. Daher müssen diese so ausgeführt werden, dass ihre Reinigung leicht möglich ist, und es sollte geachtet werden auf bzw. erwogen werden:

— eine konstante Zirkulation,

— ein Spülsystem.

Eine Alternative ist die Verwendung von Gummischläuchen, die zur Vermeidung von Verstopfungen öfters bewegt werden.

4.5 Silos und Lagertanks

Silos oder Lagertanks sollten nahe der Dosierstelle angeordnet werden. Die Rohrleitungen sollten so kurz wie möglich sein; die Verrohrung sollte ohne Bereiche, die zu Stagnationen führen und ohne scharfe Krümmer ausgeführt werden, insbesondere wenn Schlämme (Kalk) oder gelöste Chemikalien (z. B. Aluminiumsulfat) gefördert werden.

4.6 Mischeinrichtungen

Mischeinrichtungen müssen geeignet sein, Chemikalien schnell und gleichmäßig im Abwasser zu verteilen.

Vorkehrungen sollten getroffen werden, um die Mischeinrichtungen leicht aus dem Becken herausnehmen zu können, ohne dieses entleeren zu müssen. Die Auswahl der Mischeinrichtung hängt von den Eigenschaften des zu behandelnden Abwassers ab.

4.7 Flockulatoren

Wenn Flockulatoren notwendig sind, muss deren hydraulische Auslegung Kurzschlussströme minimieren. Der Fließweg zwischen Flockulator und der Abscheideeinheit (Absetzbecken, Flotationsanlage) muss kurz sein, und die Strömungsgeschwindigkeit sollte $< 0,10$ m/s sein.

Das aus der Flockung abfließende Wasser sollte keinen größeren Scherkräften unterworfen werden als denjenigen beim Flockungsprozess. Daher sollte die Flockungseinheit unmittelbar am oder im Absetzbecken angeordnet sein.

4.8 Absetzbecken

4.8.1 Allgemeines

Absetzbecken müssen die Feststoffe des chemischen Schlamms hinreichend vom Abfluss trennen und eine Eindickzone zum Abzug des Schlamms aufweisen. Die Wirksamkeit der Abscheidung bestimmt die Qualität des Kläranlagenabflusses.

Absetzbecken dürfen als aufwärts oder horizontal durchströmte Becken oder als Lamellenseparatoren ausgeführt werden.

4.8.2 Auslegungshinweise

Anforderungen an die Auslegung sind in EN 12255-1 und in EN 12255-6 enthalten.

4.8.3 Abzug des chemischen Überschussschlamms

Mit dem Überschussschlamm wird auch der chemische Schlamm aus der Fällung abgezogen.

Menge und Volumen des Überschussschlamms hängen hauptsächlich von der Schmutzfracht und den verwendeten Chemikalien ab.

Der Abzug des Überschussschlamms muss so regelmäßig wie möglich erfolgen, wobei die nachfolgende Schlammeindickung und/oder -behandlung in Betracht zu ziehen ist.

Die Ausführungen zu Pumpanlagen nach EN 752-6 und die allgemeinen Baugrundsätze nach EN 12255-1 sind auf das Austragen des Überschussschlamms anwendbar.

4.9 Flotation

In Flotationsanlagen wird Luft dazu benutzt, Feststoffe zur Oberfläche aufsteigen zu lassen, von wo sie dann als Schlamm abgezogen werden können. Hierzu sollte das Verfahren der Entspannungsflotation eingesetzt werden. Der an der Oberfläche abgesetzte Schlamm wird durch entsprechende Räumeinrichtungen gesammelt. Zusätzlich sollte ein Räumsystem für den am Boden abgesetzten Schlamm vorgesehen werden.

Flotation wird auch in EN 12255-8 beschrieben.

4.10 Abwasserfiltration

Üblicherweise wird die Filtration nur als Ergänzung zur Sedimentation und Flotation eingesetzt, um so eine bessere Rückhaltung von Schwebstoffen zu erreichen. Allerdings sind einige Filter auch dafür ausgelegt, als alleinige Abscheideeinrichtung bei der chemischen Abwasserbehandlung eingesetzt zu werden.

Falls Sandfilter als einzige Stufe zur Abtrennung chemischer Flocken vom Abwasser eingesetzt werden, muss vor der chemischen Abwasserbehandlung eine Vorklärung erfolgen. Falls Kalk als Fällungsmittel eingesetzt wird, ist die Abwasserfiltration kein taugliches Verfahren.

Abwasserfiltration wird beschrieben in [3].

4.11 Schlamm

4.11.1 Schlammanfall

Bei der chemischen Fällung mit Metallsalzen bildet sich ein gemischter Phosphat-Hydroxid-Schlamm.

Typische Verhältniszahlen sind:

— 1 g Al ergibt 4 g abfiltrierbare Stoffe;

— 1 g Fe ergibt 2,8 g abfiltrierbare Stoffe;

— 1 g Ca ergibt 0,7 g abfiltrierbare Stoffe.

Im praktischen Betrieb kann der Schlammanfall andere Werte erreichen. Sie können durch Fällungsversuche ermittelt werden.

4.11.2 Schlammeigenschaften

Schlammflocken sind empfindlich, besonders die Aluminium-Hydroxid-Phosphat-Flocken.

Eisenphosphat-Schlamm hat bessere Absetz- und Eindickeigenschaften als Aluminium-Phosphat-Schlamm und bildet einen festeren Schlamm. Calcium-Phosphat-Schlamm setzt sich schnell ab und bildet einen kompakten Schlamm. Um die Schlammeindickung und -entwässerung zu verbessern, kann es gegebenenfalls notwendig sein, Polymere zuzusetzen.

Anhang A
(normativ)

Fällungsmittel

A.1 Aluminiumsalze

Folgende Aluminiumsalze sind für die chemische Fällung von Phosphor geeignet:

— Aluminiumsulfat $Al_2(SO_4)_3 \cdot 14$ bis 18 H_2O

In technischer Lieferform enthält das Produkt auch Eisen in Form von $Fe_2(SO_4)_3 \cdot 9\ H_2O$. Das Produkt liegt als Granulat vor. Das pH-Optimum liegt zwischen 5,7 und 6,5.

— Polyaluminium-Chlorid $Al_n(OH)_mCl_{3n-m}$

In technischer Lieferform enthält das Produkt auch Eisen. Das Produkt liegt in flüssiger Form vor. Die Dichte beträgt 1,3 g/cm^3. Das pH-Optimum liegt zwischen 5,7 und 8 (der Bereich hängt von den basischen Eigenschaften der Chemikalien sowie von der Wasserhärte ab).

A.2 Eisensalze

A.2.1 Eisen(II)-salze

Eisen(II)-sulfat, Monohydrat $FeSO_4 \cdot H_2O$

Eisen(II)-sulfat, Heptahydrat $FeSO_4 \cdot 7\ H_2O$

A.2.2 Eisen(II)-sulfat, Monohydrat

Die technische Lieferform ist ein Granulat (0,2 mm bis 3 mm) und enthält einen Massenanteil von 87 % bis 88 % $FeSO_4 \cdot H_2O$. Das pH-Optimum ist > 6,5 (Umwandlung in Eisen-Ionen und Flockung).

A.2.3 Eisen(II)-sulfat, Heptahydrat

Die technische Lieferform ist von hellgrüner Farbe und hat eine Struktur wie Schneekristalle. Es enthält etwa einen Massenanteil von 90 % $FeSO_4 \cdot 7\ H_2O$. Das pH-Optimum ist > 6,5 (Umwandlung in Eisen-Ionen und Flockung).

A.2.4 Eisen(III)-salze

Eisen(III)-chlorid, Lösung von $FeCl_3$.

Das pH-Optimum liegt zwischen 4,5 und 6,0 oder bei > 8,5.

Die am meisten eingesetzte Lieferform enthält Eisen(III)-chlorid-Sulfat mit einer Fe^{3+}-Konzentration von 11,6 % Massenanteil. In letzter Zeit wurde es ersetzt durch ein Produkt mit einem geringeren Gehalt an Schwermetall und einer Fe^{3+}-Konzentration von 13,7 % Massenanteil. Dieses Produkt sollte bevorzugt eingesetzt werden.

A.3 Calciumsalze

A.3.1 Allgemeines

Chemische Fällung alleine oder als Nachfällung kann mit Calciumhydroxid $Ca(OH)_2$ oder mit Calciumoxid CaO (üblicherweise in Granulatform) erfolgen.

Das pH-Optimum liegt zwischen 9,3 und 11,2 (entsprechend der geforderten Ablauf-Konzentration).

A.3.2 Calciumoxid

Als Fraktionen liegen vor: < 0,2 mm, < 2 mm, 2 mm bis 12 mm, 12 mm bis 25 mm.

Die feinen Fraktionen (< 0,2 mm und < 2 mm) neigen zur Staubbildung und werden daher in Tanklastwagen oder Eisenbahn-Tankwagen angeliefert.

Calciumoxid ist sehr aggressiv. Bei der Mischung mit Wasser entsteht alkalisches Calciumhydroxid und Wärme.

A.3.3 Calciumhydroxid

Calciumhydroxid wird aus Calciumoxid durch Zugabe der stöchiometrischen Wassermenge gewonnen. Calciumhydroxid liegt in Form von feinem Pulver vor (99,5 % feiner als 0,2 mm und 97,5 % feiner als 0,09 mm).

Calciumhydroxid ist aggressiv und persönliche Schutzausrüstung (Schutzbrille, Atemschutzmaske, Schutzhandschuhe usw.) muss benutzt werden.

Literaturhinweise

Die folgenden Dokumente enthalten Hinweise, die im Rahmen dieser Norm verwendbar sind.

Diese Zusammenstellung von in den Mitgliedsländern veröffentlichten und angewendeten Dokumenten war zum Zeitpunkt der Veröffentlichung dieser Europäischen Norm aktuell, sollte jedoch nicht als vollständig angesehen werden.

Europäische Normen

[1] EN 12255-8, *Kläranlagen — Teil 8: Schlammbehandlung und -lagerung.*

[2] EN 12255-10, *Kläranlagen — Teil 10: Sicherheitstechnische Baugrundsätze.*

[3] prEN 12255-16, *Kläranlagen — Teil 16: Abwasserfiltration.*

Deutschland

[4] ATV-A 202, Verfahren zur Elimination von Phosphor aus Abwasser.2)

[5] ATV-DVWK-M 206, Automatisierung der chemischen Phosphatelimination.2)

[6] ATV-M 274, Einsatz organischer Polymere in der Abwasserreinigung.2)

Schweden

[7] Kemira Kemi: Handbook on water treatment, Helsingborg 1990.

[8] Rennerfelt, J. and Ulmgren, L.: Vattenreningsteknik. Ingenjörsförlaget AB 1975.

[9] Dahlberg, A-G. and Hellström, B.G.: Fällningskemikalier vid fosforreduktion. SYVAB 1984.

Dänemark

[10] Hense, M., Harremoës, P., Jansen, J. la Cour & Arvin, E. (2001): Wastewater treatment. Biological and chemical processes. 3rd ed. Springer Verlag, Berlin.

[11] Winther, L., Henze, M., Linde, J.J., Jensen, H.T. (1998): Spildevandsteknik. Polyteknisk Forlag, Kgs. Lyngby.

[12] Henze, M., Petersen, G, Kristensen, G.H., Kjeldsen, J.J. (2000): Drift af renseanlæg: Teknik.2. udgave. Den Kommunale Højskole, København.

2) Bezugsquelle: GFA Gesellschaft zur Förderung der Abwassertechnik e.V., Postfach 11 65, 53758 Hennef

	Kläranlagen Teil 14: Desinfektion Deutsche Fassung prEN 12255-14:2001	DIN EN 12255-14

ICS 13.060.30

Einsprüche bis 2001-10-31

Wastewater treatment plants —
Part 14: Disinfection;
German version prEN 12255-14:2001

Stations d'épuration —
Partie 14: Désinfection;
Version allemande prEN 12255-14:2001

Anwendungswarnvermerk

Dieser Norm-Entwurf wird der Öffentlichkeit zur Prüfung und Stellungnahme vorgelegt.

Weil die beabsichtigte Norm von der vorliegenden Fassung abweichen kann, ist die Anwendung dieses Entwurfes besonders zu vereinbaren.

Stellungnahmen werden erbeten an den Normenausschuss Wasserwesen (NAW) im DIN Deutsches Institut für Normung e. V., 10772 Berlin (Hausanschrift: Burggrafenstr. 6, 10787 Berlin).

Nationales Vorwort

Der hiermit der Öffentlichkeit zur Stellungnahme vorgelegte europäische Norm-Entwurf ist die Deutsche Fassung des vom Technischen Komitee CEN/TC 165 „Abwassertechnik" (Sekretariat: Deutschland) des Europäischen Komitees für Normung (CEN) ausgearbeiteten Entwurfes prEN 12255-14, der nach einem positiven Abstimmungsergebnis innerhalb der CEN-Mitglieder als Europäische Norm EN 12255-14 in deutscher, englischer und französischer Sprachfassung herausgegeben wird.

Die Arbeiten wurden von der Arbeitsgruppe „Kläranlagen — Allgemeine Anforderungen und besondere Verfahren" (WG 43) (Sekretariat: Deutschland) des CEN/TC 165 durchgeführt. Für Deutschland war der Arbeitsausschuss V 36/UA 2/3 „Abwasserbehandlungsanlagen; CEN/TC 165/WG 42 und 43" an der Bearbeitung beteiligt.

Die Normenreihe DIN EN 12255 „Kläranlagen" wird voraussichtlich aus 15 Teilen bestehen (siehe Vorwort EN 12255-14).

Die im Vorwort von EN 12255-14 genannten Titel der einzelnen Teile entsprechen den Titeln der bereits veröffentlichten Norm-Entwürfe bzw. sind Arbeitstitel und können von den Titeln der Normen geringfügig abweichen.

Fortsetzung Seite 2
und 16 Seiten prEN

Normenausschuss Wasserwesen (NAW) im DIN Deutsches Institut für Normung e. V.

Darüber hinaus wird zukünftig in allen Teilen der Europäischen Normenreihe EN 12255 in den Titeln der jeweiligen deutschen Sprachfassung im Hauptelement der Begriff „Kläranlagen" verwendet.

Einige Teile der Normenreihe DIN EN 12255 werden als Europäisches Normenpaket gemeinsam gültig werden.

Von der Paketbildung sind die folgenden Teile der Normenreihe DIN EN 12255 betroffen:

DIN EN 12255-1, DIN EN 12255-3 bis DIN EN 12255-8, DIN EN 12255-10 und DIN EN 12255-11 (vgl. Vorwort EN 12255-14).

Datum der Zurückziehung (date of withdrawal, dow) entgegenstehender nationaler Normen ist der

31. Dezember 2001 (Resolution BT 152/1998).

In einem Normenpaket werden Europäische Normen zusammengefasst, die zueinander in Beziehung stehen. Eine Querverbindung kann u. a. aufgrund der Notwendigkeit zur gemeinsamen Anwendung bestehen oder dadurch gegeben sein, dass eine Gruppe entgegenstehender nationaler Normen abzudecken ist.

Die Paketbildung ist aber auch unter dem Aspekt der Verpflichtung zur Übernahme von CEN/CENELEC-Normen durch die CEN-Mitglieder und der damit verbundenen Zurückziehung entgegenstehender nationaler Normen (CEN/CENELEC-Geschäftsordnung) von Bedeutung.

Die in einem Normenpaket zusammengefassten Europäischen Normen sind spätestens bis zu einem vorab festgelegten Datum der Zurückziehung (dow) zu veröffentlichen.

Die bereits vor diesem Zeitpunkt fertiggestellten und veröffentlichten Europäischen Normen des Paketes werden in das nationale Normenwerk übernommen. Sie gelten bis zum Datum der Zurückziehung parallel zu entsprechenden nationalen Normen.

Erst mit dem Erreichen des Datums der Zurückziehung sind die Europäischen Normen des Normenpaketes in das nationale Regelwerk zu übernehmen, indem ihnen der Status von nationalen Normen gegeben wird. Entgegenstehende nationale Normen sind dann zurückzuziehen.

Die einzelnen Teile der Normenreihe DIN EN 12255 sind inhaltlich anders konzipiert als die deutschen Normen der Reihe DIN 19569, so dass durchaus mehrere Teile dieser Reihe durch einen Teil der Europäischen Norm berührt werden können.

Der Normungsumfang der Europäischen Normenreihe DIN EN 12255 „Kläranlagen" deckt nicht alle Festlegungen ab, die in den nationalen Normen der Reihe DIN 19569 „Kläranlagen — Baugrundsätze für Bauwerke und technische Ausrüstungen" enthalten sind.

Der Arbeitsausschuss V 36 erarbeitet daher Maß- und Restnormen zu den folgenden Themenkreisen:

- Rechteckbecken als Absetzbecken
- Rechteckbecken als Sandfänge
- Rundbecken als Absetzbecken
- Tropfkörper mit Drehsprengern
- Tropfkörperfüllungen
- Rechenbauwerke mit geradem Rechen
- Ablaufsysteme in Absetzbecken
- Besondere Baugrundsätze für Einrichtungen zum Abtrennen und Eindicken von Feststoffen
- Besondere Baugrundsätze für Einrichtungen zur aeroben biologischen Abwasserreinigung
- Besondere Baugrundsätze für Anlagen zur anaeroben Behandlung von Abwasser
- Besondere Baugrundsätze für Anlagen zur Abwasserreinigung mit Festbettfiltern
- Besondere Baugrundsätze für Anlagen zur Klärschlammentwässerung
- Besondere Baugrundsätze für Anlagen zur Trocknung von Klärschlamm

CEN TC 165

Datum: 2001-07

prEN 12255-14

CEN TC 165

Sekretariat: DIN

Kläranlagen — Teil 14: Desinfektion

Stations d'épuration — Partie 14: Désinfection

Wastewater treatment plants — Part: 14 Disinfection

ICS: 13.060.30

Deskriptoren

Dokument-Typ: Europäische Norm
Dokument-Untertyp:
Dokument-Stage: CEN-Umfrage
Dokument-Sprache: D

Inhalt

Vorwort

Diese Europäische Norm für Kläranlagen wurde vom Technischen Komitee CEN/TC 165 "Abwassertechnik" erarbeitet, dessen Sekretariat vom DIN gehalten wird.

Dieses Dokument ist derzeit zur CEN-Umfrage vorgelegt.

Es ist der vierzehnte von den Arbeitsgruppen CEN/TC 165/WG 42 und 43 erarbeitete Teil, der sich auf allgemeine Anforderungen an Verfahren für Kläranlagen für über 50 Einwohnerwerte (EW) bezieht. Die Normen dieser Reihe sind folgende:

— Teil 1: Allgemeine Baugrundsätze

— Teil 3: Abwasservorreinigung

— Teil 4: Vorklärung

— Teil 5: Abwasserbehandlung in Teichen

— Teil 6: Belebungsverfahren

— Teil 7: Biofilmreaktoren

— Teil 8: Schlammbehandlung und -lagerung

— Teil 9: Geruchsminderung und Belüftung

— Teil 10: Sicherheitstechnische Baugrundsätze

— Teil 11: Erforderliche allgemeine Angaben

— Teil 12: Steuerung und Automatisierung

— Teil 13: Chemische Behandlung — Abwasserbehandlung durch Fällung/Flockung

— Teil 14: Desinfektion

— Teil 15: Messung der Sauerstoffzufuhr in Reinwasser in Belüftungsbecken von Belebungsanlagen

— Teil 16: Abwasserfiltration [1)]

ANMERKUNG Für Anforderungen an Pumpanlagen auf Kläranlagen, ursprünglich vorgesehen als Teil 2 "Abwasserpumpanlagen", siehe EN 752-6 "Entwässerungssysteme außerhalb von Gebäuden - Teil 6: Pumpanlagen".

Die Teile EN 12255-1, EN 12255-3 bis EN 12255-8 sowie EN 12255-10 und EN 12255-11 werden als europäisches Normenpaket gemeinsam gültig (Resolution BT 152/1998). Das Datum der Zurückziehung (dow) entgegenstehender nationaler Normen ist 2001-12-31. Bis zu diesem Zeitpunkt gelten die nationalen und bereits veröffentlichten Europäischen Normen parallel.

Entsprechend der CEN/CENELEC-Geschäftsordnung sind die nationalen Normungsinstitute der folgenden Länder gehalten, diese Europäische Norm zu übernehmen: Belgien, Dänemark, Deutschland, Finnland, Frankreich, Griechenland, Irland, Island, Italien, Luxemburg, Niederlande, Norwegen, Österreich, Portugal, Schweden, Schweiz, Spanien, die Tschechische Republik und das Vereinigte Königreich.

1) in Vorbereitung

1 Anwendungsbereich

Diese Europäischen Norm legt Leistungsanforderungen für die Desinfektion von Kläranlagenabläufen fest.

In erster Linie gilt diese Europäische Norm für Kläranlagen, die für die Behandlung von häuslichem und kommunalem Abwasser von mehr als 50 EW ausgelegt sind.

Die Unterschiede in Planung und Bau von Kläranlagen in Europa haben zu einer Vielzahl von Anlagenausführungen geführt. Diese Europäische Norm enthält grundsätzliche Angaben zu den Anlagenausführungen; sie beschreibt jedoch nicht alle Einzelheiten jeder Ausführungsart.

Die in den Literaturhinweisen aufgeführten Unterlagen enthalten Einzelheiten und Hinweise, die im Rahmen dieser Norm verwendet werden können.

2 Normative Verweisungen

Diese Europäische Norm enthält durch datierte oder undatierte Verweisungen Festlegungen aus anderen Publikationen. Diese normativen Verweisungen sind an den jeweiligen Stellen im Text zitiert, und die Publikationen sind nachstehend aufgeführt. Bei datierten Verweisungen gehören spätere Änderungen oder Überarbeitungen nur zu dieser Europäischen Norm, falls sie durch Änderung oder Überarbeitung eingearbeitet sind. Bei undatierten Verweisungen gilt die letzte Ausgabe der in Bezug genommenen Publikation (einschließlich Änderungen).

EN 1085, *Abwasserbehandlung — Wörterbuch.*

prEN 12255-1, *Abwasserbehandlungsanlagen — Teil 1: Allgemeine Baugrundsätze.*

EN 12255-5, *Kläranlagen — Teil 5: Abwasserbehandlung in Teichen.*

EN 12255-10, *Kläranlagen — Teil 10 : Sicherheitstechnische Baugrundsätze.*

prEN 12255-12, *Kläranlagen — Teil 12 : Steuerung und Automatisierung.*

3 Begriffe

Für die Anwendung dieser Europäischen Norm gelten die in DIN EN 1085 angegebenen und die folgenden Begriffe.

3.1
Restkonzentration
Konzentration des Desinfektionsmittels am Ablauf der Desinfektionsstufe

3.2
UV-Bestrahlung (UV-Dosis)
Integral der UV-Bestrahlungsstärke, die ein infinitesimal kleines Wasservolumen auf seinem Strompfad über die Zeitdauer, in der das Wasser bestrahlt wird, erfährt, in Joule durch Quadratmeter (J/m^2)

3.3
UV-Bestrahlungsstärke
Quotient aus der UV-Bestrahlungsleistung an der Oberfläche einer unendlich kleinen Fläche und der Größe der Oberfläche in Watt durch Quadratmeter (W/m^2)

3.4
UV-Reaktor
ein geschlossener Behälter oder eine offene Gerinnesektion mit darin angeordneten UV-Strahlern, die das durch den UV-Reaktor fließende Wasser bestrahlen

3.5
Biodosismessung
Verfahren zur Bestimmung der effektiven UV-Bestrahlung in einem UV-System unter Verwendung von kalibrierten Testorganismen. Die Kalibrierung der Testorganismen wird in einer Laborbestrahlungsanlage mit einer homogenen UV-Bestrahlung einer definierten Bestrahlungsstärke vorgenommen (siehe [10], [15]).

3.6
Ozonbedarf
Ozonmenge, die erforderlich ist, um eine bestimmte Ozon-Restkonzentration im Ablauf einer Behandlungsstufe zu erreichen. Der Ozonbedarf schließt den Ozonverbrauch ein, der durch den Zerfall des Ozons sowie die Reaktionen des Ozons mit Abwasserinhaltsstoffen verursacht wird

3.7
Chlorungsanlagen
Anlagen zur dosierten Einbringung von Chlorgas in Wasser

3.8
Kontaktbecken
Becken, ausgelegt auf die erforderliche Aufenthaltszeit für das Ablaufen bestimmter Reaktionen

3.9
Membran
semipermeables Material , dass als Filtermedium in Membrantrennverfahren eingesetzt wird. Membranen werden unter anderem als Folien, Rohre oder Hohlfasern hergestellt, bestehend aus einer semipermeablen Deckschicht, aufgebracht auf porösem Trägermaterial

3.10
Modul
Einheit, die eine Anordnung von Membranen sowie Systeme zur Verteilung des zulaufenden Rohwassers und zur Sammlung des Filtrats bzw. des Permeats und des Konzentrats enthält

3.11
Permeat
Fluid nach dem Passieren der Membran in Membrantrennverfahren

3.12
Konzentrat
Fluid angereichert mit Stoffen, die die Membran in Membrantrennverfahren nicht passieren

3.13
Flux
der auf die Membranfläche bezogene Permeatstrom, üblicherweise in Liter durch Quadratmeter mal Stunde ($l/(m^2 \cdot h)$) angegeben. Der Flux ist im wesentlichen abhängig von der Abwasserbeschaffenheit, dem Typ der eingesetzten Membran, der Betriebsweise der Filtration und dem Transmembrandruck

3.14
Transmembrandruck
Druckdifferenz zwischen der Konzentrat- und der Permeatseite der Membran

3.15
Querstromfiltration (Cross-flow Filtration)
Filtrationsverfahren mit einer im Vergleich zur Filtrationsgeschwindigkeit hohen Überströmgeschwindigkeit der Membran, die dazu dienen soll, die Ansammlung von zurückgehaltenen Stoffen auf der Membran zu verhindern

3.16
Dead-end Filtration
Filtrationsverfahren ohne eine signifikante Überströmgeschwindigkeit der Membran

3.17
Quervermischung
Vermischung senkrecht zur Fließrichtung

4 Projektierungsgrundsätze

4.1 Allgemeines

Desinfektionsverfahren werden eingesetzt, um die mikrobiologische Beschaffenheit von Kläranlagenabläufen zu verbessern, bevor diese in Vorflutgewässer eingeleitet werden. Eine Desinfektion von Kläranlagenabläufen erscheint angezeigt und ist am ehesten geeignet zur Gesundheit der Bevölkerung beizutragen, wenn eine Belastung mit human pathogenen Keimen verhindern werden soll bei:

— Quellen zur Trinkwasserversorgung;

— Gewässern zum Baden oder zu anderen Freizeitaktivitäten, die mit einem Eintauchen in das Wasser verbunden sind;

— der Aufzucht und Gewinnung von Muscheln;

— behandeltem Abwasser, das zu Bewässerungszwecken oder als Brauch- bzw. Grauwasser eingesetzt wird.

Eine Desinfektion von Kläranlagenabläufen kann durch zwei unterschiedliche Wirkmechanismen erreicht werden:

— Inaktivierung der Mikroorganismen, so dass eine Vermehrungsfähigkeit nicht mehr gegeben ist;

— Entfernung der Mikroorganismen aus dem Ablauf (z. B. durch Mikrofiltration) ohne eine Inaktivierung der Mikroorganismen.

Zu den Desinfektionsverfahren mit einer Inaktivierung der Mikroorganismen zählen vornehmlich:

— Bestrahlung mit ultraviolettem Licht (UV-Bestrahlung);

— Chlorung;

— Ozonung.

Zu den Desinfektionsverfahren mit einer Entfernung der Mikroorganismen aus dem Kläranlagenablauf zählen u. a.:

— Membranfiltration;

— Schönungsteiche;

— Bodenfiltration.

4.2 Planungsgrundsätze

4.2.1 Allgemeines

Die Desinfektion sollte, sofern sie gefordert wird, die letzte Stufe im Abwasserreinigungsprozess sein. Schlechte Reinigungsleistungen in vorgeschalteten Stufen beeinträchtigen in der Regel die Leistung des Desinfektionsverfahrens. Sofern ein Kläranlagenablauf vor der Einleitung in das Gewässer gespeichert werden muss - z. B. bei Einleitung in ein Tidengewässer oder Nutzung zur Bewässerung - sollte die Desinfektion im Speicherauslauf vorgenommen werden, um so einer Wiederverkeimung entgegen zu wirken.

Bei der Planung von Abwasserdesinfektionsanlagen sind grundsätzlich folgende Punkte zu beachten:

a) erforderlicher Grad der Desinfektion;

b) Zuverlässigkeit und Effektivität des Desinfektionsverfahrens;

c) erforderlicher technischer Aufwand des Desinfektionsverfahrens;

d) Bedienungsaufwand;

e) sicherheitstechnische Risiken;

f) Umwelteinflüsse, wie z. B.:

— Einfluss auf die Ablaufqualität (Verminderung von BSB_5, CSB, abfiltrierbare Stoffe, P_{ges});
— Beeinträchtigungen durch Restgehalte an Desinfektionsmittel;
— Bildung von toxischen oder bioakkumulierenden Nebenprodukten;

g) Energiebedarf.

4.2.2 Grad der Desinfektion

Desinfektionsverfahren müssen human-pathogene Keime auf ein Niveau reduzieren oder inaktivieren, bei dem das Risiko, dass das desinfizierte Abwasser eine Infektionsquelle darstellt, minimiert ist. Desinfektionsverfahren müssen nicht alle Mikroorganismen, auch nicht alle human-pathogenen Keime entfernen.

Der Grad der Desinfektion wird durch die nationalen oder örtlichen Behörden festgelegt.

Die Angabe des Grades der Desinfektion muss Festlegungen über die Probenahme, die analytischen Verfahren und die Auswertung enthalten. Statistische Kriterien für die Erfüllung der Anforderungen an den Grad der Desinfektion müssen explizit genannt sein, z. B. für Trocken- und Regenwetterbedingungen.

4.3 Bemessungsgrundlagen

4.3.1 Allgemeines

Eine Desinfektionsanlage muss so geplant und bemessen sein, dass sichergestellt ist, dass:

— die erforderliche Behandlung (Mindest-Desinfektionsmitteldosis) das gesamte Abwasser erfasst;

— der erforderliche Grad der Desinfektion auch bei maximalem Durchfluss und maximalem Desinfektionsmittelbedarf (ungünstigste Bedingungen) sicher eingehalten wird.

Im Hinblick auf die hohen, erforderlichen Keimzahlreduktionen sind weder Kurzschlussströmung, noch Bypass, noch eine unvollständige Desinfektion von Abwasser zulässig. Die vollständige Desinfektion muss für das gesamte zu desinfizierende Abwasser erreicht werden, weil die mikrobiologische Qualität des desinfizierten Abwassers sehr empfindlich schon durch geringe Mengen nicht ausreichend desinfizierten Abwassers beeinträchtigt wird.

ANMERKUNG Aus diesem Grund liegt die geforderte Reduzierung von Indikator-Organismen gewöhnlich in der Größenordung von 99,9 % bis 99,99 %. Schon eine Leckage oder Kurzschlussströmung von 0,01 % bis 0,1 % des Abwassers oder eine auf 99 % verminderte Keimzahlreduktion in 1 % bis 10 % des Abwassers aufgrund einer unvollständigen Behandlung kann zu Keimzahlen führen, die die Einleitungsbedingungen überschreiten.

4.3.2 UV-Bestrahlung

UV-Desinfektion ist die Einwirkung künstlich mit UV-Strahlern hergestellter UV-Strahlung auf zu desinfizierendes Abwasser in UV-Reaktoren. Eine geeignete UV-Bestrahlung bewirkt eine irreversible Inaktivierung von Mikroorganismen ohne andere nennenswerte Einflüsse auf die Beschaffenheit des Abwassers.

ANMERKUNG Die Desinfektion durch UV-Bestrahlung wird durch photochemische Reaktionen bewirkt. UV-Strahlung bakterizider Wellenlänge führt bei benachbarten Thyminbasen in Nucleinsäuren zur Bildung von Dimeren. Diese Dimere stören die DNA-Replikation und führen zu einer irreversiblen Inaktivierung der Mikroorganismen, sofern die Reparaturmechanismen der Zellen durch das Ausmaß der Bildung von Dimeren durch die UV-Bestrahlung überfordert werden.

UV-Bestrahlungsanlagen zur Abwasserdesinfektion können nach folgenden Kriterien unterschieden werden:

— Art des UV-Reaktors (offenes Gerinne, geschlossener Reaktor);

— Art der UV-Strahler (Niederdruck- oder Mitteldruck-Quecksilberdampfstrahler);

— Anordnung der UV-Strahler (getauchte UV-Strahler in Quarzglashüllrohren, Fallfilmreaktoren).

UV-Bestrahlungsanlagen können aus einem oder mehreren UV-Reaktoren bestehen. UV-Reaktoren können parallel oder seriell in Reihe angeordnet werden. Bei der Auslegung und Bemessung einer UV-Bestrahlungsanlage zur Abwasserdesinfektion sind die folgenden standortspezifischen Parameter zu beachten:

— Mindest-UV-Bestrahlung (UV-Dosis);

— Spitzendurchfluss;

— minimale UV-Durchlässigkeit (UV-Transmissionsfaktor) des Abflusses.

Die Mindest-UV-Bestrahlung ist die UV-Bestrahlung, die zur Verminderung der Keimzahlen im Kläranlagenablauf auf den geforderten Grad der Desinfektion erforderlich ist. Die Mindest-UV-Bestrahlung ist unabhängig von der Art und der Technologie der UV-Bestrahlungsanlage. Die Mindest-UV-Bestrahlung wird ausschließlich bestimmt durch:

a) den erforderlichen Grad der Desinfektion, festgelegt durch

 — Indikatorkeimgehalte,
 — Probenahme und die Analysenverfahren (Photoreaktivierung),
 — statistische Kriterien zur Anerkennung.

b) die Abwasserbeschaffenheit

 — Gehalt an abflitrierbaren Stoffen,
 — Gehalt an Mikroorganismen vor der Abwasserdesinfektion.

Die erforderliche Mindest-UV-Bestrahlung kann abgeschätzt werden auf der Grundlage von experimentellen Daten, ermittelt durch Bestrahlungsversuche mit einer geeigneten Laborbestrahlungsanlage, durch Pilotversuche oder Erfahrungen mit anderen Anlagen.

Auf der Grundlage der erforderlichen Mindest-UV-Bestrahlung, des Spitzendurchflusses und der minimalen UV-Durchlässigkeit kann eine UV-Bestrahlungsanlage so geplant und bemessen werden, dass das gesamte zu desinfizierende Abwasser ausreichend, d. h. mit der erforderlichen Mindest-UV-Bestrahlung, bestrahlt wird. Die Gestaltung und Bemessung einer UV-Bestrahlungsanlage ist anlagenspezifisch. Hersteller sollten prüffähige Berechnungen der Mindest-UV-Bestrahlung auf der Grundlage von Biodosismessungen oder auf der Grundlage von UV-Intensitätsverteilungen in den Bestrahlungszonen zusammen mit Aufenthaltszeitstudien (Tracermessungen) vorlegen.

Für eine sichere Desinfektion und eine hohe Effizienz einer UV-Bestrahlungsanlage ist die hydraulische Gestaltung und der Wirkungsgrad der UV-Strahler von größter Bedeutung. Über die Effizienz und den Leistungsabfall über die Betriebsdauer der UV-Strahler einschließlich der Vorschaltgeräte sollten vom Hersteller Gutachten einer unabhängigen Stelle vorgelegt werden. Die hydraulische Bemessung von UV-Bestrahlungsanlagen sollte sicherstellen, dass:

— zu keiner Zeit Abwasser an der UV-Bestrahlungsanlage vorbeifließen kann,

— der gesamte Fließquerschnitt vollständig durch UV-Strahlung ausgeleuchtet wird (keine abgeschatteten Zonen),

— eine praktisch ideale Pfropfenströmung vorliegt,

— eine praktisch ideale Quervermischung erzielt wird.

Die von einem Hersteller behauptete Leistungsfähigkeit einer UV-Bestrahlungsanlage kann überprüft werden durch:

— Biodosismessung (siehe [10],[18]),

— Pilotversuche,

— Betriebserfahrungen mit vergleichbaren Anlagen.

Bei Anlagen mit getauchten UV-Strahlern ist ein Reinigungsplan für die Quarzglashüllrohre der UV-Strahler zu erstellen. Für Anlagen mit Niederdruck-Quecksilberdampf-UV-Strahlern kann mit Reinigungsintervallen von mehr als zwei Wochen gerechnet werden. Bei Anlagen mit Mitteldruck-Quecksilberdampf-UV-Strahlern kann eine Reinigung der Quarzglashüllrohre sehr viel häufiger erforderlich sein.

UV-Strahler sollten nach der vom Hersteller empfohlenen Nutzungsdauer ausgetauscht werden.

4.3.3 Ozonbehandlung

Eine Anlage zur Abwasserdesinfektion mit Ozon besteht aus:

— Ozongenerator;

— Begasungssystem;

— Reaktor;

— Restozonvernichter für das Abgas.

Ozon ist ein sehr reaktionsfreudiges und chemisch nicht stabiles Gas, das nicht gelagert werden kann und Vorort hergestellt werden muss.

Ozon ist ein giftiges Gas. Bei der Auslegung von Ozonbehandlungsanlagen sind alle relevanten Sicherheitsbestimmungen für die Herstellung und den Umgang mit Ozon zu beachten.

Ozon ist ein sehr korrosives Gas. Für alle Bauteile, die mit Ozon in Berührung kommen, sind ozonbeständige Werkstoffe vorzusehen. Insbesondere müssen alle Dichtungsmaterialien ozonbeständig sein.

Für die Effizienz der Abwasserdesinfektion mit Ozon ist der Stoffübergang des Ozons in das Abwasser von größter Bedeutung. Dies wird mittels Begasungssystemen realisiert. Die folgenden Begasungssysteme werden verbreitet eingesetzt:

— Blasensäulenbegasung (Gleich- und Gegenstromführung);

— Ejektorbelüftung mit Vordruck;

— Injektorbelüftung (selbstansaugend, Venturi);

— Oberflächenbegasung;

— Rieselfilmbegasung (Füllkörperpackung).

Der Wirkungsgrad des Ozonstoffübergangs in das Abwasser kann durch eine mehrstufige Gegenstromkaskadenführung von Ozon und Abwasser erhöht werden.

Der Reaktor sollte eine ausreichende Aufenthaltszeit zum weitgehend vollständigen Ablauf der Desinfektionsreaktionen des Ozons sicherstellen. Die hydraulischen Verhältnisse im Reaktor sollten so nah wie möglich einer Pfropfenströmung entsprechen. Kurzschlussströmungen sind zu vermeiden. Die Begasungssysteme können in dem Reaktor integriert sein.

Aufgrund der Giftigkeit des Ozons muss Restozon im Abgas zerstört werden. Alle Ozon führenden Teile der Anlage sind als geschlossenes System auszuführen, das nur durch den Ozonvernichter entlüftet wird. Der Ozongehalt im Abgas muss überwacht werden und darf eine Konzentration von 0,02 mg/m^3 nicht überschreiten. Treten erhöhte Ozongehalte auf (> 0,02 mg/m^3), müssen die Ozongeneratoren sich automatisch abschalten. Zu den Verfahren, die zur Ozonvernichtung im Abgas eingesetzt werden, zählen:

— thermische Ozonvernichtung (T > 350 °C, t_R > 2 s),

— katalytische Ozonvernichtung (z. B. Palladium/CuO-MnO, T = 60 °C bis 80 °C),

— Aktivkohle (Aktivkohle wird bei der Ozonvernichtung oxidiert und damit verbraucht).

Die erforderliche Ozonmenge für die Desinfektion ist abhängig von dem erforderlichen Grad der Desinfektion und dem Ozonbedarf des Kläranlagenablaufs. Die Ozonzugabe, die zur Deckung des Ozonbedarfs notwendig ist, ist ortspezifisch und sollte vor Planungsbeginn abgeschätzt werden. Die erforderlichen Reaktionszeiten sollten mit einer Pilotanlage untersucht werden, die mit einem zur geplanten Großanlage baugleichen Begasungssystem ausgerüstet ist. Der Ozonrestgehalt im Abwasser sollte in dem Bereich von 0,1 g/m^3 bis 1 g/m^3 liegen.

4.3.4 Chlorung

Die Chlorungsanlagen zur Desinfektion von Abwasser gleichen technisch den Anlagen, die zur Trinkwasserchlorung eingesetzt werden, und bestehen aus geeigneten Einrichtungen für:

— die Lagerung der Desinfektionsmittel,

— die Aufbereitung und Dosierung der Desinfektionsmittel,

— die Vermischung von Abwasser und Desinfektionsmittel,

— den Ablauf vollständiger Desinfektionsreaktionen in Reaktionsbehältern, sogenannten Kontaktbecken.

Zu den Desinfektionsmitteln, die üblicherweise in Chlorungsanlagen eingesetzt werden, gehören

— Natriumhypochlorit-Lösung,

— Chlorgas,

— Chlordioxid.

Ausführung und Art der Einrichtungen zur Lagerung, Aufbereitung und Dosierung der Desinfektionsmittel sind vom verwendeten Desinfektionsmittel abhängig.

Natriumhypochlorit-Lösung ist in Konzentrationen von 5 % bis 15 % NaOCl erhältlich. Die NaOCl-Lösung kann in Behältern gelagert und mit Verdrängerdosierpumpen dosiert werden. Der Aktivitätsverlust der NaOCl-Lösung über die Lagerzeit ist zu beachten. Die Aktivitätsverlustrate nimmt mit zunehmender Lagertemperatur zu.

Chlorgas kann in Druckbehältern gelagert werden. Alle Räume, in denen es durch Leckagen, Rohrleitungsbruch oder Fehlfunktion zu einem Auftreten von Chlorgas kommen kann, müssen durch Chlorgas-Warngeräte überwacht werden. Die Dosierung von Chlorgas kann mittels Injektorbelüftung (Venturi) in einem abgetrennten Teilstrom des Kläranlagenablaufs erfolgen, wobei eine Lösung aus unterchloriger Säure produziert wird, die dann mit dem Kläranlagenablauf vermischt wird. Diese Chlorungsanlagen sollten nachstehende Komponenten beinhalten:

— einen Über-/Unterdruckregler;

— eine Durchflussüberwachung;

— einen Venturi-Injektor;

— einen Durchflussmesser.

Chlordioxid ist ein instabiles Gas, das als explosiv einzustufen ist. Chlordioxid sollte nicht auf Vorrat produziert und gelagert werden, es sollte nur bedarfsgerecht hergestellt werden. Chlordioxid kann u. a. durch folgende chemische Reaktionen Vorort hergestellt werden:

— Natriumchlorit und Chlorgas;

— Natriumchlorit und Salzsäure;

— Natriumchlorit, Salzsäure und Natriumhypochlorit;

— Natriumchlorat (nur für große Anlagen geeignet).

Die Ausführung der Chlordioxid Anlagen sollte sicherstellen, dass

— die Einsatzchemikalien effizient zu Chlordioxid umgesetzt werden,

— die Konzentration von Chlorgas in der Chordioxid Lösung niedrig ist.

Chlordioxid wirkt über einen weiten pH-Bereich bakterizid und ist in vielen Fällen deutlich effektiver als Chlorgas. Im Gegensatz zu Chlorgas reagiert Chordioxid nicht mit Ammonium, so dass keine Chloramine entstehen und im Vergleich zum Chlorgas scheinen beim Einsatz von Chlordioxid auch deutlich weniger chlororganische Verbindungen (AOX) gebildet zu werden.

Die Vermischung des Desinfektionsmittels mit dem Abwasser sollte sehr intensiv erfolgen und sollte im Bruchteil einer Sekunde vollständig abgeschlossen sein. In-Line-Mischer oder intensiv gerührte Behälter mit kurzer Aufenthaltszeit sind hierfür geeignet.

Die Desinfektionsreaktionen laufen in Kontaktbecken ab. Im Kontaktbecken werden die Mikroorganismen im Kläranlagenablauf für die erforderliche Dauer in engem Kontakt mit dem Desinfektionsmittel gehalten. Das Desinfektionskontaktbecken sollte so gestaltet sein, dass Kurzschlussströmungen vermieden werden und die Strömung als nahezu ideale Pfropfenströmung erfolgt. Üblicherweise kommen Rohrreaktoren oder Schlaufenbecken zum Einsatz.

Die erforderliche Dosierung des Desinfektionsmittels ist von der Art des Desinfektionsmittels abhängig und ist standortspezifisch. Die Desinfektionsmitteldosierung sollte an die Abwassermenge und an die Zehrungsrate des Desinfektionsmittels im Abwasser angepasst werden, so dass im Ablauf des Kontaktbeckens eine konstante Restkonzentration an Desinfektionsmittel eingehalten wird. Bei der Chlorung sollte eine Restkonzentration im Ablauf des Kontaktbeckens von etwa 0,2 mg/l freies Chlor eingestellt werden. Bei einer geringeren Restkonzentration könnte die Desinfektion nur unvollständig erfolgen, bei einer zu hohen Restkonzentration könnten eine ernsthafte Schädigung der Gewässerbiozönose im Vorfluter und übermäßige Konzentrationen an toxischen Nebenprodukten im Ablauf auftreten. Über negative Beeinträchtigungen der Vorfluter wurden schon bei Konzentrationen an freiem Chlor von 0,05 mg/l bis 0,1 mg/l berichtet. Um negative Auswirkungen von gechlortem Abwasser auf die Beschaffenheit des Vorfluters zu reduzieren, sollte gechlortes Abwasser vor der Einleitung in den Vorfluter in einer Entchlorungsstufe behandelt werden.

4.3.5 Membranfiltration

Die Membrantrennverfahren, die zur Abwasserdesinfektion genutzt werden, sind Ultra- und Mikrofiltration. Diese beiden Membrantrennverfahren arbeiten mit fein porösen Membranen als Filtermedium und verhalten sich wie Siebfilter. Bei den Membrantrennverfahren wird das Abwasser mit Druck durch die Poren der Membran gepresst. Der Transmembrandruck wird üblicherweise durch abwasserseitige Druckpumpen, statische Höhendifferenz oder eine permeatseitige Unterdruckpumpe erzeugt. Membranfiltrationsanlagen bestehen aus folgenden Komponenten:

— Modulen, die Membranen als Hohlfaser-, Rohr-, Kissen- und Wickelmodulen enthalten mit Systemen zur Verteilung des Zulaufs und zur Sammlung des Konzentrats und Permeats;

— Druck- bzw. Unterdruckpumpen zur Aufrechterhaltung des erforderlichen Transmembrandrucks;

— Systeme zur Rückspülung und / oder chemischen Reinigung der Membranen.

Membrantrennverfahren können charakterisiert werden aufgrund:

— der Porengröße in den Membranen (Mikro- bzw. Ultrafiltration);

— des Materials der Membranen (organisch oder mineralisch);

— des Modultyps (Hohlfaser-, Rohr-, Kissen-, Wickelmodule);

— der Betriebsweise (Dead-end- oder Querstromfiltration);

— des Zulaufs (Nachklärbeckenablauf, Belebtschlamm-Wasser-Gemisch).

Bei der Auslegung und Bemessung von Membranfiltrationsanlagen müssen die folgenden zusätzlichen Einflussfaktoren berücksichtigt werden:

— der erreichbare Flux direkt vor dem Rückspülen oder Reinigen der Membran;

— die Rückspül- und Reinigungsprogramme;

— der Energieverbrauch.

Aufmerksamkeit ist auch der sicheren Entsorgung der Konzentrate zu widmen. Das Konzentrat darf zur weiteren Behandlung der biologischen Stufe wieder zugeführt werden. Bei der Bemessung und dem Betrieb der biologischen Stufe sind derartige zusätzliche Belastungen zu berücksichtigen. In Zusammenhang mit den Membrantrennverfahren ist Vorsicht geboten hinsichtlich der Anreicherung von Feststoffen, die in den Membrantrennverfahren zurückgehalten werden, in der biologischen Stufe aber nicht abgebaut werden können. Derartige Probleme können z. B. durch eine Dosierung geringer Mengen Flockungshilfsmittel in den Konzentratstrom vermieden werden.

Zur regelmäßigen Reinigung der Membranen sollte ein Programm aufgestellt werden. Eine Reinigung kann durch Rückspülen, Druckluftspülung oder chemisches Reinigen erreicht werden. Die Länge der Reinigungsintervalle ist vom Abfall des Fluxes abhängig oder kann durch feste Zeiten vorgegeben werden. Geeignete Reinigungsprogramme sollten bei der Inbetriebnahme festgelegt werden. Die Reinigungsprogramme sollten periodisch überprüft werden.

Membranen sollten regelmäßig auf Schadstellen untersucht werden. Es ist ein Verfahren vorzusehen, mit dem defekte Membranen identifiziert und außer Betrieb genommen werden können. Die Membranen sollten nach der von den Herstellern angegebenen Nutzungsdauer ausgetauscht werden.

4.3.6 Schönungsteiche

Die Bemessungsgrundlagen von Schönungsteichen sind in EN 12255-5 enthalten. Die Aufenthaltszeit sollte im Bereich von 5 d bis 20 d liegen. Durch die Gestaltung der Schönungsteiche sollte eine Pfropfenströmung ermöglicht und Kurzschlussströmungen vermieden werden. Die Strömungsverhältnisse in Schönungsteichen können durch ein großes Länge zu Breite Verhältnis, eine meanderförmige Strömungsführung oder durch die Aufteilung des Volumens in mehrere Teiche in Serie verbessert werden.

4.3.7 Bodenfiltration

Bei der Auslegung und Bemessung von Bodenfiltrationssystemen müssen die ortspezifischen hydrogeologischen Verhältnisse und die lokalen Versickerungseigenschaften des Bodens berücksichtigt werden. Das Gelände sollte eben sein oder nach allen Seiten abfallend. Das Gebiet sollte gut entwässert sein. Vertiefungen, der Fuß von Böschungen und Mulden sollten vermieden werden. Die Mindesttiefe des ungesättigten Bodens zwischen der Sohle der Bodenfiltration und dem Grundgestein bzw. dem höchsten Grundwasserstand (jahreszeitlich höchster Stand) sollte 1,2 m betragen.

Nachstehende Bodeneigenschaften sollten bei Bodenfiltrationsanlagen berücksichtigt werden:

— Konsistenz;

— Struktur;

— Farbe;

— Schichtung.

Sandige oder lehmige Böden sind am besten für die Bodenfiltration geeignet. Kiesige und stark tonhaltige Böden sind weniger gut geeignet. Die Bodenstruktur sollte stark granular, körnig oder prismatisch sein. Böden die schluffig oder unstrukturiert sind sollten vermieden werden. Die Böden sollten hell und gleichmäßig gefärbt sein. Matte und gesprenkelte Böden zeigen häufig eine durchgehende oder zumindest zeitweise Sättigung an und sind ungeeignet. Böden, die verschiedenartige Schichten aufweisen, sollten gründlich darauf hin untersucht werden, dass die Wasserdurchlässigkeit nicht eingeschränkt ist.

Örtliche Vorschriften, die Mindestabstände von Bodenfiltrationsanlagen zu Bauwerken sowie zu Oberflächengewässern fordern, sind zu beachten. Solche Bauwerke sind z. B. Brunnen, Eigentumsgrenzen und Gebäudefundamente.

Vor der Auslegung sollten Versickerungsversuche zur Ermittlung der ortspezifischen Infiltrationskapazitäten durchgeführt werden. Die Ergebnisse sollten der Bemessung der Bodenfiltrationsanlage zu Grunde gelegt werden.

5 Anforderungen

5.1 Prozesssteuerung und -überwachung

Die Anforderungen gemäß EN 12255-10 und prEN 12255-12 sind zu beachten. Bei der Abwasserdesinfektion sollte durch die Prozesssteuerung und -überwachung sichergestellt werden, dass:

— Gesundheits- und Sicherheitsrisiken durch unkontrollierte Leckage von Desinfektionsmitteln vermieden werden;

— Beeinträchtigungen der Gewässerqualität im Vorfluter durch Desinfektionsmittel aufgrund einer Überdosierung vermieden werden;

— eine ausreichende Dosierung des Desinfektionsmittels zur ständigen Einhaltung des erforderlichen Grades der Desinfektion sichergestellt ist;

— Desinfektionsmittel- und Energieverbrauch optimiert werden.

Um Gesundheitsgefährdungen und Sicherheitsrisiken durch eine unkontrollierte Leckage von Desinfektionsmitteln zu vermeiden, sind alle Räume mit Installationen für gefährliche Chemikalien mit spezifischen Messsystemen auszustatten, die sicherstellen, dass bedenkliche Konzentrationen der gefährlichen Chemikalien (siehe 5.3) eine Alarmmeldung und die Abschaltung der Anlage auslösen. Die Abluftströme aus diesen Anlagen sind in der gleichen Weise zu überwachen.

Eine Überdosierung von Desinfektionsmitteln ist in der Regel mit einer Beeinträchtigung der Qualität des Vorflutgewässer verbunden und kann durch die Regelung der Desinfektionsmitteldosierung über die Messung der Desinfektionsmittelrestkonzentration im Ablauf vermieden werden. Dieses Verfahren sollte bei den Verfahren Chlorung und Ozonbehandlung eingesetzt werden. Dieses Verfahren reagiert auf Veränderungen des Desinfektionsmittelbedarfs unabhängig davon, ob diese durch eine Veränderung des Durchflusses oder des spezifischen Desinfektionsmittelverbrauchs im Abwasser verursacht werden. Damit diese Regelung zuverlässig arbeitet, sind die Messsysteme zur Erfassung der Restkonzentration regelmäßig zu warten und zu kalibrieren. Das Regelungssystem sollte für den Fall eines Ausfalls des Messsystems für die Restkonzentration durch Umschalten auf eine durchflussproportionale Desinfektionsmitteldosierung gesichert sein. Sollte der spezifische Desinfektionsmittelverbrauch des Abwassers nur in engen Grenzen schwanken, kann eine durchflussproportionale Desinfektionsmitteldosierung als geeignet angesehen werden. Ist durch Pumpen auch noch ein konstanter Durchfluss sichergestellt, kann eine manuell einstellbare Dosierung ausreichend sein.

Bei den chemischen Abwasserdesinfektionsverfahren dienen die Systeme, die eine Überdosierung vermeiden, auch der Sicherstellung einer ausreichenden Dosierung an Desinfektionsmittel zur ständigen Einhaltung des geforderten Grades der Desinfektion. Bei UV-Bestrahlungsanlagen sollte in jedem UV-Bestrahlungsreaktor die UV-Bestrahlungsstärke an einem geeigneten Referenzort gemessen werden, um eine ausreichende UV-Bestrahlung des Abwassers sicherzustellen. Sofern die erforderliche UV-Bestrahlungsstärke nicht erreicht wird, müssen die Hüllrohre der UV-Strahler gereinigt werden oder die UV-Strahler sind zu erneuern. Bei Membranfiltrationsanlagen muss durch eine Überwachung sichergestellt werden, dass keine Leckage vom Zulauf in das Permeat auftritt. Die Überwachung der Trübung oder der Partikelzahl können in einigen Fällen geeignete Methoden zur Feststellung einer Leckage in der Membranfiltrationsanlage darstellen.

Bei chemischen Desinfektionsanlagen wird bereits durch die bedarfsabhängige Regelung der Desinfektionsmitteldosierung der wirtschaftlichste Betrieb sichergestellt. Bei UV-Bestrahlungsanlagen mit mehreren UV-Reaktoren können diese durchflussabhängig zu- und abgeschaltet werden. Dieser Vorgang wird auch als "flow-pacing" bezeichnet. Dabei ist aber zu beachten, dass ein häufiges Zu- und Abschalten der UV-Strahler deren Lebensdauer vermindert. In UV-Bestrahlungsanlagen mit Mitteldruckstrahlern können die UV-Strahler gedimmt werden.

5.2 Bauwerk

Die Anforderungen von prEN 12255-1 sind zu beachten. Die Bauwerke sind korrosionsbeständig auszuführen. Dies ist besonders bei Desinfektionsverfahren zu beachten, bei denen das Desinfektionsmittel oder dessen Nebenprodukte korrosiv sind.

Bei allen umschlossenen Räumen ist eine ausreichende Lüftung sicherzustellen.

5.3 Arbeitsschutz und -sicherheit

Die Anforderungen von EN 12255-10 sind zu beachten. Internationale, nationale oder örtliche Sicherheitsbestimmungen können zusätzliche Sicherheitsvorkehrungen und Überwachungsmaßnahmen erfordern.

Die Planung und der Betrieb einer Abwasserdesinfektionsanlage müssen sicherstellen, dass keine Gefahren für die Gesundheit und die Sicherheit der Bevölkerung und das Betriebspersonal bestehen. Das gesamte Betriebspersonal muss für die von ihnen betriebene Abwasserdesinfektionsanlage in die Gesundheits- und Sicherheitsbelange eingewiesen sein.

Bei einigen Abwasserdesinfektionsverfahren verdienen Gesundheits- und Sicherheitsfragen besondere Aufmerksamkeit, da die Abwasserdesinfektionsverfahren verbunden sind mit:

— der Erzeugung und/oder Anwendung von Chemikalien, die für Menschen hochgradig giftig sind;

— Hochspannungsanlagen und –einrichtungen;

— UV-Strahlung;

— im Ablauf getauchten zerbrechlichen stromführenden Bauteilen.

Zu den für Menschen hochgradig giftigen in Abwasserdesinfektionsverfahren eingesetzten Chemikalien zählen:

— Chlorgas;

— Chlordioxid;

— Ozon.

Die Gesundheits- und Sicherheitsrisiken bei Desinfektionsverfahren im Zusammenhang mit der Erzeugung und/oder Anwendung von giftigen Chemikalien umfassen im wesentlichen:

— Kontakt mit giftigen Gasen;

— Kontakt mit giftigen oder korrosiven Flüssigkeiten;

— Explosionen, verursacht durch unter Druck gelagerte Gase;

— Feuer und Explosionen, verursacht durch die Bildung entflammbarer Gase;

— Feuer und Explosionen, verursacht durch die Lagerung starker Oxidationsmittel oder durch die Lagerung von Sauerstoff.

Es sind angemessene Sicherheitsvorkehrungen zur Verminderung der mit diesen Gefährdungen verbundenen Gesundheits- und Sicherheitsrisiken anzuwenden.

Abwasserdesinfektionsverfahren, die mit der Erzeugung oder Anwendung von für Menschen hochgradig giftigen Gasen verbunden sind, müssen so ausgelegt und betrieben werden, dass die maximalen Arbeitsplatzkonzentrationen (MAK-Werte) nicht überschritten werden. Gebäude, in denen diese Gase verwendet, erzeugt oder gelagert werden, müssen regelmäßig überwacht werden und mit den geeigneten Einrichtungen ausgestattet sein, um mit dem Austritt des Gases sicher umgehen zu können. Sicherheitsausrüstung (Gasmasken, usw.) muss Vorort zur Verfügung stehen. Es sind Evakuierungspläne aufzustellen und regelmäßig zu proben.

UV-Strahlung kann die Augen und die Haut reizen. UV-Bestrahlungsanlagen müssen so gestaltet sein, dass UV-Strahlung nicht direkt auf Augen oder Haut einwirken kann. Lichtdichte Abdeckungen mit Kontaktschalter sind geeignete Maßnahmen, um eine direkte Bestrahlung von Augen und Haut zu vermeiden.

Literaturhinweise

Die folgenden Schriften enthalten Hinweise, die im Rahmen dieser Norm verwendbar sind.

Diese Zusammenstellung von in den Mitgliedsländern veröffentlichten und angewendeten Dokumenten war zum Zeitpunkt der Veröffentlichung dieser Europäischen Norm aktuell, sollte jedoch nicht als vollständig angesehen werden.

Europäische Normen

[1] E DIN EN 170, *Persönlicher Augenschutz — Ultraviolettschutzfilter — Transmissionsanforderungen und empfohlene Verwendung; Deutsche Fassung prEN 170:1999.*

[2] DIN EN 938, *Produkte zur Aufbereitung von Wasser für den menschlichen Gebrauch — Natriumchlorit; Deutsche Fassung EN 938:1999.*

[3] DIN EN 939, *Produkte zur Aufbereitung von Wasser für den menschlichen Gebrauch — Salzsäure; Deutsche Fassung EN 939:1999.*

EU-Vorschriften

[4] 76/160/EWG, *Richtlinie des Rates vom 8. Dezember 1975 über die Qualität der Badegewässer. Geändert durch 91/692/EWG vom 23. Dezember 1991.*

Nationale Regelungen

Deutschland

[5] DIN 19606, *Chlorgasdosieranlagen zur Wasseraufbereitung — Anlagenaufbau und Betrieb.*

[6] DIN 19627, *Ozonerzeugungsanlagen zur Wasseraufbereitung.*

[7] ATV M 205, *Desinfektion von biologisch gereinigtem Abwasser.*

[8] DVGW W 224, *Chlordioxid in der Wasseraufbereitung.*

[9] DVGW W 293, *UV-Anlagen zur Desinfektion von Trinkwasser.*

[10] DVGW W 294, *UV-Desinfektionsanlagen für die Trinkwasserversorgung — Anforderungen und Prüfung.*

[11] DVGW W 623, *Dosieranlagen für Desinfektions- bzw. Oxidationsmittel — Dosieranlagen für Chlor.*

[12] DVGW W 624, *Dosieranlagen für Desinfektionsmittel und Oxidationsmittel — Dosieranlagen für Chlordioxid.*

[13] DVGW W 625, *Anlagen zur Erzeugung und Dosierung von Ozon.*

[14] ZH 1/474, *Richtlinien für die Verwendung von Ozon zur Wasseraufbereitung.*

[15] Pfeiffer, W.; *Ultraviolet disinfection technology and assessment; European Water Management, Vol. 2, No. 1 (1998) — special issue on parasites and pathogens.*

[16] Bernhardt et al, *Desinfektion aufbereiteter Oberflächenwässer mit UV-Strahlen — erste Ergebnisse des Forschungsvorhabens, gwf — Wasser — Abwasser 133. (1992), Nr. 12, S. 632-643.*

[17] Safert et al, *Membranfiltration zur Keim- und P-Elimination im Ablauf kommunaler Kläranlagen, in: Rautenbach et al, Möglichkeiten und Perspektiven der Membrantechnik bei der kommunalen Abwasserbehandlung und Trinkwasseraufbereitung, A8, 1-14, Aachen (1997).*

USA

[18] EPA, *Ultraviolet disinfection Technology Assessment, EPA, 832-R-92-004, USA (1992).*

[19] EPA, Design Manual — Municipal Wastewater Disinfection, EPA/625/1-86/021, USA, (1986).

Entwurf **März 2000**

	Kläranlagen Teil 15: Messung der Sauerstoffzufuhr in Reinwasser in Belebungsbecken Deutsche Fassung prEN 12255-15 : 1999	DIN EN 12255-15

Einsprüche bis 30. Apr 2000

ICS 13.060.30

Wastewater treatment plants – Part 15: Measurement of the oxygen transfer in clean water in activated sludge aeration tanks; German version prEN 12255-15 : 1999

Stations d'épuration – Partie 15: Mesure de transfert d'oxygène en eau pure dans aerateurs à boues activées; Version allemande prEN 12255-15 : 1999

Anwendungswarnvermerk

Dieser Norm-Entwurf wird der Öffentlichkeit zur Prüfung und Stellungnahme vorgelegt.

Weil die beabsichtigte Norm von der vorliegenden Fassung abweichen kann, ist die Anwendung dieses Entwurfes besonders zu vereinbaren.

Stellungnahmen werden erbeten an den Normenausschuß Wasserwesen (NAW) im DIN Deutsches Institut für Normung e. V., 10772 Berlin (Hausanschrift: Burggrafenstraße 6, 10787 Berlin).

Nationales Vorwort

Der hiermit der Öffentlichkeit zur Stellungnahme vorgelegte Europäische Norm-Entwurf ist die Deutsche Fassung des vom Technischen Komitee CEN/TC 165 "Abwassertechnik" (Sekretariat: DIN) des Europäischen Komitees für Normung (CEN) ausgearbeiteten Entwurfes prEN 12255-15, der nach einem positiven Abstimmungsergebnis innerhalb der CEN-Mitglieder als Europäische Norm EN 12255-15 in deutscher, englischer und französischer Sprachfassung herausgegeben wird.

Die Arbeiten wurden von der Arbeitsgruppe "Kläranlagen - Allgemeine Verfahren" (WG 42) (Sekretariat: BSI) des CEN/TC 165 durchgeführt. Für Deutschland war der Arbeitsausschuß V 36/UA 2/3 "Abwasserbehandlungsanlagen; CEN/TC 165/WG 42 und 43" an der Bearbeitung beteiligt.

Die Normenreihe EN 12255 "Kläranlagen" wird voraussichtlich aus 15 Teilen bestehen (siehe Vorwort EN 12255-15).

Die im Vorwort von EN 12255-15 genannten Titel der einzelnen Teile entsprechen den Titeln der bereits veröffentlichten Norm-Entwürfe bzw. sind Arbeitstitel und können von den Titeln der Normen geringfügig abweichen.

Darüber hinaus wird zukünftig in allen Teilen der Europäischen Normenreihe EN 12255 in den Titeln der jeweiligen Deutschen Fassung im Hauptelement der Begriff "Kläranlagen" verwendet.

Einige Teile der Normenreihe EN 12255 werden als Europäisches Normenpaket gemeinsam gültig werden.

Von der Paketbildung sind die folgenden Teile der Normenreihe EN 12255 betroffen:

EN 12255-1, EN 12255-3 bis EN 12255-8, EN 12255-10 und EN 12255-11 (vgl. Vorwort EN 12255-15).

Datum der Zurückziehung (date of withdrawal, dow) entgegenstehender nationaler Normen ist der 31. Dezember 2001 (Resolution BT 152/1998).

Fortsetzung Seite 2
und 14 Seiten prEN

Normenausschuß Wasserwesen (NAW) im DIN Deutsches Institut für Normung e.V.

In einem Normenpaket werden Europäische Normen zusammengefaßt, die zueinander in Beziehung stehen. Eine Querverbindung kann u. a. aufgrund der Notwendigkeit zur gemeinsamen Anwendung bestehen oder dadurch gegeben sein, daß eine Gruppe entgegenstehender nationaler Normen abzudecken ist.

Die Paketbildung ist aber auch unter dem Aspekt der Verpflichtung zur Übernahme von CEN/CENELEC-Normen durch die CEN-Mitglieder und der damit verbundenen Zurückziehung entgegenstehender nationaler Normen (CEN/CENELEC-Geschäftsordnung) von Bedeutung.

Die in einem Normenpaket zusammengefaßten Europäischen Normen sind spätestens bis zu einem vorab festgelegten Datum der Zurückziehung (dow) zu veröffentlichen.
Die bereits vor diesem Zeitpunkt fertiggestellten und veröffentlichten Europäischen Normen des Paketes werden in das nationale Normenwerk übernommen. Sie gelten bis zum Datum der Zurückziehung parallel zu entsprechenden nationalen Normen.
Erst mit dem Erreichen des Datums der Zurückziehung sind die Europäischen Normen des Normenpaketes in das nationale Regelwerk zu übernehmen, indem ihnen der Status von nationalen Normen gegeben wird. Entgegenstehende nationale Normen sind dann zurückzuziehen.

Die einzelnen Teile der Normenreihe EN 12255 sind inhaltlich anders konzipiert als die Deutschen Normen der Reihe DIN 19569, so daß durchaus mehrere Teile dieser Reihe durch einen Teil der Europäischen Norm berührt werden können.

Der Normungsumfang der Europäischen Normenreihe EN 12255 "Kläranlagen" deckt nicht alle Festlegungen ab, die in den nationalen Normen der Reihe DIN 19569 "Kläranlagen - Baugrundsätze für Bauwerke und technische Ausrüstungen" enthalten sind.

Der Arbeitsausschuß V 36 plant daher die Erarbeitung von Maß- und Restnormen zu den folgenden Themenkreisen:

- Rechteckbecken als Absetzbecken
- Rechteckbecken als Sandfänge
- Rundbecken als Absetzbecken
- Tropfkörper mit Drehsprengern
- Tropfkörperfüllungen
- Rechenbauwerke mit geradem Rechen
- Ablaufsysteme in Absetzbecken
- Besondere Baugrundsätze für Einrichtungen zum Abtrennen und Eindicken von Feststoffen
- Besondere Baugrundsätze für Einrichtungen zur aeroben biologischen Abwasserreinigung
- Besondere Baugrundsätze für Anlagen zur anaeroben Behandlung von Abwasser
- Besondere Baugrundsätze für Anlagen zur Abwasserreinigung mit Festbettfiltern
- Besondere Baugrundsätze für Anlagen zur Klärschlammentwässerung
- Besondere Baugrundsätze für Anlagen zur Trocknung von Klärschlamm

EUROPÄISCHE NORM

EUROPEAN STANDARD

NORME EUROPÉENNE

ENTWURF
prEN 12255-15

December 1999

ICS

Deutsche Fassung

Kläranlagen - Teil 15: Messung der Sauerstoffzufuhr in Reinwasser in Belebungsbecken

Wastewater treatment plants - Part 15: Measurement of the oxygen transfer in clean water in activated sludge aeration tanks

Stations d'épuration - Partie 15: Mesure de performances des aérateurs

Dieser Europäische Norm-Entwurf wird den CEN-Mitgliedern zur Umfrage vorgelegt. Er wurde vom Technischen Komitee CEN/TC 165 erstellt.

Wenn aus diesem Norm-Entwurf eine Europäische Norm wird, sind die CEN-Mitglieder gehalten, die CEN/CENELEC-Geschäftsordnung zu erfüllen, in der die Bedingungen festgelegt sind, unter denen dieser Europäischen Norm ohne jede Änderung der Status einer nationalen Norm zu geben ist.

Dieser Europäische Norm-Entwurf wurde vom CEN in drei offiziellen Fassungen (Deutsch, Englisch, Französisch) erstellt. Eine Fassung in einer anderen Sprache, die von einem CEN-Mitglied in eigener Verantwortung durch Übersetzung in seine Landessprache gemacht und dem Zentralsekretariat mitgeteilt worden ist, hat den gleichen Status wie die offiziellen Fassungen.

CEN-Mitglieder sind die nationalen Normungsinstitute von Belgien, Dänemark, Deutschland, Finnland, Frankreich, Griechenland, Irland, Island, Italien, Luxemburg, Niederlande, Norwegen, Österreich, Portugal, Schweden, Schweiz, Spanien, der Tschechischen Republik und dem Vereinigten Königreich.

Warnvermerk : Dieses Schriftstück hat noch nicht den Status einer Europäischen Norm. Es wird zur Prüfung und Stellungnahme vorgelegt. Es kann sich noch ohne Ankündigung ändern und darf nicht als Europäische Norm in Bezug genommen werden.

EUROPÄISCHES KOMITEE FÜR NORMUNG
EUROPEAN COMMITTEE FOR STANDARDIZATION
COMITÉ EUROPÉEN DE NORMALISATION

Zentralsekretariat: rue de Stassart, 36 B-1050 Brüssel

Ref. Nr. prEN 12255-15:1999 D

Inhalt

Vorwort

Dieses Dokument wurde vom Technischen Komitee CEN/TC 165 "Abwassertechnik" erarbeitet, dessen Sekretariat vom DIN gehalten wird.

Dieses Dokument ist derzeit zur Umfrage vorgelegt.

Es ist der fünfzehnte von den Arbeitsgruppen CEN/TC 165/WG 42 und 43 erarbeitete Teil, der sich auf allgemeine Anforderungen an Verfahren für Kläranlagen für über 50 Einwohnerwerte (EW) bezieht. Die Normen dieser Reihe sind folgende:

Teil 1: Allgemeine Baugrundsätze
Teil 3: Abwasservorreinigung
Teil 4: Vorklärung
Teil 5: Abwasserbehandlung in Teichen
Teil 6: Belebungsverfahren
Teil 7: Biofilmreaktoren
Teil 8: Schlammbehandlung und -deponierung
Teil 9: Vermeidung von Geruchsbelästigung
Teil 10: Sicherheitstechnische Baugrundsätze
Teil 11: Allgemeine Grundsätze
Teil 12: Steuerung und Automatisierung
Teil 13: Abwasserbehandlung durch Zugabe von Chemikalien
Teil 14: Desinfektion
Teil 15: Messung der Sauerstoffzufuhr in Reinwasser in Belebungsbecken
Teil 16: Abwasserfiltration

ANMERKUNG: Für Anforderungen an Pumpanlagen auf Kläranlagen und in deren Zulaufbereich, ursprünglich vorgesehen als Teil 2 "Abwasserpumpanlagen", siehe EN 752-6 "Entwässerungssysteme außerhalb von Gebäuden - Teil 6: Pumpanlagen"

Die Teile EN 12255-1, EN 12255-3 bis EN 12255-8 sowie EN 12255-10 und EN 12255-11 werden als Europäisches Normenpaket gemeinsam gültig (Resolution BT 152/1998). Das Datum der Zurückziehung (dow) entgegenstehender nationaler Normen ist 2001-12-31. Bis zu diesem Zeitpunkt gelten die nationalen und bereits veröffentlichten Europäischen Normen parallel.

Entsprechend der CEN/CENELEC Geschäftsordnung sind die nationalen Normungsinstitute der folgenden Länder gehalten, diese Europäische Norm zu übernehmen: Belgien, Dänemark, Deutschland, Finnland, Frankreich, Griechenland, Irland, Island, Italien, Luxemburg, Niederlande, Norwegen, Österreich, Portugal, Schweden, Schweiz, Spanien, die Tschechische Republik und das Vereinigte Königreich.

1 Anwendungsbereich

Diese Europäische Norm legt die Anforderungen zur Messung der Sauerstoffzufuhr und des Sauerstoffertrages von Belüftungseinrichtungen in Belebungsbecken (vergleiche prEN 12255-6) gefüllt mit Reinwasser nach der Absorptions- oder Desorptionsmethode fest.

ANMERKUNG 1: Dies ist als Reinwasserversuch bekannt.

ANMERKUNG 2: Weil dieses Verfahren auf total durchmischte Becken oder Becken mit gleichmäßiger Belüfterdichte beruht, kann es für bestimmte Belüftungseinrichtungen nicht anwendbar sein.

ANMERKUNG 3: Unter Betriebsbedingungen mit belebtem Schlamm können die Sauerstoffzufuhr und der Sauerstoffertrag von den Versuchsergebnissen in Reinwasser abweichen. Dies wird durch den α-Wert ausgedrückt.

2 Normative Verweisungen

Diese Europäische Norm enthält durch datierte oder undatierte Verweisungen Festlegungen aus anderen Publikationen. Diese normativen Verweisungen sind an den jeweiligen Stellen im Text zitiert, und die Publikationen sind nachstehend aufgeführt. Bei starren Verweisungen gehören spätere Änderungen oder Überarbeitungen dieser Publikationen nur zu dieser Europäischen Norm, falls sie durch Änderung oder Überarbeitungen eingearbeitet sind. Bei undatierten Verweisungen gilt die letzte Ausgabe der in Bezug genommenen Publikation.

EN 1085
Abwasserbehandlung – Wörterbuch

EN 25813
Bestimmung des gelösten Sauerstoffs, Iodometrisches Vefahren (ISO 5813 : 1983)

EN 25814
Bestimmung des gelösten Sauerstoffs, Elektrochemisches Verfahren (ISO 5814 : 1990)

prEN 12255-6
Abwasserreinigungsanlagen – Teil 6: Belebungsverfahren

3 Definitionen

Für die Anwendung dieser Norm gelten die Definitionen nach EN 1085 sowie die folgenden:

3.1 Standard-Sauerstoffzufuhr (OC_{20}, kg/h): Masse an Sauerstoff, die pro Stunde unter Standardbedingungen (Wassertemperatur T = 20 °C, atmosphärischer Normaldruck p = 1013 hPa, Sauerstoffgehalt Null) in einem Belüftungsbecken gefüllt mit Reinwasser (Volumen V, m³) ausgestattet mit einer Belüftungseinrichtung oder einem Belüftungssystem bei einer bestimmten Belüftungseinstellung gelöst wird. Sie wird berechnet als:

$$OC_{20} = V \cdot k_L a_{20} \cdot C_{S,20} / 1\,000 \qquad (1)$$

3.2 Standard-Sauerstoffzufuhrrate ($SOTR_{20}$, g/(m³·h)): Masse an Sauerstoff, die pro Stunde unter Standardbedingungen (Wassertemperatur T = 20°C, atmosphärischer Normaldruck p = 1013 hPa, Sauerstoffgehalt Null) in einem m³ eines Belüftungsbeckens gefüllt mit Reinwasser ausgestattet mit einer Belüftungseinrichtung oder einem Belüftungssystem bei einer bestimmten Belüftungseinstellung gelöst wird. Sie wird berechnet als:

$$OTR_{20} = k_L a_{20} \cdot C_{S,20} \qquad (2)$$

3.3 Standard-Sauerstoffertrag (SAE_{20}, kg/kWh): Verhältnis der Standard Sauerstoffzufuhr zur gesamten Leistungsaufnahme (P, kW) gemessen während des Versuchs

3.4 Spezifische Standard-Sauerstoffausnutzung ($SSOTE_{20}$, %/m): Prozent Sauerstoff absorbiert pro Meter Einblastiefe (h_D, m). SSOTE kann auch in g/(Nm³·m) ausgedrückt werden; es ist das Verhältnis von Standard Sauerstoffzufuhr und dem Norm-Luftvolumenstrom (Q_A, Nm³/h) und der Einblastiefe (h_D, m)

3.5 Belüftungskoeffizient ($k_L a_{20}$, h^{-1}): Wird durch Auswertung eines Sauerstoffzufuhrversuches in Reinwasser bei einer bestimmten Belüftungseinstellung und einer bestimmten Temperatur ermittelt. Die Umrechnung auf die Standardtemperatur von T = 20°C geschieht wie folgt:

$$k_L a_{20} = k_L a_T \cdot 1{,}024^{(20 - T)} \qquad (3)$$

3.6 Standard-Sauerstoffsättigungswert ($C_{S,St,T}$, mg/l): Aufgelistet in EN 25814 für p_{St} = 1013 hPa, z. B. $C_{S,St,20}$ = 9,09 mg/l

3.7 Versuchs-Sauerstoffsättigungswert ($C_{S,p^*,T}$): Sauerstoffsättigungswert eines Sauerstoffzufuhrversuches in Reinwasser bei einer bestimmten Wassertemperatur (T, °C) und einem bestimmten atmosphärischen Druck (p^*, hPa). Die Umrechnung auf Standardbedingungen geschieht wie folgt:

$$C_{S,20} = C_{S,p^*,T} \cdot (C_{S,St,20} / C_{S,St,T}) \cdot (p_{St} / p^*) \qquad (4)$$

3.8 Sauerstoffsättigungswert für halbe Einblastiefe ($C_{S,md,20}$, mg/l): Für Druckluftbelüftung wird der Sättigungswert für halbe Einblastiefe für Standardbedingungen wie folgt berechnet (10,35 m Wassertiefe entspricht 1013 hPa):

$$C_{S,md,20} = C_{S,St,20} \cdot [1 + (h_D / (2 \cdot 10{,}35))] \qquad (5)$$

3.9 Einblastiefe (h_D, m): Wasserhöhe über den Austrittsöffnungen der Belüftungselemente bei ausgeschalteter Belüftung

3.10 Norm-Luftvolumenstrom (Q_A, Nm³/h): Einem Belüftungsbecken zugeführter Luftvolumenstrom, umgerechnet auf Standardbedingungen (trockene Luft, p = 1013 hPa, T = 0°C)

3.11 Belüftungseinstellung: Für Druckluftbelüftung: ein bestimmter Luftvolumenstrom bei einer bestimmten Einblastiefe mit oder ohne zusätzlicher Mischung. Für Oberflächenbelüfter: ein bestimmter Freibord oder eine bestimmte Eintauchtiefe bei einer bestimmten Drehzahl und mit oder ohne Leitwänden und/oder zusätzlicher Mischung

4 Formelzeichen und Abkürzungen

h_D	Einblastiefe, in Meter
C_0	Sauerstoffgehalt zur Zeit t = 0, in Milligramm je Liter (mg/l)
C_i	Sauerstoffgehalt im Becken vor der Zugabe des Natriumsulfites, in Milligramm je Liter (mg/l)
$C_{S,20}$	Versuchs-Sauerstoffsättigungswert für Standardbedingungen, in Milligramm je Liter (mg/l)
$C_{S,md,20}$	Sauerstoffsättigungswert für halbe Einblastiefe, in Milligramm je Liter (mg/l)
$C_{S,p^*,T}$	Versuchs-Sauerstoffsättigungswert, in Milligramm je Liter (mg/l)
$C_{S,p^*,T,°}$	Nach verlängerter Belüftungsdauer durch Winklertitration (EN 25813) bestimmter Sauerstoffsättigungswert, in Milligramm je Liter (mg/l)
$C_{S,St,T}$	Standard-Sauerstoffsättigungswert, in Milligramm je Liter (mg/l)
$C_{S,St,T,°}$	Standard Sauerstoffsättigungswert für die Temperatur bei der der Sättigungswert durch Winklertitration bestimmt wurde, in Milligramm je Liter (mg/l)
C_t	Sauerstoffgehalt zur Zeit t, in Milligramm je Liter (mg/l)
$k_L a_{20}$	Belüftungskoeffizient für T = 20 °C, in Stunde hoch minus eins (1/h)
$k_L a_T$	Belüftungskoeffizient für Versuchstemperatur T, in Stunde hoch minus eins, (1/h)
M_{So}	Masse an Natriumsulfit für einen Versuch, in Kilogramm
OTR_{20}	Standard Sauerstoffzufuhrrate, in g/(m³·h)
OC_{20}	Standard Sauerstoffzufuhr, in Kilogramm je Stunde (kg/h)
$p°$	Atmosphärischer Luftdruck bei der Probenahme für die Winklertitration, in Hektopascal
p^*	atmosphärischer Luftdruck während eines Versuchs, in Hektopascal
pSt	atmosphärischer Standard Luftdruck (1013 hPa), in Hektopascal
Q_A	Norm-Luftvolumenstrom, in Nm³/h
t_M	Mischzeit bei Sauerstoffgehalt C = 0, in Minuten
V	Beckenvolumen, in Meter hoch drei (m³)

5 Grundsätze und Verfahren

Nach Absenkung (Absorptionsversuch) oder Anhebung (Desorptionsversuch) des Sauerstoffgehaltes in einem Belüftungsbecken wird bei konstanten Mischungsverhältnissen und einer bestimmtem Belüftungseinstellung der ansteigende oder abnehmende Sauerstoffgehalt aufgezeichnet. Der Verlauf wird durch folgende Gleichung beschrieben:

$$C_t = C_{S,p^*,T} - (C_{S,p^*,T} - C_0) \cdot \exp(-k_L a_T \cdot t) \quad (6)$$

Durch nicht-lineare Regression wird Gleichung (6) den Meßwerten von C_t angepaßt. Damit erhält man die Werte für C_0, $C_{S,p^*,T}$ und $k_L a_T$. Die Residuen (C_t (gemessen) − C_t (berechnet)) aufgezeichnet über der Zeit müssen zufällig verteilt sein. Wenn sie einer Kurve folgen, muß eine neue Berechnung vorgenommen werden bei der einer oder mehrere Werte von C_t entweder vom Anfang oder/und vom Ende der Kurve fortgelassen werden. Jedes Computerprogramm für nicht-lineare Regression kann benutzt werden, z. B. Stenstrom et al. [1981]. Programmdisketten von ASCE [1992], ATV [1996] oder FUL [1995] können auch verwendet werden.

ANMERKUNG 1: Der Wert von $k_L a_T$ wird von der Kalibrierung der Sauerstoffelektroden nicht beeinflußt. Die Bestimmung von $C_{S,p^*,T}$ erfordert genau kalibrierte Sauerstoffelektroden oder eine Bestimmung nach Winkler, siehe EN 25813 und EN 25814.

ANMERKUNG 2: Institutionen mit Erfahrung können $k_L a_T$ durch lineare Regression (Logarithmus der Sättigungsdefizite) ermitteln, wenn der Sättigungswert genau gemessen wurde, siehe Anhang A.

Der Sauerstoffzufuhrversuch nach der Absorptionsmethode, bei dem der im Becken gelöste Sauerstoff zunächst durch Zugabe von Natriumsulfit oder durch Begasung mit Stickstoff gesenkt und dann bis nahe an die Sauerstoffsättigung belüftet wird ist das gebräuchlichste Versuchsverfahren. Anhand der während der Belüftungsdauer aufgezeichneten Anstiegskurve des Sauerstoffgehaltes werden der Belüftungskoeffizient und der Sauerstoffsättigungswert ermittelt.

Desorptionsversuche in Reinwasser stellen ein neueres Versuchsverfahren dar. Durch Begasung mit Reinsauerstoff wird der Sauerstoffgehalt im Becken zunächst über den (Luft) Sauerstoffsättigungswert hinaus angehoben. Anhand der während der Belüftungsdauer aufgezeichneten Abnahmekurve des Sauerstoffgehaltes werden der Belüftungskoeffizient und der Sauerstoffsättigungswert ermittelt.

6 Belüftungsbecken, Versuchswasser, Geräte und Chemikalien

6.1 Belüftungsbecken

Die Becken können quadratisch, rund, rechteckig oder Umlaufbecken (z. B. Oxidationsgraben) sein.

Die heute hauptsächlich eingesetzten Belüftungssysteme können unterteilt werden in Druckluftbelüftungssysteme (z. B. poröse Elemente, Ejektoren), Oberflächenbelüfter mit vertikaler Achse (z. B. Kreiselbelüfter) und Oberflächenbelüfter mit horizontaler Achse.

Druckluftbelüftung kann in jedes Becken eingebaut werden; Propeller dürfen eingebaut werden, um in Rundbecken und Umlaufbecken eine horizontale Strömung zu erzeugen.

Oberflächenbelüfter mit vertikaler Achse können in quadratische und rechteckige Becken sowie in Umlaufbecken eingebaut werden. Oberflächenbelüfter mit horizontaler Achse werden heute nur in Umlaufbecken eingebaut. In Umlaufbecken mit Oberflächenbelüftern können Propeller eingebaut werden, um eine hinreichende Strömungsgeschwindigkeit aufrechtzuerhalten. Weil bei Oberflächenbelüftern die Eintauchtiefe von Bedeutung ist, sollte bei der Füllung des Beckens mit Wassers eine Nullmarke angebracht werden, wenn die Hälfte der laufenden Belüfter den Wasserspiegel berührt.

6.2 Meßgeräte

6.2.1 Sauerstoffelektroden

Mindestens drei Sauerstoffelektroden müssen in einem Belüftungsbecken installiert sein. In großen Becken ($V > 3\,000$ m³) und in Becken mit abgestufter Belüfterdichte wird empfohlen 6 oder mehr Elektroden zu verwenden.

Die Kalibrierung der Sauerstoffelektroden muß nach EN 25814 erfolgen.

Die Ansprechzeit der Sauerstoffelektroden muß kleiner als 1/20 der Ansprechzeit des Belüftungsbeckens sein, d. h. der k_La-Wert der Elektrode muß größer sein als das 20fache des k_La-Wertes des Beckens.

Bei Belüftungseinrichtungen mit $k_La_T > 20$ h^{-1} kann der Belüftungskoeffizient wegen des erforderlichen Elektroden-$k_La_T > 400$ h^{-1} unterschätzt werden.

6.2.2 Aufnahme der Sauerstoffgehalte

Mindestens eine Sauerstoffelektrode muß an einen Schreiber angeschlossen sein. Die Signale der übrigen Elektroden sind manuell in entsprechenden Zeitabständen aufzuschreiben.

Vorzugsweise sollten Datenlogger für alle Sauerstoffelektroden verwendet werden. Auch in diesem Fall muß der Verlauf des Sauerstoffgehaltes einer Elektrode entweder auf einem Bildschirm oder einem Schreiber während des Versuches sichtbar sein.

Die Frequenz der Datenaufmahme muß so dicht wie möglich sein. Mindestens 30 Wertepaare C_t/t sind für die Bestimmung von k_La_T zu verwenden.

6.2.3 Messung der Temperatur

Die Wassertemperatur im Becken ist zu Beginn und am Ende jedes Versuchs mit einer Genauigkeit von ± 0,1 °C zu messen.

6.2.4 Messung der Leistungsaufnahme

Die aufgenommene Leistung der Belüftungseinrichtung (Antriebe von Gebläsen oder Oberflächenbelüftern einschließlich Frequenzumformern) und der in Betrieb befindlichen Mischeinrichtungen muß entweder mit temporär oder fest installierten Zählern oder Leistungsmeßgeräten mit einer Genauigkeit von ± 3 % gemessen werden.

6.2.5 Messung des Luftvolumenstroms

Soll bei Druckluftbelüftungssystemen die Sauerstoffausnutzung bestimmt werden, ist der Norm-Luftvolumenstrom mit zweckentsprechendem Meßgerät mit einer Genauigkeit von ± 5 % zu messen.

Wenn bei Druckluftbelüftungssystemen nur ein Teil der vom Verdichter erzeugten Luft für das zu untersuchende Becken verwendet wird, sind der Norm-Luftvolumenstrom zum Becken und der vom Gebläse erzeugte Norm-Luftvolumenstrom mit einer Genauigkeit von ± 5 % zu messen.

6.3 Chemikalien

6.3.1 Natriumsulfit

Entweder Reagenzienqualität oder technisch reines Natriumsulfit ist für (Na_2SO_3) die Sauerstoffbindung zu verwenden. Um 1 kg Sauerstoff zu binden sind 8 kg Na_2SO_3 erforderlich. Die gelösten Feststoffe (Salze) nehmen um 1,13 kg pro kg Na_2SO_3 zu.

6.3.2 Kobaltkatalysator

Entweder Reagenzienqualität oder technisch reines Kobaltchlorid ($CoCl_2 \cdot 6H_2O$) oder Kobaltsulfat ($CoSO_4 \cdot 7H_2O$) ist als Katalysator für die Sulfitoxidation zu verwenden. Die zuzugebende Masse an Kobalt kann vor Ort bestimmt werden. Eine Konzentration von 0,5 mg/l Co ist in jedem Fall ausreichend und darf nicht überschritte werden.

6.3.3 Stickstoffgas oder Reinsauerstoff

Das Gas wird in flüssiger Form oder in Flaschenbündeln angeliefert. Entsprechende Druckminderer sind erforderlich. Die Messung des Gasvolumenstromes ist bei Desorptionsversuchen zweckmäßig, um die zweckentsprechende Sauerstoff/Luft Mischung einzustellen. Beim Umgang mit Sauerstoffgas sind alle Sicherheitsbestimmungen zu beachten, um Explosionen zu vermeiden.

6.4 Versuchswasser

Das für die Versuche verwendete Wasser muß Trinkwasserqualität gleichwertig sein, mit der Ausnahme solcher Inhaltsstoffe, die die Sauerstoffzufuhr nicht beeinflussen, wie z. B. Nitrat, Nitrit und pathogene Keime.

Wasser mit einem anfänglichen Abdampfrückstand von mehr als 500 mg/l sollte nicht für Absorptionsversuche verwendet werden, weil durch Natriumsulfit die Konzentration erhöht wird.

Organische Stoffe im Wasser führen zu einer Komplexierung des Kobaltkatalysators; sie können auch die Sauerstoffzufuhr vermindern. Deshalb sollte biologisch gereinigtes Abwasser oder durch Algen gefärbtes Wasser nicht als Versuchswasser benutzt werden.

Vor den Versuchen ist von einer repräsentativen Probe des zu verwendenden Wassers der Abdampfrückstand zu bestimmen. Falls kein Trinkwasser verwendet wird, sollten andere interessierende Parameter, wie z. B. Eisen, Mangan, Alkalität, pH-Wert, gesamter organischer Kohlenstoff (TOC), CSB und grenzflächenaktive Stoffe berücksichtigt werden.

Falls Wasser mit unbekannten organischen Stoffen verwendet werden muß, müssen Sauerstoffzufuhrversuche in einem Versuchsbecken (ähnliche Wassertiefe und ähnliche Sauerstoffzufuhrrate wie das zu untersuchende Becken) mit Trinkwasser und dem Versuchswasser durchgeführt werden. Das Versuchswasser darf verwendet werden, wenn die Sauerstoffzufuhrrate (SOTR) nicht um mehr als ± 5 % von der des Trinkwassers abweicht.

Die Verwendung von anderem als Trinkwasser muß zwischen Auftraggeber und Auftragnehmer vereinbart werden.

7 Versuchsbablauf

7.1 Planung der Versuche

Wenn Absorptionsversuche mit Sauerstoffbindung durch Natriumsulfit geplant sind, ist die Anzahl der Versuche zu berechnen, die mit demselben Testwasser durchzuführen sind. Im selben Wasser können Versuche wiederholt werden, solange der Abdampfrückstand von 2 000 mg/l, welcher näherungsweise einer elektrolytischen Leitfähigkeit von 3 000 µS/cm entspricht, nicht überschritten wird.

Keine Begrenzung der Anzahl der Versuche gibt es bei der Sauerstoffentfernung mit Stickstoffgas oder bei Desorptionsversuchen nach Injektion von Sauerstoffgas.

Ein erster Versuch sollte als Nullversuch für die Bestimmung der Sauerstoffzufuhr betrachtet werden, weil die Verteilung des Natriumsulfites ungleichmäßig oder die Anordnung der Sauerstoffelektroden unzweckmäßig sein kann oder andere Anomalien auftreten können. Die Versuchsergebnisse dürfen verwendet werden, wenn keine Unregelmäßigkeiten beobachtet wurden.

Bei Garantieversuchen sollten mindestens zwei Versuche mit der gleichen Belüftungseinstellung durchgeführt werden. Mit derselben Wasserfüllung sind bei Verwendung von Natriumsulfit zur Sauerstoffbindung zwei Belüftungseinstellungen möglich, vorausgesetzt der erste Versuch wird als wertlos betrachtet.

Durch den Anstieg des Abdampfrückstandes ändert sich die Wasserqualität von Versuch zu Versuch. Wenn unterschiedliche Belüftungseinstellungen untersucht werden müssen, sollten die Versuche symmetrisch verteilt werden.

7.2 Vorbereitungen und Verantwortlichkeiten

Damit diese Norm bei Versuchen auf Kläranlagen zweckentsprechend angewendet werden kann, haben der Auftraggeber oder der von ihm beauftragte Ingenieur und der Auftragnehmer oder Hersteller vorab die Versuchsbedingungen und den Versuchsablauf zu vereinbaren. Die Punkte, die zu vereinbaren sind umfassen:

- welches Belüftungsbecken ober welcher Teil eines Belüftungsbeckens ist für die Versuche zu verwenden;
- welche Maßnahmen getroffen werden, um sicherzustellen, daß der Wasserspiegel für die Dauer eines Versuches konstant gehalten wird und, wenn ein Teil eines Belüftungsbeckens benutzt wird, wie ein Wasseraustausch zwischen dem Teil für den Versuch und dem Rest des Beckens vermieden wird;
- Festlegung der Art und Qualität des Wassers für die Versuche, wenn kein Trinwasser benutzt wird;
- das Versuchsverfahren (Absorptionsversuche: Sauerstoffentfernung mit Natriumsulfit oder Begasung mit Stickstoffgas, Desorptionsversuche nach Anhebung des Sauerstoffgehaltes durch Begasung mit Sauerstoffgas);
- das Vorgehen bei der Zugabe des Natriumsulfites (flüssig, trocken, Anzahl der Zugabepunkte);
- die Art der Messung der Leistungsaufnahme und falls erforderlich, Art der Messung des Luftvolumenstromes;
- die Zahl und Anordnung der Sauerstoffelektroden; das Ergebnis des Nullversuches kann eine andere Anordnung der Elektroden erforderlich machen;
- die Belüftungseinstellungen (Luftvolumenstrom, Anzahl der Oberflächenbelüfter, Eintauchtiefe der Oberflächenbelüfter);
- die Anzahl der Versuche pro Belüftungseinstellung;
- die Auswertemethode, falls die in dieser Norm empfohlene nicht angewendet wird;
- die zulässige Abweichung der Versuchswerte von garantierten Werten.

7.3 Füllung des Beckens mit Versuchswasser

Vor der Füllung ist es erforderlich das Becken zu säubern, und sein Fassungsvermögen ist durch Messungen zu bestimmen. Um die Füllhöhe(n) für die Versuche zu überprüfen, ist an einer Wand eine Höhenmarke anzubringen.

Nach Füllung bis zur angestrebten Höhe sollten das Belüftungssystem und gegebenenfalls installierte Mischer bis zum Beginn der Versuche mindestens 12 Stunden betrieben werden.

Wenn kein Trinkwasser verwendet wird, muß nach Ablauf der 12 Stunden und vor Beginn der Versuche eine Probe genommen und deren Abdampfrückstand, die elektrolytische Leitfähigkeit, gesamter organischer Kohlenstoff oder CSB und grenzflächenaktive Substanzen bestimmt werden.

Nachdem die Belüftung und die Mischer abgeschaltet wurden, muß der Wasserstand im Becken überprüft werden. Wenn Oberflächenbelüfter zu untersuchen sind, darf der Wasserstand während eines Versuches nicht um mehr als 1 cm sinken.

Wenn feinblasige Belüftung installiert ist, sollte die Belüftung vor den Versuchen 24 Stunden betrieben werden, um die Leitungen wasserfrei zu machen und die Poren der Belüfter zu reinigen.

7.4 Einbau der Sauerstoffelektroden

Die Sauerstoffelektroden sind in mindestens 50 cm Abstand von Wänden, dem Wasserspiegel und der Sohle anzuordnen. Die Elektroden sollten so eingebaut sein, daß sich Luftblasen nicht an den Membranen ansammeln können, z. B. in einem Winkel von 45°.

In total durchmischten Becken und solchen, die als total durchmischt gelten, können die Sauerstoffelektroden an beliebigen Stellen angeordnet werden. In Becken mit Oberflächenbelüftern sind mindestens drei Elektroden in verschiedenen repräsentativen Höhen anzuordnen.

In Rechteckbecken mit Druckluftbelüftung sind die Sauerstoffelektroden über der Beckenlänge zu verteilen. Wenn die Belüfterdichte über der Beckenlänge abgestuft ist, ist es erforderlich, daß im Zentrum jedes Belüfterfeldes gleicher Dichte mindestens je eine Elektrode angeordnet wird.

Nach Einbau der Sauerstoffelektroden sind die Belüftung und gegebenenfalls die Mischer zunächst mit der geringsten zu untersuchenden Einstellung zu betreiben. Die angezeigten Sauerstoffgehalte sollten zeigen, ob die Turbulenz an den Elektroden ausreichend ist. Ein Zeichen für unzureichende Turbulenz ist, wenn durch Bewegung einer Elektrode die Anzeige steigt. In diesem Fall sollte die Turbulenz an der Elektrode mit einer mechanischen Einrichtung erhöht werden.

7.5 Zugabe der Chemikalien

7.5.1 Kobaltkatalysator

Das Kobalt ist vor der Zugabe in Wasser aufzulösen. Für alle Versuche mit demselben Wasser ist nur eine einmalige Zugabe von Kobalt erforderlich.

Das Kobalt ist so zuzugeben, daß eine gleichmäßige Verteilung im gesamten Becken sichergestellt wird. Nach der Zugabe des Kobalts sind die Belüftung und der Mischer mindestens 30 Minuten zu betreiben, um die gleichmäßige Verteilung sicherzustellen.

ANMERKUNG: Die Zugabe von Kobalt entfällt, wenn Desorptionsversuche durchgeführt werden oder wenn Stickstoffgas zur Entfernung des gelösten Sauerstoffs verwendet wird.

7.5.2 Natriumsulfit

Vor der Zugabe des Natriumsulfites müssen die Sauerstoffelektroden bereits installiert und muß mit der Aufzeichnung der Sauerstoffgehalte begonnen worden sein.

Natriumsulfit darf in aufgelöster Form oder pulverförmig zugegeben werden. Dies ist zwischen Auftraggeber und Auftragnehmer zu vereinbaren.

Die Masse an Natriumsulfit, die für einen Versuch benötigt wird (M_{So}), hängt ab vom Beckenvolumen V, dem anfänglichen Sauerstoffgehalt C_i und der Mischzeit t_M, die benötigt wird, um bei Sauerstoffgehalt Null bei laufender Belüftung mit der gewählten Einstellung OC_{20} konstante Mischungs- und Strömungsverhältnisse zu erreichen. Sie ist wie folgt zu berechnen:

$$M_{So} = 8 \times [(V \cdot C_i / 1\,000) + (t_M \cdot OC_{20} / 60)] \qquad (7)$$

Der Behälter in dem das Natriumsulfit gelöst wird, muß mit einer zweckentsprechenden Mischeinrichtung ausgestattet sein; dies kann ein Mischer oder eine Tauchpumpe sein. Um 100 kg Natriumsulfit zu lösen, benötigt man einen Lösebehälter mit einem Volumen von mindestens 1 m³. Klumpen von Natriumsulfit, die sich im Lösebehälter bilden können, dürfen nicht in das Belüftungsbecken gelangen.

Mögliche Verfahren für die Zugabe des Natriumsulfites sind:

a) Zugabe des Natriumsulfites bei abgeschalteter Belüftung. Zweckentsprechende Mischung, entweder durch fest eingebaute oder temporäre Mischer ist erforderlich. Bei Druckluftbelüftung kann die Mischung mit einem geringen Luftvolumenstrom erzeugt werden. Pulverförmiges Natriumsulfit darf nur verwendet werden, wenn die Mischung so intensiv ist, daß ein Absetzen des Pulvers verhindert wird. Die Mischzeit (t_M) ist die erforderliche Zeit, in der nach Einschalten der Belüftung mit der zu untersuchenden Einstellung konstante Mischungs- und Strömungsverhältnisse erreicht werden.

b) Zugabe des Natriumsulfites bei Betrieb der Belüftung mit der zu untersuchenden Einstellung. Die Mischzeit (t_M) ist in diesem Fall die für die gleichmäßige Verteilung des Sulfites erforderliche Zeit; sie hängt ab von den Mischungsverhältnissen im Becken, der Belüftungseinstellung, der Anzahl der Zugabepunkte und der Dauer der Sulfitzugabe.

Bis zum Zeitpunkt des Beginns des Anstieges des Sauerstoffgehaltes muß sich eine gleichmäßige Verteilung des Natriumsulfites eingestellt haben. Dies sollte durch Messung der elektrolytischen Leitfähigkeit an verschiedenen Stellen im Becken geprüft werden.

Folgendes sollte bei der Zugabe nach Verfahren b) beachtet werden:

– Sulfit sollte kontinuierlich während einer Dauer von 4 min bis 6 min gleichzeitig an allen repräsentativen Punkten zugegeben werden. Die Anzahl der Zugabepunkte ist so auszuwählen, daß eine gleichmäßige Verteilung sichergestellt ist.

– Pulverförmiges Sulfit ist an Stellen mit hoher Turbulenz zuzugeben, z. B. in Becken mit Oberflächenbelüftern in die Sprühzonen.

– In großen Becken ohne Brücken sollte der Abstand zwischen den Zugabepunkten nicht größer als 10 m sein.

– In Umlaufbecken sollte das Sulfit an einer Stelle konstant während 3 bis 4 Wasserumläufen zugegeben werden. Wenn die Dauer eines Wasserumlaufes größer als 15 min ist, sollte Sulfit an mehreren Stellen zugegeben werden.

Bei Druckluftbelüftung oder Oberflächenbelüftern mit vertikaler Achse in totalen Mischbecken und Rechteckbecken kann eine Mischzeit von t_M = 5 min ausreichen, wenn Sulfit nach Methode (a) zugegeben wird; wenn nach Methode (b) gearbeitet wird kann t_M = 10 min bis 15 min erforderlich sein.

ANMERKUNG: Die Zugabe von Natriumsulfit entfällt, wenn Desorptionsversuche durchgeführt werden oder wenn Stickstoffgas zur Entfernung des gelösten Sauerstoffs verwendet wird.

7.6 Begasung

Die Begasung mit Stickstoff zur Entfernung des Sauerstoffes ist auf Becken mit einer sehr kurzen Mischzeit beschränkt. Die Methode kann daher nur in total durchmischten Becken oder Becken mit gleichmäßiger Belüfterdichte angewendet werden. Vorzugsweise wird das Stickstoffgas durch das Druckluftbelüftungssystem eingeblasen.

Wenn Desorptionsversuche mit vorheriger Anhebung des Sauerstoffgehaltes über den (Luft) Sättigungswert durchgeführt werden, wird Sauerstoffgas zusätzlich zur Luft in die Hauptzuleitung geblasen. Das Volumenstromverhältnis von Luft und Sauerstoffgas bestimmt den maximal erreichbaren Sauerstoffgehalt, welcher 10 mg/l bis 15 mg/l über dem (Luft) Sättigungswert liegen muß.

7.7 Datenaufnahme während eines Versuches

Ein Versuch sollte mit dem Einschalten der Belüftung bei der zu untersuchenden Einstellung beginnen.

Die Signale der Sauerstoffelektroden sollten in der Anfangsphase beobachtet werden, um Unregelmäßigkeiten zu erkennen. Wenn nicht alle Elektroden an Schreiber oder Datenlogger angeschlossen sind, sind die Werte in zweckentsprechenden Intervallen aufzuschreiben, die nicht größer als $6/(k_L a)$ (Minuten) sein dürfen. Wenn Datenlogger eingesetzt werden, ist vorzugsweise ein Intervall von $1/(k_L a)$ (Minuten) zu wählen.

Ein Versuch ist beendet, wenn der Sauerstoffgehalt annähernd konstant ist: Der Sättigungswert ist erreicht.

ANMERKUNG: Institutionen mit Erfahrung können die Versuchsdauer abkürzen, wenn der Sättigungswert nach vorhergehender, verlängerter Belüftungsdauer bestimmt wird und dann den Versuch bei etwa $C = 0{,}8 \times C_{S,p^*,T}$ abgebrochen wird (siehe Anhang A).

Die folgenden Messungen sind bei jedem Versuch durchzuführen:

– die Höhe des Wasserspiegels oder der Abstand vom angestrebten Wasserspiegel im Becken ohne Belüftung und Mischung vor Beginn und nach Abschluß des Versuchs; für Oberflächenbelüfter beachte 7.3;

– die Wassertemperatur zu Beginn und nach Abschluß des Versuchs; für die Berechnungen ist der Mittelwert zu verwenden;

– die Leistungsaufnahme zu Beginn und nach Abschluß des Versuchs; für die Berechnungen ist der Mittelwert zu verwenden;

– gegebenenfalls der Luftvolumenstrom zu Beginn und nach Abschluß des Versuchs; für die Berechnungen ist der Mittelwert zu verwenden;

– die elektrolytische Leitfähigkeit des Wassers zu Beginn und nach Abschluß des Versuchs;

– die Temperatur der Umgebungsluft;

– der atmosphärische Druck;

– die Feuchte der Umgebungsluft, um den Ansaugvolumenstrom der Gebläse zu korrigieren.

ANMERKUNG: Photographien des Beckens und der Meßeinrichtung, z. B. mit der Anordnung der Sauerstoffelektroden, sind zweckmäßig.

7.8 Auswertung

Mindestens 30 äquidistante Werte jeder Sauerstoffelektrode zwischen $C \geq 10,0\ C_{S,p^*,T}$ und $C \leq 0,99\ C_{S,p^*,T}$, sind für die nicht lineare Ermittlung des Belüftungskoeffizienten $k_L a_T$ und des Sauerstoffsättigungswertes $C_{S,p^*,T}$ zu verwenden. Die Residuen, berechnet als C (gemessen) – C (berechnet) sind über der Zeit darzustellen. Wenn die Residuen nicht zufällig verteilt sind, sind Werte vom Anfang des Versuchs oder/und vom Ende des Versuchs schrittweise zu vernachlässigen, bis die Residuen zufällig verteilt sind.

In jedem Fall müssen der Bestimmung von $k_L a_T$ und $C_{S,p^*,T}$ mindestens 30 äquidistante Werte zugrunde liegen. Sie sollen über eine Zeit von $210/k_L a_T$ Minuten verteilt sein. Bei Absorptionsversuchen darf der geringste Sauerstoffgehalt nicht höher als $C_0 = 0,25 \times C_{S,p^*,T}$ sein, und bei Desorptionsversuchen muß der Bereich der Werte ($C_0 - C_{S,p^*,T}$) mehr als 8 mg/l umfassen.

Für jeden Versuch ist das arithmetische Mittel der $k_L a_T$-Werte zu bilden. Bei Becken mit abgestufter Belüfterdichte ist das mit dem Volumen gewichtete Mittel zu berechnen.

Wenn bei Becken mit abgestufter Belüfterdichte einzelne Werte von $k_L a_T$ mehr als ± 5 % vom Mittelwert abweichen, sind diese auszuschließen.

Wenn einzelne Werte von $C_{S,p^*,T}$ mehr als ± 5 % vom Mittelwert abweichen, muß die Kalibrierung der Sauerstoffelektroden geprüft werden.

Wenn Werte von $C_{S,p^*,T}$ höher als der Sauerstoffsättigungswert für halbe Einblastiefe (Gleichung 5) ist, ist letzterer für die Berechnung der Standard Sauerstoffzufuhr zu benutzen.

> ANMERKUNG: Wenn zwischen Auftraggeber und Auftragnehmer oder Hersteller vereinbart, kann der Sättigungswert für halbe Einblastiefe zur Berechnung der Standard Sauerstoffzufuhr benutzt werden. Eine genaue Kalibrierung der Sauerstoffelektroden ist dann nicht erforderlich.

Nach Gleichung (3) wird $k_L a_T$ und nach Gleichung (4) wird $C_{S,p^*,T}$ auf die Standardtemperatur von 20 °C und 1013 kPa umgerechnet. Wenn der Sättigungswert für halbe Einblastiefe vereinbart wurde, ist Gleichung (5) zur Berechnung von $C_{S,md,20}$ zu verwenden. Letztendlich ergibt Gleichung (1), in der $C_{S,20}$ gleich $C_{S,md,20}$ gesetzt werden darf, die Standard Sauerstoffzufuhr OC_{20} für die untersuchte Belüftungseinstellung.

Wenn wiederholte Versuche durchgeführt wurden, muß der Mittelwert der Standard Sauerstoffzufuhr als Grundlage für die Einhaltung des garantierten Wertes für die untersuchte Belüftungseinstellung dienen.

8 Genauigkeit der Ergebnisse

8.1 Standard-Sauerstoffzufuhr

In rechteckigen und runden Becken mit gleichmäßiger Verteilung der Belüfter und in Umlaufbecken mit einer Umlaufzeit unter $15/k_L a_T$ kann die Standard-Sauerstoffzufuhr (OC_{20}) mit einer Genauigkeit von ± 5 % bestimmt werden. In großen Umlaufbecken und großen Rechteckbecken (V > 3 000 m³) mit abgestufter Belüfterverteilung kann die Standard Sauerstoffzufuhr hauptsächlich wegen einer ungleichmäßigen Verteilung des Natriumsulfites von Versuch zu Versuch in einem Bereich von ± 7 % bis ± 10 % schwanken.

8.2 Standard-Sauerstoffertrag

Die Leistungsaufnahme kann mit einer Genauigkeit von ± 3 % entsprechend 6.2.4 gemessen werden. Der Standard Sauerstoffertrag (SAE_{20}) wird mit einer Genauigkeit von ± 8 % und in großen Becken mit ± 10 % bis ± 13 % bestimmt (siehe 8.1).

8.3 Spezifische Standard-Sauerstoffausnutzung

Der Norm-Luftvolumenstrom (Q_A) kann in Abhängigkeit von der Meßeinrichtung mit einer Genauigkeit von ± 5 % (siehe 6.2.5) gemessen werden. Die spezifische Standard-Sauerstoffausnutzung ($SSOTE_{20}$) wird mit einer Genauigkeit von ± 10 % und in großen Becken von ± 12 % bis ± 15 % bestimmt

9 Präsentation und Erläuterung der Ergebnisse

Der Versuchsbericht muß enthalten:

a) den Zweck der Versuche;

b) die Repräsentanten des Auftraggebers und des Aufragnehmers, die bei den Versuchen anwesend waren;

c) jede vereinbarte Abweichung von dieser Norm;

d) die Beschreibung des Beckens in dem die Versuche durchgeführt wurden, welche durch Zeichnungen und/oder Photos, die die Anordnung der Sauerstoffelektroden und die Stellen, an denen das Natriumsulfit zugegeben wurde und ggf. die Art und Anzahl der Belüftungselemente zeigen, illustriert sein kann;

e) die Beschreibung der Belüftungsaggregate und ggf. der Mischer mit den Typenschildangaben (A, kW, Norm-Luftvolumenstrom, Druck);

f) die Beschreibung der Meßeinrichtungen, die für die Versuche benutzt wurden (z. B. Sauerstoffelektroden, Computer, Schreiber, Datenlogger);

g) die Beschreibung, wie die Leistungsaufnahme und gegebenenfalls wie der Norm-Luftvolumenstrom gemessen wurde;

h) Beschreibung, wie Natriumsulfit zugegeben wurde sowie genaue Angaben zu den bei jedem Versuch zugegebenen Mengen;

i) Übersicht der durchgeführten Versuche, vorzugsweise in Form einer Tabelle mit Angaben zu den Belüftungseinstellungen, Wasserspiegelhöhen und Beckenvolumina sowie, falls kein Trinkwasser verwendet wurde, die Ergebnisse der zu Beginn analysierten Probe und die Werte der elektrolytischen Leitfähigkeit vor und nach jedem Versuch;

j) das Computerprogramm, welches für die nicht lineare Regression benutzt wurde;

k) eine Tabelle mit den $k_L a_T$- und $C_{S,p^*,T}$-Werten jeder Elektrode, die Mittelwerte für jeden Versuch, die Standard Sauerstoffzufuhr für jeden Versuch sowie die Mittelwerte von wiederholten Versuchen mit den gleichen Belüftungseinstellungen;

l) wenn von Auftraggeber, Auftragnehmer oder Hersteller verlangt, Tabellen oder Diagramme die die Sauerstoffgehaltskurven und die Residuen enthalten;

Alle Daten sollten mindestens zwei Jahre lang nach Abgabe des Versuchsberichtes aufbewahrt werden.

Anhang A (informativ)

Alternative Versuchsdurchführung und -auswertung

A.1 Prinzip

Bei der Anwendung dieser Methode kann die für die Versuche erforderliche Zeit abgekürzt werden. Die Unterschiede zur empfohlenen Methode sind:

- Auswertung mit linearer Regression (Logarithmen der Sättigungsdefizite), die eine genaue Kalibrierung der Sauerstoffelektroden erfordert und
- Zugabe des trockenen (pulverförmigen) Natriumsulfites.

ANMERKUNG 1: Für diese Methode wird angenommen, daß der Sauerstoffsättigungswert in einem Becken bei konstanten Umgebungsbedingungen konstant und unabhängig von der Belüftungseinstellung ist.

ANMERKUNG 2: Diese Methode darf nur von Institutionen mit Erfahrung angewendet werden, weil z. B. vor Ort die Bestimmung des Sauerstoffgehaltes nach Winkler erforderlich ist und sichergestellt sein muß, daß Sauerstoffelektroden mit einer hohen Langzeitstabilität verwendet werden.

A.2 Bestimmung des Sauerstoffsättigungswertes

Vor Versuchsbeginn ist nach einer verlängerten Belüftungsdauer von mindestens 12 Stunden der Sättigungswert ($C_{S,p^\circ,T,^\circ}$) durch Winklertitration (siehe EN 25813) zu bestimmen. Der Index ° weist auf die Umgebungsbedingungen zur Zeit der Probenahme für die Winklertitration hin.

A.3 Vor-Ort Kalibrierung der Sauerstoffelektroden

Die Sauertoffelektroden sollten mindestens 12 Stunden vor der Kalibrierung eingeschaltet werden, die folgende drei Schritte zu umfassen hat:

- Vorkalibrierung in feuchter Luft;
- Nullpunktkalibrierung, wozu die Elektroden in eine Natriumsulfitlösung zu stellen sind;
- Einbau der Elektroden in das Becken. Kalibrierung der Elektroden auf den vorher bestimmten Sättigungswert $C_{S,p^\circ,T,^\circ}$.

A.4 Ermittlung des Belüftungskoeffizienten

Wenn die Wassertemperatur oder der atmosphärische Druck sich geändert haben, ist der Versuchssättigungswert wie folgt zu berechnen:

$$C_{S,p^\circ,T} = C_{S,p^\circ,T,^\circ} \cdot (C_{S,St,T} / C_{S,St,T,^\circ}) \cdot (p_{st} / p^\circ) \qquad \text{(A1-1)}$$

Den Belüftungskoeffizienten erhält man durch lineare Regression:

$$\ln(C_{S,p^\circ,T} - C_t) = \ln(C_{S,p^\circ,T} - C_0) - (k_L a_T \cdot t) \qquad \text{(A1-2)}$$

Mindestens 30 äquidistante Werte sind für die Ermittlung von $k_L a_T$ zu verwenden. Der Wert von C_0 darf nicht kleiner als 0,1 × $C_{S,p^\circ,T}$ sein. Der höchste Wert von C_t darf 0,8 · $C_{S,p^\circ,T}$ nicht überschreiten.

Literaturhinweise

Belgien

FUL (1995): Convention pur la normalisation d'essau d'airateurs; Rapport final, 124p

Deutschland

ATV (1996): Advisory Leaflet M 209 E, Measurement of the oxygen transfer in activated sludge aeration tanks with clean water and in mixed liquor (in English). Published by GFA, Theodor-Heuss-Allee 17, D-53773 Hennef, Germany.

Frankreich

Ministère de l'Equipement, du Logement et des Transports 96-7TO
Conception et execution d'installations d'èpuration d'eaux usèes.
Fascicule n0 81 litre II.

Cemagref (1980)
Les performance des systémes d'aèration des stations d'èpuration.
Mèthodes de mesures et rèsultats, 123p.

Duchène, Ph., Schetrite, S., Heduit, A., Racault, Y. (1995)
Comment rèussir un essai d'aèrateur en eau propre.
Ed. Cemagref, Antony (France), 118 p.

Österreich

ÖNORM M 5888 (1978): Austrian Standard, Abwasser-Kläranlagen, Sauerstoffzufuhr-Leistung von Belüftungseinrichtungen, Bestimmung in Reinwasser.

Weitere Veröffentlichungen

ASCE (1992): ASCE Standard, Measurement of oxygen transfer in clean water. Published by the American Society of Civil Engineers, 345 East 47th Street, New York, N.Y. 10017-2398, USA.

Philichi, T. L. and Stenstrom, M. K. (1989): Effects of dissolved oxygen probe lag on oxygen transfer prameter estimation. Journ. WPCF 61, 83.

Stenstrom, M. C., Brown, L. C., Hwang, H. J. (1981): Oxygen transfer parameter estimation. ASCE Jour. Environ. Engr. 107, EE2, 379.

Teny, D. W. and Thiem, L. T. (1989): Potential interferences in catalysis of unsteady-state reacration technique. Journ. WPCF 61, 1464.

	Kläranlagen Teil 16: Abwasserfiltration Deutsche Fassung prEN 12255-16:2003	DIN EN 12255-16

ICS 13.060.30

Einsprüche bis 2003-05-31

Entwurf

Wastewater treatment plants — Part 16: Physical (mechanical) filtration;
German version prEN 12255-16:2003

Stations d'épuration — Partie 16: Filtration physique (méchanique);
Version allemande prEN 12255-16:2003

Anwendungswarnvermerk

Dieser Norm-Entwurf wird der Öffentlichkeit zur Prüfung und Stellungnahme vorgelegt.

Weil die beabsichtigte Norm von der vorliegenden Fassung abweichen kann, ist die Anwendung dieses Entwurfes besonders zu vereinbaren.

Stellungnahmen werden erbeten

— vorzugsweise als Datei per E-Mail an naw@din.de in Form einer Tabelle. Die Vorlage dieser Tabelle kann im Internet unter **http://www.din.de/stellungnahme** abgerufen werden;

— oder in Papierform an den Normenausschuss Wasserwesen im DIN Deutsches Institut für Normung e. V., 10772 Berlin (Hausanschrift: Burggrafenstr. 6, 10787 Berlin).

Nationales Vorwort

Der hiermit der Öffentlichkeit zur Stellungnahme vorgelegte europäische Norm-Entwurf ist die Deutsche Fassung des vom Technischen Komitee CEN/TC 165 „Abwassertechnik" (Sekretariat: Deutschland) des Europäischen Komitees für Normung (CEN) ausgearbeiteten Entwurfes prEN 12255-16, der nach einem positiven Abstimmungsergebnis innerhalb der CEN-Mitglieder als Europäische Norm EN 12255-16 in deutscher, englischer und französischer Sprachfassung herausgegeben wird.

Die Arbeiten wurden von der Arbeitsgruppe „Kläranlagen — Allgemeine Verfahren" (WG 42) (Sekretariat: Vereinigtes Königreich) des CEN/TC 165 durchgeführt. Für Deutschland war der Arbeitsausschuss V 36/UA 2/3 „Abwasserbehandlungsanlagen; CEN/TC 165/WG 42 und 43" an der Bearbeitung beteiligt.

Die Normenreihe DIN EN 12255 „Kläranlagen" wird voraussichtlich aus 15 Teilen bestehen (siehe Vorwort EN 12255-16).

Fortsetzung Seite 2
und 17 Seiten prEN

Normenausschuss Wasserwesen (NAW) im DIN Deutsches Institut für Normung e. V.

Die im Vorwort von EN 12255-16 genannten Titel der einzelnen Teile entsprechen den Titeln der bereits veröffentlichten Norm-Entwürfe bzw. sind Arbeitstitel und können von den Titeln der Normen geringfügig abweichen.

Darüber hinaus wird zukünftig in allen Teilen der europäischen Normenreihe EN 12255 in den Titeln der jeweiligen deutschen Sprachfassung im Hauptelement der Begriff „Kläranlagen" verwendet.

Einige Teile der Normenreihe DIN EN 12255 werden als europäisches Normenpaket gemeinsam gültig werden.

Von der Paketbildung sind die folgenden Teile der Normenreihe DIN EN 12255 betroffen:

DIN EN 12255-1, DIN EN 12255-3 bis DIN EN 12255-8, DIN EN 12255-10 und DIN EN 12255-11 (vgl. Vorwort EN 12255-16).

Datum der Zurückziehung (date of withdrawal, dow) entgegenstehender nationaler Normen ist der
31. Dezember 2001 (Resolution BT 152/1998).

In einem Normenpaket werden Europäische Normen zusammengefasst, die zueinander in Beziehung stehen. Eine Querverbindung kann u. a. aufgrund der Notwendigkeit zur gemeinsamen Anwendung bestehen oder dadurch gegeben sein, dass eine Gruppe entgegenstehender nationaler Normen abzudecken ist.

Die Paketbildung ist aber auch unter dem Aspekt der Verpflichtung zur Übernahme von CEN/CENELEC-Normen durch die CEN-Mitglieder und der damit verbundenen Zurückziehung entgegenstehender nationaler Normen (CEN/CENELEC-Geschäftsordnung) von Bedeutung.

Die in einem Normenpaket zusammengefassten Europäischen Normen sind spätestens bis zu einem vorab festgelegten Datum der Zurückziehung (dow) zu veröffentlichen.

Die bereits vor diesem Zeitpunkt fertiggestellten und veröffentlichten Europäischen Normen des Paketes werden in das nationale Normenwerk übernommen. Sie gelten bis zum Datum der Zurückziehung parallel zu entsprechenden nationalen Normen.

Erst mit dem Erreichen des Datums der Zurückziehung sind die Europäischen Normen des Normenpaketes in das nationale Regelwerk zu übernehmen, indem ihnen der Status von nationalen Normen gegeben wird. Entgegenstehende nationale Normen sind dann zurückzuziehen.

Die einzelnen Teile der Normenreihe DIN EN 12255 sind inhaltlich anders konzipiert als die deutschen Normen der Reihe DIN 19569, so dass durchaus mehrere Teile dieser Reihe durch einen Teil der Europäischen Norm berührt werden können.

Der Normungsumfang der europäischen Normenreihe DIN EN 12255 „Kläranlagen" deckt nicht alle Festlegungen ab, die in den nationalen Normen der Reihe DIN 19569 „Kläranlagen — Baugrundsätze für Bauwerke und technische Ausrüstungen" enthalten sind.

Der Arbeitsausschuss V 36 erarbeitet daher Maß- und Restnormen zu den folgenden Themenkreisen:

- Rechteckbecken als Absetzbecken
- Rechteckbecken als Sandfänge
- Rundbecken als Absetzbecken
- Tropfkörper mit Drehsprengern
- Tropfkörperfüllungen
- Rechenbauwerke mit geradem Rechen
- Ablaufsysteme in Absetzbecken
- Besondere Baugrundsätze für Einrichtungen zum Abtrennen und Eindicken von Feststoffen
- Besondere Baugrundsätze für Einrichtungen zur aeroben biologischen Abwasserreinigung
- Besondere Baugrundsätze für Anlagen zur anaeroben Behandlung von Abwasser
- Besondere Baugrundsätze für Anlagen zur Abwasserreinigung mit Festbettfiltern
- Besondere Baugrundsätze für Anlagen zur Klärschlammentwässerung
- Besondere Baugrundsätze für Anlagen zur Trocknung von Klärschlamm

— *Entwurf* —

CEN/TC 165

Datum: 2003-02

prEN 12255-16

CEN/TC 165

Sekretariat: DIN

Kläranlagen — Teil 16: Abwasserfiltration

Stations d'épuration — Partie 16: Filtration physique (méchanique)

Wastewater treatment plants — Part 16: Physical (mechanical) filtration

ICS: 13.060.30

Deskriptoren

Dokument-Typ: Europäische Norm
Dokument-Untertyp:
Dokument-Stage: CEN-Umfrage
Dokument-Sprache: D

Inhalt

Vorwort

Dieses Dokument (prEN 12255-16:2003) wurde vom Technischen Komitee CEN/TC 165 „Abwasertechnik“ erarbeitet, dessen Sekretariat vom DIN gehalten wird.

Dieses Dokument ist derzeit zur CEN-Umfrage vorgelegt.

Anhang A ist informativ.

Es ist der sechzehnte von den Arbeitsgruppen CEN/TC 165/WG 42 und 43 erarbeitete Teil, der sich auf allgemeine Anforderungen an Verfahren für Kläranlagen für über 50 Einwohnerwerte (EW) bezieht. Die Normen dieser Reihe sind folgende:

— Teil 1: Allgemeine Baugrundsätze

— Teil 3: Abwasservorreinigung

— Teil 4: Vorklärung

— Teil 5: Abwasserbehandlung in Teichen

— Teil 6: Belebungsverfahren

— Teil 7: Biofilmreaktoren

— Teil 8: Schlammbehandlung und -lagerung

— Teil 9: Geruchsminderung und Belüftung

— Teil 10: Sicherheitstechnische Baugrundsätze

— Teil 11: Erforderliche allgemeine Angaben

— Teil 12: Steuerung und Automatisierung

— Teil 13: Chemische Behandlung - Abwasserbehandlung durch Fällung/Flockung

— Teil 14: Desinfektion

— Teil 15: Messung der Sauerstoffzufuhr in Reinwasser in Belüftungsbecken von Belebungsanlagen

— Teil 16: Abwasserfiltration

ANMERKUNG Für Anforderungen an Pumpanlagen auf Kläranlagen, ursprünglich vorgesehen als Teil 2: „Abwasserpumpanlagen“, siehe EN 752-6 „Entwässerungssysteme außerhalb von Gebäuden — Teil 6: Pumpanlagen“.

Die Teile EN 12255-1, EN 12255-3 bis EN 12255-8 sowie EN 12255-10 und EN 12255-11 werden als europäisches Normenpaket gemeinsam gültig (Resolution BT 152/1998).

1 Anwendungsbereich

Diese Europäische Norm legt Grundsätze der Planung und Leistungsanforderungen für die dritte Reinigungsstufe (Ablauf der zweiten Reinigungsstufe) mit der Abwasserfiltration auf Kläranlagen über 50 EW fest.

Die Unterschiede in Planung und Bau von Kläranlagen in Europa haben zu einer Vielzahl von Anlagenausführungen geführt. Diese Europäische Norm enthält grundsätzliche Angaben zu den Anlagenausführungen; sie beschreibt jedoch nicht alle Einzelheiten jeder Ausführungsart.

Die in den Literaturhinweisen aufgeführten Unterlagen enthalten Einzelheiten und Hinweise, die im Rahmen dieser Norm verwendet werden dürfen.

Die Hauptanwendung ist für Kläranlagen, die für die Behandlung von häuslichem und kommunalem Abwasser ausgelegt sind.

Die Abwasserfiltration beinhaltet Schwerkraftfilter (festes oder bewegliches Bett), Siebe (Mikrosieb, Trommelfilter) und vertikal durchströmte Absetzbecken (Kiesbett, Maschen oder Bürsten).

2 Normative Verweisungen

Diese Europäische Norm enthält durch datierte oder undatierte Verweisungen Festlegungen aus anderen Publikationen. Diese normativen Verweisungen sind an den jeweiligen Stellen im Text zitiert, und die Publikationen sind nachstehend aufgeführt. Bei datierten Verweisungen gehören spätere Änderungen oder Überarbeitungen dieser Publikationen nur zu dieser Europäischen Norm, falls sie durch Änderung oder Überarbeitung eingearbeitet sind. Bei undatierten Verweisungen gilt die letzte Ausgabe der in Bezug genommenen Publikation (einschließlich Änderungen).

EN 1085:1997, *Abwasserbehandlung — Wörterbuch.*

EN 12255-1, *Kläranlagen — Teil 1: Allgemeine Baugrundsätze.*

EN 12255-6, *Kläranlagen — Teil 6: Belebungsverfahren.*

EN 12255-7, *Kläranlagen — Teil 7: Biofilmreaktoren.*

EN 12255-10, *Kläranlagen — Teil 10: Sicherheitstechnische Baugrundsätze.*

EN 12255-11, *Kläranlagen — Teil 11 : Grundlegende Angaben für die Auslegung von Anlagen.*

3 Begriffe

Für die Anwendung dieser Europäischen Norm gelten die in EN 1085 angegebenen und die folgenden Begriffe.

3.1
Festbettfilter
Filterbett oder Filtermedium, das überstaut ist und entweder aufwärts oder abwärts durchströmt wird, um partikuläre Stoffe zu entfernen

3.2
Trommelfilter oder Mikrosieb
zylindrisches Sieb oder Tuchfilter, das sich um eine horizontale Achse dreht, teilweise getaucht ist und horizontal durchflossen wird, um partikuläre Stoffe zu entfernen

3.3
Vertikal durchströmtes Absetzbecken
Filterbett oder Medium aus gelochtem Papier oder eine andere Vorrichtung, die auf der Oberfläche eines Absetzbeckens eingetaucht ist und aufwärts durchströmt wird, um partikuläre Stoffe zu entfernen

4 Anforderungen

4.1 Allgemeines

Die Abwasserfiltration kann folgende Verfahren beinhalten:

— Festbettfilter;

— Siebe wie Mikrosiebe und Trommelfilter;

— vertikal durchströmte Absetzbecken.

Filtrationsprozesse werden verwendet, um mit Hilfe der mechanischen Filtration fein suspendierte Feststoffe aus behandeltem Abwasser zu entfernen. Bei Einsatz einer Belüftung wirkt normalerweise der Luftstrom begrenzend auf den Partikelrückhalt. Abwasserfilter dürfen auch zur Phosphatentfernung ausgelegt werden.

4.2 Verfahrensvarianten

4.2.1 Festbettfilter

a) Statisches Filterbett

Das zu behandelnde Abwasser durchströmt schnell abwärts oder aufwärts das Filtermedium, während die Feststoffe über die gesamte Tiefe des Bettes zurückgehalten werden. Aufgrund der hohen Filtrationsgeschwindigkeit wird eine schnelle Anlagerung der Feststoffe im Filterbett und ein schneller Anstieg des Druckverlustes erreicht. In bestimmten Abständen muss das Filterbett außer Betrieb genommen und mit gefiltertem Ablauf mit oder ohne Einsatz von Luft gespült werden, um die angelagerten Feststoffe zu entfernen. Die Spülung kann erreicht werden, indem gefilterter Ablauf durch Pumpen oder über Siphon aufwärts durch das gesamte Bett gedrückt wird oder mittels einer fahrbaren Brücke, die individuelle Teile spült.

b) Bewegliches Filterbett (Moving-bed-Filter; kontinuierlicher Betrieb)

Bei diesem Filterverfahren wird ein mineralisches Filterbett kontinuierlich aufwärts oder abwärts durchströmt, um Feststoffe zu entfernen. Zur Spülung wird das mineralische Filtermaterial vom Boden des Bettes von einer Mammutpumpe gefördert und fällt dann gereinigt auf die Oberfläche des Bettes zurück, wodurch ein kontinuierlicher Prozess ermöglicht wird.

4.2.2 Mikrosiebe und Trommelfilter

Mikrosiebe und Trommelfilter basieren auf mit Sieb- oder Tuchgewebe bespannte Zylinder, die sich horizontal um ihre Längsachse drehen. Der Zylinder ist in einen Behälter getaucht, in den das zu filtrierende Abwasser zugeführt wird. Trommelfilter sind teilweise oder vollständig in das zu filtrierende Abwasser eingetaucht, während Mikrosiebzylinder nur zu ungefähr zwei Drittel ihres Durchmessers eingetaucht sind. Beim Mikrosieb fließt das Abwasser von innen nach außen. Beim Trommelfilter geht der Flüssigkeitsstrom von außerhalb des Zylinders nach innen.

Bei Mikrosieben sind Spüldüsen vertikal über dem rotierenden Zylinder angeordnet, die den Zulauf direkt auf den oberen Teil der Zylinderoberfläche sprühen und die zurückgehaltenen Feststoffe in eine Ablaufrinne innerhalb des rotierenden Zylinders spülen. Bei Trommelfiltern sind Spülpumpen mit Düsen eng seitlich an der Filtertuchoberfläche angeordnet, die das Filtrat entgegen der Hauptströmungsrichtung des Abwassers durch das Tuch saugen. Der Filtratstrom löst die zurückgehaltenen Feststoffe, die dann von der Pumpe weg gefördert werden. Generell rotieren Trommelfilter nur während der Spülphase.

<u>Vertikal durchströmtes Absetzbecken</u>

Vertikal durchströmte Absetzbecken sind Filter mit einem dünnen Filterbett. Das Filtermedium wird beweglich in einer gelochten Wanne im ungereinigtem Ablauf angeordnet. Der aufwärts gerichtete Strom verursacht durch die dünne Schicht des Mediums eine Flockung der suspendierten Feststoffe. Die Flocken setzen sich entweder am Boden des Absetzbeckens unterhalb der unterstützenden Wanne ab oder werden in der Schicht des Mediums zurückgehalten.

Vertikal durchströmte Absetzbecken können eigene Einheiten sein, die extra für diesen Zweck entworfen wurden oder sie können als Modifikation bestehender Nachklärbecken konstruiert sein, bei denen das unterstützende Filterbett an der Wasseroberfläche in der Nähe der Ablaufkonstruktion angeordnet ist.

Zur Spülung wird der Aufwärts-Strom durch das Filterbett unterbrochen, der Flüssigkeitsspiegel bis unterhalb des Bodens des Filtermediums abgesenkt und das Filtermedium und der Boden des Korbs mittels Wasserstrahl oder eines Strahls der gereinigten Flüssigkeit gesäubert. Der Spülschlamm setzt sich am Boden des Absetzbeckens ab und wird entweder geräumt oder gelangt mittels Schwerkraft zu einem Schlammtrichter, von dem aus er abfließt bzw. gepumpt wird.

Grasbeete

Das zu behandelnde Abwasser fließt über eine geneigte Fläche, die mit Gras bepflanzt ist. Feststoffe werden durch die Vegetation zurückgehalten, indem sie entweder langsam biologisch abgebaut oder in den Boden inkorporiert werden.

Planung

Die Auswahl der physikalischen Filtrationsverfahren ist abhängig von der Größe der Kläranlage, der Platzverfügbarkeit, der Art, Qualität, Menge und Schwankung des zu behandelnden Abwassers, der erforderlichen Ablaufqualität und der Wartungsintensität, die für das Verfahren erforderlich wird.

Typische Wirkungsgrade und Größen der Systeme sind in Anhang A beschrieben. Die physikalische Filtration darf nur als Ergänzung der Wirksamkeit der Feststoffseparation in der zweiten Stufe eingesetzt werden.

Die folgenden Punkte müssen bei der Planung berücksichtigt werden:

— Art und Wirksamkeit der zweiten Reinigungsstufe und des gesamten Klärprozesses;

— Kapazität und Abmessungen der Filteranlage;

— geforderte Ablaufqualität und Schwankung der hydraulischen und der Feststoffbelastung;

— Vermeidung von Totzonen und schädlichen Ablagerungen in Becken oder Gerinnen;

— Errichtung von verschiedenen Einheiten oder anderer technischer Mittel, um die Beibehaltung der geforderten Ablaufqualität sicherzustellen, wenn eine oder mehr Einheiten außer Betrieb sind;

— Entsorgung des Spülwassers;

— Minimierung des Druckverlustes;

— Messung und Steuerung;

— Angaben zum Filtermedium;

— Versuche zur Bestimmung der erforderlichen Abmessungen des Filtermediums oder Filtertuchs.

4.3 Verfahrensauslegung

4.3.1 Auslegungsparameter

Die folgenden Betriebsparameter müssen berücksichtigt und Werte entsprechend der geforderten Reinigungsleistung ausgewählt werden:

— Erforderliche Filtergeschwindigkeit ($m^3/m^2 \cdot d$);

— Feststoffbeladung ($kg/m^3 \cdot d$);

— Porenweite oder Korngröße;

- maximaler Spülwasserbedarf in Prozent des Durchflusses;
- Spülintervall, um die normale Filtergeschwindigkeit aufrechtzuerhalten;
- Entsorgung des Spülwassers, um eine ausreichende Feststoffentfernung zu sichern;
- Überwachung des Zuflusses zur Filteranlage während der Spülung;
- Überwachung momentaner Spitzen der Spülwassermenge.

4.3.2 Auswahl des Filtermediums

a) Allgemeines

Das Filtermedium sollte eine große Oberfläche mit engen Poren oder Kanälen haben und zur Flockung und zum Rückhalt von Feststoffen bei gleichzeitig minimalem Druckverlust ausgelegt sein. Es muss die Möglichkeit einer Reinigung durch Spülen oder Auswaschen bestehen.

Das gereinigte Abwasser enthält verschiedene Anteile von kolloidal oder nicht kolloidal suspendierten Feststoffen. Mikrosiebe können für die Entnahme kolloidal gelöster Partikel weniger geeignet sein als andere Verfahren.

Filtrationsversuche sollten durchgeführt und vor der Auswahl des Filtrationsverfahrens die geforderte Ablaufqualität berücksichtigt werden.

Es müssen folgende Punkte bei der Wahl des Filtermediums berücksichtigt werden:

- Nutzungsdauer;
- Beschaffenheit des Zuflusses;
- Anforderungen für den Austausch;
- Aufwand für den Austausch;
- Beständigkeit gegen Witterung und Sonnenlicht, wenn zutreffend;
- Beständigkeit gegen Korrosion und chemischen Angriff;
- nicht biologisch abbaubar;
- Aufwendigkeit der Reinigung durch Spülen;
- Widerstandsfähigkeit gegen Abrasion während der Spülung;
- Porengröße.

b) Festbettfilter

Das Filtermedium kann aus folgenden Materialien bestehen:

- klassiertes mineralisches Material;
- zufällig angeordnetes Kunststoffmaterial mit regelmäßiger Größe und Form.

Das Filtermedium sollte eine kugelförmige Form und enge Korngrößenverteilung aufweisen, um ein Bett mit großer Porosität und glatter Oberfläche zu bilden, das wirkungsvoll gespült werden kann.

Die Korngrößenverteilung und die Form des Materials bilden das Bett und auch die Tiefe des Betts muss unter Berücksichtigung des zu behandelnden Abwassers und der gewünschten Anforderungen an die Filtratqualität ausgewählt werden. Die typische Korngrößenverteilung bei Filtern mit einem dünnen Bett (0,3 m bis 0,5 m Tiefe) und zwei Schichten liegt zwischen 0,5 mm bis 0,8 mm und 0,6 mm bis 1,2 mm. Sowohl bei Festbettfiltern als auch bei beweglichen Filterbetten mit Betttiefen von 1,0 m bis 3,0 m beträgt die übliche Korngrößenverteilung 1,0 mm bis 2,0 mm und 2,0 mm bis 4,0 mm.

Bei Mehrschichtfiltern muss das Material der Filterschichten eine ausreichende Differenz des spezifischen Gewichts aufweisen, um eine Klassierung in separate Schichten sicherzustellen, um eine Feststoffbeaufschlagung in der gesamten Beckentiefe des Betts zu erreichen durch die Porenkanäle zwischen den Elementen des Filterbetts, welches wiederum die Filterlaufzeit maximiert.

c) Mikrosiebe und Trommelfilter

Mikrosiebe und Trommelfilter können konstruiert sein aus:

— Maschensieb aus Edelstahl;
— Tuchgewebe, das auf eine gelochte Trommel aufgespannt ist.

Das Maschensieb eines Mikrosiebs ist erhältlich in Porenweiten zwischen 65 µm bis 15 µm.

d) vertikal durchströmte Absetzbecken

Die typische Tiefe des Betts beträgt 100 mm bis 300 mm. Der Einfluss der Betttiefe auf die Spülung muss berücksichtigt werden. Folgende Mediumarten dürfen verwendet werden:

— glatter Kies (Durchmesser 6 mm bis 25 mm);
— Spaltsieb;
— Kunststoff/Nylon-Maschensieb;
— Polyurethan-Schaumfolien.

e) Grasbeete

Bei Grasbeeten ist jede Art natürlich vorkommender Gräser geeignet.

4.3.3 Reinigungssysteme

a) Allgemeines

Während des physikalischen Filtrationsprozesses wird das Bett oder das Sieb mit zurückgehaltenen Feststoffen beladen, die die Poren zwischen den Filterkörnern oder dem Sieb verstopfen, den Druckverlust ansteigen lassen und die Filtratqualität beeinträchtigen. Das beladene Filtermedium sollte gereinigt werden, um die ursprünglichen Filtereigenschaften des Filters wieder herzustellen.

Zur Vermeidung einer vergrößerten zusätzlichen hydraulischen Belastung der Kläranlage sollten Spülverfahren weniger als 10 % des täglichen Zuflusses verbrauchen.

b) Festbettfilter

Die Spülung wird mit gereinigtem Ablauf durchgeführt, wobei zur Unterstützung oft Luft eingesetzt wird, um das Bett aufzulockern. Der behandelte Abfluss für die Spülung sollte in einem Behälter gespeichert werden. Die Spülung wird über Zeitintervall oder auf Basis des Druckverlustes ausgelöst. Bei Auslösung über Zeitintervall muss die Spülung beginnen, wenn der Druckverlust ein kritisches Niveau erreicht, um ein Anspringen eines By-Passes der Anlage zu vermeiden.

Wenn eine Reinigungseinheit außer Betrieb genommen wird, sollten die anderen Einheiten die zusätzliche Belastung übernehmen können und in der Lage sein, die geforderte Reinigungsleistung aufrecht zu erhalten. Bei nicht kontinuierlicher Spülung sollte ein Ausgleichsbehälter für das Schlammwasser vorgesehen werden.

Da Luft und Spülwasser einzeln oder kombiniert in verschiedenen Phasen der Spülung verwendet werden dürfen, ist ein Spülprogramm notwendig. Das Spülprogramm für einen Mehrschichtfilter muss sowohl die Reinigung des Bettes als auch eine Klassierung der einzelnen Filterschichten erreichen. Bei einem kontinuierlich betriebenen Filter ist ein Spülprogramm nicht notwendig, da ein Teil des Filtermediums in ein separates Reinigungssystem transportiert wird.

Die Intensität der Reinigung von Festbett- und kontinuierlich betriebenen Filtern muss ausreichen, um das Wachstum von biologischen Schleim auf dem Material des Mediums zu minimieren. Dieser würde das effektive spezifische Gewicht verringern und einen Materialverlust über den Filtratablauf verursachen.

c) Mikrosiebe und Trommelfilter

Folgende Punkte sind bei der Planung des Spülsystems zu berücksichtigen:

— optimaler Druck auf das Sieb oder das Tuch;
— Filtratmenge, die zur Spülung benötigt wird;
— Steuerung der Drehgeschwindigkeit oder des Betrieb der Spülpumpe;
— Beständigkeit der Spülpumpe des Trommelfilters und des Leitungssystems gegen Verstopfung durch Feststoffe;
— Gefälle der im Mikrosieb angeordneten Ablaufrinne;
— erforderliche Vorrichtungen zur periodischen Intensivreinigung der Mikrosiebe. Dieses kann den Einsatz von Chemikalien oder Dampf beinhalten;
— Art und Auslegung der Spüldüsen, um Verstopfungen zu minimieren;
— Notwendigkeit von UV-Lampen, um das Schleimwachstum zu begrenzen;
— betriebliche Grenzen; z. B. Druckverlust, Umfang oder Frequenz der Spülung, bevor eine Intensivreinigung oder Ersatz der Filtertücher benötigt wird.

Um eine ausreichende Filtration aufrecht zu erhalten, sollte bei Trommelfiltern das Tuch in regelmäßigen Abständen ausgetauscht werden.

d) vertikal durchströmte Absetzbecken

Ein vertikal durchströmtes Absetzbecken ist bei übermäßigem Anstieg des Druckverlustes oder bei Beeinträchtigung der Filtratqualität außer Betrieb zu nehmen und zu reinigen. Zur Spülung wird der Flüssigkeitsspiegel bis unterhalb des gelochten Korbs abgesenkt und von oberhalb der Oberfläche aus Düsen mit gefiltertem Ablauf gespült.

Um Feststoffe zu entfernen, die vom Filterbett des Absetzbeckens zum Boden der Einheit gespült werden, müssen Maßnahmen vorgesehen werden. Diese dürfen einige oder alle der folgenden Punkte beinhalten:

— Neigungswinkel der Behälterwände mindestens 55° zur Horizontalen;
— Einsatz eines Räumsystems;
— Schlammsammeltrichter;
— Schlammpumpe;
— Schlammabzugseinrichtung über Vakuum.

Die Erfordernis der mechanischen Bodenreinigung muss zusammen mit den Anforderungen an die Zugänglichkeit berücksichtigt werden. Der Boden muss so ausgebildet werden, dass das Problem der Speicherung der angelagerten Feststoffe minimiert wird.

e) Grasbeete

Grasbeete sollten in regelmäßigen Abständen eine Ruhephase erhalten, um den Boden wieder zu belüften, ein Mähen zu ermöglichen und das Wiederanwachsen zu unterstützen. Die Maat muss vor der Wiederinbetriebnahme entfernt werden.

4.3.4 Abmessungen

Zur Bestimmung des gesamten Raumplans der Anlage muss die Anzahl der Einheiten und deren Abmessungen unter Berücksichtigung folgender Kriterien ausgewählt werden:

a) Allgemeines

Zur Orientierung für die Belastungsraten, die für die Ausrüstung gelten dürfen, dürfen die Ergebnisse der Filtrationsversuche genutzt werden.

Typische Werte für die verschiedenen Filtrationsverfahren sind in Anhang A angegeben.

Die gesamte Aufenthaltszeit in der Anlage muss berücksichtigt werden.

b) Festbettfilter

Festbettfilter werden entweder rechteckig oder rund ausgebildet. Bei rechteckigen Anlagen sollte das Seitenverhältnis normalerweise nicht größer als 2:1 betragen, um einerseits zur Minimierung der Feststoffablagerung während der Spülung eine ausreichende Querverteilung oder andererseits angemessenen Platz für seitliche Bewegung einer Räumerbrücke sicherzustellen, die die einzelnen Zellen spült. Bei Dünnbettfilter kann die Filterbetttiefe zwischen 0,3 m und 0,5 m und bei Raumfiltern 1 m bis 3 m betragen.

Kontinuierlich betriebene Filter werden normalerweise in Rundbauweise bei einem Durchmesser von 2 m bis 4 m ausgeführt. Die Betttiefe darf zwischen 1 m und 2,5 m liegen.

Um das expandierte Bett während der Spülung zurückzuhalten, muss ein ausreichendes Freibord vorgesehen werden. Zusätzlich muss bei abwärts durchströmten Anlagen die Höhe der Seitenwände bzw. der Überstau über dem Filtermedium sicherstellen, dass zur Einhaltung der vorgesehenen Filtrationsgeschwindigkeit ein ausreichender Wasserstand über dem Bett vorhanden ist.

ANMERKUNG Um eine Filterzelle zur Wartung außer Betrieb zu nehmen, sollten mindestens drei Zellen vorgesehen werden, eine Zelle in Spülung, eine Zelle zum Filtrieren. Für kontinuierlich arbeitende Filter sollten mindestens zwei Zellen angeordnet werden, um Reservekapazität bei Störungen zu haben.

c) Mikrosiebe und Trommelfilter

Die Trommel eines Mikrosiebes hat üblicherweise einen Durchmesser zwischen 1 m und 3 m und ist bis zu 5 m lang. Trommelfilter können ähnliche Größen aufweisen. Die Drehgeschwindigkeit am Umfang beträgt üblicherweise maximal 0,5 m/s bzw. 2 U/min bis 4 U/min.

ANMERKUNG Um eine Reservekapazität bei Störungen zu haben, sollten üblicherweise zwei Einheiten installiert werden.

d) Vertikal durchströmte Absetzbecken

Das zu behandelnde Abwasser durchfließt aufwärts ein Filterbett mit einer Höhe von 100 mm bis 300 mm.

ANMERKUNG Um eine Reinigung zu ermöglichen, sollten die vertikal durchströmten Absetzbecken in parallelen Straßen angeordnet werden.

e) Grasbeete

Grasbeete sollten in mindestens zwei aber vorzugsweise mehrere Beete unterteilt werden.

Die Fläche der Grasbeete liegt üblicherweise im Bereich von 0,1 ha bis 3 ha. Die Form wird größtenteils von der Verfügbarkeit der Flächen bestimmt und ist üblicherweise rechteckig. Die Grasbeete sollten durch Wälle oder Dämme mit einer Höhe von mindestens 0,3 m voneinander getrennt werden.

4.3.5 Zulaufverteilung

a) Allgemeines

Bei der Abwasserfiltration muss eine gleichmäßige Verteilung des Zuflusses durch das Filtermedium ermöglicht werden.

Die Verfahren der Zuflussverteilung in einen Filter und der Abzug des Filtrats müssen bei der Planung der Anlagen berücksichtigt werden.

Bei Anlagen, die mit einem Spülsystem ausgerüstet sind, ist Folgendes zu beachten:

— Verfahren zur Sammlung des Filtrats für die Spülung, Spülwasser- und Spülluftverteilung (wenn erforderlich);
— Schlammwasserspeicherung für eine kontinuierliche Rückführung zur Kläranlage, um die Beeinträchtigung der Reinigungsleitung der Gesamtanlage zu minimieren.

Wenn die Anlage aus mehreren Straßen oder parallelen Einheiten besteht, muss die Verteilung über eine verstellbare Vorrichtung (z. B. Ventil, Schieber, Pfropfen) erfolgen, die ebenfalls zur Absperrung einer Einheit genutzt werden kann. Diese Vorrichtung sollte die erforderliche Zulaufverteilung im Bereich der zu erwartenden Zuflussmengen ermöglichen.

b) Festbettfilter

Bei Festbettfiltern muss die Einlaufkonstruktion eine Verteilung des Zuflusses über die Filterbettoberfläche mit möglichst geringer Störung des Filtermaterials bewirken. Die Verteilung des Zuflusses kann über Gerinne und Wehre oder gelochte Rohre erfolgen.

Die Filterbetten sollten auf einem mit Düsen oder Formsteinen bestückten Lochboden gelagert werden, über den das Filtrat bei abwärts durchströmten Anlagen abfließt oder über den der Zulauf bei aufwärts durchströmten Anlagen zufließt.

Die Auslaufkonstruktion bei aufwärts durchströmten Filtern muss einerseits eine Strömung des Filtrats über die Filterbettoberfläche mit möglichst geringer Störung des Filtermaterials bewirken und anderseits mit einer Rückhalteeinrichtung (z. B. schwimmendes Kunststoffmaterial) ausgestattet sein, um einen Filtermaterialverlust in den Ablauf zu verhindern.

c) Mikrosiebe und Trommelfilters

Bei Trommelfiltern muss eine Vorrichtung für die Sammlung und Entnahme von geflockten Feststoffen berücksichtigt werden, die sich am Boden der Anlage ablagern können.

d) Vertikal durchströmte Absetzbecken

Der Zufluss muss gleichmäßig über den Boden des Mediums verteilt werden. Feststoffe, die sich am Boden anlagern, müssen sich gut vom Boden des Mediums ablösen können. Um eine gleichmäßige Strömungsverteilung unter dem Kiesbett zu erreichen, sollte ein vertikales Einlaufprallblech vorgesehen werden, das nicht tiefer als 300 mm unter dem Lochboden angeordnet sein sollte. Um ein Überströmen des Mediums während der Spülung und den damit verbundenen Feststoffaustrag zu vermeiden, sollte es nicht weniger als 75 mm und nicht mehr als 225 mm über dem Niveau der Ablaufkante liegen. Die Enden des Prallblechs sollten an der Behälterwand befestigt sein.

Das Ablaufwehr sollte ungefähr 300 mm über der Oberfläche des Filtermediums liegen. Somit wird ein Ablösen von bereits im Filtermedium zurückgehaltener Feststoffe durch vom Wind verursachter Turbulenzen auf der Nachklärbeckenoberfläche vermieden.

e) Grasbeete

Der Zulauf muss gleichmäßig über die gesamte Breite jedes Grasbeetes verteilt werden. Um die Verteilung zu unterstützen, dürfen Zulaufgerinne mit Wehren oder gelochte Rohre verwendet werden.

Grasbeete sollten ein einheitliches Gefälle zwischen 1 % und 2 % aufweisen. Um einen Einstau von Wasser zu vermeiden, der das Graswachstum begrenzt, sollten Grasbeete bei Tonböden eine Drainage erhalten.

Der Ablauf von Grasbeeten sollte in einem Ablaufgerinne gesammelt werden.

4.3.6 Konstruktion

a) Allgemeines

Die Anlage und die Ausrüstung müssen so geplant sein, dass sie der betrieblichen mechanischen Beanspruchung widerstehen. Dieses muss die verschiedenen Kräfte, die bei der Entleerung, Befüllung oder während der Spülung entsteht, beinhalten. Um die Ausrüstung vor übermäßiger mechanischer oder hydraulischer Belastung zu schützen, sollte eine automatische Abschaltung oder ein Notumlauf installiert werden.

Die Konstruktionen müssen so geplant werden, dass eine Entleerung sowohl über freies Gefälle als auch über Pumpen möglich ist. Eine Entleerung darf die Stabilität des Bauwerks unter Berücksichtigung des Grundwasserspiegel nicht beeinträchtigen. Es kann hilfreich sein, den Boden des Ablaufbehälters (nicht den Düsenboden) mit Gefälle zum tiefsten Punkt zu versehen. Bei Einsatz einer Pumpe für die Entleerung sollte an diesen tiefsten Punkten ein Pumpensumpf angeordnet werden.

Feste und bewegliche Teile der Filteranlage befinden sich unterhalb des Flüssigkeitsspiegels von Zu- oder Ablauf. Das Baumaterial sollte korrosionsbeständig sein, und die Auswahl von Teilen des Materials muss im Hinblick auf chemische und elektrolytische Korrosion erfolgen. Anlagenteile, die eine Wartung oder einen Austausch erfordern können, sollten unter Berücksichtigung des geringsten Montage- oder Bedienaufwands geplant werden.

b) Festbettfilter

Die Filterwände und der Boden müssen wasserdicht hergestellt werden und dem hydraulischen Druck bei Vollfüllung standhalten. Zur Erleichterung der Inspektion sollten die Behälter oben offen sein.

Die Installation eines Filtratspeicher zur Spülung und eines separaten Schlammwasserbehälters sollten in Betracht gezogen werden.

c) Mikrosiebe und Trommelfilter

Folgende Punkte sind für die Dauerhaftigkeit, den Betrieb und den Aufwand beim Austausch von Teilen zu berücksichtigen:

- Lager der Zylinder;
- Enddichtung der Zylinder;
- Lastausgleich oder stabilisierende Räder, wenn vorhanden;
- Antriebsrad des Zylinders;
- Austausch des Filtertuches oder der Siebplatten.

Bei Mikrosieben sind folgende Punkte zu berücksichtigen:

- Seiten des Spülwasserkastens sollten einen Horizontalwinkel nicht weniger als 55 aufweisen;
- Spülwasserdüsen sollten selbstreinigend und austauschbar sein;
- UV-Lampen zur Vermeidung des biologischen Wachstums sollten schnell austauschbar sein;
- erforderliche Ausrüstung für die chemische Reinigung des Spüldüsen und des Mikrosiebs.

Bei Trommelfilter müssen folgende Punkte berücksichtigt werden:

- Halterung des Filtertuches;
- Spülpumpen, Düsen und Rohrleitungen;
- Bodenräumung der Feststoffe.

d) vertikal durchströmte Absetzbecken

Die Konstruktion des Lochbodens muss alle Kräfte aufnehmen können, die während des Betriebs und der Spülung an ihr auftreten.

e) Grasbeete

Die Beete sollten üblicherweise durch Betonsteine oder Erdwälle mit einer Höhe von mindestens 0,3 m von einander getrennt werden. Bei Einsatz von Erdwällen sollte zur Begrenzung der Durchlässigkeit zwischen den Beeten eine undurchlässige Folie bis zu einer Tiefe von 0,25 m bis 1,75 m unterhalb der Bodenoberfläche eingebaut werden.

4.3.7 Mechanische und elektrotechnische Ausrüstung

a) Allgemeines

Die gesamte mechanische und elektrotechnische Ausrüstung und Installation sollte EN 12255-1 ersprechen.

Folgende Ausrüstungen sollten mit einer Anzeige für den Betriebszustand ausgestattet sein:

— Pumpen;
— Antriebe;
— Höhenstandsmessungen;
— Druckaufnehmer.

Sofern nicht anders vereinbart, sollte die rechnerische Lebensdauer der technischen Ausrüstung mindestens betragen:

— Lebensdauerklasse 4 für Getriebe und Lager;
— Lebensdauerklasse 3 für elektrische Motoren.

b) Festbettfilter

Zur ausreichenden Reinigung sollte die Spülwassergeschwindigkeit bei Festbettfilter mindestens 30 $m^3/m^2 \cdot h$ und die Spülluftgeschwindigkeit mindestens 0,5 $m^3/m^2 \cdot min$ betragen.

Die Spülung erfolgt üblicherweise automatisch und kann über den vorgegebenen Druckverlust, den Wasserstand oder über vorgegebene Zeitintervalle ausgelöst werden.

c) Mikrosiebe und Trommelfilter

Die Spülung sollte mit einem Druck von 100 kPa bis 350 kPa durchgeführt werden. Der Druck muss ausreichend sein, um die Feststoffe zu entfernen und die Spülwassermenge zu minimieren.

Die Steuerung erfolgt mit dem Differenzdruck an der drehenden Trommel. Bei Trommelfiltern können die Spülpumpen über eine Höhenstandsmessung betrieben werden. Bei Mikrosieben kann eine Höhenstandsmessung zur Erhöhung der Drehbewegung der Trommeln eingesetzt werden.

d) vertikal durchströmte Absetzbecken

Um eine ausreichende Feststoffentfernung zu ermöglichen, sollte die Spülung mit einem Druck von 100 kPa bis 350 kPa durchgeführt werden.

e) Grasbeete

Es sollten Mähmaschinen mit geringster Bodenverdichtung ausgewählt werden.

4.3.8 Betriebsüberwachung

Für folgende Punkte sollten Vorkehrungen getroffen werden:

— Probenahme im Zu- und Ablauf;

— Durchflussmengenmessung;

— Druckverlust;

— Spülhäufigkeit.

4.3.9 Weitere verfahrenstechnische Gesichtspunkte

a) Wartung

Folgende Punkte zur Sicherheit und Wartung müssen beachtet werden:

— angemessene Stellen für geeignete Hebevorrichtungen;
— Größe und Position der Zugangstore oder Öffnungen für die Ausrüstung;
— Wartungsintervalle;
— Komplexität der Wartungsarbeiten.

Es müssen Hilfen für die regelmäßigen Wartungs- und Instandhaltungsaufgaben berücksichtigt werden. Folgende Teile können einer regelmäßigen Wartung bedürfen:

— Filtergewebe;
— Spül- oder Spülabwasserpumpen;
— Spülwasserdüsen;
— Lager;
— Antrieb;
— Dichtungen der Trommel.

b) Schutz der Ausrüstung

Die Ausrüstung sollte vor übermäßiger hydraulischer Belastung, z. B. durch den Einsatz von Notüberläufen, geschützt werden.

4.3.10 Gefahrenschutz

Bei Grasbeeten sollte die Menge des Unkrauts überwacht werden. Gezielte Unkrautbekämpfungsmittel sollten nicht verwendet werden, wenn das Beet beschickt wird.

Die Gesundheits- und Sicherheitsanforderungen der EN 12255-10 müssen erfüllt werden.

Anhang A
(informativ)

Typische Auslegungskriterien für die Verfahren der Abwasserfiltration

a) Festbettfilter

	Maximale Filtergeschwindigkeit $m^3/m^2 \cdot d$	Maximaler Druckverlust m WS	Filterbettfläche m^2	Filterbetttiefe m	Materialart und Korngröße mm
Abwärts durchströmt	250	4	8 bis 15	1 bis 2,5	0,5 bis 2,5
Aufwärts durchströmt	400	6	20	1,5	Sand 1 bis 3
				0,5	Kies 8 bis 50

b) Mikrosiebe oder Trommelfilter

Mikrosiebe

Trommel: Durchmesser; 1 m bis 3 m; Länge bis zu 5 m

Maschenweite: 10 µm bis 35 µm

Spülwasserdruck: 100 kPa bis 350 kPa

Umfangsgeschwindigkeit: bis zu 0,5 m/s

Maximale Filtergeschwindigkeit: bis zu 700 m^3/m^2 Gewebe und Tag (abhängig von der Maschenweite)

Maximaler Druckverlust: 0,05 m bis 0,15 m

Porenweite: 25 µm bis 45 µm

Maximale Filtergeschwindigkeit: 250 m^3/d bis 4 300 m^3/d grobes Tuch (abhängig von der Trommelgröße)

200 m^3/d bis 3 500 m^3/d feines Tuch (abhängig von der Trommelgröße)

Maximaler Druckverlust: 0,25 m

c) vertikal durchströmtes Absetzbecken

Maximale Filtergeschwindigkeit: 42 $m^3/m^2 \cdot d$ (Ablauf von Biofilmreaktoren)
30 $m^3/m^2 \cdot d$ (Ablauf von Belebungsanlagen)

Betttiefe: 0,1 m bis 0,3 m Tiefe

Materialgröße: 6 mm bis 25 mm

Tiefe des Mediums unterhalb der Wasseroberfläche: 0,15 m bis 0,3 m

Maximaler Druckverlust: 0,25 m

d) Grasbeete

Maximale Filtergeschwindigkeit: $0,5\ m^3/m^2 \cdot d$

Einheitliches Gefälle von 1:60 bis 1:100

Horizontal durchflossene Schilfbetten

Maximale Filtergeschwindigkeit: $0,2\ m^3/m^2 \cdot d$ bis $0,5\ m^3/m^2 \cdot d$

Tabelle A.1 — Typische Belastungsdaten und Reinigungsleistungen von Verfahren der physikalischen Filtration

	Durchschnittliche Filtergeschwindigkeit	Durchschnittliche Reinigungsleistung (% Elimination)		
	$m^3/m^2 \cdot d$	AFS	BSB_5	Coliforme Bakterien
Abwärts durchströmte Filter	220	74	60	30
Aufwärts durchströmte Filter	200	73	55	25
Kontinuierlicher Betrieb	240	55	na	na
Mikrosiebe	290	74	45	15
Trommelfilter (grobes Tuch)	170	45	na	na
Grasbeete	0,4	66	59	90
Vertikal durchströmte Absetzbecken (Kiesbett)	19	60	30	25

Literaturhinweise

Vereinigtes Königreich

[1] BS 6297 (amd. 1990), *Code of practice for design and installation of small sewage and treatment works and cesspools.*

[2] Institution of Water and Environmental Management, *Unit Processes* TERTIARY TREATMENT, Second Edition (1994).

Stichwortverzeichnis

Die hinter den Stichwörtern stehenden Nummern sind die DIN-Nummern (ohne die Buchstaben DIN) der abgedruckten Normen bzw. der Norm-Entwürfe.

Für Notizen

Für Notizen